U0391733

监理从业人员继续教育辅导教材
（安装工程）

上海市建设工程咨询行业协会
上海市建智建设工程咨询人才培训中心　组织编写

中国建筑工业出版社

图书在版编目（CIP）数据

安装工程 / 上海市建设工程咨询行业协会，上海市
建智建设工程咨询人才培训中心组织编写. — 北京：中
国建筑工业出版社，2023.12
监理从业人员继续教育辅导教材
ISBN 978-7-112-29075-8

Ⅰ. ①安… Ⅱ. ①上… ②上… Ⅲ. ①建筑安装-继
续教育-教材 Ⅳ. ①TU758

中国国家版本馆 CIP 数据核字（2023）第 160327 号

本书依据国家最新标准编写而成。全书共分为十四章，包括机电设备安装监理概述；建筑给水排水及供暖工程安装监理；通风与空调工程安装监理；建筑电气工程安装监理；智能建筑工程安装监理；建筑节能工程安装监理；电梯工程安装监理；城市轨道交通工程机电设备安装监理；城市轨道交通工程供电系统安装监理；车站设备自动化系统安装监理；通信、信号系统安装监理；自动检售票系统和站台门系统安装监理；城市轨道交通工程机电设备系统安装监理实务；装配式综合支吊架和 BIM 技术应用。本书内容全面、翔实，可操作性强，可作为监理从业人员继续教育的辅导教材，也可供相关人员学习参考。

责任编辑：曹丹丹　王砾瑶
责任校对：张　颖

监理从业人员继续教育辅导教材
（安装工程）
上海市建设工程咨询行业协会
上海市建智建设工程咨询人才培训中心　组织编写
*
中国建筑工业出版社出版、发行(北京海淀三里河路 9 号)
各地新华书店、建筑书店经销
北京鸿文瀚海文化传媒有限公司制版
北京圣夫亚美印刷有限公司印刷
*
开本：787 毫米×1092 毫米　1/16　印张：32　字数：796 千字
2024 年 2 月第一版　2024 年 2 月第一次印刷
定价：**95.00** 元
ISBN 978-7-112-29075-8
（41804）

主编单位

上海市建设工程咨询行业协会
上海市建智建设工程咨询人才培训中心

指导委员会

夏　冰　徐逢治　孙占国　龚花强　杨卫东　张　强　朱建华
曹一峰　邓　卫　朱海念　何　情

编写委员会

修同斌　朱伟国　赵金荣　黄晓冬　林中虎　孙　华　孙吉安
彭　超　凌　颖　仝　光

审定委员会

周力成　汪　源　缪国兰　胡志民　钟才根　阚秋红　徐　元

前　言

作为改革开放的重要成果，建设监理制度实施 35 年来，推动了工程建设组织实施方式社会化、专业化，对有效保证建设工程质量、强化安全生产管理、提高项目投资效益发挥了重要作用。进入"十四五"，建筑业迈入了加快转型发展的关键期，面对建筑产业结构优化调整，工程质量安全保障体系深化健全，施工技术不断创新，管理手段持续升级，建筑工业化、数字化、智能化水平大幅提升，建造方式绿色转型等机遇和挑战，如何提质增效，促进行业高质量发展，也成为监理行业面临的重要命题。

上海市建设工程咨询行业协会（以下简称"协会"）致力于完善工程监理职业教育体系，建设地方特色教材、行业适用教材，努力培养符合市场需求、适应发展需要的实用型人才，不断提高工程监理行业职业竞争力，为行业高质量发展提供人才和技术技能支撑。为此，协会联合上海市建智建设工程咨询人才培训中心共同编写《监理从业人员继续教育辅导教材》（以下简称《教材》）系列丛书，这是协会第一次编制针对监理从业人员继续教育的出版物，也是上海市工程监理行业首部正式出版的培训辅导教材。自 2023 年 3 月起，协会精心谋划、周密部署，组建了一支来自知名高校和骨干企业、专业技术过硬且实践经验丰富的编写团队。在协会的指导下，编写委员会研制大纲、编写样章、撰写初稿到修改完善，过程中认真听取了行业专家的意见建议，历时 4 个月完成了《监理从业人员继续教育辅导教材（房屋建筑和市政公用工程）》《监理从业人员继续教育辅导教材（安装工程）》的编写工作。

《教材》系列丛书旨在培养高素质监理人才队伍，使监理从业人员及时掌握与工程监理有关的法律法规、标准规范和政策性文件，了解建设领域新技术、新材料、新设备及新工艺，熟悉工程监理的新理论、新方法，不断提高专业素质和从业水平，进一步落实监理的建设工程质量责任和安全生产管理法定职责，督促参建各方落实主体责任，提升建设工程品质，实现监理行业高质量发展。

《教材》从继续教育的需要出发，基于满足专业监理工程师、监理员知识更新和技能提升的总体要求，梳理近年来最新颁布实施的行业相关法律法规、规范标准，普及建筑业应用较为广泛的新技术、新材料、新设备及新工艺。《教材》将知识与技能相结合、将理论与实际相联系，聚焦工程实践中常见专业工程的监理工作重点、难点，尤其总结了上海建设工程监理行业探索新领域、新技术、新模式下的工程实践，体现上海特色的经验和做法。与此同时，选取了具有代表性的实务案例和警示案例，进一步强化专业知识的融会贯通，提升从业人员尽职履责意识和职业道德精神。《教材》知识体系完整，知识覆盖全面，保证了内容的系统性和先进性，具有较强的教学指导性和适用性，符合监理从业人员知识更新、技能提升的培训要求，符合监理人才培养目标的要求。

　　《监理从业人员继续教育辅导教材（安装工程）》分为十四个章节：第一章机电设备安装监理概述，包括建筑工程机电设备安装监理、城市轨道交通工程机电设备安装监理、工业安装工程机电设备安装监理；第二章至第七章分别介绍了建筑工程相关的建筑给水排水及供暖工程、通风与空调工程、建筑电气工程、智能建筑工程、建筑节能工程、电梯工程六类机电设备安装监理，从工程概述、质量验收规范标准及技术规程、监理流程和方法、监理管控要点、安全生产监督、监理案例分析等方面具体阐述；第八章至第十三章分别介绍了城市轨道交通工程相关的机电设备、供电系统，车站设备自动化系统、通信、信号系统，自动检售票系统和站台门系统等安装工程监理管控要点，以及机电设备系统施工接口管理、系统联调和全自动运行无人驾驶系统项目的监理实践；第十四章装配式综合支吊架和 BIM 技术应用，介绍了两项具有应用前景的新工艺、新技术。此外，虽然第一章对工业安装工程机电设备安装监理进行了概述，但由于时间与篇幅限制，本次没有编写工业安装工程监理的具体章节，相关内容计划于再版时做补充完善。

　　本书不仅仅是专业监理工程师、监理员继续教育的辅导教材，也可成为注册监理工程师在工程实践中提升业务水平、管理项目监理机构的指导手册，还能作为建设单位、施工单位、建设主管部门等参与工程管理、建设和监督的其他各方有关人员的专业参考读物。

　　《教材》系列丛书的编审工作得到了上海宏波工程咨询管理有限公司、上海三凯工程咨询有限公司、上海建科工程咨询有限公司、上海天佑工程咨询有限公司、上海市工程设备监理有限公司、上海振南工程咨询监理有限责任公司、上海建浩工程顾问有限公司、上海市市政工程管理咨询有限公司、上海同济工程咨询有限公司、上海市建设工程监理咨询有限公司、英泰克工程顾问（上海）有限公司、上海同济工程项目管理咨询有限公司、上海宝钢工程咨询有限公司、同济大学、西华大学、上海电机学院等单位及专家的大力支持，在此一并表示衷心感谢。

　　《教材》系列丛书系首次编写，专业性强，涉及面广，书中难免有不妥之处，诚望广大读者提出宝贵意见（联系邮箱：scca@scca.sh.cn），待再版时修改完善。

上海市建设工程咨询行业协会

2023 年 12 月

目　　录

第一章 机电设备安装监理概述

依据国家标准《建设工程分类标准》GB/T 50841—2013，建设工程按自然属性分为建筑工程、土木工程和机电工程 3 个大类；若按使用功能则可划分成更多的类别，例如房屋建筑工程、市政工程、铁路工程、石化工程、化工工程、石油天然气工程等 30 多个类别。其中每一大类工程又可依次分为工程类别、单项工程、单位工程和分部工程等，基本单元为分部工程。

所谓的机电设备安装监理可以理解为对有关建设工程项目中的各种设备、管路及线路等安装施工开展的工程监理工作。按照国家标准《建设工程监理规范》GB/T 50319—2013 总则的条款，一个建设工程项目的监理服务内容在建设单位与工程监理单位签订的监理委托合同中有所约定，通常情况下监理主要是在项目施工阶段对建设工程的质量、造价、进度进行控制，对合同、信息进行管理，对工程建设相关方的关系进行协调，并履行建设工程安全生产管理法定职责。此外，受建设单位委托，按合同约定，监理还可以在设计、保修阶段提供监理服务。国家标准《设备工程监理规范》GB/T 26429—2022 第 3.9 条指出，设备工程项目是指以设备为主要建设内容的工程项目，包括设计、采购、制造、安装、调试、检修、再制造等过程及其结果，也需要大量的机电设备安装监理服务，并且设计、采购、制造，以及后阶段调试时的监理服务为设备工程项目的顺利进行发挥了重要的作用。本教材第八～十三章涉及的城市轨道交通工程就是当今市政工程中热门的设备工程项目。

负责机电设备安装监理的专业监理工程师是工程监理单位组建的项目监理机构（团队）中的一员，其由总监理工程师授权，负责实施某一专业或某一岗位的监理工作。事实上，安装专业监理工程师也有不同的机电专业的教育背景，例如教育部专业划分中的土木类学科，有给排水科学与工程专业、建筑环境与能源应用工程专业、建筑电气与智能化专业等。

本教材为满足机电设备安装监理工程师继续教育的需求，针对房屋建筑工程项目、市政工程项目中有代表性的，以及城市轨道交通工程项目中涉及的机电设备安装，进行监理管控要点的更新梳理，以顺应机电设备技术发展的新变化，掌握有关机电设备安装质量的最新（规范）标准要求；促进建设工程项目科学管理新理论、新方法和新工具的应用实践；并重点围绕机电设备安装的施工质量验收、安全生产监督、施工成本和工期管理等主题，拓展有关工程技术的背景知识，努力提高专业监理工程师在机电设备安装监理方面的理论水平、实际工作能力，交流和推广符合建设工程监理行业发展所需要的优秀监理工作经验。

第一节　建筑工程机电设备安装监理

一、概述

建筑工程是指供人们进行生产、生活或其他活动的房屋或场所，它按照使用性质又可分为民用建筑工程、工业建筑工程、构筑物工程及其他建筑工程等。民用建筑工程按用途划分为居住建筑、办公建筑、旅馆酒店建筑、商业建筑、文化建筑、教育建筑等。这些建筑配置了保证其建筑功能及使用的一系列机电设备及系统，从专业上划分它们分别属于给水排水及供暖工程、通风与空调工程、建筑电气工程、智能建筑工程和电梯工程共5个专业工程。建筑工程项目机电设备及系统安装专业监理将涉及这五大专业设备及系统的安装、调试的工程质量检验、验收等监理工作。机电设备及系统安装专业监理和土建专业监理、安全专业监理工程师组成的专业监理工程师团队共同为建筑工程项目的工程监理承担起专业监理的责任。

二、质量验收的分部工程划分

国家标准《建筑工程施工质量验收统一标准》GB 50300—2013为了加强建筑工程质量管理，统一建筑工程施工质量的验收，在附录B给出了建筑工程的分部工程、分项工程划分。其中属于土建结构和装饰的有4项分部工程，属于机电设备及系统的有5项分部工程，以及覆盖被动式节能（围护系统）、主动式节能（机电设备系统）的1项分部工程，共10项。

1. 建筑机电设备及系统安装工程质量验收的划分原则

建筑工程质量验收应划分为单位（子单位）工程，分部（子分部）工程，分项工程和检验批。建筑机电设备及系统一般划分为若干个分部工程。

（1）分部工程的划分原则。

1）可按专业性质、工程部位确定；

2）当分部工程较大或较复杂时，可按材料种类、施工特点、施工程序、专业系统及类别，将分部工程划分为若干子分部工程。

（2）分项工程可按主要工种、材料、施工工艺、设备类别进行划分。

（3）检验批可根据施工质量控制和专业验收的需要，按工程量、楼层施工段变形缝进行划分。

在项目施工前，分项工程和检验批的划分应由施工单位制定方案，并由监理单位审核确认。

综上所述，建设单位、监理单位会同施工单位，将根据国家标准《建筑工程施工质量验收统一标准》GB 50300—2013的要求，在分部工程的框架下，商议确定项目的分项工程和检验批。专业监理工程师将据此开展工程质量监理工作。

2. 建筑机电安装工程的6个分部工程

通常我们在建筑安装工程项目中按照建筑设备及系统的专业性质进行分部工程的划分，它们是建筑给水排水及供暖工程、建筑电气工程、通风与空调工程、电梯工程、智能建筑工程和建筑节能工程6个分部工程。

本教材将这 6 个分部工程自第二～七章，按 6 个章节分别讲述各设备及系统安装的监理管控要点。

三、质量验收的规范标准体系

1. 新的技术法规体系

建筑设备及系统安装工程质量验收的主要依据是法律法规、工程建设标准、工程设计文件和工程合同的约定等。2016 年以来为适应国际技术法规与技术标准特性规则，由政府制定、新的全文强制性的工程建设规范逐步推出，取代了原先在现行规范标准中分散的强制性条文。全文强制性工程建设规范和由法律、行政法规、部门规章中的技术性规定构成的新"技术法规"体系正在不断完善、推进之中。建筑设备及系统的安装专业监理工程师应注意到这样的体系变革，收集、充实我们监理主要依据的技术法规文件库，并贯彻执行之。

所谓全文强制性工程建设规范分为工程项目类规范（简称项目规范）和通用技术规范（简称通用规范）两种类型。项目规范以工程建设项目整体为对象，以项目的规模、布局、功能、性能和关键技术措施五大要素为主要内容。规范中有关工程质量的要求是项目应该达到的基本水平，关键技术措施应是实现项目性能要求的基本技术规定。

新的强制性工程建设规范实施后，现行相关工程建设的国家标准、行业标准中的强制性条文同时废止。我们应该注意尚未修订的现行工程建设标准中的强制性条文，在新的强制性项目规范或通用规范实施后的"失效"应该理解为条文的"强制性"已不再要求，当原条文与强制性工程建设规范的规定不一致，才真正失效。否则原条文的规定内容依然有效，只是不再是被强制性要求坚决落实了。

2. 通用规范标准

当前出台的建筑安装工程质量验收重要的通用规范：
（1）《建筑与市政工程施工质量控制通用规范》GB 55032—2022
（2）《建筑防火通用规范》GB 55037—2022
（3）《建筑电气与智能化通用规范》GB 55024—2022
（4）《建筑节能与可再生能源利用通用规范》GB 55015—2021
（5）《消防设施通用规范》GB 55036—2022

3. 工程质量验收的其他依据

除建筑安装工程质量验收重要的通用规范、标准及各专业验收规范、规程、标准外，我们还应遵循政府规章及以下验收依据：
（1）工程相关合同；
（2）建设项目施工图纸及设计变更等有关文件；
（3）工程的有关技术文件、会议纪要。

第二节 城市轨道交通工程机电设备安装监理

一、概述

轨道工程属于土木工程大类，它可进一步细分为铁路工程、城市轨道交通工程和其他轨道工程。其中城市轨道交通工程又有地下铁道工程、轻轨交通工程和磁悬浮交通工程。本教材讲述的内容主要涉及地下铁道工程和轻轨交通工程两类项目。从基本层面上看地下铁道工程分为车站工程、正线及站线轨道工程、其他相关工程；轻轨交通工程分为车站工程、路基工程、正线及站线轨道工程、其他相关工程。两者对照，我们可以看到轻轨交通工程的路基工程是地上工程，它是与地下铁道工程标志性的不同特征之一。作为安装专业的监理继续教育用教材，我们将从建筑工程安装专业监理的角度拓宽技术视野，去了解、掌握有关城市轨道交通工程安装监理的技术背景、监理要求，交流机电设备安装专业监理的实践经验。

城市轨道交通工程安装监理（又称机电设备系统安装监理）的工作一般比建筑工程机电设备安装监理范畴有所拓展，且主要是前移。它是从设备采购（含设计联络及监造、验收）起始，覆盖储运、安装施工、调试以及验收全过程。其中设备采购的核心是机电设备监造与验收。该阶段的设备监理和城市轨道交通工程的特殊性密切相关。

城市轨道交通工程近二十年在我国特大型、大型城市中蓬勃发展，规模大，技术新，工程造价不菲。一条轨交线路随客流不同、里程不同会配备不同的列车数目，"十三五"末上海轨交每公里的列车数达到 9 辆。以每条线路里程平均 30～40km，列车 8 节编组的模式推算，一般每个项目的工程体量就比较清晰了。近二十多年的快速发展期，轨交列车及沿线机电设备的技术升级迭代也是惊人的，应用无人驾驶技术的轨交项目也已经投入实际运营。因为研发成本、新技术应用和安全标准进一步提高等多重因素，工程投资也在升高。这些多重因素使得城市轨道交通工程项目尤其是车辆、支撑的机电设备系统等具有不一般的特殊性。这也使得有关项目建设的监理活动在方案设计、重要关键设备的制造和系统的调试方面需要更多更新的拓展与深度融合。

通常城市轨道交通工程项目中关键设备、大型设备的生产制造过程需要监理服务（设备监理），并且成为城市轨道交通工程项目建设前期、中期的重要监理工作之一。在项目建设的最后阶段，即机电设备及系统安装施工后的全线各设备及系统之间的系统联调、试运行、开通初期运营直至工程质保期结束，安装监理单位也常常接受建设单位的委托，延续城市轨道交通工程的安装监理服务。

关于设备监理，根据国家标准《设备工程监理规范》GB/T 26429—2022 的定义，设备监理是为保证符合法规、标准、合同等规定或要求，对设备工程项目的设计、采购、制造、安装、调试、检修、再制造等过程及其结果进行见证、检验、审核、控制等的监督管理活动。在某些领域也习惯称为设备监造。对照国家标准《建设工程监理规范》GB/T 50319—2013 第 8 章设备采购与设备监造，我们可以理解关于设备监造的特殊内容，尤其是在设计、制造阶段监理应进行的监督管理活动。就提供项目设备采购与设备监造的监理服务而言，根据委托监理合同的约定，设备监理单位应为设备监造项目部配备专业的监理人员。显然，相关设备监理工程师、专业监理工程师助理等需要有很强的专业水平和业务能力才能胜任此项工作。

城市轨道交通工程项目中沿线车站的机电设备及系统的安装工程，除去涉及轨交运营专有的机电设备系统，例如信号系统、自动售票系统、站台门系统等的安装施工外，与一般建筑工程中的机电安装还是存在很多共性的内容，例如建筑工程中给水排水工程、通风与空调工程、建筑电气（供配电、照明）工程、智能建筑工程和电梯工程的五大机电分部工程在城市轨道交通工程的机电设备系统中同样存在。在这方面，轨交机电设备安装专业监理有可借鉴的监理管控要点和监理实践经验。这也是本教材内容选题、组合的初衷。

二、质量验收的分部工程划分

城市轨道交通工程有一个典型的特点是项目的延伸面比较广，其中有些机电设备系统将连接各车站、车辆段（车库），例如牵引供电系统（接触网）、通信、信号系统等。所以，城市轨道交通工程机电设备系统安装质量验收可以按专业性质、设备系统的功能或工程部位（区域）进行分部工程划分。例如以一个新建线路为单位工程，机电设备系统的安装部分按供电系统、信号系统、通信系统、站区设备综合监控系统、自动售检票系统、站台门系统等进行分部工程划分。

三、质量验收的规范标准体系

1. 设备工程监理规范标准

（1）《设备工程监理规范》GB/T 26429—2022

对照旧版的国家标准《设备工程监理规范》GB/T 26429—2010，新版规范有较多的增加内容，体现了新形势下设备监理提供监理活动的基本方法和通用要求，它是设备监理的工作指南。

（2）设备产品的规范标准

设备监造包含了对关键设备、大型设备的设计、制造和出厂试验验收这段过程及结果的监督管控，因此，有关设备（装置）、产品的国家规范标准、行业甚至是企业标准自然成为监理工作的重要依据之一。

例如，电客列车是城市轨道交通设备的核心，它们与牵引、制动系统组合，在轨道上穿梭运输乘客，是全线路安全运营的关键组成之一。对此，关于设备质量的国家标准《地铁车辆通用技术条件》GB/T 7928—2003、《城市轨道交通车辆组装后的检查与试验规则》GB/T 14894—2005 是其中重要的两份规范标准文件。又如，城市轨道交通站台屏蔽门是车站确保乘客安全的重要设备，有关的产品标准有《城市轨道交通站台屏蔽门》CJ/T 236—2022 以及《轨道交通　站台门电气系统》GB/T 36284—2018。

自动售检票系统也是城市轨道交通的标配机电设备系统，相关的产品标准有国家标准《城市轨道交通自动售检票系统技术条件》GB/T 20907—2007、行业团体标准《城市轨道交通工程自动售检票系统监理技术要求》T/CAPEC 8—2019。其中行业团体标准 T/CAPEC 8—2019 包含了自动售检票系统从设计、制造、储运、安装、调试和验收全过程的监理要求。

更多的设备（产品）专业技术标准见第九～十三章的有关内容。

2. 其他机电设备系统关于施工质量的专业规范标准

城市轨道交通工程具有很强的专业机电设备支撑系统，除了国标、部颁标准外，行业协会也出台了一系列针对轨道交通的行业标准，例如中国设备管理协会的团体标准（CAPEC）。前面我们已经以自动售检票系统为例，列举了该系统专有的技术规程文件。需要强调的是行业标准的执行力和行业主管部门的行政规章和建设单位的意愿是有密切关系的，类似的标准文件是否遵循需要在施工前有所约定。

其他主要的规范、标准和技术规程文件：

（1）《地下铁道工程施工质量验收标准》GB/T 50299—2018

（2）《铁路电力工程施工质量验收标准》TB 10420—2018

（3）《城市轨道交通工程供电系统监理技术要求》T/CAPEC 5—2019

3. 安全规范标准

《地铁工程施工安全评价标准》GB 50715—2011。

第三节　工业安装工程机电设备安装监理

一、概述

工业安装工程在国家标准《工业安装工程施工质量验收统一标准》GB/T 50252—2018 中的定义是为新建、改建、扩建工业建设项目中涉及的土建、钢结构、设备、管道、电气、自动化仪表、防腐蚀、绝热、炉窑砌筑等设施所进行的施工技术工作及形成的工程实体。以我们在建筑工程项目中习惯的角度看工业安装工程可以有两大块：

1. 土建工程

这一部分包括工业厂房（机房）、构筑物工程的土建施工，包括和机电设备安装紧密相关的设备基础施工。

2. 机电设备及系统

机电设备及系统的安装工程应该是工业安装工程的主要施工内容，工业项目中工艺设备占据了主导地位，前述一般情况下工业建筑厂房或构筑物仅仅是大型设备、装置的陪衬，这样去思考工业安装工程安装专业监理的管理对象也就十分清晰了。

依据第一章第一节引述的国家标准《建设工程分类标准》GB/T 50841—2013，建设工程三大类别之一的机电工程是按照一定的工艺和方法，将不同规格、型号、性能、材质的设备、管路、线路等有机组合起来，满足项目使用功能要求的工程。机电工程包含了机械设备安装工程、静置设备与工艺金属结构工程、电气工程、自动化控制仪表工程、智能化工程、管道工程、消防工程、净化工程、通风与空调工程、设备及管道防腐蚀与绝热工程、炉窑工程、电子与信息通信工程等。

关于工业安装工程安装监理的主要工作可能有这样两大块，一是如同本章第二节叙述的设备监造，二是如同通常建筑工程安装监理的工作——工程施工质量验收，即监理在施工单位自检合格的基础上，对工程施工质量进行抽样复验，对技术文件进行审核，确认工业安装工程固有的特性、安全和使用功能满足相关标准规定、合同约定和隐含要求的程度。

工业安装工程施工质量的检验应符合下列规定：

（1）工程采用的设备、材料和半成品应按各专业工程设计要求及施工质量验收标准进行检验。

（2）各专业工程应根据相应的施工标准对施工过程进行质量控制，并应按工序进行质量检验。

（3）相关专业之间应进行施工工序交接检验，并应形成记录。

（4）各专业工程应根据相应的施工标准进行最终检验和试验。

二、质量验收项目的划分

1. 工业安装工程质量验收的划分原则

工业安装工程施工质量验收应划分为单位工程、分部工程和分项工程。其中土建工程、钢结构工程、防腐蚀工程绝热工程和炉窑砌筑工程可根据相应标准划分检验批。

（1）单位工程应按区域、装置或工业厂房、车间（工段）进行划分，较大的单位工程可划分为若干个子单位工程。当一个专业工程规模较大，具有独立施工条件或独立使用功能时，也可以单独构成单位工程或子单位工程。

（2）分部工程应按土建、钢结构、设备、管道、电气、自动化仪表、防腐蚀，绝热和炉窑砌筑专业划分。

较大的分部工程可划分为若干个子分部工程。

（3）分项工程应符合相关专业施工质量验收标准的规定。

2. 工业安装工程的分部工程

根据国家标准《工业安装工程施工质量验收统一标准》GB/T 50252—2018 所覆盖的范围，工业安装工程有关施工质量验收的划分共有 9 项分部工程。其中包括土建工程、钢结构工程、设备工程、管道工程、电气工程、自动化仪表工程、防腐蚀工程、绝热工程、炉窑砌筑工程。其中一般概念中的机电设备及系统安装专业监理将涉及后 7 项分部工程。与建筑工程不同，工业安装工程中，大型、特殊的设备安装可单独构成单位子单位工程或划分为若干个分部工程；管道工程、电气工程当其具有独立施工条件或使用功能时，也可构成一个单位（子单位）工程。管道工程、电气工程可转变为一个单位（子单位）工程是 2018 年新版标准增加的内容。一个独立生产系统或大型的炉窑砌筑工程可划分为一个单位工程。较大的单位工程可划分为若干个子单位工程。炉窑砌筑工程规模大小不一，特大型的筑炉工程，像高炉、焦炉筑炉工程也不少见，例如有一个炉容达 4000 多 m^3 的高炉项目实例中筑炉工程被划分为 12 个单位工程。

三、质量验收的规范体系

工业安装工程质量应该满足相关规范、标准规定、合同约定和隐含要求的程度。所以专业监理工程师掌握、熟悉监理对象作为产品或安装施工质量验收依据的相关规范标准是非常重要的。

国家标准《工业安装工程施工质量验收统一标准》GB/T 50252—2018 由 2010 年版升级，并且从 GB 标准调准为 GB/T 推荐性标准。《中华人民共和国标准化法》第二条第三款规定："强制性标准必须执行。国家鼓励采用推荐性标准。"当企业公开声明执行推荐性标准，则执行的推荐性标准就具有法律效力。所以，实施工程监理的项目，建设单位、监理单位、设计单位、施工单位，以及相关设备供应商应该就项目有关的工程质量等确定的管理目标，以及所执行的质量标准达成共识。如此，专业监理工程师在实施工程质量检验时就有了规范标准类的依据文件。一般在工程设计文件、施工合同和设备供应合同中都有工程质量执行有关规范标准的说明。

国家标准《工业安装工程施工质量验收统一标准》GB/T 50252—2018 是工业安装工

程施工质量验收的基础依据文件，它应该和相关专业施工质量验收标准配套使用。工业安装工程项目常用的专业施工质量验收标准有：

1. 与结构施工相关的施工质量验收主要的规范标准

(1)《钢结构工程施工质量验收标准》GB 50205—2020

(2)《工业炉砌筑工程质量验收标准》GB 50309—2017

(3)《工业炉砌筑工程施工与验收规范》GB 50211—2014

2. 与设备安装、管道安装、设备及管道防腐、绝热施工质量验收相关的主要规范标准

(1)《机械设备安装工程施工及验收通用规范》GB 50231—2009

(2)《风机、压缩机、泵安装工程施工及验收规范》GB 50275—2010

(3)《制冷设备、空气分离设备安装工程施工及验收规范》GB 50274—2010

(4)《现场设备、工业管道焊接工程施工质量验收规范》GB 50683—2011

(5)《化工机器安装工程施工及验收规范（通用规定）》HG/T 20203—2017

(6)《石油化工静设备安装工程施工质量验收规范》GB 50461—2008

(7)《石油化工静设备现场组焊技术规程》SH/T 3524—2009

(8)《工业金属管道工程施工质量验收规范》GB 50184—2011

(9)《石油化工有毒、可燃介质钢制管道工程施工及验收规范》SH/T 3501—2021

(10)《电气装置安装工程质量检验及评定规程》DL/T 5161.1~17—2018

(11)《自动化仪表工程施工及质量验收规范》GB 50093—2013

(12)《工业设备及管道防腐蚀工程技术标准》GB/T 50726—2023

(13)《化工设备、管道防腐蚀工程施工及验收规范》HG/T 20229—2017

(14)《工业设备及管道绝热工程施工质量验收标准》GB/T 50185—2019

(15)《石油化工工程起重施工规范》SH/T 3536—2011

(16)《石油化工大型设备吊装工程施工技术规程》SH/T 3515—2017

上述规范标准除了国标（GB）外，还有石化（SH）、电力（DL）等部级规范标准。

3. 安全规范标准

《石油化工建设工程施工安全技术标准》GB/T 50484—2019

第二章　建筑给水排水及供暖工程安装监理

第一节　建筑给水排水及供暖工程概述

建筑给水系统按供水对象和要求可以分为生活给水系统、生产给水系统、消防给水系统和联合给水系统。建筑给水系统的给水方式即建筑内部的给水方案，是根据建筑物的性质、高度、配水点的布置情况以及室内所需水压、室外管网水压和水量等因素决定的。常见的给水方式有以下几种：利用室外给水管网压力的直接给水方式；设水箱和水泵的给水方式；仅设水泵（或水箱）的给水方式；气压给水方式；分区给水方式。此外，还有一种分质给水方式，即根据不同用途所需要的不同水质，例如一般生活用水、直饮水、中水等分别设置独立的给水系统。显然水质不同，系统的管材要求也是不一样的。

建筑排水系统是排除居住建筑、公共建筑和生产建筑内污水的系统。建筑内部的排水系统一般由卫生器具或生产设备的受水器、排水管道、清通设施、通气管道、污废水的提升设备和局部处理构筑物组成。建筑内部的排水管道系统按排水立管和通气管的设置情况分为单立管排水系统、双立管排水系统和三立管排水系统。排水管道有设立管龙井或不设立管龙井的敷设模式。

将建筑供暖系统归列于本章是考虑到它们施工验收的主要规范标准是出自同一个规范标准。从系统的功能用途而言，建筑供暖系统更贴近于本教材第三章讲述的通风与空调系统，因为它们都是为改善室内空气品质服务的。建筑供暖系统是在冬季为保持室内所需温度，弥补因冬季室外温度低，室内不断向外流失的热量而设立的系统。显然供暖系统在管道方面保温将是一个新的重点。

一、建筑给水排水及供暖工程的组成

1. 给水系统组成

建筑给水系统以建筑物内的给水引入管上的阀门井或水表井为界分为室内和室外两个部分。典型的建筑给水系统由下列几部分组成：

（1）室内给水系统

室内给水系统是从室外供水管网引水后供给到室内各用水端的给水工程，它按用途可分为四类：

1）生活给水系统：供生活、洗用水；

2）生产给水系统：供生产用水；

3）消防给水系统：供消防装置用水；

4）联合给水系统：为生活、消防合一设置的系统。

其中室内消防给水系统又可划分为消火栓系统、自动喷水灭火系统和水幕消防系统等。其中常见的为消火栓系统和自动喷水灭火系统：

① 消火栓系统：消火栓系统几乎成为建筑项目的标配而被广泛使用，它主要由消防水箱、消防水泵、水泵接合器、消防配管、消火栓、水龙带和喷枪等组成。

② 自动喷水灭火系统：除了和消火栓系统类似的给水源头（消防水箱、消防水泵、水泵接合器）外主要由自动报警阀及控制装置、管网和喷水头等组成。它根据建筑防火规范用于高层商业建筑，例如高级宾馆、办公楼宇、商场等公共建筑，以及物资仓库、工业厂房等。它也是一个使用非常广的消防灭火系统。

③ 水幕消防系统：水幕消防系统是指由水幕喷头、控制阀（雨淋阀或干式报警阀等）、探测系统、报警系统和管道等组成的消防系统。水幕消防系统中采用开式水幕喷头，将水喷洒成水帘幕状形成阻隔，或发挥冷却作用，阻止火势扩大和蔓延。该系统具有出水量大、灭火及时的优点。适用于火灾蔓延快、危险性大的建筑或部位。

水幕消防系统主要用于需要进行水幕保护或防火隔断的部位，如设置在企业中的各防火区或设备之间，阻止火势蔓延扩大，阻隔火灾事故产生的辐射热，对泄漏的易燃、易爆、有害气体和液体起疏导和稀释作用。水幕消防系统不具备直接灭火的能力，是用于挡烟阻火和冷却隔离的防火系统。防火分隔水幕系统利用密集喷洒形成的水墙或多层水帘，封堵防火分区处的孔洞，阻挡火灾和烟气的蔓延。剧场舞台就有这样的应用案例。防护冷却水幕系统则利用喷水在物体表面形成的水膜，控制防火分区处分隔物的温度，使分隔物的完整性和隔热性免遭火灾破坏。

室内给水系统又因系统供水压力及流量负荷的不同有各种管网形式，包括分区供水形式。无论哪种供水方式，室内给水系统一般均由以下几个基本部分组成：

① 引入管：自室外给水管将水引入室内给水管网的管段。通常需穿过建筑物承重墙或基础。

② 水表节点：水表一般装设于引入管（入户管）上，与其附近的阀门等构成水表节点。

③ 给水管网：由水平干管、立管和支管等组成。

④ 用水设备：指水龙头、卫生器具、生产用水设备等。

⑤ 给水附件：指给水管道上的各种阀门、特殊装置等。

此外，由于系统升压和贮水的需要，常附设水泵、水箱或气压给水装置及蓄水池等，以及为满足特殊需要而设置的局部给水处理设备，例如包括具备过滤、软化、消毒功能的净水设备或装置等。

（2）室外给水系统

室外给水系统可以概括到为民用和工业生产部门提供用水而建造的工程设施，一般包括取水、净水、泵站及输配水工程。规模化此类工程属于城市基础设施项目，就是我们常说的市政给水工程。一般建筑工程项目所涉及的室外给水系统是指项目建设红线内的室外给水管网工程。我们俗称"小市政"配套工程。室外给水系统一般包括水表、地下贮水池、管网和水泵等。

（3）室内热水供应系统

室内热水供应系统是水加热、储存和输配设施的总称，其任务是满足建筑内人们在生产和生活中对热水的需求。主要供水方式从规模特征上分有局部热水供应系统、集中热水供应系统、区域热水供应系统。建筑工程项目选用何种热水系统主要根据建筑物所在地的市政热力系统完善程度和建筑物使用性质、使用热水点的数量、水量和水温等因素确定。就一般建筑工程项目而言，常见的是集中热水供应系统和局部热水供应系统。

1）集中热水供应系统

集中热水供应系统是在专用锅炉房、热交换站或加热间将冷水集中加热，通过热水管网输送至整幢或几幢建筑的热水供应系统。其供水范围大、加热器及其他设备设置集中、加热效率高、热水成本较低、总体设备容量小、使用较为方便舒适。但由于系统是集中加热模式，输配管道长、系统复杂，还有管网热损失，所以投资也大。显然集中热水供应系统适用于使用要求高、热水量较大，用水点多且分布比较集中的建筑，例如等级较高的居住建筑、酒店旅馆、医院、疗养院、游泳池等公共建筑，以及有生产需要的工业建筑等。

水加热热源，在条件允许时应首先利用工业余热、废热、地热和太阳能，若无这些可利用热源，则应优先采用能保证全年供热的城市热力管网或区域性锅炉房供热。当系统选用外输热源时项目内部就没有独立的热源，例如锅炉房，取而代之的是换热站。冷水利用外部输入热源，换热生产热水。项目不自建热源（锅炉房）的建设方案，经济节能、减少环境污染是重要的考量。

2）局部热水供应系统

采用各种小型加热器在用水场所就地加热，供局部范围内的一个或几个用水点使用的热水系统称为局部热水供应系统。如采用小型燃气加热器、电加热器、太阳能加热器等，将冷水加热后供给厨房、浴室、生活间等用水。

局部热水供应系统供水范围小，热水分散制备。一般靠近用水点设置小型加热设备供一个或几个配水点使用，热水管路短，热损失小，适用于热水用量较小且较分散的建筑，如一般单元式居住建筑、公共建筑热水需求不大且分散的用户端项目。像办公建筑中的卫生间热水供应，用水时间分散，负荷也不大，目前常见的方案就是独立配置电热水器。楼层不高的公共建筑项目利用太阳能也是一个可行、环保的解决方案。

热水的加热方式有直接加热方式、间接加热方式。

直接加热方式是利用燃气、燃油、燃煤为燃料把冷水直接加热到所需温度，或者是将蒸汽或者高温水通过穿孔管或喷射器直接与冷水接触混合制备热水。热水锅炉直接加热具有热效率高、节能的特点。

间接加热方式是利用热媒通过水加热器把热量传递给冷水，把冷水加热到所需温度，在整个加热过程中热媒与被加热冷水不混合，热媒只是一个载热介质，系统有回路，例如锅炉房输出的高温热水或蒸汽在换热器换热后又需要返回锅炉，如果是蒸汽，放热后的凝结水一般还需要通过冷凝水管返回锅炉房。回收的冷凝水可以重复利用，补充水量少。有回路系统的水软化处理费用低，当然代价是需建设回水管路及加设配套循环装置。

2. 排水系统组成

完整的排水系统一般由下列部分组成：

卫生器具或生产设备受水器：用来承受用水和将用后的废水排水管道的容器。

排水管：由器具排水管（含存水弯）、横支管、立管、总干管和排出管组成，作用是将污（废）水迅速安全地排出室外。

通气管：使排水管与大气相通的管道，作用是调节排水管内压力，保证排水通畅。

清通设备：用于疏通管道，有检查口、清扫口、检查井等。

污水提升设备：当建筑物内污水不能自流排到室外时，应设置提升设备，如污水泵。

污水局部处理设施：当生活、生产的污（废）水不允许直接排入城市排水管网或水体时应设置局部处理设施，例如沉淀、过滤、消毒、冷却和生化处理设施等。

（1）室内排水系统

室内排水系统是将建筑物内部的污（废）水通畅地排入室外管网的工程，按所排水性质的不同可分为生活污水管道、工业废水管道、雨水管道。

生活污水不得与室内雨水合流，冷却系统排水可以排入室内雨水系统。

工业废水管道是将工业企业生产中所排出的不同性质的废水收集起来，送至废水回收利用和处理构筑物。经回收处理后的水可再利用、排入水体或城市排水系统。

雨水管道是排除屋面水用的，在高层建筑和大面积工业厂房中，通常采用室内管道汇集屋面雨、雪水，然后排至室外排水管网。

室内排水系统一般由以下几个基本部分组成：

1）卫生器具：收集污水、废水的设备，是室内排水管网的起点，经过存水弯和排水短管流入支管、干管，最后排入室外排水管网。

2）横支管：其作用是将卫生器具排水管流来的污（废）水排至立管。

3）立管：接收各支管汇流来的污（废）水，然后再排至排出管。为了保证污（废）水排出通畅，立管管径不应小于任何接入支管的管径。

4）排出管：排出管是室内排水立管与室外排水井之间的连接管段。它接受一根或几根立管汇流来的污（废）水并排至室外排水管网。

5）通气管：通气管的作用是使污（废）水在室内排水管道中产生的臭气及有毒害的气体排放到大气中去，同时将管内在污（废）水排放时的压力变化尽量稳定并接近大气压力。

对于层数不多的建筑，可将排水立管上部延伸出屋面，排水管上延部分即为通气管。对于层数较多及高层建筑，由于立管较长且卫生器具数量较多，除了伸顶通气管外还应设主通气立管、环形通气管等。

6）清通设备：室内排水系统一般需设检查口、清扫口和检查井三种清通设备。检查口设在排水立管上及较长水平管段上，清扫时将盖板打开。清扫口设置在横管的起始端，一般当污（废）水横管上有两个及两个以上的坐便器或三个及三个以上的卫生器具时使用。对于生活污（废）水排水管道，在建筑物内不设检查井。

7）特殊设备：污（废）水提升设备和污（废）水局部处理设备。当卫生器具的污（废）水不能自流排至室外排水管道时，需设水泵和集水池等提升设备。当污（废）水不允许直接排入室外排水管网时，则需设置局部污（废）水处理设备，使水质得到初步改善后再排入室外排水管道。

（2）室外排水系统

室外排水系统是指把室内排出的生活污水、生产废水及雨水按一定系统结构组织起来，经过污水处理，达到排放标准后，再排入天然水体。室外排水系统包括：井、排水管网、水站及污水处理和污水排放口等，其流程为：窨井→排水管网→污水泵站→污水处理→污水排放口。

室外排水系统通常分为合流制和分流制两种。合流制是将各种污水汇流到一套管网中排放，其缺点是当雨季排水量大时不可能全部处理。分流制是将各种污水分别排出，它的优点是有利于污水处理和利用，管道的水力条件较好。

3. 建筑供暖系统

供暖系统是由热源产生的热媒，通过管道输送（热网）到供暖部位（热用户），再通过供暖器具将热量散发到供暖部位起到供暖作用，冷却后的"热媒"又通过管道回到热源中去进行再加热，不断循环。供暖系统按其输送的载热体的不同可分为热水供暖系统、低温辐射供暖系统和热风供暖系统等。

（1）热水供暖系统

热水供暖系统是以热水为热煤，由锅炉送出的热水，经管道送至用户，热水冷却后，经过回水管道返回锅炉。按系统循环动力分为自然循环和机械循环；按系统的每组主管根数分为单管和双管；按系统的管道铺设方式分为垂直式和水平式。系统一般以散热设备或装置为终端。散热设备或装置一般安装于房间或走道内，以通过冷热气流交融达到供暖目的。热水供暖适用于离锅炉房较近的民用建筑内。

（2）低温辐射供暖系统

低温辐射供暖的散热面是与建筑构件合为一体，一般将低温管线埋置于建筑的构件与围护结构内，埋设于顶棚、地面或墙壁中，常见的形式为地面式辐射供暖。

1）低温热水地板辐射供暖系统

低温热水地板辐射供暖具有舒适性强、节能、方便实施按户热计量，便于住户二次装修等特点，还可以有效地利用低温热源如太阳能、地下热水、供暖和空调系统的回水、热泵型冷热水机组、工业与城市余热和废热等。

目前常用低温热水地板辐射供暖是以供水温度不大于60℃，民用建筑供水温度宜采用35～50℃，供回水温差不宜大于10℃的低温热水为热媒，采用塑料管预埋在地面不宜小于30mm混凝土垫层内，地面结构一般由结构层（楼板或土壤）、绝热层（上部敷设暗管，且间距固定的加热管）、填充层、防水层、防潮层和地板层组成。

2）低温发热电缆地板辐射供暖系统

低温发热电缆地板辐射供暖与低温热水地板辐射供暖不同之处在于加热元件，低温发热电缆地板辐射供暖的加热元件为通电后能发热的电缆。它由发热导线、绝缘层、接地屏蔽层和外护套等部分组成，一根完整的电缆还包括与发热部分连接的冷线及其接头。低温发热电缆地板辐射供暖系统由发热导线和控制部分组成。发热电缆铺设于地面上，发热电缆与驱动器之间用冷线相连，接通电源后，通过驱动器驱动发热电缆发热。温度控制器安装在墙面上，也可以放置于远端控制装置内实现集中控制，通过铺设于地面以下的温度传感器（感温探头）探测温度，控制驱动器的连通和断开，当温度达到设定值后，温度控制器控制驱动器动作，断开发热电缆的电源，发热电缆停止工作；当温度低于设定值时，发热电缆又开始工作。

低温发热电缆地板辐射供暖适合于住宅、宾馆、商场、医院、学校等居民及公共建筑的供暖。对于电供暖，仅可应用于无集中供热、用电成本较低（水电、核电）、对电力有"移峰填谷"作用或对环保要求较高地区的建筑内使用。

3）低温电热膜辐射供暖系统

低温电热膜辐射供暖是以电作为能源，将电热膜敷设于建筑的内表面（顶棚、墙面等）的一种供暖方式。由于工作时表面温度较低，辐射表面温度宜控制在 28～30℃，属于低温辐射供暖的范围。通常的电热膜是通电后能够发热的一种半透明聚酯薄膜，是载流条、可导电特制油墨或金属丝等材料与绝缘聚酯膜的复合体。应布置于卧室、起居室、餐厅、书房等房间内，厨房、卫生间、浴室不宜采用，应采取其他供暖方式。低温电热膜辐射供暖集中了电供暖与辐射供暖的优点。电热膜由温控器控制，当房间温度达到温控器设定的温度时，电热膜会停止工作，达到节能目的。

采用电缆及电热膜辐射供暖系统在安装上相比敷设热水管道的地暖系统安装在施工生产工艺上便捷得多，也没有管道漏水的风险。

（3）热风供暖系统

热风供暖系统是利用热空气做媒质的对流供暖方式。送入室内的空气只经加热和加湿（也可以不加湿）处理，而无冷却处理。这种系统只在寒冷地区且只有供暖要求的大空间建筑中应用。

4．建筑中水系统

中水系统是指以中水为水源的供水系统。称呼"中水"是因其水质介于给水（上水）和排水（下水）之间。中水是指污水废水经处理达到规定的水质标准后，可在一定范围内回用，主要用于厕所冲洗、园林灌溉、车辆冲洗以及工业冷却水、建筑工程和消防用水等，而雨水一般情况下视为优质中水。发展中水系统是节约水资源，追求可持续发展的产物。按照系统的规模可分为建筑中水系统和区域性循环中水系统。应用较多的是建筑中水系统，其规模小、投资大、运行费用高、管理分散，不能有效地解决城市缺水问题。因此，需要扩大中水系统的规模，进行统一的规划和管理。

建筑中水系统由原水的收集、贮存、处理和中水供给等工程设施组成。中水供给设施类同于建筑给水工程，只是在管材防腐、管道标识、水具接入的防护方面由于卫生安全因素，有非常严格限制规定。中水塑料管采用浅绿色管道，且水箱、阀门、水表等均应有明显的"中水"标志。

中水处理流程应根据中水原水的水质、水量及回用对水质的要求进行选择。进行方案比较时还应考虑场地状况、环境要求、投资条件、缺水背景、管理水平等因素，经过综合经济技术比较确定。由于中水处理范围多为小区和单独建筑物分散设置类型，在流程选择上不宜过于复杂，宜按下列要求进行：

（1）尽量选用定型成套的综合处理设备。这样可以做到简化设计，布置紧凑、节省占地、使用可靠、减少投资。

（2）对于中小型规模的中水处理站，不可能配置较多的运行操作人员。为了便于管理和维护，在处理工艺的选择上，宜采用既可靠又简便的流程，以减少运行人员。

（3）中水处理设施一般设在人员较为集中的生活区（如居住小区、建筑物内部），在设置地点的选择上要考虑臭味、噪声等对周围环境的影响。故一般中水处理站多设在地下室、自成独立的建筑物或采用地埋式处理设备。

（4）中水处理工程的投资效益是普遍关注的问题。使用不够广泛的主要原因除了节水意识较差以外，主要是初期投资和处理成本较高。因此，原水水源选择可以根据回用要求，尽量选择优质杂排水或杂排水，以便简化流程减少一次投资，降低处理成本。另外还要考虑处理后的回用水能够充分利用以避免无效投资。

二、建筑给水排水及供暖工程特点

1. 给水排水工程特点

高效性：建筑给水排水设备具有高效的操作能力，可以快速有效地完成给水排水工作。

安全性：建筑给水排水设备采用专业的材料制造，确保了设备在使用过程中的安全性。

耐用性：建筑给水排水设备的使用寿命很长，可以持续使用数年，不易出现故障。

可靠性：建筑给水排水设备具有较高的可靠性，能够有效地防止给水排水工程的污染。

在高层建筑中，市政供水管网的压力一般不能满足使用压力的要求，需要采用加压设备另行加压供水，还必须在垂直方向上将全楼划分成若干个供水区，否则上层和下层会因压力产生不同的问题。下层会因给水压力过大从而引起喷溅现象，管道附属配件磨损严重、检修频繁、寿命缩短，增加管理和运营费用；而上层的水龙头由于流速过大影响出水，还会产生负压抽吸现象，造成回流污染。因为高层建筑楼高风大，火警时火势极易蔓延，所以必须有完善的配套的消防报警、应急照明、紧急呼叫、消火栓、喷淋等消防设施。地震和建筑物不均匀沉降对高层建筑的影响较大，应对长距离和跨越伸缩缝的给水管按设计规范必须在规定的部位采用柔性连接。

高层建筑的排水系统一般分为室内污废水系统、雨水系统和地下室机械强制排水系统。高层建筑的室内排水系统必须设有专用通气管，这是由于污水立管长、接入的卫生器具较多，部分立管可能被水塞破坏了卫生器具中的水封，使臭气外溢。高层建筑的排水立管每层必须设置阻火圈，防止火势急速蔓延，非住宅建筑雨水系统多采用内排水。

2. 供暖工程特点

热水供暖系统的热能利用率高，输送时无效热损失较小，散热设备不易腐蚀，使用周期长且散热设备表面温度低，符合卫生要求；系统操作方便，运行安全，易于实现供水温度的集中调节，系统蓄热能力高，散热均匀，适用于远距离输送。

在高层建筑热水供暖系统实施中因建筑高度的增加，底层散热器承受的静水压力增加，且容易引起垂直失调等问题，其解决方式主要有：将高层建筑热水供暖系统与热网隔离，高层建筑热水供暖系统的水力工况与热网水力工况互不影响；将高层建筑热水供暖系统按竖向分区，即分成两个或两个以上相互独立的供暖系统；采用有利于减轻垂直失调的供暖系统；采用承压能力高的散热器。

电供暖系统同热水供暖系统一样有较好的舒适性和安全性，在使用中对环境不会产生污染，可以实现零排放、无污染，是一种绿色环保的供暖方式；它的工作效率高，短时间内就能有较好的供暖效果；灵活性是其最大的特点，电供暖具有非常强的分区、分户、分室控制能力，可以做到即开即关；系统简单可靠，电能几乎可以实现完全转化成热能，整体造价成本低。

建筑给水排水及供暖工程技术发展趋势主要有以下几点：

（1）节能技术：建筑给水排水及供暖设备的节能技术将会得到进一步的发展，以节省能源。

（2）智能技术：建筑给水排水及供暖设备的智能技术将会得到更多的应用，以提高工作效率。

（3）集成化技术：建筑给水排水及供暖设备的集成化技术将会得到进一步的发展，以提高设备的使用效率。

（4）环保技术：建筑给水排水及供暖设备的环保技术将会得到进一步的发展，以减少对环境的影响。

（5）智慧型技术：建筑给水排水及供暖设备的智慧型技术将会得到进一步的发展，以提高工作效率和安全性。

（6）自动化技术：建筑给水排水及供暖设备的自动化技术将会得到更多的应用，以方便操作及更低的成本。

（7）综合利用技术：建筑给水排水及供暖设备的综合利用技术将会得到更多的应用，以更有效地利用资源。

（8）新型材料：建筑给水排水及供暖设备的新型材料将会得到更多的应用，以提高设备的使用寿命和安全性。

第二节   建筑给水排水及供暖工程安装质量验收规范、标准及技术规程

一、建筑给水排水及供暖工程施工质量验收的主要规范

建筑给水排水及供暖工程专业监理工程师在建筑给水排水及供暖工程的施工质量监理实践中，应坚持质量控制的底线，在满足强制性工程建设规范规定的项目功能、性能要求和关键技术措施的前提下，根据项目设计、建设单位要求，依照合同完成好项目安装施工质量的检查与验收工作。

1. 有关建筑给水排水及供暖工程施工质量验收的工作依据主要基于下列重要规范文件
（1）《建筑给水排水与节水通用规范》GB 55020—2021
（2）《建筑给水排水及采暖工程施工质量验收规范》GB 50242—2002
（3）《建筑给水塑料管道工程技术规程》CJJ/T 98—2014
（4）《给水排水管道工程施工及验收规范》GB 50268—2008
（5）《消防设施通用规范》GB 55036—2022
（6）《消防给水及消火栓系统技术规范》GB 50974—2014
（7）《自动喷水灭火系统施工及验收规范》GB 50261—2017
（8）《建筑排水塑料管道工程技术规程》CJJ/T 29—2010
（9）《建筑屋面雨水排水系统技术规程》CJJ 142—2014
（10）《建筑节能工程施工质量验收标准》GB 50411—2019

2.《建筑给水排水与节水通用规范》GB 55020—2021 简介
它是一部通用技术类规范，是法律、行政法规、部门规章中的技术性规定与强制性工

程建设规范构成的"技术法规"体系中的一员。工程安装施工的质量必须遵守其条文规定，是我们专业监理工程师必须掌握的基本依据。该标准共有九章，它们是总则、基本规定、给水系统设计、排水系统设计、热水系统设计、游泳池及娱乐设施水系统设计、非传统水源利用设计、施工及验收和运行维护。其中第八章施工及验收有一般规定、施工与安装和调试与验收三个小节，所列条文实际上是对建筑给水排水与节水工程中有共性、通用的专业性关键技术要求作出了强制性的规定，也就是先前我们所熟悉的标准规范中的强制性条款。

标准中关于安装质量与验收的要求：

（1）一般规定

1）建筑给水排水与节水工程与相关工种、工序之间应进行工序交接，并形成记录。

2）建筑给水排水节水工程所使用的主要材料和设备应具有中文质量证明文件、性能检测报告，进场时应做检查验收。

3）生活饮用水系统的涉水产品应满足卫生安全的要求。

4）用水器具和设备应满足节水产品的要求。

5）设备和器具在施工现场运输、保管和施工过程中，应采取防止损坏的措施。

6）隐蔽工程在隐蔽前，应经各方验收合格并形成记录。

7）阀门安装前，应检查阀门的每批抽样强度和严密性试验报告。

8）地下室或地下构筑物外墙有管道穿过时，应采取防水措施。对有严格防水要求的建筑物，应采用柔性防水套管。

9）给水、排水、中水、雨水回用及海水利用管道应有不同的标识，并应符合下列规定：

① 给水管道应为蓝色环；

② 热水供水管道应为黄色环、热水回水管道应为棕色环；

③ 中水管道、雨水回用和海水利用管道应为淡绿色环；

④ 排水管道应为黄棕色环。

（2）施工与安装

1）给水排水设施应与建筑主体结构或其基础、支架牢靠固定。

2）重力排水管道的敷设坡度必须符合设计要求，严禁无坡或倒坡。

3）管道安装时管道内外和接口处应清洁无污物，安装过程中应严防施工碎屑落入管中，管道接口不得设置在套管内，施工中断和结束后应对敞口部位采取临时封堵措施。

4）建筑中水、雨水回用、海水利用管道严禁与生活饮用水管道系统连接。

5）地下构筑物（罐）的室外人孔应采取防止人员坠落的措施。

6）水处理构筑物的施工作业面上应设置安全防护栏杆。

7）施工完毕后的水调蓄、水处理等构筑物必须进行满水试验，静置 24h 观察，应不渗不漏。

（3）调试与验收

1）给水排水与节水工程调试应在系统施工完成后进行，并应符合下列规定：

① 水池（箱）应按设计要求储存水量；

② 系统供电正常；

③ 水泵等设备单机及并联试运行应符合设计要求；

④ 阀门启闭应灵活；

⑤ 管道系统工作应正常。

2）给水管道应经水压试验合格后方可投入运行。水压试验应包括水压强度试验和严密性试验。

3）污水管道及湿陷土、膨胀土、流砂地区等的雨水管道，必须经严密性试验合格后方可投入运行。

4）建筑中水、雨水回用、海水利用等非传统水源管道验收时，应逐段检查是否与生活饮用水管道混接。

5）经返修或加固处理仍不能满足安全或使用要求的分部工程及单位工程，严禁验收。

6）预制直埋保温管接头安装完成后，必须全部进行气密性检验。

7）生活给水、热水系统及游泳池循环给水系统的管道和设备在交付使用前必须冲洗和消毒，生活饮用水系统的水质应进行见证取样检验，水质应符合国家标准《生活饮用水卫生标准》GB 5749—2022 的规定。

3. 规范标准的应用

国家标准《建筑给水排水及采暖工程施工质量验收规范》GB 50242—2002 在建筑给水、排水及供暖工程施工质量验收工作中具有重要的地位，是衡量工程质量是否达到要求的基本依据文件。当然，我们也需要综合更新版本及更加专业化的技术标准规范，例如，给水排水塑料管道安装施工，我们需要在国家标准《建筑给水排水及采暖工程施工质量验收规范》GB 50242—2002 的基础上，再根据行业推荐标准《建筑给水塑料管道工程技术规程》CJJ/T 98—2014、《建筑排水塑料管道工程技术规程》CJJ/T 29—2010，做好有关塑料管道施工项目的工程质量监理工作。而《给水排水管道工程施工及验收规范》GB 50268—2008 则适用于新建、扩建和改建城镇供给设施和工业企业的室外给排水管道工程的施工及验收（工业特殊要求排水管道除外），该规范较全面地阐述了室外给排水管道施工质量的要点。

国家标准《消防给水及消火栓系统技术规范》GB 50974—2014 和《自动喷水灭火系统施工及验收规范》GB 50261—2017 在消防消火栓系统和自动喷水灭火系统的安装施工质量监督方面，是在国家标准《建筑给水排水及采暖工程施工质量验收规范》GB 50242—2002 的基础上，将有关的技术及工程质量的要求贴近消防工程细化，时间版本也优于2002 版的国家标准 GB 50242。

行业推荐标准《建筑排水塑料管道工程技术规程》CJJ/T 29—2010 适用于建筑物高度不大于 100m 的新建、改建、扩建工业与民用建筑的生活排水、一般屋面雨水重力排水和家用空调机组的凝结水排水的塑料管道工程设计、施工及验收。规程规定的建筑排水塑料管道包括由硬聚氯乙烯（PVC-U）材料、聚烯烃（PO）材料制成，或者由苯乙烯与聚氯乙烯共混等材料制成的塑料排水管道。

二、建筑给水排水及供暖工程施工质量验收的相关规范

建筑给水排水及供暖工程除了上述主要规范外，还有一些常用的通用或更多专业细分门类，针对性更强的规范标准文件，下面列出与建筑给水排水及供暖工程施工相关的部分规范标准：

（1）《机械设备安装工程施工及验收通用规范》GB 50231—2009

（2）《工业金属管道工程施工规范》GB 50235—2010

（3）《工业金属管道工程施工质量验收规范》GB 50184—2011

（4）《现场设备、工业管道焊接工程施工规范》GB 50236—2011

（5）《现场设备、工业管道焊接工程施工质量验收规范》GB 50683—2011

（6）《风机、压缩机、泵安装工程施工及验收规范》GB 50275—2010

（7）《游泳池给水排水工程技术规程》CJJ 122—2017

（8）《民用建筑太阳能热水系统应用技术标准》GB 50364—2018

（9）《太阳能供热采暖工程技术标准》GB 50495—2019

（10）《锅炉安装工程施工及验收标准》GB 50273—2022

三、建筑给水排水及供暖工程其他施工质量验收依据

（1）建设项目施工图纸及设计变更等有关证明

（2）已批准的施工组织设计及施工方案、建设单位提供的资料

（3）本工程的有关技术文件、会议纪要

（4）涉及本工程的地方性技术标准和标准图集等

第三节　建筑给水排水及供暖工程监理流程和方法

一、建筑给水排水及供暖工程监理工作流程

流程图是用图块的形式将一个过程的步骤清晰地表示出来。利用流程图可以更详细了解、熟悉和掌握过程的主要内容、逻辑性和顺序。通过对一个过程中各步骤之间关系的研究，常常能方便地找出发生故障的潜在原因。在工程的管控中，这样的流程图对监理工作的规范操作、不漏细节起到良好的指导意义。

一项专业监理的工作流程图有很多，本节仅示范性地列出建筑给水排水及供暖工程监理的主要工作流程，见图 2.3-1。

二、建筑给水排水及供暖工程监理工作方法

1. 图纸会审和设计交底

施工图的审查是施工监理工作中的一项关键技术工作。专业监理工程师在收到施工图纸以后，就要仔细查看图纸，了解图纸的内容、特点及要点，明白设计目的，掌握工程状况，熟悉建筑物的结构。在审查设计图纸时，最好能发现图纸中的全部问题，这样就方便设计人员对审图时所发现问题做出较早的补充和修改。

给水排水及供暖工程施工图审查的主要方法和要点：

（1）图纸的规范性、完整性、准确性：应审查设计图纸是否符合有关技术标准规范；图纸资料是否齐全，有无遗漏；设计深度能否满足施工需求；有关部位的标高、坡度、坐标是否正确等。还应具体审查图纸编号、设计说明、材料名称、规格型号、数量、平面立面尺寸、详图、大样图、系统图、图纸表示或标注符号等是否清晰、明确、无误。

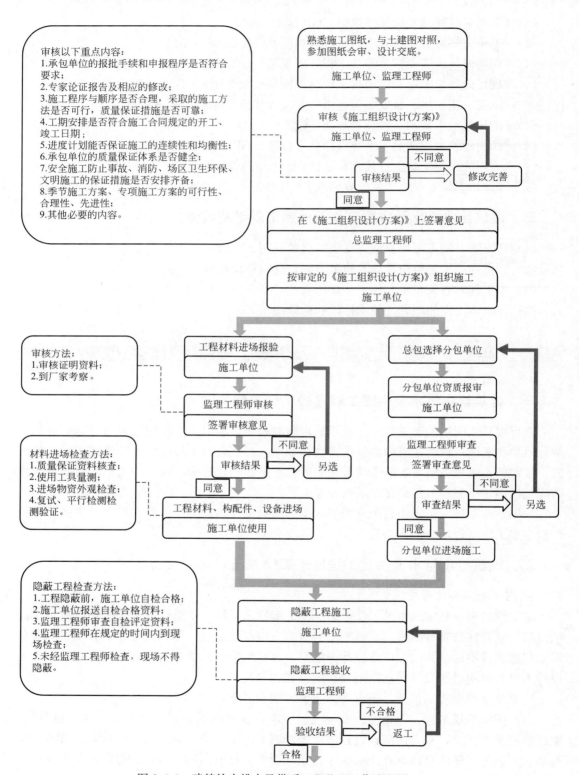

审核以下重点内容：
1.承包单位的报批手续和申报程序是否符合要求；
2.专家论证报告及相应的修改；
3.施工程序与顺序是否合理，采取的施工方法是否可行，质量保证措施是否可靠；
4.工期安排是否符合施工合同规定的开工、竣工日期；
5.进度计划能否保证施工的连续性和均衡性；
6.承包单位的质量保证体系是否健全；
7.安全施工防止事故、消防、场区卫生环保、文明施工的保证措施是否安排齐备；
8.季节施工方案、专项施工方案的可行性、合理性、先进性；
9.其他必要的内容。

熟悉施工图纸，与土建图对照，参加图纸会审、设计交底。
施工单位、监理工程师

审核《施工组织设计(方案)》
施工单位、监理工程师

审核结果　不同意　修改完善
同意

在《施工组织设计(方案)》上签署意见
总监理工程师

按审定的《施工组织设计(方案)》组织施工
施工单位

审核方法：
1.审核证明资料；
2.到厂家考察。

工程材料进场报验
施工单位

监理工程师审核
签署审核意见

总包选择分包单位

分包单位资质报审
施工单位

监理工程师审查
签署审查意见

材料进场检查方法：
1.质量保证资料核查；
2.使用工具量测；
3.进场物资外观检查；
4.复试、平行检测检测验证。

审核结果　不同意　另选
同意

工程材料、构配件、设备进场
施工单位使用

审查结果　不同意　另选
同意

分包单位进场施工

隐蔽工程检查方法：
1.工程隐蔽前，施工单位自检合格；
2.施工单位报送自检合格资料；
3.监理工程师审查自检评定资料；
4.监理工程师在规定的时间内到现场检查；
5.未经监理工程师检查，现场不得隐蔽。

隐蔽工程施工
施工单位

隐蔽工程验收
监理工程师

验收结果　不合格　返工
合格

图 2.3-1　建筑给水排水及供暖工程监理工作流程图（一）

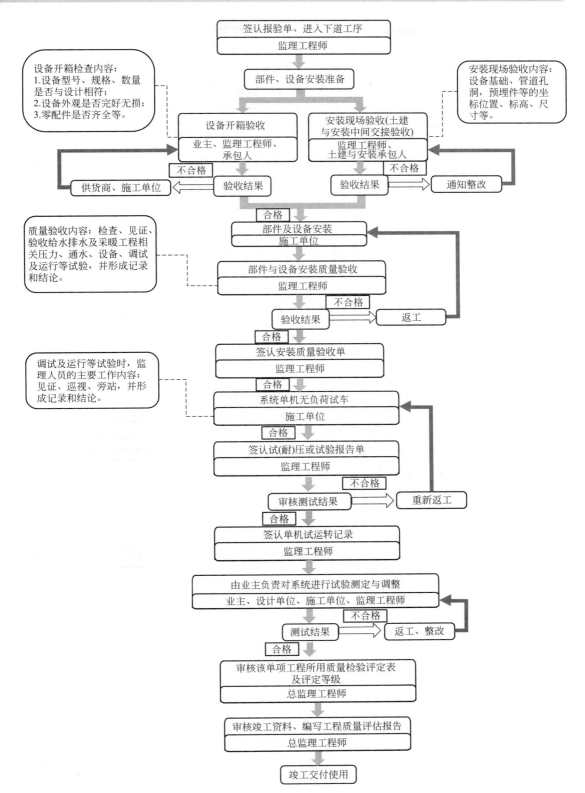

图 2.3-1　建筑给水排水及供暖工程监理工作流程图（二）

（2）设计图纸是否符合工艺流程和施工工艺要求，是否美观和适用：如工作压力、温度、介质是否清楚；固定、防震、保温、防腐、隔热部位及采用的方法、材料、施工技术要求及漆色等是否明确；需采用特殊施工方法、施工手段、施工机具的部位要求和做法是否明确；有特殊要求的材料其规格、品种、数量是否满足要求，有无材料代用的可能等。

（3）与其他专业图纸的关联性审查：给水排水及供暖工程与建筑结构、建筑电气、建筑通风与空调相互间存在紧密关联。在进行图纸审查时还应关联审查相关专业图纸是否存在相互矛盾、冲突、空间影响等内容。

施工单位记录整理的图纸会审记录经各方签字确认后实施。是项目设计施工图纸的组成部分，也是竣工图的重要组成部分。同时也是工程结算依据之一。图纸会议记录内容核查无误后由总监理工程师签字，并盖监理单位公章。

2. 施工资质、质量体系、施工方案审查工作方法

（1）审查施工单位申报的企业营业执照和资质等级证书、承包工程许可证、单位业绩、工程内容和范围，以及管理人员和特种作业人员的上岗证等资料，审查无误后签认交总监审核签字。

（2）项目监理机构（项目监理部）专业监理工程师应审查给水排水及供暖工程承包单位现场项目管理机构的技术管理体系和质量保证体系、组织机构、管理制度等。在人员资格审查方面应注意审查人员证书的有效性，如在岗单位是否为承包单位，资格证书是否有继续教育记录并在有效期内等。

（3）建筑给水排水及供暖工程施工组织设计/方案的审查方法如下：

1）审查施工组织设计/专项施工方案的编制人、审批人是否与施工单位项目部及公司组织机构相符。施工组织设计/专项施工方案是否经公司级审批同意并签字盖章（公章）。

2）审查施工组织设计/专项施工方案中项目概况是否与在建项目概况情况一致，内容编制的适用范围是否存在超出或遗漏工程项目施工范围的情况。

3）审查施工组织设计/专项施工方案编制依据是否齐全有效。如存在引用规范标准失效或作废情况应核查其后施工技术方案和质量标准方面内容是否仍依据失效或作废规范标准。

4）应对施工组织设计/专项施工方案中施工部署（人、材、机等）、工期安排进行审查。

5）对施工组织设计/专项施工方案中所采用的施工技术、施工工艺是否满足设计及施工质量验收标准进行符合性审查。

6）对施工组织设计/专项施工方案中质保体系、安全体系、施工措施（赶工、季节等）、应急预案等内容进行全面细致审查。相应体系组织结构应与项目组织机构构成相符。

3. 施工条件的检查

建筑给水排水及供暖工程施工前应具备以下主要条件：

（1）承包单位合同已签订，组织机构、质量管理体系等已建立。

（2）施工图纸已会审，图纸中问题已经设计修正明确并已进行设计交底。

（3）给水排水及供暖分部工程施工组织设计或施工方案已经监理审批通过并已进行技术安全交底。

（4）场内外道路、水、电等满足给水排水及供暖工程施工要求。

（5）材料、机具、施工力量等能满足给水排水及供暖工程正常施工。

4．巡视检查、旁站

（1）巡视检查是工程质量控制的基本手段，给水排水及供暖工程专业监理工程师在整个工程施工全过程中，应坚持每天对施工现场进行巡视检查。巡视检查的主要内容有：施工单位是否按批准的施工组织设计（方案）进行施工；各部位工程是否按图施工；是否符合规范要求；质量是否合格；是否按规定进行各项报审，检查和验收；监理工程师在巡视检查中，要对工程实物质量进行抽查，并将巡视检查情况做好记录，按要求填写监理日志。

（2）旁站是监理对工程的关键部位或关键工序的施工质量进行的监督活动。确保旁站工作的有效性和效率的重要前提是监理对关键部位或关键工序的判断，而且这种判断不是机械的，要符合实际工程项目的特点、时间段等多种要素。一般建筑给水排水及供暖工程监理旁站的主要内容有：阀门及给水系统水压强度和严密性试验；排水系统闭水、灌水、通水和通球试验；水箱的满水试验；管道冲洗、消毒；阀门和喷头试验；单机调试和系统调试等；消防给水系统还必须同时由专业单位验收合格。

在给水排水及供暖工程监理旁站检查中还应检查施工单位是否按批准的方案和设计及验收规范施工，检查施工材料与批准的是否相符，并将旁站检查的情况做好记录。

5．建筑给水排水及供暖工程监理质量验收

（1）分项工程验收

建筑给水排水及供暖工程专业监理工程师应在总监理工程师组织下对分项工程按保证项目、基本项目、允许偏差项目进行验收。分项工程经验收评定合格后方可进入下道工序。如监理工程师的评定与施工单位的自评相差较大时，双方应按标准共同确定检查数量和方法复验，否则监理工程师应坚持自己的评定意见，在施工单位的评定表上签字，并附监理检查评定表。

（2）分部工程验收

建筑给水排水及供暖分部工程的验收应由总监理工程师（建设单位项目负责人）组织施工单位负责人和技术、质量负责人、勘察（涉及地质方面的室外给水排水工程时参加，建筑内部给水排水及供暖项目一般不参加）、设计单位工程项目负责人和施工单位技术、质量部门负责人进行工程验收。

第四节　建筑给水排水及供暖工程安装监理管控要点

建筑给水排水及供暖工程安装质量监理管控要点应遵循国家标准《建筑给水排水与节水通用规范》GB 55020—2021 和《建筑给水排水及采暖工程施工质量验收规范》GB 50242—2002 及《给水排水管道工程施工及验收规范》GB 50268—2008 中基本规定和有关其他验收规范要求。

一、建筑给水排水及供暖工程材料、构配件及设备的进场验收

1．材料验收方式

（1）进场验收

1）材料进场时，监理应对材料品牌、数量及质量进行验收。核对材料品牌是否符合

合同约定，核对材料进场数量，做好进场验收台账记录。

2）认真查阅出厂合格证、质量合格证明等文件的原件，确保质量证明文件符合国家有关规定。

3）要对进场实物与证明文件逐一对应检查，严格甄别其真伪和有效性，必要时可向原生产厂家追溯其产品的真实性。

4）检查材料实体质量，包括外观、尺寸、材质、涂层厚度、表面观感等。

（2）抽样送检

1）根据规范标准要求，需要强制复试的材料，或者监理单位、建设单位对其质量有疑问的材料，需进行见证取样和送检。

2）见证取样和送样检测是在监理见证人员的见证下，由施工单位的现场取样人员在现场按规范要求进行取样，并送至建设行政主管部门对其资质认可和质量技术监督部门对其计量认证的质量检测单位进行检测。

3）取样数量及方法应按相关技术标准、规范、规程的规定抽取。

（3）随机抽查

1）监理人员在现场日常检查及验收时，可对现场材料进行随机抽查。

2）现场随机抽查主要针对材料品牌、规格尺寸及外观质量进行检查。

2. 基本要求

工程所使用的主要原材料、成品、半成品以及有关设备的材质、规格及性能等应符合设计文件、国家标准的规定，不得采用国家明令禁止使用或淘汰的材料与设备。主要原材料、成品、半成品和设备的进场验收应符合下列基本规定：

（1）进场质量验收应经监理工程师（或建设单位相关责任人）确认，并应形成相应的书面记录。

（2）进口材料与设备应提供有效的商检合格证明、中文质量证明等文件。

二、建筑给水排水及供暖工程安装质量监理管控要点

国家标准《建筑给水排水与节水通用规范》GB 55020—2021 中给出了 15 条基本规定，专业监理工程师在遵照国家标准《建筑给水排水及采暖工程施工质量验收规范》GB 50242—2002 有关要求进行质量检查验收的同时亦应按照国家标准《建筑给水排水与节水通用规范》GB 55020—2021 有关要求对相应施工内容进行验收。

1. 建筑给水系统监理管控要点

（1）一般规定

1）给水系统应具有保障不间断向建筑或小区供水的能力，供水水质、水量和水压应满足用户的正常用水需求。

2）生活饮用水的水质应符合国家标准《生活饮用水卫生标准》GB 5749—2022 的规定。

3）二次加压与调蓄设施不得影响城镇给水管网正常供水。

4）自建供水设施的供水管道严禁与城镇供水管道直接连接，生活饮用水管道严禁与建筑中水、回用雨水等非生活饮用水管道连接。

5）生活饮用水给水系统不得因管道、设施产生回流而受污染，应根据回流性质、回

流污染危害程度，采取可靠的防回流措施。

（2）给水管网

1）给水系统应充分利用室外管网压力直接供水，系统供水方式及供水分区应根据建筑用途、建筑高度、使用要求、材料设备性能、维护管理、运营能耗等因素合理确定。

2）给水系统采用的管材、管件及连接方式的工作压力不得大于国家现行标准中公称压力或标称的允许工作压力；采用的阀件的公称压力不得小于管材及管件的公称压力。

3）室外给水管网干管应呈环状布置。

4）室外埋地给水管道不得影响建筑物基础，与建筑物及其他管线、构筑物的距离、位置应保证供水安全。

5）给水管道严禁穿过毒物污染区。通过腐蚀区域的给水管道应采取安全保护措施。

6）建筑室内生活饮用水管道的布置应符合下列规定：

① 不应布置在遇水会引起燃烧、爆炸的原料、产品和设备的上面；

② 管道的布置不得受到污染，不得影响结构安全和建筑物的正常使用。

7）生活饮用水管道配水至卫生器具、用水设备等应符合下列规定：

① 配水件出水口不得被任何液体或杂质淹没；

② 配水件出水口高出承接用水容器溢流边缘的最小空气间隙，不得小于出水口直径的 2.5 倍；

③ 严禁采用非专用冲洗阀与大便器（槽）、小便斗（槽）直接连接。

8）从生活饮用水管网向消防、中水和雨水回用等其他非生活饮用水贮水池（箱）充水或补水时，补水管应从水池（箱）上部或顶部接入，其出水口最低点高出溢流边缘的空气间隙不应小于 150mm，中水和雨水回用水池且不得小于进水管管径的 2.5 倍，补水管严禁采用淹没式浮球阀补水。

9）生活饮用水给水系统应在用水管道和设备的下列部位设置倒流防止器：

① 从城镇给水管网不同管段接出两路及两路以上至小区或建筑物，且与城镇给水管网形成连通管网的引入管上；

② 从城镇给水管网直接抽水的生活供水加压设备进水管上；

③ 利用城镇给水管网水压直接供水且小区引入管无防倒流设施时，向热水锅炉、热水机组、水加热器、气压水罐等有压容器或密闭容器注水的进水管上；

④ 从小区或建筑物内生活饮用水管道系统上单独接出消防用水管道（不含接驳室外消火栓的给水短支管）时，在消防用水管道的起端；

⑤ 从生活饮用水与消防用水合用贮水池（箱）中抽水的消防水泵出水管上。

10）生活饮用水管道供水至下列含有对健康有危害物质等有害有毒场所或设备时，应设置防止回流设施：

① 接贮存池（罐）、装置、设备等设施的连接管上；

② 化工剂罐区、化工车间、3 级及 3 级以上的生物安全实验室除按本条第①款设置外，还应在引入管上设置有空气间隙的水箱，设置位置应在防护区外。

11）生活饮用水管道直接接至下列用水管道或设施时，应在用水管道上如下位置设置真空破坏器等防止回流污染措施：

① 当游泳池、水上游乐池、按摩池、水景池、循环冷却水集水池等的充水或补水管道出口与溢流水位之间设有空气间隙但空气间隙小于出口管径 2.5 倍室内消火栓系统时，在充（补）水管上；

② 不含有化学药剂的绿地喷灌系统，当喷头采用地下式或自动升降式时，在管道起端；

③ 消防（软管）卷盘、轻便消防水龙给水管道的连接处；出口接软管的冲洗水嘴（阀）、补水水嘴与给水管道的连接处。

12）给水管道丝扣连接时不得采用厌氧胶作为密封材料。

（3）储水和增压设施

1）生活饮用水水池（箱）、水塔的设置应防止污废水、雨水等非饮用水渗入和污染，应采取保证储水不变质、不冻结的措施，且应符合下列规定：

① 建筑物内的生活饮用水水池（箱）、水塔应采用独立结构形式，不得利用建筑物本体结构作为水池（箱）的壁板、底板及顶盖。与消防用水水池（箱）并列设置时，应有各自独立的池（箱）壁。

② 埋地式生活饮用水贮水池周围 10m 内，不得有化粪池污水处理构筑物、渗水井、垃圾堆放点等污染源。生活饮用水水池（箱）周围 2m 内不得有污水管和污染物。

③ 排水管道不得布置在生活饮用水池（箱）的上方。

④ 生活饮用水池（箱）、水塔孔应密闭并设锁具，通气管、溢流管应有防止生物进入水池（箱）的措施。

⑤ 生活饮用水水池（箱）、水塔应设置消毒设施。

2）生活给水系统水泵机组应设备用泵，备用泵供水能力不应小于最大一台运行水泵的供水能力。

3）对可能发生水锤的给水泵房管路应采取消除水锤危害的措施。

4）设置储水或增压设施的水箱间、给水泵房应满足设备安装、运行、维护和检修要求，应具备可靠的防淹和排水设施。

5）生活饮用水水箱间、给水泵房应设置入侵报警系统等技防、物防安全防范和监控措施。

6）给水加压、循环冷却等设备不得设置在卧室、客房及病房的上层、下层或毗邻上述用房，不得影响居住环境。

（4）消防给水

1）消防给水系统应满足水消防系统在设计持续供水时间内所需水量、流量和水压的要求。

2）消防给水与灭火设施中位于爆炸危险环境的供水管道及其他灭火介质输送管道和组件，应采取静电防护措施。

3）消防给水与灭火设施中的供水管道及其他灭火剂输送管道，在安装后应进行强度试验、严密性试验和冲洗。

4）低压消防给水系统的系统工作压力应大于或等于 0.60MPa。高压和临时高压消防给水系统的系统工作压力应符合下列规定：

① 对于采用高位消防水池、水塔供水的高压消防给水系统，应为高位消防水池、水塔的最大静压；

② 对于采用市政给水管网直接供水的高压消防给水系统，应根据市政给水管网的工作压力确定；

③ 对于采用高位消防水箱稳压的临时高压消防给水系统，应为消防水泵零流量时的压力与消防水泵水口的最大静压之和；

④ 对于采用稳压泵稳压的临时高压消防给水系统，应为消防水泵零流量时的水压与消防水采吸水口的最大静压之和，稳压泵在维持消防给水系统压力时的压力两者的较大值。

5）室内消防给水系统由生活、生产给水系统管网直接供水时，应在引入管处采取防止倒流的措施。当采用有空气隔断的倒流防止器时，该倒流防止器应设置在清洁卫生的场所，其排水口应采取防止被水淹没的措施。

6）消防水池应符合下列规定：

① 消防水池的有效容积应满足设计持续供水时间内的消防用水量要求，当消防水池采用两路消防供水且在火灾中连续补水能满足消防用水量要求时，在仅设置室内消火栓系统的情况下，有效容积应大于或等于 $50m^3$，其他情况下应大于或等于 $100m^3$；

② 消防用水与其他用水共用的水池，应采取保证水池中的消防用水量不作他用的技术措施；

③ 消防水池的出水管应保证消防水池有效容积内的水能被全部利用，水池的最低有效水位或消防水泵吸水口的淹没深度应满足消防水泵在最低水位运行安全和实现设计出水量的要求；

④ 消防水池的水位应能就地和在消防控制室显示，消防水池应设置高低水位报警装置；

⑤ 消防水池应设置溢流水管和排水设施，并应采用间接排水。

7）高层民用建筑、3层及以上单体总建筑面积大于 $10000m^2$ 的其他公共建筑，当室内采用临时高压消防给水系统时，应设置高位消防水箱。

8）高位消防水箱应符合下列规定：

① 室内临时高压消防给水系统的高位消防水箱有效容积和压力应能保证初期灭火所需水量；

② 屋顶露天高位消防水箱的人孔和进出水管的阀门等应采取防止被随意关闭的保护措施；

③ 设置高位水箱间时，水箱间内的环境温度或水温不应低于5℃；

④ 高位消防水箱的最低有效水位应能防止出水管进气。

9）消防水泵应符合下列规定：

① 消防水泵应确保在火灾时能及时启动，停泵应由人工控制，不应自动停泵；

② 消防水泵的性能应满足消防给水系统所需流量和压力的要求；

③ 消防水泵所配驱动器的功率应满足所选水泵流量扬程性能曲线上任何一点运行所需功率的要求；

④ 消防水泵应采取自灌式吸水。从市政给水管网直接吸水的消防水泵，在其出水管

上应设置有空气隔断的倒流防止器；

⑤柴油机消防水泵应具备连续工作的性能，其应急电源应满足消防水泵随时自动启泵和在设计持续供水时间内持续运行的要求。

（5）节水措施

1）供水、用水应按照使用用途、付费或管理单元，分项、分级安装满足使用需求和经计量检定合格的计量装置。

2）给水系统应使用耐腐蚀、耐久性能好的管材、管件和阀门等，减少管道系统的漏损。

3）非亲水性的室外景观水体用水水源不得采用市政自来水和地下井水。

4）用水点处水压大于0.2MPa的配水支管应采取减压措施并应满足用水器具工作压力的要求。

5）公共场所的洗手盆水嘴应采用非接触式或延时自闭式水嘴。

6）生活给水水池（箱）应设置水位控制和溢流报警装置。

7）集中空调冷却水、游泳池水、洗车场洗车用水、水源热泵用水应循环使用。

8）绿化浇洒应采用高效节水灌溉方式。

2. 建筑排水系统监理管控要点

（1）一般规定

1）排水管道及管件的材质应耐腐蚀，应具有承受不低于40℃排水温度且连续排水的耐温能力。接口安装连接应可靠安全。

2）生活排水应排入市政污水管网或处理后达标排放。

3）生活饮用水箱（池）、中水箱（池）、雨水清水池的泄水管道、溢流管道应采用间接排水，严禁与污水管道直接连接。

（2）卫生器具与水封

1）当构造内无存水弯的卫生器具、无水封地漏、设备或排水沟的排水口与生活排水管道连接时，必须在排水口以下设存水弯。

2）水封装置的水封深度不得小于50mm，卫生器具排水管段上不得重复设置水封。

3）严禁采用钟罩式结构地漏及采用活动机械活瓣替代水封。

4）室内生活废水排水沟与室外生活污水管道连接处应设水封装置。

（3）生活排水管道

1）下列建筑排水应单独设置排水系统：

①职工食堂、营业餐厅的厨房含油脂废水；

②含有致病菌、放射性元素超过排放标准的医疗、科研机构的污废水；

③实验室有毒有害废水；

④应急防疫隔离区及医疗保健站的排水。

2）室内生活排水系统不得向室内散发浊气或臭气等有害气体。

3）生活排水系统应具有足够的排水能力，并应迅速及时地排除各卫生器具及地漏的污水和废水。

4）通气管道不得接纳器具污水、废水，不得与风道和烟道连接。

5）设有淋浴器和洗衣机的部位应设置地面排水设施。

6）排水管道不得穿越下列场所：

① 卧室、客房、病房和宿舍等人员居住的房间；

② 生活饮用水池（箱）上方；

③ 食堂厨房和饮食业厨房的主副食操作、烹调、备餐、主副食库房的上方；

④ 遇水会引起燃烧、爆炸的原料、产品和设备的上方。

7）地下室、半地下室中的卫生器具和地漏不得与上部排水管道连接，应采用压力流排水系统，并应保证污水、废水安全可靠地排出。

（4）生活排水设备与构筑物

1）当建筑物室内地面低于室外地面时，应设置排水集水池、排水泵或成品排水提升装置排除生活排水，应保证污水、废水安全可靠地排出。

2）当生活污水集水池设置在室内地下室时，池盖应密封，且应设通气管。

3）化粪池应设通气管，通气管排出口设置位置应满足安全环保要求。

4）下列构筑物和设备的排水管与生活排水管道系统应采取间接排水的方式：

① 生活饮用水贮水箱（池）的泄水管和溢流管；

② 开水器、热水器排水；

③ 非传染病医疗灭菌消毒设备的排水；

④ 传染病医疗消毒设备的排水应单独收集、处理；

⑤ 蒸发式冷却器、空调设备冷凝水的排水；

⑥ 贮存食品或饮料的冷藏库房的地面排水和冷风机溶霜水盘的排水。

5）生活排水泵应设置备用泵，每台水泵出水管道上应采取防倒流措施。

6）公共餐饮厨房含有油脂的废水应单独排至隔油设施，室内的隔油设施应设置通气管道。

7）化粪池与地下取水构筑物的净距不得小于 30m。

（5）雨水系统

1）屋面雨水应有组织排放。

2）屋面雨水排除、溢流设施的设置和排水能力不得影响屋面结构、墙体及人员安全，且应符合下列规定：

① 屋面雨水排水系统应保证及时排除设计重现期的雨水量且在超过设计重现期雨水状况时溢流设施应能安全可靠运行；

② 屋面雨水排水系统的设计重现期应根据建筑物的重要程度、系统要求以及出现水患可能造成的财产损失或建筑损害的严重级别来确定。

3）屋面雨水收集或排水系统应独立设置，严禁与建筑生活污水、废水排水连接。严禁在民用建筑室内设置敞开式检查口或检查井。

4）阳台雨水不应与屋面雨水共用排水立管。当阳台雨水和阳台生活排水设施共用排水立管时，不得排入室外雨水管道。

5）雨水斗与天沟、檐沟连接处应采取防水措施。

6）屋面雨水排水系统的管道、附配件以及连接接口应能耐受屋面灌水高度产生的正压。雨水斗标高高于 250m 的屋面雨水系统，管道、附配件以及连接接口承压能力不应小于 2.5MPa。

7）建筑高度超过 100m 的建筑的屋面雨水管道接入室外检查井时，检查井壁应有足够强度耐受雨水冲刷，井盖应能溢流雨水。

8）虹吸式雨水斗屋面雨水系统、87 型雨水斗屋面雨水系统和有超标雨水汇入的屋面雨水系统，其管道、附配件以及连接接口应能耐受系统在运行期间产生的负压。

9）塑料雨水排水管道不得布置在工业厂房的高温作业区，室外雨水口应设置在雨水控制利用设施末端，以溢流形式排放；超过雨水径流控制要求的降雨溢流排入市政雨水管渠。

10）建筑与小区应遵循源头减排原则，建设雨水控制与利用设施，减少对水生态环境的影响。降雨的年径流总量和外排径流峰值的控制应符合下列要求：

① 新建的建筑与小区应达到建设开发前的水平；

② 改建的建筑与小区应符合当地海绵城市建设专项规划要求。

11）大于 $10hm^2$ 的场地应进行雨水控制及利用专项设计，雨水控制及利用应采用土壤入渗系统、收集回用系统、调蓄排放系统。

12）常年降雨条件下，屋面、硬化地面径流应进行控制与利用。

13）雨水控制利用设施的建设应充分利用周边区域的天然湖塘洼地、沼泽地、湿地等自然水体。

14）雨水入渗不应引起地质灾害及损害建筑物和道路基础，下列场所不得采用雨水入渗系统：

① 可能造成坍塌、滑坡灾害的场所；

② 对居住环境以及自然环境造成危害的场所；

③ 自重湿陷性黄土、膨胀土、高含盐土和黏土等特殊土壤地质场所。

15）连接建筑出入口的下沉地面、下沉广场、下沉庭院及地下车库出入口坡道雨水排放，应设置水泵提升装置排水。

16）连接建筑出入口的下沉地面、下沉广场、下沉庭院及地下车库出入口坡道，整体下沉的建筑小区，应采取土建措施禁止防洪水位以下的雨水进入这些下沉区域。

3. 热水系统监理管控要点

（1）一般规定

1）热源应可靠，并应根据当地可再生能源、热资源条件结合用户使用要求确定。

2）老年照料设施、安定医院、幼儿园、监狱等建筑中的沐浴设施的热水供应应有防烫伤措施。

3）集中热水供应系统应设热水循环系统，居住建筑热水配水点出水温度达到最低出水温度的出水时间不应大于 15s，公共建筑配水点出水温度达到最低出水温度的出水时间不应大于 10s。

（2）水量、水质、水温

1）热水用水定额的确定应与建筑给水定额匹配，应根据当地水资源条件、使用要求等因素确定。

2）生活热水水质应符合表 2.4-1、表 2.4-2 的规定。

生活热水水质常规指标及限值　　　　　　　　　表 2.4-1

项目		限值	备注
常规指标	总硬度(以 CaCO₃ 计)(mg/L)	300	—
	浑浊度(NTU)	2	—
	耗氧量(COD$_{Mn}$)(mg/L)	3	—
	溶解氧(DO)(mg/L)	8	—
	总有机碳(TOC)(mg/L)	4	—
	氯化物(mg/L)	200	—
微生物指标	菌落总数(CFU/mL)	100	—
	异养菌数(HPC)(CFU/mL)	500	—
	总大肠菌群(MPN/100mL 或 CFU/100mL)	不得检出	—
	嗜肺军团菌	不得检出	采样量 500mL

消毒剂指标及余量　　　　　　　　　表 2.4-2

消毒剂指标	管网末梢水中余量
游离余氯(采用氯消毒时)(mg/L)	≥0.05
二氧化氯(采用二氧化氯消毒时)(mg/L)	≥0.02
银离子(采用银离子消毒时)(mg/L)	≤50.05

3）集中热水供应系统应采取灭菌措施。

4）集中热水供应系统的水加热设备，其出水温度不应高于 70℃，配水点热水出水温度不应低于 46℃。

（3）设备与管道

1）水加热器必须运行安全、保证水质，产品的构造及热工性能应符合安全及节能的要求。

2）严禁浴室内安装燃气热水器。

3）热水系统和热媒系统采用的管材、管件、阀件、附件等均应能承受相应系统的工作压力和工作温度。

4）热水管道系统应有补偿管道热胀冷缩的措施；热水系统应设置防止热水系统超温、超压的安全装置，保证系统功能的阀件应灵敏可靠。

5）膨胀管上严禁设置阀门。

4．游泳池及娱乐休闲设施水系统监理管控要点

（1）水质

1）人工游泳池的水池水质卫生标准应符合表 2.4-3 和表 2.4-4 中的规定。

人工游泳池池水水质常规检验项目及限值　　　　　　　　　表 2.4-3

序号	限值	备注
1	浑浊度(散射浊度计单位)(NTU)	≤0.5
2	pH	7.2～7.8

续表

序号	限值	备注
3	尿素(mg/L)	≤3.5
4	菌落总数(CFU/mL)	≤100
5	总大肠菌群(MPN/100mL 或 CFU/100mL)	不得检出
6	水温(℃)	23～30
7	游离性余氯(mg/L)	0.3～1.0
8	化合性余氯(mg/L)	<0.4
9	氰尿酸($C_3H_3O_3$)(mg/L)(使用含氰尿酸的氯化合物消毒剂时)	<30(室内池) <100(室外池和紫外消毒)
10	臭氧(mg/m³)	<0.2(水面上 20cm 空气中) <0.05(池水中)
11	过氧化氢(mg/L)	60～100
12	氧化还原电位(MV)	>700(采用氯和臭氧消毒时) 200～300(采用过氧化氢消毒时)

人工游泳池池水水质非常规检验项目及限值   表 2.4-4

序号	限值	备注
1	三氯甲烷(μg/L)	≤100
2	贾第鞭毛虫(个/10L)	不应检出
3	隐孢子虫(个/10L)	不应检出
4	三氯化氮(采用氯消毒时)(mg/m³)	<0.5(水面上 30cm 空气中)
5	异养菌(CFU/mL)	≤200
6	嗜肺军团菌(CFU/200mL)	不应检出
7	总碱度(以 $CaCO_3$ 计)(mg/L)	60～180
8	钙硬度(以 $CaCO_3$ 计)(mg/L)	<450
9	溶解性总固体(mg/L)	与原水相比,增量不大于 1000

2）与人体直接接触的喷泉水景水质应符合国家标准《生活饮用水卫生标准》GB 5749—2022 的要求。

（2）系统设置

1）不同用途的游泳池、公共按摩池、温泉泡池应采用独立循环给水的供水方式，同一池内的池水循环净化处理系统应与功能循环给水系统分开设置。

2）池水循环的水流组织应确保净化后的池水有序交换，不得出现短流、涡流或死水区。

3）水上游乐池滑道润滑水系统的循环水泵，应设置备用泵。

（3）池水处理

1）游泳池的池水循环净化处理系统应设置池水过滤净化工艺工序和消毒设施。

2）游泳池、公共按摩池不应采用氯气（液氯）、二氧化氯对池水进行消毒。

3）臭氧消毒应采用负压方式将臭氧投加在水过滤器后的循环水中；应采用全自动控制投加系统，并应与循环水泵联锁。严禁将消毒剂直接注入游泳池、公共浴池。

4）泳池、公共按摩池应采取水质平衡措施。

5. 非传统水源利用监理管控要点

（1）一般规定

1）民用建筑采用非传统水源时，处理系统出水必须保障用水终端的日常供水水质安全可靠，严禁对人体健康和室内卫生环境产生负面影响。

2）非传统水源供水系统必须独立设置。

3）非传统水源管道应采取下列防止误接、误用、误饮的措施：

① 管网中所有组件和附属设施的显著位置应设置非传统水源的耐久标识，埋地、暗敷管道应设置连续耐久标识；

② 管道取水接口处应设置"禁止饮用"的耐久标识；

③ 公共场所及绿化用水的取水口应设置采用专用工具才能打开的装置。

（2）建筑中水的利用

1）建筑中水的水质应根据其用途确定，当分别用于多种用途时，应按不同用途水质标准进行分质处理；当同一供水设备及管道系统同时用于多种用途时，其水质应按最高水质标准确定。

2）建筑中水不得用作生活饮用水水源。

3）医疗污水、放射性废水、生物污染废水、重金属及其他有毒有害物质超标的排水，不得作为建筑中水原水。

4）建筑中水处理工艺流程应根据中水原水的水质、水量和中水用水的水质、水量、使用要求及场地条件等因素，经比较后确定。

5）建筑中水处理系统应设有消毒设施。

6）采用电解法现场制备二氧化氯，或处理工艺可能产生有害气体的中水处理站，应设置事故通风系统。事故通风量应根据扩散物的种类、安全及卫生浓度要求，按全面排风计算确定。

（3）雨水回用

1）传染病医院的雨水、含有重金属污染和化学污染等地表污染严重的场地雨水不得回用。

2）根据雨水收集回用的用途，当有细菌学指标要求时，必须消毒后再利用。

3）当采用生活饮用水向室外雨水蓄水池补水时，补水管口在室外地面暴雨积水条件下不得被淹没。

三、消防给水系统安装工程质量监理管控要点

1. 室内、室外消火栓系统

（1）室外消火栓系统应符合下列规定：

1）室外消火栓的设置间距、室外消火栓与建（构）筑物外墙、外边缘和道路路沿的距离，应满足消防车在消防救援时安全、方便取水和供水的要求。

2）当室外消火栓系统的室外消防给水引入管设置倒流防止器时，应在该倒流防止器

前增设 1 个室外消火栓。

3）室外消火栓的流量应满足相应建（构）筑物在火灾延续时间内灭火、控火、冷却和防火分隔的要求。

4）当室外消火栓直接用于灭火且室外消防给水设计流量大于 30L/s 时，应采用高压或临时高压消防给水系统。

（2）室内消火栓系统安装完成后应取屋顶层（或水箱间内）试验消火栓和首层取 2 处消火栓做试射试验，达到设计要求为合格。

（3）室内消火栓系统应符合下列规定：

1）室内消火栓的流量和压力应满足相应建（构）筑物在火灾延续时间内灭火、控火的要求。

2）环状消防给水管道应至少有 2 条进水管与室外供水管网连接，当其中 1 条进水管关闭时，其余进水管应仍能保证全部室内消防用水量。

3）在设置室内消火栓的场所内，包括设备层在内的各层均应设置消火栓。

4）室内消火栓的设置应方便使用和维护。

（4）箱式消火栓的安装应符合下列规定：

1）栓口应朝外，并不应安装在门轴侧。

2）栓口中心距离地面为 1.1m，允许偏差为±20mm。

3）阀门中心距箱侧面为 140mm，距箱后内表面为 100mm，允许偏差为±5mm。

4）消火栓箱体安装的垂直度允许偏差为 3mm。

（5）消防水泵接合器和消火栓的位置标识应明显，栓口的位置应方便操作。消防水泵接合器和室外消火栓当采用墙壁式时，如设计未要求，进、出水栓口的中心安装高度距地面应为 1.10m，其上方应设有防坠落物打击的措施。

（6）室外消火栓和消防水泵接合器的各项安装尺寸应符合设计要求，栓口安装高度允许偏差为±20mm。

（7）地下式消防水泵接合器顶部进水口或地下式消火栓的顶部出水口与消防井盖底面的距离不得大于 400mm，井内应有足够的操作空间，并设爬梯。寒冷地区井内应做防冻保护措施。

（8）消防水泵结合器的安全阀及止回阀安装位置和方向应正确，阀门启闭应灵活。

（9）消防管道在竣工前，必须对管道进行冲洗。系统必须进行水压试验，试验压力为工作压力的 1.5 倍，但不得小于 0.6MPa。试验压力下，10min 内压力降不大于 0.05MPa，然后降至工作压力进行检查，压力保持不变，不渗不漏。

2. 自动喷水灭火系统

（1）自动喷水灭火系统的选型应符合下列规定：

1）设置早期抑制快速响应喷头的仓库及类似场所、环境温度高于或等于 4℃且低于或等于 70℃的场所，应采用湿式系统。

2）环境温度低于 4℃或高于 70℃的场所，应采用干式系统。

3）替代干式系统的场所，或系统处于准工作状态时严禁误喷或严禁管道充水的场所，应采用预作用系统。

4）具有下列情况之一的场所或部位应采用雨淋系统：

① 火灾蔓延速度快、闭式喷头的开启不能及时使喷水有效覆盖着火区域的场所或部位；

② 室内净空高度超过闭式系统应用高度，且必须迅速扑救初期火灾的场所或部位；

③ 严重危险级Ⅱ级场所。

（2）自动喷水灭火系统的喷水强度和作用面积应满足灭火控火、防护冷却或防火分隔的要求。

（3）自动喷水灭火系统的持续喷水时间应符合下列规定：

① 用于灭火时，应大于或等于 1.0h，对于局部应用系统，应大于或等于 0.5h；

② 用于防护冷却时，应大于或等于设计所需防火冷却时间；

③ 用于防火分隔时，应大于或等于防火分隔处的设计耐火时间。

（4）洒水喷头应符合下列规定：

① 喷头间距应满足有效喷水和使可燃物或保护对象被全部覆盖的要求；

② 喷头周围不应有遮挡或影响洒水效果的障碍物；

③ 系统水力计算最不利点处喷头的工作压力应大于或等于 0.05MPa；

④ 腐蚀性场所和易产生粉尘、纤维等的场所内的喷头，应采取防止喷头堵塞的措施；

⑤ 建筑高度大于 100m 的公共建筑，其高层主体内设置的自动喷水灭火系统应采用快速响应喷头；

⑥ 局部应用系统应采用快速响应喷头。

（5）每个报警阀组控制的供水管网水力计算最不利点洒水喷头处应设置末端试水装置，其他防火分区、楼层均应设置 DN25 的试水阀。末端试水装置应具有压力显示功能，并应设置相应的排水设施。

（6）自动喷水灭火系统环状供水管网及报警阀进出口采用的控制阀，应为信号阀或具有确保阀位处于常开状态的措施。

3. 水喷雾、细水雾灭火系统

（1）水喷雾灭火系统的水雾喷头应符合下列规定：

1）应能使水雾直接喷射和覆盖保护对象；

2）与保护对象的距离应小于或等于水雾喷头的有效射程；

3）用于电气火灾场所时，应为离心雾化型水雾喷头；

4）水雾喷头的工作压力，用于灭火时，应大于或等于 0.35MPa；用于防护冷却时，应大于或等于 0.15MPa。

（2）细水雾灭火系统的细水雾喷头应符合下列规定：

1）应保证细水雾喷放均匀并完全覆盖保护区域；

2）与遮挡物的距离应能保证遮挡物不影响喷头正常喷放细水雾，不能保证时应采取补偿措施；

3）对于使用环境可能使喷头堵塞的场所，喷头应采取相应的防护措施。

（3）细水雾灭火系统的持续喷雾时间应符合下列规定：

1）对于电子信息系统机房、配电室等电子、电气设备间、图书库、资料库、档案库、文物库、电缆隧道和电缆夹层等场所，应大于或等于 30min；

2）对于油浸变压器室、涡轮机房、柴油发电机房、液压站、润滑油站、燃油锅炉房等含有可燃液体的机械设备间应大于或等于 20min；

3）对于厨房内烹饪设备及其排烟罩和排烟管道部位的火灾应大于或等于 15s，且冷却水持续喷放时间应大于或等于 15min。

4．泡沫灭火系统

（1）保护场所中所用泡沫液应与灭火系统的类型、扑救的可燃物性质、供水水质等相适应，并应符合下列规定：

1）用于扑救非水溶性可燃液体储罐火灾的固定式低倍数泡沫灭火系统，应使用氟蛋白或水成膜泡沫液；

2）用于扑救水溶性和对普通泡沫有破坏作用的可燃液体火灾的低倍数泡沫灭火系统，应使用抗溶水成膜，抗溶氟蛋白或低黏度抗溶氟蛋白泡沫液；

3）采用非吸气型喷射装置扑救非水溶性可燃液体火灾的泡沫喷淋系统、泡沫枪系统、泡沫炮系统，应使用 3％型水成膜泡沫液；

4）当采用海水作为系统水源时，应使用适用于海水的泡沫液。

（2）储罐的低倍数泡沫灭火系统类型应符合下列规定：

1）对于水溶性可燃液体和对普通泡沫有破坏作用的可燃液体固定顶储罐，应为液上喷射系统；

2）对于外浮顶和内浮顶储罐，应为液上喷射系统；

3）对于非水溶性可燃液体的外浮顶储罐和内浮顶储罐、直径大于 18m 的非水溶性可燃液体固定顶储罐、水溶性可燃液体立式储罐，当设置泡沫炮时，泡沫炮应为辅助灭火设施；

4）对于高度大于 7m 或直径大于 9m 的固定顶储罐，当设置泡沫枪时，泡沫枪应为辅助灭火设施。固定顶储罐的低倍数液上喷射泡沫灭火系统，每个泡沫产生器应设置独立的混合液管道引至防火堤外，除立管外，其他泡沫混合液管道不应设置在罐壁上。

（3）储罐或储罐区固定式低倍数泡沫灭火系统，自泡沫消防水泵启动至泡沫混合液或泡沫输送到保护对象的时间应小于或等于 5min。当储罐或储罐区设置泡沫站时，泡沫站应符合下列规定：

1）室内泡沫站的耐火等级不应低于二级；

2）泡沫站严禁设置在防火堤、围堰、泡沫灭火系统保护区或其他火灾及爆炸危险区域内；

3）靠近防火堤设置的泡沫站应具备远程控制功能，与可燃液体储罐罐壁的水平距离应大于或等于 20m。

（4）设置中倍数或高倍数全淹没泡沫灭火系统的防护区应符合下列规定：

1）应为封闭或具有固定围挡的区域，泡沫的围挡应具有在设计灭火时间内阻止泡沫流失的性能；

2）在系统的泡沫液量中应补偿围挡上不能封的开口所产生的泡沫损失；

3）利用外部空气发泡的封闭防护区应设置排气口，排气口的位置应能防止燃烧产物或其他有害气体回流到泡沫产生器进气口。

（5）对于中倍数或高倍数泡沫灭火系统，全淹没系统应具有自动控制、手动控制和机械应急操作的启动方式，自动控制的固定式局部应用系统应具有手动和机械应急操作的启动方式，手动控制的固定式局部应用系统应具有机械应急操作的启动方式。

（6）泡沫液泵的工作压力和流量应满足泡沫灭火系统设计要求，同时应保证在设计流量范围内泡沫液供给压力大于供水压力。

5. 水幕消防系统

水幕系统喷头应按照设计喷水强度要求均匀布置，不出现空白点，以免火焰穿过被保护部位。喷头的间距应不小于 2.5m，且满足下列要求：

（1）水幕作防护冷却使用时，喷头呈单排布置，布置在防火卷帘、防火幕或其他保护对象的上方，并应确保水流均匀地喷向保护对象。

（2）舞台口和孔洞面积大于 $3m^2$ 的开口部位的水幕喷头，应在洞口内外侧呈双排布置，相邻两排之间的距离应不小于 1m。每排喷头之间的距离应依据水幕喷头的流量和设计喷水强度计算确定。

（3）因为工艺要求无法设置防火分隔物（如地下铁道、地下隧道、设有起重机的车间等）的场所或部位，需要形成水幕防火带，以替代防火分隔物，应确保水幕保护宽度不小于 6m。采用水幕喷头时，其喷头布置不宜少于 3 排；采用开式洒水喷头时，喷头布置不宜少于 2 排。

（4）格口式水幕喷头用于保护上方平面（如屋格及吊顶灯），应设置在顶层口或格口板下约 200mm 处。其口径与数量应根据檐口下挑格梁的间距来选择。

（5）窗口式水幕喷头用来保护立面或斜面（墙、窗、门、防火卷帘等），应设在窗口顶下 50mm 处，中间层与底层窗口的水幕喷头和窗口玻璃面的距离及窗宽有关。窗门式水幕喷头的口径应根据楼层高低来选定。

（6）每组水幕系统的安装喷头数不宜超过 72 个。

（7）在同一配水支管上应设置相同口径的水幕喷头，以便于施工、维护管理和确保系统喷水均匀。

6. 固定消防炮、自动跟踪定位射流灭火系统

（1）室外固定消防炮应符合下列规定：

1）消防炮的射流应完全覆盖被保护场所及被保护物，其喷射强度应满足灭火或冷却的要求；

2）消防炮应设置在被保护场所常年主导风向的上风侧；

3）炮塔应采取防雷击措施，并设置防护栏杆和防护水幕，防护水幕的总流量应大于或等于 6L/s。

（2）固定水炮灭火系统的水炮射程、供给强度、流量、连续供水时间等应符合下列规定：

1）灭火用水的连续供给时间，对于室内火灾，应大于或等于 1.0h；对于室外火灾，应大于或等于 2.0h。

2）灭火及冷却用水的供给强度应满足完全覆盖被保护区域和灭火、控火的要求。

3）水炮灭火系统的总流量应大于或等于系统中需要同时开启的水炮流量之和、灭火用水计算总流量与冷却用水计算总流量之和两者的较大值。

（3）固定泡沫炮灭火系统的泡沫混合液流量、泡沫液储存量等应符合下列规定：

1）泡沫混合液的总流量应大于或等于系统中需要同时开启的泡沫炮流量之和、灭火

面积与供给强度的乘积两者的较大值；

2）泡沫液的储存总量应大于或等于其计算总量的 1.2 倍；

3）泡沫比例混合装置应具有在规定流量范围内自动控制混合比的功能。

（4）固定干粉炮灭火系统的干粉存储量、连续供给时间等应符合下列规定：

1）干粉的连续供给时间应大于或等于 60s；

2）干粉的储存总量应大于或等于其计算总量的 1.2 倍；

3）干粉储存罐应为压力储罐，并应满足在最高使用温度下安全使用的要求；

4）干粉驱动装置应为高压氮气瓶组，氮气瓶的额定充装压力应大于或等于 15MPa；

5）干粉储存罐和氮气驱动瓶应分开设置。

（5）自动跟踪定位射流灭火系统应符合下列规定：

1）自动消防炮灭火系统中单台炮的流量，对于民用建筑不应小于 20L/s；对于工业建筑不应小于 30L/s。

2）持续喷水时间不应小于 1.0h。

3）系统应具有自动控制、消防控制室手动控制和现场手动控制的启动方式。消防控制室手动控制和现场手动控制相对于自动控制应具有优先权。

4）自动消防炮灭火系统和喷射型自动射流灭火系统在自动控制状态下，当探测到火源后，应至少有 2 台灭火装置对火源扫描定位和至少 1 台且最多 2 台灭火装置自动开启射流，且射流应能到达火源。

5）喷洒型自动射流灭火系统在自动控制状态下，当探测到火源后，对应火源探测装置的灭火装置应自动开启射流，且其中应至少有 1 组灭火装置的射流能到达火源。

四、室外给水、排水管网工程安装质量监理管控要点

1. 管沟与井室（井池）的监理管控要点

（1）室外管道工程土石方施工前施工单位应对建设单位交桩进行复核测量，监理单位应进行复测。临时水准点和管道轴线控制桩的设置应便于观测、不宜扰动且必须牢固，应采取保护措施，开槽铺设管道的沿线临时水准点，每 200m 不宜少于 1 个。临时水准点、管道轴线控制桩、高程桩必须经过复核方可使用，并应经常校核。施工测量的允许偏差应符合表 2.4-5 中规定。

施工测量的允许偏差   表 2.4-5

项目		允许偏差
水准测量高程闭合差	平地	$\pm 20\sqrt{L}$ (mm)
	山地	$\pm 6\sqrt{L}$ (mm)
导线测量方位角闭合差		$40\sqrt{n}$ (″)
导线测量相对闭合差	开槽施工管道	1/1000
	其他方法施工管道	1/3000
直接丈量测距的两次较差		1/5000

注：1. L 为水准测量闭合路线的长度（km）；

2. n 为水准或导线测量的测站数。

（2）室外给水管道工程的土方施工，涉及围堰、深基（槽）坑开挖与围护、地基处理等工程的应符合国家标准《给水排水构筑物工程施工及验收规范》GB 50141—2008 及国家相关标准的规定。

（3）沟槽的开挖、支护方式应根据工程地质条件、施工方法、周围环境等要求进行技术、经济比较，确保施工安全和环境保护要求。开挖深度达到危险性较大分部分项工程标准的应编制专项施工方案。项目监理部应编制专项监理实施细则。

（4）槽底宽、槽深、分层开挖高度、各层边坡及层间留台宽度等应方便管道结构施工，确保施工质量和安全，尽可能减少挖方和占地。沟槽外侧应设置截水沟及排水沟，防止雨水浸泡沟槽。沟槽开挖到设计高程后应进行验槽，存在岩土不符或其他异常情况应会同建设单位、设计、勘察、施工单位研究处理措施。沟槽的支护应根据沟槽的土质、地下水位、沟槽断面、荷载条件等因素进行设计，施工单位应按设计要求进行支护。

（5）对有地下水影响的土方施工，应根据工程规模、工程地质、水文、周边环境等要求制定施工降排水方案。采用明沟排水施工时，排水井宜布置在沟槽范围以外，其间距不宜大于 150m。施工降排水终止后所留的孔洞应及时用砂石等回填，地下水静止水位以上部分可采用黏土填实。

（6）管道地基应符合设计要求，管道天然地基的强度不能满足设计要求时应按设计要求加固。对局部超挖或发生扰动时，应符合设计要求，设计未要求时应按以下方法处理：

1）超挖深度超过 150mm 时，可用挖槽原土回填夯实，其压实度应不低于原地基土的密实度。

2）槽底地基土含水量较大不适于压实时，应采取换填等有效措施。设计要求换填时，应按要求清槽并经检查合格，回填材料应符合设计要求或有关规定。

（7）管道沟槽回填时沟槽内砖、石、木块等杂物应清除干净；沟槽内不得有积水，不得带水回填。回填土或其他回填材料运入槽内时不得损伤管道及其接口。需拌和的回填材料应在运入槽内前拌和均匀。

（8）压力管道水压试验前，除接口外，管道两侧及管顶以上回填高度不应小于 0.5m；水压试验合格后，应及时回填沟槽的其余部分。无压管道在闭水或闭气试验合格后应及时回填。

（9）井室、雨水口及其他附属构筑物周围回填应与管道沟槽同时进行，不便同时进行时，应留台阶形接槎；井室周围回填压实时应沿井室中心对称进行，且不得漏夯。回填材料压实后应与井壁紧贴；路面范围内的井室周围应采用石灰土、砂、砂砾等材料回填，其回填宽度不宜小于 400mm；严禁在槽壁取土回填。

（10）沟槽开挖的允许偏差应符合表 2.4-6 中的规定。

沟槽开挖允许偏差　　　　　　　　　　　　　　　　　表 2.4-6

序号	检查项目	允许偏差（mm）		检查数量		检查方法
				范围	点数	
1	槽底高程	土方	±20	两井之间	3	用水准仪测量
		石方	+20 −200			

续表

序号	检查项目	允许偏差(mm)	检查数量		检查方法
			范围	点数	
2	槽底中线每侧宽度	不小于规定	两井之间	6	挂中线用钢尺量测,每侧计3点
3	沟槽边坡	不低于规定	两井之间	6	用坡度尺量测,每侧计3点

对于管道焊接接口、球墨铸铁管机械式柔性接口及法兰接口，接口处开挖尺寸应满足操作人员和连接工具的安装作业空间要求，并便于检验人员检查。

2.室外给水管道安装监理管控要点

(1)室外管道交叉时管道应满足最小净距的要求，且遵循有压管道避让无压管道、支管道避让干线管道、小口径管道避让大口径管道的原则处理。当新建管道与其他管道交叉时，应按设计要求处理，施工过程中对既有管道采取的保护措施应征求有关单位意见。新建管道与既有管道交叉部位的回填压实度应符合设计要求，并应使回填材料与支撑管道贴紧密实。

(2)室外给水管道在埋地敷设时，应按照工程设计文件确定埋深。管道应埋设在当地的冰冻线以下，如必须在冰冻线以上铺设时，应做可靠的保温防潮措施。在无冰冻地区，埋地敷设时，管顶的覆土埋深不得小于500mm，穿越道路部位的埋深不得小于700mm。

(3)室外给水管道与污水管道在不同标高平行敷设时，其垂直间距在500mm以内时，给水管管径小于或等于200mm的，管壁水平间距不得小于1.5m；管径大于200mm的，不得小于3m。

(4)室外给水管道的坐标、标高、坡度应符合设计要求，管道安装的允许偏差应符合表2.4-7中的规定。

室外给水管道安装的允许偏差和检验方法　　　　　　　　表2.4-7

项目			允许偏差(mm)	检验方法
坐标	铸铁管	埋地	100	拉线和尺量检查
		敷设在沟槽内	50	
	钢管、塑料管、复合管	埋地	100	
		敷设在沟槽内或架空	40	
标高	铸铁管	埋地	±50	拉线和尺量检查
		敷设在地沟内	±30	
	钢管、塑料管、复合管	埋地	±50	
		敷设在沟槽内或架空	±30	
水平管纵横向弯曲	铸铁管	直段(25m以上)起点～终点	40	拉线和尺量检查
	钢管、塑料管、复合管	直段(25m以上)起点～终点	30	

(5)室外埋地给水管道连接方式应符合项目设计文件的要求，国家标准《建筑给水排

水及采暖工程施工质量验收规范》GB 50242—2002 第 9.2.3 条规定管道接口法兰、卡扣、卡箍等应安装在检查井或地沟内，不应埋在土壤中。这是因为法兰、卡扣、卡箍等是管道可拆卸的连接件，埋在土壤中，这些管件必然要锈蚀，挖出后再拆卸已不可能。即或不挖出不做拆卸，这些管件的所在部位也必然成为管道的易损部位，从而影响管道的寿命。

（6）阀门、水表等安装位置应正确。塑料给水管道上的水表、阀门等设施其重量或启闭装置的扭矩不得作用于管道上，当管径大于或等于 50mm 时必须设独立的支承装置。

（7）给水系统各种井室内的管道安装，如设计无要求，井壁距法兰或承口的距离：管径小于或等于 450mm 时，不得小于 250mm；管径大于 450mm 时，不得小于 350mm。

（8）室外给水钢管道安装应符合下列规定：

1）首次采用的钢材、焊接材料、焊接方法或焊接工艺在施焊前施工单位应按设计要求和有关规定进行焊接试验并根据试验结果编制焊接工艺指导书。沟槽内焊接时应采取有效技术措施保证管道底部的焊缝质量。

2）弯管起弯点至接口的距离不得小于管径，且不得小于 100mm。管节对焊接时应先修口、清根，管端端面的坡口角度、钝边、间隙应符合设计要求，设计无要求时应符合表 2.4-8 中规定。对口时应使内壁齐平，错口的允许偏差应为壁厚的 20%，且不大于 2mm。

管道倒角各部尺寸　　　　　　　　　　　　　　　表 2.4-8

倒角形式		间隙 b （mm）	钝边 p （mm）	坡口角度 α （°）
图示	壁厚 T（mm）			
	4～9	1.5～3.0	1.0～1.5	60～70
	10～26	2.0～4.0	1.0～2.0	60±5

3）纵向焊缝应错开，管径小于 600mm 时，错开的间距不得小于 100mm；管径大于或等于 600mm 时，错开的间距不得小于 300mm；有加固环的刚性管道，加固环的对焊焊缝应与管节纵向焊缝错开，其间距应不小于 100mm；加固环距管节的环向焊缝不应小于 50mm。环向焊缝距支架净距不应小于 100mm；直管管端相邻环向焊缝的间距不应小于 200mm，并应不小于管节的外径；管道任何部位不得有十字形焊缝。管径大于 800mm 时，应采用双面焊。

4）不同壁厚的管节对口时，管壁厚度相差不宜大于 3mm。两管径相差大于小管管径的 15% 时，可用渐缩管连接。渐缩管的长度不应小于两管径差值的 2 倍，且不应小于 200mm。

5）管道上开孔加固补强应符合设计要求；不得在干管的纵向、环向焊缝处开孔；管道上任何位置不得开方孔；不得在短节上或管件上开孔。

6）管道对接时，环向焊缝的检验应按以下规定进行：① 检查前应清除焊缝的渣皮、飞溅物；② 无损探伤检查方法应按设计要求选用，并在进行无损探伤检测前进行外观质量检查；③无损检测取样数量与质量要求应按设计要求执行，设计无要求时压力管道的取样数量应不小于焊缝量的 10%；④不合格的焊缝应返修，返修次数不得超过 3 次。

7）刚性管道采用螺纹连接时，管节的切口断面应平整，偏差不得超过 1 扣；丝扣应光洁，不得有毛刺、乱扣、断扣，缺扣总长不得超过丝扣全长的 10%；接口紧固后宜露出 2～3 扣螺纹。

8）管道采用法兰连接时法兰应与管道保持同心，直管段上两法兰面应平行；螺栓应使用相同规格，且安装方向一致；螺栓应对称紧固，紧固好的螺栓应露出螺母之外；与法兰接口两侧相邻的第一至第二个刚性接口或焊接接口，待法兰紧固后方可施工；法兰接口埋入土中时应采取防腐措施。

9）埋地钢管道外防腐层应符合设计要求。涂底料前管体表面应清除油垢、灰渣、铁锈；涂底料时基面应干燥，基面除锈后与涂底料的间隔时间不得超过 8h。涂刷应均匀、饱满，涂层不得有凝块、起泡现象，底料厚度宜为 0.1～0.2mm，管两端 150～250mm 范围内不得涂刷。

10）沥青涂料熬制温度宜在 230℃ 左右，最高温度不得超高 250℃，熬制时间宜控制在 4～5h，每锅料应抽样检查；沥青涂料应涂刷在洁净、干燥的底料上，常温下刷沥青涂料时，应在涂底料后 24h 之内实施；沥青涂料涂刷温度以 200～230℃ 为宜；涂沥青后应立即缠绕玻璃布，玻璃布的压边宽度应为 20～30mm，接头搭接长度应为 100～150mm，各层搭接接头应相互错开，玻璃布的油浸透率应达到 95% 以上，不得出现大于 50mm×50mm 的空白；管段或施工中断处应留出 150～250mm 的缓坡型搭茬。

（9）球墨铸铁管道安装应符合下列规定：

1）管节及管件表面不得有裂纹，不得有妨碍使用的凹凸不平的缺陷；采用橡胶圈柔性接口的球墨铸铁管，承口的内工作面和插口的外工作面应光滑、轮廓清晰，不得有影响接口密封性的缺陷。

2）采用滑入式或机械式柔性接口时，橡胶圈的质量、性能、细部尺寸应符合国家有关球墨铸铁管及管件标准的规定。橡胶圈安装经验收合格后方可进行管道安装；安装滑入式橡胶圈接口时，推入深度应达到标记环，并复查与其相邻已安好的第一至第二个接口推入深度；安装机械式柔性连接口时，应使插口与承口法兰压盖的轴线重合，螺栓安装方向一致，用扭矩扳手均匀、对称地紧固。

（10）硬聚氯乙烯管、聚乙烯管及复合管安装应符合下列规定：

1）采用承插式（或套筒式）接口时，宜人工布管且在沟槽内连接；槽深大于 3m 或管径大于 400mm 的管道，宜用非金属绳索兜住管节下管；严禁将管节翻滚抛入槽中。

2）采用电熔、热熔接口时，宜在沟槽边上将管道分段连接后以弹性铺管法移入槽中；移入时管道表面不得有明显划痕。

3）承插式柔性连接、套筒（带或套）连接、法兰连接、卡箍连接等方法采用的密封件、套筒件、法兰、紧固件等配套管件，必须由管节生产厂家配套供应；电熔连接、热熔连接应采用专用设备、挤出焊接设备和工具进行施工。承插式柔性接口连接宜在当日温度较高时进行，插口端不宜插到承口底部，应留出不小于 10mm 的伸缩空隙，插入前应在插口端外壁做出插入深度标记，插入完毕后，承插口周围空隙均匀，连接的管道平直。

4）电熔连接、热熔连接、套筒（带或套）连接、法兰连接、卡箍连接应在当日温度较低或接近最低时进行；电熔连接、热熔连接是电热设备的温度控制、时间控制、挤出焊接时对焊接设备的操作等必须严格按接头的技术指标和设备的操作程序进行；接头处应有沿管节圆周平滑对称的外翻边，内翻边应铲平。

5）管道与井室宜采用柔性连接，连接方式应符合设计要求，设计无要求时，可采用承插管件连接或中介层做法。管道系统设置的弯头、三通、变径处应采用混凝土支墩或金属卡箍拉杆等技术措施；在消火栓及闸阀的底部应加垫混凝土支墩；非锁紧型承插连接管道，每根管节应有 3 点以上的固定措施。

6）安装完的管道中心线及高程调整合格后，即将管底有效支撑角范围用中砂回填密实，不得用土或其他材料回填。

（11）管道附属构筑物（井室井盖）应符合下列要求：

1）管道穿过井壁的施工应符合设计要求，设计无要求时金属类压力管道、井壁洞圈应预设套管，管道外壁与套管的间隙应四周均匀一致，其间隙宜采用柔性或半柔性材料填嵌密实。

2）砌筑结构的井室应垂直砌筑，需收口砌筑时，应按设计要求的位置设置钢筋混凝土梁进行收口；圆井采用砌块逐层砌筑收口，四面收口时每层收进不应大于 30mm，偏心收口时每层收进不应大于 50mm；内外井壁应采用水泥砂浆勾缝；有抹面要求时，抹面应分层压实。

3）预制装配式结构的井室应符合设计要求，装配位置和尺寸正确，安装牢固；采用水泥砂浆接缝时，企口坐浆与竖缝灌浆应饱满，装配后的接缝砂浆凝结硬化期间应加强养护，并不得受外力碰撞或震动；设有橡胶密封圈时，胶圈应安装稳固，止水严密可靠。

4）有支、连管接入的井室，应在井室施工的同时安装预留支、连管，预留管的管径、方向、高程应符合设计要求，管与井壁衔接处应严密。

5）阀门井的井底距承口或法兰盘下缘以及井壁与承口或法兰盘外缘应留有安装作业空间，其尺寸应符合设计要求。

6）给水排水的井盖选用的型号、材质应符合设计要求，设计未要求时，宜采用复合材料井盖，行业标志明显；道路上的井室必须使用重型井盖，装配稳固。井盖上表面应与路面相平，允许偏差为±5mm。绿化带上和不通车的地方可采用轻型井圈和井盖，井盖的上表面应高出地坪 50mm，并在井口周围以 2% 的坡度向外做水泥砂浆护坡。

（12）压力管道水压试验。

1）水压试验前，施工单位应编制试验方案，其内容应包括：后背及堵板的设计；进水管路、排气孔及排水孔的设计加压设备、压力计的选择及安装的设计；排水疏导措施；升压分级的划分及观测制度的规定；试验管段的稳定措施和安全措施。

2）采用钢管、化学建材管的压力管道，管道中最后一个焊接接口完毕 1h 以上方可进行水压试验。水压试验管道内径大于或等于 600mm 时，试验管段端部的第一个接口应采用柔性接口或采用特制的柔性接口堵板。

3）水压试验采用的设备、仪表及其安装应符合下列规定：①采用弹簧压力计时，精度不低于 1.5 级，最大量程宜为试验压力的 1.3～1.5 倍，表壳的公称直径不宜小于150mm，使用前应经校正并有符合规定的检定证书；②水泵、压力计应安装在试验管段的两端部与管道轴线相垂直的支管上。

4）水压试验前试验管段所有敞口应封闭，不得有渗漏水现象；试验管段不得用闸阀做堵板，不得含有消火栓、水锤消除器、安全阀等附件；管道内杂物应清除彻底。

5）压力管道水压试验的试验压力应符合表 2.4-9 中规定。

压力管道水压试验的试验压力   表 2.4-9

管材种类	工作压力 P（MPa）	试验压力（MPa）
钢管	P	$P+0.5$，且不小于 0.9
球墨铸铁管	≤0.5	$2P$
	>0.5	$P+0.5$
预（自）应力混凝土管、预应力钢筋混凝土管	≤0.6	$1.5P$
	>0.6	$P+0.3$
现浇钢筋混凝土管渠	≥0.1	$1.5P$
化学建材管	>0.1	$1.5P$，且不小于 0.8

6）水压试验过程中后背顶撑、管道两端严禁站人；水压试验时，严禁修补缺陷；遇有缺陷时，应做出标记，卸压后修补。

7）聚乙烯管、聚丙烯管及复合管的水压试验，其预试验阶段：停止注水补压并稳定 30min；当 30min 后压力下降不超过试验压力的 70%，则预试验结束；否则重新注水补压并稳定 30min 再进行观测，直至 30min 后压力下降不超过压力试验的 70%。主试验阶段：①每隔 3min 记录一次管道剩余压力，应记录 30min；30min 内管道剩余压力有上升趋势时，则水压试验合格；②30min 内管道剩余压力无上升趋势时，则应持续观察 60min；整个 90min 内压力下降不超过 0.02MPa，则水压试验合格。③主试验阶段上述两条均不能满足时，则水压试验结果不合格，应查明原因并采取措施后再重新组织试压。

（13）预试验阶段：将管道内水压缓缓升至试验压力并稳压 30min，期间如有压力下降可注水补压，但不得高于试验压力；检查管道接口、配件等处有无漏水、损坏现象；有漏水、损坏现象应及时停止试压，查明原因并采取相应措施后重新试压。主试验阶段：停止注水补压，稳定 15min；当 15min 后压力下降不超过允许降数值时，将试验压力降至工作压力并保持恒压 30min，进行外观检查若无漏水现象则水压试验合格。压力管道水压试验的允许偏差应符合表 2.4-10 中规定。

压力管道水压试验的允许偏差   表 2.4-10

管材种类	工作压力 P（MPa）	试验压力（MPa）
钢管	$P+0.5$，且不小于 0.9	0
球墨铸铁管	$2P$	
	$P+0.5$	
预（自）应力混凝土管、预应力钢筋混凝土管	$1.5P$	0.03
	$P+0.3$	
现浇钢筋混凝土管渠	$1.5P$	
化学建材管	$1.5P$，且不小于 0.8	0.02

（14）给水管道的冲洗与消毒。

1）给水管道严禁取用污染水源进行水压试验、冲洗，施工管段离污染水域较近时必须严格控制污染水进入管道；如不慎污染管道，应由水质检查部门对管道污染水进行化验，并按其要求在管道并网运行前进行冲洗与消毒。

2）管道第一次冲洗应用洁净水冲洗至出水口水样浊度小于 3NTU 为止，冲洗流速应大于 1.0m/s。第一次冲洗后先用有效氯离子含量不低于 20mg/L 的洁净水浸泡 24h，再用洁净水进行第二次冲洗至水质检测、管理部门取样化验合格为止。

（15）无压管道的闭水试验。

1）无压管道的闭水试验应按设计要求和试验方案进行；试验管段应按井距分隔，抽样选取，带井试验。无压管道闭水试验时，试验管段应符合：①管道及检查井外观质量已验收合格；②管道未回填土且沟槽内无积水；③全部预留孔应封堵，不得渗水；④管道两端堵板承载力经核算应大于水压力的合力；除预留进出水管外，应封堵坚固，不得渗漏。

2）管道内径大于 700mm 时，可按管道井段数量抽样选取 1/3 进行试验；试验不合格时，抽样井段数量应在原抽样基础上加倍进行试验。

3）埋地管道安装完毕在覆土前的灌水试验和通水试验要求是排水应畅通，无堵塞，管接口无渗漏。

五、中水处理系统安装工程质量监理管控要点

1. 建筑物中水原水

（1）建筑物中水原水可选择的种类和选取顺序应为：卫生间、公共浴室的盆浴和淋浴等的排水，盥洗排水，空调循环冷却水系统排水，冷凝水，游泳池排水，洗衣排水，厨房排水，冲厕排水。

（2）医疗污水、放射性废水、生物污染废水、贵金属及其他有毒有害物质超标的排水严禁作为中水原水。

2. 中水水质标准

（1）中水用作建筑杂用水和城市杂用水，如冲厕、道路清扫、消防、绿化、车辆冲洗、建筑施工等，其水质应符合国家标准《城市污水再生利用　城市杂用水水质》GB/T 18920—2020 的规定。

（2）中水用于建筑小区景观环境用水时，其水质应符合国家标准《城市污水再生利用　景观环境用水水质》GB/T 18921—2019 的规定。

（3）中水用于供暖、空调系统补充水时，其水质应符合国家标准《采暖空调系统水质》GB/T 29044—2012 的规定。

（4）中水用于冷却、洗涤、锅炉补给等工业用水时，其水质应符合国家标准《城市污水再生利用　工业用水水质》GB/T 19923—2005 的规定。

（5）中水用于食用作物、蔬菜浇灌用水时，其水质应符合国家标准《城市污水再生利用　农田灌溉用水水质》GB 20922—2007 的规定。

（6）中水用于多种用途时，应按不同用途水质标准进行分质处理；当中水同时用于多种用途时，其水质应按最高水质标准确定。

3. 中水系统

（1）中水处理系统设备及装置的安装主要有原水调节池（箱）、中水贮存池（箱）、中水处理工艺池、槽构筑物、生物化学反应器、污泥机械脱水装置、消毒设备、风机与泵设

备的安装等。此类设施、设备配套的土建施工，监理将按混凝土构筑物、通用设备的工程质量验收要求进行质量验收。

（2）中水供水系统与生活饮用水给水系统应分别独立设置。

（3）中水管道应有明显标识。中水管道上不得装设取水龙头。当装有取水接口时，必须采取严格的误饮、误用的防护措施。

4．中水管道的安装施工

1）中水管道不宜安装于墙体和楼板内。如必须安装于墙槽内时，必须在管道上有明显且不会脱落的标志。

2）中水管道与生活饮用水管道、排水管道平行埋设时，其水平净距离不得小于0.5m；交叉埋设时，中水管道应位于生活饮用水管道下面，排水管道的上面，其净距离不应小于0.15m。

3）中水供水管道严禁与生活饮用水给水管道连接，并应采取下列措施：

① 中水管道外壁应涂浅绿色标志；

② 中水池（箱）、阀门、水表及给水栓均应有"中水"标志。

4）建筑中水，以及其他类似的雨水回用、海水利用管道严禁与生活饮用水管道系统连接。验收时应逐段检查是否与生活饮用水系统管道混接。

5）管道系统的水压试验同生活给水管道的水压试验要求。

第五节　建筑给水排水及供暖工程施工安全监督

一、建筑给水排水及供暖工程施工安全主要危险源识别

建筑给水排水及供暖工程施工安全主要危险源识别见表2.5-1。

建筑给水排水及供暖工程施工安全主要危险源识别　　　　　　　　表 2.5-1

序号	主要涉及的危险源	风险后果	控制措施
1	临时用电作业	人员触电伤亡	针对危险性较大的施工作业内容，要求施工单位编制专项施工方案。在施工过程中加强各危险源作业巡视检查，发现问题及时要求整改
2	易燃易爆器具、物料管理不善	爆炸、火灾导致损失或人员伤亡	
3	管沟基槽开挖与支护	管沟基槽坍塌或人员伤亡	
4	操作平台高处作业	操作平台垮塌或人员伤亡	
5	管道电焊动火防护不到位	导致火灾或人员伤亡	
6	吊装作业	机械设备倾覆导致损失或人员伤亡	
7	水池等密闭空间作业	人员中毒或窒息	

二、建筑内给水排水及供暖工程安装监理安全监督要点

（1）有防火、隔热、限热要求的原材料应分类安全存放并配备必要的消防器材或落实的消防措施。对施工环境有消防管控要求的，应严格检查施工单位消防安全措施的执行情况。

（2）项目监理部应按照《建筑施工安全检查标准》JGJ 59—2011、《建设工程监理施工安全监督规程》DG/TJ 08—2035—2014 和《施工现场临时用电安全技术规范》JGJ 46—2005 等有关要求做好施工临时用电安全监督检查。

（3）室内给水排水及供暖施工中预埋、开槽（洞）等时严禁破坏建筑结构、损伤建筑结构钢筋等行为。安装布管严禁梁中铣洞。结构楼板需铣洞时应经设计复核同意并按要求采取补强加固措施。

（4）在密闭空间进行施工时，必须坚持施工单位安全管理落实到位、施工区域通风、应急救援等措施和物资的落实到位，并在施工过程中加强巡视监督检查。

（5）室内登高作业安全防护措施应严格按照有关高处作业安全管理要求落实防护措施。施工单位对搭设的移动脚手架、操作平台、升降车等应编制专项施工方案。项目监理部应编制相应安全监督实施细则。

（6）带水、承压管道应严格按照空间布局施工。

（7）涉及锅炉、屋面水箱等吊装工程的，监理应审查施工单位编制的专项施工方案，审查吊装人员资格，并对吊装过程进行安全监督。

（8）室内管道焊接所采用的易燃易爆气体应确保作业安全距离。

三、室外给水排水工程监理安全监督要点

（1）室外管沟开挖深度达到深基槽条件的，施工单位应编制危险性较大分部分项工程（以下简称危大工程）专项方案，开挖深度达到超过一定规模的危大工程还应进行专家论证。项目监理部应编制相应的安全监督实施细则。施工单位应严格按照设计落实降水、支护措施。严格遵循"开槽支撑、先撑后挖、分层开挖、严禁超挖"的原则。

（2）对放坡开挖的管沟，坡比应满足施工安全需求；弃土应置于管沟边 1m 以外，弃土高度不宜超过 2m。

（3）地质情况和周边环境较为复杂时，应对槽坡顶及支护结构进行监测。如出现支护结构破坏、塌方等情况应暂停施工，待得到安全处置后再进行施工作业。

第六节　建筑给水排水及供暖工程安装监理案例分析

一、工程概况

某一商业综合体工程，建筑面积约 $45000m^2$，建筑高度为 21.5m，地下 1 层，地上 3 层，地下 1 层层高为 5.2m。综合体通过市政供水管网供水，项目红线内排水管道最深位于地下 4.5m；室内给水通过地下室水泵房及生活给水系统供水；由地下室消防泵房供给消防自动喷水灭火系统；室内排水系统及屋面雨排系统通过室内管道排至室外排水网。

二、监理的范围和内容

根据监理委托合同，该项目监理范围包括：施工图审核、从施工阶段一直到保修阶段的质量、进度控制、安全生产、文明施工、信息管理、组织协调、变更指令之整理和计量、档案资料的管理，以及对已完成之工程量的审核，并协助相关前（后）期施工和验收

证照之申请等。

监理的具体工作按时间节点排列如下：

（1）收到工程设计文件后编制监理规划，并在第一次工地会议 7d 前报委托人。根据有关规定和监理工作需要，编制监理实施细则。

（2）熟悉工程设计文件，并参加由委托人主持的图纸会审和设计交底会议。

（3）参加由委托人主持的第一次工地会议；主持监理例会并根据工程需要主持或参加专题会议。

（4）审查施工承包人提交的施工组织设计，重点审查其中的质量安全技术措施、专项施工方案与工程建设强制性标准的符合性。

（5）检查施工承包人工程质量、安全生产管理制度及组织机构和人员资格。

（6）检查施工承包人专职安全生产管理人员的配备情况。

（7）审查施工承包人提交的施工进度计划，核查承包人对施工进度计划的调整。

（8）检查施工承包人的试验室。

（9）审核施工分包人资质条件。

（10）查验施工承包人的施工测量放线成果。

（11）审查工程开工条件，征得委托人书面同意后对条件具备的签发开工令。

（12）审查施工承包人报送的工程材料、构配件、设备质量证明文件的有效性和符合性，并按规定对用于工程的材料采取平行检验或见证取样方式进行抽检。

（13）审核施工承包人提交的工程款支付申请，征得委托人书面同意后签发或出具工程款支付证书，并报委托人审核、批准。

（14）在巡视、旁站和检验过程中，发现工程质量、施工安全存在事故隐患的，要求施工承包人整改并报委托人。

（15）经委托人事先书面同意，签发工程暂停令和复工令。

（16）审查施工承包人提交的采用新材料、新工艺、新技术、新设备的论证材料及相关验收标准。

（17）验收隐蔽工程、分部分项工程。

（18）审查施工承包人提交的工程变更申请，协调处理施工进度调整、费用索赔、合同争议等事项。

（19）审查施工承包人提交的竣工验收申请，编写工程质量评估报告。

（20）参加工程竣工验收，签署竣工验收意见。

（21）审查施工承包人提交的竣工结算申请并报委托人。

（22）编制、整理工程监理归档文件并报委托人。

三、施工中出现的问题及监理处置方法

例如，有一项监理工作案例是在室外排水管网 4.5m 管网施工前，施工单位报审了施工专项方案，专项方案经施工项目部审批后再送项目监理部审核。当时给水排水专业监理工程师未认真审查专项方案，签字后递交项目总监理工程师审批。项目总监理工程师审查后驳回，审批意见要求施工单位专项方案应经施工单位生产技术负责人审批签字。施工单位收到项目监理部的审核意见后，按专项方案审批流程进行了公司级审批签字。重新启动

专项方案报审后，经专业监理工程师审查和总监理工程师审批后予以签认通过。严格的审查审批流程一是相关规定的要求，也是落实工作责任制的具体体现。

施工单位的施工方案获批后，项目监理部的专业监理工程师继而根据规范标准、设计要求和施工单位的专项施工方案编制了对应的监理实施细则。在施工过程中施工单位按设计要求采用钢板桩进行管沟围护，但施工单位为节约成本，钢板桩未密拼锁扣，局部钢板桩间隔超过 30cm。且为铺设管道方便，未按设计要求对深管沟支护设置内支撑。对此项目监理部总监理工程师在听取专业监理工程师分析施工安全隐患后向建设单位报告沟槽施工存在违反设计及专项施工方案的情况，请示予以暂停施工，并得到建设单位的认可。随即项目总监理工程师向施工单位签发暂停令，要求施工单位对基坑支护及支护支撑进行整改。施工单位在收到项目监理部暂停施工的通知后暂停施工推进，并对支护及支护内支撑按照设计要求进行了整改。在整改符合要求并经监理检查验证后，施工单位上报复工申请，经专业监理工程师核验，项目总监理工程师核查并签发复工令。

因暂停整改，施工单位花费了一定时间导致工程施工进度延误，建设单位要求施工单位加紧推进施工进度。施工单位通过增加机械设备、人员、增加作业时间等措施对室外给水管沟开挖进行赶工。在开挖至管沟底标高附近再采用人工开挖时，突降暴雨。项目监理部巡视后立即要求施工单位将施工人员撤出管沟。由于施工单位按监理整改要求对管沟进行了支护和内支撑加固，管沟除产生积水外未发生安全险情。暴雨后项目监理部又要求施工单位对沟槽内积水进行抽排。施工班组将沟槽内积水抽排后，发现因雨水泡槽，沟底基础土质松软已不能满足管道埋深承载力要求。专业监理工程师检查后要求施工单位彻底清除管沟底部松软土层，施工班组清除松软土层后，又发现管沟底标高超过设计标高，产生超挖现象，随即施工班组再按设计要求对管沟进行级配碎石回填找平并按照设计坡度找坡。经监理对管沟检查验收合格后，施工单位开始按设计图纸进行排水管道的敷设施工。

管道敷设完毕后施工班组进行管沟回填，但未按要求对管沟回填进行压实。项目监理部专业监理工程师检查后又签发通知单要求施工单位对回填部位按照设计压实系数进行压实处理。施工单位按照项目监理部的整改要求对管沟回填压实进行了整改。经项目监理部一系列有效的施工质量跟踪监督、科学预判及事前控制操作，后续施工质量均满足设计及验收规范标准的要求。监理这一番施工质量的有效把控举措，为有关的工程质量达标真正做到了保驾护航。

另一项监理工作案例是在层高 5.2m 的地下室给排水工程施工中，施工单位架设了施工操作脚手架移动平台进行管道安装施工，监理巡视现场后项目监理部及时对施工单位开具暂停令，要求施工单位暂停地下室给排水管道安装施工。于是，施工单位项目管理人员向建设单位投诉。建设单位组织施工单位项目经理和项目总监理工程师进行专题会商。项目总监指出地下室给排水施工搭设的操作脚手架移动平台高度超高 3.5m，未按住房和城乡建设部《危险性较大的分部分项工程安全管理规定》及危大工程清单对操作平台作业编制专项施工方案，且现场搭设的操作平台未设置安全防护栏杆，未搭设人员上下通道，人员通过攀爬斜立杆上下，存在较大的施工安全隐患。建设单位对监理部暂停整改要求予以支持，一番沟通和说明后施工单位项目经理也表示认可。会后施工单位随即对操作平台施工编制专项施工方案，经公司级审批后跟进报审项目监理部，并对现场搭设的操作平台进行完善、整改，增加了人员上下通道爬梯和作业平台防护栏杆。这个案例提醒我们监理要及时发现问题，坚持底线的原则。在进度与安全、质量产生矛盾时，应坚持"安全第一"原则将安全监督管理工作放在首位。只有在安全生产管控措施落实到位，安全生产有保障的前提下，才能更好地推进工程建设，达到建设单位的预期。

第三章 通风与空调工程安装监理

第一节 通风与空调工程概述

在建筑工程项目（民用建筑、工业建筑）中，通风与空调工程是重要的机电安装施工项目，它为建筑物内部空间创造清洁卫生、舒适和安全的空气环境条件提供了技术支撑，是建筑工程项目以人为本的高品质标志的一个组成部分。在建筑物遇到安全事故、火警时的事故通风、消防排烟成为保障人员生命安全的手段。

国家标准《建筑工程施工质量验收统一标准》GB 50300—2013 把通风与空调工程作为一个分部工程，与地基与基础、主体结构、建筑装饰装修、屋面、建筑给水排水及供暖、通风与空调、建筑电气、智能建筑、建筑节能和电梯等分部工程并列。

在工业安装工程项目中，通风与空调工程依照国家标准《工业安装工程施工质量验收统一标准》GB/T 50252—2018，按专业划分分部工程时可归类于设备、管道分部工程或某一分部工程下的子分部工程。

本篇教材主要基于建筑工程项目的要求叙述专业监理工程师在通风与空调工程施工质量检查与验收时的主要工作。

一、通风与空调系统的组成

通风工程是送风、排风、防排烟、除尘和气力输送系统工程的总称。

空调工程是舒适性空调、恒温恒湿空调和洁净室空气净化与调节系统工程的总称。

按照国家标准《通风与空调工程施工质量验收规范》GB 50243—2016，根据其系统内各子系统相对的专业技术性能、系统可独立运行与进行功能验证的原则，整个系统（分部工程）被划分为送风系统、排风系统、防排烟系统、除尘系统、舒适性空调系统、恒温恒湿空调系统、净化空调系统、地下人防通风系统、真空吸尘系统、冷凝水系统、空调（冷、热）水系统、冷却水系统、土壤源热泵换热系统、水源热泵换热系统、蓄能系统、压缩式制冷（热）设备系统、吸收式制冷设备系统、多联机空调（热泵）系统、太阳能供暖空调系统、设备自控系统 20 个子分部。

若以下属的子系统基本功能、主要设备配置为基础，结合通风与空调工程施工监理的工作实际，进行一般建筑通风与空调系统构成的分解，分为送排风系统、防排烟系统和空调系统等主要系统。

1. 通风系统

通风是利用室外空气（称为新鲜空气或新风）来置换建筑物内或空间内的空气（简称室内空气），以改善其空气品质。用自然通风或通风机械来实现这一气体流动过程。考虑到专业监理工程师日常所接触到的基本面，本教材重点阐述机械送排风系统和防排烟系统。

（1）送排风系统

建筑送排风系统通过建筑平面、立面的合理布局和构造设计，通常会给出一个基于自然通风方式，维持室内空气清新的"换气"方案；或采用机械通风技术，强制主导室内的通风换气。

从建筑规模、建筑形式和物业管理的需要，科学采用机械通风手段是建设项目的合理选择。机械通风有强制引入室外的新鲜空气或进行特定的气流配送；或是通过排风机、引风机机械排出室内的污浊、热湿空气，包括含有有害物质的废气等多种形式。例如，厨房烹饪设备排放的燃烧烟气和油烟废气、工厂车间排放的生产废气等一般都需要机械通风助力。机械通风系统配备的风机可以是装置在送风子系统的风机，也可以是装置在排风子系统的排风机或者是两个子系统均安装风机，即前端安装送风机，末端安装排风机。单一送风机送风，密闭房间会产生正压或微正压状态，单一排风机排风则会产生负压效果。送排风系统根据气流组织的需要，可能会配置风管、风口或吸风罩等装置。

如果需要对排放至大气的气流进行颗粒物杂质分离净化时，排风口（管）＋排风机＋净化处理装置的合集又被称为除尘系统。工作原理相近的系统有厨房油烟气除油滴排放装置（系统）等。

（2）防排烟系统

防排烟系统是一个为满足建筑消防安全需要而设置的特殊送排风系统，防排烟系统应首先发挥好室内设计中自然排烟的最大效能。在越来越复杂的现代建筑工程项目中，为满足建筑防火的规范要求，可能会更多地选择设置排烟风机的方案，以便在火警时及时排出室内的燃烧烟气，同时依靠送风机为建筑内消防疏散通道（楼梯）、消防电梯前室、防火避难层等区域机械送风，形成正压防烟屏障，保障火灾时疏散人员免受火灾烟雾的伤害，并和常闭防火门共同作用，防止上下楼梯疏散通道成为"烟囱效应"的助推因素。

有些建筑设计为了节约机电设备配置资金，采用的是日常送排风、建筑火灾时防排烟两者合一、双功能的送排风和防排烟系统，或者采用部分功能兼用的系统。但由于火警时正压送风量、排烟量大，排烟温度高，排烟口的设置，及管理方式等技术差异，工程上更多的是建设两个各自独立的系统，即日常送排风系统和防排烟系统是分开设立，独立运作。

显然送排风、防排烟两个系统在风管制作及安装、风机设备安装等方面有很多共性的质量管理节点。当然，防排烟系统在建筑火灾时的大流量热烟气汇集排放、新鲜空气流有组织输送的压力、流量要求和日常的通风气流常规输送还是略有不同。尤其表现在如温度控制、安全方面的质量标准等并不等同，这是两个系统工程施工质量验收标准存在部分差异点的根本原因。

2. 空调系统

建筑空调系统比普通的通风系统复杂，在基本的气流输送组织方面，空调系统和日常送排风系统有共同之处，从施工上看，空调系统的风系统中风口、风管安装质量的基本要求和送排风系统的同一分项工程要求是一致的。但要达到温度、湿度、洁净度等更多的控制要求，空调系统又是一个比较复杂的空气处理与品质控制系统。空调系统形式较多，且一个建筑工程项目中可能采用若干种形式的空调系统，服务于不同区域与运行指标要求的空调房间。

（1）舒适性空调和工艺性空调

空调系统和送排风系统的气流组织有着类似的共同基础，常见的空调系统性质上属于舒适性空调系统，例如普通办公建筑、酒店、商场等公共建筑、商业建筑能对室内温度、湿度、洁净度，以及室内空气流动进行调节控制，满足人体舒适性要求的空调系统。由于建筑空调系统运行时的节能需要，系统通常采用室内空气循环的方式，同时为满足室内空气卫生标准的要求，大、中型中央空调系统还配有从室外输入合理流量的新鲜空气（新风）处理装置，调整好的新风（温度、湿度等）再输入各个空调房间。这种模式的空调系统，其服务的房间因为有源源不断的新风输入，整体上处于微正压的状态。

对于一些特殊的空调需求用户，像某些高级别的博物馆（库房），它要求配置恒温恒湿的空调系统以满足高端馆藏物品的存放、展览要求；像医药企业、医院手术室、精密电子企业等则可能需要配置某种无菌、无尘洁净度规格的净化空调系统。这类恒温恒湿空调系统、净化空调系统是以满足特殊空调房间专有技术指标要求、企业生产设备工艺条件为主，室内人员舒适性为辅的具有较高温度控制调节、湿度控制调节和洁净度等级要求的空调系统，技术上也被称为工艺性空调系统。

（2）中央空调系统的基本组成

空调系统根据用户终端数量、空调冷热源配比的模式又分为独立式空调、中央空调两种基本模式。

中央空调系统有多个终端或较具规模的多用户子系统，它们都有一个集中的中央冷热源。中央空调系统的基本构成可以细分为用户终端，中央空调的冷、热水系统，中央空调的风管系统和空调冷、热源设备工程四大部分。

1）用户终端

空调系统的用户终端设备一是风口；二是根据不同的系统模式，用户终端设备有诱导器（IDU）、风机盘管机组（FCU）、组合式空调机组（AHU）等多种形式；三是终端设备风管。

风口：是一个基本末端装置，它是具有室内空气流导向及流量控制功能的装置，将风管送达的冷风或热风根据需要送入室内。

诱导器：是依靠经过系统上游集中处理后送来的压力空气（一次风）形成射流，在诱导器箱体内诱导室内空气混合，再通过换热器换热，最后射入室内，或不换热，压力射流和室内空气混合分布于室内空间的装置。

风机盘管：是广泛应用的中央空调终端空气处理设备，它的构造是一个盘管换热器＋动力增益风机的组合装置，其通过离心多叶风机吸入室内循环气流后，施加了流动能量，气流在盘管换热器部分与空调冷热水管送达的冷水或热水（冷水 5～7℃，热水 50～60℃）进行强制对流换热（与冷水换热时可以降温去湿，盘管底盘有冷凝水需要排放），以满足室内部分空调冷负荷或热负荷的需求。处理后的气流通过（风管）送风口进入室内。风机盘管通过回风口上的过滤网实现室内空气循环气流一般的洁净处理流程。

对照前面的诱导器，我们可以看到诱导器的循环气流动力增益依靠的是集中处理后通过风管子系统送来的压力气流。这一股压力气流承载了空调房间所需要的新风、增湿量和气流动能，以及冷量载荷（或热量载荷）；而风机盘管动力增益靠的是风机，室内的新风是由另外的集中新风管路输入的。新风气流承载了室内大约 1/3 的冷热负荷，以及空调房间需要的增湿量。风机盘管的冷量荷载（或热量荷载）是通过空调供回水系统送达的。

组合式空调机组（空调箱）：是较大空间的空调用户的一个空气处理设备。组合式空调机组功率较大。一台或若干台组合式空调机组可以服务一个较大的室内空间、建筑的整楼层或更大的空调区域，例如剧场、超市大卖场、体育馆等。

组合式空调机组一般设置在专有的空调机房里，它具备给回流的室内气流和室外新风进行冷热交换、减湿加湿、过滤净化、杀菌和气流的动能增益等功能（图 3.1-1）。组合式空调机组需要从空调冷热源输入冷水、热水满足空调对象的冷负荷或热负荷。例如，一栋采用集中式中央空调系统的高层办公建筑，每个楼层设置一个区域空调机房，机房内有组合式空调机组，而位于地下室的中央冷热源通过空调供回水管将冷水或热水输送至各楼层空调机房中的组合式空调机组。组合式空调机组工作时，服务的空调房间的气流依次经过回风口、回风管（或其中外排一部分室内空气），最后进入组合式空调机组，再混合从室外输入的新鲜空气，在完成气流冷热交换、减湿或增湿，过滤杀菌、动力增益流程后由送风管输送至服务区域内各空调房间的出风口，最后进入室内空间。因为集中式中央空调系统各用户的冷热负荷主要由这样大循环的空气流承担，所以配置的送风管尺寸比较大（配置诱导器的空调系统，因气流是压力高，而流量小除外），会占用较大的室内上部空间。组合式空调机组有整体入场就位安装和组件现场拼装两种施工方式。设备体积大且现场运输、移位条件受限就会采用现场拼装的施工方式，这时空调机组拼装完成后要进行漏风量测试。

图 3.1-1　常见的组合式空调机组组成示意图

终端设备风管：风机盘管如果采用墙上侧向送风的，设备出风口接驳墙上风口的风管很短；因建筑室内装饰工程需要，或室内风口距离风机盘管较远的设备出风口可能需要配置数米的送风管，且风管需要保温。一般情况下，风机盘管的出风管都是属于隐蔽工程，安装结束需要办理隐蔽验收手续。

组合式空调机组出口一般需要配置截面大、距离较长的风管，这时风管制作和安装将占据较大的工程量。很多情况下，由于吊顶上的空间受限，刚出机房的风管往往处于风管内空气流速控制值的顶端区域，较高的风速往往会有产生噪声的风险。

设备调节控制：风机盘管的负荷调节一般是风量调节，即较高循环风量的将会提供较高的荷载，也有通过对空调供回水流量调节来满足荷载变化需求的。中央空调系统的用户终端还有各类温度、压力与流量等传感器、执行机构，以及自控与智能系统支持等。

2）中央空调的冷、热水系统

中央空调的冷热源工程是集中布置制冷或制热设备及装置的模式，供冷时，中央制冷机通过空调供水管路向用户终端提供空调冷水（供水水温 5～7℃，习惯上我们常称之为冷冻水），在终端设备换热，将空调房间释放的热量通过空调回水管路带回中央制冷机，这时回水温度一般上升 5℃（回水水温 10～12℃）；供热时，中央锅炉（或其他热源设备）通过空调供水管路向用户提供空调热水（供水水温 50～55℃），在终端设备换热释放热量后，经回水管路返回中央锅炉（或其他热源设备），此时的供热回水温度一般下降 10℃（回水水温 40～45℃）。

楼层较高的项目空调冷、热水系统会采用分区循环的模式。例如图 3.1-2 所示的建筑高区的空调冷、热供回水是通过中间设备层的板式交换器间接换热获取冷、热能的，而这板式交换器的输入冷、热能则是通过和地下室制冷机房（锅炉房）连接的空调供回水管路循环而得。

空调冷、热水管路又常分为双管制和四管制两类。双管制空调水系统是一个双管路系统，供冷或供热二选一，即夏季提供冷水，回水返回；冬季提供热水，回水返回；过渡季节只能供冷或供热。四管制空调水系统由四根管路构建，可实现供冷、供热两者同时运行，互不干扰。四管制空调水系统多了一个回路，投资大，且制冷盘管、制热盘管同路配置，气流运行阻力损耗较大，一般用于建筑等级比较高的空调用户系统，例如五星级酒店的中央空调会采用四管制空调水系统，可以快速响应空调房间的冷、热负荷调节需求。四管制空调水系统管路占用的空间比双管制系统大，加上空调供回水管道还需要保温，施工难度也要大一些。

3）中央空调的风管系统

空调风管制作、安装的基本要求与前述通风系统的风管项目相同，不同的是空调风管需要风管保温。

空调风管的尺寸规格、工程量及施工难易程度和空调系统的形式有着密切的关系。常见的中央空调系统以空调房间的冷、热量关键的传输载体划分有集中式空调系统和半集中式空调系统两大形式。集中式空调系统有着较大的风管系统工程量。

① 集中式空调系统

集中式空调系统采用组合式空调机组来处理一个或多个空调房间的冷热负荷。在前面用户终端设备的叙述中我们了解到，集中式空调系统的空调房间回风气流需要全部汇集至专用房间或楼层所属的空调机房中的组合式空调机组，回风气流有的设计有回风管，也有可能被走廊回风模式所取代。可以肯定的是组合式空调机组的出风管截面尺寸大，占用了较多的安装空间，此时，风管成为空调系统重要的施工作业项目，对工程量和整个项目的工程进度多会产生较大影响。因此，装饰后的层高控制还需要和室内装修施工密切配合。

集中式空调系统的优点是组合式空调机组的处理能力大，设备台数少，空调供回水管只需达到数量不多的空气处理设备处，空气处理时产生的冷凝水排放也集中（在空调机房处），出风管保温要求低于半集中式空调系统量多面广的空调供回水管保温施工。

② 半集中式空调系统

半集中式空调系统需要的风管主要是用户终端配套的设备（风机盘管）出风管和新风管。

对比集中式空调系统，半集中式空调系统的各终端不再需要将室内气流汇集至服务空调房间或区域的专用空调机房，处理后再返回空调房间。它的系统工作原理是将中央冷热源的冷热媒（冷水、热水）通过空调水系统输送至各用户终端的风机盘管，为就地循环处理室内空气，供冷或供热。这时空调供回水管路承担了用户终端大部分的冷、热量的传输。所以半集中式空调系统的施工重点从机房内组合式空调机组、全系统的庞大风管的安装施工转变为复杂的空调供回水管的安装施工和大量风机盘管机组的就地安装。由于空调水系统传输的空调供回水温度低，管道保温不好容易产生凝结滴水现象，此类管道保温质量要求比一般保温工程的质量要求要高。

半集中式空调系统没有了大截面的集中送风管路，但室内新风供给仍然是集中处理再配送的模式，系统涉及的风管施工，一是终端设备风机盘管出口的冷风（热风）根据室内气流组织的需要，可能需要通过风管、风口布局到室内合适的位置；二是室外新风经过新风空调机组（功能与集中式空调系统的组合式空调机组基本相同）处理后，再输送至各用户终端的新风管。虽然空调新风承担了用户空调房间约 1/3 的冷、热负荷，但输送的新风体积流量大大减少，随之风管尺寸也变小。

4）空调冷、热源设备工程

空调冷、热源技术的发展使得该空调冷、热源工程在建筑空调项目中具有多样化的形式。常见的中央空调冷、热源工程构成有如下几种代表性的组合形式：水冷型压缩式制冷机组＋循环水冷却塔＋天然气热水（蒸汽）锅炉组合；风冷型压缩式制冷（热）机组；天然气直燃型溴化锂吸收式制冷机组＋冷却塔组合。

① 水冷型压缩式制冷机组＋循环水冷却塔＋天然气热水（蒸汽）锅炉组合

某水冷型压缩式制冷机组的空调供回水（冷冻水）循环、冷却水循环及建筑空调高、低区两个分区的供、回水系统工作示意图如图 3.1-2 所示。

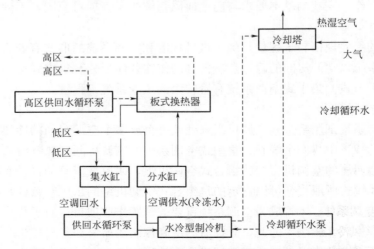

图 3.1-2　水冷式电驱动压缩式制冷机组冷源系统工作示意图

水冷型压缩式制冷机组工作时，空调水系统的回水带回了用户终端的热量，空调回水在制冷机组的蒸发器中被吸热、降温，再次作为空调供水（冷冻水）被输送至空调系统的各用户终端，例如前面所述的风机盘管、组合式空调机组等，服务于空调房间的冷负荷需求。同时在制冷机组蒸发器制冷剂侧，制冷剂"汽化吸热"获取的热量，经过制冷机组本身的"压缩-冷凝放热-节流减压-汽化吸热"的工作循环，被转移至制冷机组冷凝器，在冷凝器中换热后被冷却循环水带走，冷却循环水被泵送至地面或屋顶的冷却塔，热量最终通过蒸发放热释放到大气中。这一蒸发放热过程是部分冷却循环水局部吸热蒸发到大气中的过程，所以循环冷却水整体是有损失的，需要及时补充。此外，为避免冷却水长时间循环，接触大气会产生水藻和对管道氧化腐蚀，这个循环水系统一般还配置水处理装置抑制藻类的生长、降低循环冷却水对管道内壁的腐蚀。

水冷型压缩式制冷机组非常有代表性的项目是大型水冷型离心式压缩制冷机组。它的特点是机组制冷能效（COP）指标非常高，不利的方面是离心式压缩机噪声也高，所以此类制冷机组通常是安装在建筑地下层的机房内来隔绝机械运行噪声的。制冷机组要布置在地下层或地面隔声的独立机房，那么机组所排放的热量则需要在地面（或裙房屋顶、主楼屋顶）安置冷却塔，通过冷却水循环传输，向大气蒸发发散空调房间的热量。这套空调冷源工程模式应用非常广泛，尤其是一些大型、超大型中央空调工程的冷源工程。

压缩式制冷工作循环中的一个核心部件是压缩机，离心式压缩机是大型制冷机组的一个代表选项，其他常见的还有螺杆式压缩机，以及小型机组使用的旋转式活塞式压缩机等。

水冷型压缩式制冷机组仅能作为中央空调系统的冷源，空调系统的热源还需另外设备配套，例如选用天然气锅炉作为空调系统的热源。天然气锅炉还可以兼任建筑项目生活热水系统的中央热源。

② 风冷型压缩式制冷（热）机组

另一种常见的空调冷热源设备是风冷型压缩式制冷（热）机组——风冷型热泵机组，也常被称为空气源热泵机组。

某风冷型热泵冷（热）水机组＋风机盘管的中央空调系统组成如图 3.1-3。

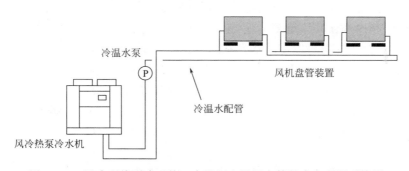

图 3.1-3 风冷型热泵冷（热）水机组＋风机盘管的中央空调系统图

这个中央空调系统的构成非常简洁、清晰：用户终端（风机盘管）＋空调（冷、热）水系统＋热源（风冷型热泵机组）。

风冷型热泵机组夏季工作时，机组的冷凝器直接利用室外空气流来带走制冷剂冷凝释放的热量（水冷型机组依靠的是冷却循环水），由于冷凝器换热过程需要大量的空气参与，故机组应安装在地面、裙房屋顶或大楼屋顶等开阔通风良好的地方。

风冷型热泵机组制冷能效（COP）一般要低于水冷型压缩式制冷机组，而且风冷型热泵机组还需要安装在地面（室外），为降低设备装置运行噪声对周边环境的影响，机组选型、安装地点的要求高，防噪措施要到位。但是风冷型热泵机组冬季工作时，又可以作为空调系统热源，机组利用空气能，单位电功能提供更多的热能。因此一套风冷型热泵机组冷热源功能兼备，占地、投资及管理综合分析会有一定的竞争优势。

水冷型、风冷型制冷机组施工中的安装作业主要是以成套机组就位、空调供回水进出管路对接，以及水冷型制冷机组配套的冷却循环水进出管路对接的内容实施，基本属于常规性的设备安装工程。

③ 天然气直燃型溴化锂吸收式制冷机组＋冷却塔组合

吸收式制冷机组是以热力驱动，氨-水或水-溴化锂为制冷工质的制冷设备。常见热力驱动源是余热蒸汽或天然气热烟气，而压缩式制冷机组常见的动力源是电力，称之为电驱动制冷机组（也有采用天然气发动机驱动的压缩式制冷机组）。

吸收式制冷的基本工作原理是以蒸汽或天然气直燃后的烟气热能为动力在发生器中产生高压制冷剂蒸气，推动制冷循环。发生器好比是压缩式制冷循环中的压缩机。常见的溴化锂吸收式制冷机组中，进行制冷循环的制冷剂是水，吸收剂是溴化锂溶液。

吸收式制冷机组改变了机组设备的动力输入源，还可以使机组作为中央热源输出热水。天然气直燃型溴化锂吸收式冷热水机组就是其中的一个例子。

（3）多联机空调（热泵）系统

目前中小规模建筑空调系统的新型是多联机空调（热泵）系统，这是一个冷剂系统，关键不同点是前面提到的风冷型压缩式制冷（热）机组输出的空调（冷、热）水系统被冷剂传输管路系统所取代。

定义为多联机空调（热泵）的系统可以这样理解：

对比普通的独立单元空调装置（分体式空调），多联机空调（热泵）系统的冷剂配管更长，冷剂配管比较前述风冷型压缩式制冷（热）机组的供回水管管径要小，当然冷媒管管壁温度也低，保温要求更高，一台室外机可以配置、服务多台室内机，而且机组通过变频技术可以改变制冷剂循环流量来适应各房间（室内机）的负荷变化。例如某多联机空调（热泵）系统，一台室外机可以拖动八台室内机，而且一组室外机可以分别拖动正在制冷、制热的室内机，系统还可以带新风输入、冷凝水压力排放等。因此，多联机空调（热泵）系统在规模不大的公共建筑、商业建筑、别墅住宅项目已经有相当的应用规模。系统组成示意图如图 3.1-4 所示。

二、通风与空调工程的特点

（1）通风与空调系统无论其处理风量大小、系统大小均由吸风口（罩）通风机、控制调节代处理净化装置、排风口（罩）等部件组成，并由风管将其连接成为构造完整的通风空调系统。各个部件的结构形式根据工程需要不同而不同，但整个系统的部件组成相对完整。

（2）具有具体结构多样化、单一性的特点。通风与空调系统根据工作要求有多种形

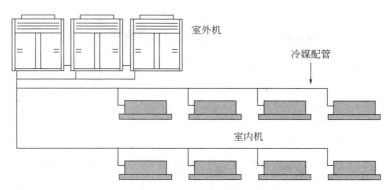

图 3.1-4 多联机空调（热泵）系统示意图

式，如局部排风、局部送风、全面送风、系统空调等。根据环境要求和输送介质的情况，有不同的处理净化装置，根据建筑结构和安装要求又使系统具体结构不同，如风管形状、使用材料、具体走向、安装方式等呈现出多样化。由于通风与空调设计是针对具体问题具体分析而独立进行的，所以同类通风、空调系统的具体结构也不尽相同，具有单一性的特点。

（3）具有构件通用性差、现场制作、现场安装的特点。由于通风与空调系统的结构受建筑结构和工作条件的制约很大，使系统的风口形式、管道尺寸和三通、弯头、接口等部件的形状均呈现出多种形式，标准化程度较低。通风与空调系统的各部件又都具有结构简单，尺寸较大的点，不便于制成通用零件。绝大部分都是现场制作、现场安装的。即使一些标准化部件，也往往是根据国家颁发的标准图集进行现场制作、现场安装。

（4）通风与空调系统在分部工程内部，空调系统的部分子分部的分项工程与通风系统具有一致性；对外来说，空调系统部分分项工程又与建筑给水排水及供暖分部、建筑智能分部、建筑节能分部有关联，部分分项工程具有共通性。

第二节 通风与空调工程安装质量验收规范、标准及技术规程

一、通风与空调工程施工质量验收的主要规范

通风与空调工程质量验收工作的依据主要基于下列四项重要规范文件：

（1）《通风与空调工程施工规范》GB 50738—2011

（2）《通风与空调工程施工质量验收规范》GB 50243—2016

（3）《建筑节能工程施工质量验收标准》GB 50411—2019

（4）《建筑节能与可再生能源利用通用规范》GB 55015—2021

国家标准《通风与空调工程施工规范》GB 50738—2011 是通风与空调工程规范化施工的重要指导文件，科学、正确的施工工艺、操作流程能够保障工程的施工质量。专业监理工程师必须熟悉与掌握施工规范，专业理论基础和丰富的工作经验，对施工过程最终产生的质量风险作出科学的预估，可占据工作的主动权。为工程施工全过程的质量监督工作打下良好的基础。

通风与空调工程监理质量监督和验收工作的基本依据是项目设计文件的要求和国家标

准《通风与空调工程施工质量验收规范》GB 50243—2016 的有关规定。项目施工质量应符合设计文件的要求，其施工质量标准不能低于国家标准规定的底线。

国家标准《建筑节能工程施工质量验收标准》GB 50411—2019 是通风与空调工程监理工作的重要规范文件。如今国家对建筑工程项目提出了严格的节能要求，通风与空调工程又占建筑工程项目能耗的 50%～70%，因此，通风与空调工程施工质量验收一定要落实低碳发展理念和达到有关节能技术指标的要求。

且因《建筑节能工程施工质量验收标准》修订在后，国家标准《通风与空调工程施工质量验收规范》GB 50243—2016 中有关项目条款执行时要留意与其是否一致。

2022 年 4 月实施的新国家标准《建筑节能与可再生能源利用通用规范》GB 55015—2021 是通用规范，属于强制性工程建设规范体系中的通用技术类规范，对建筑节能工程各项目中共性、专业性关键技术措施作出了规定，这些规定条文的定位是强制性的。

二、通风与空调工程施工质量验收的专业规范、技术规程及标准

通风与空调工程涉及的规范文件还有更多的专业细分门类，其针对性更强。工程施工质量验收还要遵循以下相关规范、技术规程及标准的规定要求：

(1)《机械设备安装工程施工及验收通用规范》GB 50231—2009
(2)《工业金属管道工程施工质量验收规范》GB 50184—2011
(3)《现场设备、工业管道焊接工程施工质量验收规范》GB 50683—2011
(4)《风机、压缩机、泵安装工程施工及验收规范》GB 50275—2010
(5)《制冷设备、空气分离设备安装工程施工及验收规范》GB 50274—2010
(6)《锅炉安装工程施工及验收标准》GB 50273—2022
(7)《燃气冷热电三联供工程技术规程》CJJ 145—2010
(8)《民用建筑太阳能空调工程技术规范》GB 50787—2012

第三节　通风与空调工程监理流程和方法

一、通风与空调工程监理工作流程

通风与空调工程监理工作流程图见图 3.3-1。

二、通风与空调工程监理工作方法

项目监理部应根据建设工程监理合同约定，遵循动态控制原理，坚持预防为主的原则发现影响工程质量、造价、进度控制和安全生产管理的因素及影响程度，有针对性地制定和实施相应的监理组织措施和技术措施，采用旁站、巡视和平行检测等方式对建设工程实施监理。

1. 旁站监督

项目监理部应根据通风与空调工程特点和施工单位报送的施工组织设计，确定旁站的关键部位、关键工序，如实填写《旁站记录》并妥善存档保管。

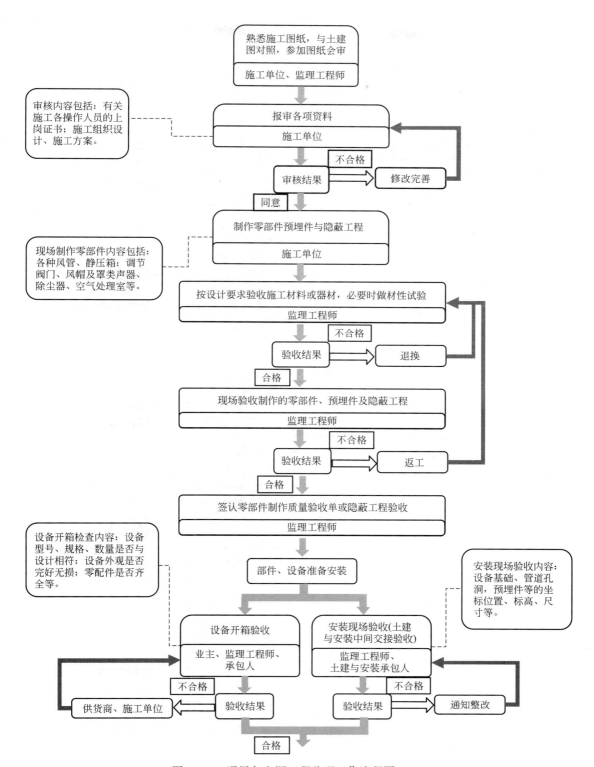

图 3.3-1　通风与空调工程监理工作流程图（一）

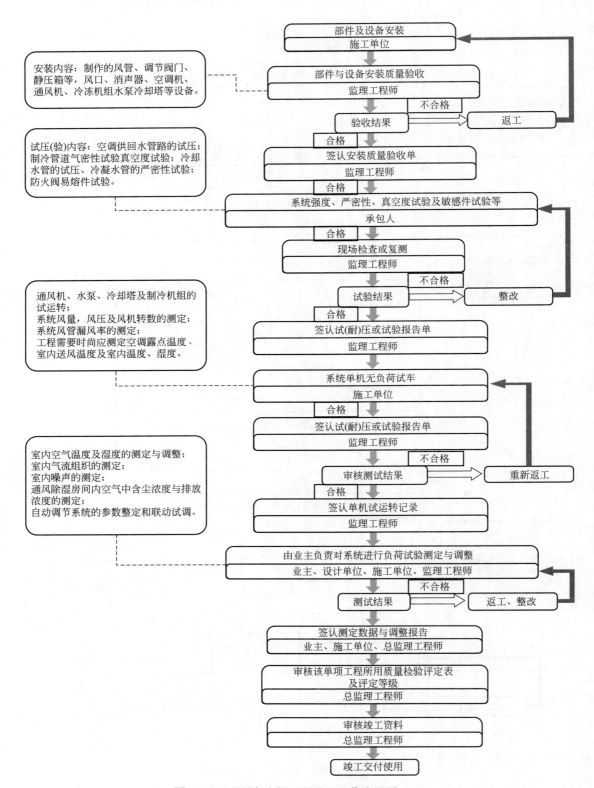

图 3.3-1 通风与空调工程监理工作流程图（二）

通风与空调工程需旁站监理的部位工序如下：

（1）风管系统的强度及严密性试验（严密性试验分为观感质量检验及漏风量检测）；

（2）供、回水管道的水压试验；

（3）工作压力大于 1.0MPa，在主干管上起到切断作用的关断阀门、具有系统冷热水运行转换及调节功能的阀门、止回阀的壳体强度和阀瓣密封性能的试验；

（4）补偿器的安装；

（5）冷凝水管的灌水试验；

（6）空气源热泵机组的安装；

（7）吸收式制冷机组的安装；

（8）制冷系统的吹扫排污；

（9）制冷剂管道系统的强度、气密性及真空试验；

（10）组装式制冷机组和现场充注制冷剂的机组进行系统管路吹污、气密性试验、真空试验和充注制冷剂检漏试验；

（11）地源热泵系统地埋管热交换系统的施工；

（12）蓄能系统设备的安装；

（13）设备单机试运转及调试；

（14）系统非设计满负荷条件下的联合试运转及调试等。

2. 巡视检查

巡视是项目监理部对施工部位或工序进行的定期或不定期的监督活动，是监理最基本最常用的手段之一。巡视检查的主要内容有：施工是否按批准的施工组织设计（方案）进行施工；各部位工程是否按图施工；是否符合规范要求；质量是否合格；是否按规定进行各项报审、检查和验收。

3. 平行检测

通风与空调工程平行检测主要是集中在材料方面，需要检测的材料设备相对较少，一般主要是保温绝热材料的防火性能检测及风机盘管的节能检测，另外在整个系统的施工中会涉及电线电缆性能检测。

4. 资料审查

通风与空调工程的资料审查主要内容有：施工组织设计（或方案）；图纸会审记录、设计变更通知书和竣工图；主要材料、设备、构配件的出厂合格证明及进场检（试）验报告；隐蔽工程质量检查验收记录；工程设备、风管系统、管道系统安装及检验记录；管道试验记录；设备单机试运转记录；系统无生产负荷联合试运转与调试记录；检验批/分项/分部工程质量验收记录及观感质量验收记录、安全和功能检验记录。其中，通风与空调工程调试项目内容较多，需仔细核实调试数据与设计文件的要求是否相符合。

第四节　通风与空调工程安装监理管控要点

一、通风与空调工程的材料设备进场验收监理管控要点

材料是施工质量的基础，加强材料的进场质量控制，对于施工质量的合格提供了基本

的保障，是监理人员控制质量的前道关键工作。在不同的验收标准和规范中，都会把材料的相关验收要求单独列出来做一个说明，本章节也不例外，根据规范要求，结合不同的材料类别逐一加以说明。进场的主要材料设备的检查验收具体要求如下：

1. 风管主板材与成品风管的进场验收

风管制作所用的主要板材大类有金属、非金属薄板或其他复合材料等。

（1）一般风管材料的检查要求

风管板材质量的检查主要是查验施工合同约定或根据工程材料申报流程确认的材料、产品供货商提供的相关质量证明文件，表观检查，必要时可根据合同条款抽样外送检验。

材料表观检查主要观察镀锌钢板面层是否有10%面积以上的白花、锌层粉化脱落等钢板镀锌表层严重损坏问题；另外，重点是板材厚度的查验。

（2）非金属板材检查，例如有代表性的玻璃钢风管，进场的成品风管应检查风管内外表面有无外露玻璃纤维、返卤现象，厚度是否均匀等。玻璃钢风管成品比较特殊，主要结构材料并不单一，监理可以建议建设单位在成品供应合同上加附风管材料成品随机抽样外检的条款，或进行破坏性检验的条款，保证进场成品风管材料的质量。

（3）复合风管多以成品形式出现，进场验收时应根据其种类，对应其加工制造使用的材料，查阅其质量证明文件和现场检查。

（4）防火风管的本体、框架与固定材料、密封垫料等必须采用不燃材料，防火风管的耐火极限时间应符合系统防火设计的规定。消防送、排风金属风管板材厚度应符合设计要求。当设计无要求时应执行国家标准《通风与空调工程施工质量验收规范》GB 50243—2016 的规定，可按高压系统风管板材厚度要求落实。

2. 风管材料及成品或半成品重要的质量指标

（1）各类风管系统工程上大量使用的镀锌钢板的镀锌层厚度应符合工程设计或合同的规定，当设计无规定时，不应采用镀锌层厚度低于 $80g/m^2$ 的板材。

（2）净化空调系统风管材料应符合下列规定：

1）应按工程设计要求选用。当设计无要求时，宜采用镀锌钢板，且镀锌层厚度不应小于 $100g/m^2$。

2）当生产工艺或环境条件要求采用非金属风管时，应采用不燃材料或难燃材料，且表面应光滑、平整、不产尘、不易霉变。

（3）当风管以成品或半成品进场时，引用的风管制作质量检验标准可参见风管制作质量检查的内容。

3. 风管部件的进场验收

风管部件的检查验收项目包括风管系统中的各类风口、阀门、风罩、风帽、消声器、空气过滤器、检查门和测定孔等功能件。风口、阀门、消声器和空气过滤器等部件常常是以成品形式进场。成品进场时应具有产品的合格质量证明文件和相应的技术资料（产品性能报告、测试报告等）。

（1）风口

进场的成品风口一般项目的质量检验要求，其制作应符合下列规定：

1）风口的结构应牢固，形状应规则，外表装饰面应平整。

2）风口的叶片或扩散环的分布应匀称。

3）风口的各部位颜色应一致，不应有明显的划伤和压痕。调节机构应转动灵活、定位可靠。

4）风口应以颈部的外径或外边长尺寸为准，风口颈部尺寸应符合《通风与空调工程施工质量验收规范》GB 50243—2016 中表 5.3.5 的规定。

（2）风阀

进场的成品风阀制作质量检验的主控项目和一般项目有下列规定：

1）主控项目：

① 风阀应设有开度指示装置，并应能准确反映阀片开度。

② 手动风量调节阀的手轮或手柄应以顺时针方向转动为关闭。

③ 电动、气动调节阀的驱动执行装置，动作应可靠，且在最大工作压力下工作应正常。

④ 净化空调系统的风阀，活动件、固定件以及紧固件均应采取防腐措施，风阀叶片主轴与阀体轴套配合应严密，且应采取密封措施。

⑤ 工作压力大于 1000Pa 的调节风阀，生产厂应提供在 1.5 倍工作压力下能自由开关的强度测试合格的证书或试验报告。

⑥ 密闭阀应能严密关闭，漏风量应符合设计要求。

另外，防火阀、排烟阀或排烟口的制作应符合国家标准《建筑通风和排烟系统用防火阀门》GB 15930—2007 的有关规定，并应具有相应的产品合格证明文件。

2）一般项目：

① 单叶风阀的结构应牢固，启闭应灵活，关闭应严密，与阀体的间隙应小于 2mm。多叶风阀开启时，不应有明显的松动现象；关闭时，叶片的搭接应贴合一致。截面积大于 1.2m² 的多叶风阀应实施分组调节。

② 止回阀阀片的转轴、铰链应采用耐锈蚀材料。阀片在最大负荷压力下不应弯曲变形，启闭应灵活，关闭应严密。水平安装的止回阀应有平衡调节机构。

③ 三通调节风阀的手柄转轴或拉杆与风管（阀体）的结合处应严密，阀板不得与风管相碰擦，调节应方便，手柄与阀片应处于同一转角位置，拉杆可在操控范围内做定位固定。

④ 插板风阀的阀体应严密，内壁应做防腐处理。插板应平整，启闭应灵活，并应有定位固定装置。斜插板风阀阀体的上、下接管应呈直线。

⑤ 定风量风阀的风量恒定范围和精度应符合工程设计及产品技术文件要求。

⑥ 风阀法兰尺寸允许偏差应符合《通风与空调工程施工质量验收规范》GB 50243—2016 中表 5.3.2 的规定。

4．风机设备的进场验收

风机设备进场后应由建设、监理、施工和设备供应商代表共同进行开箱检查，查验风机本体和外观，随机技术文件和附件，并作好书面的验收记录。

风机与空气处理设备应附带装箱清单、设备说明书、产品质量合格证书和性能检测报告等随机文件，进口设备还应具有商检合格的证明文件。

技术性检查要点：设备入场的技术性检查包括风机的规格、技术参数和设备形式（进口位置、出口方向等）是否符合设计要求，外形尺寸是否和现场安装空间一致等。

能耗标准检查：对进场的风机产品是否符合国家节能标准和设计要求进行核查。

5. 空调机组设备和风机盘管的进场验收

（1）设备入场的常规检查

空调机组进场拼装或整装机开箱后，应由建设、监理、施工和设备供应商代表共同进行设备验收，检查设备外观，重点检查机组内表面换热器部件质量和机箱装配质量，机箱内置风机品质和固定安装情况，随机技术文件和附件，并作好书面文件收档。

（2）组合式空调机组的漏风检测

现场组装的组合式空调机组，其密封性能需要验证，如有漏风将影响系统的使用功能。所以设备组装后应进行漏风量的测试。作为工程质量验收的主控项目，国家标准《通风与空调工程施工质量验收规范》GB 50243—2016 要求：

现场组装的组合式空调机组应按国家推荐标准《组合式空调机组》GB/T 14294—2008 的有关规定进行漏风量的检测。通用机组在 700Pa 静压下，漏风率不应大于 2%；净化空调系统机组在 1000Pa 静压下，漏风率不应大于 1%。

（3）风机盘管和保温材料节能性能复验见第六章第四节"一、建筑节能工程机电安装部分的设备与材料验收的监理管控要点"设备、材料的验收方式和验收项目的相关内容。

6. 冷热源与辅助设备的进场验收

全数检查入场的制冷（热）设备、制冷附属设备，其产品性能和技术参数应符合设计要求，设备机组的外表不应有损伤，密封应良好，随机文件和配件齐全。

机组设备进场时应观察、核对设备型号、规格；查阅产品质量合格证书、性能检验报告和施工记录。制冷机组设备一般出厂前已进行严密性试验并充氮密封，密封应良好。设备节能要求参数符合设计文件及规范要求。

7. 空调水系统管道及设备的进场验收

（1）阀门安装前应进行外观检查，阀门的铭牌应符合推荐性国家标准《工业阀门标志》GB/T 12220—2015 的有关规定。工作压力大于 1.0MPa 及在主干管上起到切断作用和系统冷、热水运行转换调节功能的阀门和止回阀，应进行壳体强度和阀瓣密封性能的试验，且应试验合格。其他阀门可不单独进行试验。壳体强度试验压力应为常温条件下公称压力的 1.5 倍，持续时间不应小于 5min，阀门的壳体、填料应无渗漏。严密性试验压力应为公称压力的 1.1 倍，在试验持续的时间内应保持压力不变，阀门压力试验持续时间与允许泄漏量应符合《通风与空调工程施工质量验收规范》GB 50243—2016 表 9.2.4 的规定。压力试验的介质为洁净水；用于不锈钢阀门的试验水，氯离子含量不得高于 25mg/L。

（2）蓄冷水罐有成品进场拼装和现场制作两种方式。如果是成品进场就地拼装，成品件入场按照设计要求和供应商的相关技术文件组织工程设备及装置的进场验收。如果采用现场制作钢制蓄冷水罐（储槽）时，包括材料入场质量验收和制作安装等工程质量应符合国家标准《立式圆筒形钢制焊接储罐施工规范》GB 50128—2014、《钢结构工程施工质量验收标准》GB 50205—2020、《现场设备、工业管道焊接工程施工规范》GB 50236—2011 和《现场设备、工业管道焊接工程施工质量验收规范》GB 50683—2011 的有关规定。

二、风管与配件质量监理管控要点

1. 现场风管制作和成品风管的质量监理概述

在一些建筑工程项目中，风管系统较为复杂，风管规格尺寸繁多，建设过程中时常发生工程变更时，为协调与其他专业工程之间的施工矛盾，满足工程变更要求，项目部在现场进行风管制作加工生产可能更有利于施工安装企业的生产组织和管理调度。面对现场加工制作风管，监理工程师或组织监理员应对风管加工生产实施全过程的监督管理。

成品风管生产效率及产品质量相对较高。可以减少对工程现场加工场地的需求，以及进场人员数量，但需要考虑运输成本及其他外在风险因素。

对于场外工厂化加工制作的风管成品质量验收，监理工程师可以按监理合同、项目建设单位和施工承包及供货合同的约定与授权，进行厂验监督抽查，也可在风管成品进入工地时以成品（产品）进场验收方式，把好风管的质量关。

此外，现场风管制作所用的风管配件也可以现场加工制作或半成品进场，在施工现场进行最后的风管装配。生产模式的优化需要结合各种因素综合评估分析后实施，监理应采取对应的质量监督和验收工作方案。

2. 风管加工制作的一般要求

（1）为生产合格的风管成品，施工单位（专业加工工厂）应根据工程设计文件、图纸或风管标准化系列图纸的要求选定材料，确定生产工艺，计算板材用料量，准备加工制作场地和组织人员生产。

风管批量制作前，根据要求在对风管制作工艺进行验证试验时，应进行风管强度与严密性试验。

（2）风管尺寸规格

国家标准《通风与空调工程施工质量验收规范》GB 50243—2016 在风管与配件的一般规定中要求金属风管规格应以外径或外边长为准，非金属风管和风道规格应以内径或内边长为准。如矩形风管以外径或外边长尺寸为准，圆形风管应优先采用国家标准《通风与空调工程施工质量验收规范》GB 50243—2016 表 4.1.3-1 提供的基本系列或辅助系列规格，非规则椭圆形风管应参照矩形风管数据选用，选用时应以平面边长及短径径长为准。

（3）镀锌钢板风管制作

镀锌钢板风管是应用非常广泛，很有代表性的金属板风管，也是较多项目采用的风管。相对来说，大家日常接触较多，本节不再赘述，具体要求可参见国家标准《通风与空调工程施工质量验收规范》GB 50243—2016 中的相关规定。

（4）不锈钢风管的制作

不锈钢风管具有耐高温、易清洁卫生和抗腐蚀的优点，在食品、医药、化工、电子与精密仪表等相关工程项目或领域应用广泛。一般建筑工程项目的厨房卫生送风、高温油烟排放或锅炉烟囱也会采用不锈钢风管。

1）不锈钢板风管板材厚度应符合国家标准《通风与空调工程施工质量验收规范》GB 50243—2016 表 4.2.3-2 的规定。

2）不锈钢风管咬口和焊接

一般不锈钢风管管壁厚度小于或等于 1mm 时，板材连接宜采用咬口方式；当壁厚大于 1mm 时，因加工、咬合比较困难，且易造成硬裂，风管制作宜采用氩弧焊焊接方式，不采用普通焊接工艺。

3）不锈钢耐腐蚀性能和不锈钢表面形成的钝化膜是有很大关系的。因此，风管加工操作过程中不应造成不锈钢板表面划伤、擦毛，不锈钢还要避免和一般碳素钢直接接触，当不锈钢与碳素钢屑有较长时间的接触，也会在板材表面出现腐蚀中心，产生锈斑并蔓延开来，破坏了不锈钢的抗腐蚀能力。

4）当不锈钢板的法兰采用碳素钢材时，材料规格尺寸应符合规范要求。碳素钢法兰应根据设计要求进行防腐处理（法兰镀锌、镀铬等）。法兰与不锈钢板风管装配时，铆钉材料应与风管材质相同，不应产生电化学腐蚀。

（5）铝板风管制作

铝板风管按其特性和适用场合，主要用于中、低压风管系统。铝板风管在抗潮湿防腐方面优越性强于其他材料的风管，一般在类似游泳池环境的风管系统中应用得较多，适合输送含湿量较大且还有不少漂白剂成分的空气流。铝板风管的板材应采用纯铝板或防锈铝合金板。防锈铝合金板材耐腐蚀性能好，抛光性也好，能较长时间保持光亮的表面，且具有和纯铝相比更高的强度，适合于大风管的制作。铝板风管板材厚度应符合国家标准《通风与空调工程施工质量验收规范》GB 50243—2016 表 4.2.3-3 的规定。

铝板板材质地较软，风管壁厚 1.5mm 以下时，管壁可采用咬口连接方式，当板材厚度大于 1.5mm 时，宜采用氩弧焊或气焊制作风管，并优先采用氩弧焊工艺。铝板表面形成的氧化铝薄膜对铝板的耐腐蚀特性也是至关重要的。加工、运输和安装过程中要防护铝板表面，也应避免铝板表面和碳素钢配件接触，防止形成电化学腐蚀。当铝板风管法兰用碳钢制作时，装配处理方式参见不锈钢风管制作要求。

（6）非金属及复合材料风管的制作

1）非金属风管材料多种多样，主要有硬聚氯乙烯风管、玻璃钢风管和织物布风管等，"混凝土风道"本质上也属于非金属管道。随着非金属材料及复合材料技术的发展，像彩钢板保温风管、酚醛铝箔复合风管、玻璃钢风管等复合风管的应用也越来越广，相关的质量标准规范有行业推荐标准《非金属及复合风管》JG/T 258—2018。考虑到非金属风管类型较多，本节仅对玻璃钢风管做介绍，其余的非金属风管的要求参见国家标准《通风与空调工程施工质量验收规范》GB 50243—2016 和行业推荐标准《非金属及复合风管》JG/T 258—2018 的规定。

2）玻璃钢风管制作

玻璃钢风管的制作流程是先制作结构框架（内模），然后层层缠绕玻璃纤维布（作为骨架及骨架增强材料），涂刷树脂浆料（填充物、胶粘剂，同时兼有绝热保温功能），养护后脱模完成风管成品。

从玻璃钢整个生产流程分析，玻璃纤维布、树脂浆料或其他填充物浆料和后期养护是影响风管成品质量的重要因素，这涉及玻璃纤维布的强度、各种树脂浆料（或填料）的选用及配比、填充物和树脂两者间的结合力、适宜的生产制作环境温度和成品养护场地等的要求。因此，由于项目工地现场条件与制作技术能力受限，玻璃钢风管制作以工厂化生产方案为优先选项。

由于玻璃钢风管强度略逊于前述的金属板风管，它有套管连接、法兰连接形式。采用风管、法兰一体化结构的无机玻璃钢风管，因重量比较重，风管成品运输时要注意防冲撞破损，一体化法兰很容易碰坏。按照国家标准《通风与空调工程施工质量验收规范》GB 50243—2016 的要求，风管（法兰）在上架安装前有一道检查程序，破损的风管段需要在上架前进行修补作业，而不是上架后糊弄了事，因为这样做不解决修补后质量应达到真正的结构强度的问题。

玻璃钢风管制作质量检查的基本要求如下：

① 有机玻璃钢、无机玻璃钢（氯氧镁水泥）风管板材的厚度应分别符合国家标准《通风与空调工程施工质量验收规范》GB 50243—2016 表 4.2.4-5、表 4.2.4-6 的规定，风管玻璃纤维布厚度与层数应符合表 4.2.4-7 的规定，且不得采用高碱玻璃纤维布。风管表面不得出现泛卤及严重泛霜。

② 玻璃钢风管法兰的规格应符合国家标准《通风与空调工程施工质量验收规范》GB 50243—2016 表 4.2.4-8 的规定，螺栓孔的间距不得大于 120mm。矩形风管法兰的四角处应设有螺孔。

③ 当采用套管连接时，套管厚度不得小于风管板材厚度。

④ 玻璃钢风管的加固应为本体材料或防腐性能相同的材料，加固件应与风管成为整体。

无机玻璃钢风管主要是指以中碱或无碱玻璃布为增强材料，改性氯氧镁水泥为无机胶凝材料制成的通风管道。无机玻璃钢风管质量控制的要点是本体的材料质量（包括强度和耐腐蚀性）与加工的外观质量，以胶结材料和玻璃纤维的性能、层数和两者的结合质量为关键。在风管制作中，应注意防止无机玻璃钢风管制作使用的玻纤布层数不足，涂层过厚的风管。那既加重了风管的重量，又不能提高风管的强度和质量。无机玻璃钢风管大多为玻璃纤维增强氯氧镁水泥材料风道，如发生泛卤或严重泛霜，则表明胶结材料不符合风管使用性能的要求，不得应用于工程之中。

3）复合风管

复合风管材料由两种或两种以上材质复合而成，一般复合材料风管是由内、外面层与中间的绝热层组成，面层必须为不燃材料，绝热层采用不燃或难燃的保温材料。这样的风管具有质轻、保温和施工方便等优点，例如适用于低、中压空调系统的酚醛复合板风管。这类风管多为成品入场。非现场加工的成品风管的质量控制监理的工作重心将确立在加工企业的考察、成品进场的验收方面。

4）混凝土风道

建筑的混凝土风道，包括砖砌风道以及水泥制品风道属于非金属风道（风管），如混凝土或砖砌的新风井道（风道）、排风井道（风道）等。

混凝土风道、砖砌风道施工的监理实践中，一般划分在土建监理工程师的管理范围内，但机电工程监理要和土建结构监理做好协调，共同做好监督管理工作。砖、混凝土建筑风道的伸缩缝，应符合设计要求，不应有渗水和漏风。

（7）净化空调系统风管制作

净化空调系统风管与一般通风、空调系统风管之区别，主要是对风管清洁度和严密性能要求上的差异。净化空调系统风管加工制作前，应采用柔软织物擦拭板材，除去板面的污物和油脂。制作完成后应及时采用中性清洁剂进行清理，并采用丝光布擦拭干净风管内部，并采用塑料膜密封风管端口。在这之后的安装过程中，当施工停顿或完毕时，端口都应封堵。

1）工程质量主控项目规定

① 风管内表面应平整、光滑，管内不得设有加固框或加固筋。

② 风管不得有横向拼接缝。矩形风管底边宽度小于或等于 900mm 时，底面不得有拼接缝；大于 900mm 且小于或等于 1800mm 时，底面拼接缝不得多于 1 条；大于 1800mm 且小于或等于 2700mm 时，底面拼接缝不得多于 2 条。

③ 风管所用的螺栓、螺母、垫圈和铆钉的材料应与管材性能相适应，不应产生电化学腐蚀。

④ 当空气洁净度等级为 N1～N5 级时，风管法兰的螺栓及铆钉孔的间距不应大于80mm；当空气洁净度等级为 N6～N9 级时，不应大于 120mm。不得采用抽芯铆钉。

⑤ 矩形风管不得使用 S 形插条及直角形插条连接。边长大于 1000mm 的净化空调系统风管，无相应的加固措施，不得使用薄钢板法兰弹簧夹连接。

⑥ 空气洁净度等级为 N1～N5 级净化空调系统的风管，不得采用按扣式接口连接。

⑦ 风管制作完毕后，应清洗。清洗剂不应对人体、管材和产品等产生危害。

2）工程质量一般项目的规定

净化空调系统风管除应符合金属风管制作的规定外，尚应符合下列规定：

① 咬口缝处所涂密封胶宜在正压侧。

② 镀锌钢板风管的咬口缝、折边和铆接等处有损伤时，应进行防腐处理。

③ 镀锌钢板风管的镀锌层不应有多处或 10% 表面积的损伤、粉化脱落等现象。

④ 风管清洗达到清洁要求后，应对端部进行密闭封堵，并应存放在清洁的房间。

⑤ 净化空调系统的静压箱本体、箱内高效过滤器的固定框架及其他固定件应为镀锌、镀镍件或其他防腐件。

（8）风管配件制作要求

风管配件包括弯管、三通、四通、异形管、导流叶片和法兰等构件。风管弯管等配件的加工制作应有设计图纸。配件用材、法兰等制作技术的一般要求同风管制作。

1）弯管制作要求

弯管加工设计图纸应结合工程现场空间，充分考虑气流在弯管（三通、四通、各类变径管及异形管类同）中的流体力学特性，合理确定配件的转弯曲率半径等重要尺寸。国家标准《通风与空调工程施工质量验收规范》GB 50243—2016 要求矩形风管弯管宜采用曲率半径为一个平面边长，内外同心弧的形式。当采用其他形式的弯管，且平面边长大于500mm 时，应设弯管导流片。监理应对照制作加工图纸和有关技术文件检查成品尺寸、制作加工的质量。

2）变径管制作要求

风管变径管单面变径的夹角不宜大于 30°，双面变径的夹角不宜大于 60°。圆形风管支管与总管的夹角不宜大于 60°。

3. 风管强度与严密性检验

风管加工质量应通过工艺性的检测或验证，符合强度和严密性的规定要求。风管强度与漏风量（严密性）测试方法应符合国家标准《通风与空调工程施工质量验收规范》GB

50243—2016 附录 C 的规定。

（1）强度检验

风管强度的检测主要是检验风管的耐压能力，以保证系统风管的安全运行。采用正压还是采用负压进行强度试验，应根据系统风管的运行工况来决定。在实际工程施工中，经商议也可以采用正压代替负压试验的方法。

风管在试验压力保持 5min 及以上时，接缝处应无开裂，整体结构应无永久性的变形及损伤。试验压力应符合下列规定：

1）低压风管应为 1.5 倍的工作压力；

2）中压风管应为 1.2 倍的工作压力，且不低于 750Pa；

3）高压风管应为 1.2 倍的工作压力。

（2）严密性检验

风管成品通过了强度检验后，第二步是检验风管的严密性，即考核、判别风管在运转工况条件下是否会漏风。根据国家标准《通风与空调工程施工质量验收规范》GB 50243—2016 附录 C 的条款，风管一般性的严密性检验应分为观感质量检验与漏风量测试。

1）观感质量检验

观感质量检验可应用于微压风管（工作压力在 125Pa 及以下）制作工艺质量的验收，也可作为其他压力风管制作工艺质量的检验方法。合格的标准是风管成品结构严密，无明显穿透的缝隙和孔洞。

2）漏风量测试

漏风量检测是在规定的工作压力下，对风管或系统风管漏风量的测定和验证。工作压力在 125Pa 以上的风管按规定进行严密性的测试，矩形金属风管漏风量不大于表 3.4-1 的规定值为合格。系统风管漏风量的检测，应以总管和干管为主，宜采用分段检测，汇总综合分析的方法。

风管允许漏风量　　　　　　　　　　表 3.4-1

风管类别	允许漏风量 $Q[\text{m}^3/(\text{h} \cdot \text{m}^2)]$
低压风管	$Q_1 \leqslant 0.1056P^{0.65}$
中压风管	$Q_\text{m} \leqslant 0.0352P^{0.65}$
高压风管	$Q_\text{h} \leqslant 0.0117P^{0.65}$

注：Q_1 为低压风管允许漏风量，Q_m 为中压风管允许漏风量，Q_h 为高压风管允许漏风量，P 为系统风管工作压力（Pa）。

表 3.4-1 中的允许漏风量是指在系统工作压力条件下，系统风管的单位表面积、在单位时间内允许空气泄漏的最大数量。国家标准《通风与空调工程施工质量验收规范》GB 50243—2016 附录 C 中第 C.1.3 条规定，检验样本风管宜为 3 节及以上组成，且总表面积不应小于 15m^2。

（3）其他风管的严密性试验要求

1）低压、中压圆形金属与复合材料风管，以及采用非法兰形式的非金属风管的允许漏风量，应为矩形金属风管规定值的 50%。

2）砖、混凝土风道的允许漏风量不应大于矩形金属低压风管规定值的 1.5 倍。

3）排烟、除尘、低温送风及变风量空调系统风管的严密性应符合中压风管的规定，N1～N5级净化空调系统风管的严密性应符合高压风管的规定，工作压力不大于1500Pa的N6～N9级的系统应按中压风管进行检测。

4）输送剧毒类化学气体及病毒的实验室通风与空调风管的严密性能应符合设计要求。

三、风管部件质量监理管控要点

风管部件主要是各类风口、阀门、风罩、风帽、消声器、空气过滤器、检查门和测定孔等功能件。风口、阀门、消声器和空气过滤器等部件常常是以成品形式进场，在前述材料进场验收章节已有阐述。本章节主要对部分需要现场制作的部件及其他前述章节未涉及的内容进行讲述。

1. 根据国家标准《通风与空调工程施工质量验收规范》GB 50243—2016的要求，有关的主控项目规定

（1）风管部件的线性尺寸公差应符合国家推荐标准《一般公差　未注公差的线性和角度尺寸的公差》GB/T 1804—2000中所规定的c级公差等级。

（2）外购风管部件成品的性能参数应符合设计及相关技术文件的要求。

（3）防爆系统风阀的制作材料应符合设计要求，不得替换。

（4）防排烟系统的柔性短管必须采用不燃材料。

2. 一般项目规定

（1）风管部件活动机构的动作应灵活，制动和定位装置动作应可靠，法兰连接应与相连风管法兰相匹配。

（2）过滤器的过滤材料与框架连接应紧密可靠，安装方向应正确。

（3）风管内电加热器的加热管与外框及管壁的连接应牢固可靠，绝缘良好，金属外壳应与PE线可靠连接。

（4）检查门应平整，启闭灵活，关闭严密，与风管或空气处理室的连接处应采取密封措施，且不应有渗漏点。净化空调系统风管检查门的密封垫料应采用成型密封胶带或软橡胶条。

3. 消声器（消声弯管）产品主要的质量检查项目

（1）消声器（消声弯管）的制作应符合下列主控项目规定：

1）矩形消声弯管平面边长大于800mm时，应设置吸声导流片。

2）消声器内消声材料的织物覆面层应平整，不应有破损，并应顺气流方向进行搭接。

3）消声器内的织物覆面层应有保护层，保护层应采用不易锈蚀的材料，不得使用普通铁丝网。当使用穿孔板保护层时，穿孔率应大于20%。

4）净化空调系统消声器内的覆面材料应采用尼龙布等不易产生粉尘（颗粒）的材料。

（2）消声器和消声静压箱的制作应符合下列一般项目规定：

1）消声材料的材质应符合工程设计的规定，消声器和消声静压箱的外壳应牢固严密，不得漏风。其允许漏风量要求应等同于风管系统的要求。

2）阻性消声器充填的消声材料，体积密度应符合工程设计要求，铺设应均匀，并应采取防止下沉的措施。片式阻性消声器消声片的材质、厚度及片距应符合产品技术文件要求。

3）现场组装的消声室（段），消声片的结构、数量、片距及固定应符合工程设计要求。

4）阻抗复合式、微穿孔（缝）板式消声器的隔板与壁板的结合处应紧贴严密；板面应平整、无毛刺，孔径（缝宽）和穿孔（开缝）率和共振腔的尺寸应符合现行国家标准的有关规定。

5）消声器与消声静压箱接口应与相连接的风管相匹配，尺寸的允许偏差应符合国家标准《通风与空调工程施工质量验收规范》GB 50243—2016 表 5.3.2 的规定。

4. 风罩、风帽及柔性短管的制作要求详见国家标准《通风与空调工程施工质量验收规范》GB 50243—2016 中的第 5.3.3、5.3.4、5.3.7 条

四、风管系统安装质量监理管控要点

1. 风管安装工艺

风管安装就不同的系统一般可以划分为三大部分：机房（或机组、设备）配管、风管主干管、终端（包括支管、风口）的安装。大型系统，例如中央空调系统机房中与通风机、空调机组等设备相连接的风管宜在设备就位后安装。

（1）系统主干风管安装的基本步骤

风管管位放样确定→吊支架安装→风管上架→风管连接→风管调整→风管严密性检测→（风管保温）→风管系统完成。

风管系统安装其他重要的节点包括：风管穿越防火墙、风阀安装、支管连接和风口的安装等。

（2）净化空调系统风管及其部件的安装，应在该区域的建筑地面工程施工完成，且室内具有防尘措施的条件下进行。

2. 国家标准《通风与空调工程施工质量验收规范》GB 50243—2016 第 6.2.3 条关于风管安装必须符合的规定

（1）风管内严禁其他管线穿越。

（2）输送含有易燃、易爆气体或安装在易燃、易爆环境的风管系统必须设置可靠的防静电接地装置。

（3）输送含有易燃、易爆气体的风管系统通过生活区或其他辅助生产房间时不得设置接口。

（4）室外风管系统的拉索等金属固定件严禁与避雷针或避雷网连接。

3. 风管安装前的准备

风管系统安装施工前阶段的工作是风管、配件和部件准备、风管管位放线等。

（1）风管安装管位的检查

监理应检查风管安装管位放样是否符合工程设计图纸的要求，施工现场操作安全空间或需要调整优化之处。

（2）风管吊装方案审查

大口径风管的成品风管段比较重，监理工程师应严格审查施工单位递交的风管吊装施工方案，并检查组织落实情况，做好对安全生产的监督。

4. 风管支、吊架

（1）一般安装要求

风管支、吊架的固定常采用膨胀螺栓锚固，使用时应遵守有关技术文件的规定，避免因锚固不牢，造成支、吊架脱落事故。支、吊架间隔距离应满足技术规范的要求，风管支、吊架材料有扁钢、角钢、槽钢、圆钢多种选项。

风管的支、吊、托架是风管的承重点，风管的安全和支、吊架安装质量有着重要的联系。监理工程师应检查支、吊架预埋件或膨胀螺栓的位置是否正确、安装牢固，吊杆上和支架横担下的螺母设置应有放松措施。

风管直径大于 2000mm 或矩形长边边长大于 2500mm 风管的支、吊架的安装要求，应按设计要求执行。

不锈钢板风管、铝板风管与碳素钢支、吊架的接触处，应有隔绝或防腐蚀的技术措施。

需要绝热的风管与金属支、吊架的接触处应有防热桥的措施。保温风管的支、吊架应设在保温保护层外部，不得损坏保温保护层。一般设置不燃、难燃硬质绝热材料或经防腐处理的木衬垫。较好的施工方法是在风管保温层外加衬垫，且不破坏原保温层。

此外，支、吊架应避开风口、阀门、检查门等处。

（2）间距要求

作为工程安装质量检查的一般项目，支吊架安装间距应符合《通风与空调工程施工质量验收规范》GB 50243—2016 第 6.3 条的相关规定。

5. 风管成品件现场安装前检查

风管和部件在吊装前应进行检查：是否有损伤或变形、风管内壁清洁度、风阀机构动作是否正常、玻璃钢风管法兰是否有破损和有局部脱落的情形等。检验后才能就位安装。

6. 风管连接检查

（1）风管连接一般采用可拆卸的安装形式，各管段的连接以及风管和部件的接口不得装设在楼板内。风管法兰方式连接时螺栓应均匀拧紧，其螺母宜在同一侧。

（2）金属无法兰连接风管的安装质量的一般项目关于连接的规定要求如下：

1）风管连接处应完整，表面应平整。

2）承插式风管的四周缝隙应一致，不应有折叠状褶皱。内涂的密封胶应完整，外粘的密封胶带应粘贴牢固。

3）矩形薄钢板法兰风管可采用弹性插条、弹簧夹或 U 形紧固螺栓连接。连接固定的间隔不应大于 150mm，净化空调系统风管的间隔不应大于 100mm，且分布应均匀。当采用弹簧夹连接时，宜采用正反交叉固定方式，且不应松动。

4）采用平插条连接的矩形风管，连接后板面应平整。

（3）风管连接的密封材料

法兰连接的风管，法兰密封垫料应符合相关的温度及防火要求，厚度不应小于 3mm，垫片接口交叉长度不应小于 30mm。垫料不得凸入管内影响管内气流，且不宜凸出法兰外。

法兰垫片材质应符合系统功能的要求，空调系统送风管法兰间垫片一般采用耐温 70℃ 的闭孔海绵胶带，而排烟风管法兰间垫片应采用不燃填料。厚度宜为 3～5mm。净化空调风管的法兰垫料厚度应为 5～8mm。

（4）风管连接安装的平直要求：

1）明装风管水平安装时，水平度的允许偏差为 3‰，总偏差不应大于 20mm。

2）明装风管垂直安装时，垂直度的允许偏差为 2‰，总偏差不应大于 20mm。

3）暗装风管无明显偏差。

7. 风管穿越楼板、防火墙及建筑变形缝的规定

（1）当风管穿过需要封闭的防火、防爆的墙体或楼板时，必须设置厚度不小于 1.6mm 的钢制防护套管；风管与防护套管之间应采用不燃柔性材料封堵严密。

（2）风管穿越建筑物变形缝空间时，应设置长度为 200～300mm 的柔性短管；风管穿越建筑物变形缝墙体时，应设置钢制套管，风管与套管之间应采用柔性防火材料填塞密实。穿越建筑物变形缝墙体的风管两端外侧应设置长度为 150～300mm 的柔性短管，柔性短管距变形缝墙体的距离宜为 150～200mm。

8. 柔性连接、柔性风管的安装

（1）柔性连接

风管与设备相连处应设置长度为 150～300mm 的柔性短管，柔性短管安装后应松紧适度，不应扭曲，并不应作为找正、找平的异径连接管。

柔性（短）风管常用于刚性送排风管、支管和终端风口的连接，以及两端风管可能有位移的场合。

柔性短管的安装，应松紧适度，柔性风管支、吊架的间距不应大于 1500mm，承托的座或箍的宽度不应小于 25mm，两支架间风道的最大允许下垂应为 100mm，且不应有死弯或塌凹。

（2）复合材料柔性（短）风管

柔性（短）风管有普通的送、排风系统用柔性风管和空调风系统用复合柔性风管。空调风系统复合柔性风管常见的构造是外表为铝箔，中间是保温棉，骨架由高弹性螺旋形强韧钢丝制成，内壁构造凹凸，内衬玻璃纤维布。

（3）织物布风管的安装

织物布风管是比较新颖的送风管，特点是柔性材料、重量轻，采用钢丝绳与滑轨垂吊的安装方式。如何做到安装牢固、位置准确，风管安装后不呈现出波浪形或扭曲是施工质量验收的关键节点。

织物布风管的安装的质量验收按照国家标准《通风与空调工程施工质量验收规范》GB 50243—2016 中第 6.3.6 条的第 4 点的规定。

9. 风管部件的安装

（1）风管部件的安装质量的主控项目要求：

1）风管部件及操作机构的安装应便于操作。

2）斜插板风阀安装时，阀板应顺气流方向插入；水平安装时，阀板应向上开启。

3）止回阀、定风量阀的安装方向应正确。

4）防火阀、排烟阀（口）的安装位置、方向应正确。位于防火分区隔墙两侧的防火阀，距墙表面不应大于 200mm。

（2）风阀安装质量的一般项目要求：

1）风阀应安装在便于操作及检修的部位。安装后，手动或电动操作装置应灵活可靠，

阀板关闭应严密。

2）直径或长边尺寸大于或等于 630mm 的防火阀，应设独立支、吊架。

（3）消声器安装

1）消声器消声主要材料为多孔松散的材料，易吸水；消声器进场和安装时应防尘、防潮。

2）消声器有方向要求的应正确安装，切勿颠倒，否则消声效果大打折扣。

3）消声器因填充材料的关系，大风道配置的消声器重量较重，吊支架应牢固、可靠。

（4）风口安装

1）风口与风管的连接应严密、牢固，风口安装位置应符合设计要求，并和室内装饰工程紧密协调。

2）风口的安装质量的一般项目要求应符合国家标准《通风与空调工程施工质量验收规范》GB 50243—2016 的第 6.3.13 条的规定。

10. 风管系统严密性检验与系统联合调试

（1）风管系统安装完毕后，应按系统类别要求进行施工质量外观检验。合格后，应进行风管系统的严密性检验。检验以主干管为主，并应符合国家标准《通风与空调工程施工质量验收规范》GB 50243—2016 附录 C 的规定。系统的严密性试验与加工制作时的检验程序基本相同，具体参见本节"二、风管与配件质量监理管控要点"风管强度与严密性检验的相关内容。

被测系统风管的漏风量超过设计和国家标准《通风与空调工程施工质量验收规范》GB 50243—2016 的规定时，应查出漏风部位（可用听、摸、飘带、水膜或烟检漏），做好标记；修补完工后，应重新测试，直至合格。

（2）通风与空调风系统最终调试的有关指标

1）作为空调风系统调试时质量检查的主控项目，在和空调制冷系统、空调水系统的非设计满负荷条件下的联合试运转及调试，正常运转不应少于 8h。

2）风量检测

① 作为工程质量检查的主控项目，非设计满负荷条件下的联合试运转及调试中系统总风量调试结果与设计风量的允许偏差应为 $-5\%\sim+10\%$，建筑内各区域的压差应符合设计要求。

② 通风系统非设计满负荷条件下的联合试运行及调试应符合下列规定：系统经过风量平衡调整，各风口及吸风罩的风量与设计风量的允许偏差不应大于 15%；设备及系统主要部件的联动应符合设计要求，动作应协调、正确，不应有异常现象。

五、风机与空气处理设备安装质量监理管控要点

风机与空气处理设备主要有各种通用风机、专用风机、空调系统用的空调机组、风机盘管、空气过滤器、除尘器及空气净化装置等。

1. 风机安装

（1）风机设备

1）风机分类

风机是为输送气流增添动力——升压、加速的通用流体机械设备。民用建筑工程项目

中风机主要的设备类型有离心式风机、轴流式风机和混流式风机。离心式风机气流进入风机，在离心力的作用下，气流被增能，并沿着半径方向流动，最后出口轨迹在风机圆周切线上，从设备体外看，进、出两股气流主轴相互垂直，而轴流风机进、出口气流呈同轴运动轨迹，所以轴流风机可以方便地在风管轴线走向上安装（气流升压后不拐弯），混流式风机气流流动与风机的主轴呈某一角度，近似沿锥运动被排出而获得能量。轴流风机和离心风机比较，气流升压较小，但轴流风机较大的设备额定风量正适合建筑消防排烟系统的正压送风和火灾排烟的需要。混流风机的风压系数比轴流风机高，流量系数比离心风机大，它是介于离心风机和轴流风机之间的风机类型。

2）正压与负压

机械送、排风系统都有风机安装项目。送风机功能是在入口吸入新鲜或经处理的空气，经风机增压后，直接通过风口或先进入送风管系统，再通过连接风管的风口进入用户空间。排风机是在风机入口或在排风管、与之接驳的排风口处创造负压空间，吸入气体。所以，送风机后的送风管是处于正压状态的，而排风机前的风管则处于负压状态。

3）消防防排烟风机

消防防排烟系统中，正压送风机就是普通送风机，排烟风机因为是吸、排烟气流，要求是能够在 280℃工作状态下运行 30min。这是消防防排烟风机进场时需要检查的内容。

（2）风机安装作业

1）设备移位、吊装准备工作

负责大型风机搬运就位、风机吊装的施工单位应向监理提交施工方案供审批，监理工程师根据设计要求、本项目现场特点对施工工艺、施工组织、人员安排、安全保障措施进行施工方案审核，确保正确安装施工和施工安全。

2）基础验收与风机隔振器、隔振垫块的安装

设备就位前应对其基础进行验收，合格后再安装。

根据风机重量和隔振器形式及配置数量等参数选择合适的隔振器，并按相关设计要求和设备器材供应商的技术说明文件布置、安装隔振器。隔振措施还有加垫橡胶隔振垫等方法。风机底座若不用隔振装置而直接安装在基础上，应采用垫铁找平。

悬吊安装的轴流风机有避振要求的，应选择固定支架加隔振器或直接选用隔振吊杆等隔振装置。

3）风机的运行安全防护装置

风机高速运转有传动皮带、联轴器和叶轮等传动和转动部件，设备安装须跟进安全防范保障措施。

国家标准《通风与空调工程施工质量验收规范》GB 50243—2016 第 7.2.2 条规定通风机传动装置的外露部位以及直通大气的进、出风口，必须装设防护罩、防护网或采取其他安全防护措施。

其中风机入口处的防护网应有一定的刚度，防止防护网本身过软，在运行时凸出或凹陷影响风机正常运行。

4）风机和风管系统连接

风机和风管应避免采用直接的刚性连接，常用的是帆布软连接。但室外、输送潮湿气流或潮湿的安装环境，软管须采用防水防霉的柔性材料，消防防排烟系统的风机和风管的

柔性连接材料应具有防火性能。

5）风机安装检查

风机安装后监理工程师应全面检查，安装质量验收的主控项目要求如下：

① 产品的性能、技术参数应符合设计要求，出口方向应正确。

② 叶轮旋转应平稳，每次停转后不应停留在同一位置上。

③ 固定设备的地脚螺栓应紧固，并应采取防松动措施。

④ 落地安装时，应按设计要求设置减振装置，并应采取防止设备水平位移的措施。

⑤ 悬挂安装时，吊架及减振装置应符合设计及产品技术文件的要求。

⑥ 排烟风机不应设置减振装置，若排烟系统与平时排风或通风空调系统共用且需设置减振装置时，不应使用橡胶减振装置。

质量验收的一般项目应符合国家标准《通风与空调工程施工质量验收规范》GB 50243—2016 第 7.3.1 条的规定。

（3）单机试车

1）试车流程

风机及系统安装完毕并经检查后达到试车调试条件时，监理应旁站监督风机单机试运行。单机试运行步骤为启动电动机，各部位应无异常现象和摩擦声响→检测电动机的三相均衡电流→连续运转，检查轴承温度→轴承温度稳定后连续运转 2h。

2）单车调试验收的要求

① 通风机、空气处理机组中的风机，叶轮旋转方向应正确、运转应平稳、应无异常振动与声响，电机运行功率应符合设备技术文件要求。在额定转速下连续运转 2h 后，滑动轴承外壳最高温度不得大于 70℃，滚动轴承最高温度不得大于 80℃。

② 风机运行噪声的测定等。

（4）系统试运转及调试

1）系统调试的组织

作为通风与空调工程竣工验收的系统调试，应由施工单位负责，监理单位监督，设计单位与建设单位参与和配合。系统调试可由施工企业或委托具有调试能力的其他单位进行。

如果作为系统的重要、大件设备，系统调试时设备供应商到场协助。

系统调试前应编制调试方案，并应报送专业监理工程师审核批准。系统调试应由专业施工和技术人员实施，调试结束后，应提供完整的调试资料和报告。

2）通风机的单机试运转及调试后将参加全系统非设计满负荷下的联合试运转及调试。作为工程质量验收的主控项目，风机和系统非设计满负荷下的联合试运转与调试结果有关的要求：系统总风量调试结果与设计风量的允许偏差应为 -5%～+10%，建筑内各区域的压差应符合设计要求。

3）防排烟系统风机的试运转及调试

防排烟系统中的风机参与的联合试运行与调试，作为工程质量验收的主控项目，其结果应符合设计要求及国家现行标准的有关规定。

系统风量（排烟量）和正压送风时服务控制区域的正压数据是两个重要的技术指标。

2. 空调机组和风机盘管的安装

（1）空调机组设备和风机盘管

空气处理设备是建筑空调系统的重要设备，其中包括空调机组（空调箱）、风机盘管等。它将承担空调系统新风、室内循环气流冷、热负荷的处理。

1）新风空调机组和组合式空调机组

新风空调机组和组合式空调机组除冷热交换外，根据功能设计还具备气流过滤净化、杀菌、增湿、减湿，以及气流动力增能的功能。整个空调机组的主要组件有过滤网、表面式换热器、增湿器、挡水板和风机等。

集中式空调系统中将服务区域的室内空气进行集中处理，达到控制和调节室内温度、湿度及空气品质的要求。应用的空气处理设备设置在吊顶或专门的空调机房内。形体较小的空气处理机组直接以整装形式入场，在吊顶内吊装或在机房内落地安装。较大的空气处理机组，常采用散装或组装功能段运至现场，而后由设备供应商在空调机房就地拼装，完成后交货。

2）风机盘管

半集中式空调系统是将室内空气以就地循环处理的方式满足室内空调负荷的要求。风机盘管是对室内空气进行循环处理的设备，基本组件就是冷热交换器、风机和冷凝水盘，双管制风机盘管只有一组换热器，四管制风机盘管拥有两组换热器。风机盘管有吊顶内装、明装吊装和落地安装等形式。通常采用的形式是吊顶内安装。

半集中式空调系统配套的较小的新风处理空调机组一般安装在有外墙窗口走道的吊顶中或新风机房内。由于半集中式空调系统是空气-水系统，风机盘管接入的冷热媒供水、回水管系统、冷凝水排放系统复杂。

因风机盘管使用数量较大，其安装质量对空调项目的总体施工质量有较大的影响。

（2）空调机组设备和风机的安装作业

1）空调机组设备安装

空调机组安装完成后应检查核对设备内过滤网片、各部件无缺失、内置风机固定可靠。

空调机组周边的空间检查：检修门外部应有进出工作通道的空间，机组外抽式过滤网空调机组设备和风机有可进行日常拆卸的工作空间。

工艺配管方面：回风管、新风管和送风管应符合设计要求，风管与设备接驳的变径管、弯管符合流体力学要求，减少局部阻力损失；供、回水管的接管符合设计要求，管路上的控制阀门、过滤器等配件应有操作空间；冷凝水管流水顺畅；控制方面的流量计装置的安装位置应符合规范要求，水压力表及其他控制仪表表盘位置应有利于操作观察。

2）风机盘管安装

① 风机盘管的安装施工工序一般为：机组安装→接水管→试压→接风管→保温施工→配合装饰施工，最后安装风口→试车检测。

② 风机盘管安装前除了例行的开箱检查，对风机盘管机组型号、规格进行复核外，应进行水压检漏试验，同时宜进行风机三速试运转，避免安装后故障返修的麻烦。

③ 风机盘管吊装前吊杆和风机盘管的连接应按设计要求进行避振处理，锁紧螺母垫片和机组钢架之间安放橡胶垫块效果较好。

④ 安装时要注意避免机组外部的碰撞，尤其是循环风机机壳部分。要防止施工杂物进入风机叶轮、冷凝水承水盘。

⑤ 为确保冷凝水排放顺畅，要求承水盘出水管一端低于另一端 3～5mm。

⑥ 风机盘管与风管、回风箱或风口的连接应严密、可靠，回风口应安装过滤网，以防止尘埃堵塞盘管翅片，影响传热效果。

⑦ 风机盘管供回水管应接管正确，一般下送上回，阀门、水过滤器位置应在承水盘上方，避免阀门处易滴水影响吊顶。

⑧ 风机盘管供回水管联机水压试验应在 5℃ 以上的温度环境，避免水管冻裂设备和管道。

（3）安装质量验收

1）组合式空调机组、新风机组安装质量验收的一般项目要求如下：

① 组合式空调机组各功能段的组装应符合设计的顺序和要求，各功能段之间的连接应严密，整体外观应平整。

② 供、回水管与机组的连接应正确，机组下部冷凝水管的水封高度应符合设计或设备技术文件的要求。

③ 机组与风管采用柔性短管连接时，柔性短管的绝热性能应符合风管系统的要求。

④ 机组应清扫干净，箱体内不应有杂物、垃圾和积尘。

⑤ 机组内空气过滤器（网）和空气热交换器翅片应清洁、完好，安装位置应便于维护和清理。

2）风机盘管

风机盘管等空调末端设备的安装质量主控项目的要求：

① 产品的性能、技术参数应符合设计要求。

② 风机盘管机组、变风量与定风量空调末端装置及地板送风单元等的安装，位置应正确，固定应牢固、平整，便于检修。

③ 风机盘管的性能复验应按国家标准《建筑节能工程施工质量验收标准》GB 50411—2019 的规定执行。

④ 冷辐射吊顶安装固定应可靠，接管应正确，吊顶面应平整。

风机盘管机组的安装质量检查一般项目的要求：

① 机组安装前宜进行风机三速试运转及盘管水压试验。试验压力应为系统工作压力的 1.5 倍，试验观察时间应为 2min，不渗漏为合格。

② 机组应设独立支、吊架，固定应牢固，高度与坡度应正确。

③ 机组与风管、回风箱或风口的连接，应严密可靠。

（4）单机试车

空气处理设备单机试车必须具备一定的条件，如配电到位、控制器已安装等，尤其是吊顶内暗装的风机盘管安装施工检查存在和室内装饰工程的配合问题。未吊顶时设备试车检查方便，但配电和控制器安装不一定满足需要；装饰工程尾声阶段配电和控制器安装就位了，设备检查的条件有时就比较苛刻了，监理应该积极协调好各专业的施工配合。

单机试运转验收合格后，将参加系统的联合试运转调试。

1）空气处理设备安装后的单机试运转质量检查的主控项目。

风机运行检查包括风机叶轮旋转方向应正确、运转应平稳、应无异常振动与声响等。组合式空调机组一般配有较大功率的风机，其电机运行功率应符合设备技术文件要求。在额定转速下连续运转 2h 后，滑动轴承外壳最高温度不得大于 70℃，滚动轴承不得大于 80℃。

2）设备单机试运转及调试的工程质量检查的一般项目要求：

① 风机盘管机组的调速、温控阀的动作应正确，并应与机组运行状态一一对应，中档风量的实测值应符合设计要求。

② 空气处理机组、风机盘管机组等设备运行时，产生的噪声不应大于设计及设备技术文件的要求。

③ 噪声检测的测点布置应符合国家标准《通风与空调工程施工质量验收规范》GB 50243—2016 中附录 E 关于空调设备、空调机组运行噪声检测的测点布置的规定。

3. 空气净化装置的安装

（1）静电式空气净化装置的安装

静电式空气净化器是高电压电离气流，气流中的颗粒物带电荷，在不均匀电场强度的高压电场中定向运动，最终达到气流、颗粒物分离的目的。设备中的静电场电压有的达到 10kV 或更高。国家标准《通风与空调工程施工质量验收规范》GB 50243—2016 第 7.2.10 条提出的设备安装质量主控项目要求：静电式空气净化装置的金属外壳必须与 PE 线可靠连接。

（2）紫外线与离子空气净化装置的安装

紫外线空气净化装置是利用一定辐照强度紫外线照射，杀灭空气中的微生物。空调系统在空调机组中配置紫外线（灯）装置，对循环空气流及机组内部进行杀菌、抑制细菌滋生。

紫外线与离子空气净化装置的一般安装要求：

1）安装位置应符合设计或产品技术文件的要求，并应方便检修。

2）装置应紧贴空调箱体的壁板或风管的外表面，固定应牢固，密封应良好。

3）装置的金属外壳应与 PE 线可靠连接。

六、空调冷（热）源与辅助设备安装质量监理管控要点

中央空调系统的冷热源设备主要有如下三种组合：

（1）水冷型压缩式制冷机组＋循环水冷却塔＋天然气热水（蒸汽）锅炉组合；

（2）风冷型热泵制冷（热）机组；

（3）天然气直燃型溴化锂吸收式制冷机组＋冷却塔组合。

上述设备安装施工的工程质量检查的主要依据文件是国家标准《通风与空调工程施工质量验收规范》GB 50243—2016 和《制冷设备、空气分离设备安装工程施工及验收规范》GB 50274—2010。从空调冷热源设备构成来说，热水（蒸汽）锅炉是其中一个重要的热源设备，延续工程质量验收分部工程的划分传统，锅炉安装施工的工程质量验收归类于给水排水分部工程。

可再生能源的太阳能空调项目，其机组的安装工程质量验收应符合国家标准《民用建筑太阳能空调工程技术规范》GB 50787—2012 的有关规定。

1. 水冷型压缩式制冷机组的安装

（1）水冷型压缩式制冷机组设备

压缩式制冷机组的制冷运行工艺主要分为蒸发吸热、压缩升压、冷凝放热、节流降压四个基本过程，机组构成中有蒸发器、压缩机、冷凝器等较大的组件，其中压缩机类型活塞式、螺杆式和离心式压缩机等。变频压缩机的应用是压缩式制冷设备节能的重要途径。

水冷型压缩式制冷系统工作运行，释放的热量最终是通过冷却循环水在冷却塔中实现的，冷却循环水系统的工程质量也是整个设备系统高效运行的保障条件之一。此外，制冷机组是全系统主要的噪声源，这也是工程质量噪声控制的重要节点。

水冷型压缩式制冷系统的冷源工程设备装置中有水冷型压缩式制冷机组和冷却循环水系统（冷却塔＋冷却循环水管、水泵）两大部分，其中冷却循环水系统部分的安装工程质量验收见下文中本节"七、空调水系统管道及设备安装质量监理管控要点"的相关内容。

（2）施工准备

制冷机组作为项目中价值较高的大件重要设备，且机组又常常安装在屋顶或地下室，施工单位应编制详细的机组搬运、吊装施工方案，并报请监理审核。在吊装搬运过程中应小心从事，避免较大的振动，吊装的绳索及锁具与机组接触部分应放置保护框架，机组严禁倾斜30°以上。

（3）制冷机组的安装

民用建筑工程项目空调系统的制冷机组现在一般都为整装形式出厂的产品，安装施工的主要任务是机组的现场移位、整体安装就位、工艺配管安装等。

1）安装质量检查依据的文件

制冷机组的安装施工应符合设计要求，并应遵守国家标准《通风与空调工程施工质量验收规范》GB 50243—2016 和《制冷设备、空气分离设备安装工程施工及验收规范》GB 50274—2010 的有关规定。其中后者专业要求更详细、更全面。

2）设备基础

水冷型压缩式制冷机组设备的室内基础一般为平台式基础，风冷型机组设备的室外基础形式一般为条形基础。机组设备应在底座基准面上找正和调平，机组固定和避振措施应符合设计要求。

3）机组的空调系统供回水、冷却循环水接管

水冷型压缩式制冷机组连接的空调系统供回水、冷却循环水管道管径大，安装前机房内的管道、阀门等附件的安装空间要认真核对施工图纸，周密安排，达到设备正常运行条件的工艺要求。空调水系统的流量监测点的位置一定要在技术要求的直管段上。

（4）安装质量检查

1）水冷型压缩式制冷机组及附属设备安装验收应符合下列主控项目规定：

① 设备的混凝土基础应进行质量交接验收，且应验收合格。

② 设备安装的位置、标高和管口方向应符合设计要求。采用地脚螺栓固定的制冷设备或附属设备，垫铁的放置位置应正确，接触应紧密，每组垫铁不应超过3块；螺栓应紧固，并应采取防松动措施。

2）水冷型压缩式制冷机组与附属设备的安装应符合国家标准《通风与空调工程施工质量验收规范》GB 50243—2016 第 8.3.1 条的一般项目规定。

3）制冷剂充注的质量监督

整装的水冷型压缩式制冷机组，或大组件组装的制冷机组当有需要进行现场制冷机充注作业的，作为工程质量验收主控项目，组装的制冷机组和现场再充注制冷剂的制冷机组，事前应进行制冷剂管路吹污、气密性试验、真空试验和充注制冷剂检漏试验，技术数据应符合产品技术文件和国家现行标准的有关规定。

（5）制冷机组试车与联合试运行

1）机组的单机试运行

通常情况下，制冷机组在空调水系统安装、试压、清扫后由设备制造供应商充灌制冷剂，条件具备后单机试运行。

制冷机组的试运转除应符合设计要求外，尚应符合国家标准《通风与空调工程施工质量验收规范》GB 50243—2016 和《制冷设备、空气分离设备安装工程施工及验收规范》GB 50274—2010 的有关规定：

① 机组运转应平稳、应无异常振动与声响；

② 各连接和密封部位不应有松动、漏气、漏油等现象；

③ 吸、排气的压力和温度应在正常工作范围内；

④ 能量调节装置及各保护继电器、安全装置的动作应正确、灵敏、可靠；

⑤ 正常运转不应少于 8h。

制冷机组单机试运转合格后将参与空调总系统的联合试运转和调试。

2）空调系统的试运行与调试

国家标准《通风与空调工程施工质量验收规范》GB 50243—2016 规定空调系统冷热源、辅助设备及其管道和管网系统安装完毕后，冷热源和辅助设备必须进行单机试运转及调试，同建筑物内空调系统进行联合试运转及调试。对于冷热源机组联合试运转的项目检查要求是满足室内温度：冬季不得低于设计计算温度 2℃，且不应高于 1℃；夏季不得高于设计计算温度 2℃，且不应低于 1℃。

2. 风冷型压缩式机组的安装

（1）风冷型压缩式机组设备

风冷型压缩式机组也称为空气源热泵制冷（热）机组，是另一个空调系统重要的冷热源工程选项，在热工设计分区中能为空调系统提供热源，从而简化了空调系统的热源配置。根据空气源热泵机组的特点及运行要求，空气源热泵机组单机功率一般为中、小功率，空气源热泵机组在室外安装，四周要保证合理的通风空间，满足机组夏季运行的散热要求，也有利于冬季吸热。

空气源热泵机组在夏季时机组冷凝器空气换热，冬季时机组蒸发器从空气中吸热，气流风机运行噪声和压缩机运行噪声和设备本身的品质有密切的关系。

（2）设备的安装

空气源热泵机组是整装入场的设备装置，机组安装施工的主要任务是现场就位、管道安装等，随着模块化控制技术的应用和应对空调负荷变化，常见的设备配置是多台机组的组合，且机组一般安装在屋顶或裙房屋顶，所以机组的高空吊装运输也是常项。

设备的室外基础形式一般为条形基础。室外安装的空气源热泵机组的设备基础高度应能保证机组底部可能安装管道的空间。

（3）安装质量检查

空气源热泵机组的安装质量检查依据的文件同水冷型压缩式制冷机组。

1）空气源热泵机组的安装验收应符合下列主控项目规定：

① 空气源热泵机组产品的性能、技术参数应符合设计要求，并应具有出厂合格证、产品性能检验报告。

② 机组应有可靠的接地和防雷措施，与基础间的减振应符合设计要求。

③ 机组的进水侧应安装水力开关，并应与制冷机的启动开关连锁。

2）空气源热泵机组同水冷型压缩式制冷机组的工程质量验收一般项目的规定外，尚应符合下列规定：

① 机组安装的位置应符合设计要求。同规格设备成排就位时，目测排列应整齐，允许偏差不应大于 10mm。水力开关的前端宜有 4 倍管径及以上的直管段。

② 机组四周应按设备技术文件要求，留有设备维修空间。设备进风通道的宽度不应小于 1.2 倍的进风口高度；当两个及以上机组进风口共用 1 个通道时，间距宽度不应小于 2 倍的进风口高度。

③ 当机组设有结构围挡和隔声屏障时，不得影响机组正常运行的通风要求。

3. 溴化锂吸收式冷热水机组的安装

（1）溴化锂吸收式冷热水机组设备

1）吸收式制冷机组设备

吸收式制冷机组主要由发生器、冷凝器、蒸发器、吸收器、换热器、循环泵等几部分组成。

吸收式制冷设备按工作介质及原理对照前两项压缩式制冷设备是另一类空调系统的冷热源工程设备。它以热力驱动，氨-水或水-溴化锂为制冷工质进行制冷工作循环。这里氨-水工质中，氨是制冷剂，水是吸收剂；水-溴化锂工质则水为制冷剂，溴化锂是吸收剂。所谓热力驱动就是机组依靠外输入的蒸汽、废气余热、太阳能，或直接由燃气加热（天然气直燃型）替代了电力驱动，并以高压发生器（混合溶液受热，制冷剂汽化形成高压的制冷剂，在冷凝器放热后经节流阀去蒸发器再汽化制冷）、吸收器（汽化的制冷剂被吸收，例如在蒸发器汽化制冷的水蒸气被溴化锂溶液吸收）及液体循环泵（制冷剂＋吸收剂混合溶液）的组合来替代电驱动压缩式制冷循环流程中的压缩机，用于提升制冷剂压力，最终实现了制冷循环，向空调系统提供冷冻水。制冷机组需要配套冷却循环水系统，降温制冷剂和吸收剂，释放热量。常见的吸收式制冷设备是天然气直燃型溴化锂吸收式冷热水机组，机组可以在夏季供应空调冷冻水，冬季还可以提供热水，作为空调冷热源。

2）天然气能源分布式系统

新发展的中央空调冷热源工程项目——能源分布式系统（冷热电联供）将以更加高效、科学合理的能源利用方式，提供空调系统的冷热源，包括生活热水的供给。例如，采用天然气的能源分布式系统，实现了优质高品位的能源天然气先发电，发电后的余热再以低品位的能源利用方式，向空调系统供冷或供热。全套设备装置中，溴化锂吸收式制冷机组作为冷源设备，前述发电后的余热作为空调系统热源供给方。所以，除了前端的燃气发电，后端的供冷或供热的核心设备就是吸收式制冷机组和余热锅炉。就此对应的安装工程质量验收的主要依据文件是国家标准《通风与空调工程施工质量验收规范》GB 50243—

2016 和行业标准《燃气冷热电三联供工程技术规程》CJJ 145—2010。

（2）设备的安装

1）天然气溴化锂吸收式制冷机组的安装验收主控项目应符合下列规定：

① 吸收式制冷机组的产品的性能、技术参数应符合设计要求。

② 吸收式机组安装后，设备内部应冲洗干净。

③ 机组的真空试验应合格。

④ 直燃型吸收式制冷机组排烟管的出口应设置防雨帽、防风罩和避雷针。

2）天然气溴化锂吸收式制冷机组安装除应符合国家标准《通风与空调工程施工质量验收规范》GB 50243—2016 第 8.3.1 条的规定外，现场组装的机组尚应符合下列一般项目规定：

① 吸收式分体机组运至施工现场后，应及时运入机房进行组装，并应清洗、抽真空。

② 机组的真空泵到达指定安装位置后，应进行找正、找平。抽气连接管应采用直径与真空泵进口直径相同的金属管，当采用橡胶管时，应采用真空用的胶管，并应对管接头处采取密封措施。

③ 机组的屏蔽泵到达指定安装位置后，应进行找正、找平，电线接头处应采取防水密封措施。

④ 机组的水平度允许偏差应为 2‰。

（3）燃气配套系统的安装

目前建筑空调系统应用较广的天然气直燃型吸收式冷热水机组以天然气为机组动力源，机组安装需要燃气系统的配套。国家标准《通风与空调工程施工质量验收规范》GB 50243—2016 有关燃气管道的安装施工质量的主控项目要求如下：

1）燃气系统管道与机组的连接不得使用非金属软管。

2）当燃气供气管道压力大于 5kPa 时，焊缝无损检测应按设计要求执行；当设计无规定时，应对全部焊缝进行无损检测并合格。

3）燃气管道吹扫和压力试验的介质应采用空气或氮气，严禁采用水。

城区的中压天然气输配管网的设计压力有中压 A 和中压 B 两级，中压 A 为 0.2～0.4MPa，中压 B 为 0.01～0.2MPa。住宅小区内的天然气供气管道的设计压力一般为低压，即压力低于 0.01MPa。通常情况下建筑空调系统采用的天然气直燃型溴化锂冷热水机组作为商业用户，中压供气的可能性很大。

4. 多联机空调（热泵）系统的安装

（1）多联机空调（热泵）系统设备

多联式（热泵）机组将一台或多台制冷制热元件构成的室外机模块化组合在一起安装在室外，通过冷媒配管向由过滤网、换热盘管、循环风机构成的室内机（多台）提供冷热媒。多联机组通过变频技术可以改变制冷剂循环流量来适应各房间（室内机）的负荷变化。

模块化技术使得多联式空调（热泵）机组的功率从小功率单机到若干台组合的中等功率规格，适用的灵活性更大了。

（2）设备的安装

根据国家标准《通风与空调工程施工质量验收规范》GB 50243—2016，通风与空调分部工程下列有多联机（热泵）空调系统子分部工程。分项工程涉及室外机、制冷剂管路、室内机、风管、冷凝水管的安装，以及制冷剂灌注等。

在制冷机管路的安装施工时，制冷剂系统的液体管道不应有局部上凸现象；气体管道不应有局部下凹现象。不应上凸是为了避免局部汽化的冷剂蒸气堵塞冷剂的管道输送，不能有下凹是为了避免部分冷凝的冷剂堵塞冷剂蒸气的传输。

（3）工程质量检查

1）多联机空调（热泵）系统的安装验收的主控项目应符合下列规定：

① 多联机空调（热泵）系统室内机、室外机产品的性能、技术参数等应符合设计要求，并应具有出厂合格证、产品性能检验报告。

② 室内机、室外机的安装位置、高度应符合设计及产品技术的要求，固定应可靠。室外机的通风条件应良好。

③ 制冷剂应根据工程管路系统的实际情况，通过计算后进行充注。

④ 安装在户外的室外机组应可靠接地，并应采取防雷保护措施。

2）多联机空调（热泵）系统的安装验收的一般项目应符合下列规定：

① 室外机的通风应通畅，不应有短路现象，运行时不应有异常噪声。当多台机组集中安装时，不应影响相邻机组的正常运行。

② 室外机组应安装在设计专用平台上，并应采取减振与防止紧固螺栓松动的措施。

③ 风管式室内机的送、回风口之间，不应形成气流短路。风口安装应平整，且应与装饰线条相一致。

④ 室内外机组间冷媒管道的布置应采用合理的短捷路线，并应排列整齐。

（4）设备试运转

作为工程质量验收的主控项目要求，多联机空调（热泵）机组系统应在充灌定量的制冷剂后，进行系统的试运转，并应符合下列规定：

1）系统应能正常输出冷风或热风，在常温条件下可进行冷热的切换与调控。

2）室外机的试运转的检查要求与水冷型压缩式制冷机组的单机试运转要求一致。

3）室内机的试运转不应有异常振动与声响，百叶板动作应正常，不应有渗漏水现象，运行噪声应符合设备技术文件要求。

4）具有可同时供冷、热的系统，应在满足当季工况运行条件下，实现局部内机反向工况的运行。

七、空调水系统管道及设备安装质量监理管控要点

通风与空调工程中归属于空调水系统的有服务于空调用户终端（空调处理机组、风机盘管）的供、回水管路、冷冻水及热水的循环水泵及水箱的空调（冷、热）水系统；有配套水冷型制冷机组、吸收式制冷机组的循环冷却水管路、冷却水水泵及冷却塔的冷却水系统；有服务于空气处理机组、风机盘管运行时排放凝结水的冷凝水系统，以及空调蓄能系统等四个大系统。本节将讨论涉及空调供冷、供热及回水管道系统、冷却循环水系统和蓄能系统（蓄冷）系统的安装施工监理工作。

1. 空调水系统安装施工质量验收的依据文件

在空调水系统的安装施工中，管道工程、蓄能储罐工程为主要内容，其工程质量基本要求类同于建筑给水排水系统的安装施工，工程质量验收的主要依据是设计文件的要求、

国家标准《建筑给水排水及采暖工程施工质量验收规范》GB 50242—2002 和《工业金属管道工程施工质量验收规范》GB 50184—2011 的有关规定。专业化比较强的专项施工项目，还有对应的相关标准文件：

（1）当空调水系统采用塑料管道时，施工质量验收还需遵守的国家及行业的标准包括：

1）《建筑给水塑料管道工程技术规程》CJJ/T 98—2014；

2）《建筑排水塑料管道工程技术规程》CJJ/T 29—2010。

（2）空调蓄能系统中蓄冷储罐（保温水柜）的施工质量验收依据文件有下列国家标准：

1）《立式圆筒形钢制焊接储罐施工规范》GB 50128—2014；

2）《钢结构工程施工质量验收标准》GB 50205—2020；

3）《现场设备、工业管道焊接工程施工规范》GB 50236—2011；

4）《现场设备、工业管道焊接工程施工质量验收规范》GB 50683—2011。

2. 供回水管道的安装

空调（冷、热）水系统的主要分项施工有管道安装、水泵安装、水箱安装和水管保温等。

空调水系统是空调冷、热媒的传输系统，水箱是空调供回水系统的稳压及缓冲装置，其常见的敞开式膨胀水箱的安装高度应该是在空调系统的最高点，它的施工安装要求类同于热水供暖系统的开式循环系统的水箱。水箱、空调水系统的循环水泵、补水水泵的安装要求可参见第二章给排水工程的相关章节。

本小节重点介绍空调供水回管道安装施工的质量控制，包括管道的连接、众多的阀门、补偿器等配件的安装等。

（1）供回水管道安装质量验收的主控项目规定：

1）隐蔽安装部位的管道安装完成后，应在水压试验合格后方能交付隐蔽工程的施工。

2）系统管道与设备的连接应在设备安装完毕后进行。管道与水泵、制冷机组的接口应为柔性接管，且不得强行对口连接。与其连接的管道应设置独立支架。

3）固定在建筑结构上的管道支、吊架，不得影响结构体的安全。管道穿越墙体或楼板处应设钢制套管，管道接口不得置于套管内，钢制套管应与墙体饰面或楼板底部平齐，上部应高出楼层地面 20~50mm，且不得将套管作为管道支撑。当穿越防火分区时，应采用不燃材料进行防火封堵；保温管道与套管四周的缝隙应使用不燃绝热材料填塞紧密。

（2）金属管道

空调水系统常用的金属管道就是钢制管道。用户端的风机盘管连接支管，甚至是供回水干管都有采用镀锌钢管的案例。一般金属管道连接的主要方式有焊接、螺纹连接、法兰连接和沟槽连接方式等。空调供回水管道主要采用的管材是钢管，镀锌钢管及带有防腐涂层的钢管不得采用焊接连接，应采用螺纹连接。当镀锌钢管管径大于 DN100 时，可采用卡箍或法兰连接。

金属管道连接的几种方式及其施工质量验收一般项目的要求：

1）螺纹连接管道的螺纹应清洁规整，断丝或缺丝不应大于螺纹全扣数的 10%。管道的连接应牢固，接口处的外露螺纹应为 2~3 扣，不应有外露填料。镀锌管道的镀锌层应保护完好，局部破损处应进行防腐处理。

2）焊接连接

① 管道焊接材料的品种、规格、性能应符合设计要求。管道焊接坡口形式和尺寸应符合国家标准《通风与空调工程施工质量验收规范》GB 50243—2016 表 9.3.2-1 的规定。对口平直度的允许偏差应为 1%，全长不应大于 10mm。管道与设备的固定焊口应远离设备，且不宜与设备接口中心线相重合。管道的对接焊缝与支、吊架的距离应大于 50mm。

② 管道现场焊接后，焊缝表面应清理干净，并应进行外观质量检查。焊缝外观质量应符合下列规定：

管道焊缝外观质量允许偏差应符合国家标准《通风与空调工程施工质量验收规范》GB 50243—2016 表 9.3.2-2 的规定；管道焊缝余高和根部凸出允许偏差应符合表 9.3.2-3 的规定。

3）法兰连接管道的法兰面应与管道中心线垂直，且应同心。法兰对接应平行，偏差不应大于管道外径的 1.5‰，且不得大于 2mm。连接螺栓长度应一致，螺母应在同一侧，并应均匀拧紧。紧固后的螺母应与螺栓端部平齐或略低于螺栓。法兰衬垫的材料、规格与厚度应符合设计要求。

4）沟槽连接管道的沟槽与橡胶密封圈和卡箍套应为配套，沟槽及支、吊架的间距应符合国家标准《通风与空调工程施工质量验收规范》GB 50243—2016 表 9.3.6 的规定。连接管端面应平整光滑、无毛刺，沟槽深度在规定范围，支、吊架不得支承在连接头上，水平管的任两个连接头之间应设置支、吊架。

（3）阀门的安装质量验收的主控项目要求

1）阀门的安装位置、高度、进出口方向应符合设计要求，连接应牢固紧密。

2）安装在保温管道上的手动阀门的手柄不得朝向下。

3）动态与静态平衡阀的工作压力应符合系统设计要求，安装方向应正确。阀门在系统运行时，应按参数设计要求进行校核、调整。

4）电动阀门的执行机构应能全程控制阀门的开启与关闭。

（4）补偿器的安装应按照设计选型，补偿器安装质量验收的主控项目要求

1）补偿器的补偿量和安装位置应符合设计文件的要求，并应根据设计计算的补偿量进行预拉伸或预压缩。

2）波纹管膨胀节或补偿器内套有焊缝的一端，水平管路上应安装在水流的流入端，垂直管路上应安装在上端。

3）填料式补偿器应与管道保持同心，不得歪斜。

4）补偿器一端的管道应设置固定支架，结构形式和固定位置应符合设计要求，并应在补偿器的预拉伸（或预压缩）前固定。

5）滑动导向支架设置的位置应符合设计与产品技术文件的要求，管道滑动轴心应与补偿器轴心相一致。

（5）塑料管道安装要求

采用建筑塑料管道应用于空调水系统，其管道材质及连接方法应符合设计和产品技术的要求。塑料管道安装施工质量验收的重点内容为管道入场验收、管道连接施工，包括法兰连接、热熔连接、电熔连接和采用密封圈承插连接等多种方式，以及管道支架间距检

查等。

1）空调供回水系统所采用的给水塑料管材、管件应符合国家标准的有关规定，其表面应标有永久性标记。产品应有出厂合格证及检测报告。管材、管件及橡胶件应存放在温度不大于 40℃、通风良好的库房内，不得长期露天堆放或阳光暴晒。

2）塑料管道连接施工质量验收的一般项目要求如下：

① 采用法兰连接时，两法兰面应平行，误差不得大于 2mm。密封垫为与法兰密封面相配套的平垫圈，不得凸入管内或凸出法兰之外。法兰连接螺栓应采用两次紧固，紧固后的螺母应与螺栓齐平或略低于螺栓。

② 电熔连接或热熔连接的工作环境温度不应低于 5℃环境。插口外表面与承口内表面应作小于 0.2mm 的刮削，连接后同心度的允许误差应为 2‰；热熔熔接接口圆周翻边应饱满、匀称，不应有缺口状缺陷、海绵状的浮渣与目测气孔。接口处的错边应小于 10%的管壁厚。承插接口的插入深度应符合设计要求，熔融的包浆在承、插件间形成均匀的凸缘，不得有裂纹凹陷等缺陷。

③ 采用密封圈承插连接的胶圈应位于密封槽内，不应有皱折扭曲。插入深度应符合产品要求，插管与承口周边的偏差不得大于 2mm。

④ 采用聚丙烯（PP-R）管道时，管道与金属支、吊架之间应采取隔绝措施，不宜直接接触，支、吊架的间距应符合设计要求。当设计无要求时，聚丙烯（PP-R）冷水管支、吊架的间距应符合国家标准《通风与空调工程施工质量验收规范》GB 50243—2016 表 9.3.9 的规定，使用温度大于或等于 60℃热水管道应加宽支承面积。

（6）管道试压验收要求

1）管道安装完毕，外观检查合格后，应按设计要求进行水压试验，当设计无要求时，按国家标准《通风与空调工程施工质量验收规范》GB 50243—2016 的规定进行水压试验：

① 冷（热）水、冷却水与蓄能（冷、热）系统的试验压力，当工作压力小于或等于 1.0MPa 时，应为 1.5 倍工作压力，最低不应小于 0.6MPa；当工作压力大于 1.0MPa 时，应为工作压力加 0.5MPa。

② 系统最低点压力升至试验压力后，应稳压 10min，压力下降不应得大于 0.02MPa，然后应将系统压力降至工作压力，外观检查无渗漏为合格。对于大型、高层建筑等垂直位差较大的冷（热）水、冷却水管道系统，当采用分区、分层试压时，在该部位的试验压力下，应稳压 10min，压力不得下降，再将系统压力降至该部位的工作压力，在 60min 内压力不得下降、外观检查无渗漏为合格。

③ 各类耐压塑料管的强度试验压力（冷水）应为 1.5 倍工作压力，且不应小于 0.9MPa；严密性试验压力应为 1.15 倍的设计工作压力。

2）管道试压后需进行管路冲洗，排除管道中的杂质。冲洗时判定空调水系统管路冲洗、排污合格的条件是目测排出口的水色和透明度与入口的水对比应相近，且无可见杂物。当系统继续运行 2h 以上，水质保持稳定后，方可与设备相贯通。

（7）空调水系统试车和空调系统的联合试运行及调试

1）空调供回水系统试车

空调供回水系统在完成供回水管道、循环水泵和水箱安装施工后进行系统试车。

空调水系统试车时，循环水泵应是重点检查节点。水泵叶轮旋转方向应正确，应无异常振动和声响，紧固连接部位应无松动，电机运行功率应符合设备技术文件要求。水泵连续运转 2h 滑动轴承外壳最高温度不得超过 70℃，滚动轴承不得超过 75℃。

2）空调全系统非满负荷条件下的联合试运转及调试。

空调风系统、冷热源工程、空调水系统（供回水、循环冷却水、凝结水）的安装工程完成后，具备了开展空调全系统联合试运转及调试的主要条件。当各项组织及技术准备工作完成后可开始全系统的联合试运转及调试工作。

空调工程系统安装施工重要的工程交工质量验收是全系统的联合试运转及调试是在非设计满负荷条件下进行的。设计满负荷工况条件是指在建筑室内设备与人和室外自然环境都处于最大负荷的条件，在现实工程建设交工验收阶段很难实现。即使工程已经投入使用，还需要有室外气象条件的配合，所以空调工程正常的联合试运转确定在非满负荷的条件下进行。

3）空调供回水系统非设计满负荷条件下的联合试运转及调试要求。

工程质量验收主控项目的要求如下：

① 空调冷（热）水系统的总流量与设计流量的偏差不应大于 10％。

② 空调水系统的非设计满负荷条件下的联合试运转及调试，正常运转不应少于 8h。

工程质量验收一般项目的要求如下：

① 空调水系统应排除管道系统中的空气，系统连续运行应正常平稳，水泵的流量、压差和水泵电机的电流不应出现 10％ 以上的波动。

② 水系统平衡调整后，定流量系统的各空气处理机组的水流量应符合设计要求，允许偏差应为 15％；变流量系统的各空气处理机组的水流量应符合设计要求，允许偏差应为 10％。

③ 冷水机组的供回水温度和冷却塔的出水温度应符合设计要求；多台制冷机或冷却塔并联运行时，各台制冷机及冷却塔的水流量与设计流量的偏差不应大于 10％。

④ 舒适性空调的室内温度应优于或等于设计要求，恒温恒湿和净化空调的室内温、湿度应符合设计要求。

⑤ 室内（包括净化区域）噪声应符合设计要求，测定结果可采用 Nc 或 dB（A）的表达方式。

⑥ 环境噪声有要求的场所，制冷、空调设备机组应按现行国家推荐标准《采暖通风与空气调节设备噪声声功率级的测定　工程法》GB/T 9068—1988 的有关规定进行测定。

⑦ 压差有要求的房间、厅堂与其他相邻房间之间的气流流向应正确。

3．冷却塔与冷却循环水管道的安装

（1）冷却塔与循环冷却水系统设备

主体为水冷型制冷机组冷源工程系统需要有地上安装的冷却塔。冷却塔是将冷却循环水从制冷机组冷凝器带来的热量释放到大气中，这是空调系统在制冷工况的最终热量释放端。冷却塔主要采用大气蒸发降温的工艺模式，即冷却塔中发生少量的冷却循环水蒸发至大气，大部分冷却循环水降温的过程，所以冷却塔内设置有固定式分水器或转动式布水器，塔体设置在地面、裙房屋面或建筑物的顶层屋面上方便进风，塔中的空气流动动力一般依靠塔中的强力抽风机，有一定的运行噪声，排出的气流会夹带水滴，有时会影响设备的周边环境，另外整个循环冷却水系统为弥补冷却循环水的蒸发损失，还配置有补水装置。

（2）循环冷却水系统节能指标

为水冷型压缩式制冷机组、吸收式制冷机组配套的循环冷却水系统的运行能源消耗，也是影响空调系统能源水平的重要因素。所以在项目建设的时候，关于建筑节能工程的各项要求应认真加以落实。循环冷却水系统中的循环水泵是一个关键的节点，其他空调水系统的循环泵也有同样的考核问题。

循环水泵的耗电输送能效比（ER）反映了空调冷（热）水系统循环水泵的输送效率。ER 的计算公式如下：

$$ER = 0.002342H/(\Delta T \cdot \eta)$$

式中　H——水泵的设计扬程（m）；

　　　ΔT——空调供回水温差（℃）；

　　　η——水泵在设计工作点的效率（%）。

ER 数值越小，输送效率越高，系统的能耗就越低；反之则相反。若循环水泵的扬程选得过高，系统因输送效率低下而不节能。国家标准《建筑节能工程施工质量验收标准》GB 50411—2019 要求核查项目中的水泵 ER 值，就是要把这部分经常性的运行能耗控制在一个合理的范围内，从而达到系统节能的目的。

（3）设备安装

室外安装的冷却塔四周要保证合理的通风空间，满足冷却塔中冷却循环水蒸发所需要的足够的空气流量。冷却塔位置还应远离厨房排风等高温气流，以免影响冷却塔中循环冷却水的蒸发冷却效果，增加系统运行能耗。

高层屋顶安装的冷却塔一般为散装件进场，现场拼装。底部集水盘在拼接过程中监理应监督粘结料质量、拼装缝隙以及最后的防水涂层施工。

冷却塔常由设备基础预埋件和地脚螺栓固定，基础一般是柱状结构形式，安装前应复核定位尺寸，标高尺寸。冷却塔各连接部件应采用镀锌或不锈钢螺栓，其紧固力应一致、均匀。

冷却塔一般为玻璃钢材料，塔中为增强空气蒸发的换热效果，配置了点波片和蜂窝片填料，当填料耐火等级不高时，安装施工一定要注意防火安全，特别是塔周围有其他钢架构件需要动火焊接施工时尤其如此，监理要加强监督施工危险场所的动火管理。

水泵及水箱施工监理管控要点参见第二章建筑给水排水及供暖工程安装监理的相关内容。

（4）冷却塔安装检查的一般项目符合的规定

1）基础的位置、标高应符合设计要求，允许误差应为±20mm，进风侧距建筑物应大于 1m。冷却塔部件与基座的连接应采用镀锌或不锈钢螺栓，固定应牢固。

2）冷却塔安装应水平，单台冷却塔的水平度和垂直度允许偏差应为 2‰。多台冷却塔安装时，排列应整齐，各台开放式冷却塔的水面高度应一致，高度偏差值不应大于 30mm。当采用共用集管并联运行时，冷却塔集水盘（槽）之间的连通管应符合设计要求。

3）冷却塔的集水盘应严密、无渗漏，进、出水口的方向和位置应正确。静止分水器的布水应均匀；转动布水器喷水出口方向应一致，转动应灵活、水量应符合设计或产品技术文件的要求。

4）冷却塔风机叶片端部与塔身周边的径向间隙应均匀。可调整角度的叶片，角度应一致，并应符合产品技术文件要求。

5）有水冻结危险的地区，冬季使用的冷却塔及管道应采取防冻与保温措施。

（5）单车试车及系统联调

1）单机试车

冷却塔及冷却循环水系统安装完毕后应进行单机试车。按照工程质量主控项目的检查要求进行全数检查，冷却塔风机与冷却水系统循环试运行不应小于 2h，运行应无异常。冷却塔本体应稳固、无异常振动。

冷却塔中风机的试运转检查内容：风机、叶轮旋转方向应正确，运转应平稳，应无异常振动与声响，电机运行功率应符合设备技术文件要求。在额定转速下连续运转 2h 后，滑动轴承外壳最高温度不得大于 70℃，滚动轴承最高温度不得大于 80℃。

2）联合试运转

① 上述单系统试车后冷却塔及循环冷却水系统将参加整个空调系统的非设计满负荷条件下的联合试运转及调试，按照工程质量验收的主控项目要求，有关循环水泵运行的空调系统冷（热）水、冷却水总流量的偏差小于或等于 10%。

② 作为工程质量一般项目的要求，冷却塔运行产生的噪声不应大于设计及设备技术文件的规定值，水流量应符合设计要求。冷却塔的自动补水阀应动作灵活，试运转工作结束后，集水盘应清洗干净。

③ 噪声检测按照国家标准《通风与空调工程施工质量验收规范》GB 50243—2016 的附录 E 进行测试校核，附录 E 中对噪声检测测点布置要求如下：

a. 应选择冷却塔的进风口方向，离塔壁水平距离应为一倍塔体直径，离地面高度应为 1.5m 处测量噪声，见图 3.4-1。

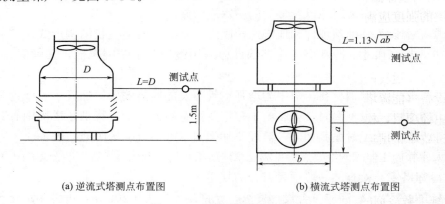

(a) 逆流式塔测点布置图　　　　　(b) 横流式塔测点布置图

图 3.4-1　冷却塔测点布置图

b. 应在冷却塔进风口处两个以上不同方向布置测点。

c. 冷却塔噪声测试时环境风速不应大于 4.5m/s。

d. 测试不应选择在雨天进行。

4. 蓄能系统设备的安装

建筑空调系统中的子系统——蓄能系统，主体装置是具有保温绝热性能的蓄冷水罐或储冰槽。如果蓄能系统功能设计为储冰蓄能，则还需配套制冰设备。本节主要叙述蓄冷水罐为主体的蓄冷系统的安装施工，重点是蓄冷水罐的（制作）安装的工程质量监理。保温绝热工程施工见本章第四节"八、防腐与绝热施工质量监理管控要点"的相关内容。

（1）蓄能系统设备的安装的基本要求规定

1）蓄能设备的技术参数应符合设计要求，并应具有出厂合格证、产品性能检验报告。

2）蓄冷（热）装置与热能塔等设备安装完毕应进行水压和严密性试验，且应试验合格。

3）储槽、储罐与底座应进行绝热处理，并应连续均匀地放置在水平平台上，不得采用局部垫铁方法校正装置的水平度。

4）输送乙烯乙二醇溶液的管路不得采用内壁镀锌的管材和配件。

5）封闭容器或管路系统中的安全阀应按设计要求设置，并应在设定压力情况下开启灵活，系统中的膨胀罐应工作正常。

（2）蓄能系统设备安装的一般项目的质量检查要求

1）蓄能设备（储槽、罐）放置的位置应符合设计要求，基础表面应平整，倾斜度不应大于 5‰。同一系统中多台蓄能装置基础的标高应一致，尺寸允许偏差应符合《通风与空调工程施工质量验收规范》GB 50243—2016 第 8.3.1 条的规定。

2）蓄能系统的接管应满足设计要求。当多台蓄能设备支管与总管相接时，应顺向插入，两支管接入点的间距不宜小于 5 倍总管管径长度。

3）温度和压力传感器的安装位置应符合设计要求，并应预留检修空间。

4）蓄能装置的绝热材料与厚度应符合设计要求。绝热层、防潮层和保护层的施工质量要求见下文中本章第四节"八、防腐与绝热施工质量监理管控要点"的相关内容。

5）充灌的乙二醇溶液的浓度应符合设计要求。

6）采用内壁保温的水蓄冷储罐，应符合相关绝热材料的施工工艺和验收要求。绝热层、防水层的强度应满足水压的要求；罐内的布水器、温度传感器、液位指示器等的技术性能和安装位置应符合设计要求。

7）采用隔膜式储罐的隔膜应满布，且升降应自如。

（3）工程试运转的验收要求

蓄能设备（能源塔）安装完毕后要进行单机试运转检查，它应按设计要求正常运行。作为质量主控项目，检查规则要求如下：

蓄能设备单机试运转后，将参加系统的联合试运转。联合试运转检查的技术要求比较高，蓄冷释冷周期也长，监理人员要不断地加强业务知识的学习和实践，积累经验。

1）蓄能空调系统的联合试运转及调试的主控项目检查要求：

① 系统中载冷剂的种类及浓度应符合设计要求。

② 在各种运行模式下系统运行应正常平稳；运行模式转换时，动作应灵敏正确。

③ 系统各项保护措施反应应灵敏，动作应可靠。

④ 蓄能系统在设计最大负荷工况下运行应正常。

⑤ 系统正常运转不应少于一个完整的蓄冷释冷周期。

2）蓄能空调系统联合试运转及调试的一般项目检查要求：

① 单体设备及主要部件联动应符合设计要求，动作应协调正确，无异常。

② 系统运行的充冷时间、蓄冷量、冷水温度、放冷时间等应满足相应工况的设计要求。

③ 系统运行过程中管路不应产生凝结水等现象。

④ 自控计量检测元件及执行机构工作应正常，系统各项参数的反馈及动作应正确、及时。

八、防腐与绝热施工质量监理管控要点

通风与空调工程中，一般设备出厂都有防腐处理，现场安装施工收尾阶段，有时可能会增加一道防护面漆。例如管道系统选用无缝钢管时，会对管道表面防腐施工。

绝热工程是空调工程的重要分项工程，它涉及空调风管、空调冷热媒输送管，以及一些设备（制冷设备）等。例如空调系统供回水管道安装过程中应该有绝热、绝热层外的保护层施工作业等。

1. 工程设备与材料进场验收

（1）项目需要安装的设备、材料进场时监理需要进行设备防腐表观和材料的检查，设备确认其防腐涂层的质量，进场的涂料、油漆等防腐材料应是在有效期限内的合格产品。

（2）绝热材料进场验收的重点是材料的保温性能指标和防火性能。第一，进场的绝热材料应有产品质量合格证和材质数据文件，例如材料的导热系数、密度、厚度、吸水率等指标应符合设计要求；第二，材料应是不燃或难燃材料，技术文件资料包括防火等级的检测报告。

2. 防腐与绝热施工

（1）施工流程

空调设备、风管及其部件的绝热工程施工应在风管系统严密性检验合格后进行。制冷剂管道和空调水系统管道的绝热工程施工，应在管路系统强度和严密性检验合格和防腐施工完成后进行。

（2）防腐施工要求

1）金属风管角钢法兰在下料、焊接制作成型和钻孔后再进行防腐油漆作业，防腐工序完成后再进行风管装配。

无缝钢管制作的空调供、回水管在管道焊接上架安装前，地面可先期完成防锈漆的油漆作业，但焊接缝、法兰处油漆待试压完成后再油漆作业。

风管、水管的支、吊架和风管角钢法兰作业流程一样，先完成落料、焊接等成型制作，防腐油漆，然后再安装。明装部分的支、吊架和非保温的管道最后一道面漆可在安装完毕后进行。

2）防腐工程施工时，应采取防火、防冻、防雨等措施，且不应在潮湿或低于5℃的环境下作业。

3）色标面漆

防腐与绝热施工完成后，应按设计要求进行标识及面漆施工作业，设计无要求时，空调冷热水管道色标宜用黄色，空调冷却水管道色标宜用蓝色，空调冷凝水管道及空调补水管道的色标宜用淡绿色，蒸汽管道色标宜用红色，空调通风管道色标宜为白色，防排烟管道色标宜为黑色。

（3）绝热层施工要求

1）绝热工程施工时，应采取防火、防雨等措施，以确保施工质量。

2）设备和容器、风管的绝热保温层施工作业采用粘结保温钉固定方式时，应严格按粘胶的使用说明施工，确认保温钉牢固粘结后再进行下一道保温层铺贴作业。保温钉胶粘剂宜为不燃材料，粘结力应大于 $25N/cm^2$，固化时间宜为 $12\sim24h$。

3）保温钉分布应均匀，保温钉间距一般为 200mm，密度应达到规范标准。为达到最后外露的保温钉整齐划一，保温钉的布设位置宜放线确定，减少施工的随意性。

4）当房间上部安装空间有限，风管吊装后再铺贴绝热保温层困难较大时，可在地面先期完成风管上部绝热保温层的铺贴作业，风管吊装上架后，再完成其他部位的绝热保温层贴铺。这样作业时监理人员应该及时跟进对风管上部绝热保温层施工质量的检查。

5）绝热材料厚度大于 80mm 时，应分层施工，同层拼缝错开，层间拼缝应相压，搭接间距不小于 130mm。

6）绝热层应和风管、设备表面紧密接触，无空隙，绝热层的外表层应能隔水，以保证绝热效果。空调风管，包括空调供、回水管的绝热层外表面隔汽层必须完整封闭，消除结露滴水隐患。带有防潮隔汽层绝热材料的拼缝处应用胶带封严，胶带粘贴前粘结处应清洁，保证胶带的粘结强度。

7）防潮层应紧贴粘结在保温层上，封闭良好。防潮层的立管施工应由管道的低端向高端敷设，这样才能保证环向搭接缝朝向低端；纵向搭接缝应位于管道的侧下方，并顺水。

（4）保护层施工要求

1）保护层构造

室内风管绝热保温工程常用的绝热材料是施工裁剪、铺贴方便的离心玻璃棉板，板材外面有一层夹有钢丝筋的铝箔作为防潮层，可满足一般保温和防护的要求。但室外或特殊场合的保温风管可能需要在最外层构造一个更强的保护层。

空调水管绝热保温层常用的半硬质绝热保护壳，离心玻璃棉材料，管壳外部和离心玻璃棉平板一样有铝箔。但为了避免平时运行管理的操作对绝热保温层可能造成的损坏，在绝热层外设置附加的外保护层是有益的。

外保护层有金属薄板保护层、玻璃布保护层、石棉水泥保护层和复合材料保护层等多种形式。

2）保护层施工作业

保护层施工质量的检查重点是保护层应紧贴绝热层，并能很好地固定内部的绝热保温层，保护层接口搭接应保证一定的宽度，连接严密，接缝应顺水。室外保护层应能保护绝热保温层不受外界气流、雨水和一般机械力冲击的影响。一般的施工工艺要求如下：

① 金属薄板保护层施工在工程上常采用 $0.3\sim0.8mm$ 的镀锌薄钢板、$0.3\sim0.5mm$ 不锈钢板或 $0.4\sim0.7mm$ 薄铝板材料。接缝可用搭接、咬口连接或压箍筋连接法。

② 玻璃布保护层施工时，缠绕的玻璃布应搭接均匀、松紧适当，力保表面光滑，无皱纹及松弛现象。搭接尺寸宜为 $30\sim50mm$，施工时可在玻璃布面上全面刷粘结涂料，干燥后，再用毛刷以同一方向涂一层薄料。

③ 石棉水泥保护层的厚度不应小于 10mm。配料应正确，厚度均匀，表面光滑平整，无明显裂缝。

3. 质量验收

（1）防腐施工质量验收的要求

1）主控项目要求：风管和管道防腐涂料的品种及涂层层数应符合设计要求，涂料的底漆和面漆应配套。

2）一般项目要求：防腐涂料的涂层应均匀，不应有堆积、漏涂、皱纹、气泡、掺杂及混色等缺陷。

（2）绝热施工质量验收的一般项目要求

1）绝热层应满铺，表面应平整，不应有裂缝、空隙等缺陷。当采用卷材或板材时，厚度允许偏差应为5mm；当采用涂抹或其他方式时，允许偏差应为10mm。

2）风管绝热材料采用保温钉固定时，应符合下列规定：

① 保温钉与风管、部件及设备表面的连接，应采用粘结或焊接，结合应牢固，不应脱落；不得采用抽芯铆钉或自攻螺钉等破坏风管严密性的固定方法。

② 矩形风管及设备表面的保温钉应均布，风管保温钉数量应符合国家标准《通风与空调工程施工质量验收规范》GB 50243—2016 表 10.3.5 的规定。首行保温钉距绝热材料边沿的距离应小于120mm，保温钉的固定压片应松紧适度、均匀压紧。

③ 绝热材料纵向接缝不宜设在风管底面。

3）橡塑绝热材料的施工应符合下列规定：

① 粘结材料应与橡塑材料相适用，无溶蚀被粘结材料的现象。

② 绝热层的纵、横向接缝应错开，缝间不应有孔隙，与管道表面应贴合紧密，不应有气泡。

③ 矩形风管绝热层的纵向接缝宜处于管道上部。

④ 多重绝热层施工时，层间的拼接缝应错开。

4）管道采用玻璃棉或岩棉管壳保温时，管壳规格与管道外径应相匹配，管壳的纵向接缝应错开，管壳应采用金属丝、粘结带等捆扎，间距为300～350mm，且每节至少应捆扎两道。

5）风管及管道的绝热防潮层（包括绝热层的端部）应完整，并应封闭良好。立管的防潮层环向搭接缝口应顺水流方向设置；水平管的纵向缝应位于管道的侧面，并应顺水流方向设置；带有防潮层绝热材料的拼接缝应采用粘胶带封严，缝两侧粘胶带粘结的宽度不应小于20mm。粘胶带应牢固地粘贴在防潮层面上，不得有胀裂和脱落。

（3）保护层金属保护壳施工质量的一般项目要求

1）金属保护壳板材的连接应牢固严密，外表应整齐平整。

2）圆形保护壳应贴紧绝热层，不得有脱壳、褶皱、强行接口等现象。接口搭接应顺水流方向设置，并应有凸筋加强，搭接尺寸应为20～25mm。采用自攻螺钉紧固时，螺钉间距应匀称，且不得刺破防潮层。

3）矩形保护壳表面应平整，棱角应规则，圆弧应均匀，底部与顶部不得有明显的凸肚及凹陷。

4）户外金属保护壳的纵、横向接缝应顺水流方向设置，纵向接缝应设在侧面。保护壳与外墙面或屋顶的交接处应设泛水，且不应渗漏。

第五节　通风与空调工程施工安全监督

一、通风与空调工程施工危险源的识别

根据通风与空调工程的专业特点，涉及的危险源主要有临时用电、高处作业、动火作业、起重吊装、操作平台等，其中涉及危险性较大的分部分项工程的是起重吊装和操作平台工程。通风与空调工程施工危险源识别表见表 3.5-1。

通风与空调工程施工危险源识别表　　　　　　　表 3.5-1

危险源类别	危险源行为	存在风险	控制措施
风管及配件加工制作	违反机械安全操作规程	机械伤害	1. 安全技术交底（存在的危险源和对应安全技术措施）； 2. 佩戴好劳防用品； 3. 遵守安全操作规程和制度
	不停机检修	机械伤害	
电气焊动火作业	擅自动火作业、作业区未配置消防器材、未专人监护、作业完毕未清理检查及灭火	火灾伤害	1. 安全技术交底（存在的危险源和对应安全技术措施）； 2. 遵守焊接切割安全操作规程； 3. 正确使用及穿戴劳防用品/器具； 4. 作业区施工现场环境检查及施工器具检查是否符合规定要求； 5. 高空动火须正确悬挂安全带，做好下方防火、防风措施并专人监护； 6. 作业后场地清理及灭绝火种； 7. 不作业时切断电源； 8. 气瓶专库存放及防晒措施
	未正确使用劳防用品与防护面具	烫伤及有毒气体伤害	
	气瓶高温暴晒、气瓶间距离小于 5m 及与动火点源小于 10m	爆炸伤害	
	作业点周报可燃物未清理或未采取防护隔离措施、熔渣飞溅，造成可燃物燃烧	火灾伤害	
	氧气瓶、乙炔发生器及软管接头、阀门、紧固件，有破损及损坏、漏气等	火灾伤害	
	电焊把线及电源线破皮、焊机无接地保护	触电伤害	
	焊接切割作业产生有毒烟雾	有毒物质伤害	
	电焊弧光	光伤害	
风管及设备安装	高处作业无安全保护措施、作业平台无防护栏杆、移动平台上有人移动、无专职监护人员	高处坠落	1. 安全技术交底（存在的危险源和对应安全技术措施）； 2. 遵守吊装作业和高处作业安全操作规程； 3. 正确使用及穿戴劳防用品/器具； 4. 高度超过 2m 必须系挂安全带； 5. 检查"四口五临边"的安全防护措施设置是否安全可靠； 6. 吊装作业方案须经审批通过； 7. 检查吊装设备及索具的使用安全状况
	大型设备吊装无安全技术措施和方案，吊装工具不符合安全要求，吊装时吊点强度及索具绑扎不符合吊装要求	物体打击、起重伤害	
	玻纤或矿棉制品材料作业人员未穿戴防护用品及衣物口扎紧，制冷剂泄漏及油漆作业无防护措施	疾病性伤害	
	管道吹扫时人员距离设备排放口较近	物体打击	
	使用机械设备违反安全操作规程	机械伤害	

续表

危险源类别	危险源行为	存在风险	控制措施
试压及冲洗	试压压力超标、试压防护措施不当、试压介质使用不当、系统冲洗操作不当	机械性伤害	1. 方案安全措施交底； 2. 作业前对使用介质、冲洗与加压设备安全状况检查及问题处理； 3. 严格按照方案加压，严禁超压； 4. 严格遵守操作流程

二、起重吊装工程的安全监督要点

考虑到安全监理工作的通用性，因通风与空调设备安装相对较多，且有部分大型设备安装需要起重吊装，本节仅针对起重吊装工程做浅略的介绍。

根据《危险性较大的分部分项工程安全管理规定》（住房和城乡建设部令第 37 号）、住房城乡建设部办公厅《关于实施〈危险性较大的分部分项工程安全管理规定〉有关问题的通知》（建质办〔2018〕31 号）、《建筑施工起重吊装工程安全技术规范》JGJ 276—2012 等规定监理按下列要点进行监督：

（1）施工单位必须编制吊装作业施工组织设计（专项施工方案），并应充分考虑施工现场的环境、道路、架空电线等情况。作业前应进行技术交底；作业中，未经技术负责人批准、不得随意更改。

专项施工方案应当由施工单位技术负责人审核签字并加盖单位公章，经总监理工程师签字及加盖执业印章后方可实施。实行总包的，总包技术负责人及分包技术负责人共同签字并加盖公章。超危大的应组织专家论证。

（2）作业前应检查起重吊装所使用的起重机滑轮、吊索、卡环和地锚、通信工具等，应确定其完好，符合安全要求。

（3）起重作业人员必须穿防滑鞋、戴安全帽，高处作业应佩挂安全带，并应系挂可靠和严格遵守高挂低用。安全管理人员应到场监督，对未按照方案施工的，应立即整改，发现危及人身安全的紧急情况应立即组织撤离。

（4）吊装作业区四周应设置明显标志，严禁非操作人员入内。夜间施工必须有足够的照明，在六级（含）大风及大雨、大雾等恶劣天气情况下，应停止吊装作业。

（5）高空吊装大型设备时，应于设备两端绑扎溜绳，由操作人员控制设备的平衡和稳定。

（6）严禁在已吊起的构件下面或起重臂下旋转范围内作业或行走。

（7）凡新购、大修、改造以及长时间停用的起重机械，均应按有关规定进行技术勘验，合格后方可使用。

（8）起重机司机及指挥人员应持证上岗，严禁非驾驶人员驾驶、操作起重机。上海市规定流动式起重机驾驶员获证不满 1 年的人员不得单独作业。

（9）起重机在每班开始作业时，应先试吊，确认制动器灵敏可靠后方可进行作业，作业时不得擅自离岗和保养机车。

（10）起重机的变幅指示器、力矩限制器和限位开关等安全保护装置，必须齐全完整灵活可靠，严禁随意调整、拆除，或以限位装置代替操作机构。

（11）用于起吊作业的卷筒在吊装构件时，卷筒上的钢丝保险绳必须最少保留 5 圈。

（12）使用流动式起重机同时作业时，必须制定专项方案经审批后实施，要统一指挥，荷载分配合理。

第六节 通风与空调工程安装监理案例分析

一、工程概况

某工业建筑项目，总建筑面积约 12 万 m^2，并分为多个单体，主要的单体分别是生产厂房、动力厂房、变电站及生产配套所需的各类站房等。另外还有企业管理、办公所需的工程楼及综合楼，其中工程楼地上五层，建筑面积 23400m^2，综合楼地上四层，建筑面积 5300m^2。全项目设置中央空调系统，中央空调系统的冷热源设备形式为：水冷型压缩式制冷机组＋循环冷却塔＋天然气热水（蒸汽）锅炉的组合。空调末端采用吊顶式空调机组（风机盘管）连接风管送风的空调方式，冷热源从动力厂房设备层输入，工程楼与综合楼建筑物内采用两管制风机盘管；新风送风方式采用集中送风，每层设置新风机房，新风设备采用组合式新风机组。

项目通风与空调系统工程分为两个专业包，生产所需的生产厂房、动力厂房及配套单体的通风与空调工程由 A 机电公司负责，企业管理、办公所需的工程楼、综合楼由 B 装饰公司负责。在 B 装饰公司进场前，A 机电公司所负责的通风与空调部分施工已完成，并在工程楼和综合楼前预留了入户管道接口。C 监理公司受建设单位委托负责整个工程的项目监理工作。

二、监理的范围和内容

1. 按照监理委托合同，C 监理公司的监理范围

完成项目所需的施工图范围内的全部工程的监理，包括但不限于桩基、基坑围护、土建（含钢结构、预制钢筋混凝土结构）、消防、电气、给水排水、通风与空调、工艺机电工程、幕墙、装饰、各专业工程及设备、景观绿化、室外总体、公用配套以及其他零星工程等。

2. 监理工作内容

（1）参与委托人组织的本项目施工图范围内的全部工程现场验收工作，从专业角度对房屋现有装修、附属设施及设备等现有状况提出验收意见并做好相应书面记录。

（2）协助委托人签订施工承包合同及其他承包人（但不限档案管理专项设计等本项目相关单位）的承包合同。

（3）协助委托人与承包人编写开工报告。

（4）审查工程分项、分部工程开工报告，并提出书面审核意见报委托人，在委托人书面同意开工后向承包人下达开工令。

（5）审核所有设计图纸，以书面形式将结果报委托人，组织设计交底与图纸会审，并监督承包人按设计图施工。

（6）审核承包人提出的施工组织设计，施工技术方案和施工进度计划、施工质量保证

系统和施工安全保证系统。

（7）对承包人（包括但不限于施工承包人档案管理、专项设计等本项目相关单位）执行工程承包合同和国家工程技术规范标准的情况进行监督、检查，参与违约事件的处理。

（8）审查承包人提出的材料和设备清单，对工程使用的原材料、半成品、构件、设备进行检查，有权拒绝使用不符合合同要求和标准规定的材料、构件、设备。

（9）检查工程进度和施工质量，负责施工现场签证。对于滞后于计划的工程及时向委托人书面报告，督促承包人采取必要的措施以减少由此给委托人造成的损失；监督承包人认真按现行规范、规程、标准和设计要求施工，严格控制工程质量，确保工程质量目标圆满实现。加强预控，狠抓落实，谨防通病和督促做到无渗漏工程。

（10）跟踪监督分项工程，进行旁站监理（关键部位、关键工序、隐蔽工程必须旁站，有关监理人旁站的义务按照住房和城乡建设部颁发的《房屋建筑工程施工旁站监理管理办法（试行）》中的规定执行），验收分部分项工程和各项隐蔽工程，签署每月的工程量清单和支付报表以及合同终止时的支付报表，对工程关键节点必须附有影像资料（照片等形式），以作为委托人向承包人支付的依据。

（11）检查工程质量状况，参与鉴定工程质量事故责任；组织委托人、设计单位、承包人处理工程质量事故，监督事故技术处理方案的实施，并对事故处理进行验收和签证。

（12）整理监理文件和技术档案资料；审核承包人编制的竣工图和竣工资料，确保竣工图和竣工资料完整、真实和准确，真实反映本工程实际情况；指派专人负责施工全过程的工程。

三、暖通空调施工中出现的问题及监理处置方法

B装饰公司开始综合楼、工程楼的装饰及机电施工时，生产所需的相关单体及机电工程已经基本结束。C监理公司项目监理部组织协调B装饰公司与A机电公司及其他机电专业公司的入户机电管线的交接工作。交接完成后，B装饰公司开始工程楼及综合楼的机电施工。根据设计文件要求，全项目的冷热源设立在动力厂房，服务于项目整体，工程楼和综合楼冷热源都来自这一系统。

工程楼和综合楼的通风与空调系统安装，因施工单位B公司的专业程度不足及劳动力配置不够等原因，一再拖延，造成这两个单体的空调供回水系统管道冲洗及预膜钝化迟迟不能完成，而预膜钝化工作界面是落实在A公司合同内。为此，A公司多处提出诉求，要求将该项工作重新划定界面，希望交由B公司实施。项目监理部经与建设单位、总包各方商议，大家一致认为B公司的专业性不够，还是需要A公司完成此项工作。为了推进此项工作，项目各关联参建方决议：一是由总包方安排专职工程师跟进，并对B公司的通风与空调专业施工团队的人员配置及物资需求逐一查核；二是根据查核情况梳理、调整工程进度计划；三是每日召开夜间工作会议，逐项工作落实，相关各方参会并当场解决需要协调的事项。项目监理部也积极协调，帮助A公司优化人员安排，调度施工力量，敦促B公司强化施工管理，争取更多可用的资源，最终在各方的推动下，此项工作虽有延误，但工程进展还是得到了较大的提升，在两个单体装饰面施工前顺利完成机电安装工程。

本案例中对于A公司，因B公司招标入场施工较迟，再加上施工安排和专业原因，工程进度深受影响，一直留守人员等待系统收尾，造成A公司管理成本增加。而对建设单

位来说，B公司进度上不去，A公司存在提出索赔的可能性。作为项目监理部，为工程项目的推进，协调各方关系，化解矛盾，尽到了自己的职责，发挥了监理管控与组织协调作用。

在工程楼和综合楼两个单体的空调系统调试时，出现部分房间内温度偏高，达不到设计要求的情况。项目监理部对调试方案、调试人员资格及调试仪器校正情况进行了复审，基本确定方案、人员资格、调试仪器是没有问题的。之后监理再组织各相关方召开了专项分析会议，对可能的影响因素进行逐一列表排查和分析，并对疑似影响因素项逐一核查再销项，比如初判问题可能是空调供回水系统内的空气未排尽所致，对应举措是进行全面排气，如果达到效果，则分析正确并销项；疑似末端供回水阀门是否按照设计要求正常开闭，则检查电动阀门开度与自动控制系统图控软件是否一致，如达到效果则进行销项；如果房间内温度仍达不到设计要求，则需进一步分析原因。考虑到该项目的空调系统制冷主机是一个中央冷源，若存在水力分配不平衡的情形，工程楼及综合楼空调系统的冷冻水流量可能达不到设计要求，从而造成部分房间内温度偏高。经调整空调主管上的平衡阀，使两栋楼所需的空调系统的冷冻水流量均达到设计要求，重新进行系统调试后工程楼及综合楼的空调系统均已正常，房间内温度也都能达到设计要求了。这一番操作是应用排列法寻找问题原因所在的具体事例。所以厘清思路，掌握、领会监理在解决质量问题或其他问题的基本方法，再结合工程实际能综合应用，这对监理工作是非常有益的。

在进行工程楼新风系统送风调试时，发现个别送回风口的风量、风速差异较大。专业监理工程师与总包、B公司调试人员、建设单位主管工程师在现场进行调试数据分析会商，专业监理工程师认为送回风口风量、风速差异较大可能存在的原因：一是送风时未检查各主管支管风阀的开度；二是调试方案中未对本系统进行专业计算，未考虑各支管压损。各方对专业监理工程师的分析一致认可。经商议，一是由建设单位通知设计单位对风系统进行平衡计算，对各主支管阀门开度进行实际工况模拟；二是施工单位调试前对各风管阀门检查并对其开度调整，项目监理人员跟进监督；三是系统启动后对各送风口测试（风量、风速），根据现场实测再次微调，以达到风系统平衡。案例中仅个别风口、风量有差异似乎在提示系统总体风量（风速）基本没有太大的问题，局部风量、风速有差异又在引导以风管气流流动量和风管截面、风速及阻力的关系去思考问题，所以它提示我们专业监理工程师需要扎实的专业理论知识，作为提升业务能力的技术基础，工作才会更有成效。

第四章　建筑电气工程安装监理

第一节　建筑电气工程概述

建筑电气工程的定义根据国家标准《建筑电气工程施工质量验收规范》GB 50303—2015，是为实现一个或几个具体目的且特性相配合的，由电气装置、布线系统和用电设备电气部分构成的组合。其性质是用电工程，有别于发电工程、输电工程和工业机电工程。一个合格的建筑电气工程必须保证电气设施运行安全可靠、经济合理、整体美观、技术先进、维护管理方便。

一、建筑电气工程的组成

建筑电气工程由电气装置、布线系统和用电设备电气部分三大部分组成，并且要求这三部分特性相匹配，以保持建筑电气工程安全正常运行。

1. 电气装置

电气装置由相关电气设备组成，具有为实现特定目的所需的相互协调的特性的组合。如干式电力变压器、成套高压低压配电柜、备用不间断电源柜、照明配电箱、动力配电箱（柜）、功率因数电容补偿柜以及备用柴油发电机组等。

2. 布线系统

布线系统是指由一根或几根绝缘导线、电缆或母线及其固定部分、机械保护部分构成的组合。如电线、电缆和母线；固定部件（电线、电缆和母线用）、保护（电线、电缆和母线用）部件的组合。

3. 用电设备电气部分

用电设备电气部分主要是指与其他建筑设备配套电力驱动、电加热、照明灯具等直接消耗电能并转换成其他能的部分。如电动机和电加热器及其启动控制设备、照明装饰灯具和开关插座、通信影视和智能化工程等的专供或变换电源，以及环保除尘和厨房除油烟等特殊直流电源等。小型电气设备包括插销、按钮、打点器、接线盒、电话机、照明与信号灯、电铃、电笛、发爆器等。

二、建筑电气工程的特点

建筑电气安装工程需与建筑结构、机械、给水排水等多个领域进行协调和合作，存在着技术更新快、施工作业面广、立体交叉作业多、系统复杂等现象，又涉及了动力、电气、消防、安防、智能等多个子系统，因此，监理人员更需要具备跨学科的知识和技能，在建筑电气安装工程施工时及时协调、相互配合，在确保建筑电气安装工程施工质量、安全受控的同时，宜向建设单位倡导使用低能耗设备和可再生能源，以减少对环境的影响。

另外，建筑电气安装工程是建筑物内其他设备的能源供给侧，其完工时间要先于其他建筑设备工程的完工时间；因此，建筑电气安装工程在进度计划安排、作业安全措施、验收整改等各类作业活动的协同安排也显得十分重要。

第二节　建筑电气工程安装质量验收规范、标准及技术规程

一、建筑电气工程施工质量验收的主要规范

（1）《建筑电气与智能化通用规范》GB 55024—2022

（2）《建筑电气工程施工质量验收规范》GB 50303—2015

（3）《建筑物防雷工程施工与质量验收规范》GB 50601—2010

（4）《建筑电气照明装置施工与验收规范》GB 50617—2010

二、建筑电气工程施工质量验收的其他规范、标准及技术规程

（1）《电气装置安装工程　高压电器施工及验收规范》GB 50147—2010

（2）《电气装置安装工程　电力变压器、油浸电抗器、互感器施工及验收规范》GB 50148—2010

（3）《电气装置安装工程　盘、柜及二次回路接线施工及验收规范》GB 50171—2012

（4）《电气装置安装工程　蓄电池施工及验收规范》GB 50172—2012

（5）《电气装置安装工程　母线装置施工及验收规范》GB 50149—2010

（6）《电气装置安装工程　电缆线路施工及验收标准》GB 50168—2018

（7）《矿物绝缘电缆敷设技术规程》JGJ 232—2011

（8）《1kV 及以下配线工程施工与验收规范》GB 50575—2010

（9）《电气装置安装工程　低压电器施工及验收规范》GB 50254—2014

（10）《电气装置安装工程　旋转电机施工及验收标准》GB 50170—2018

（11）《建筑电气照明装置施工与验收规范》GB 50617—2010

（12）《电气装置安装工程　接地装置施工及验收规范》GB 50169—2016

（13）《电气装置安装工程　电气设备交接试验标准》GB 50150—2016

（14）《施工现场临时用电安全技术规范》JGJ 46—2005

第三节　建筑电气工程监理流程和方法

一、建筑电气工程监理工作流程

建筑电气工程监理的主要流程见图 4.3-1。

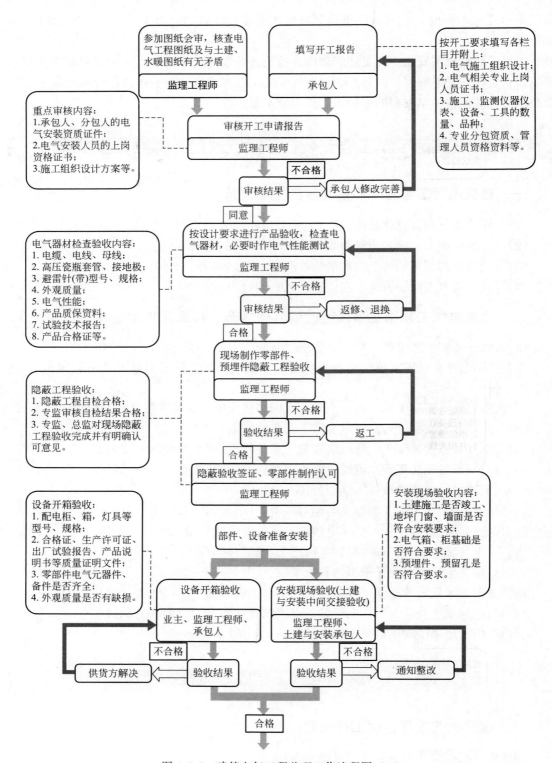

图 4.3-1　建筑电气工程监理工作流程图（一）

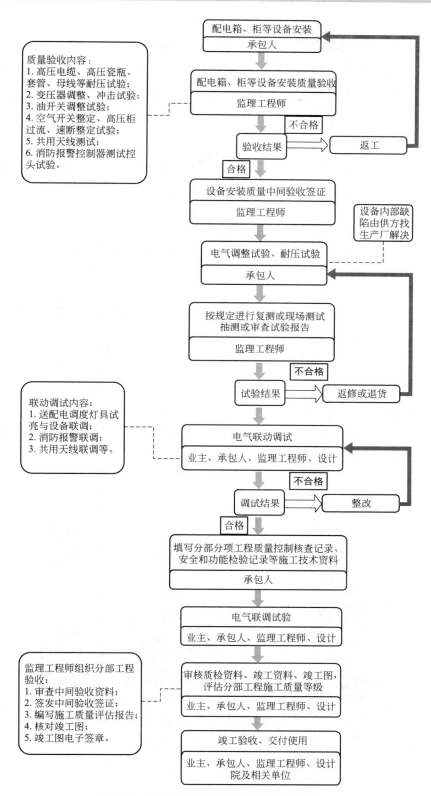

图 4.3-1　建筑电气工程监理工作流程图（二）

二、建筑电气工程监理工作方法

建筑电气工程监理工作是指对建筑电气工程施工过程进行监督、检查和管理，以确保按照设计要求、技术规范和相关法律法规进行施工。项目监理部应明确工程建设目的，熟悉并掌握有关合同，设计图纸及验收标准和规范，公正、独立、自主地开展监理工作。以下是建筑电气工程监理工作的一般方法。

1. 施工前准备

监理人员在施工开始之前，与施工单位和设计单位进行沟通，了解施工计划、施工图纸和技术规范等相关文件，确保施工前的准备工作充分。

2. 现场巡视检查

监理人员定期巡视施工现场，检查施工进度、施工质量和安全措施的执行情况。与施工人员进行交流，解决施工中遇到的问题，并提供必要的指导和建议。

3. 质量控制

监理人员对施工现场的电气设备安装、布线、接线等工作进行质量控制。检查材料的质量、施工工艺的合理性，并进行必要的测试和检验，确保施工符合技术规范和质量要求。

目前，在建筑电气安装工程中，监理一般使用以下工具、仪器等对施工质量进行验证：

（1）绝缘电阻测试仪

绝缘电阻测试仪，是用来测量大电阻和绝缘电阻的，它的计量单位是兆欧（MΩ），故称兆欧表（或绝缘电阻表），俗称摇表。兆欧表与万用表不同，兆欧表内电源采用能产生数百伏到数千伏电压的手摇发电机，表的电压等级有 500V、1000V、2500V、5000V。低压电气设备一般采用 500V 等级的表测量。兆欧表内的发电机一般均发出交流电，经过整流后变为直流输出。

其中老款手摇式兆欧表的外形如图 4.3-2 所示。

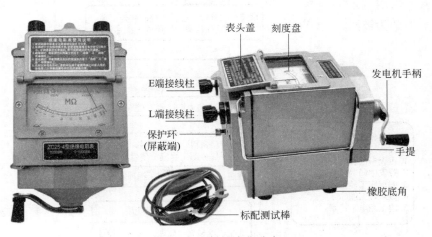

图 4.3-2　手摇式兆欧表

新型的绝缘电阻测试仪通常和数字万用表差不多的外形，如图 4.3-3 所示。

1）绝缘电阻测试仪的选用

规定绝缘电阻测试仪的电压等级应高于被测设备的绝缘电压等级。所以测量额定电压在 500V 以下的设备或线路的绝缘电阻时，可选用 500V 或 1000V 绝缘电阻测试仪。

测量额定电压在 500V 以上的设备或线路的绝缘电阻时，应选用 1000～2500V 绝缘电阻测试仪；测量绝缘子时，应选用 2500～5000V 绝缘电阻测试仪。

一般情况下，测量低压电气设备绝缘电阻时可选用 0～200MΩ 量程的绝缘电阻测试仪。

图 4.3-3　电子式兆欧表

2）绝缘电阻的测量方法

① 线路对地的绝缘电阻

将绝缘电阻测试仪的"接地"接线柱（即 E 接线柱）可靠地接地（一般接到某一接地体上），将"线路"接线柱（即 L 接线柱）接到被测线路上，如图 4.3-4 所示。

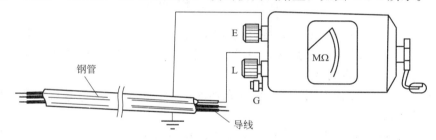

图 4.3-4　测量线路的绝缘电阻

连接好后，顺时针摇动摇柄，转速逐渐加快，摇动的速度应由慢而快，当转速达到每分钟 120 转左右时（ZC-25 型），保持匀速转动，当转速稳定，表的指针也稳定后，指针所指示的数值即为被测物的绝缘电阻值。注意要边摇边读数，不能停下来读数。

实际使用中，E、L 两个接线柱也可以任意连接，即 E 可以与接被测物相连接，L 可以与接地体连接（即接地），但 G 接线柱绝不能接错。

② 测量电动机的绝缘电阻

将兆欧表 E 接线柱接机壳（即接地），L 接线柱接到电动机某一相的绕组上，如图 4.3-5 所示，测出的绝缘电阻值就是某一相的对地绝缘电阻值。

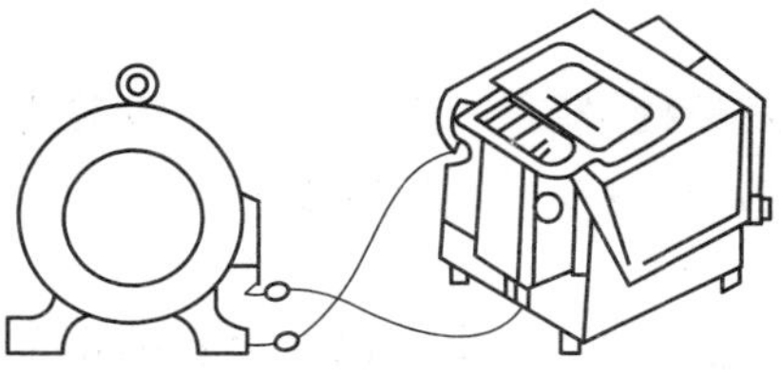

③ 测量电缆的绝缘电阻

测量电缆的导电线芯与电缆外壳的绝缘电阻时，将接线柱 E 与电缆外壳相连接，接线柱 L 与线芯连接，同时将接线柱 G 与电缆壳、芯之间的绝缘层相连接，如图 4.3-6 所示。

3）使用注意事项

图 4.3-5　测量电动机绝缘电阻

① 使用前应做一次开路和短路试验，检查绝缘

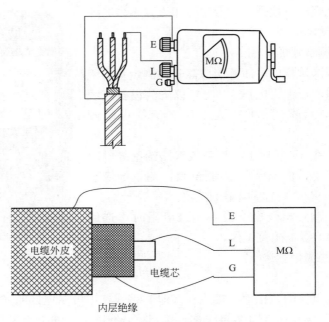

图 4.3-6　测量电缆绝缘电阻

电阻测试仪是否良好。使 L、E 两接线柱处在断开状态，摇动绝缘电阻测试仪，指针应指向 "∞"；将 L 和 E 两个接线柱短接，慢慢地转动手柄，指针应指向在 "0" 处。这两项都满足要求，说明绝缘电阻测试仪是良好的。

② 测量电气设备的绝缘电阻时，必须先切断电源，然后将设备进行放电，以保证人身安全和测量准确。

③ 绝缘电阻测试仪测量时应放在水平位置，并用力按住兆欧表，防止在摇动中晃动，摇动的转速为 120r/min。

④ 引接线应采用多股软线，且要有良好的绝缘性能，两根引线切忌绞在一起，以免造成测量数据的不准确。

⑤ 测量电容较大的电机、变压器、电缆、电容器时，应有一定的充电时间，且容量越大，充电时间越长，一般以摇表转动 1min 后的读数作为标准。测量完成后应立即对被测设备进行放电，在绝缘电阻测试仪的摇柄未停止转动和被测设备未放电前，不可用手去触及被测设备的测量部分或拆除导线，以防触电。放电的方法是读数完毕后，一边慢摇，一边将测量时使用的地线，从绝缘电阻测试仪上取下来，与被测量设备短接一下即可（注意不是绝缘电阻测试仪放电）。

⑥ 禁止在雷电时或附近有高压导体的设备上测量绝缘电阻。只有在设备不带电又不可能受其他电源感应而带电的情况下才可测量。

⑦ 绝缘电阻测试仪应定期送往有资质的第三方检测机构进行检定（校准）：校验方法是直接测量有确定值的标准电阻，测量它是否测量误差，是否在允许范围以内。

（2）接地电阻测试仪

建筑电气工程中电气设备接地的目的是保证人身和电气设备的安全以及设备的正常工作。接地电阻的测量通常通过 ZC 型接地电阻测试仪（又称为接地电阻摇表）来测量，主要用于测量电气设备接地装置以及防雷接地装置的接地电阻。

1）接地电阻测试仪的分类

ZC 型接地电阻测试仪由于其外形与普通绝缘摇表（兆欧表）相似，故俗称接地摇表。所以接地电阻测试仪又叫接地摇表、接地电阻摇表、接地电阻表。接地电阻测试仪按供电方式分为传统的手摇式和电池驱动；接地电阻测试仪按显示方式分为指针式和数字式；接地电阻测试仪按测量方式分为打地桩式和钳式。

ZC 型接地电阻测试仪主要由手摇交流发电机、电流互感器、电位器及检流计组成。其外形结构随型号的不同稍有变化，但使用方法基本相同。常用的有 ZC-8 和 ZC29B-2 型接地电阻测试仪，测试仪还随表附带接地探测棒两，5m、20m、40m 导线各一根（图 4.3-7～图 4.3-11）。

图 4.3-7　接地探测棒和导线

图 4.3-8　ZC-8 型接地电阻测试仪

图 4.3-9　ZC29B-2 型接地电阻测试仪

图 4.3-10　数字式接地电阻测试仪

图 4.3-11　钳式接地电阻测试仪

2）ZC29B-2 接地电阻测试仪的测试接线

① 测量大于等于 1Ω 接地电阻时，将仪表上两个 E 端钮用镀铬铜板短接，并接在随仪表配来的 5m 长纯铜导线上，导线的另一端接在待测的接地体测试点 E′上（图 4.3-12）。

测量小于 1Ω 接地电阻时，应松开镀铬铜板，将仪表上两个 E 端钮导线分别连接到被测接地体 E′ 上（图 4.3-13），以消除测量时连接导线电阻对测量结果引入的附加误差。

② P 柱接随仪表配来的 20m 纯铜导线，导线另一端接电位探棒 P′。

③ C 柱接随仪表配来的 40m 纯铜导线，导线的另一端接电流探棒 C′。

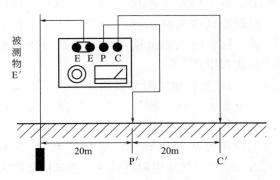

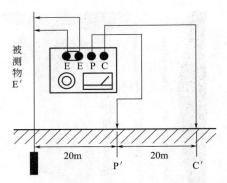

图 4.3-12　测量≥1Ω 接地电阻时接线图　　　图 4.3-13　测量＜1Ω 接地电阻时接线图

3）接地电阻测试仪的使用方法

① 接地电阻测试仪设置符合规范后才开始接地电阻值的测量。

② 测量前，接地电阻挡位旋钮应旋在最大挡位即×10 挡位，调节接地电阻值旋钮应放置在 6～7Ω 位置。

③ 缓慢转动手柄，若检流表指针从中间的 0 平衡点迅速向右偏转，说明原量程挡位选择过大，可将挡位选择到×1 挡位，如偏转方向如前，可将挡位选择转到×0.1 挡位。

④ 通过步骤③选择后，缓慢转动手柄，检流表指针从 0 平衡点向右偏移，则说明接地电阻值仍偏大，在缓慢转动手柄同时，接地电阻旋钮应缓慢顺时针转动，当检流表指针归 0 时，逐渐加快手柄转速，使手柄转速达到 120r/min，此时接地电阻指示的电阻值乘以挡位的倍数，就是测量接地体的接地电阻值。如果检流表指针缓慢向左偏转，说明接地电阻旋钮所在的阻值小于实际接地阻值，可缓慢逆时针旋转，调大仪表电阻指示值。

⑤ 如果缓慢转动手柄时，检流表指针跳动不定，说明两支接地插针设置的地面土质不密实或有某个接头接触点接触不良，此时应重新检查两插针设置的地面或各接头。

⑥ 用接地电阻测试仪测量静压桩的接地电阻时，检流表指针在 0 点处有微小的左右摆动是正常的。

⑦ 当检流表指针缓慢移到 0 平衡点时，才能加快仪表发电机的手柄，手柄额定转速为 120r/min。严禁在检流表指针仍有较大偏转时加快手柄的旋转速度。

⑧ 接地电阻测试仪使用后阻值挡位要放置在最大位置即×10 挡位。整理好三条随仪表配置来的测试导线，清理两插针上的脏物，装袋收藏。

4）使用注意事项

① 接地电阻测试仪应放置在离测试点 1～3m 处，放置应平稳，便于操作。

② 每个接线头的接线柱都必须接触良好，连接牢固。

③ 两个接地极插针应设置在离待测接地体左右分别为 20m 和 40m 的位置；如果用一

直线将两插针连接，待测接地体应基本在这一直线上。

④ 不得用其他导线代替随仪表配置来的 5m、20m、40m 长的纯铜导线。

⑤ 如果以接地电阻测试仪为圆心，则两支插针与测试仪之间的夹角最小不得小于 120°，更不可同方向设置。

⑥ 两插针设置的土质必须坚实，不能设置在泥地、回填土、树根旁、草丛等位置。

⑦ 雨后连续 7 个晴天后才能进行接地电阻的测试。

⑧ 待测接地体应先进行除锈等处理，以保证可靠的电气连接。

（3）万用表

万用表能测量直流电流、直流电压、交流电压和电阻等，有的还可以测量功率、电感和电容等，是建筑电气工程最常用的仪表之一（图 4.3-14、图 4.3-15）。

图 4.3-14 指针式万用表　　　　图 4.3-15 数字式万用表

1）万用表的基本结构及外形

万用表主要由指示部分、测量电路和转换装置三部分组成。指示部分通常为磁电式微安表，俗称表头；测量电路是把被测的电量转换为符合表头要求的微小直流电流，通常包括分流电路、分压电路和整流电路；不同种类电量的测量及量程的选择是通过转换装置来实现的。

2）端钮（或插孔）的选择

红色表笔连接线要接到红色端钮上（或接到标有"＋"号插孔内），黑色表笔的连接线应接到黑色端钮上（或接到标有"－"号插孔内），有的万用表备有交直流 2500V 的测量端钮，使用时黑色测试棒仍接黑色端钮（或"－"的插孔内），而红色测试棒接到 2500V 的端钮上（或插孔内）。

3）转换开关位置的选择

根据测量对象将转换开关转到需要的位置上。如测量电流应将转换开关转到相应的电流挡，测量电压转到相应的电压挡。有的万用表面板上有两个转换开关，一个选择测量种类，另一个选择测量量程。使用时应先选择测量种类，然后选择测量量程。

4）量程选择

根据被测量的大致范围，将转换开关转至该种类的适当量程上。测量电压或电流时，最好使指针在量程的 1/2～2/3 的范围内，读数较为准确。

5）正确进行读数

在万用表的标度盘上有很多标度尺，它们分别适用于不同的被测对象。因此测量时，在对应的标度尺上读数的同时，也应注意标度尺读数和量程挡的配合，以避免差错。

6）欧姆挡的正确使用

① 选择合适的倍率挡

测量电阻时，倍率挡的选择应以使指针停留在刻度线较稀的部分为宜，指针越接近标度尺的中间，读数越准确，越向左，刻度线越挤，读数的准确度越差。

② 调零

测量电阻之前，应将两根测试棒碰在一起，同时转动"调零旋钮"，使指针刚好指在欧姆标度尺的零位上，这一步骤称为欧姆挡调零。每换一次欧姆挡，测量电阻之前都要重复这一步骤，从而保证测量准确性。如果指针不能调到零位，说明电池电压不足需要更换。

③ 不能带电测量电阻

测量电阻时万用表是由干电池供电的，被测电阻决不能带电，以免损坏表头。在使用欧姆挡间隙中，不要让两根测试棒短接，以免浪费电池。

7）注意操作安全

① 在使用万用表时要注意，手不可触及测试棒的金属部分，以保证安全和测量的准确度。

② 在测量较高电压或较大电流时，不能带电转动转换开关，否则有可能使开关烧坏。

③ 万用表用完后最好将转换开关转到交流电压最高量程挡，此挡对万用表最安全，以防下次测量时疏忽而损坏万用表。

④ 当测试棒接触被测线路前应再做一次全面的检查，看一看各部分位置是否有误。

4. 文件管理

当监理人员负责管理施工过程中产生的各种文件和记录，包括施工图纸、施工日志、检验报告等。他们会审核这些文件，确保其完整、准确，并及时向相关单位报告施工进展和问题。

5. 纠正违规行为

如果发现施工中存在违反设计要求、技术规范或法律法规的行为，监理人员应及时指出问题并要求整改。同时，对施工单位进行警告、罚款或停工等处罚措施，以确保施工质量和安全。

总的来说，建筑电气安装工程监理工作是为了建筑电气安装工程顺利进行，通过监理人员对施工过程进行全面监督和管理，确保现场能按规范施工，使建筑电气安装工程最终能达到设计要求和满足质量标准。

监理人员在这个过程中为建设单位和参建相关方提供专业的技术支持和建议，起到了保障工程施工质量和现场安全的重要作用。

第四节　建筑电气工程监理管控要点

一、建筑电气工程主要设备、材料、成品和半成品进场验收要求

（1）主要设备、材料、成品和半成品应进场验收合格，并应做好验收记录和验收资料归档。当设计有技术参数要求时，应核对技术参数，并应符合设计要求。

（2）实行生产许可证或强制性认证（CCC认证）的产品，应有许可证编号或CCC认证标志，并应抽查生产许可证或CCC认证证书的认证范围、有效性及真实性。（注意：有的项目中经常出现以CQC认证的产品替代CCC认证的产品，这是不允许的，CCC认证是中国强制性产品认证、CQC认证是中国质量认证中心推出的自愿性产品认证。根据认证目录，认证规则、认证标志由CQC自行规定，CQC认证目录不覆盖CCC认证目录内容。也就是说如果CCC目录中有某个产品的认证，那CQC认证中一定不会出现该产品的同类认证。）

（3）新型电气设备、器具和材料进场验收时应提供安装、使用、维修和试验要求等技术文件。

（4）进口电气设备、器具和材料进场验收时应提供质量合格证明文件，性能检测报告以及安装、使用、维修、试验要求和说明等技术文件；对有商检规定要求的进口电气设备，尚应提供商检证明。

（5）当主要设备、材料、成品和半成品的进场验收需进行现场抽样检测或因有异议送有资质实验室抽样检测时。

（6）变压器、箱式变电所、高压电器及电瓷制品的进场验收应包括下列内容：

1）查验合格证和随带技术文件：变压器应有出厂试验记录。

2）外观检查：设备应有铭牌，表面涂层应完整，附件应齐全，绝缘件应无缺损、裂纹，充油部分不应渗漏，充气高压设备气压指示应正常。

（7）高压成套配电柜、蓄电池柜、UPS柜（不间断电源系统柜）、EPS柜（应急电源系统柜）、低压成套配电柜（箱）、控制柜（台、箱）的进场验收应符合下列规定：

1）查验合格证和随带技术文件：高压和低压成套配电柜、蓄电池柜、UPS柜、EPS柜等成套柜应有出厂试验报告。

2）核对产品型号、产品技术参数：设备元件与系统图设计一致，符合设计要求。

3）外观检查：设备应有铭牌，铭牌上文字数据正确、清晰、完整；表面涂层应完整、无明显碰撞凹陷，箱体无破损变形；设备内元器件应完好无损、接线无脱落脱焊，绝缘导线的材质、规格应符合设计要求，各种标志安装正确、牢固、清晰，紧固件齐全。蓄电池柜内电池壳体应无碎裂、漏液，充油、充气、设备应无泄漏。

（8）柴油发电机组的进场验收应包括下列内容：

1）核对主机、附件、专用工具、备品备件和随机技术文件，合格证和出厂试运行记录应齐全、完整，发电机及其控制柜应有出厂试验记录。

2）外观检查：设备应有铭牌，涂层应完整，机身应无缺件。

（9）电动机、电加热器、电动执行机构和低压开关设备等的进场验收应包括下列

内容：

1）查验合格证和随机技术文件，内容应填写齐全、完整。

2）外观检查：设备应有铭牌，涂层应完整，设备器件或附件应齐全、完好、无缺损。

（10）照明灯具及附件的进场验收应符合下列规定：

1）查验合格证：合格证内容应填写齐全、完整，灯具材质应符合设计要求和产品标准要求（照明灯具执行国家标准《灯具 第 1 部分：一般要求与试验》GB 7000.1—2015、《双端荧光灯 性能要求》GB/T 10682—2010）；新型气体放电灯应随带技术文件；太阳能灯具的内部短路保护、过载保护、反向放电保护、极性反接保护等功能性试验资料应齐全，并应符合设计要求。

2）外观检查：

① 灯具涂层应完整、无损伤，附件应齐全，Ⅰ类灯具的外露可导电部分应具有专用的 PE 端子。

② 固定灯具带电部件及提供防触电保护的部位应为绝缘材料，且应耐燃烧和防引燃。

③ 消防应急灯具应获得消防产品型式试验合格评定，且具有认证标志。

④ 疏散指示标志灯具的保护罩应完整、无裂纹。

⑤ 游泳池和类似场所灯具（水下灯及防水灯具）的防护等级应符合设计要求，当对其密闭和绝缘性能有异议时，应按批抽样送有资质的实验室检测。

⑥ 内部接线应为铜芯绝缘导线，其截面面积应与灯具功率相匹配，且不应小于 $0.5mm^2$。

3）自带蓄电池的供电时间检测：对于自带蓄电池的应急灯具，应现场检测蓄电池最少持续供电时间，且应符合设计要求。

4）绝缘性能检测：对灯具的绝缘性能进行现场抽样检测，灯具的绝缘电阻值不应小于 $2M\Omega$，灯具内绝缘导线的绝缘层厚度不应小于 0.6mm。

（11）开关、插座、接线盒和风扇及附件的进场验收应包括下列内容：

1）查验合格证：合格证内容填写应齐全、完整。

2）外观检查：开关、插座的面板及接线盒盒体应完整、无碎裂、零件齐全；绝缘、复合材料的面板表面应无气泡、裂纹、缺料、肿胀；无明显的擦伤、毛刺、变形、凹陷、杂色点等缺陷。塑料盒表面应无气泡、裂纹、缺料、明显的变形、凹陷等缺点。金属盒应有金属光泽，颜色均匀（有镀、涂层者例外），无明显的擦伤、毛刺、变形、凹陷等缺陷。开关插座面板主要看铜片厚薄和铜质量。金属安装盒壁厚不小于 1mm；塑料绝缘安装盒厚度不小于 2.5mm，其塑料固定件厚度不小于 8mm。风扇应无损坏、涂层完整，调速器等附件应适配。

3）现场抽测：用游标卡尺测量壁厚；用尺测量长、宽、高；塑料盒用手捏两壁是否坚固，检查材质是否有韧性；金属盒用手捏是否牢固。

4）电气和机械性能检测：对开关、插座的电气和机械性能应进行现场抽样检测，并应符合下列规定：

① 不同极性带电部件间的电气间隙不应小于 3mm，爬电距离不应小于 3mm。

② 绝缘电阻值不应小于 $5M\Omega$。

③ 用自攻锁紧螺钉或自切螺钉安装的，螺钉与软塑固定件旋合长度不应小于 8mm，绝缘材料固定件在经受 10 次拧紧退出试验后，应无松动或掉渣，螺钉及螺纹应无损坏现象。

④ 对于金属间相旋合的螺钉螺母，拧紧后完全退出，反复 5 次后，应仍然能正常使用。

⑤ 对开关、插座、接线盒及面板等绝缘材料的耐非正常热、耐燃和耐漏电起痕性能有异议时，应按批抽样送有资质的实验室检测。

（12）绝缘导线、电缆的进场验收应符合下列规定：

1）查验合格证：合格证内容填写应齐全、完整。

2）外观检查：包装完好，电缆端头应密封良好，标识应齐全。抽检的绝缘导线或电缆绝缘层应完好无损、表面应平整，厚度及色泽均匀。电缆无压扁、扭曲，铠装不应松卷。绝缘导线、电缆外护层应有明显产品型号和额定电压的连续标识和制造厂标，所有标识应字迹清楚。

3）现场抽测：用游标卡尺测量线芯直径，用 50m 卷尺测量成盘线的实际长度。

4）检测绝缘性能：电线、电缆的绝缘性能应符合产品技术标准或产品技术文件规定。

5）检查标称截面面积和电阻值：绝缘导线、电缆的标称截面面积应符合设计要求，其导体电阻值应符合国家标准《电缆的导体》GB/T 3956—2008 的有关规定。当对绝缘导线和电缆的导电性能、绝缘性能、绝缘厚度、机械性能和阻燃耐火性能有异议时，应按批抽样送有资质的实验室检测。检测项目和内容应符合国家现行有关产品标准的规定。

（13）导管的进场验收应符合下列规定：

1）查验合格证：钢导管应有产品质量证明书，塑料导管应有合格证及相应检测报告。

2）外观检查：钢导管应无压扁，内壁应光滑，管口无毛刺；非镀锌钢导管不应有锈蚀，油漆应完整；镀锌钢导管镀层覆盖应完整、表面无锈斑，无弯折现象；塑料导管及配件不应碎裂、表面应有阻燃标记和制造厂标；整件包装完好。

3）应按批抽样检测导管的管径、壁厚及均匀度，并应符合国家现行有关产品标准的规定。用游标卡尺测量壁厚，用卷尺测量长度，用电子秤或磅秤测量重量。电线管抽样检测 DN15～20，用弯管器现场煨弯，弯曲度和弯扁度符合要求。

4）对机械连接的钢导管及其配件的电气连续性有异议时，应按国家标准《电缆管理用导管系统 第 1 部分：通用要求》GB/T 20041.1—2015 的有关规定进行检验。

5）对塑料导管及配件的阻燃性能有异议时，应按批抽样送有资质的实验室检测。

需要注意的是配电线路布线金属导管一般选用 KBG、JDG 和 SC 三种电线管，大家往往会搞混淆，特别是 KBG 管与 JDG 管，原因是对 KBG 管、JDG 管和 SC 管的产品规格型号不够熟悉，特别是壁厚，不能熟练掌握不同场所金属管布线时的壁厚要求，导致在验收时出现差错的情况。所以我们要先对三种金属导管的定义有一个明确的认识。

KBG 管：套接扣压式薄壁钢导管，简称 KBG 管。导管采用优质冷轧带钢，经高频焊管机组自动焊缝成型、双面镀锌而制成。其规格偏差应符合表 4.4-1 和表 4.4-2 中相关规定。

套接扣压式薄壁钢（KBG）导管规格表（mm）　　　　表 4.4-1

规格	DN16	DN20	DN25	DN32	DN40
外径 D	16	20	25	32	40
外径公差	0 −0.30	0 −0.30	0 −0.40	0 −0.40	0 −0.40
壁厚 S	1.0	1.0	1.2	1.2	1.2
壁厚公差	±0.08	±0.08	±0.10	±0.10	±0.10

套接扣压式薄壁钢（KBG）导管直管接头规格表（mm）　　　　表 4.4-2

规格	DN16	DN20	DN25	DN32	DN40
内径 d	16	20	25	32	40
内径公差	+0.30 +0.10	+0.32 +0.11	+0.32 +0.11	+0.40 +0.12	+0.40 +0.13
壁厚 S	1.0	1.0	1.2	1.2	1.2
壁厚公差	±0.08	±0.08	±0.10	±0.10	±0.10
外径 D	18	22	27.4	34.4	42.4
总长 L	55	55	55	75	95
凹槽内径	14	18	22.6	29.6	37.6
凹槽内径公差	+0.40 0	+0.40 0	+0.80 0	+0.80 0	+0.80 0

JDG 管：套接紧定式镀锌钢导管，简称 JDG 管。导管采用优质冷轧带钢，经高频焊机组自动焊缝成型、双面镀锌保护。其规格偏差应符合表 4.4-3 和表 4.4-4 中相关规定。

套接紧定式钢（JDG）导管管材规格表（mm）　　　　表 4.4-3

规格	DN16	DN20	DN25	DN32	DN40
外径 D	16	20	25	32	40
外径允许偏差	0 −0.30	0 −0.30	0 −0.30	0 −0.40	0 −0.40
壁厚 S	1.60	1.60	1.60	1.60	1.60
壁厚允许偏差	±0.15	±0.15	±0.15	±0.15	±0.15
长度 L	4000	4000	4000	4000	4000
长度允许偏差	±5.00	±5.00	±5.00	±5.00	±5.00

套接紧定式钢（JDG）导管直管接头规格表（mm）　　　　表 4.4-4

规格	DN16	DN20	DN25	DN32	DN40
内径 d	16	20	25	32	40
内径允许偏差	+0.30 0	+0.30 0	+0.30 0	+0.40 0	+0.40 0

续表

外径 D	19.20	23.20	28.20	35.20	43.20
壁厚 S	1.60	1.60	1.60	1.60	1.60
总长 L	55	55	55	75	90
凹槽内径 P	12.80	16.80	21.80	28.80	36.80
凹槽内径允许偏差	+0.40 0	+0.40 0	+0.40 0	+0.80 0	+0.80 0
螺纹孔直径 M	5	5	5	5	5
螺纹孔长度	3	3	3	3	3
两个螺纹孔中心距 L_1	41	41	41	61	76
两个螺纹孔中心距允许偏差	0 −0.30	0 −0.30	0 −0.30	0 −0.30	0 −0.30

SC管：低压配电中通常称为焊接钢管或低压流体输送用焊接钢管，由钢板或带钢卷成筒状经焊接而生产的钢管。根据焊接方法可分为电弧焊管、高频或低频电阻焊管、气焊管、炉焊管等；根据焊缝形式可分为直缝焊管和螺旋焊管。钢管镀锌采用热浸镀锌法。

KBG与JDG管常用规格尺寸有 $\phi16$、$\phi20$、$\phi25$、$\phi32$、$\phi40$ 5种，KBG管壁厚度分别为1mm或1.2mm，$\phi16$、$\phi20$ 壁厚为1mm，$\phi25$、$\phi32$、$\phi40$ 壁厚为1.2mm。JDG管标准型导管壁厚为1.6mm，预埋、吊顶敷设均适用；其他型导管壁厚为1.2mm，主要是 $\phi16$、$\phi20$、$\phi25$ 这三种型号。SC管的管壁厚度参考《低压流体输送用焊接钢管》GB/T 3091—2015的有关规定。

（14）型钢和电焊条的进场验收应符合下列规定：

1）查验合格证和材质证明书，有异议时应按批抽样送有资质的实验室检测。

2）外观检查：型钢表面应无严重锈蚀、过度扭曲和弯折变形；电焊条包装应完整，拆包检查焊条尾部应无锈斑、焊条药皮应均匀、紧密地包覆在焊芯周围。

3）现场抽测：用游标卡尺测量型钢壁厚与焊条直径，用卷尺测量长度，用电子秤或磅秤测量重量。

（15）金属镀锌制品的进场验收应符合下列规定：

1）查验产品质量证明书，应按设计要求查验其符合性。

2）外观检查：镀锌层应覆盖完整、表面无锈斑，金具配件应齐全，无砂眼。

3）埋入土壤中的热浸镀锌钢材应检测其镀锌层厚度，不应小于 $63\mu m$。

4）对镀锌质量有异议时，应按批抽样送有资质的实验室检测。

（16）梯架、托盘和槽盒的进场验收应符合下列规定：

1）查验合格证及出厂检验报告，内容填写应齐全、完整。

2）外观检查：配件应齐全，表面应光滑、不变形；钢制梯架、托盘和槽盒涂层应完整光滑、壁厚均匀、无锈蚀与弯折；螺纹的镀层应光滑，螺栓连接件应能拧入；塑料槽盒应无破损、色泽均匀，对阻燃性能有异议时，应按批抽样送有资质的实验室检测；铝合金梯架、托盘和槽盒涂层应完整，不应有扭曲变形、压扁或表面划伤等现象。

3）现场抽测：用游标卡尺测量壁厚，用卷尺测量长度，划线、划格法试验表层不应起皮剥落。

目前，桥架防护层种类较多，特别是在验收时需要注意，避免与设计要求的类型不符，为了识别特列表 4.4-5 便于了解。

防护层类别代号

表 4.4-5

防护层类别代号									
防护层类别	涂漆或烤漆	电镀锌	喷涂粉末	热浸镀锌	电镀锌后喷涂粉末	热镀锌后涂漆	涂漆后刷防火涂料	电镀锌后刷防火涂料	电镀锌镍合金	其他
代号	Q	D	P	R	DP	RQ	QF	DF	DNi	T

（17）母线槽的进场验收应符合的规定。

1）查验合格证和随带安装技术文件，并应符合下列规定：

① CCC 型式试验报告中的技术参数应符合设计要求，导体规格及相应温升值应与 CCC 型式试验报告中的导体规格一致，当对导体的载流能力有异议时，应送有资质的实验室做极限温升试验，额定电流的温升应符合国家现行有关产品标准的规定。

② 耐火母线槽除应通过 CCC 认证外，还应提供由国家认可的检测机构出具的型式检验报告，其耐火时间应符合设计要求。

③ 保护接地导体（PE）应与外壳有可靠的连接，其截面面积应符合产品技术文件规定；当外壳兼作保护接地导体（PE）时，CCC 型式试验报告和产品结构应符合国家现行有关产品标准的规定。

2）外观检查：结构设施质量完好，紧固件齐全，防潮密封应良好，各段编号应标志清晰、完整，文字数据正确，附件应齐全、无缺损，外壳应无明显变形、油漆完好，母线螺栓搭接面应平整、镀层覆盖应完整、无起皮和麻面；插接母线槽上的静触头应无缺损、表面光滑、镀层完整；对有防护等级要求的母线槽尚应检查产品及附件的防护等级与设计的符合性，其标志应完整。要全数检查。

（18）电缆头部件、导线连接器及接线端子的进场验收应符合的规定。

1）查验合格证及相关技术文件，并应符合下列规定：

① 铝及铝合金电缆附件应具有与电缆导体匹配的检测报告。

② 矿物绝缘电缆的中间连接附件的耐火等级不应低于电缆本体的耐火等级。

③ 导线连接器和接线端子的额定电压、连接容量及防护等级应满足设计要求。

2）外观检查：部件应齐全，包装标识和产品标志应清晰，表面应光滑平整、无裂纹和气孔，随带的袋装涂料或填料不应泄漏；铝及铝合金电缆用接线端子和接头附件的压接圆筒内表面应有抗氧化剂；矿物绝缘电缆专用终端接线端子规格应与电缆相适配；导线连接器的产品标志应清晰明了、经久耐用。

（19）金属灯柱的进场验收应符合下列规定：

1）查验合格证，合格证应齐全、完整；

2）外观检查：涂层应完整，根部接线盒盒盖紧固件和内置熔断器、开关等器件应齐全，盒盖密封垫片应完整。金属灯柱内应设有专用接地螺栓，地脚螺孔位置应与提供的附图尺寸一致，允许偏差应为±2mm。

（20）使用的降阻剂材料应符合设计及国家现行有关标准的规定，并应提供经国家相应检测机构检验检测合格的证明。

（21）使用的防火封堵材料应符合设计及国家现行有关标准的规定，并应提供经国家相应检测机构检验检测合格的 3C 证明。

在材料的验收过程中，要特别注意一些粗制滥造的劣次产品，虽有出厂合格证，但实质上是不合格产品，而且还有一些无生产许可证的产品也提供出厂合格证。因此，在检查出厂合格证的基础上，在进场时或安装前还应对电气设备、主要材料的实物进行检查，以便发现设备、材料是否存在缺陷和问题，其型号、规格、材质等技术性能及外观质量是否符合设计要求和国家标准《建筑电气工程施工质量验收规范》GB 50303—2015 的规定。

二、建筑电气工程工序交接监理管控要点

1. 变压器、箱式变电所的安装规定

（1）变压器、箱式变电所安装前，室内顶棚墙体的装饰面应完成施工，无渗漏水，地面的找平层应完成施工，基础应验收合格，埋入基础的导管和变压器进线、出线预留孔及相关预埋件等经检查应合格。

（2）变压器室门扇与门框的电气跨接变压器室门扇与门框的金属部件应连接到相同的接地系统中，并且必须使用合适的铜排、铜线或铜箔等材料进行跨接，连接牢固、可靠。当变压器室门宽大于或等于 800mm，并且制作材料是非金属材料时，通过使用合适的电气跨接方式，确保门扇和门框的金属部件在同一电位下。

（3）变压器、箱式变电所通电前，变压器、变压器室门扇与门框等系统接地的交接试验应合格。

2. 成配电柜控制柜（台、箱）和配电箱（盘）的安装规定

（1）成套配电柜（台）控制柜安装前，内顶棚墙体的装饰工程应完成施工，无渗漏水，室内地面的找平层应完成施工，基础型钢和柜、台、箱下的电缆沟等经检查应合格，落地式柜、台箱的基础及埋入基础的导管应验收合格。

（2）墙上明装的配电箱（盘）安装前，室内顶棚墙体装饰面应完成施工，暗装的控制（配电）箱的预留孔和动力、照明配线的线盒及导管等经检查应合格。

（3）电源线连接前，应确认电涌保护器（SPD）型号、性能参数符合设计要求，接地线与 PE 排连接可靠。

（4）试运行前，柜、台、箱、盘内 PE 排应完成连接，柜、台、箱盘内的元件规格、型号应符合设计要求，接线应正确且交接试验合格。

3. 电动机、电加热器及电动执行机构接线前，应与机械设备完成连接，且经手动操作检验符合工艺要求，绝缘电阻应测试合格

4. 柴油发电机组的安装规定

（1）机组安装前，基础应验收合格。

（2）机组安放后，采取地脚螺栓固定的机组应初平、螺栓孔灌浆、精平、紧固地脚螺栓、二次灌浆等安装合格；安放式的机组底部应垫平、垫实。

（3）空载试运行前，油、气、水冷、风冷烟气排放等系统和隔振防噪声设施应完成安装，消防器材应配置齐全、到位且符合设计要求，发电机应进行静态试验，随机配电盘、柜接线经检查应合格柴油发电机组接地经检查应符合设计要求。

（4）负荷试运行前，空载试运行和试验调整应合格。

（5）投入备用状态前，应在规定时间内，连续无故障负荷试运行合格。

5. UPS 或 EPS 接至馈电线路前，应按产品技术要求进行试验调整，并应经检查确认

6. 电气动力设备试验和试运行应符合的规定

（1）电气动力设备试验前，其外露可导电部分应与保护导体完成连接，并经检查应合格。

（2）通电前，动力成套配电（控制）柜、台、箱的交流工频耐压试验和保护装置的动作试验应合格。

（3）空载试运行前，控制回路模拟动作试验应合格，盘车或手动操作检查电气部分与机械部分的转动或动作应协调一致。

7. 母线槽安装的规定

（1）变压器和高低压成套配电柜上的母线槽安装前，变压器、高低压成套配电柜、穿墙套管等应安装就位，并应经检查合格。

（2）母线槽支架的设置应在结构封顶、室内底层地面完成施工或确定地面标高、清理场地、复核层间距离后进行。

（3）母线槽安装前，与母线槽安装位置有关的管道、空调及建筑装修工程应完成施工。

（4）母线槽组对前，每段母线的绝缘电阻应经测试合格，且绝缘电阻值不应小于 20MΩ。

（5）通电前，母线槽的金属外壳应与外部保护导体完成连接且母线绝缘电阻测试和交流工频耐压试验应合格。

8. 梯架、托盘和槽盒安装的规定

（1）支架安装前，应先测量定位。

（2）梯架、托盘和槽盒安装前，应完成支架安装，且顶棚和墙面的喷浆、油漆或壁纸等应基本完成。

9. 导管埋设的规定

（1）配管前，除埋入混凝土中的非镀锌钢导管的外壁外，应确认其他场所的非镀锌钢导管内、外壁均已做防腐处理。

（2）埋设导管前，应检查确认室外直埋导管的路径、沟槽深度、宽度及垫层处理等符合设计要求。

（3）现浇混凝土板内的配管，应在底层钢筋绑扎完成，上层钢筋未绑扎前进行，且配管完成后应经检查确认后，再绑扎上层钢筋和浇捣混凝土。

（4）墙体内配管前，现浇混凝土墙体内的钢筋绑扎及门窗等位置的放线应已完成。

（5）接线盒和导管在隐蔽前，经检查应合格。

（6）穿梁板、柱等部位的明配导管敷设前，应检查其套管、埋件、支架等设置符合要求。

（7）吊顶内配管前，吊顶上的灯位及电气器具位置应先进行放样，并应与土建及各专业施工协调配合。

10．电缆敷设的规定

（1）支架安装前，应先清除电缆沟、电气竖井内的施工临时设施、模板及建筑废料等，并应对支架进行测量定位。

（2）电缆敷设前，电缆支架、电缆导管、梯架、托盘和槽盒应完成安装，并已与保护导体完成连接，且经检查应合格。

（3）电缆敷设前，绝缘测试应合格。

（4）通电前，电缆交接试验应合格，检查并确认线路去向、相位和防火隔堵措施等应符合设计要求。

11．绝缘导线、电缆穿导管及槽盒内敷线的规定

（1）焊接施工作业应已完成，检查导管、槽盒安装质量应合格。

（2）导管或槽盒与柜、台、箱应已完成连接，导管内积水及杂物应已清理干净。

（3）绝缘导线、电缆的绝缘电阻应经测试合格。

（4）通电前，绝缘导线、电缆交接试验应合格，检查并确认接线去向和相位等应符合设计要求。

12．塑料护套线直敷布线的规定

（1）弹线定位前，应完成墙面顶面装饰工程施工。

（2）布线前，应确认穿梁、墙、楼板等建筑结构上的套管已安装到位，且塑料护套线经绝缘电阻测试合格。

13．钢索配线的钢索吊装及线路敷设前，除地面外的装修工程应已结束，钢索配线所需的预埋件及预留孔应已预埋、预留完成

14．电缆头制作和接线的规定

（1）电缆头制作前，电缆绝缘电阻测试应合格，检查并确认电缆头的连接位置、连接长度应满足要求。

（2）控制电缆接线前，应确认绝缘电阻测试合格，校线正确。

（3）电力电缆或绝缘导线接线前，电缆交接试验或绝缘电阻测试应合格，相位核对应正确。

15．照明灯具安装的规定

（1）灯具安装前，应确认安装灯具的预埋螺栓及吊杆、吊顶上安装嵌入式灯具用的专用支架等已完成，对需做承载试验的预埋件或吊杆经试验应合格。

（2）影响灯具安装的模板、脚手架应已拆除，顶棚和墙面喷浆油漆或壁纸等及地面清理工作应已完成。

（3）灯具接线前，导线的绝缘电阻测试应合格。

（4）高空安装的灯具，应先在地面进行通断电试验合格。

16．照明开关、插座、风扇安装前，应检查吊扇的吊钩已预埋完成、导线绝缘电阻测试应合格，顶棚和墙面的喷浆、油漆或壁纸等已完工

17．照明系统的测试和通电试运行的规定

（1）导线绝缘电阻测试应在导线接续前完成。

（2）照明箱（盘）、灯具、开关插座的绝缘电阻测试应在器具就位前或接线前完成。

（3）通电试验前，电气器具及线路绝缘电阻应测试合格，当照明回路装有剩余电流动作保护器时，剩余电流动作保护器应检测合格。

（4）备用照明电源或应急照明电源做空载自动投切试验前，应卸除负荷，有载自动投切试验应在空载自动投切试验合格后进行。

（5）照明全负荷试验前，应确认上述工作应已完成。

18. 接地装置安装的规定

（1）对于利用建筑物基础接地的接地体，应先完成底板钢筋敷设，然后按设计要求进行接地装置施工，经检查确认后，再支模或浇捣混凝土。

（2）对于人工接地的接地体，应按设计要求利用基础沟槽或开挖沟槽，然后经检查确认，再埋入或打入接地极和敷设地下接地干线。

（3）降低接地电阻的施工的规定

1）采用接地模块降低接地电阻的施工，应先按设计位置开挖模块坑，并将地下接地干线引到模块上，经检查确认，再相互焊接。

2）采用添加降阻剂降低接地电阻的施工，应先按设计要求开挖沟槽或钻孔垂直埋管，再将沟槽清理干净，检查接地体埋入位置后，再灌注降阻剂。

3）采用换土降低接地电阻的施工，应先按设计要求开挖沟槽并将沟槽清理干净，再在沟槽底部铺设经确认合格的低电阻率土壤，经检查铺设厚度达到设计要求后，再安装接地装置；接地装置连接完好，并完成防腐处理后，再覆盖上一层低电阻率土壤。

4）隐蔽装置前，应先检查验收合格后，再覆土回填。

19. 防雷引下线安装的规定

（1）当利用建筑物柱内主筋作引下线时，应在柱内主筋绑扎或连接后，按设计要求进行施工，经检查确认，再支模。

（2）对于直接从基础接地体或人工接地体暗敷埋入粉刷层内的引下线，应先检查确认不外露后，再贴面砖或刷涂料等。

（3）对于直接从基础接地体或人工接地体引出明敷的引下线应先埋设或安装支架，并经检查确认后，再敷设引下线。

20. 接闪器安装前，应先完成接地装置和引下线的施工，接闪器安装后应及时与引下线连接

21. 防雷接地系统测试前，接地装置应完成施工且测试合格防雷接闪器应完成安装，整个防雷接地系统应连成回路

22. 等电位联结的规定

（1）对于总等电位联结，应先检查确认总等电位联结端子的接地导体位置，再安装总等电位联结端子板，然后按设计要求作总等电位联结。

（2）对于局部等电位联结，应先检查确认连接端子位置及连接端子板的截面面积，再安装局部等电位联结端子板，然后按设计要求做局部等电位联结。

（3）对特殊要求的建筑金属屏蔽网箱，应先完成网箱施工，经检查确认后，再与PE连接。

三、电气装置安装质量监理管控要点

1. 变压器、互感器、箱式变电所安装质量监理管控要点

（1）变压器安装应位置正确，附件齐全，油浸变压器油位正常，无渗油现象。

变压器安装位置正确是指中心线和标高符合设计要求。采用规定尺寸的母线槽作引出或引入线时，则更应控制变压器的安装定位位置。油浸变压器有渗油现象说明密封不好，是不应存在的现象。

1）为适应运输机具对重量的限制，大型油浸变压器常采用充氮气或充干燥空气运输的方式。为使油浸变压器在运输过程中不致因氮气或干燥空气渗漏而吸入潮气，使器身受潮，油箱内必须保持一定的正压，所以要求装设压力表用以监视油箱内气体的压力，并应备有气体补充装置，以便当油箱内气压下降时及时补充气体。

2）氮气属惰性气体可致人窒息，对充氮的变压器进行吊罩检查前应使充氮的变压器在空气中充分散发氮气，以不影响作业人员的人身安全。

3）35kV 及以下的油浸变压器在运输和装卸过程中，当由于冲击监视装置记录等原因，不能确定运输、装卸过程中冲击加速度是否符合产品技术要求时，应通知制造厂，与制造厂共同进行分析，由建设、监理、施工、运输和制造厂等单位代表共同分析原因，对运输和装卸过程进行分析，明确相关责任并出具正式报告，同时确定内部检查方案并最终得出检查分析结论。

（2）变压器中性点的接地方式及接地电阻值应符合设计要求。

变压器的接地既有高压部分的保护接地又有低压部分的工作接地，而低压供电系统在建筑电气工程中大量采用多电源供电系统，对一个多电源供电的 TN 系统，当接地方式不当时，中性线电流可能通过不期望的路径流通，而引起火灾、腐蚀或电磁干扰，因此，对变压器中性点的接地连接方式及接地电阻值要求，是由设计单位在图纸设计时提出要求的，施工时，施工单位必须按图施工，以确保用电安全。

（3）变压器箱体、干式变压器的支架、基础型钢及外壳应分别单独与保护导体可靠连接，紧固件及防松零件齐全。

变压器箱体式变压器的支架基础型钢及外壳属金属体，均是电气装置中重要的外露可导电部分，为了人身和设备安全，应与保护导体可靠连接。需要特别说明的是，所要求的与保护导体可靠连接，是指与保护导体直接连接且采取了焊接或螺栓紧固连接等连接方式。

另外，根据国家标准《电气装置安装工程 电力变压器、油浸电抗器、互感器施工及验收规范》GB 50148—2010 的相关规定，变压器本地应两点接地。中性点接地引出后，应有两根接地引线与主接地网的不同干线连接，其规格应该满足设计要求。

（4）绝缘油必须试验合格后，方可注入变压器内。不同牌号的绝缘油或同牌号的新油与运行过的油混合使用前，必须做好混油试验。绝缘油应按国家标准《电气装置安装工程 电气设备交接试验标准》GB 50150—2016 的规定试验合格。

（5）油浸式变压器试运行前应进行全面检查，确认符合运行条件时，方可投入试运行，并应符合下列规定：

1）事故排油设施应完好，消防设施应齐全。

2）油浸变压器投入试运行前应按产品技术文件的运行条件进行全面检查，铁芯和夹件的接地引出套管、套管的末屏接地、套管顶部结构的接触及密封应完好，以符合产品技术文件要求为标准进行评判，保证变压器能安全投入运行，不发生变压器破损的事故。

（6）中性点接地的变压器，无论是干式变压器还是油浸变压器在进行冲击合闸前，中性点必须接地并检查合格，避免造成变压器冲击合闸时的损坏和运行事故。

（7）变压器及高压电气设备应按《建筑电气工程施工质量验收规范》GB 50303—2015第3.1.5条的规定完成交接试验且合格。变压器及高压电气设备安装好后，应经交接试验合格，并出具报告后，才具备通电条件。交接试验内容和要求，即合格的判定条件是国家标准《电气装置安装工程　电气设备交接试验标准》GB 50150—2016 的规定。

（8）箱式变电所及其落地式配电箱的基础应高于室外地坪，周围排水通畅。用地脚螺栓固定的螺母应齐全，拧紧牢固；自由安放的应垫平放正。金属箱式变电所及落地式配电箱，箱体应与保护导体可靠连接，且有标志。

箱式变电所及其落地式配电箱在建筑电气工程中以住宅小区室外设置为主要形式，本体有较好的防雨雪和通风性能，但其底部不是全密闭的，故而要注意防积水入侵，其基础的高度及周围排水通道设置应由设计人员在施工图上加以明确。

（9）目前国内箱式变电所主要有两种产品，前者由高压柜、低压柜、变压器三个独立的单元组合而成，后者为引进技术生产的高压开关设备和变压器设在一个油箱内的箱式变电所。根据产品的技术要求不同，试验的内容和具体的规定也不一样。箱式变电所的交接试验应符合下列规定：

1）由高压成套开关柜、低压成套开关柜和变压器三个独立单元组合成的箱式变电所高压电气设备部分，按《建筑电气工程施工质量验收规范》GB 50303—2015 第3.1.5条的规定完成交接试验且合格。

2）对于高压开关，熔断器等与变压器组合在同一个密闭油箱内的箱式变电所，交接试验应按产品提供的技术文件要求执行。

3）低压成套配电柜和馈电线路的每路配电开关及保护装置的相间和相对地间的绝缘电阻不应小于 0.5MΩ；当国家现行产品标准未作规定时，电气装置的交流工频耐压试验电压应为 1000V，试验持续时间应为 1min，当绝缘电阻值大于 10MΩ 时，宜采用 2500V 兆欧表摇测。

（10）配电间隔和静止补偿装置栅栏门应采用裸编织铜线与保护导体可靠连接，其截面面积不应小于 $4mm^2$。

（11）为提高供电质量，建筑电气工程除采用干式变压器外，也有采用有载调压变压器的，而且是以自动调节为主，通电前除应做好电气交接试验外，还应对有载调压开关裸露在（油）箱外的机械传动部分作检查，要在点动试验符合要求后才能切换到自动位置，自动切换调节的有载调压变压器由于控制调整的元件不同，调整试验时，应注意产品技术文件的特殊规定。

（12）变压器就位后，要在其上部装配进出母线和其他有关部件，往往由于工作不慎，在施工中会给变压器外部的绝缘器件造成损伤，所以交接试验和通电前均应认真检查是否有损坏，且外表不应有尘垢，否则通电时会有电气故障发生。变压器的测温仪表安装前应对其准确度进行鉴定，尤其是带信号发送的更应这样做。

（13）装有滚轮的变压器定位在钢制的轨道（滑道）上就位找正纵、横中心线后，即应按施工图纸装好制动装置不拆卸滑轮便于变压器日后退出实施吊芯和维修，但也有明显的缺点，就是轻度的地震或受到意外的冲力时，变压器很容易发生位移，导致器身和上部外接线损坏而造成电气安全事故，所以安装好制动装置关系着变压器的安全运行。

（14）器身不做检查的条件是与国家标准《电气装置安装工程　电力变压器、油浸电抗器、互感器施工及验收规范》GB 50148—2010 的规定一致的。从总体上看，变压器在施工现场不做器身检查是发展趋势，除施工现场条件不如制造厂条件好这一因素外，在产品结构设计和质量管理及货运管理水平日益提高的情况下，器身检查发现的问题日益减少，有些引进的变压器等设备在技术文件中明确不准进行器身检查，是由供货方作出担保的。

变压器应按产品技术文件要求进行器身检查，当满足下列条件之一时，可不检查器身：

1）制造厂规定不检查器身；

2）就地生产仅做短途运输的变压器，且在运输过程中有效监督，无紧急制动、剧烈振动、冲撞或严重颠簸等异常情况。

（15）箱式变电所内外涂层应完整、无损伤，对于有通风口，其风口防护网应完好。

（16）箱式变电所的高压和低压配电柜内部接线应完整、低压输出回路标记应清晰，回路名称应准确。

（17）气体继电器是油浸变压器保护继电器之一，装在变压器箱体与油枕的连通管水平段中间，当变压器过载或局部故障时，使线圈有机绝缘或变压器油发生汽化，升至箱体顶部，为有利气体流向气体继电器发出报警信号，并使气体经油枕泄放，因而要有规定的升高坡度，绝不允许倒置。安装无气体继电器的小型油浸变压器，为了同样的理由，使各种原因产生的气体方便经油枕、呼吸器泄放，有升高坡度也是合理的。对于油浸变压器顶盖，沿气体继电器的气流方向有 1.0%～1.5% 的升高坡度。除与母线槽采用软连接外，变压器的套管中心线应与母线槽中心线在同一轴线上。

（18）对有防护等级要求的变压器，在其高压或低压及其他用途的绝缘盖板上开孔时，应符合变压器的防护等级要求。

2. 成套配电柜、控制柜（台、箱）和配电箱（盘）安装质量监理管控要点

（1）柜、屏、台、箱、盘的金属框架及基础型钢应与保护导体可靠连接；对于装有电器的可开启门，门和金属框架的接地端子间应选用截面面积不小于 4mm² 的黄绿色绝缘铜芯软导线（原标准是裸编织铜线）连接，并应有标识。避免带有电器的柜、台、箱可开启门活动时触及电器连接点引起电击事故的发生。

（2）柜、台、箱、盘等配电装置应有可靠的防电击保护；装置内保护接地导体（PE）排应有裸露的连接外部保护接地导体的端子，并应可靠连接。当设计未作要求时，连接导体最小截面面积符合国家标准《低压配电设计规范》GB 50054—2011 的规定，且符合国家标准《低压成套开关设备和控制设备　第 1 部分：总则》GB 7251.1—2013 中电击防护的规定。

（3）手车式、抽屉式成套配电柜推拉应灵活，无卡阻碰撞现象。动触头与静触头的中

心线应一致，且触头接触应紧密，投入时，接地触头应先于主触头接触；退出时，接地触头应后于主触头脱开。

（4）高压成套配电柜应按《建筑电气工程施工质量验收规范》GB 50303—2015 第 3.1.5 条的规定进行交接试验，并应合格，且应符合下列规定：

1）继电保护元器件、逻辑元件、变送器和控制用计算机等单体校验应合格，整组试验动作应正确，整定参数应符合设计要求。

2）新型高压电气设备和继电保护装置投入使用前，应按产品技术文件要求进行交接试验。

（5）低压成套配电柜交接试验应符合国家标准《建筑电气工程施工质量验收规范》GB 50303—2015 第 4.1.6 条第 3 款的规定。对于变电所低压配电柜的保护接地导体与接地干线应采用螺栓连接，防松零件应齐全。

（6）对于低压成套配电柜、箱及控制柜（台、箱）间线路的线间和线对地间绝缘电阻值，馈电线路不应小于 0.5MΩ，二次回路不应小于 1MΩ；二次回路的耐压试验电压应为 1000V，当回路绝缘电阻值大于 10MΩ 时，应采用 2500V 兆欧表代替，试验持续时间应为 1min 或符合产品技术文件要求。

（7）直流柜试验时，应将屏内电子器件从线路上退出，主回路线间和线对地间绝缘电阻值不应小于 0.5MΩ，直流屏所附蓄电池组的充、放电应符合产品技术文件要求；整流器的控制调整和输出特性试验应符合产品技术文件要求。

（8）低压成套配电柜和配电箱（盘）内末端用电回路中，所设过电流保护电器兼作故障防护时，应在回路末端测量接地故障回路阻抗，且回路阻抗应满足下式要求：

$$Z_s(m) \leqslant \frac{2}{3} \times \frac{U_0}{I_s}$$

式中　$Z_s(m)$——实测接地故障回路阻抗（Ω）；

　　　　U_0——箱导体对接地的中性导体的电压（V）；

　　　　I_s——保护电器在规定时间内切断故障回路的动作电流（A）。

（9）配电箱（盘）内的剩余电流动作保护器（RCD）应在施加额定剩余动作电流（$I_{\Delta n}$）的情况下测试动作时间，且测试值应符合设计要求。

（10）柜、箱、盘内电涌保护器（SPD）安装应符合下列规定：

1）SPD 的型号规格及安装布置应符合设计要求。

2）SPD 的接线形式应符合设计要求，接地导线的位置不宜靠近出线位置。

3）SPD 的连接导线应平直、足够短，且不宜大于 0.5m。

（11）IT 系统绝缘监测器（IMD）的报警功能应符合设计要求。

（12）照明配电箱（盘）安装应符合下列规定：

1）箱（盘）内配线应整齐、无铰接现象；导线连接应紧密、不伤芯线、不断股；垫圈下螺丝两侧压的导线截面面积应相同，同一电器器件端子上的导线连接不应多于 2 根，防松垫圈等零件应齐全。

2）箱（盘）内开关动作应灵活可靠。

3）箱（盘）内宜分别设置中性导体（N）和保护接地导体（PE）汇流排，汇流排上同一端子不应连接不同回路的 N 或 PE。

（13）配电箱（柜）安装应符合下列规定：

1）室外落地式配电箱（柜）应安装在高处地坪不小于200mm的底座上，底座周围应采取封闭措施。

2）配电箱（柜）不应设置在水管接头的下方。

（14）送至建筑智能化工程变送器的电量信号精度等级应符合设计要求，状态信号应正确；接收建筑智能化工程的指令应使建筑电气工程的断路器动作符合指令要求，且手动、自动切换功能均应正常。

（15）基础型钢安装允许偏差应符合表4.4-6的规定。

基础型钢安装允许偏差   表 4.4-6

项目	允许偏差（mm）	
	每米	全长
不直度	1.0	5.0
水平度	1.0	5.0
不平行度	—	5.0

（16）柜、台、箱、盘的布置及安全间距应符合设计要求。

（17）柜、台、箱相互间或与基础型钢应用镀锌螺栓连接，且防松零件应齐全；当设计有防火要求时，柜、台、箱的进出口应做防火封堵，并应封堵严密。

（18）室外安装的落地式配电（控制）柜箱本体有较好的防雨雪和散热性能，但其底部不是全密闭的，故而要注意防积水入侵，施工现场在选用基础槽钢时一般不小于8号槽钢，其箱体的底部已高出地坪80mm，施工时还应设置不小于120mm高的基础。基础周围设排水通道，落地式配电箱（柜）底座周围采取封闭措施，是为防止鼠、蛇类等小动物进入箱内。

（19）柜、台、箱、盘应安装牢固，且不应设置在水管的正下方，当设计采用IP55及以上防护等级的配电箱（柜）且配电箱（柜）顶部无进出线缆时可不作此要求。柜、台、箱、盘安装垂直度允许偏差不应大于1.5‰，相互间接缝不应大于2mm，成列盘面偏差不应大于5mm。

（20）柜、台、箱、盘内检查试验应符合下列规定：

1）控制开关及保护装置的规格、型号应符合设计要求。

2）闭锁装置动作应准确、可靠。

3）主开关的辅助开关切换动作与主开关动作一致。

4）柜、台、箱、盘上的标志器件应标明被控设备编号及名称或操作位置，接线端子应有编号，且清晰、工整、不易脱色。

5）回路中的电子元件不应参加交流工频耐压试验；50V及以下回路可不做交流工频耐压试验。

（21）低压电器组合应符合下列规定：

1）发热元件应安装在散热良好的位置。

2）熔断器的熔体规格、断路器的整定值应符合设计要求。

3）切换压板应接触良好，相邻压板间应有安全距离，切换时，不应触及相邻的压板。

4）信号回路的信号灯、按钮、光字牌、电铃、电笛、事故电钟等动作和信号显示应准确。

5）金属外壳需做电击防护时，应与保护导体可靠连接。

6）端子排应安装牢固，端子应有序号，强电、弱电端子应隔离布置，端子规格应与导线截面面积大小适配。

（22）柜、台、箱、盘间配线应符合下列规定：

1）二次回路接线应符合设计要求，除电子元件回路或类似回路外，回路的绝缘导线额定电压不应低于450/750V；对于铜芯绝缘导线或电缆的导体截面面积，电流回路不应小于2.5mm²，其他回路不应小于1.5mm²。

2）二次回路连线应成束绑扎，不同电压等级、交流、直流线路及计算机控制线路应分别绑扎，且应有标志；固定后不应妨碍手车开关或抽屉式部件的拉出或推入。

（23）柜、台、箱、盘面板上的电器连接导线应符合下列规定：

1）连接导线应采用多芯铜芯绝缘软导线，敷设长度应留有适当余量。

2）线束宜有外套塑料管等加强绝缘保护层。

3）与电器连接时，端部应绞紧、不松散、不断股，其端部可采用不开口的终端端子或搪锡。

4）可转动部位的两端应采用卡子固定。

（24）照明配电箱（盘）安装应符合下列规定：

1）箱体开孔应与导管管径适配，安装配电箱箱盖应紧贴墙面，箱（盘）涂层应完整。

2）箱（盘）内回路编号应齐全，标志应正确。

3）箱（盘）应采用不燃材料制作。

4）箱（盘）应安装牢固、位置正确、部件齐全，安装高度应符合设计要求，垂直度允许偏差不应大于1.5‰。

3. 应急电源安装质量监理管控要点

（1）柴油发电机组一般作为备用电源外，可兼作建筑物内重要负荷和消防负荷的应急电源。当发生火灾时，柴油发电机应自动启动并切除该发电机组所带的非消防负荷，是保证消防供电可靠性的重要措施，施工验收前验证这些功能是非常有必要的。

（2）对于发电机组至低压配电柜馈电线路的相间、相对地间的绝缘电阻值，低压馈电线路不应小于0.5MΩ，高压馈电线路不应小于1MΩ/kV；绝缘电缆馈电线路直流耐压试验应符合国家标准《电气装置安装工程　电气设备交接试验标准》GB 50150—2016的规定。

（3）柴油发电机的馈电线路是指由柴油发电机至配电室或经配套的控制柜至配电室的馈电线路，包括柴油发电机随机的出线开关柜间的馈电线路。原供电系统是指由市电供给的供电系统。核相是两个电源向同一供电系统供电的必要程序，虽然不出现并列运行，但相序一致才能确保用电设备的性能和安全。相序一致是指三相对应且交流变化规律一致。

（4）并列运行的柴油发电机的型号、规格、特性及配套设备是由设计来选择的，安装单位主要应保证并列运行的柴油发电机组的电气试验参数及测试数据一致。

（5）发电机的中性点接地连接方式及接地电阻值应符合设计要求，接地螺栓防松零件齐全，且有标志。

（6）发电机本体和机械部分的外露可导电部分应分别与保护导体可靠连接，并应有标志。

（7）燃油系统的设备及管道的防静电接地应符合设计要求。

（8）发电机组随机的配电柜、控制柜接线应正确，紧固件紧固状态良好，无遗漏脱落。开关、保护装置的型号、规格正确，验证出厂试验的锁定标记应无位移，有位移的应重新试验标定。

（9）受电侧配电柜的开关设备、自动或手动切换装置和保护装置等的试验应合格，并应按设计的自备电源使用分配预案进行负荷试验，机组应连续运行无故障。

（10）一旦发生故障、断电等停电事故时，EPS/UPS装置必须无条件供电，设计中对初装容量、用电容量、允许过载能力、电源转换时间都有明确的规定，订货时就应要求厂家按设计规定的技术参数进行配置，并实施出厂检验，安装前对相关参数进行核实，保证应急电源产品与设计的符合性，当对电池性能、极性及电源转换时间有异议时，应由厂家或有资质的实验室负责现场测试，安装完成后应在拆除馈电线路的条件下对控制回路按设计要求进行动作试验。

（11）UPS及EPS的整流、逆变、静态开关、储能电池或蓄电池组的规格、型号应符合设计要求。内部接线应正确、可靠不松动，紧固件应齐全。

（12）UPS及EPS的极性应正确，输入、输出各级保护系统的动作和输出的电压稳定性、波形畸变系数、频率、相位、静态开关的动作等各项技术性能指标试验调整应符合产品技术文件要求，当以现场的最终试验替代出厂试验时，应根据产品技术文件进行试验调整，且应符合设计文件要求。

（13）EPS应按设计或产品技术文件的要求进行下列检查：

1）核对初装容量，并应符合设计要求。

2）核对输入回路断路器的过载和短路电流整定值并应符合设计要求。

3）核对各输出回路的负荷量，且不应超过EPS的额定最大输出功率。

4）核对蓄电池备用时间及应急电源装置的允许过载能力，并应符合设计要求。

5）当对电池性能、极性及电源转换时间有异议时，应由制造商负责现场测试，并应符合设计要求。

6）控制回路的动作试验，并应配合消防联动试验合格。

（14）UPS及EPS的绝缘电阻值应符合下列规定：

1）UPS的输入端、输出端对地间绝缘电阻值不应小于 $2M\Omega$。

2）UPS及EPS连线及出线的线间、线对地间绝缘电阻值不应小于 $0.5M\Omega$。

（15）UPS输出端的系统接地连接方式应符合设计要求。

（16）安放UPS的机架或金属底座的组装应横平竖直、紧固件齐全，水平度、垂直度允许偏差不应大于 $1.5‰$。

（17）引入或引出UPS及EPS的主回路绝缘导线、电缆和控制绝缘导线、电缆应分别穿钢导管保护，当在电缆支架上或在梯架、托盘和线槽内平行敷设时，其分隔间距应符合设计要求；绝缘导线、电缆的屏蔽护套接地应连接可靠、紧固件齐全，与接地干线应就近连接。

（18）UPS及EPS的外露可导电部分应与保护导体可靠连接，并应有标志。

（19）UPS 运行时产生的 A 声级噪声应符合产品技术文件要求。

四、布线系统安装质量监理管控要点

1. 母线槽安装质量监理管控要点

（1）线槽是供配电线路主干线，其外露可导电部分应与保护导体可靠连接，可靠连接是指与保护导体干线直接连接且应采用螺栓锁紧紧固，目的是一旦母线槽发生漏电可直接导入接地装置，防止可能出现的人身和设备危害。需要说明的是：要求母线槽全长不应少于两处与保护导体可靠连接，是在每金属母线槽之间已有可靠连接的基础上提出的，但并非局限于两处，对通过金属母线分支干线供电的场所，其金属母线分支干线的外壳也应与保护导体可靠连接，因此从母线全长的概念上讲，不少于两处对连接导体的材质和截面要求是由设计根据母线槽金属外壳的不同用途提出的，当母线槽的金属外壳作为保护接地导体时，其与外部保护导体连接的导体截面还应考虑其承受预期故障电流的大小，因此施工时只要符合设计要求即可。

（2）当设计将母线槽的外壳作为保护接地导体（PE）时，其外壳导体应具有连续性且应符合国家标准《低压成套开关设备和控制设备　第 1 部分：总则》GB/T 7251.1—2013 的规定。母线槽的金属外壳作为 PE 导体是允许的，但需要满足一定的条件，因此，产品提供时应同时提供母线槽的金属外壳作为保护接地导体（PE）的相关说明，包括：外壳具有可靠的连接和连续性，截面满足作为 PE 的要求短路耐受能力为三相短路耐受能力的 60%，连接部位的接触电阻足够小。

（3）当母线与母线、母线与电器或设备接线端子采用螺栓搭接连接时，应符合下列规定：

1）母线的各类搭接连接的钻孔直径和搭接长度应符合国家标准《建筑电气工程施工质量验收规范》GB 50303—2015 附录 D 的规定，连接螺栓的力矩值应符合国家标准《建筑电气工程施工质量验收规范》GB 50303—2015 附录 E 的规定；当一个连接处需要多个螺栓连接时，每个螺栓的拧紧力矩值应一致。

2）母线接触面应保持清洁，宜涂抗氧化剂，螺栓孔周边应无毛刺。

3）连接螺栓两侧有平垫圈，相邻垫圈间有大于 3mm 的间隙，螺母侧应装有弹簧垫圈或锁紧螺母。

4）螺栓受力应均匀，不应使电器或设备的接线端子受额外应力。

（4）母线槽是长期通电运行的设备，当母线槽安装于水管正下方且母线槽又不防水时，一旦水管爆裂或水管配件损坏漏水极易造成母线槽运行不正常或发生事故；对母线槽段与段进行硬连接时，两相邻段母线及外壳宜对准；又由于母线槽属于项目定制型成套设备，母线槽安装应考虑相序，安装次序、精度、功能单元（如弯头、支接单元、安装吊架等）位置、防护等级等因素，母线槽的连接程序、伸缩节的设置和连接以及其他相关说明在产品技术文件中均有规定，因此母线槽的安装应严格按照产品相关技术文件要求进行。母线槽安装应符合下列规定：

1）母线槽不宜安装在水管正下方。

2）母线应与外壳同心，允许偏差应为 ±5mm。

3）当母线槽段与段连接时，两相邻段母线及外壳宜对准，相序应正确，连接后不应使母线及外壳受额外应力。

4）母线的连接方法应符合产品技术文件要求。

5）母线槽连接用部件的防护等级应与母线槽本体的防护等级一致。

（5）母线槽通电运行前应进行检验和试验，并应符合下列规定：

1）高压母线交流工频耐压试验应按国家标准《建筑电气工程施工质量验收规范》GB 50303—2015 第 3.1.5 条的规定交接试验合格。

2）低压母线绝缘电阻值不应小于 0.5MΩ。

3）检查分接单元插入时，接地触头应先于相线触头接触，且触头连接紧密，退出时，接地触头应后于相线触头脱开。

4）检查母线槽与配电柜、电气设备的接线相序应一致。

（6）由于线槽自重交接部位均以螺栓连接，使用年限相对较长，在保证安装支架承重性能的同时，其固定方式的稳定性也是必须要考虑的，并应根据母线槽的安装环境做好防腐处理。吊架圆钢的直径大小是考虑了钢材的抗拉强度，并为了与母线槽及其附件的重量相匹配，对于自重较大的配电母线槽，圆钢直径不得低于 8mm，对于自重较小的照明母线槽，因为自重较轻，可以采用直径不低于 6mm 的圆钢。母线槽支架安装应符合下列规定：

1）除设计要求外，承力建筑钢结构构件上不得熔焊连接母线槽支架，且不得热加工开孔。

2）与预埋铁件采用焊接固定时，焊缝应饱满；采用膨胀螺栓固定时，选用的螺栓应适配，连接应牢固。

3）支架应安装牢固、无明显扭曲，采用金属吊架固定时应有防晃支架，配电母线槽的圆钢吊架直径不得小于 8mm；照明母线槽的圆钢吊架直径不得小于 6mm。

4）金属支架应进行防腐处理，位于室外及潮湿场所的应按设计要求做处理。

（7）对于母线与母线、母线与电器或设备接线端子搭接，搭接面的处理应符合下列规定：

1）铜与铜：当处于室外、高温且潮湿的室内时，搭接面搪锡或镀银；干燥的室内，可不搪锡、不镀银。

2）铝与铝：可直接搭接。

3）钢与钢：搭接面应搪锡或镀锌。

4）铜与铝：在干燥的室内，铜导体搭接面应搪锡；在潮湿场所，铜导体搭接面应搪锡或镀银，且应采用铜铝过渡连接。

5）钢与铜或铝：钢搭接面应镀锌或搪锡。

（8）当母线采用螺栓搭接时，连接处距绝缘子的支持夹板边缘不小于 50mm。

（9）当设计无要求时，母线的相序排列及涂色应符合下列规定：

1）对于上、下布置的交流母线，由上至下或由下至上排列分别为 L1、L2、L3；直流母线应正极在上，负极在下。

2）对于水平布置的交流母线，由柜后向柜前或由柜前向柜后排列分别为 L1、L2、L3；直流母线应正极在后，负极在前。

3）对于面对引下线的交流母线，由左至右分别排列为 L1、L2、L3；直流母线应正极在左，负极在右。

4) 对于母线的涂色：交流，L1、L2、L3分别为黄色、绿色和红色，中性导体为淡蓝色；直流母线应正极为赭色、负极为蓝色；保护接地导体（PE）应为黄-绿双色组合色，保护中性导体（PEN）应为全长黄-绿双色、终端用淡蓝色或全长淡蓝色、终端用黄-绿双色；在连接处或支持件边缘两侧10mm以内不涂色。

（10）母线槽安装应符合下列规定：

1) 水平或垂直敷设的母线槽固定点应每段设置一个，且每层不得少于一个支架，其间距应符合产品技术文件的要求，距拐弯0.4～0.6m处应设置支架，固定点位置不应设置在母线槽的连接处或分接单元处。

2) 母线槽段与段的连接口不应设置在穿越楼板或墙体处，垂直穿越楼板处应设置与建（构）筑物固定的专用部件支座，其孔洞四周应设置高度为50mm及以上的防水台，并应采取防火封堵措施。

3) 母线槽跨越建筑物变形缝处时，应设置补偿装置；母线槽直线敷设长度超过80m时，每50～60m宜设置伸缩节。

4) 母线槽直线段安装应平直，水平度与垂直度偏差不宜大于1.5‰，全长最大偏差不宜大于20mm；照明用母线槽水平偏差全长不应大于5mm，垂直偏差不应大于10mm。

5) 外壳与底座间、外壳各连接部位及母线的连接螺栓应按产品技术文件要求选择正确、连接紧固。

6) 母线槽上无插接部件的接插口及母线端部应采用专用的封板封堵完好。

7) 母线槽与各类管道平行或交叉的净距应符合国家标准《建筑电气工程施工质量验收规范》GB 50303—2015附录F的规定。

2. 梯架、托盘和槽盒安装质量监理管控要点

（1）金属梯架、托盘或槽盒已与保护导体进行了可靠连接，一旦电缆或导线发生绝缘损坏，泄漏电流将直接通过金属梯架、托盘、槽盒和保护导体导入接地装置，不可能引起金属支架的带电，故金属支架没有必要单独再与保护导体连接。金属梯架、托盘和槽盒本体之间的连接应牢固可靠，与保护导体的连接应符合下列规定：

1) 梯架、托盘和槽盒全长不大于30m时，不应少于2处与保护导体可靠连接；全长大于30m时，每隔20～30m应增加一个连接点，起始端和终点端均应可靠接地。

2) 非镀锌梯架、托盘和槽盒本体之间连接板的两端应跨接保护联结导体，保护联结导体的截面面积应符合设计要求。

3) 镀锌梯架、托盘和槽盒本体之间不跨接保护联结导体时，连接板两端不应少于2个有防松螺母或防松垫圈的连接固定螺栓。

（2）电缆梯架、托盘和槽盒转弯、分支处宜采用专用连接配件，其弯曲半径不应小于梯架、托盘和槽盒内电缆最小允许弯曲半径，电缆最小允许弯曲半径应符合表4.4-7的规定。

（3）室外配管不应敞口垂直向上，主要是防止雨水入侵管内，导致供电或用电回路浸水运行，影响电线绝缘水平，而长此以往必将影响设备安全运行，存在潜在的人身安全或设备运行安全风险。管口设在盒、箱和建筑物内，可防止雨水侵入。

电缆最小允许弯曲半径

表 4.4-7

电缆形式		电缆外径（mm）	多芯电缆	单芯电缆
塑料绝缘电缆	无铠装		15D	20D
	有铠装		12D	15D
橡皮绝缘电缆		—	10D	
控制电缆	非铠装型、屏蔽型软电缆		6D	
	铠装型、铜屏蔽型		12D	—
	其他		10D	
铝合金导体电力电缆		—	7D	
氧化镁绝缘刚性矿物绝缘电缆		<7	2D	
		≥7,且<12	3D	
		≥12,且<15	4D	
		≥15	6D	
其他矿物绝缘电缆		—	15D	

注：D 为电缆外径。

（4）柔性导管是指无须用力即可任意弯曲的导管，分为金属柔性导管或非金属柔性导管，但并非可弯曲金属导管。柔性导管因产品自身特点，存在管壁薄、强度低、密闭性差等问题，金属柔性导管易锈蚀，当埋入墙体或楼（地）面时，导管内必然会灌入灰浆造成线路破坏，而隐藏安全隐患，故不允许直埋于墙体内或楼地面内。

（5）电缆在电气竖井内垂直敷设包括电缆在桥架内垂直敷设和电缆在支架上垂直敷设，电缆在大于 45°倾斜支架上或电缆桥架内敷设包括电缆在电缆沟的支架上倾斜敷设，要求在每个支架上做固定，主要是为保证电缆受力均匀，不致使电缆因长期受力运行而削减电缆的持续载流量，引发安全事故。

（6）电缆头未做固定或固定不可靠或截面面积较大的电缆弯曲后自然形成的外力，均可导致电缆与电器元器件或设备端子连接后受到额外的附加力，出现接触不良发热、持续载流量减少等情况。

（7）消防应急电源电缆大量采用耐火电缆，耐火电缆的连接附件包括：终端组件、中间连接器、胶封、绝缘片、封套、收缩热缩管、保护铜管、接线鼻子等，这些连接附件需要施工单位单独配置。施工单位在配置时应保证其耐火性能与耐火电缆相同，以避免由于电缆连接附件的耐火性能不符合要求，造成火灾发生时，连接附件的先行损毁，导致有耐火要求的线路出现故障或停电。

（8）交流单芯电缆或分相后的每相电缆包括预分支电缆的分支以及单芯矿物绝缘电缆等，在敷设时应采取科学的排布方式以减少涡流造成的能量损失和电缆绝缘损坏。因单芯电缆在运行时其周围将产生交变电磁场，如果用铁磁夹具固定单芯电缆或单芯电缆进出剪力墙、进出钢制配电箱（柜）和钢制电缆桥架的开孔处或穿钢管都将形成闭合环路，钢制配电箱（柜）、钢制电缆桥架和钢导管是可导磁的材料，在交变电磁场作用下，导磁材料内就会产生涡流发热，降低电缆绝缘性能，影响电缆运行安全和使用寿命。同样，单芯电缆明敷用铁磁夹具直接固定在混凝土墙体（顶板）上，金属帐栓有可能接触墙（顶板）内钢筋，也会形成闭合磁路；混凝土楼板或混凝土墙体内有密布钢筋可形成闭合磁路，所以单芯电缆穿越混凝土楼板或混凝土墙体的预留洞也可能会产生涡流造成电能损耗。为防止其产生的涡流效应给布线系统造成的不良影响，单芯电缆的敷设方式、支承支架、卡具等的选择，应采取分隔磁路的措施或采用非导磁材料的支撑支架或卡具等。

（9）当直线段钢制或塑料梯架、托盘和槽盒长度超过 30m 时，或铝合金或玻璃钢制梯架、托盘和槽盒长度超过 15m 时，应设置伸缩节；当梯架、托盘和槽盒跨越建筑物变形缝时，应设置补偿装置。

（10）梯架、托盘和槽盒与支架间及与连接板的固定螺栓应紧固无遗漏，螺母应位于梯架、托盘和槽盒外侧；当采用铝合金梯架、托盘和槽盒与钢支架固定时，应有相互间绝缘的防电化腐蚀措施。

（11）当设计无要求时，梯架、托盘和槽盒及支架安装应符合下列规定：

1）电缆梯架、托盘和槽盒宜敷设在易燃易爆气体管道和热力管道的下方，与各类管道的最小净距应符合国家标准《建筑电气工程施工质量验收规范》GB 50303—2015 附录 F 的规定。

2）配线槽盒与水管同侧上下敷设时，宜安装在水管的上方；与热水管、蒸汽管平行上下敷设时，应敷设在热水管、蒸汽管的下方，当有困难时，可敷设在热水管、蒸汽管的上方；相互间的最小距离宜符合国家标准《建筑电气工程施工质量验收规范》GB 50303—2015 附录 G 的规定。

3）敷设在电气竖井内穿楼板处和穿越不同防火区的梯架、托盘和槽盒，应有防火隔堵措施。

4）敷设在电气竖井内的电缆梯架或托盘，其固定支架不应安装在固定电缆的横担上，且每隔 3～5 层应设置承重支架。

5）对于敷设在室外的梯架、托盘和槽盒，当进入室内或配电箱（柜）时应有防雨水措施，槽盒底部应有泄水孔。

6）承力建筑钢结构构件上不得熔焊支架，且不得热加工开孔。

7）水平安装的支架间距宜为 1.5～3.0m，垂直安装的支架间距不应大于 2m。

8）采用金属吊架固定时，圆钢直径不得小于 8mm，并应有防晃支架，在分支处或端部 0.3～0.5m 处应有固定支架。

（12）支吊架设置应符合设计或产品技术文件要求，支吊架安装应牢固、无明显扭曲；与预埋件焊接固定时，焊缝应饱满；膨胀螺栓固定时，螺栓应选用适配、防松零件齐全、连接紧固。

（13）金属支架应进行防腐处理，位于室外及潮湿场所的应按设计要求做处理。

3. 导管敷设质量监理管控要点

（1）镀锌材料抗腐蚀性好、使用寿命长，施工中不应破坏锌保护层，保护层不仅是外表面，还包括内壁表面，如果采用熔焊连接，则必然会破坏内、外表面的锌保护层，外表面尚可用刷油漆补救，而内表面则无法刷漆，上述的薄壁钢导管是指壁厚小于或等于 2mm 的钢导管；壁厚大于 2mm 的称为厚壁钢导管。金属导管应与保护导体可靠连接，并应符合下列规定：

1）镀锌钢导管、可弯曲金属导管和金属柔性导管不得熔焊连接。

2）当非镀锌钢导管采用螺纹连接时，连接处的两端应熔焊焊接保护联结导体。

3）镀锌钢导管、可弯曲金属导管和金属柔性导管连接处的两端宜采用专用接地卡固定保护联结导体；柔性导管是指无须用力即可任意弯曲的导管，分为金属柔性导管或非金属柔性导管，但并非可弯曲金属导管。柔性导管因产品自身特点，存在管壁薄、强度低、密闭性差等问题，金属柔性导管易锈蚀，当埋入墙体或楼（地）面时，导管内必然会灌入灰浆造成线路破坏，而形成安全隐患，故不允许直埋于墙体内或楼地面内。

4）机械连接的金属导管，管与管、管与盒（箱）体的连接配件应选用配套部件，其连接应符合产品技术文件要求，当连接处的接触电阻值符合国家标准《电缆管理用导管系统　第 1 部分：通用要求》GB/T 20041.1—2015 的相关要求时，连接处可不设置保护联结导体，但导管不应作为保护导体的接续导体。

5）金属导管与金属梯架、托盘连接时，镀锌材质的连接端宜用专用接地卡固定保护联结导体，非镀锌材质的连接处应熔焊焊接保护联结导体。

6）以专用接地卡固定的保护联结导体应为铜芯软导线，截面面积不应小于 $4mm^2$；以熔焊焊接的保护联结导体宜为圆钢，直径不应小于 6mm，其搭接长度应为圆钢直径的 6 倍。

（2）钢导管不得采用对口熔焊连接；镀锌钢导管和壁厚小于或等于 2mm 的钢导管，不得采用套管熔焊连接。

（3）当塑料导管在砌体上剔槽埋设时，应采用强度等级不小于 M10 的水泥砂浆抹面保护，保护层厚度不应小于 15mm。截面长边小于 500mm 的承重墙体，施工过程需要剔槽埋设管道时，必然会导致墙体结构的损伤，影响结构安全，所以不应剔槽埋设，直径不大于 25mm 的电气导管，可随墙体结构施工进行预埋，否则应与设计单位协商后移位。

（4）导管穿越密闭或防护密闭隔墙时，应设置预埋套管，预埋套管的制作和安装应符合设计要求，套管两端伸出墙面的长度宜为 30～50mm，导管穿越密闭穿墙套管的两侧应设置过线盒，并应做好封堵。

（5）导管的弯曲半径应符合下列规定：

1）明配导管的弯曲半径不宜小于管外径的 6 倍，当两个接线盒间只有一个弯曲时，其弯曲半径不宜小于管外径的 4 倍。

2）埋设于混凝土内的导管的弯曲半径不宜小于管外径的 6 倍，当直埋于地下时，其弯曲半径不宜小于管外径的 10 倍。

3）电缆导管的弯曲半径不应小于电缆最小允许弯曲半径，电缆最小允许弯曲半径应符合国家标准《建筑电气工程施工质量验收规范》GB 50303—2015 中表 11.1.2 的规定。

（6）导管支架安装应符合下列规定：

1）除设计要求外，承力建筑钢结构构件上不得熔焊导管支架，且不得热加工开孔。

2）当导管采用金属吊架固定时，圆钢直径不得小于 8mm，并应设置防晃支架，在距离盒（箱）、分支处或端部 0.3～0.5m 处应设置固定支架。

3）金属支架应进行防腐，位于室外及潮湿场所的应按设计要求做处理。

4）导管支架应安装牢固、无明显扭曲。

（7）除设计要求外，对于暗配的导管，导管表面埋设深度与建筑物、构筑物表面的距离不应小于 15mm。

（8）进入配电（控制）柜、台、箱、盘内的导管管口，当箱底无封板时，管口应高出柜、台、箱、盘的基础面 50~80mm。

（9）室外导管敷设应符合下列规定：

1）对于埋地敷设的钢导管，埋设深度应符合设计要求，钢导管的壁厚应大于 2mm。

2）导管的管口不应敞口垂直向上，导管管口应在盒、箱内或导管端部设置防水弯。

3）由箱式变电所或落地式配电箱引向建筑物的导管，建筑物一侧的导管管口应设在建筑物内。

4）导管管口在穿入绝缘导线、电缆后应作密封处理。

（10）明配的电气导管应符合下列规定：

1）导管应排列整齐、固定点间距均匀、安装牢固。

2）在距终端、弯头中点或柜、台、箱、盘等边缘 150~500mm 范围内应设有固定管卡，中间直线段固定管卡间的最大距离应符合国家标准《建筑电气工程施工质量验收规范》GB 50303—2015 表 12.2.6"管卡间的最大距离"的规定。

3）接线或过渡盒（箱）分为明配和暗配，其构造不同，防腐和抗机械冲击强度及使用年限也不同。明配管采用的接线盒或过渡盒（箱）应选用明装盒（箱）。

（11）塑料导管敷设应符合下列规定：

1）管口应平整光滑，管与管、管与盒（箱）等器件采用插入法连接时，连接处结合面应涂专用胶合剂，接口应牢固密封。

2）直埋于地下或楼板内的刚性塑料导管，在穿出地面或楼板等易受机械损伤的位置应采取保护措施。

3）当设计无要求时，埋设在墙内或混凝土内的塑料导管应采用中型及以上的导管；中型导管压力值参数可参考图 4.4-1。

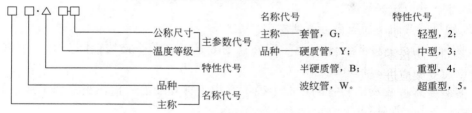

建筑用绝缘电工套管及配件(JG 3050—1998)

套管类型	压力(N)	套管类型	压力(N)
轻型	320	重型	1250
中型	750	超重型	4000

示例：硬质套管，温度等级为—15型，机械性能为中型，公称尺寸为16，其型号为GY·315-16。

图 4.4-1　建筑电气绝缘电工导管及配件

4. 电缆敷设质量监理管控要点

（1）最上层电缆支架距构筑物顶板或梁底的最小净距应满足电缆引接至上方配电柜、台、箱、盘时电缆弯曲半径的要求，且不宜小于表 4.4-8 所列数再加 80~150mm；距其他设备的最小净距不应小于 300mm，当无法满足要求时应设置防护板。

电缆支架层间最小允许距离（mm）　　　　　　表 4.4-8

电缆种类		支架上敷设	梯架、托盘内敷设
控制电缆明敷		120	200
电力电缆明敷	10kV 及以下电力电缆 （除 6～10kV 交联聚乙烯绝缘电力电缆）	150	250
	6～10kV 交联聚乙烯绝缘电力电缆	200	300
	35kV 单芯电力电缆	250	300
	35kV 三芯电力电缆	300	350
电缆敷设在槽盒内		h+100	

（2）当设计无要求时，最下层电缆支架距沟底、地面的最小距离不应小于表 4.4-9 的规定。

最下层电缆支架距沟底、地面的最小净距　　　　　　表 4.4-9

电缆敷设场所及其特征		垂直净距（mm）
电缆沟		50
隧道		100
电缆夹层	非通道处	200
	至少在一侧不小于 800mm 宽通道处	1400
公共廊道中电缆支架无围栏防护		1500
室内机房或活动区间		2000
室外	无车辆通过	2500
	有车辆通过	4500
屋面		200

（3）当支架与预埋件焊接固定时，焊缝应饱满；当采用膨胀螺栓固定时，螺栓应适配、连接紧固、防松零件齐全，支架安装应牢固、无明显扭曲。

（4）金属支架应进行防腐处理，位于室外及潮湿场所的应按实际要求作处理。

（5）电缆敷设应符合下列规定：

1）电缆的敷设排列应顺直、整齐，并宜少交叉。

2）电缆转弯处的最小弯曲半径应符合表 4.4-10 的规定。

电缆最小允许弯曲半径　　　　　　表 4.4-10

电缆形式		电缆外径（mm）	多芯电缆	单芯电缆
塑料绝缘电缆	无铠装		15D	20D
	有铠装		12D	15D
橡皮绝缘电缆			10D	
控制电缆	非铠装型、屏蔽型软电缆	—	6D	—
	铠装型、铜屏蔽型		12D	
	其他		10D	

续表

电缆形式	电缆外径（mm）	多芯电缆	单芯电缆
铝合金导体电力电缆	—		7D
氧化镁绝缘刚性矿物绝缘电缆	＜7		2D
	≥7，且＜12		3D
	≥12，且＜15		4D
	≥15		6D
其他矿物绝缘电缆	—		15D

注：D 为电缆外径。

3）在电缆沟或电气竖井内垂直敷设或大于 45°倾斜敷设的电缆应在每个支架上固定。

4）在梯架、托盘或槽盒内大于 45°倾斜敷设的电缆应每隔 2m 固定，水平敷设的电缆，首尾两端、转弯两侧及每隔 5～10m 处应设固定点。

5）当设计无要求时，电缆支持点间距不应大于表 4.4-11 的规定。

电缆支持点间距（mm）   表 4.4-11

电缆种类		电缆外径	敷设方式	
			水平	垂直
电力电缆	全塑型	—	400	1000
	除全塑型外的中低压电缆		800	1500
	35kV 高压电缆		1500	2000
	铝合金带联锁铠装的铝合金电缆		1800	1800
	控制电缆		800	1000
矿物绝缘电缆		＜9	600	800
		≥9，且＜15	900	1200
		≥15，且＜20	1500	2000
		≥20	2000	2500

6）当设计无要求时，电缆与管道的最小净距应符合国家标准《建筑电气工程施工质量验收规范》GB 50303—2015 附录 F 的规定。

7）无挤塑外护层电缆金属护套与金属支（吊）架直接接触的部位应采取防电化腐蚀的措施。

8）电缆出入电缆沟，电气竖井，建筑物，配电（控制）柜、台、箱处以及管子管口处等部位应采取防火或密封措施。

9）电缆出入电缆梯架、托盘、槽盒及配电（控制）柜、台、箱、盘处应作固定。

10）当电缆通过墙、楼板或室外敷设穿导管保护时，导管的内径不应小于电缆外径的 1.5 倍。

（6）建筑工程中采用直埋电缆的部位多是在室外，一般用于路灯供电，当电缆直埋于车辆有可能通过的草坪或行人等部位时，为避免由于泥土回填不当造成直埋的电缆受损、影响安全，直埋电缆的上、下应有细沙或软土，回填土应无石块、砖头等尖锐硬物。

（7）电缆的首端、末端和分支处应设标志牌，直埋电缆应设标示桩。

5. 导管内穿线和槽盒内敷线质量监理管控要点

（1）金属导管金属槽盒为铁性材料，防管内或槽盒内存在不平衡交流电流产生的涡流效应使导管或槽盒温度升高，导致导管内或槽盒内绝缘导线的绝缘层迅速老化，甚至龟裂脱落，引发漏电、短路、着火等。因此同一交流回路的绝缘导线不应敷设于不同的金属槽盒内，或穿于不同金属导管内。

（2）为防止发生短路故障并具有抗干扰性能，除设计要求外，不同回路、不同电压等级和交流与直流的线路的绝缘导线不应穿于同一导管内。

（3）绝缘导线接头应设置在专用接线盒（箱）或器具内，不得设置在导管和槽盒内，盒（箱）的设置位置应便于检修。

（4）除塑料护套线外，绝缘导线应采取导管或槽盒保护，不可外露明敷。绝缘导线无护套，若无导管或槽盒保护易导致绝缘导线受损，发生触电和火灾等事故。

（5）管内清洁、干燥，便于维修和更换导线，钢导管护线口应齐全可靠，防止导线绝缘层受损伤。绝缘导线穿管前，应清除管内杂物和积水，绝缘导线穿入导管的管口在穿线前应装设护线口。

（6）与槽盒连接的接线盒（箱）应选用明装盒（箱）；配线工程完成后，盒（箱）盖板应齐全完好（确保导线、接头不外露）。

（7）当采用多相供电时，同一建（构）筑物的绝缘导线绝缘层颜色应一致。我国电力供电线路一直沿用相线 L1、L2、L3 采用黄色、绿色、红色的标准。

（8）为保证用电安全、方便检修，避免线路之间的相互干扰及导线敷设过程或运行中的意外损伤、避免导线受到额外的应力。槽盒内敷线应符合下列规定：

1）同一槽盒内不宜同时敷设绝缘导线和电缆。

2）同一路径无防干扰要求的线路，可敷设于同一槽盒内；槽盒内绝缘导线总截面面积（包括外护套）不应超过槽盒内截面面积的 40%，且载流导体不宜超过 30 根。

3）当控制和信号等非电力线路敷设于同一槽盒内时，绝缘导线的总截面面积不应超过槽盒内截面面积的 50%。

4）分支接头处绝缘导线的总截面面积（包括外护层）不应大于该点盒（箱）内截面面积的 75%。

5）绝缘导线在槽盒内应留有一定的余量，并应按回路分段绑扎，绑扎点间距不应大于 1.5m；当垂直或大于 45°倾斜敷设时，应将绝缘导线分段固定在槽盒的专用部件上，每段至少应有一个固定点；当直线段长度大于 3.2m 时，其固定点间距不应大于 1.6m；槽盒内导线排列应整齐、有序。

6）敷线完成后，槽盒盖板应复位，盖板应齐全、平整、牢固。

6. 塑料护套线直敷布线质量监理管控要点

（1）塑料护套线直接敷设在建筑物顶棚内，不便于观察和监视，易被老鼠等小动物啃咬，且检修时易造成线路的机械损伤；敷设在墙体内、抹灰层内、保温层内、装饰面内等隐蔽场所，将导致导线无法检修和更换，还可能会因墙面钉入铁件而损坏线路，造成事故；导线受水泥石灰等碱性介质的腐蚀而加速老化或施工操作不当损坏导线，造成严重漏电，从而危及人身安全。因此塑料护套线严禁直接敷设在建筑物顶棚内、墙体内、抹灰层内、保温层内或装饰面内。

（2）塑料护套线与保护导体或不发热管道等紧贴和交叉处及穿梁、墙、楼板处等易受机械损伤的部位，应采取保护措施。保护部位可使用中型及以上塑料导管或钢套管保护。

（3）塑料护套线在室内沿建筑物表面水平敷设高度距地面不应小于 2.5m，垂直敷设时距地面高度 1.8m 以下的部分应采取保护措施。

（4）当塑料护套线侧弯或平弯时，其弯曲处护套和导线绝缘层均应完整无损伤，侧弯和平弯弯曲半径应分别不小于护套线宽度和厚度的 3 倍。

（5）塑料护套线进入盒（箱）或与设备、器具连接。其护套层应进入盒（箱）或设备、器具内，护套层与盒（箱）入口处应密封。

（6）塑料护套线的固定应符合下列规定：

1）固定应顺直、不松弛、不扭绞。

2）护套线应采用线卡固定，固定点间距应均匀、不松动，固定点间距宜为 150～200mm。

3）在终端、转弯和进入盒（箱）、设备或器具等处，均应装设线卡固定，线卡距终端、转弯中点、盒（箱）、设备或器具边缘的距离宜为 50～100mm。

4）塑料护套线的接头应设在明装盒（箱）或器具内，多尘场所应采用 IP5X 等级的密闭式盒（箱），潮湿场所应采用 IPX5 等级的密闭式盒（箱），盒（箱）的配件应齐全，固定应可靠。

（7）多根塑料护套线平行敷设的间距应一致，分支和弯头处应整齐，弯头应一致。

7. 钢索配线质量监理管控要点

（1）钢索配线应采用镀锌钢索，不应采用含油芯的钢索。钢索的钢丝直径应小于 0.5mm，钢索不应有扭曲和断股等缺陷。

（2）钢索与终端拉环套接处应采用心形环，固定钢索的线卡不应少于 2 个，钢索端头应用镀锌线绑扎紧密，且应与保护导体可靠连接。

（3）钢索的终端拉环埋件应牢固可靠，并应能承受在钢索全部负荷下的拉力，在挂索前应对拉环做过载试验，过载试验的拉力应为设计承载拉力的 3.5 倍。

（4）当钢索长度小于或等于 50m 时，应在钢索一端装设索具螺旋拉紧固；当钢索长度大于 50m 时，应在钢索两端装设索具螺旋拉紧固。

（5）钢索中间吊顶间距不应大于 12m，吊架与钢索连接处的吊钩深度不应小于 20mm，并应用防止钢索跳出的锁定零件。

（6）绝缘导线和灯具有钢索上安装后，钢索应承受全部负载，且钢索表面应整洁、无锈蚀。

（7）钢索配线的支持件之间及支持件与灯头盒之间最大距离应符合表 4.4-12 的规定。

钢索配线的支持件之间及支持件与灯头盒之间最大距离（mm）   表 4.4-12

配线类别	支持件之间最大距离	支持件与灯头盒之间最大距离
钢管	1500	200
塑料导管	1000	150
塑料护套线	200	100

8. 电缆头制作、导线接线和线路绝缘测试质量监理管控要点

（1）电力电缆通电前应按国家标准《电气装置安装工程　电气设备交接试验标准》GB 50150—2016 的规定进行耐压试验，合格后方能通电运行。

（2）低压或特低电压配电线路线间和线对地间的绝缘电阻测试电压及绝缘电阻值不应小于表4.4-13 的规定，矿物绝缘电缆线间和线对地间的绝缘电阻应符合国家现行有关产品标准的规定。其绝缘电阻的测试应在设备未接入时进行。

低压或特低电压配电线路绝缘电阻测试电压及绝缘电阻最小值　　　　表 4.4-13

标称回路电压（V）	直流测试电压（V）	绝缘电阻（MΩ）
SELV 和 PELV	250	0.5
500 及以下，包括 FELV	500	0.5
500 以上	1000	1.0

（3）电力电缆外护层的接地导体截面面积在实际工程中往往缺乏相关技术参数，电力电缆的铜屏蔽层和铠装护套及矿物绝缘电缆的金属护套和金属配件应采用铜绞线或镀锡铜编织线与保护导体作连接，其连接导体的截面面积不应小于表4.4-14 的规定。当铜屏蔽层和铠装护套及矿物绝缘电缆的金属护套和金属配件作保护导体时，其连接导体的截面面积应符合设计要求。

电缆终端保护联结导体的截面（mm^2）　　　　表 4.4-14

电缆相导体截面面积	保护联结导体截面面积
≤16	与电缆导体截面相同
＞16，且≤120	16
≥150	25

（4）电缆端子与设备或器具连接应符合国家标准《建筑电气工程施工质量验收规范》GB 50303—2015 第 10.1.3 条和第 10.2.2 条的规定。

（5）电缆头应可靠固定，不应使电器元器件或设备端子承受额外应力。电缆头支架未作固定或固定不可靠或截面面积较大的电缆弯曲后自然形成的外力均可能导致电缆与电器元器件或设备端子连接后，使电器元器件或设备端子受到额外的附加力。

（6）导线与设备或器具的连接应符合下列规定：

1）截面面积在 $10mm^2$ 及以下的单股铜芯线和单股铝/铝合金芯线可直接与设备或器具的端子连接。

2）截面面积在 $2.5mm^2$ 及以下的多芯铜芯线应接续端子或拧紧搪锡后再与设备或器具的端子连接。

3）截面面积大于 $2.5mm^2$ 的多芯铜芯线，除设备自带插接式端子外，应接续端子后与设备或器具的端子连接；多芯铜芯线与插接式端子连接前，端部应拧紧搪锡。

4）多芯铝芯线应接续端子后与设备、器具的端子连接，多芯铝芯线接续端子前应去除氧化层并涂抗氧化剂，连接完成后应清洁干净。

5）每个设备或器具的端子接线不多于 2 根导线或 2 个导线端子。

（7）截面面积在 6mm² 及以下铜芯导线间的连接应采用导线连接器或缠绕搪锡连接，并应符合下列规定：

1）导线连接器应符合国家标准《家用和类似用途低压电路用的连接器件》GB/T 13140.1～13140.5 的相关规定，并应符合下列规定：

① 导线连接器应与导线截面相匹配；

② 单芯导线与多芯软导线连接时，多芯软导线宜搪锡处理；

③ 与导线连接后不应明露线芯；

④ 采用机械压紧方式制作导线接头时，应使用确保压接力的专用工具；

⑤ 多尘场所的导线连接应选用 IP5X 及以上的防护等级连接器；潮湿场所的导线连接应选用 IPX5 及以上的防护等级连接器。

2）导线采用缠绕搪锡连接时，连接头缠绕搪锡后应采取可靠绝缘措施。

（8）铝/铝合金电缆导体在空气中会被迅速氧化，因此在压接端子的时候，需要除去氧化层并立即涂抹抗氧化剂，才能保证铝合金电缆的压接质量，压接完成后擦掉端子上剩余的氧化剂再做绝缘保护；合金带联锁装作为电外护套时，应与保护接地导体（PE）可靠连接，由于受其结构和截面面积所限，不应作为保护接地导体（PE）使用。铝/铝合金电缆头及端子压接应符合下列规定：

1）铝/铝合金电缆的联锁铠装不应作为保护接地导体（PE）使用，联锁铠装应与保护接地导体（PE）连接。

2）线芯压接面应去除氧化层并涂抗氧化剂，压接完成后应清洁表面。

3）线芯压接工具及模具应与附件相匹配。

（9）当采用螺纹形接线端子与导线连接时，其拧紧力矩值应符合产品技术文件的要求，当无要求时，应符合国家标准《建筑电气工程施工质量验收规范》GB 50303—2015 附录 H 的规定。

（10）绝缘导线、电缆的线芯连接金具（连接管和端子），其规格应与芯线的规格适配，且不得采用开口端子，其性能应符合国家现行有关产品标准的规定。

（11）当接线端子规格与电气器具规格不配套时，不应采取降容的转接措施。

9. 变配电室及电气竖井内接地干线敷设质量监理管控要点

（1）配电室及电气竖井内接地线沿墙或电气井内明敷的接地导体，用于变配电室设备维修和做预防性试验时的接地预留，以及电气竖井内设备的接地。为保证接地系统可靠和电气设备的安全运行，其连接应可靠，连接应采用熔焊连接或螺栓搭接连接，熔焊焊缝应饱满、焊缝无咬肉，螺栓连接应紧固，锁紧装置齐全。

（2）接地干线的材料型号、规格应符合设计要求。

（3）接地干线的连接应符合下列规定：

1）接地干线搭接焊应符合国家标准《建筑电气工程施工质量验收规范》GB 50303—2015 第 22.2.2 条的规定。

2）采用螺栓搭接的连接应符合国家标准《建筑电气工程施工质量验收规范》GB 50303—2015 第 10.2.2 条的规定，搭接的钻孔直径和搭接长度应符合国家标准《建筑电气工程施工质量验收规范》GB 50303—2015 附录 D 的规定，连接螺栓的力矩值应符合国家标准《建筑电气工程施工质量验收规范》GB 50303—2015 附录 E 的规定。

3）铜与铜或铜与钢采用热剂焊（放热焊接）时，应符合国家标准《建筑电气工程施工质量验收规范》GB 50303—2015 第 22.2.3 条的规定。

（4）明敷的室内接地干线支持件应固定可靠，支持件间距应均匀，扁形导体支持件固定间距宜为 500mm；圆形导体支持件固定间距宜为 1000mm；弯曲部分宜为 0.3～0.5m。

（5）接地干线在穿越墙壁、楼板和地坪处应加套钢管或其他坚固的保护套管，钢套管应与接地干线做电气连通，接地干线敷设完成后保护套管管口应封堵。

保护管的作用是避免接地线受到意外冲击而损坏或脱落，钢保护管要与接地干线做电气连通，可使漏电电流以最小阻抗向接地装置泄放，不连通的钢管则如一个短路环一样，套在接地干线外部，互抗存在，漏电电流受阻，接地干线电压升高，起不到保护作用。

（6）接地干线跨越建筑物变形缝时，应采取补偿措施。

（7）对于接地干线的焊接接头，除埋入混凝土内的接头外，其余均应作防腐处理，且无遗漏。

（8）室内明敷接地干线安装应符合下列规定：

1）敷设位置应便于检查，不应妨碍设备的拆卸、检修和运行巡视，安装高度应符合设计要求。

2）当沿建筑物墙壁水平敷设时，与建筑物墙壁间的间隙宜为 10～20mm。

3）接地干线全长度或区间段及每个连接部位附近的表面，应涂以 15～100mm 宽度相等的黄色和绿色相间的条纹标识。

4）变压器室、高压配电室、发电机房的接地干线上应设置不少于 2 个供临时接地用的接线柱或接地螺栓。

五、用电设备质量监理管控要点

1. 电动机、电加热器及电动执行机构检查接线质量监理管控要点

（1）电动机、电加热器及电动执行机构的外露可导电部分必须与保护导体可靠连接。建筑电气设备采用何种供电系统，是由设计决定的，但外露可导电部分是必须与保护导体可靠连接。可靠连接是指与保护导体干线直接连接且应采用锁紧装置紧固，以确保使用安全。使用安全电压（36V 及以下）或建筑智能化工的相关类似用电设备时，其可接近裸露导体是否需与保护导体连接，应由相关设计文件加以说明。连接导体的截面面积按国家标准《建筑电气工程施工质量验收规范》GB 50303—2015 第 3.1.7 条执行，由设计根据电气设备发生接地故障时能满足自动切断设备电源的条件来确定。

（2）低压电动机、电加热器及电动执行机构的绝缘电阻值不应小于 0.5MΩ。

（3）高压及 100kW 以上电动机的交接试验应符合国家标准《电气装置安装工程　电气设备交接试验标准》GB 50150—2016 的规定。目前建筑电气工程中电动机的容量一般不随着建筑面积和体量的增大而增加，低压 100kV 及以上电机和 10kV 高压电机的运用成为趋势，特别是冷水机组，已逐步采用 10kV 高压电机。高压机组为成套设备，且启动控制也不甚复杂，所以交接试验内容也不多，主要是绝缘电阻检测、大电机的直流电阻检测、绕组直流耐压试验和泄漏电流测量。需要注意的是，高压电机的绝缘电阻测试应选用 2500V 或 5000V 电压等级的兆欧表。

（4）电气设备安装应牢固，螺栓及防松零件齐全，不松动。防水防潮电气设备的接线

入口及接线盒盖等应做密封处理。

（5）除电动机随机技术文件不允许在施工现场抽芯检查外，有下列情况之一的电动机应抽芯检查：

1）出厂时间已超过制造厂保证期限。

2）外观检查、电气试验、手动盘转和试运转有异常情况。

（6）电动机抽芯检查应符合下列规定：

1）电动机内部应清洁、无杂物。

2）线圈绝缘层应完好、无伤痕，端部绑线不应松动，槽楔应固定、无断裂、无凸出和松动，引线应焊接饱满，内部应清洁，通风孔道无堵塞。

3）轴承应无锈斑，注油（脂）的型号、规格和数量应正确，转子平衡块应紧固，平衡螺丝锁紧，风扇叶片应无裂纹。

4）电动机的机座和端盖的止口部位应无砂眼和裂纹；

5）连接用紧固件的防松零件应齐全完整；

6）其他指标应符合产品技术文件的要求。

（7）电动机电源线与出线端子接触应良好、清洁，高压电动机电源线紧固时不应损伤电动机引出线套管。高压电动机引出线有绝缘套管作绝缘隔离，绝缘套管通常有环氧树脂和陶瓷两类材质，导线连接紧固用力过大可能会造成损伤而影响绝缘性能。

（8）在设备接线盒内裸露的不同相间和相对地间电气间隙应符合产品技术文件要求，或采取绝缘防护措施。不同电压等级的电动机接线盒内的导线间或导线对地间的电气间隙是不同的，因此应根据不同的电压等级，按产品制造标准或产品技术说明书要求进行检查或施工。

2. 普通灯具安装质量监理管控要点

（1）由于木楔、尼龙塞或塑料塞不具有像膨胀螺栓的楔形斜度，无法促使膨胀产生摩擦握裹力而达到铺定效果，所以在砌体和混凝土结构上不应用其固定灯具，以免由于安装不可靠或意外因素，发生灯具坠落现象而造成人身伤害事故。灯具固定应符合下列规定：

1）灯具固定牢固可靠，在砌体和混凝土结构上严禁使用木楔、尼龙塞或塑料塞固定。

2）灯具重量大于 10kg 的灯具，固定装置及悬吊装置应按灯具重量的 5 倍恒定均布荷载做强度试验，且持续时间不得少于 15min。其固定及悬吊装置应采用在预埋铁板上焊接或后锚固（金属螺栓或金属膨胀螺栓）等方式安装，不宜采用速率膨胀螺栓等方式安装。无论用何种安装方式均应符合建筑物的结构特点，并全数做强度试验。对灯具体积和质量都比较大，其固定和悬吊装置与建（构）筑物之间采用多点固定的方式，且应编制灯具荷载强度试验的专项方案报监理单位审核。

（2）悬吊式灯具安装应符合下列规定：

1）带升降器的软线吊灯在吊线展开后，灯具下沿应高于工作台面 0.3m。

2）质量大于 0.5kg 的软线吊灯，灯具的电源线不应受力。

3）质量大于 3kg 的悬吊灯具，固定在螺栓或预埋吊钩上，螺栓或预埋吊钩的直径不应小于灯具挂销直径，且不应小于 6mm。

4）当采用钢管作灯具吊杆时，其内径不应小于 10mm，厚度不应小于 1.5mm。

5）灯具与固定装置及灯具连接件之间采用螺纹连接的，螺纹啮合扣数不应少于 5 扣。

（3）吸顶或墙面上安装的灯具，其固定用的螺栓或螺钉不应少于 2 个，灯具应紧贴饰面。

（4）由接线盒引至嵌入式灯具或槽灯的绝缘导线应符合下列规定：

1）绝缘导线应采用柔性导管保护，不得裸露，且不应在灯槽内明敷。

2）柔性导管与灯具壳体应采用专用接头连接。

（5）普通灯具的Ⅰ类灯具外露可导电部分必须采取铜芯软导线与保护导体可靠连接，连接处应设置接地标识，铜芯软导线的截面面积应与进入灯具的电源线截面面积相同。

按防触电保护形式，灯具可分为Ⅰ类、Ⅱ类和Ⅲ类。Ⅰ类灯具的防触电保护不仅依靠基本绝缘，而且还包括基本的附加措施，即把外露可导电部分连接到固定的保护导体上，使外露可导电部分在基本绝缘失效时，防触电保护器将在规定时间内切断电源，不致发生安全事故。因此这类灯具必须与保护导体可靠连接，以防触电事故的发生，导线间的连接应采用导线连接器或缠绕搪锡连接。Ⅱ类灯具的防触电保护不仅依靠基本绝缘，而且具有附加安全措施，如双重绝缘或加强绝缘，但没有保护接地措施或依赖安装条件。Ⅲ类灯具的防触电保护是依靠电源电压为安全特低电压，其事故电压不会产生高于安全特低电压或正常条件下不接地的灯具。

（6）除采用安全电压以外，当设计无要求时，敞开式灯具的灯头对地距离应大于 2.5m。

（7）埋地灯安装应符合下列要求：

1）埋地灯的防护等级应符合设计要求。

2）埋地灯的接线盒应采用防护等级为 IPX7 的防水接线盒，盒内绝缘导线接头应作防水绝缘处理。

（8）庭院灯和建筑物附属路灯除有安装牢固闭防水接地可靠的共性要求外，由于还有夜间照明和安全警卫的用途，因此灯具采购时施工单位应向厂家提出或确认配备合适的保护装置，安装完成后应检查确保闭锁防盗装置齐全，否则某套灯具的故障会造成整个回路停电，较大面积没有照明，对人们行动和安全不利。庭院灯、建筑物附属路灯安装应符合下列规定：

1）灯具与基础固定应可靠，地脚螺栓备帽应齐全；灯具接线盒应采用防护等级不小于 IPX5 的防水接线盒，盒盖防水密封垫应齐全、完整。

2）灯具的电器保护装置应齐全，规格应与灯具适配。

3）灯杆的检修门应采取防水措施，且闭锁防盗装置完好。

（9）安装在公共场所的大型灯具的玻璃罩，应采取防止玻璃罩向下溅落的措施。如网罩、非玻璃制品代替玻璃罩，玻璃罩与灯具本体间采用金属链条、调换等不致玻璃罩直接坠落等措施。

（10）LED 照虽然有节能高效、寿命长的优点，并正在被人们逐渐接受，但是从安装形式分，仍然是嵌入式灯、吸顶灯、吊顶、投光灯等形式，不论哪一种安装形式，均应符合下列规定：

1）灯具安装应牢固可靠，饰面不应使用胶类粘贴。

2）灯具安装位置应有较好的散热条件，且不宜安装在潮湿场所。

3）灯具用的金属防水接头密封圈应齐全、完好。

4）灯具的驱动电源、电子控制装置室外安装时，应置于金属箱（盒）内；金属箱（盒）的 IP 防护等级和散热应符合设计要求，驱动电源的极性标记应清晰、完整。

5）室外灯具配线管路应按明管敷设，且应具备防雨功能，IP 防护等级应符合设计要求。

（11）引向单个灯具的绝缘导线截面面积应与灯具功率相匹配，绝缘铜芯导线的线芯截面面积不应小于 $1mm^2$。

（12）灯具的外形、灯头及其接线应符合下列规定：

1）灯具及其配件应齐全，不应有机械损伤、变形、涂层剥落和灯罩破裂等缺陷。

2）软线吊灯的软线两端应做保护扣，两端线芯应搪锡；当装升降器时，应采用安全灯头。

3）除敞开式灯具外，其他各类容量在 100W 及以上的灯具，引入线应采用瓷管、矿棉等不燃材料作隔热保护。

4）连接灯具的软线应盘扣、搪锡压线，当采用螺口灯头时，相线应接于螺口灯头中间的端子上。

5）灯座的绝缘外壳不应破损和漏电；带有开关的灯座，开关手柄应无裸露的金属部分。

（13）灯具表面及其附件的高温部位靠近可燃物时，应采取隔热、散热等防火保护措施。

（14）高低压配电设备、裸母线及电梯曳引机的正上方不应安装灯具。

（15）投光灯的底座及支架应牢固，枢轴应沿需要的光轴方向拧紧固定。

（16）聚光灯和类似灯具出光口面与被照物体的最短距离应符合产品技术文件要求。

（17）导轨灯的灯具功率和载荷应与导轨额定载流量和最大允许载荷相适配。

（18）露天安装的灯具应有泄水孔，且泄水孔应设置在灯具腔体的底部。灯具及其附件、紧固件、底座和与其相连的导管、接线盒等应有防腐蚀和防水措施。

（19）安装于槽盒底部的荧光灯具应紧贴槽盒底部，并应固定牢固。

（20）庭院灯、建筑物附属路灯安装应符合下列规定：

1）灯具的自动通、断电源控制装置应动作准确。

2）灯具应固定牢固可靠、灯位正确，紧固件应齐全、拧紧。

3. 专用灯具安装质量监理管控要点

（1）专用灯具的 I 类灯具外露可导电部分必须用铜芯软导线与保护导体可靠连接，连接处应设置接地标识，铜芯软导线的截面面积应与进入灯具的电源线截面面积相同。

（2）手术台无影灯安装应符合下列规定：

1）固定灯座的螺栓数量不应少于灯具法兰底座上的固定孔数，且螺栓直径应与底座孔径相适配；螺栓采用双螺母锁固。

2）无影灯的固定装置除应按国家标准《建筑电气工程施工质量验收规范》GB 50303—2015 第 18.1.1 条第 2 款进行均布载荷试验外，尚应符合产品技术文件的要求。

（3）应急灯具安装应符合下列规定：

1）消防应急照明回路的设置除应符合设计要求外，尚应符合防火分区设置的要求，穿越不同防火分区时应采取防火封堵措施。

2）对于应急灯具、运行中温度大于 60℃ 的灯具，当靠近可燃物时，应采取隔热、散热等防火措施。

3）EPS 供电的应急灯具安装完毕后，应检查 EPS 供电运行的最少持续供电时间，并应符合设计要求。

4）安全出口标志灯设置应符合设计要求。

5）疏散指示标志灯安装高度及设置部位应符合设计要求。

6）疏散指示标志灯的设置不应影响正常通行，且不应在其周围设置容易混同疏散标志灯的其他标志牌等。

7）疏散指示标志灯工作应正常，并应符合设计要求（依据《建筑电气与智能化通用规范》GB 55024—2022 疏散照明和疏散指示标志灯安装高度在 2.5m 及以下时，应采用安全特低电压供电）。

8）消防应急照明线路在非燃烧体内穿钢导管暗敷时，暗敷钢导管保护层厚度不应小于 30mm。

（4）霓虹灯为高压气体放电装饰用灯具，通常安装在临街商店的正面，人行道的正上方，要特别注意安装牢固可靠，防止高电压泄漏和气体放电使灯管破碎下落而伤人，同样也要防止风力破坏下落伤人和触电事故。霓虹灯安装应符合下列规定：

1）霓虹灯管应完好、无破裂。

2）灯管应采用专用的绝缘支架固定，且牢固可靠；灯管固定后，与建（构）筑物表面的距离不宜小于 20mm。

3）霓虹灯专用变压器应为双绕组式，所供灯管长度不应大于允许负载长度，露天安装时应采取防雨措施。

4）霓虹灯专用变压器的二次侧和灯管间的连接线应采用额定电压大于 15kV 的高压绝缘电线，导线连接应牢固，防护措施应完好；高压绝缘导线与附着物表面的距离不应小于 20mm。

（5）高压钠灯金属卤化物灯光效高、寿命长，适用于车间道路等大面积照明的场所，但需注意镇流器应与灯管（泡）匹配使用，否则会影响管（泡）寿命或启动困难。由于灯管（泡）燃点时，温度较高，电源线应远离灯具表面，检修应在切断电源、待灯泡冷却后进行。

高压钠灯、金属卤化物灯安装应符合下列规定：

1）光源及附件应与镇流器、触发器和限流器配套使用，触发器与灯具本体的距离应符合产品技术文件的要求。

2）电源线应经接线柱连接，不应使电源线靠近灯具表面。

（6）景观照明灯具安装应符合下列规定：

1）在人行道等人员来往密集场所安装的落地式灯具，当无围栏防护时，灯具距地面高度应大于 2.5m。

2）金属构架及金属保护管应分别与保护导体采用焊接或螺栓连接，连接处应设置接地标识。

（7）航空障碍标志灯安装应符合下列规定：

1）灯具安装应牢固可靠，且应有维修和更换光源的措施。

2）当灯具在烟囱顶上装设时，应安装在低于烟囱口 1.5～3m 的部位且应呈正三角形水平排列。

3）对于安装在屋面接闪器保护范围以外的灯具，当需设置接闪器时，其接闪器应与屋面接闪器可靠连接。

（8）太阳能灯具是一种采用新型能源的灯具，目前多用于道路照明灯、庭院灯等，灯具须承受风压和防雨水入侵，因此应安装牢固，做好防水密封。太阳能灯具安装应符合下列规定：

1）太阳能灯具与基础固定应可靠，地脚螺栓有防松措施，灯具接线盒盖的防水密封圈应齐全、完整。

2）灯具表面应平整光洁、色泽均匀，不应有明显的裂纹、划痕、缺损、锈蚀及变形等缺陷。

（9）洁净场所灯具嵌入安装时，灯具与顶棚之间的间隙应用密封胶条和衬垫密封，密封胶条和衬垫应平整，不得扭曲、折叠。灯具的安装不应破坏洁净室密封性。灯具安装结束后应清除灯具表面的灰尘。

（10）游泳池和类似场所灯具（水下灯及防水灯具）安装应符合下列规定：

1）当引入灯具的电源采用导管保护时，应采用塑料导管。

2）固定在水池构筑物上的所有金属部件应与保护联结导体可靠连接，并应设置标识。

（11）手术台无影灯安装应符合下列规定：

1）底座应紧贴顶板、四周无缝隙。

2）表面应保持整洁、无污染，灯具镀、涂层应完整无划伤。

（12）当应急电源或镇流器与灯具分离安装时，应固定可靠，应急电源或镇流器与灯具本体之间的连接绝缘导线应用金属柔性导管保护，导线不得外露。

（13）霓虹灯安装应符合下列规定：

1）明装的霓虹灯变压器安装高度低于 3.5m 时应采取防护措施；室外安装距离晒台、窗口、架空线等不应小于1m，并应有防雨措施。

2）霓虹灯变压器应固定可靠，安装位置宜方便检修，且应隐蔽在不易被非检修人触及的场所。

3）当橱窗内装有霓虹灯时，橱窗门与霓虹灯变压器一次侧开关应有联锁装置，开门时不得接通霓虹灯变压器的电源。

4）霓虹灯变压器二次侧的绝缘导线应采用高绝缘材料的支持物固定，对于支持点的距离，水平线段不应大于 0.5m，垂直线段不应大于 0.75m。

5）霓虹灯管附着基面及其托架应采用金属或不燃材料制作，并应固定可靠，室外安装应耐风压。

（14）高压钠灯、金属卤化物灯安装应符合下列规定：

1）灯具的额定电压、支架形式和安装方式应符合设计要求。

2）光源的安装朝向应符合产品技术文件的要求。

（15）建筑物景观照明灯具构架应固定可靠、地脚螺栓拧紧、备帽齐全；灯具的螺栓应紧固、无遗漏。灯具外露的绝缘导线或电缆应有金属柔性导管保护。

（16）航空障碍标志灯安装位置应符合设计要求，灯具的自动通、断电源控制装置应动作准确。

（17）太阳能灯具的电池板朝向和仰角调整应符合地区纬度，迎光面上应无遮挡物，电池板上方应无直射光源。电池组件与支架连接应牢固可靠，组件的输出线不应裸露，并应用扎带绑扎固定。

4. 开关、插座、风扇安装质量监理管控要点

（1）当交流、直流或不同电压等级的插座安装在同一场所时，应有明显的区别，插座不得互换；配套的插头应按交流、直流或不同电压等级区别使用。

（2）不间断电源插座及应急电源插座应设置标识。

（3）插座接线应符合下列规定：

1）对于单相两孔插座，面对插座的右孔或上孔应与相线连接，左孔或下孔应与中性导体（N）连接；对于单相三孔插座，面对插座的右孔应与相线连接，左孔应与中性导体（N）连接。

2）单相三孔、三相四孔及三相五孔插座的保护接地导体（PE）应接在上孔；插座的保护接地导体端子不得与中性导体端子连接；同一场所的三相插座，其接线的相序一致。

3）保护接地导体（PE）在插座之间不得串联连接。

4）相线与中性导体（N）不应利用插座本体的接线端子转接供电。

（4）照明开关安装应符合下列规定：

1）同一建（构）筑物的开关宜采用同一系列的产品，单控开关的通断位置应一致，且操作灵活、接触可靠。

2）相线应经开关控制。

3）紫外线灯是利用紫外线来实现杀菌消毒功能，它放射的紫外线能量较大，如果没有防护措施，极易对人体造成伤害。因此紫外线杀菌灯的开关应有明显标识，并应与普通照明开关的位置分开。

（5）温控器接线应正确，显示屏指示应正常，安装标高应符合设计要求。

（6）吊扇安装应符合下列规定：

1）吊扇挂钩安装应牢固，吊扇挂钩的直径不应小于吊扇挂销直径，且不应小于8mm；挂钩销钉应有防振橡胶垫；挂销的防松零件应齐全、可靠。

2）吊扇扇叶距地高度不应小于2.5m。

3）吊扇组装不应改变扇叶角度，扇叶的固定螺栓防松等零件应齐全。

4）吊杆间、吊杆与电机间螺纹连接，其啮合长度不应小于20mm，且防松零件应齐全紧固。

5）吊扇接线应正确，运转时扇叶应无明显颤动和异常声响。

6）吊扇开关安装标高应符合设计要求。

（7）壁扇安装应符合下列规定：

1）壁扇底座应采用膨胀螺栓或焊接固定，固定应牢固可靠；膨胀螺栓的数量不应少于3个，且直径不应小于8mm。

2）防护罩应扣紧、固定可靠，运转时扇叶和防护罩应无明显颤动和异常声响。

（8）安装的插座盒或开关盒应与饰面平齐，盒内干净清洁，无锈蚀，绝缘导线不得裸露在装饰层内；面板应紧贴饰面、四周无缝隙、安装牢固，表面光滑、无碎裂、划伤，装

饰帽（板）齐全。

（9）插座安装应符合下列规定：

1）插座安装高度应符合设计要求，同一室内相同规格并列安装的插座高度宜一致。

2）地面插座应紧贴饰面，盖板应固定牢固、密封良好。

（10）照明开关安装应符合下列规定：

1）照明开关安装高度应符合设计要求。

2）开关安装位置应便于操作，开关边缘距门框边缘的距离宜为 0.15～0.2m。

3）相同型号并列安装高度宜一致，并列安装的拉线开关的相邻间距不宜小于 20mm。

（11）温控器安装高度应符合设计要求；同一室内并列安装的温控器高度宜一致，且控制有序、不错位。

（12）吊扇安装应符合下列规定：

1）吊扇涂层应完整、表面无划痕、无污染，吊杆上、下扣碗安装应牢固到位。

2）同一室内并列安装的吊扇开关高度宜一致，并应控制有序、不错位。

（13）壁扇安装应符合下列规定：

1）壁扇安装高度应符合设计要求。

2）涂层应完整，表面无划痕、无污染，防护罩应无变形。

（14）换气扇安装应紧贴饰面、固定可靠。无专人管理场所的换气扇宜设置定时开关。

5. 电气设备试验和试运行质量监理管控要点

（1）试运行前，相关电气设备和线路应按国家标准《建筑电气工程施工质量验收规范》GB 50303—2015 的规定试验合格。

（2）现场单独安装的低压电器交接试验项目应符合国家标准《建筑电气工程施工质量验收规范》GB 50303—2015 附录 C 的规定（表 4.4-15）。

低压电器交接试验　　　　　　　　　　　　　　　表 4.4-15

序号	试验内容	试验标准或条件
1	绝缘电阻	用 500V 兆欧表遥测≥1MΩ，潮湿场所≥0.5MΩ
2	低压电器动作情况	除产品另有规定外,电压、液压或气压在额定值的 85%～110%范围内能可靠动作
3	脱扣器的整定值	整定值误差不得超过产品技术文件的规定
4	电阻器和变阻器的直流电阻差值	符合产品技术条件规定

（3）电动机应试通电，并应检查转向和机械转动情况，电动机试运行应符合下列规定：

1）空载试运行时间宜为 2h，机身和轴承的温升、电压和电流等应符合建筑设备或工艺装置的空载状态运行要求，并应记录电流、电压、温度、运行时间等有关数据。

2）空载状态下可启动次数及间隔时间应符合产品技术文件的要求；无要求时，连续启动 2 次的时间间隔不应小于 5min，并应在电动机冷却至常温下进行再次启动。

（4）电气动力设备的运行电压、电流应正常，各种仪表指示应正常。

（5）电动执行机构的动作方向及指示应与工艺装置的设计要求保持一致。

6. 建筑物照明通电试运行质量监理管控要点

（1）灯具回路控制应符合设计要求，且应与照明控制柜、箱（盘）及回路的标识一致；开关宜与灯具控制顺序相对应，风扇的转向及调速开关应正常。

（2）公用建筑照明系统通电连续试运行时间为 24h，住宅照明系统通电连续试运行时间应为 8h。所有照明灯具均应同时开启，且应每 2h 按回路记录运行参数，连续试运行时间内应无故障。

（3）对设计有照度测试要求的场所，试运行时应检测照度，并应符合设计要求。

六、光伏发电工程质量监理管控要点

光伏发电工程安装应包括对支架安装、光伏组件安装、汇流箱安装、逆变器安装、电气设备安装、防雷与接地安装、线路及电缆安装等分部工程的验收。

设备制造单位提供的产品说明书、试验记录、合格证件、安装图纸、备品备件和专用工具及其清单等应完整齐备。

设备抽检记录和报告安装调试记录和报告施工中的关键工序检查签证记录、质量控制、自检验收记录等资料应完整齐备。

1. 支架安装的质量监理管控要点

（1）固定式支架安装的验收应符合下列要求：

1）固定式支架安装的验收应符合国家标准《钢结构工程施工质量验收标准》GB 50205—2020 的有关规定。

2）采用紧固件的支架，紧固点应牢固，不应有弹垫未压平等现象。

3）支架安装的垂直度、水平度和角度偏差应符合国家标准《光伏发电站施工规范》GB 50794—2012 的有关规定。

4）固定式支架安装的偏差应符合国家标准《光伏发电站施工规范》GB 50794—2012 的有关规定。

5）对于手动可调式支架，高度角调节动作应符合设计要求。

6）固定式支架的防腐处理应符合设计要求。

7）金属结构支架应与光伏方阵接地系统可靠连接。

（2）跟踪式支架安装的验收应符合下列要求：

1）跟踪式支架安装的验收应符合国家标准《钢结构工程施工质量验收标准》GB 50205—2020 的有关规定。

2）采用紧固件的支架，紧固点应牢固，弹垫不应有未压平等现象。

3）当跟踪式支架在手动模式下工作时，手动动作应符合设计要求。

4）具有限位手动模式的跟踪式支架，限位手动动作应符合设计要求。

5）自动模式动作应符合设计要求。

6）过风速保护应符合设计要求。

7）通、断电测试应符合设计要求。

8）跟踪精度应符合设计要求。

9）跟踪控制系统应符合技术要求。

2. 光伏组件安装质量监理管控要点

（1）光伏组件安装的验收应符合下列要求：

1）光伏组件安装应按设计图纸进行，连接数量和路径应符合设计要求。

2）光伏组件的外观及接线盒、连接器不应有损坏现象。

3）光伏组件间接插件连接应牢固，连接线应进行处理，整齐、美观。

4）光伏组件边缘高差和安装倾斜角度偏差应符合现行国家标准《光伏发电站施工规范》GB 50794—2012 的有关规定。

5）方阵的绝缘电阻应符合设计要求。

（2）布线的验收应符合下列要求：

1）光伏组件串、并联方式应符合设计要求。

2）光伏组件串标识应符合设计要求。

3）光伏组件串开路电压和短路电流应符合国家标准《光伏发电站施工规范》GB 50794—2012 的有关规定。

3. 汇流箱安装的质量监理管控要点

（1）箱体安装位置应符合设计图纸要求。

（2）汇流箱标识应齐全。

（3）箱体和支架连接应牢固。

（4）采用金属箱体的汇流箱应可靠接地。

（5）安装高度和水平度应符合设计要求。

4. 逆变器安装的质量监理管控要点

（1）设备的外观及主要零、部件不应有损坏、受潮现象，元器件不应有松动或丢失。

（2）对调试记录及资料应进行复核。

（3）设备的标签内容应符合要求，应标明负载的连接点和极性。

（4）逆变器应可靠接地。

（5）逆变器的交流侧接口处应有绝缘保护。

（6）所有绝缘和开关装置功能应正常。

（7）散热风扇工作应正常。

（8）逆变器通风处理应符合设计要求。

（9）逆变器与基础间连接应牢固可靠。

（10）逆变器悬挂式安装的验收还应符合下列要求：

1）逆变器和支架连接应牢固可靠。

2）安装高度和水平度应符合设计要求。

5. 电气设备安装的质量监理管控要点

（1）变压器和互感器安装的验收应符合国家标准《电气装置安装工程　电力变压器、油浸电抗器、互感器施工及验收规范》GB 50148—2010 的有关规定。

（2）高压电器设备安装的验收应符合国家标准《电气装置安装工程　高压电器施工及验收规范》GB 50147—2010 的有关规定。

（3）低压电器设备安装的验收应符合国家标准《电气装置安装工程　低压电器施工及验收规范》GB 50254—2014 的有关规定。

（4）盘、柜及二次回路接线安装的验收应符合国家标准《电气装置安装工程　盘、柜及二次回路接线施工及验收规范》GB 50171—2012 的有关规定。

（5）光伏电站监控系统安装的验收应符合下列要求：

1）线路敷设路径相关资料应完整齐备。

2）布放线缆的规格、型号和位置应符合设计要求，线缆排列应整齐美观，外皮无损伤；绑扎后的电缆应互相紧密靠拢，外观平直整齐，线扣间距均匀、松紧适度。

3）信号传输线的信号传输方式与传输距离应匹配，信号传输质量应满足设计要求。

4）信号传输线和电源电缆应分离布放，可靠接地。

5）传感器、变送器安装位置应能真实地反映被测量值，不应受其他因素的影响。

6）监控软件功能应满足设计要求。

7）监控软件应支持标准接口，接口的通信协议应满足建立上一级监控系统的需要及调度的要求。

8）监控系统的任何故障不应影响被监控设备的正常工作。

9）通电设备都应提供符合相关标准的绝缘性能测试报告。

（6）继电保护及安全自动装置的技术指标应符合国家标准《继电保护和安全自动装置技术规程》GB/T 14285—2006 的有关规定。

（7）调度自动化系统的技术指标应符合行业标准《电力系统调度自动化设计规程》DL/T 5003—2017 和电力二次系统安全防护规定的有关规定。

（8）无功补偿装置安装的验收应符合国家标准《电气装置安装工程　高压电器施工及验收规范》GB 50147—2010 的有关规定。

（9）调度通信系统的技术指标应符合行业标准《电力通信运行管理规程》DL/T 544—2012 和《电力系统自动交换电话网技术规范》DL/T 598—2010 的有关规定。

（10）检查计量点装设的电能计量装置，计量装置配置应符合行业标准《电能计量装置技术管理规程》DL/T 448—2016 的有关规定。

6. 防雷接地安装的质量监理管控要点

（1）光伏方阵过电压保护与接地安装的验收应符合下列要求：

1）光伏方阵过电压保护与接地的验收应依据设计的要求进行。

2）接地网的埋设和材料规格型号应符合设计要求。

3）连接处焊接应牢固、接地网引出应符合设计要求。

4）接地网接地电阻应符合设计要求。

（2）电气装置的防雷与接地安装的验收应符合国家标准《电气装置安装工程　接地装置施工及验收规范》GB 50169—2016 的有关规定。

（3）建筑物的防雷与接地安装的验收应符合国家标准《建筑物防雷设计规范》GB 50057—2010 的有关规定。

7. 线路及电缆安装的质量监理管控要点

（1）架空线路安装的验收应符合国家标准《电气装置安装工程　66kV 及以下架空电力线路施工及验收规范》GB 50173—2014 或《110kV～750kV 架空输电线路施工及验收规范》GB 50233—2014 的有关规定。

（2）光伏方阵直流电缆安装的验收应符合下列要求：

1）直流电缆规格应符合设计要求。

2）标志牌应装设齐全、正确、清晰。

3）电缆的固定、弯曲半径有关距离等应符合设计要求。

4）电缆连接接头应符合国家标准《电气装置安装工程　电缆线路施工及验收标准》GB 50168—2018 的有关规定。

5）直流电缆线路所有接地的接点与接地极应接触良好，接地电阻值应符合设计要求。

6）防火措施应符合设计要求。

（3）交流电缆安装的验收应符合国家标准《电气装置安装工程　电缆线路施工及验收标准》GB 50168—2018 的有关规定。

8. 光伏发电安全防范工程的质量监理管控要点

（1）设计文件及相关图纸施工记录隐蔽工程验收文件、质量控制、自检验收记录及符合国家标准《安全防范工程技术标准》GB 50348—2018 的试运行报告等资料应完整齐备。

（2）安全防范工程的验收应符合下列要求：

1）系统的主要功能和技术性能指标应符合设计要求。

2）系统配置，包括设备数量、型号及安装部位，应符合设计要求。

3）工程设备安装管线敷设和隐蔽工程的验收以及报警系统、视频安防监控系统、出入口控制系统的验收等应符合国家标准《安全防范工程技术标准》GB 50348—2018 的有关规定。

9. 光伏发电消防工程的质量监理管控要点

（1）设计文件及相关图纸施工记录隐蔽工程验收文件质量控制、自检验收记录等资料应完整齐备。

（2）消防工程的设计图纸应已得到当地消防部门的审核。

（3）消防工程的验收应符合下列要求：

1）光伏电站消防应符合设计要求。

2）建（构）筑物构件的燃烧性能和耐火极限应符合国家标准《建筑设计防火规范》GB 50016—2014 的有关规定。

3）屋顶光伏发电工程，应满足建筑物的防火要求。

4）防火隔离措施应符合设计要求。

5）消防车道和安全疏散措施应符合设计要求。

6）光伏电站消防给水、灭火措施及火灾自动报警应符合设计要求。

7）消防器材应按规定品种和数量摆放齐备。

8）安全出口标志灯和火灾应急照明灯具应符合国家标准《消防安全标志　第 1 部分：标志》GB 13495.1—2015 和《消防应急照明和疏散指示系统》GB 17945—2010 的有关规定。

10. 光伏发电工程启动验收的质量监理管控要点

（1）工程启动验收前完成的准备工作应包括下列内容：

1）应取得政府有关主管部门批准文件及并网许可文件。

2）应通过并网工程验收，包括下列内容：

① 涉及电网安全生产管理体系验收。

② 电气主接线系统及场（站）用电系统验收。

③ 继电保护、安全自动装置、电力通信、直流系统、光伏电站监控系统等验收。

④ 二次系统安全防护验收。

⑤ 对电网安全、稳定运行有直接影响的电厂其他设备系统验收。

3）单位工程施工完毕，工程整体自检已完成，已通过验收并提交工程验收文档。

4）调试单位应编制完成启动调试方案并应通过论证。

5）通信系统与电网调度机构连接应正常。

6）电力线路应已经与电网接通，并已通过冲击试验。

7）保护开关动作应正常。

8）保护定值应正确，无误。

9）光伏电站监控系统各项功能应运行正常。

10）并网逆变器应符合并网技术要求。

（2）工程启动验收主要工作应包括下列内容：

1）审查工程建设总结报告。

2）按照启动验收方案对光伏发电工程启动进行验收。

3）对验收中发现的缺陷提出处理意见。

4）协调签发《工程启动验收鉴定书》。

11. 光伏发电工程试运行和移交生产验收时的监理管控要点

（1）工程试运和移交生产验收应具备下列条件：

1）光伏发电工程单位工程和启动验收应均已合格，并且工程试运大纲经试运和移交生产验收组批准。

2）与公共电网连接处的电能质量应符合有关现行国家标准的要求。

3）设备及系统调试，宜在天气晴朗、太阳辐射强度不低于 $400\mathrm{W/m^2}$ 的条件下进行。

4）生产区内的所有安全防护设施应已验收合格。

5）运行维护和操作规程管理维护文档应完整齐备。

6）光伏发电工程经调试后，从工程启动开始无故障连续并网运行时间不应少于光伏组件接收总辐射量累计达 $60\mathrm{kW \cdot h/m^2}$ 的时间。

7）光伏发电工程主要设备（光伏组件、并网逆变器和变压器等）各项试验应全部完成且合格，记录齐全完整。

8）生产准备工作已完成。

9）运行人员已取得上岗资格。

（2）工程试运和移交生产验收监理主要工作应包括下列内容：

1）审查工程设计、施工、设备调试、生产准备、监理、质量监督等总结报告。

2）检查工程投入试运行的安全保护设施的措施是否完善。

3）检查监控和数据采集系统是否达到设计要求。

4）检查光伏组件面接收总辐射量累计达 $60\mathrm{kW \cdot h/m^2}$ 的时间内无故障连续并网运行记录是否完备。

5）检查光伏方阵电气性能、系统效率等是否符合设计要求。

6）检查并网逆变器、光伏方阵各项性能指标是否达到设计的要求。

7）检查工程启动验收中发现的问题是否整改完成。

8）工程试运过程中发现问题时应责成有关单位限期整改完成。

9）确定工程移交生产期限。

10）对生产单位提出运行管理要求与建议。

11）协调签发《工程试运和移交生产验收鉴定书》。

12. 光伏发电工程竣工验收时的监理管控要点

（1）工程竣工验收应在试运行和移交生产验收完成后进行。

（2）工程竣工验收委员会的组成及主要职责应包括下列内容：

1）工程竣工验收委员会应由有关主管部门会同环境保护水利、消防、质量监督等行政部门组成。建设单位及设计、监理、施工和主要设备制造（供应）商等单位应派代表参加竣工验收。

2）工程竣工验收委员会主要职责应包括下列内容：

① 主持工程竣工验收；

② 审查工程竣工报告；

③ 审查工程投资结算报告；

④ 审查工程投资竣工决算；

⑤ 审查工程投资概预算执行情况；

⑥ 对工程遗留问题提出处理意见；

⑦ 对工程进行综合评价，签发符合本规范附录 F 要求的《工程竣工验收鉴定书》。

（3）工程竣工验收条件应符合下列要求：

1）工程应已经按照施工图纸全部施工完成，并已提交建设、设计监理、施工等相关单位签字、盖章的总结报告，历次验收发现的问题和缺陷应已经整改完成。

2）消防、环境保护、水土保持等专项工程应已经通过政府有关主管部门审查和验收。

3）竣工验收委员会应已经批准验收程序。

4）工程投资应全部到位。

5）竣工决算应已经完成并通过竣工审计。

（4）工程竣工验收资料应包括下列内容：

1）工程竣工决算报告及其审计报告；

2）竣工工程图纸；

3）工程概预算执行情况报告；

4）水土保持、环境保护方案执行报告；

5）工程竣工报告。

（5）工程竣工验收主要工作应包括下列内容：

1）检查竣工资料是否完整齐备；

2）审查工程竣工报告；

3）检查工程竣工决算报告及其审计报告；

4）审查工程预决算执行情况；

5）当发现重大问题时，验收委员会应停止验收或者停止部分工程验收，并督促相关单位限期处理；

6）对工程进行总体评价；

7）签发《工程竣工验收鉴定书》。

七、防雷与接地系统质量监理管控要点

1. 接地装置安装质量监理管控要点

（1）接地装置在地面以上的部分，应按设计要求设置测试点，测试点不应被外墙饰面遮蔽，且应有明显标识（地下：150×150×70）。

（2）接地装置的接地电阻值应符合设计要求。

（3）接地装置的材料规格、型号应符合设计要求。

（4）当接地电阻达不到设计要求需采取措施降低接地电阻时，应符合下列规定：

1）采用降阻剂时，降阻剂应为同一品牌的产品，调制降阻剂的水应无污染和杂质；降阻剂应均匀灌注于垂直接地体周围。

2）采取换土或将人工接地体外延至土壤电阻率较低处时，应掌握有关的地质结构资料和地下土壤电阻率的分布情况，并做好记录。

3）采用接地模块时，接地模块的顶面埋深不应小于0.6m，接地模块间距不应小于模块长度的3～5倍。接地模块埋设基坑宜为模块外形尺寸的1.2～1.4倍，且应详细记录开挖深度内的地层情况；接地模块应垂直或水平就位，并应保持与原土层接触良好。

（5）当设计无要求时，接地装置顶面埋设深度不应小于0.6m，且应在冻土层以下。圆钢、角钢、钢管、铜棒、铜管等接地极应垂直埋入地下，间距不应小于5m；人工接地体与建筑物的外墙或基础之间的水平距离不宜小于1m。

（6）接地装置的焊接应采用搭接焊，除埋设在混凝土中的焊接接头外，应采取防腐措施，焊接搭接长度应符合下列规定：

1）扁钢与扁钢搭接不应小于扁钢宽度的2倍，且应至少三面施焊；

2）圆钢与圆钢搭接不应小于圆钢直径的6倍，且应双面施焊；

3）圆钢与扁钢搭接不应小于圆钢直径的6倍，且应双面施焊；

4）扁钢与钢管，扁钢与角钢焊接，应紧贴角钢外侧两面，或紧贴3/4钢管表面，上下两侧施焊。

（7）当接地极为铜材和钢材组成，且铜与铜或铜与钢材连接采用热剂焊时，接头应无贯穿性的气孔且表面平滑。

（8）采用降阻措施的接地装置应符合下列规定：

1）接地装置应被降阻剂或低电阻率土壤所包覆。

2）接地模块应集中引线，并应采用干线将接地模块并联焊接成一个环路，干线的材质应与接地模块焊接点的材质相同，钢制的采用热浸镀锌材料的引出线不少于2处。

2. 防雷引下线及接闪器安装质量监理管控要点

（1）防雷引下线的布置、安装数量和连接方式应符合设计要求。

（2）接闪器的布置、规格及数量应符合设计要求。

（3）接闪器与防雷引下线必须采用焊接或卡接器连接，防雷引下线与接地装置必须采用焊接或螺栓连接。

（4）当利用建筑物金属屋面或屋顶上旗杆、栏杆、装饰物、铁塔、女儿墙上的盖板等永久性金属物作接闪器时，其材质及截面应符合设计要求，建筑物金属屋面板间的连接、

永久性金属物各部件之间的连接应可靠、持久。

（5）暗敷在建筑物抹灰层内的引下线应有卡钉分段固定；明敷的引下线应平直、无急弯，并应设置专用支架固定，引下线焊接处应刷油漆防腐且无遗漏。

（6）设计要求接地的幕墙金属框架和建筑物的金属门窗，应就近与防雷引下线连接可靠，连接处不同金属间应采取防电化学腐蚀措施。

（7）接闪杆、接闪线和接闪带安装位置应正确，安装方式应符合设计要求，焊接固定的焊缝应饱满无遗漏，螺栓固定的应防松零件齐全，焊接连接处应防腐完好。

（8）防雷引下线、接闪线、接闪网和接闪带的焊接连接搭接长度及要求应符合国家标准《建筑电气工程施工质量验收规范》GB 50303—2015 第 22.2.2 条的规定。

（9）接闪线和接闪带安装应符合下列规定：

1）安装应平整顺直、无急弯，其固定支架应间距均匀、固定牢固。

2）当设计无要求时，固定支架高度不宜小于 150mm，间距应符合表 4.4-16 的规定。

3）每个固定支架应能承受 49N 的垂直拉力。

明敷引下线及接闪导体固定支架的间距（mm）　　　　表 4.4-16

布置方式	扁形导体固定支架间距	圆形导体固定支架间距
安装于水平面上的水平导体		
安装于垂直面上的水平导体	500	1000
安装于高于地面 20m 以上垂直面上的垂直导体		
安装于地面至 20m 以下垂直面上的垂直导体	1000	1000

（10）接闪带或接闪网在过建筑物变形缝处的跨接应有补偿措施。

3. 建筑物等电位联结质量监理管控要点

（1）建筑物等电位联结的范围、形式、方法、部位及联结导体的材料和截面面积等是由设计人员根据建筑物的功能、使用环境等来决定的，有星形结构（S 型）和网络结构（M 型），且设计图中都有明确要求，施工必须按设计要求进行。

（2）在高档装修的卫生间内，各种金属部件外观华丽，应在内侧设置专用的等电位联结点与暗敷的等电位联结支线连通，这样就不会因乱接而影响观感质量。

（3）等电位联结导体的连接方式有焊接连接和螺栓连接两类，焊接连接一般用于永久性连接，螺栓连接一般用于时常需要检查维修的场合。对地下暗敷的等电位联结导体，平时是不需要维护和检修的，属于永久性连接。而且设计上等电位连接导体一般选用的是铜排或镀锌扁钢，当铜排或扁钢采用螺栓压接时，对压接面的平整度要求相对较高，地下暗敷采用压接接触面可能会受影响且连接状况变化时不易被及时发现。

第五节　建筑电气工程施工安全监督

一、建筑电气工程危险源的识别

建筑电气工程施工的危险源识别及控制措施见表 4.5-1。

建筑电气工程危险源识别及控制措施 表 4.5-1

建筑电气分部工程危险源识别及控制措施

危险源类别	危险源描述	可导致事故	控制措施
特种作业人员	未按照规定经专门的安全作业培训并取得相应资格,上岗作业的	各类重大事故隐患	监理机构在审核施工单位报审的特种作业人员进场资料时,按关于启用全国一体化政务服务平台标准《建筑施工特种作业操作资格证》(沪建质安〔2023〕27号)文件中的核实方法,对报审人员进行核对,确认其证书真伪。对特种作业人员进行真人核对,确保人证相符
施工现场用电	未达到三级配电、两级保护	人员触电	施工现场用电编制专项施工组织设计,报经主管部门及监理单位批准后方可实施。施工现场用电应按有关要求建立安全技术档案,并由具备相应专业资质的持证专业人员管理。整个施工现场用电线路及设备应采用三级配电 TN-S 接零保护和二级漏电保护系统,积极推广使用工业插头,并安排专业电工每24h进行维护、检修,确保安全用电无事故
	电力变压器的工作地电阻大于 4Ω	人员触电	
	配电箱或漏电保护器未使用定点厂家的定点产品	人员触电	
	固定式设备未使用专用开关箱,未执行"一机一闸一漏一箱"的规定	机械伤害、人员触电	
	不按规定定期检查、维修	人员触电	
	电线老化	人员触电、火灾	
	用金属丝代替熔丝	设备事故	
脚手架安全网的搭拆与使用	无安全技术措施方案	高处坠落、物体打击	在实际施工中,监理人员应针对具体的施工环境,运用技术和管理手段,从脚手架材料检验和架体设计、制作、施工全过程进行把控,并加大安全检查及隐患排查治理力度,督促施工企业加强安全技术交底、提高作业人员的技术素质和安全意识,严格验收挂牌制度,努力消除脚手架的安全隐患
	脚手架未经检验就使用	高处坠落、物体打击、倒塌	
	有(经审批)方案前未进行交底	高处坠落、物体打击	
	脚手架载荷超过设计规定、荷载堆放不均匀	物体打击	
	未经允许随意拆除或改动脚手架、安装网	高处坠落、倒塌	
高处作业	高处作业不系安全带或未高挂低用	高处坠落	使用扣具、安全带等保护装备,确保人员安全
	穿硬底鞋进行高处作业	高处坠落	
现场防火	在易燃易爆的施工现场或其他禁火区域动火未办动火手续及采取防火措施	火灾	做好工作前的安全准备,加强施工人员的安全意识和技能培训,严格执行安全操作规程,增强安全管理和监督力度;避免使用明火和电焊等易燃易爆物品,使用气体灭火设备时应当确保设备安全有效
	施工现场未合理配置、维护,保养消防器材	火灾	

建筑电气分部工程危险源识别及控制措施			
危险源类别	危险源描述	可导致事故	控制措施
动火作业	无动火证动火	火灾、爆炸	严格施工现场动火作业审批制度,对于存放易燃易爆物品的场所,动火前须把里面的易燃易爆品转移到安全地点。电焊回路(地线)应接在焊件上,不得与其他设备搭火。高空动火不许有火花四处飞溅,应采取措施围接,附近一切易燃物要移开或盖好,防止火花飞溅到周围可燃物上引起火灾爆炸事故。动火作业应有专人监护。动火前应清除现场及周围易燃物,或采取其他有效的安全措施,配备足够适用的消防器材。动火作业前,应检查电、气焊工具,保证安全可靠,不准带病使用。动火工具设备必须完好,安全附件齐全良好,符合安全要求。使用气焊焊割动火作业时,氧气瓶、乙炔气瓶离明火应在 10m 以上,乙炔气瓶与氧气瓶之间距离应在 5m 以上,并不准在烈日下暴晒。动火作业完毕后,应清理现场、熄灭余火、切断电源,确认无残留火种后方可离开
	地面动火点与易燃易爆区未采取隔离措施	火灾、爆炸	
	动火作业周围未配备足够的灭火器材	火灾、爆炸	
	动火作业完毕后未清理现场,现场留有残余火种	火灾、爆炸	
	动火现场排风不畅通	中毒、窒息	
电气盘柜安装	砂轮机切割时飞溅	人员受伤	安装前应督促施工企业加强安全技术交底、熟悉施工现场环境,落实安全防护设施的验收,使用相应的安全防护器具,避免出现安全事故。同时,安装人员必须是专业电工,必须按规定穿、戴绝缘鞋、手套,必须使用电工绝缘工具,必须将其前一级相应的电源开关分闸断电,并悬挂停电标志牌,严禁带电作业。调试时应熟悉调试方案,按送停顺序依次进行
	操作人员站位不正确	落预留孔洞受伤	
	吊装就位时,盘、柜倾倒	柜体损坏、人员被砸伤	
	就位时操作人员手指在两盘接缝处	人员手部受伤	
	配线及接地安装时导线已受电	人员触电	
	单体试验、回路调试及受电时违反操作程序	元件损坏、人员触电	
电气桥架安装	砂轮机切割时飞溅	人员受伤	安装前应督促施工企业加强安全技术交底、熟悉施工现场环境,落实安全防护设施的验收,使用梯子前应检查其牢度,不得利用梯子吊桥架。脚手架搭设后,应按规定验收后,合格才能用。升降台使用前,应检查、试验可靠性和稳定性。吊装桥架绳索应牢固,吊物下不得站人或有人工作。桥架盖板应吊一块、固定一块,防止滑落伤人、损物。桥架不得作为人行通道和站人平台。桥架开孔,或发现桥架两端有毛刺或卷边时应处理干净,避免电缆划伤受损
	预留孔洞周围没有围栏	落预留孔洞受伤	
	登梯作业时,梯脚、凳脚没有防滑措施	人员摔伤	
	登梯作业时,梯架没有防滑措施	人员摔伤	
	电钻开孔时违反操作规程	人员手部受伤	
	桥架两端毛刺或卷边未进行处理	人员手部受伤、电缆受损	

续表

建筑电气分部工程危险源识别及控制措施			
危险源类别	危险源描述	可导致事故	控制措施
电气电缆安装	电缆敷设时电缆盘倾倒	人员手部受伤、电缆受损	安装前应督促施工企业加强安全技术交底、熟悉施工现场环境,落实安全防护设施的验收。高处作业使用操作平台时,操作平台应已验收合格。测试期间应确认测试环境符合测试要求,不得盲目进行。端接时,施工人员应熟悉相关规定,并做好相应的安全保护,确保人员免受伤害
	高处作业的操作平台不符合安全规定	人员摔伤	
	绝缘电阻测试时,人员触及被测电缆	人员触电	
	电缆端接时,人员操作违反规定	人员受伤、设备受损	
电气调试	现场混乱、道路不畅、照明不好	机械伤害	加强文明施工管理,落实现场环境治理,强化施工安全防护措施。熟悉操作规范,并做好相应的安全保护,确保人员免受伤害
	受送电违反操作规程	人员伤害、设备损坏	

二、建筑电气安装工程安全监督要点

建筑电气安装工程的安全监督是确保施工过程中电气设备安装安全的重要环节。施工监理安全监督人员应落实好以下安全监督的要点:

(1) 施工方案和安全计划:施工监理安全监督人员应要求施工单位提供详细的施工方案和安全计划,包括施工步骤、安全措施、应急预案等。这些计划应符合相关法律法规和标准,并经过施工监理安全监督人员审核和总监理工程师批准。

(2) 安全设施和防护措施:施工监理安全监督人员应检查施工现场的安全设施和防护措施是否到位,如安全警示标识、防护栏杆、安全网等。同时,确保施工人员佩戴个人防护用品,如安全帽、安全鞋等。

(3) 电气设备质量和安全性能:专业监理工程师和施工监理安全监督人员应检查电气设备的质量和安全性能,包括设备的型号、规格、标志、证书等。还应检查设备的接线是否正确、接地是否良好,并进行必要的测试和验收。

(4) 施工现场管理:施工监理安全监督人员应关注施工现场的秩序和管理,确保施工区域的通道畅通,避免杂物堆积和火源。还应检查电气设备的安装位置是否合理,以及电缆敷设和接线的规范性。

(5) 施工人员培训和资质:施工监理安全监督人员应核实施工人员的培训情况和相关资质,确保他们具备必要的技能和知识。施工单位应提供合格的电工和操作人员,并定期进行安全培训。

(6) 安全监测和记录:施工监理安全监督人员应对施工过程进行定期监测和记录,包括施工进度、安全检查结果、事故和隐患处理情况等。还应及时向相关部门报告安全问题,并采取必要的措施进行整改。

总的来说,建筑电气安装工程的安全监督工作是通过对施工现场、设备质量和施工人员的管理,确保施工过程中的安全性。施工监理安全监督人员应具备专业的电气知识和安全管理经验，严格按照法规和标准要求进行监督，以保障工程的安全和质量。

三、临时用电安全管理

临时用电是指在正式运行的供电系统上加接或拆除如电缆线路、变压器、配电箱等设备以及使用电动机、电焊机等一切临时性用电负荷。在实际生产中还应当注意自带发电机（常见的有柴油发电机、工程车）等相关的非永久性用电，也属临时用电范畴。

为了合理控制施工现场临时用电的消耗，确保施工用电供电稳定，减少能源浪费；降低施工现场临时用电对环境的污染，控制噪声和电磁辐射等对周围环境的影响。

同时，为了保障施工现场临时用电设施和设备的安全性，防止触电、电气事故和电气火灾等安全风险的发生；确保合理安排临时用电设备的选择、布置和使用，降低建设成本，促进施工现场临时用电的安全和规范运行，提高工作效率；项目监理部应积极参与施工单位合作，共同维护施工现场的临时用电安全，严格审核临时用电施工组织设计，并加强临时用电管理，确保施工现场临时用电工程符合相关法规和标准的要求。

1. 临时用电工程监理施工安全管理工作方法

（1）监理应审核施工单位编制的《临时用电组织设计》或《安全用电和电气防火措施》以及临时用电工程图纸；根据在建项目对临时用电需求的特点、审批通过的《临时用电组织设计》、国家和地区的相关规范、标准及时编制《施工现场临时用电管理监理实施细则》，以便明确各方的责任和要求，确保施工现场临时用电的组织措施和管理措施适用于该工程项目。

（2）监理应审查特种作业人员资格证书及持证情况；确认从事临时用电工程的电工、技术人员持有当地主管部门签发的安全技术操作许可证。特种作业人员资格证书自2023年2月1日起，按照上海市住房和城乡建设管理委员会关于本市《建筑施工特种作业操作资格证》电子证书启用全国一体化政务服务平台标准的通知的要求进行查询和验证。

（3）监理应核查或参加临时用电工程实施前施工单位举行的安全技术交底会，确认施工人员三级安全教育与考核是否已完成，施工单位安全生产责任制是否已建立，安全技术保障措施是否已落实，临时用电系统的设备、线缆、配电装置等是否已到位，各项安全防护措施是否已确定。

（4）项目监理部应按国家标准《建设工程施工现场供用电安全规范》GB 50194—2014、行业标准《建筑施工安全检查标准》JGJ 59—2011、上海市工程建设规范《建设工程监理施工安全监督规程》DG/TJ 08—2035—2014 的相关规定对临时用电工程进行安全管理。

（5）监理应协调工程相关方落实临时用电安全专项检查、定期召开安全生产管理例会，及时跟进解决临时用电工程中的隐患或问题，并在监理日志中记录施工现场临时用电方面的安全监督管理情况。

（6）项目监理部应协调工程相关方共同制定《施工现场临时用电应急响应预案》，针对可能发生的用电事故或故障制定相应的处置措施，并确保现场人员都了解应对方法和紧急联系方式。

（7）监理宜采取宣传、培训等活动，通过宣传材料、会议、培训等方式向相关人员传达用电管理的重要性和注意事项，提高相关方对临时用电安全管理的意识和知识储备。

2. 临时用电工程监理施工安全管理工作内容

（1）《临时用电组织设计》或《安全用电和电气防火措施》监理审核要点

根据行业标准《施工现场临时用电安全技术规范》JGJ 46—2005 的规定，施工现场临时用电设备在 5 台及以上或设备总容量在 50kW 及以上的应编制《临时用电组织设计》；施工现场临时用电设备在 5 台以下或设备总容量在 50kW 及以下的应制定《安全用电和电气防火措施》。

1）《临时用电组织设计》或《安全用电和电气防火措施》的实施必须满足以下规定：

① 进行临时用电组织设计或临时用电组织设计发生变更时，必须由电气工程技术人员组织编制并履行"编制、审核、批准"的强制性程序，经相关部门审核及具有法人资格的企业的技术负责人批准后才可以实施。

② 临时用电工程必须经编制、审核、批准部门和使用单位共同验收，合格后方可投入使用。

2）除以上强制性规定外，监理对《临时用电组织设计》审核还应关注以下内容：

① 现场勘测建筑工程临时用电概况、管理组织机构。

② 电源进线、变电所或配电室、配电装置、用电设备的位置及线路走向是否便于建筑工程全过程施工。

③ 根据《施工组织设计》预判施工全过程中临时用电工程的总负荷计算是否满足工程建设实际需求。

④ 核查变压器容量是否大于现场总用电负荷（一般情况下应留有 15%～25% 的余量）。

⑤ 核查配电系统中配电线路（导线或电缆）、配电装置（电器）、接地装置、防雷装置的设计是否符合国家标准、行业标准、地方标准的相关规定。

⑥ 核查《临时用电组织设计》是否按规定绘制了临时用电工程图纸；特别是用电工程总平面图、配电装置布置图、配电系统接线图、接地装置设计图。临时用电工程图纸应单独绘制，并严格按图施工。

⑦ 核查《临时用电组织设计》是否确定了安装、巡检、维修或拆除临时用电设备和线路时相应的安全防护措施。

⑧ 核查《临时用电组织设计》是否制定了安全用电措施和电气防火措施。

⑨ 当临时用电组织设计发生变更时，监理应督促施工单位及时补充有关图纸资料，并重新启动审批、验收程序。

（2）《施工现场临时用电管理监理实施细则》的编制人员应对相关监理人员进行交底，并根据工程项目实际情况及时进行修订、补充和完善；在编制过程中需落实以下要求：

1）《施工现场临时用电管理监理实施细则》由专业监理工程师负责编制，施工安全监督人员参与编制，并经总监理工程师批准。

2）《施工现场临时用电管理监理实施细则》的编制依据：

① 现行相关法律、法规、规章、工程建设强制性标准和设计文件；

② 已批准的监理规划中的施工安全监督方案；

③ 已批准的《临时用电组织设计》中的安全技术措施以及专家意见。

3）《施工现场临时用电管理监理实施细则》应包括以下主要内容：

① 相应工程概况；

② 相关的强制性标准要求；

③ 监督要点、检查方法、频率、措施以及验收要求；

④ 监理人员工作安排及分工；

⑤ 检查记录表。

（3）《建筑施工特种作业操作资格证》可通过以下任一方式查询核验电子证书实时信息：

1）登录"全国工程质量安全监管信息平台公共服务门户"查询验证。

2）使用"全国工程质量安全监管信息平台"微信小程序扫描电子证书二维码查询验证。

3）现场对特种作业人员核对时，核对被验证人手机"随申办"App 亮证中的人员信息验证。

4）登录"上海市建交人才网"—"我要查"—"证书查询"—"建设类考试"—"证书查询"验证。

（4）监理对从事临时用电工程的电工、技术人员的管理方法：

1）电工必须经过按国家现行标准考核合格后，持证上岗工作；其他用电人员必须通过相关安全教育培训和技术交底，考核合格后方可上岗工作。

2）安装、巡检、维修或拆除临时用电设备和线路，必须由电工完成，并应有人监护。电工等级应同工程的难易程度和技术复杂性相适应。

3）各类用电人员应掌握安全用电基本知识和所用设备的性能，并应符合下列规定：

① 使用电气设备前必须按规定穿戴和配备好相应的劳动防护用品，并应检查电气装置和保护设施，严禁设备带"缺陷"运转；

② 保管和维护所用设备，发现问题及时报告解决；

③ 暂时停用设备的开关箱必须分断电源隔离开关，并应关门上锁；

④ 移动电气设备时，必须经电工切断电源并做妥善处理后进行。

（5）查验施工现场的临时用电设备、器具、电线电缆、电气材料的合格证、质量证明材料，确保设备、工具、材料的安全可靠性。

（6）审核施工现场的临时用电方面的有关责任制度、安全技术管理制度是否建立和健全。

（7）总包单位与分包单位应签订临时用电管理协议，明确各方相关责任；《临时用电安全技术档案》应由主管该现场的电气技术人员负责建立与管理。其中"电工安装、巡检、维修、拆除工作记录"可指定电工代管，每周由项目经理审核认可，并应在临时用电工程拆除后统一归档；监理应定期进行检查以下文件：

1）用电组织设计的全部资料；

2）修改用电组织设计的资料；

3）用电技术交底资料；

4）用电工程检查验收表；

5）电气设备的试、检验凭单和调试记录；

6）接地电阻、绝缘电阻和漏电保护器漏电动作参数测定记录表；

7）定期检（复）查表；

8）电工安装、巡检、维修、拆除工作记录。

3. 临时用电工程施工监理安全监督控制方法

（1）监理应对施工现场使用的电气设备进行统计和分析，确保用电需求不超过供电能力，避免因过载引发事故。

（2）监理应在临时用电工程安装施工时，检查用电设备的品质和合格性，确保线路布置符合临时用电工程图纸和配电线路的电气安全要求，防止漏电、短路等事故发生。

（3）在恶劣的气候、特殊的作业环境操作情况下，应督促进行和采用必要的措施，避免发生安全用电的隐患和事故。

（4）临时用电工程施工完成，施工单位自检合格后，项目监理部应组织工程相关方按国家标准《电气装置安装工程 电气设备交接试验标准》GB 50150—2016 的规定进行试验。

（5）临时用电工程施工、试验完毕后，项目监理部应审查完整的平面布置图、系统图、隐蔽工程验收记录、试验记录等，并经《临时用电组织设计》的编制、审核、批准部门和使用单位相关人员共同验收，合格后方可投入使用。

（6）监理应进行定期监测和巡查，检查临时用电设备的正常运行和安全接地情况。当监测发现用电设备的负荷情况有异常时，利用临时用电专项安全检查、安全管理例会等机会及时协调相关方调整和优化用电系统，保证用电的平衡和稳定。

（7）临时用电工程应按分部、分项工程进行定期检查；定期检查时，应复查接地电阻值和绝缘电阻值，对发现的安全隐患，监理应采取适当的监理措施（如：签发工作联系单、监理工程师通知单、召开专题会议等）督促相关方及时处理，并履行复查验收手续。

（8）若施工现场存在严重的临时用电隐患，施工单位拒不整改的，为防止发生用电安全事故，总监理工程师应根据情况采取必要的监理措施，如签发工程暂停令、书面报告建设单位，或直接报告安全生产监督主管部门等。

4. 临时用电工程施工监理安全监督控制重点

（1）施工现场临时用电工程涉及的强制性规定

1）建筑施工现场临时用电工程专用的电源中性点直接接地的 220/380V 三相四线制低压电力系统，必须符合下列规定：

① 采用三级配电系统；

② 采用 TN-S 接零保护系统；

③ 采用二级漏电保护系统。

2）临时用电组织设计及变更时，必须履行"编制、审核、批准"程序，由电气工程技术人员组织编制，经相关部门审核及具有法人资格企业的技术负责人批准后实施。变更用电组织设计时应补充有关图纸资料。

3）临时用电工程必须经编制、审核、批准部门和使用单位共同验收，合格后方可投入使用。

4）临时用电工程定期检查应按分部、分项工程进行，对安全隐患必须及时处理，并应履行复查验收手续。

5）在施工现场专用变压器的供电的 TN-S 接零保护系统中，电气设备的金属外壳必须与保护零线连接。保护零线应由工作接地线、配电室（总配电箱）电源侧零线或总漏电保护器电源侧零线处引出。

6）当施工现场与外电线路共用同一供电系统时，电气设备的接地、接零保护应与原系统保持一致。不得一部分设备做保护接零，另一部分设备做保护接地。（注意：用电设备的保护接地或保护接零应采取并联的方式，严禁串联。）

采用 TN 系统做保护接零时，工作零线（N 线）必须通过总漏电保护器，保护零线（PE 线）必须由电源进线零线重复接地处或总漏电保护器电源侧零线处，引出形成局部 TN-S 接零保护系统。

7）PE 线上严禁装设开关或熔断器，严禁通过工作电流且严禁断线。

8）TN 系统中的保护零线除必须在配电室或总配电箱处做重复接地外，还必须在配电系统的中间处和末端处做重复接地；重复接地时应采用大于或等于 $10mm^2$ 的黄绿双色软线就近与建筑物的接地系统进行可靠连接。

在 TN 系统中，保护零线每一处重复接地装置的接地电阻值不应大于 10Ω。在工作接地电阻值允许达到 10Ω 的电力系统中，所有重复接地的等效电阻值不应大于 10Ω。

9）做防雷接地机械上的电气设备，所连接的 PE 线必须同时做重复接地，同一台机械电气设备的重复接地和机械的防雷接地可共用同一接地体，但接地电阻应符合重复接地电阻值的要求。

10）配电柜应设电源隔离开关及短路、过载、漏电保护电器。电源隔离开关分断时应有明显可见分断点。

11）配电柜或配电线路停电维修时，应挂接地线，应悬挂"禁止合闸、有人工作"停电标志牌。停送电必须由专人负责。

12）电缆中必须包含全部工作芯线和用作保护零线或保护线的芯线。需要三相四线制配电的电缆线路必须采用五芯电缆。

五芯电缆必须包含淡蓝、绿/黄两种颜色绝缘芯线。淡蓝色芯线必须用作 N 线；绿/黄双色芯线必须用作 PE 线，严禁混用。

13）电缆线路应采用埋地或架空敷设，严禁沿地面明设，并应避免机械损伤和介质腐蚀。埋地电缆路径应设方位标志。

14）每台用电设备必须有各自专用的开关箱，严禁用同一个开关箱直接控制 2 台及 2 台以上用电设备（含插座）。

15）配电箱的电器安装板上必须分设 N 线端子板和 PE 线端子板。N 线端子板必须与金属电器安装板绝缘；PE 线端子板必须与金属电器安装板作电气连接。

进出线中的 N 线必须通过 N 线端子板连接；PE 线必须通过 PE 线端子板连接。

16）开关箱中漏电保护器的额定漏电动作电流不应大于 30mA，额定漏电动作时间不应大于 0.1s。

使用于潮湿或有腐蚀介质场所的漏电保护器应采用防溅型产品，其额定漏电动作电流不应大于 15mA，额定漏电动作时间不应大于 0.1s。

17）总配电箱中漏电保护器的额定漏电动作电流应大于 30mA，额定漏电动作时间应大于 0.1s，但其额定漏电动作电流与额定漏电动作时间的乘积不应大于 30mA·s。

18）配电箱、开关箱的电源进线端严禁采用插头和插座作活动连接。

19）对配电箱、开关箱进行定期维修、检查时，必须将其前一级相应的电源隔离开关分闸断电，并悬挂"禁止合闸、有人工作"停电标志牌，严禁带电作业。

20）对混凝土搅拌机、钢筋加工机械、木工机械、盾构机械等设备进行清理、检查、维修时，必须首先将其开关箱分闸断电，呈现可见电源分断点，并关门上锁。

21）下列特殊场所应使用安全特低电压照明器：

① 隧道、人防工程、高温、有导电灰尘，比较潮湿或灯具离地面高度低于2.5m等场所的照明，电源电压不应大于36V；

② 潮湿和易触及带电体场所的照明，电源电压不得大于24V；

③ 特别潮湿场所、导电良好的地面照明，电源电压不得大于12V。

22）照明变压器必须使用双绕组型安全隔离变压器，严禁使用自耦变压器。

23）对夜间影响飞机或车辆通行的在建工程及机械设备，必须设置醒目的红色信号灯，其电源应设在施工现场总电源开关的前侧，并应设置外电线路停止供电时的应急自备电源。

（2）施工现场临时用电工程安全检查控制重点

1）外电防护

① 外电线路与在建工程及脚手架、起重机械、场内机动车道的安全距离应符合规范要求，见表4.5-2和表4.5-3。

在建工程（含脚手架）的周边与架空线路的边线之间的最小安全操作距离　表 **4.5-2**

外电线路电压等级(kV)	1以下	1~10	35~110	154~220	330~500
最小安全操作距离(m)	4	6	8	10	15

施工现场的机动车道与架空线路交叉时的最小垂直距离　表 **4.5-3**

外电线路电压等级(kV)	1以下	1~10	35
最小垂直距离(m)	6	7	7

② 当安全距离不符合规范要求时，必须采取绝缘隔离防护措施，并应悬挂明显的警示标志。

③ 防护设施与外电线路的安全距离应符合规范要求，并应坚固、稳定。

④ 外电架空线路正下方不得进行施工、建造临时设施或堆放材料物品。

2）接地与接零保护系统

① 施工现场专用的电源中性点直接接地的低压配电系统应采用TN-S接零保护系统。

② 施工现场配电系统不得同时采用两种保护系统，严禁利用大地作相线或零线。

③ 保护零线应由工作接地线、总配电箱电源侧零线或总漏电保护器电源零线处引出，电气设备的金属外壳必须与保护零线连接。

④ 保护零线应单独敷设，线路上严禁装设开关或熔断器，严禁通过工作电流；在保护接零正常情况下，下列电气设备不带电的外露导电部分，应做保护接零：

a. 电机、变压器、电器、照明器具，手持电动工具的金属外壳；

b. 电气设备传动装置的金属部件；

c. 配电屏与控制屏的金属框架；

　　d. 室内、室外配电装置的金属框架靠近带电部分的金属围栏和金属门；

　　e. 电气线路的金属保护管、敷线的钢索、起重机轨道、滑升模板金属、操作平台等；

　　f. 安装在电力线路杆（塔）上的开关、电容器等电气装置的金属外壳及支架。

　　⑤ 保护零线应采用绝缘导线，规格和颜色标记应符合规范要求。

　　⑥ TN-S 系统的保护零线应在总配电箱处、配电系统的中间处和末端处做重复接地。

　　⑦ 接地装置的接地线应采用 2 根及以上导体，在不同点与接地体做电气连接。接地体应采用角钢、钢管或光面圆钢。

　　⑧ 工作接地电阻不得大于 4Ω，重复接地电阻不得大于 10Ω。

　　⑨ 施工现场起重机、物料提升机、施工升降机、脚手架应按规范要求采取防雷措施，防雷装置的重复接地电阻值不得大于 30Ω。

　　⑩ 做防雷接地机械上的电气设备，保护零线必须同时做重复接地。施工现场内的起重机、井字架及门架等机械设备，若在相邻建筑物构筑物的防雷装置的保护范围以外，在表 4.5-4 规定范围内，则应安装防雷装置。

施工现场内机械设备及高架设施需安装防雷装置的规定　　　　表 4.5-4

地区年平均雷暴日（d）	机械设备高度（m）
≤15	≥50
>15,<40	≥32
≥40,<90	≥20
≥90 及雷害特别严重地区	≥12

　　3）配电线路

　　① 线路及接头应保证机械强度和绝缘强度；

　　② 线路应设短路、过载保护，导线截面应满足线路负荷电流要求；

　　③ 线路的设施、材料及相序排列、档距、与邻近线路或固定物的距离应符合规范要求；

　　④ 电缆应采用架空或埋地敷设并应符合规范要求，严禁沿地面明设或沿脚手架、树木等敷设；

　　⑤ 电缆中必须包含全部工作芯线和用作保护零线的芯线，并应按规定接用；

　　⑥ 室内非埋地明敷主干线距地面高度不得小于 2.5m。

　　4）配电箱与开关箱

　　① 施工现场配电系统应采用三级配电、二级漏电保护系统，用电设备必须有各自专用的开关箱；必须实行"一机一闸一漏一箱"制；严禁用同一个开关箱直接控制两台及两台以上用电设备（含插座）。

　　② 箱体结构、箱内电器设置及使用应符合规范要求，箱内的电器必须可靠完好，不准使用破损、不合格的电器，配电箱箱体钢板厚度不得小于 1.5mm，开关箱箱体钢板厚度不得小于 1.2mm，且箱体表面均应做防腐处理。同时，配电箱、开关箱设置应端正、牢固，中心点位置与地面垂直距离宜为 1.4～1.6m，开关箱与其控制的固定式用电设备间的水平距离不宜超过 3m；移动式配电箱、开关箱应使用支架稳固安装，中心点位置与地面垂直距离宜为 0.8～1.6m。

③ 配电箱必须分设工作零线端子板和保护零线端子板，保护零线、工作零线必须通过各自的端子板连接。

④ 总配电箱与开关箱应安装漏电保护器，漏电保护器参数应匹配并灵敏可靠。

⑤ 箱体应设置系统接线图和分路标记，并应有门、锁及防雨措施。

⑥ 箱体安装位置、高度及周边通道应符合规范要求，满足箱体周围足够 2 人同时工作的空间，不得堆放任何妨碍操作、维修的物品，亦不得设置于灌木、杂草中。

⑦ 分配箱与开关箱间的距离不应超过 30m，开关箱与用电设备间的距离不应超过 3m。

⑧ 所有配电箱、开关箱使用过程中必须按下列操作顺序：

送电操作顺序：总配电箱→分配电箱→开关箱；

停电操作顺序：开关箱→分配电箱→总配电箱（出现电气故障的紧急情况下除外）。

5）配电室与配电装置

① 配电室的建筑耐火等级不应低于三级，配电室应配置适用于电气火灾的灭火器材；

② 配电室、配电装置的布设应符合规范要求；

③ 配电装置中的仪表、电器元件设置应符合规范要求；

④ 备用发电机组应与外电线路进行联锁；

⑤ 配电室应采取防止风雨和小动物侵入的措施；

⑥ 配电室应设置警示标志、工地供电平面图和系统图。

6）现场照明

① 照明用电应与动力用电分设；

② 特殊场所和手持照明灯应采用安全特低电压供电；如：

a. 有高温、导电灰尘或离地面高度低于 2.4m 等场所的照明，电源电压应不大于 36V；

b. 在潮湿和易触及带电场所的照明电源电压不得大于 24V；

c. 在特别潮湿的场所、导电良好的地面、锅炉或金属容器内工作的照明电源电压不得大于 12V。

③ 照明变压器应采用双绕组安全隔离变压器；

④ 灯具金属外壳应接保护零线；

⑤ 灯具与地面、易燃物间的距离应符合规范要求；

⑥ 照明线路和安全电压线路的架设应符合规范要求，不得使用绝缘老化或破损的器具和器材；

⑦ 施工现场应按规范要求配备应急照明。

7）电动建筑机械和手持电动工具：

① 施工现场中一切电动建筑机械和手持电动工具的选购、使用、检查和维修必须遵守下列规定：

a. 选购的电动建筑机械、手持电动工具和用电安全装置，应符合相应的国家标准、专业标准和安全技术规程，并且有产品合格证和使用说明书；

b. 建立和执行专人专机负责制并定期检查和维修保养；

c. 保护零线的电气连接应符合接地与防雷第⑦条要求，对产生振动的设备其保护零线的连接点不少于两处；

　　d. 在做好保护接零的同时，还要按接地第⑧条、开关箱第⑥条等要求装设漏电保护器。

　　② 焊接机械应放置在防雨和通风良好的地方，焊接现场不准堆放易燃易爆物品。交流弧焊机变压器的一侧电源线长度应不大于 5m，进线处必须设置防护罩。

　　③ 使用焊接机械必须按规定穿戴防护用品，对发电机式直流弧焊机的换向器，应经常检查和维护。

　　④ 露天、潮湿场所或金属构架上操作时，必须选用Ⅱ类手持式电动工具，并装设防溅的漏电保护器，严禁使用Ⅰ类手持式电动工具。

　　⑤ 手持式电动工具的外壳、手柄、负荷线、插头、开关等必须完好无损，使用前必须作空载检查，运行正常方可使用。

第五章　智能建筑工程安装监理

第一节　智能建筑工程概述

　　智能建筑是指通过运用先进的信息技术手段将建筑物的结构（建筑环境结构）、系统（智能化系统）、服务（住、用户需求服务）和管理（物业运行管理）四个基本要素进行优化组合（包括了建筑物的设计、建造、运营和管理等全过程），更利用 4C 技术［指 Computer（计算机技术）、Control（自动控制技术）、Communication（通信技术）、CRT（图形显示技术）］和集成技术综合应用于建筑物之中，在建筑物内建立一个先进的综合网络系统，以达到更加高效、安全、舒适、环保和可持续的建筑目标。现阶段的智能建筑可以实现以下功能：

　　自主感知：通过感应器等设备获取环境数据，实现自主感知。

　　自主控制：通过网络设备控制系统，实现对建筑物内部设备的自主控制。

　　自主决策：通过对感应器采集到的数据进行处理分析，实现建筑内部设备的自主决策。

　　能源管理：通过控制设备的开闭状态，实现建筑内部能源的节约。

　　安全管理：通过视频监控等技术手段，实现对建筑内部安全的保障。

　　目前，智能建筑已成为建设工程的一个热点和发展趋势，具有广阔的应用前景和市场空间。显然，从安装专业监理工程师的角度去看，建设工程项目智能建筑系统安装施工是属于专业程度很高的分部工程，其综合性强、集成度高、系统结构和功能复杂，科技内涵涉及的领域包括建筑电气、计算机学与电子学、控制理论、声光学、系统集成理论等不同的学科，具有高科技特征和系统复杂的特征。对于系统的安装专业监理极具挑战性。

一、智能建筑系统的组成与功能

　　智能建筑系统通常又被称为建筑工程项目中的弱电系统，具有服务于信号传输的特征，这对应于第四章以传输动力电源为特征的建筑电气系统（强电系统）。它的系统按照国家标准《建筑工程施工质量验收统一标准》GB 50300—2013 和《智能建筑工程质量验收规范》GB 50339—2013 对智能建筑分部工程子分部工程的划分，主要由以下组成：

　　1. 综合布线系统

　　综合布线系统（PDS），是建筑物或建筑群内部之间的传输网络。它的子系统如图 5.1-1 所示。整个系统包括所有建筑物与建筑群内部用以交联数据处理设备的电缆和相关的布线器件。例如集线器、数据线、电缆桥架、插座、端口面板。

　　系统中各主要设备、器件及作用：

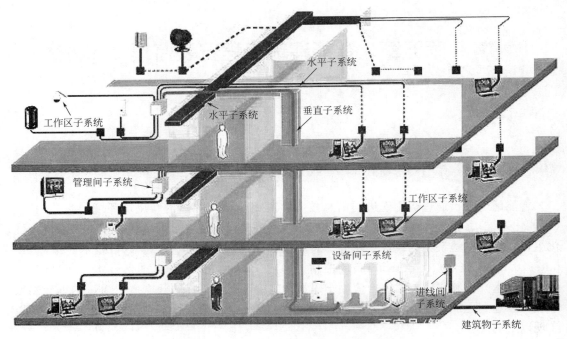

图 5.1-1　综合布线系统示意图

集线器：用于连接不同数码的设备，如计算机、打印机、交换机等，并将信号转发到目标设备。集线器组成了传输网络的基础，为不同的终端设备提供稳定的通信环境。

数据线：用于传输数据、视频或音频信号，其种类包括双绞线、光纤等，具有高速传输、耐干扰和防雷等优点。

电缆桥架：用于管理和支撑数据线，对布线系统中的数据线进行架设，方便流线布局且不影响信号传输。

端口面板：用于连接终端设备和配线系统，实现数据、视频、音频等信号的传输和交换，它可以集成欧盟插座和网络插座之类插头，实现网线和其他设备的连接。

综合布线系统被广泛应用于不同的场合，比如工厂、写字楼、医院和学校等公共场所，也可用于住宅和家庭网络，建立一个高性能、稳定的网络环境。它是智能建筑系统的"基础设施"，专业监理工程师需要对其施工质量影响的波及面有清醒的认识。

2. 智能化集成系统

智能化集成系统（IBMS），通常由控制器、传感器、执行机构、数据收集和处理设备、通信设备等组成。系统中各类设备的主要作用如下：

传感器：用于检测物理或化学量，例如温度、湿度、光照强度、二氧化碳浓度等。

执行机构：负责自动化控制的执行，例如电动阀门、电机驱动器、空调控制器等。

数据收集和处理设备：负责从传感器和其他设备中收集数据并进行信息处理，用于数据监控、录制和分析管理。

对 IBMS 的认识的重点之一是它在管理方面的功能、软件非常重要。这对于专业监理工程师更有重点地实施工程质量管控，见证系统调试等是十分必要的。IBMS 能提供的最主要的管理任务有：

集中的管理：全面掌握建筑物内设备的实时状态、报警和故障。

数据的共享：由于建筑内的各类系统是独立运行的，通过 IBMS 集成系统联通不同通信协议的智能化设备，实现不同系统之间的信息共享和协同工作，例如：消防报警时，通过联动功能实现视频现场的自动显示，动力设备的断电检测，门禁的开启控制等。

更多的增值服务：

（1）可视化集成：可集成三维可视化数字孪生，方便项目运维管理，通过统计数据界面或展开楼层数字化呈现设备实时运行状态以及整体项目运行状态，方便集中可视化管理。

（2）能耗分析：通过采集设备的运行状态，累计各类设备的用电情况，超过计划用量时实时报警；统计分析各类设备的运行工况和用能情况。

（3）设备维护：

通过统计设备的累计运行工况，及时提醒运维人员对各类设备进行维护，避免设备发生故障。

（4）资产设备管理：通过项目集中资产管理，做到设备资产信息可查，资产维护更智能，有计划性，还能降低资产丢失的风险。

综上所述，IBMS 把各种子系统集成为一个"有机"的统一系统，其接口界面标准化、规范化，可完成各子系统的信息交换和通信协议转换。最终以子系统之间的信息共享，设备启停及运行流程化管理，设备能耗的管理，设备维护管理等实现对各类建筑内各智能化子系统的集成综合。

3. 信息接入系统

信息接入系统通常由交换机、路由器、防火墙、网络存储设备等组成，见图 5.1-2。

系统中各类设备的主要作用：

交换机：用于接收、转发和控制数据流，能够实现数据的快速传输和路由选择。

路由器：用于连接不同的网络，实现网络之间的数据传输和路由控制。

网络存储设备：用于存储和管理数据，在系统崩溃或网络中断时可以恢复重要的数据信息。

防火墙：用于网络安全管理，可以控制网络通信中的数据访问、流量和协议等，保护网络免受攻击和恶意软件的侵害。

这些设备的作用和功能是为了实现数据信息的流通、存储和安全管理，提高用户的运行效率及数据的安全性，保障网络的稳定性和数据的可靠性。系统的主体是具有很高技术的 IT 产品，安装监理在这一子分部工程监理中工作就是安装场地的检查，为提供一个符合标准的工作环境。

4. 用户电话交换系统

用户电话交换系统通常由交换机、中继模块、用户接口、综合业务数字网（ISDN）接口、终端控制接口、语音信箱、话务工作站等组成，如图 5.1-3 所示。

系统中各类设备的主要作用：

交换机：交换机是电话交换系统的核心设备，用于连接用户电话线路，实现电话的呼叫、转接、保持、转移等功能。

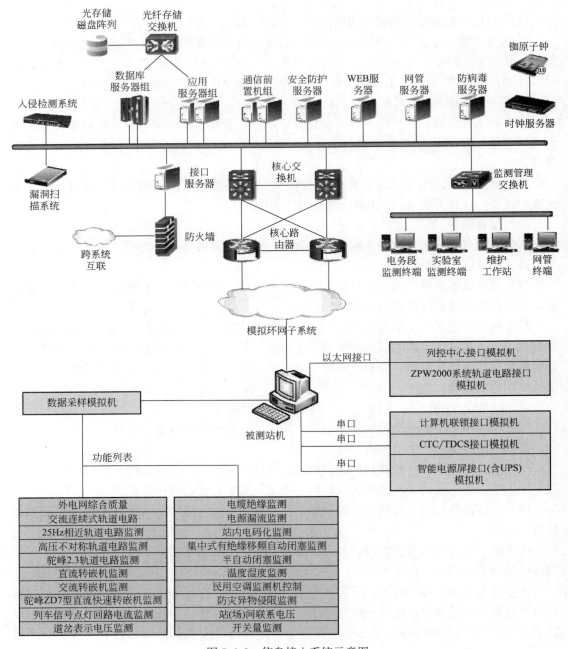

图 5.1-2   信息接入系统示意图

中继模块：用于提供多路电话接入。如电信公司提供的电话中继线业务，只需要提供一个电话号码，就可以同时提供多路电话接入，比如，一个电话号码，一般只能同时打一个电话，但中继模块可以实现同时多个人用同一个号码拨号通话。

话务工作站：用于实现话务员的操作界面，可以实现客户服务请求的自动路由、来电显示、呼叫转移等功能，还可以进行实时监控和统计分析。

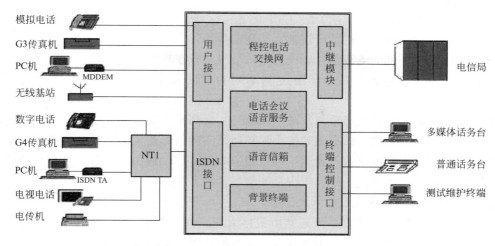

图 5.1-3　用户电话交换系统示意图

用户接口：用于系统和用户之间进行交互和信息交换的媒介，它能实现信息的内部形式与人类可以接受形式之间的转换。

综合业务数字网（ISDN）接口：用于提供声音、视频、数据等服务的专用接口。

这些设备的作用和功能是为了实现电话的呼叫、转接、保持、转移等基本功能，满足用户的需求。项目质量验收的分项工程划分有线缆敷设、设备安装、软件安装、接口及系统调试、试运行。从图 5.1-3 中可以看到用户电话交换系统是建筑工程项目极为重要的、与外界的信息接口之一。系统通过中继模块连接电信局网络构成了数据进出通道，实现了数据信息的高速交换。

5. 移动通信室内信号覆盖系统

移动通信室内信号覆盖系统通常由室内天线、基站设备、信号放大器、分配器、信号源、电源和电缆等设备和材料组成，如图 5.1-4 所示。

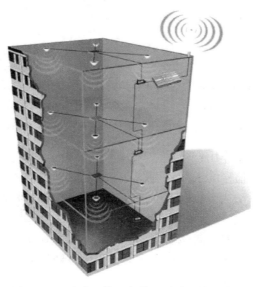

图 5.1-4　移动通信室内信号覆盖系统示意图

系统中各类设备的主要作用：

基站设备：处理信号并将其传输到移动通信基站。

室内天线：将外部的无线信号转换为室内信号并覆盖整个室内空间。

分配器：将放大器输出的信号分配到不同的室内天线上，实现对整个室内空间的覆盖。

信号放大器：用于放大经距离衰减后的信号，提高室内信号强度。

这些设备构成的系统可以有效地解决移动通信室内信号覆盖的问题，提供可靠的室内通信服务。按照国家标准《智能建筑工程质量验收规范》GB 50339—2013，质量验收的分项工程和前面信息接入系统一样，仅仅是安装场地的验收。

6. 有线电视及卫星电视接收系统

有线电视及卫星电视接收系统通常由卫星天线、低噪声放大器（LNB）、有线电视或卫星电视调频器、接收器、有线电视或卫星电视解码器，以及各种电缆组成，见图 5.1-5。

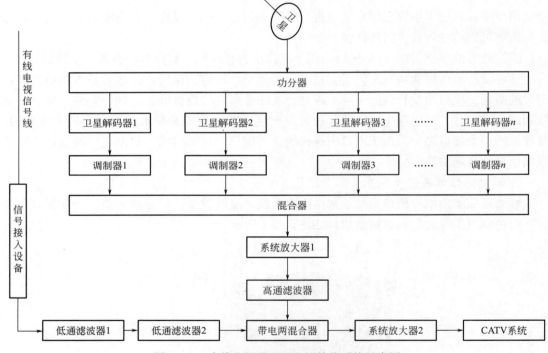

图 5.1-5　有线电视及卫星电视接收系统示意图

系统中各类设备的主要作用：

卫星天线：接收卫星信号的天线，可以分为固定式和可动式两种。固定式天线一般用于接收单一卫星信号，可动式天线则可以接收多个卫星信号。其作用是接收卫星信号并传输到 LNB 中。

LNB：用于接收卫星信号，将接收到的微弱信号放大，便于后续处理。

有线电视或卫星电视调频器：将放大后的卫星信号转换为基带信号，并在基带信号中加入音频、视频信号等。

接收器：接收调频器输出的基带信号，并将其转换成可以在电视上显示的图像。

有线电视或卫星电视解码器：对加密的有线电视或卫星电视信号进行解码，以便正常地显示电视节目。

有线电视及卫星电视接收系统作为带有传统印记的弱电系统，施工质量验收的分项工程与用户电话交换系统类同。

7. 公共广播系统

公共广播系统通常由广播发射设备、信号源设备、信号传输设备、扩音设备等组成，如图 5.1-6 所示。

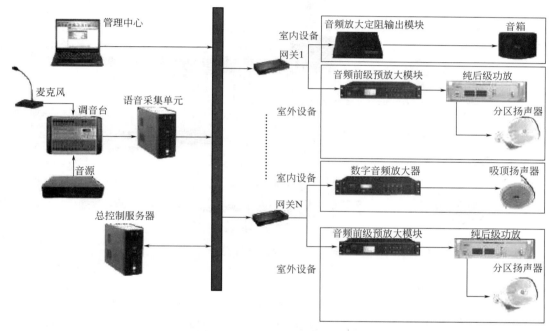

图 5.1-6 公共广播系统示意图

系统中主要设备的作用：

广播发射设备：用于将音频信息转换为电磁波进行传播，实现从发射设备到接收设备之间的无线传输，如发射器、天线、发射控制系统等。

信号源设备：用于提供音频信号源（如 CD 机、MP3 播放器、AM/FM 接收器等），并输出至信号传输设备进行加工处理。

信号传输设备：由音频处理器、混音器、延迟器组成，用于对音频信号进行加工处理和调节，以达到更好的音效效果。

扩音设备：由功率放大器、扬声器、音量控制器等组成，用于将经过处理后的音频信号进行放大，经扬声器发声。

公共广播系统主要用于向公众传递音频信息，一般公共建筑像商场、学校、医院，以及一些办公建筑都有着广泛的应用场景，消防火警时公共广播系统发挥着非常重要的信息传播、疏散指引和辅助救援指挥的作用。

8. 会议系统

会议系统通常由麦克风、音频处理器、扬声器、显示设备、机柜、控制系统等组成，见图 5.1-7。

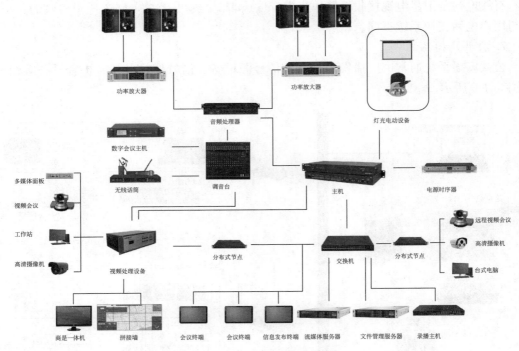

图 5.1-7　会议系统示意图

系统中各类设备的主要作用：

麦克风：用于捕捉与会者的语音信号，并将其发送给音频处理器进行处理。

音频处理器：用于处理麦克风捕捉到的声音信号，可以对语音信号进行噪声消除和声音增强，以确保清晰的声音传输。

扬声器：用于将经过音频处理器处理过的声音信号播放到会议室的各个角落，确保与会者都能听到清晰的声音。

显示设备（投影仪、液晶显示器等）：用于展示计算机等设备的影像投影在大屏幕上，方便与会者查看会议资料。

9. 信息引导及发布系统

信息引导及发布系统几乎是目前公共场所的"标配"，通常由显示设备、控制设备、服务器和传输设备组成。对系统的认识与理解可参阅前述会议系统。

10. 建筑设备监控系统

建筑设备监控系统（BAS），又称楼宇自动化系统，通常由数据采集设备、数据处理机控制设备、远程监控设备等组成。建筑设备监控系统是为了对建筑内的机电设备，例如水泵、风机、空调箱、中央空调冷热源、电梯，以及建筑电气等设备进行实时监控和管理的系统。如图 5.1-8 所示，为其中一个子系统的操作界面。关于系统细节可见本小节第二部分。

图 5.1-8　建筑设备监控系统示意图

11. 火灾自动报警系统

火灾自动报警系统（FAS），是一个非常重要的智能建筑设备系统。它通常由火灾探测器、报警控制单元、报警信号输出设备、联动控制设备等组成。FSA 是为了在火灾发生时，自动检测火灾并及早报警，消防联动，保护人员生命财产安全而建立的系统，见图 5.1-9。

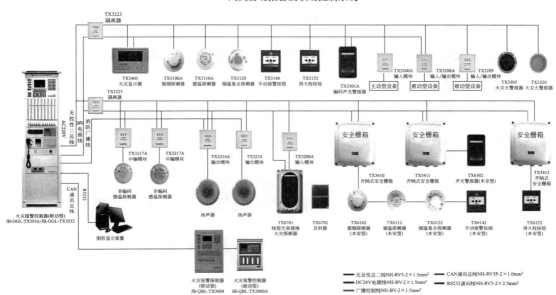

图 5.1-9　火灾自动报警系统示意图

系统中各类设备的主要作用：

火灾探测器：按火灾探测器信息采集类型分为感烟探测器、感温探测器、火焰探测器、复合探测器、特殊气体探测器等，用于检测建筑内的火灾情况，并将检测到的信息通过传感器转化成电信号上传。

报警控制单元：用于对火灾探测器上传的信号进行处理，判断是否存在火灾，并根据预设条件发出火灾报警信号。

报警信号输出设备：用于发出火灾报警信号，包括声光报警器和电子警铃。声光报警器用于在建筑内发出报警声音并发出闪光信号，提醒室内人员及时撤离建筑。电子警铃发出高分贝的警报声，供消防人员使用。

联动控制设备：用于联动消防安全设备的开启和关闭和其他消防措施等，如开启防烟排烟风机、消防水泵，停止空调箱运行，迫降电梯至首层、开启消防事故广播等。当火灾报警信号发出后，联动控制器将自动控制其他消防安全设备联动，同时将切断建筑设备电源，防止火灾蔓延。

另外，随着大量高层建筑、特大型建筑及地下建筑不断涌现，强化建筑防火设施及功能，消防设备电源监控系统、消防应急照明和疏散指示系统成为消防安全的重要组成部分。

消防设备电源监控系统：该系统是为了确保火警时相关设备及系统能正常供电；或在电源发生过压、欠压、过流、缺相等故障时能发出报警信号，对消防设备电源工作状态采取实时监控的智能化措施。系统由消防设备电源状态监控器、电压传感器、电流传感器、电压/电流传感器、报警器等设备组成，见图 5.1-10。

消防设备电源状态监控系统图

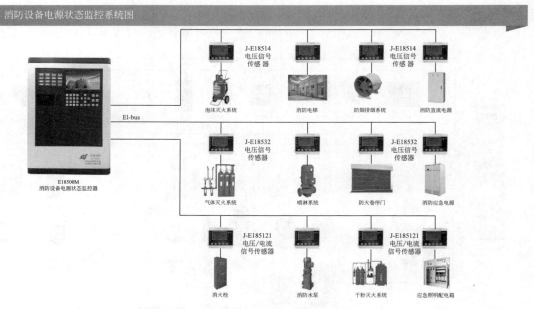

图 5.1-10　消防设备电源监控系统示意图

消防应急照明和疏散指示系统：该系统为人员疏散和发生火灾时仍需工作的场所提供照明和疏散指示的系统，配合火灾报警控制器使用。系统一般由应急照明集中电源、应急照明控制器、消防照明配电箱、消防应急灯具和消防应急标志灯具等组成。按控制模式又分为集中控制型系统和非集中控制型系统。系统如图 5.1-11 所示。

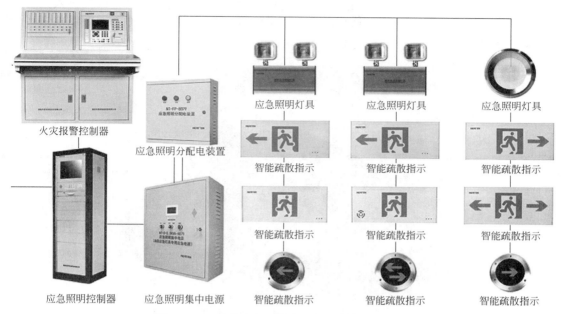

图 5.1-11　消防应急照明和疏散指示系统示意图

应急照明集中电源一般由蓄电池等储能装置供电。

12. 安全技术防范系统

安全技术防范系统（SAS），通常由监控设备、周界电子围栏、报警设备、出入口控制设备等组成。系统实现了对安全的全面监控和防范。系统功能如图 5.1-12 所示。

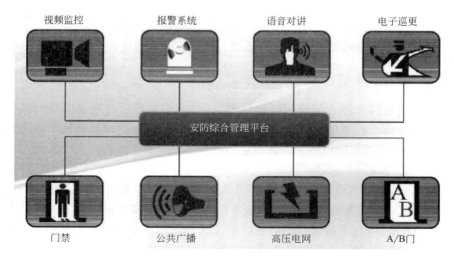

图 5.1-12　安全技术防范系统功能示意图

系统中各类设备的主要作用：

监控设备：用于实时监控安全区域，便于发现安全隐患和迅速采取措施，确保安全。如：闭路电视摄像、红外线探测器等设备，以及符合法律法规要求的人脸识别装置等。

出入口控制设备：用于对人员的进出口进行控制，确保指定区域只有被授权人员可以进出。如门禁系统、闸机等。一般车库管理系统均包含进出闸机，以及车牌自动识别及收费管理等智能装置。

13. 机房工程

机房工程通常由多个分系统组成，如图5.1-13所示。

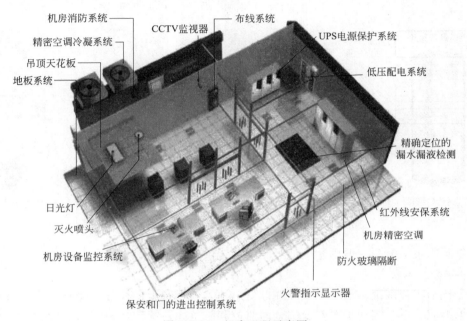

机房消防系统　布线系统　CCTV监视器　UPS电源保护系统
精密空调冷凝系统　低压配电系统
吊顶天花板
地板系统
精确定位的漏水漏液检测
日光灯
灭火喷头　红外线安保系统
机房精密空调
机房设备监控系统　防火玻璃隔断
保安和门的进出控制系统　火警指示显示器

图 5.1-13　机房工程示意图

这些设备的功能就是为了保证机房内设备的正常运行，同时提高机房的安全性和稳定性，这对于保护机房内的数据以及确保设备的正常运行是非常重要的。

二、智能建筑系统的特点

智能建筑系统可以理解为是楼宇自动化系统（BAS）、通信自动化系统（CAS）和办公自动化系统（OAS）三者通过结构化综合布线系统（SCS）和计算机网络技术的有机集成。如图5.1-14所示是某项目展示的智能建筑系统基础框架。

1. 楼宇自动化系统

楼宇自动化系统（BAS），基本对应前述的建筑设备监控系统，但存在部分组成划分的差异。例如，安装规范标准建筑智能系统中的火灾自动报警系统、安全技术防范系统在这里都纳入了BAS，但这不妨碍我们对系统本质的理解。在智能设备安装监理，尤其是在做监理资料时，应按照实际工程项目遵循的规范标准和其他技术文件一一做好验收资料和监理文件等的对应工作。

整体上，随着现代社会科技日新月异的发展，在楼宇自动化系统（BAS）的基础上更进一步地与通信网络系统、信息网络系统进行结合，实现更高一层的建筑集成管理系统就

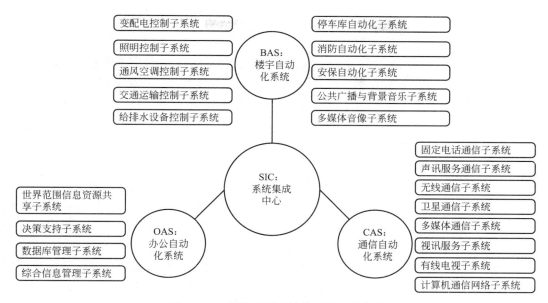

图 5.1-14 智能建筑系统基础框架示意图

是智能化集成系统（IBMS，Intelligent Building Management System）。

楼宇自动化系统按建筑设备和设施的功能可划分为十个子系统，子系统可进一步展开成有特定服务对象的专项系统，如图 5.1-15 所示。

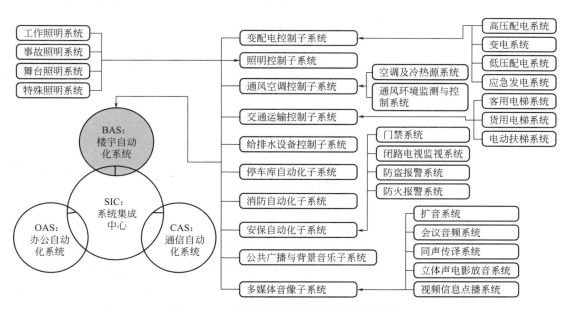

图 5.1-15 楼宇自动化系统基础框架示意图

（1）变配电控制子系统

变配电控制子系统包括高压配电、变电、低压配电、应急发电等专项系统。它主要用于监视变电设备各高低压主开关动作状况及故障报警、自动检测供配电设备运行状态及参数、监护各机房供电状态、控制各机房设备供电、自动控制停电复电，控制应急电源供电顺序等。

（2）照明控制子系统

照明控制子系统包括工作照明、事故照明、障碍灯等常见照明专项系统，或是和项目有关的更特殊的系统，例如图5.1-15中列举的舞台艺术照明。

一般照明控制子系统能控制各楼层门厅及楼梯照明定时开关、控制室外泛光灯定时开关、控制停车场照明定时开关、显示航空障碍灯点灯状态及故障警报、控制事故应急照明，以及监测照明设备的运行状态等。显然该系统非常有利于建筑节能管理。

（3）通风空调控制子系统

通风空调控制子系统包括空调及冷热源、通风环境监测与控制等。它用于监测空调机组状态、测量空调机组运行参数、控制空调机组的最佳开/停时间、控制空调机组预定程序、监测新风机组状态、控制新风机组的最佳开/停时间、控制新风机组预定程序、监测和控制排风机组，控制能源系统工作的最佳状态等。

如果项目将为创建绿色建筑目标而努力，在建筑用能占比较大的通风空调系统借助这一控制管理系统，在高质量的工程基础上是可以期待成果回报的。由于涉及面广，还受气象条件因素影响，有关冷热源系统、空调箱设备，以及众多用户端设备参与的系统联调要取得理想的效果应该是比较艰巨的任务，而且它与第一部分所述的IBMS有着密切的关系。

（4）交通运输控制子系统

交通运输控制子系统包括客用电梯、货用电梯、电动扶梯等。它监测电梯运行状态、处理停电及紧急情况等。

电梯作为建筑垂直运输的重要设备，由于井道构造的特殊性，是在火警时需要重点管理的项目。功能要求当出现火灾时电梯需要迫降至首层，所以该子系统和下面介绍的消防自动化系统联调要和电梯安装验收紧密挂钩，参阅第十三章第二节轨交系统联调的监理实践。

（5）给排水设备控制子系统

主要功能：监测给排水设备的状态；测量用水量及排水量，检测污物、污水池水位及异常警报，检测水箱水位，过滤公共饮水、控制杀菌设备、监测给水水质；控制给排水设备的启停监测和控制卫生、污水处理设备运转及水质等。

（6）停车库自动化子系统

该系统的主要功能为出入口票据验读、电动栏杆开闭，自动计价收银，泊位调度控制，车牌识别和车库送排风设备控制等。随着IT技术的发展和电子支付普及，车库管理的自动化程度越来越高，除了配置机械车位的车库出于安全因素还有现场操作管理员外，现场无管理员的车库成为主流趋势。车库管理自动化设备的安装也成为常见的监理项目。

（7）消防自动化子系统

消防自动化系统是建筑消防验收项目的重点内容。该系统具备火灾监测及报警，各种消防设备的状态检测与故障警报，自动喷淋、泡沫灭火、气体灭火设备的控制，火灾时供配电及空调系统的联动，火灾时紧急电梯控制，火灾时的防排烟控制，火灾时的避难引导控制，火灾时的紧急广播的操作控制，以及和消防系统有关管道水压测量等功能。

（8）安保自动化子系统

安保自动化子系统，包括门禁系统、闭路电视监控系统和防盗报警系统。其中门禁系统主要功能包括刷卡开门、手动按钮开门、钥匙开门、上位机指令开关门，门的状态及被控信息记录到上位机中，上位机负责卡片的管理等；闭路电视监控系统主要功能包括电动变焦镜头的控制、云台的控制、切换设备的控制等；防盗报警系统主要功能有探测器系统在入侵发生时报警、设置与探测同步的照明系统、巡更值班系统、栅栏和振动传感器组成的周界报警防护系统、砖墙上加栅栏结构配置振动、冲击传感器组成的周界报警防护系统、以主动红外入侵探测器、阻挡式微波探测器或地音探测装置组成的周界报警防护系统，以及由隔声墙、防盗门、窗及振动冲击传感器组成的周界报警防护系统等。

（9）公共广播与背景音乐子系统

公共广播与背景音乐子系统主要功能为播放背景音乐，并可根据需求，分区或分层播放不同的音响内容。例如当发生紧急事故（如火灾时），可根据程序指令自动切换到紧急广播工作状态或手动切换实时广播等功能。火灾报警时，可对发生警情的楼层、相邻楼层，或对发生警情的建筑物、小区等进行报警广播。

（10）多媒体音像子系统

多媒体音像子系统有扩音系统、会议音频系统、同声传译系统、立体声电影放音系统、视频信息点播系统等多个专项系统。有的系统专业化发展非常快，像视频信息点播系统随着互联网技术的不断提升，设备及软件更新也"逼迫"专业监理工程师在概念上、在专有技术领域有所跟进，以适应市场对专业监理工程师业务能力的要求。

2. 通信自动化系统

延续图 5.1-14 展示的某项目智能建筑系统基础框架，通信自动化系统（CAS）在保证建筑物内语音、数据、图像传输的基础上，同时与外部通信网络（如电信网、广电网以及通信卫星）相连，见图 5.1-16。

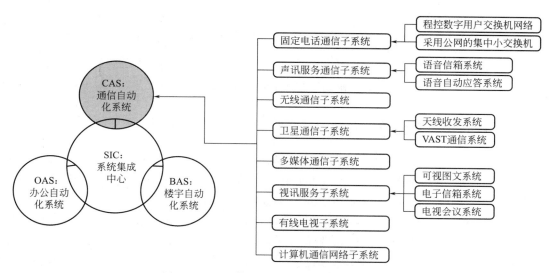

图 5.1-16　通信自动化系统基础框架示意图

一般 CAS 主要由程控数字用户交换机网络和有线电视网络构成。图 5.1-15 展示的某项目按功能划分有八个子系统。如同 BAS，我们可以将按照国家标准《建筑工程施工质量验收统一标准》GB 50300—2013 和《智能建筑工程质量验收规范》GB 50339—2013 划分的部分智能建筑分部工程子分部工程与通常所称的 CAS 对应起来。例如综合布线系统、用户电话交换系统、有线电视及卫星电视接收系统等。这些系统的共同特点就是以数据传输为主要知识点。相关系统安装监理的重点也就是保障线缆敷设的工程质量和系统调试验收。

3. 办公自动化系统

一般办公自动化系统（OAS）分为办公设备自动化系统和物业管理系统，见图 5.1-17。OAS 要具有数据处理、文字处理、邮件处理、文档资料处理、编辑排版、电子报表和辅助决策等功能。前述 CAS 是对 OAS 有数据传输需求的最基本的技术支撑，所以有关智能建筑系统安装监理中 BAS、CAS 是直接相关的设备系统。

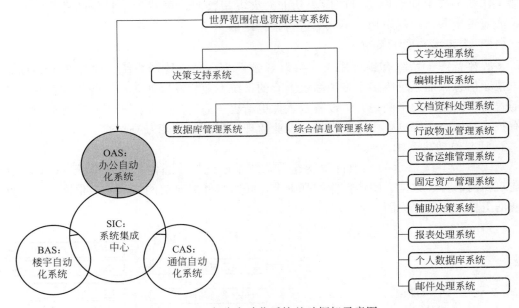

图 5.1-17   办公自动化系统基础框架示意图

三、智能建筑系统的复杂性

按照国家标准《建筑工程施工质量验收统一标准》GB 50300—2013 和《智能建筑工程质量验收规范》GB 50339—2013 对智能建筑分部工程子分部工程的划分，智能建筑工程共包含 19 个子分部工程（17 个系统安装工程和 2 个基础系统子分部工程）。其中 17 个系统安装工程是指：智能化集成系统、信息接入系统、用户电话交换系统、信息网络系统、综合布线系统、移动通信室内信号覆盖系统、卫星通信系统、有线电视及卫星电视接收系统、公共广播系统、会议系统、信息导引及发布系统、时钟系统、信息化应用系统、建筑设备监控系统、火灾自动报警系统、安全技术防范系统，以及应急响应系统，2 个基础系统子分部工程分别是机房子分部工程和防雷与接地子分部工程。

　　如上介绍的智能建筑工程系统组成，各类系统（子分部工程）下还包含多个专项系统，系统的复杂性和专业性可见一斑。

　　以安全技术防范系统子分部工程为例，由于该系统工程的实用性要求较高，在使用单位运行管理中起到的关键性作用较强，该系统中可包含：信息网络布线系统、智能化安防网络布线系统、无线对讲系统、安防信息网络系统、智能卡管理系统、门禁管理系统、视频监控系统、入侵报警系统，停车管理系统等子系统等。而且各专项系统安装工程所涉及的设备、仪器品类繁多、总体数量较多，需要平行安装的作业面又广，与土建、装饰、给排水、通风与空调、消防、建筑电气和电梯，以及绿化等专业，都可能形成施工交叉。在当下建设工程施工进度目标普遍较高的市场环境下，智能建筑工程的施工监理对专业监理工程师，以及项目监理部整个团队的技术水平、组织协调能力都极具挑战性。

第二节　智能建筑工程安装质量验收规范、标准及技术规程

一、智能建筑工程施工质量验收的主要规范

（1）《建筑电气与智能化通用规范》GB 55024—2022
（2）《安全防范工程通用规范》GB 55029—2022
（3）《智能建筑工程质量验收规范》GB 50339—2013
（4）《自动化仪表工程施工及质量验收规范》GB 50093—2013
（5）《建筑电气工程施工质量验收规范》GB 50303—2015

二、智能建筑工程施工质量验收的专业规范、标准及技术规程

（1）《综合布线系统工程验收规范》GB/T 50312—2016
（2）《数据中心基础设施施工及验收规范》GB 50462—2015
（3）《通信电源设备安装工程验收规范》GB 51199—2016
（4）《会议电视会场系统工程施工及验收规范》GB 50793—2012
（5）《火灾自动报警系统施工及验收标准》GB 50166—2019
（6）《消防联动控制系统》GB 16806—2006
（7）《安全防范工程技术标准》GB 50348—2018
（8）《建筑物电子信息系统防雷技术规范》GB 50343—2012

第三节　智能建筑工程监理流程和方法

一、智能建筑工程监理工作流程

智能建筑工程监理的主要工作流程如图 5.3-1 所示。

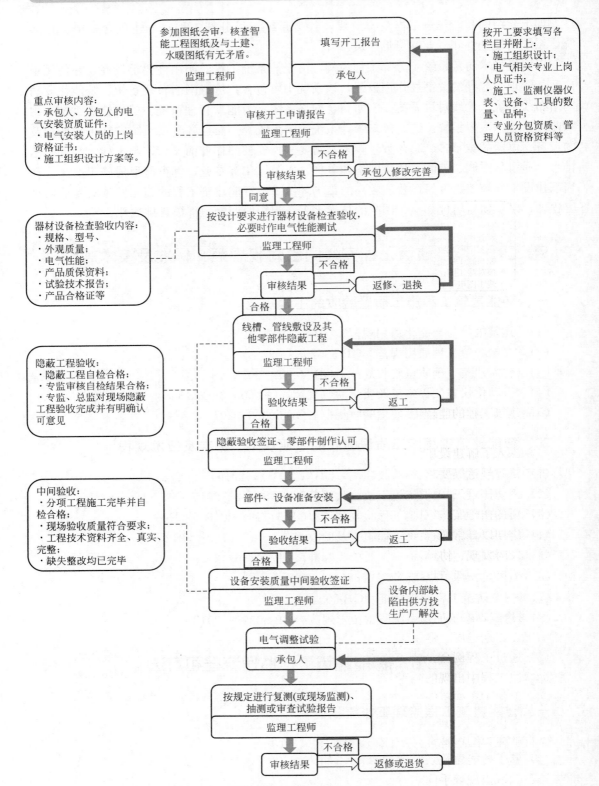

图 5.3-1　智能建筑工程监理的主要工作流程（一）

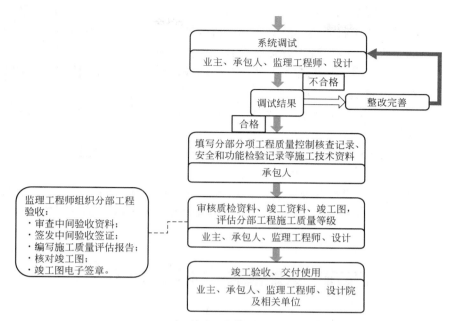

图 5.3-1　智能建筑工程监理的主要工作流程（二）

二、监理工作内容和工作方法

智能建筑工程的监理工作方法需要根据具体的系统工程安装特点进行选择优化。一般建议如下：

（1）深入了解建设单位需求、工程设计意图，熟悉施工图纸，掌握有关法律法规、规范标准和行政规章等要求，对工程预期目标进行评估。

（2）专业监理工程师根据监理规划、施工单位的《施工组织设计/（专项）施工方案》等制定项目的监理实施细则，确定相关系统安装监理的工作流程和工作方法。

（3）定期以日常巡查方式进行现场检查，检查施工过程中的质量、进度、安全、环保等项目，及时发现、协调和解决安装工程施工中遇到的问题。对于重要、关键的施工节点加大检查力度，一般节点则以科学方式抽样选择检查节点，真正做到疏密有据，工作更有效率。

（4）及时记录并向建设单位反馈施工现场的情况（如：施工过程中的质量状况、工程变更情况、工期进度、停工等情况），以及建立监理资料档案等。

（5）通过工程例会、专题会商等形式协调工程相关各方，及时沟通、消除疑虑，主持或协助解决工程中出现的问题。

（6）严格工程变更管理。智能建筑系统技术集成度高，工程的变更在技术上、工期上和成本方面可见的影响，以及潜在的影响都是变更审核需要考虑的因素。此时监理与建设单位、设计单位的沟通就成了重要的工作方法。

（7）鉴于智能建筑系统技术含量高，新技术、新设备都可能是施工中遇到的难点，或是安装、调试出现棘手问题时，监理应协助建设单位邀请专家咨询，或组织专家会议评审解决问题的方案。

（8）对智能系统安装质量进行验收，包括硬件设备、软件，以及通信等多方面的要求，功能性验收是系统验收合格的重要指标。所以界定监理工作范围和是否从技术上确认验收要求，参加验收的专业监理工程师应具有一定的专业水准。

（9）监理为确保建设单位的施工工期目标的达成，应按照施工单位的工期计划进行进度跟踪监督，对进度落后风险进行评估，若存在风险，则督促施工单位及时采取应对措施。对已经出现的工期滞后，并预判会导致严重后果的，专业监理工程师应及时向总监理工程师报告，并给出专业建议。

（10）定期对监理服务质量、安全工作等方面的情况进行总结和评估，进一步完善监理工作。

（11）对建成的智能建筑系统安装工程项目进行检验，并根据实际情况对智能建筑工程进行综合评估，判定其质量是否合格、使用是否安全，经评估后编制《智能建筑工程施工质量监理评估报告》。

第四节　智能建筑工程监理管控要点

一、智能建筑工程对相关系统的强制性规定

（1）计算机信息系统安全专用产品必须具有公安部计算机管理监察部门审批颁发的《计算机信息系统安全专用产品销售许可证》；特殊行业有其他规定时，还应遵守行业的相关规定。

（2）如与互联网连接，智能建筑网络安全系统必须安装防火墙和防病毒系统。

（3）检测消防控制室向建筑设备监控系统传输、显示火灾报警信息的一致性和可靠性，检测与建筑设备监控系统的接口、建筑设备监控系统对火灾报警的响应及其火灾运行模式，应采用在现场模拟发出火灾报警信号的方式进行。

（4）新型消防设施的设置情况及功能检测应包括：

1）早期烟雾探测火灾报警。

2）大空间早期火灾智能检测系统、大空间红外图像矩阵火灾报警及灭火系统。

3）可燃气体泄漏报警及联动控制系统。

4）安全技术防范系统中相应的视频监控系统、门禁系统、停车场（库）管理系统等对火灾报警的响应及火灾模式操作等功能的检测，应采用在现场模拟发出火灾报警信号的方式进行。

5）电源与接地系统必须保证建筑物内各智能化系统的正常运行和人身、设备安全。

二、智能建筑工程材料、设备进场监理重点

1. 智能建筑工程材料、设备进场通用要求

监理单位应当将建设工程材料、设备质量和使用情况纳入监理范围。应当监督、检查施工单位对建设工程材料、设备的质量检测，并按照规定实施取样见证、平行检验；应对施工单位报送的建设工程材料和设备的质量证明文件进行审验，做好《建设工程材料监理监督台账》。

在智能建筑工程中材料、设备及配件进入施工现场应具有清单、使用说明书、质量合格证明文件、国家法定质检机构的检验报告等文件，各系统中的强制认证产品还应有认证证书和认证标识。

各系统中国家强制认证的产品名称、型号、规格应与认证证书和检验报告一致。

各系统中非国家强制认证的产品名称、型号、规格应与检验报告一致，检验报告中未包括的配接产品接入系统时，应提供系统组件兼容性检验报告。并且应注意以下几个方面：

设备外观质量：设备表面应无明显磨损、划痕、变形等缺陷，标志应清晰、美观。

设备安全性能：设备应符合安全规定要求，无明显锋利或危险部件，能够满足相关的安全性能要求。

设备设计性能：设备应能够满足规定的性能指标和技术要求，如传感器测量范围、精度等。

设备及配件情况：系统设备及配件的规格、型号应符合设计文件的规定，如电缆、接头、螺丝、标签等附件的配件数量、规格、质量等。

产品保修、维修、维护信息：包括产品保修期、维修价格、维修方式等信息。

材料、设备进场审核与使用：工程材料、设备使用前，应按规定的程序向现场监理机构进行报审，未经监理机构审批同意的材料、设备不得使用；不合格的建设工程材料、设备或者禁止使用的建设工程材料、设备不得使用；未经参建相关方共同质量验收的建设工程材料、设备不得使用。

2. 智能建筑工程材料、设备质量监理检查重点

（1）所涉及的产品应包括智能建筑工程中各类智能化系统中使用的材料、硬件设备、软件产品和工程中应用的各种系统接口是否符合设计和相关验收规范的规定。

（2）产品质量检查应包括列入《中华人民共和国实施强制性产品认证的产品目录》或实施生产许可证上网许可证管理的产品，未列入强制性认证产品目录或未实施生产许可证和上网许可证管理的产品应按规定程序通过产品检测后方可使用。

（3）产品功能、性能等项目的检测应按相应的现行国家产品标准进行；供需双方有特殊要求的产品，可按合同规定或设计要求进行。

（4）对不具备现场检测条件的产品，可要求进行工厂检测并出具检测报告。

（5）硬件设备及材料的质量检查重点应包括安全性、可靠性及电磁兼容性等项目，可靠性检测可参考生产厂家出具可靠性检测报告。

（6）软件产品质量应按下列内容检查：

1）商业化的软件，如操作系统、数据库管理系统、应用系统软件、信息安全软件和网管软件等应做好使用许可证及使用范围的检查；

2）由系统承包商编制的用户应用软件、用户组态软件及接口软件等应用软件，除进行功能测试和系统测试之外，还应根据需要进行容量、可靠性、安全性、可恢复性、兼容性、自诊断等多项功能测试，并保证软件的可维护性；

3）所有自编软件均应提供完整的文档（包括软件资料、程序结构说明、安装调试说明、使用和维护说明书等）。

（7）系统接口的质量应按下列要求检查：

1）系统承包商应提交接口规范，接口规范应在合同签订时由合同签订机构负责审定；监理应审核接口规范的合法性。

2）系统承包商应根据接口规范制定接口测试方案，接口测试方案经检测机构批准后实施。系统接口测试应保证接口性能符合设计要求，实现接口规范中规定的各项功能，不发生兼容性及通信瓶颈问题，并保证系统接口的制造和安装质量。

（8）进场验收应有书面记录和参加人签字，并经监理工程师或建设单位验收人员签字。未经进场验收合格的设备、材料和软件不得在工程上使用和安装。经进场验收的设备和材料应按产品的技术要求妥善保管。

（9）设备及材料的进场验收应填写，具体要求如下：

1）保证外观完好，产品无损伤、无瑕疵，品种、数量、产地符合要求；

2）依规定程序获得批准使用的新材料和新产品除符合本条规定外，尚应提供主管部门规定的相关证明文件；

3）进口产品除应符合本规范规定外，尚应提供原产地证明和商检证明，配套提供的质量合格证明、检测报告及安装、使用、维护说明书等文件资料应为中文文本（或附中文译文）。

三、智能建筑工程安装质量监理控制要点

1. 工程实施阶段的质量监理的一般规定

（1）工程实施及质量控制应包括与前期工程的交接和工程实施条件准备、进场设备和材料的验收、隐蔽工程检查验收和过程检查、工程安装质量检查、系统自检和试运行等。

（2）工程实施前应进行工序交接，做好与建筑结构、建筑装饰装修、建筑给水排水及供暖、建筑电气、通风与空调和电梯等分部工程的接口确认。

（3）工程实施前应做好如下条件准备：

1）检查工程设计文件及施工图的完备性，智能建筑工程必须按已审批的施工图设计文件实施；工程中出现的设计变更，应按要求填写设计更改审核表；

2）完善施工现场质量管理检查制度和施工技术措施。

（4）应督促施工单位按要求填写《隐蔽工程质量验收记录》，做好隐蔽工程检查验收和过程检查记录，未经监理工程师签字审核通过的，不得实施隐蔽作业。

（5）采用现场观察、核对施工图、抽查测试等方法，根据国家标准《建筑工程施工质量验收统一标准》GB 50300—2013 的规定对工程设备安装质量进行检查和观感质量验收。

2. 工程实施阶段的质量监理的控制重点

智能建筑工程质量控制应按"先产品、后系统，先子系统、后集成系统"的质量控制原则进行。

各工序完工后，督促施工单位按质量检验程序进行自检和评定，报送监理工程师检查、验收、审核同意后方可进行下道工序施工。

施工单位隐蔽工程施工完成且自检合格后，填写《隐蔽工程质量验收记录》提交专业监理工程师审查，专业监理工程师组织建设单位、设计单位、施工单位等代表对隐蔽工程进行联合检查验收；验收合格，并在专业监理工程师签字认可后，施工单位方可进行下道工序施工。

各种明敷、暗敷配管、线槽、桥架的施工质量，按国家标准《建筑电气与智能化通用规范》GB 55024—2022、《智能建筑工程质量验收规范》GB 50339—2013 和《建筑电气工程施工质量验收规范》GB 50303—2015 等执行。

控制器的工作状况：可在系统工作站编制一个控制程序并下载到控制器，检查控制器是否可按程序要求动作。

智能化设备的安装应牢固、可靠，安装件必须能承受设备的重量及使用、维修时附加的外力。吊装或壁装设备应采取防坠落措施。

在搬动、架设显示屏单元过程中应断开电源和信号连接线缆，严禁带电操作。

大型扬声器系统应单独固定，并应避免扬声器系统工作时引起墙面和吊顶产生共振。

设在建筑物屋顶上的共用天线应采取防止设备或其部件损坏后坠落伤人的安全防护措施。

3. 智能建筑工程安装质量监理旁站控制重点

火灾自动报警系统、安全技术防范系统、信息网络系统的检测验收应按相关法律法规、国家规范标准和政府规章执行；其他系统的检测应由省市级以上的建设行政主管部门或质量技术监督部门认可的专业检测机构组织实施。检测机构对相关系统进行检测（或调试、试运行）时，项目监理部应派专业监理工程师进行旁站监理。

（1）安全技术防范系统调试时监理旁站重点

1）闭路监控电视（CCTV）系统调试旁站监理关注要点

系统摄像机单机符合国家现行规范规定的指标，调整聚焦后清晰度、灰度等级符合系统技术指标。

通过操作程序软件设置视频控制矩阵，其功能是否正常，切换灵活；显示界面的字符叠加功能是否正常（如摄像机位置、时间、日期等）；云台、镜头遥控功能是否正常，是否存在逆光现象。

现场调整监视器、录像机、视频打印机、图像处理器、同步机、编码器、解码器等设备时，上述设备运行是否正常。

当选择回放时，图像质量是否达到可用图像的要求。

核查摄像机监控范围是否符合公共安全防范的需要。

机房主机操作是否正常，该系统与计算机集成系统的联网接口以及该系统对电视监控系统的集中管理和控制能力是否符合技防办和设计要求。

2）出入口监控系统调试时旁站监理关注要点

当采用一组不同类型的卡（如：正常可用的卡、定时可用的卡、已超时不可用的卡、黑名单的卡等）对读卡系统进行调试时，经被测读卡机进行判别和处理，系统的开门、关门、提示、记忆、统计、打印等处理功能工作是否正常。

每一次有效进入，主机是否能储存进入人员的相关信息；非有效进入及被胁迫进入时，异地声光报警及显示功能是否正常。

调试时检查主机系统，是否具备时间、逻辑、区域、事件和级别分档等判别及处理功能；是否具备与计算机集成系统的联网接口以及该系统对出入口控制系统集中管理和控制能力。

（2）公共广播系统调试时监理旁站重点

公共广播系统安装工程完毕后，按"分设备、逐台开通"的原则对系统进行调试。监理旁站时应关注以下要点：

1）功率放大器接通电源后将音量开关由小至大地旋开，设备是否产生噪声，显示信号是否正常。

2）接通前级放大器电源，显示是否正常。

3）插入话筒插头，给话筒以声音信号，监听耳机上听声音输出是否正常。

4）按录音键进行录音，并随机调节音量大小，声音信号是否输入稳定、失真和噪声情况不明显。

5）打开调谐器接收广播节目，接收效果是否存在明显干扰和失真。

6）对放大器输入音源信号，将音量开至最小，并开通一路扬声设备，逐渐放大音量，扬声器音量是否能根据调谐动作做相应改变、声音清晰，噪声较小；当将音量旋至最大值时，失真情况是否明显。

（3）火灾自动报警系统调试时监理旁站重点

在火灾自动报警系统安装完成后，按要求对系统中的火灾报警控制器、可燃气体报警控制器、消防联动控制器、气体灭火控制器、消防电气控制装置、消防设备应急电源、消防应急广播设备、消防电话、传输设备、消防控制中心图形显示装置、消防电动装置、防火卷帘控制器、区域显示器、消防应急灯具控制装置、火灾警报装置等设备分别进行单机通电检查，记录单机工作是否存在不正常的现象。

单机通电检查合格后，按规范要求对火灾自动报警系统进行联调，记录在调试过程中整个系统联动逻辑关系的符合性是否满足设计要求。

（4）机房系统调试时监理旁站重点

现场对智能建筑工程中各系统工程及各子系统工程调试时，监理旁站时应对各级系统间的逻辑关系和功能实现进行关注，按"由主到次"的原则记录主系统与子系统之间的功能是否符合规范和设计要求。

（5）安全技术防范系统试运行期间监理监督重点

系统调试完成后，各项功能试验应合格，按经审批同意的《试运行计划》对系统进行为期一个月的试运行。如试运行期间无故障发生，且各子系统功能均满足设计要求和建设单位需求的，应根据系统试运行期间的运行数据与设计文件、验收规范、工程合同的要求进行综合比对，并明确试运行结论。

（6）公共广播系统试运行期间监理监督重点

系统调试完成后，各项功能试验应合格，按经审批同意的《试运行计划》对系统进行连续120h的试运行（试运行中出现系统故障时应进行记录，并在排除故障后，重新开始试运行计时）。如试运行期间无故障发生，且各级控制设备和扬声器的功能均正常，扬声器传播的语音清晰、音量稳定、无明显失真，且各系统功能满足设计要求和建设单位需求的，应根据系统试运行期间的实测数据与设计文件、验收规范、工程合同的要求进行比对，并明确试运行结论。

（7）火灾自动报警系统试运行期间监理监督重点

系统调试完成后，各项功能试验应合格，按经审批同意的《试运行计划》进行系统试运行。

试运行期间，监理工程师应关注以下重点：

1）火灾自动报警系统通电后，采用烟雾对探测器进行试验时，探测器功能是否正确无误；

2）对手报进行试验，观察区域报警控制器报警是否正常，声光报警器联动是否正常；

3）系统功能性检查方面：火灾报警自检功能，消音、复位功能，以及故障报警功能、火灾优先功能，报警记忆功能、电源自动转换和备用电源的自动充电功能、备用电源的欠压和过压报警功能是否正常；

4）主电源和备用电源切换时，火灾自动报警系统各项控制和联动功能是否正常。

试运行期间火灾自动报警系统以及其子系统均运行正常，且各单系统功能均满足设计要求和建设单位需求的，应根据系统试运行期间的实测数据与设计文件、验收规范、工程合同的要求进行比对，并明确试运行结论。

（8）智能化集成系统试运行期间监理监督重点

按经审批同意的《试运行计划》连续运行 120h（试运行中出现系统故障时应进行记录，并在排除故障后，重新开始试运行计时），检查试运行记录，如试运行期间智能化集成系统以及各项子系统均运行正常且各系统功能满足设计要求和建设单位需求的，应根据系统试运行期间的实测数据与设计文件、验收规范、工程合同的要求进行比对，并明确全系统试运行结论。

4. 系统检测监理监督重点

（1）系统检测时应具备的条件：

1）系统安装调试完成后，已进行了规定时间的试运行；

2）已提供了相应的技术文件和工程实施及质量控制记录。

（2）建设单位应组织有关人员依据合同技术文件和设计文件，以及《智能建筑工程质量验收规范》GB 50339—2013 中规定的检测项目、检测数量和检测方法，制定系统检测方案并经检测机构批准实施。

（3）检测机构应按系统检测方案所列检测项目进行检测。

（4）检测结论与处理：

1）检测结论分为合格和不合格；

2）主控项目有一项不合格，则系统检测不合格；一般项目两项或两项以上不合格，则系统检测不合格；

3）系统承包商在安装调试完成后，应对系统进行自检，自检时要求对检测项目逐项检测。系统检测不合格应限期整改，然后重新检测，直至检测合格，重新检测时抽检数量应加倍；系统检测合格，但存在不合格项，应对不合格项进行整改，直到整改合格，并应在竣工验收时提交整改结果报告。

四、智能建筑工程质量监理信息管理重点

在竣工验收之前，项目监理部组织有关技术人员对工程进行预验收，检查有关的工程技术档案资料是否齐备，检查工程质量按国家验收规范标准是否合格，发现问题及时处理，为正式验收做好准备。此时，监理应检查如下工程资料：

1. 技术资料

（1）系统说明书；

（2）系统规程要求；

　　（3）系统功能介绍；

　　（4）系统操作说明；

　　（5）系统设备清单；

　　（6）系统内部接线图；

　　（7）系统审批资料；

　　（8）系统设计图纸；

　　（9）机房布置图；

　　（10）系统竣工监测报告；

　　（11）平面布置图。

　　2.变更文件

　　（1）工程洽商文件；

　　（2）核实已完工程量和未完工程量。

　　3.监理资料

　　（1）监理日志（详细记录工程进度、质量情况以及设计修改、材料进场、工地洽商、不可抗力影响等有关工程施工必须记录的问题）。

　　（2）监理月报。

　　（3）收集施工过程中的工程技术资料，主要工程技术资料如下：

　　1）材料进场检验证明（出厂证、合格证、检验单）汇总；

　　2）设备开箱检验记录、安装验收记录、调试记录；

　　3）施工单位送检，监理见证送检汇总；

　　4）隐蔽验收记录；

　　5）安装工程验收记录、预验收记录；

　　6）质量问题监理通知单；

　　7）设计变更通知单；

　　8）现场技术签证；

　　9）工程竣工图纸；

　　10）系统的产品说明书、操作手册和维护手册；

　　11）测试记录；

　　12）软件文档。

　　4.其他（专项验收申报资料）

　　智能建筑工程中有部分系统，在完成单项工程验收后还应由行业主管部门或第三方权威机构进行验收，这种情况下，承包商将会同建设单位、监理单位及其他相关单位对该系统进行申报及验收。

　　被检测系统应提供的主要文件有：系统选型论证、系统规模、控制工艺说明、系统功能说明及性能指标、系统结构图、各子系统控制原理图、设备布置与布线图、现场设备安装图、监控过程程序流程图、中央监控室设备布置图、工程合同、系统施工质量检查记录、相关的工程设计变更记录、检测报告、智能化系统投入运行后的运行记录等。在此基础上制定出一套切实、合理的系统检测方案，供政府及行业管理单位审批。其中，安全技术防范系统向公安技防办申报、通信系统向电信管理部门申报、卫星电视接收及有线电视系统向国家音像和有线电视管理部门申报等。其验收过程包括以下内容：

（1）系统试运行记录审核；

（2）系统竣工资料审核；

（3）系统运行性能检测；

（4）专家会审报告。

第五节　智能建筑工程施工安全监督

本节以某项目监理案例介绍智能建筑系统安装监理开展安全生产监督的工作经验。

一、智能建筑工程施工危险源识别及控制措施

随着我国新时代现代化建设稳步发展与科学技术飞速进步，智能建筑施工项目数量大幅提升。建筑行业得到了有利的发展。

智能建筑施工有科技能力要求高、施工难度大、资金投入大、人才需求量大等方面的特点，为施工现场带来了很大的风险。本节以某项目监理案例分析智能建筑工程施工时的危险源识别及相关的控制措施。参见表5.5-1。

智能建筑工程危险源识别及控制措施　　　　　　　　　表5.5-1

危险源类别	危险源描述	控制措施
高处作业	安装人员需要在高处进行作业,如铺设线缆、安装电缆支架、布置设备等,存在高处坠落、物体打击、挤压等危险	使用扣具、安全带等保护装备,确保人员安全
电气安全	系统需要与电源连接,在电气安全保护措施不到位时,人员接触电源线,容易发生电击和短路等电气危险	在进行电气连接时,应该确保接线正确,遵守相关的安全用电规定,保证所有设备的接地和绝缘性能。使用绝缘手套,确保人员及设备免受电气伤害
机械设备操作	在安装过程中,需要使用吊装设备、螺丝刀等机械工具,操作不当有可能造成人员挤压、碰撞等伤害	熟悉操作规范,并做好相应的安全保护,确保人员免受伤害
火灾及气体泄漏	在安装施工过程中可能使用明火、电焊等工具,容易引起火灾;在安装气体灭火设备时,如二氧化碳灭火系统、惰性气体灭火系统等,如果漏气可能导致中毒和火灾发生	做好工作前的安全准备,加强施工人员的安全意识和技能培训,严格执行安全操作规程,加大安全管理和监督力度;避免使用明火和电焊等易燃易爆物品,使用气体灭火设备时应当确保设备安全有效
化学品伤害	在安装过程中,有些工程需要使用化学品,操作不当可能造成中毒、灼伤等伤害	在使用过程中需要正确使用与存放化学品,严格遵守相关操作规定
施工机具伤害	施工过程中使用的手持式机具、设备(如钻机、铝梯等)存在安全隐患,造成漏电、触电、飞溅物伤害等	做好施工机具进场验收工作,加强安全技术交底,使用相应的安全防护器具,避免出现安全事故
噪声污染	音频设备安装和调试,或进行钻孔、穿墙等施工时会产生高分贝噪声,长时间暴露在该环境下会损害听力	做好调试方案,使用高密度耳塞等防护器材,调试时根据声场和调谐设备的音量,降低听力受损风险

续表

危险源类别	危险源描述	控制措施
通风危险	在安装室内空气污染监测设备时，需要进行通风管道的铺设，容易造成触电或中毒	确保适当的通风条件，正确使用工作装置和安全设施
环境伤害	现场混乱，在安装调试过程中场地不整洁或物品摆放混乱，易造成人员滑倒或碰撞，以及过道阻塞、易燃易爆物品存放或堆放不当等其他隐藏的危险源	加强文明施工管理，落实现场环境治理，强化施工安全防护措施
技术安全	智能建筑中很多系统都是由计算机设备、网络连接等技术构成，如果不采取安全措施，容易出现遭到网络攻击、数据泄漏等安全事故	加密集成系统通信连接、采取技术安全措施，保护系统的数据安全，避免出现安全问题

二、智能建筑工程安全监督要点

为落实建设工程监理法定的施工安全监督职责，监理单位应根据有关法律法规、行政规章、工程建设强制性标准及建设工程监理合同，规范化施工安全监督。当然，监理单位的安全生产监督并不能替代施工单位的安全生产管理。

在实际工作中，项目监理部应及时与建设单位沟通，尽早获取与建设工程施工安全有关的文件和资料，及时解决项目监理部需要建设单位协调和处理的事宜。

在面向施工单位方面，监理应在结合监理项目的特点的基础上开展安全风险源的摸排与识别，并针对性地研究对应的控制措施。结合智能建筑系统专业化要求高，技术专业化分包单位多而小的特点，梳理有关安全生产监督的要点如下：

（1）核查施工总承包单位报送的专业分包企业资质、安全生产许可证、施工企业主要负责人、项目负责人和专职安全生产管理人员等资料，建立主要管理人员台账，进行实名制管理。

（2）核查施工企业相关安全生产的各项规章、制度等是否建立健全。

（3）根据施工总承包单位报送的专业分包单位资格报审表信息，核查行政管理规章要求的安全手续办理情况，例如在上海市住房和城乡建设管理委员会网站核实各参建单位的合同备案、安全生产标准化平台登记是否完成等。

（4）检查专业分包单位特种作业人员报审表，并通过网上平台核实特种作业人员证书真伪，核查安标化平台特种作业备案人员是否与现场人员相符，并按施工总承包单位建立的各参建单位特种作业人员台账进行实名制管理、进退场管理。

（5）通过安全帽、反光背心的颜色和企业 LOGO 对不同的专业分包单位进行人员身份识别管理。

（6）对进场人员三级安全教育进行抽查，督促施工企业加强班前安全交底工作，并充分利用数据、图表等较为直观的分析表达方式，推进安全宣传工作，发挥典型安全生产案例来加强安全警示作用，引导施工作业人员建立牢固的安全生产理念。

（7）督促施工企业对进场电气设备、中小型机械设备、手持式电动工具等进行检查，如图 5.5-1 所示。只有通过进场验收并贴有合格标识的电气设备、中小型机械设备、手持式电动工具方可用于现场施工。

图 5.5-1　电气设备、中小型机械设备、手持式电动工具等进场验收影像记录

（8）监理对施工安全状况监督应该是全过程的。监理在施工现场每日巡视检查中发现的安全隐患应及时予以消除，对现场不能限时完成整改的安全问题则编制成《安全隐患消除专项追踪表》，如图 5.5-2 所示，落实施工单位相应区域的负责人跟进整改，问题解决后报告监理复核，形成管理闭环。

位置	存在缺失	类型	图示	施工单位	检查部门	预计整改完日期	整改图示
某区	取电不规范	用电安全		某施工单位	某监理单位	某年某月某日	

图 5.5-2　某项目《安全隐患消除专项追踪表》

（9）对现场危险性较大的分部分项工程加强控制，加强现场安全监督、巡视，在施工前要求施工企业落实必要的安全性试验，提高施工中的安全保障。

（10）建立安全例会和阶段会议制度，强化安全生产意识和行为准则，例如某项目每周定期召开安全例会，每月、每季度均按计划召开安全月度会议，并要求各参建单位安全负责人参加每周的安全例会，月度会、季度会议各参建单位项目负责人不得缺席，合力推进现场安全管控。

（11）将安全监督工作紧密地与施工进度相结合，按合同约定的时间节点、施工节点、危险级别、施工难度，以及需采取的防护措施、应急方案等提前制定好下一阶段的安全监督工作计划。如图 5.5-3 所示为某项目在季度安全会议上项目监理部为季度安全监督工作计划编制的 PPT 截图。

（12）按国家规定和上海市现行的建筑施工安全施工现场环境与卫生标准及有关规定，审核施工单位用于购置和更新施工防护用具及设施，改善安全生产条件和作业环境支出的

第二季度安全监督工作计划

　　进入第二季度，气温逐渐回升，异常气候交替频繁，而且"清明""五一"等传统节日也穿插其中，是安全生产事故的易发、多发季节。因此，第二季度项目监理机构的安全监督目标主要有以下几点：

1、4月份的安全工作主要提醒联合体总承包重视健全消防设施、加强易燃易爆品管制、高处作业吊篮使用、幕墙安装、以及现场其他的一些危险性较大的分部分项工程和高风险作业的安全管理。

2、5月份重视强降水、雷电等自然因素给安全生产工作带来的不利影响，组织以防范洪涝灾害、高温雷雨大风等恶劣天气为重点的汛期安全生产隐患排查，请联合体总承包根据本市气候特点早安排、早准备。

3、6月份重视"安全生产月"活动，与联合体总承包一起组织开展内容丰富、形式多样、参与性广、实效性高的安全生产宣传教育活动，积极营造良好的安全文化氛围。

图 5.5-3　某项目关于制定阶段性安全监督计划的 PPT 截图

专项费用。并按施工单位提交的费用清单、附件票据内容等信息据实签批安全防护、文明施工措施费用。

　　（13）每月在规定的时间内登录安全标准化平台对各参建单位的安全标准化执行情况进行月度评价，见图 5.5-4。并按照国家和上海市现行的建设工程监理管理办法与报告制度的有关规定，以及公司管理体系要求，项目监理部定期、不定期地向建设单位、建设主管部门提交的建设工程监理工作及建设工程实施情况等的报告，同时抄送给公司相关部门。

图 5.5-4　安全标准化平台评价界面截图示意

第六节　智能建筑工程监理案例分析

本小节以某工程项目案例来详解智能建筑安装监理管控要点。

一、建筑概况

某工程项目设计使用年限为 50 年，建筑楼层为错层形式，地上共十四层，局部三层、四层、五层，均为钢筋混凝土框架结构，其轴网长为 98.4m，宽为 62.4m，共划分 18 根轴线；建筑面积为 40717.08m²，地上建筑面积为 40717.08m²，建筑类别为丙类高层，规划高度 59.8m。一层层高 4.5m，2～4 层层高为 4.2m，5～14 层层高为 4m，屋顶层高度为 3.48m。建筑耐火等级为一级，抗震设防烈度为 7 度，屋面防水等级为Ⅰ级、地下防水等级为Ⅰ级。建筑结构安全等级为二级。

二、专业监理范围和内容

根据监理委托合同，专业监理范围主要涵盖公共广播系统工程、火灾自动报警系统工程、安全技术防范系统工程、智能化集成系统工程、信息接入系统工程等。主要的监理工作内容如下：

1. 公共广播系统

验收 IP 数据网络布局，网络广播服务器、网络功放、IP 终端控制器、挂壁音响等布线、安装，以及用于广播背景音乐，发布信息，广播寻人，消防广播等功能是否符合设计要求。

2. 火灾自动报警系统

验收消防联动控制装置、集中火灾报警控制器、区域火灾报警控制器和各种火灾探测器，以及功能模块的安装，调试后消火栓系统、水喷淋系统、水雾系统、防排烟系统、气体灭火系统等主要灭火装置，是否能通过消防控制中心进行协调控制，完成对火灾的有效探测、数据信息处理、火灾报警与消防设备联锁动作。

3. 安全技术防范系统

验收电子报警、视频监控、出入口门禁等子系统，以及各类终端探测器、监视器、云台、感应器的安装和线缆敷设施工是否符合设计要求，调试后相关系统信号传输是否稳定、系统功能是否对相关信号输入做出相应动作或警报。

4. 智能化集成系统

因智能化集成系统工程跨越诸多专业技术领域，在工程实施中又有许多相关工程的配合协调要求，因此监理工作还包括智能化集成系统的内容：验收多系统输入端接口的综合布线与接驳，中端交换设备的安装、办公自动化网络的安装与调试，以及各系统的系统调试和试运行是否符合设计要求。

三、分部分项工程划分

本项目的建筑智能建筑工程监理根据国家标准《建筑工程施工质量验收统一标准》GB 50300—2013 及设计图的要求划分为 1 个分部工程，5 个子分部，28 个分项（其中公共广播系统、火灾自动报警系统由某工程机房引出；安全技术防范系统、智能化集成系统由某建筑机房引出），见表 5.6-1。

某项目智能建筑工程子分部、分项工程划分表   表 5.6-1

分部工程	子分部工程	分项工程	检验批数量
智能建筑	智能化集成系统	接口及系统调试	
		软件安装	
		试运行	
	安全技术防范系统	梯架、托盘、槽盒和导管安装	
		线缆敷设	
		设备安装	
		软件安装	
		系统调试	
		试运行	
	信息接入系统	安装场地检查	
	机房	防雷与接地系统	
		监控与安全防范系统	
	公共广播系统	梯架、托盘、槽盒和导管安装	
		线缆敷设	
		设备安装	
		系统调试	
		试运行	
	火灾自动报警系统	梯架、托盘、槽盒和导管安装	
		线缆敷设	
		探测器类设备安装	
		其他设备安装	
		控制器类设备安装	
		系统调试	
		试运行	
	机房	消防系统	
		设备安装	
		系统调试	
		试运行	

四、智能建筑工程安装监理管控要点

1. 梯架、托盘、槽盒和导管安装

（1）在现场通过观察和尺量检查，金属梯架、托盘或槽盒本体之间是否连接牢固，与保护导体的连接是否符合国家标准《建筑电气工程施工质量验收规范》GB 50303—2015

中的相关规定。

（2）在场通过观察和尺量检查，电缆梯架、托盘和槽盒在转弯、分支处是否使用了专用连接配件，其弯曲半径是否满足规范要求的最小允许弯曲半径。

（3）在现场观察金属导管与保护导体（接地或接零）是否连接可靠。

对未采用熔焊的方式连接，金属导管与金属梯架、托盘连接时，采用了专用接地卡的措施（主要检查是否采用了截面面积≥4mm² 的铜芯软导线跨接）。

对采用机械连接的金属导管，管与管、管与盒（箱）体的连接配件检查是否使用了配套的零部件，其连接质量是否符合产品技术文件和规范要求。

（4）观察钢导管未采用对口熔焊的连接方式时，其连接工艺是否违反规范强制性条文的规定。

（5）塑料（绝缘）导管在砌体上剔槽埋设后，是否按要求采用了强度等级大于 M10 的水泥泵浆抹面保护，保护层厚度是否大于 15mm。

（6）导管穿越隔墙（板）时，施工单位是否按要求设置了预埋套管，且在两侧设置了过线盒子，并落实了封堵措施。

（7）检查材料进场，如梯架、托盘、槽盒和导管的材料是否持质量证明文件，火灾自动报警系统和具有火灾应急广播功能的公共广播系统使用的材料是否符合防火设计要求。

2. 线缆敷设

（1）检查用于本项目的线缆材料是否均持有质量证明文件，火灾自动报警系统所使用的线缆是否符合防火设计要求。

（2）检查线缆敷设是否存有绞拧、保护层断裂和表面严重划伤等缺陷，通断测试结果是否均为通路。

（3）核对设计图等文件，系统中使用的线缆型号、规格、长度等是否符合设计要求。

（4）检查线材的预留是否能保证后期的扩展和维护。

（5）进行接口质量的测试，查验是否能保证接线质量符合设计和规范标准。

（6）检查防静电措施是否能避免人为因素导致损坏。

（7）检查线缆敷设和排列布置是否符合设计和规范的要求。线缆两端是否有防水、耐摩擦的永久性标签，标签书写是否清晰、准确。

3. 设备安装

（1）检查相关设备、材料，各类设备及相应配件进入施工现场是否持有进场清单、使用说明书、质量合格证明文件、国家法定质检机构的检验报告等文件。各类设备及相应配件的规格、型号是否符合设计要求，开箱检验时对各类设备及相应配件进行观察，表面是否存有明显划痕、毛刺等机械损伤，紧固部位是否有松动现象。

（2）对相关系统主要设备安装进行检查，各系统主要设备安装是否牢固、接线是否正确，现场是否已采取了有效的抗干扰措施。线路的敷设、标识和绝缘情况，是否能保证信号传输质量；防雷、防静电等措施是否得当，是否能有效避免损坏设备；安装过程中的验收记录是否能够满足设计和规范的要求。

（3）检查、测试主系统与各子系统之间的联动功能是否能符合设计要求。

（4）检查、测试监控中心系统记录的图像质量和保存时间是否符合设计和技术文件要求。

（5）在安全技术防范系统相关子系统的功能设备安装后，应检查是否已按设计要求逐项检测（摄像机、探测器、出入口识读设备、电子巡查信息识读器等设备按总数30%的数量进行验证，验证结果应合格）；各类设备安装后的功能是否能严格满足设计和使用要求。

（6）在安全技术防范系统设备安装后，应检查其布防和撤防功能是否正常；特别是与安全技术防范系统中的各子系统之间的联动是否正常；与火灾自动报警系统和应急响应系统的联动、报警信号的输出接口是否正常；监控中心各子系统工作状态的显示、报警信息、控制命令是否响应实时、准确。

（7）在安防监控系统的数字视频设备安装后，应检查其控制功能、监视功能、显示功能、记录功能、回放功能、报警联动功能和图像丢失报警功能是否正常。视频智能分析功能、音视频存储、回放和检索功能、报警预录和音视频同步功能、图像信息的存储功能是否运行良好，是否与设计的要求一致。

（8）在出入口控制系统的设备安装后，应检查其出入目标识读装置功能、信息处理/控制设备功能、执行机构功能、报警功能和访客对讲功能等是否满足国家标准《安全防范工程技术标准》GB 50348—2018 要求。

（9）在停车库管理系统的设备安装后，检查其识别功能、控制功能、报警功能、出票验票功能、管理功能和显示功能等，是否符合国家标准《安全防范工程技术标准》GB 50348—2018 要求；紧急情况下是否具有人工开闸功能。

（10）督促施工单位找第三方具备检测资质的机构进行检测，测试安全技术防范系统的安全性及电磁兼容性结果是否能满足国家标准《安全防范工程技术标准》GB 50348—2018 的要求。

4. 信息接入系统安装

（1）采用现场观察、尺量及查证等方法，验证结构工程、装饰装修工程、电气工程、通风与空调工程等验收报告，以确定机房的净高、地面防静电、电源、照明、温湿度、防尘、防水、消防和接地等功能是否符合通信工程设计要求。

（2）采用现场观察、尺量的检查方法，验证预留孔洞位置、尺寸等是否符合通信工程设计要求。

（3）核查结构施工时的验收报告和混凝土抗压强度检测报告，验证机房的承重荷载是否符合设计要求。

5. 智能化集成系统接口调试

（1）通过终端与控制端检测，验证智能化集成系统中各子系统接口功能是否符合接口技术文件和接口测试文件要求，是否能实现设计的功能。

（2）通过现场对集中监视、储存和统计功能的测试，验证现场各系统的显示界面是否为中文（或设计规定的语言），显示信息是否正确，响应时间、储存时间、数据分类统计等性能指标是否符合技术文件要求，以及在集成系统中被抽检的信息点数是否全数合格，符合集成系统技术文件的要求。

（3）通过现场对报警监视及处理功能的测试，验证现场发出模拟报警信号时，监视设备是否能及时显示正确的报警信息，信息显示的响应时间是否符合设计要求；信号检测点的数量是否符合规范和设计要求。

（4）通过现场对控制和调节功能的检测，验证服务器端和客户端分别输入设置的参数，调节和控制效果是否符合设计和产品说明书、技术文件等要求。

（5）通过现场对联动配置与管理功能的测试，验证在现场发出逐项模拟触发信号时，所有被集成的子系统间的联动动作是否正确、及时、准确，系统是否发生冲突或宕机的现象。

（6）通过现场进行模拟授权编辑，并配合管理功能测试，验证智能化集成系统的权限管理功能是否符合设计和建设单位对系统的权限需求。

（7）通过现场对系统的冗余功能进行检测，验证系统关键部位的重复配置是否合理，是否具备设计和技术文件要求的在关键区域出现故障后对系统数据做出应急处理的功能。

（8）通过审核相关报审文件和相关产品的资质资料，验证用于系统安全的专用产品是否具有公安部计算机管理监察部门审批颁发的计算机信息系统安全专用产品销售许可证书。

（9）采取核查集成子系统的技术文件、通信接口参数，验证各子系统的系统图、原理图、平面图、设备参数表、组态监控界面文件及编辑软件等是否齐全（并附有电子文档），文件内容与工程现场安装的设备和软件是否一致。

（10）核查集成子系统的产品资料，系统结构说明、使用手册、安装配置手册；供测试用的集成子系统服务器、工作站软件；集成子系统通信接口的使用手册、安装配置手册、开发参考手册、接线说明等技术文件是否齐全。

6. 火灾自动报警系统安装

（1）探测器类设备安装监理管控要点

1）通过现场观察和进场验收，检查探测器、模块、报警按钮等类别、型号、位置、数量、功能等是否符合设计要求。

2）通过现场观察和尺量验收，检查点型感烟、感温火灾探测器的安装距离是否符合规范要求。

3）通过现场观察和手扳检查，验证探测器的底座安装是否牢固，与导线连接是否可靠。

4）通过现场观察和尺量验收，检查探测器底座的连接导线是否已按规范要求留有余量，且在其端部有明显标志。

5）通过现场观察的方式，验证探测器底座的穿线孔是否已封堵，安装完毕的探测器底座是否已采取保护措施。

6）通过现场观察，验证探测器报警确认灯面的朝向是否便于管理人员观察的方向。

（2）控制器类设备安装监理管控要点

1）通过现场观察和进场验收，检查控制器的功能、型号等是否符合设计要求。

2）通过现场观察和尺量验收，检查火灾报警控制器、区域显示器、消防联动控制器等控制器类设备在墙上安装时，距离地（楼）面高度、安装位置等是否符合规范要求。

3）通过观察和手扳检查，验证控制器安装是否牢固，不倾斜；在轻质墙上安装时，是否已采取加固措施。

4）通过观察和尺量验收，检查引入控制器的电缆或导线是否符合线缆敷设要求。

5）通过现场观察，检查控制器的主电源是否有明显的永久性标志，并直接与消防电源连接（注意：应采用直连的方式，不能使用电源插头）。

　　6）通过现场观察和手报检查，验证控制器的接地是否牢固，明显永久性标志是否已落实。

　　（3）其他设备安装监理管控要点

　　火灾自动报警系统设备安装时，监理工程师应关注设计方案是否符合国家标准和相关规定要求，设备的选型是否符合建筑结构、使用环境和火灾风险等实际情况；安装工艺是否符合行业标准和相关规定要求，是否能确保系统的稳定性、可靠性和安全性。

　　1）依据合同文件和工程设计文件对材料、器具、设备进场验收时检查验证材料，器具、设备的外观、规格、型号、数量及产地等是否符合合同及设计要求；主要的设备、材料是否附有生产厂家的质量合格证明文件及性能的检测报告（报告内对设备、材料等的安全性、可靠性和电磁兼容性的描述是否清晰）。

　　2）通过观察和现场检查，验证火灾自动报警系统的主要设备和材料的选用，是否在符合设计要求的同时符合国家标准《火灾自动报警系统施工及验收标准》GB 50166—2019，相关的材料、设备及配件进入施工现场时是否有进场材料清单、使用说明书、质量合格证明文件、国家法定质检机构的检验报告等文件；火灾自动报警系统中的强制认证产品是否还具有认证证书和认证标识，系统中国家强制认证产品的名称、型号、规格是否与认证证书和检验报告一致，系统设备的配件、备品是否与相应设备规格、型号配套。

　　3）通过现场观察和审核材料进场时的质量证明文件，验证桥架、线缆、钢管、金属软管、阻燃塑料管、防火涂料以及安装附件等材料是否符合防火设计要求。

　　4）通过现场观察和核对施工图纸，验证消防电话插孔型号、位置、数量、功能等是否符合设计要求。验证火灾应急广播的位置、数量、功能是否符合设计要求，测试验证是否符合在手动或警报信号触发的10s内切断公共广播，播出火警广播的功能要求。

　　5）通过各子系统调试、试运行和智能化集成系统调试时观察，验证火灾自动报警系统与消防设备的联动是否符合设计要求。

　　7. 机房安装

　　（1）防雷与接地系统安装监理管控要点

　　1）组织工程相关方代表依据机房防雷与接地系统设计要求，确定机房智能建筑相关系统的接地装置、接地线等电位联结、屏蔽设施和电涌保护器检测范围。

　　2）在防雷与接地系统检测前，核实建筑物防雷工程的质量验收记录和防雷办验收文件的验收结论是否已合格。

　　3）检查机房现场防雷与接地系统的接地装置及接地连接点的安装、接地导体的规格等电位联结带的规格、敷设方法和连接方法是否符合设计要求；通过相关节点接地电阻值的测试，验证其电阻值是否符合设计和规范的要求；检查机房内屏蔽设施是否已安装；电涌保护器的性能参数、安装位置、安装方式和连接导线规格是否符合设计要求。

　　4）通过专业机构现场测试，验证机房接地系统是否能保证建筑内各智能建筑相关系统正常运行和人身、设备安全。

　　（2）监控与安全防范系统安装监理管控要点

　　1）对中央管理工作站进行功能检测，验证以下内容：

　　① 中央管理工作站的运行状态和测量数据的显示功能是否正常；

　　② 故障报警信息的报告是否及时准确，且有提示信号显示；

③ 系统运行参数的设定及修改功能是否完善；

④ 控制命令执行冲突是否已全部消除；

⑤ 系统运行数据的记录、存储和处理功能是否能满足用户需求；

⑥ 按操作级别设定权限，人机界面是否使用了中文（或既定的语言）界面。

2）专业技术人员对操作分站进行功能检查时，进行旁站监理，判断分站的监控管理权限及数据显示是否与中央管理工作站一致。

3）根据设计文件、各系统的需求说明，对中央管理工作站和操作分站的全部功能进行检测，验证检测结果是否符合设计要求。

4）通过现场使用点对点的方式和一点对多点的方式进行实测，验证建筑设备监控系统控制命令响应时间和报警信号响应时间的实时性是否符合规范要求。

5）在机房对建筑设备监控系统的抗干扰性能进行试验，检查系统电源切换时运行是否稳定；系统正常运行时，启、停设备（投切备用电源），检查系统工作情况是否稳定；最终验证建筑设备监控系统的可靠性是否符合规范要求。

6）专业技术人员进行模拟操作测试时，进行旁站监理，记录应用软件在线编程和参数修改功能是否齐全，设备和网络通信故障的自检测功能是否完善。

7）专业技术人员根据本工程设备配置和运行情况，对控制网络和数据库的标准化、开放性进行检测时，进行旁站监理，记录系统冗余配置、可扩展性功能是否健全，系统是否采取了系统节能的措施。

8）验证中央管理工作站软件的安装手册、使用和维护手册是否齐全，控制器箱内接线图是否完整。

（3）消防系统工程安装监理管控要点

1）复查公共广播系统分项工程和火灾自动报警系统分项工程的验收结果，相关系统各分项工程施工质量是否符合设计要求。

2）对有防火性能要求的装饰装修材料进行资料查验，确认相应产品的防火性能证明文件和产品合格证是否齐全。

3）专业技术人员在现场查验供配电系统的输出电能质量时，进行旁站监理，记录验证结果是否能满足机房各系统运行时的消防条件。

4）专业技术人员在现场查验不间断电源的供电时延时，进行旁站监理，记录不间断电源的供电时延是否符合设计要求。

5）专业技术人员在现场查验静电防护措施时，进行旁站监理，记录防静电系统整流设施的测试结果是否符合规范要求。

6）在现场对空调通风系统进行检查和测量，验证机房内的温度与湿度、房内与房外的压差值是否符合设计要求。

8. 软件安装

（1）核对各类软件使用说明书、质量合格证明文件，查验各类软件的文档资料和技术指标，其使用许可证和使用范围是否符合该项目的合同要求。

（2）按各系统软件测试内容及指标对各类软件的所有功能、流程、安全性能以及容错、文档等项进行实际测试，验证测试结果所显示各系统软件功能和性能是否符合本项目的合同要求。

9. 智能建筑工程观感质量

总监理工程师组织相关专业监理工程师一起对智能建筑工程各系统综合布线、现场设备安装质量，以及机房设备的安全和布局等方面进行观感验收，检查工程完工后，各系统是否有信号不稳、模块损坏等现象，并根据实际的核查、验收情况填写到《观感质量核查表》中，为智能建筑工程最终的观感质量评估提供依据，见表 5.6-2。

《观感质量核查表》列项   表 5.6-2

<table>
<tr><td colspan="6">观感质量核查表</td></tr>
<tr><td>序号</td><td rowspan="2">智能建筑</td><td>项目</td><td>抽查质量状况</td><td>质量评价</td></tr>
<tr><td>1</td><td>机房设备安装及布局</td><td>共检查____点,好点：____,一般点：____,差点：____</td><td></td></tr>
<tr><td>2</td><td></td><td>现场设备安装</td><td>共检查____点,好点：____,一般点：____,差点：____</td><td></td></tr>
</table>

10. 智能建筑工程安全和功能检验资料核查

监理机构应根据国家标准《建筑工程施工质量验收统一标准》GB 50300—2013 的要求对智能建筑工程的安全和功能检验资料进行核查及安全工程的抽查，具体如下：

（1）检查工程中所用的各种材料是否持有进场产品的质量合格证明书等，验证被核查资料的检测程序是否有效、资料是否齐全，特别是检测结果、检测人、审核人、负责人的签字和背书单位签章等主要信息符合规范的要求。

（2）根据工程所在地《建设工程消防验收意见书》验收成果，核查火灾自动报警系统、报警及联动功能是否测试合格。明确该工程设计消防的相关智能化系统安装质量是否已被消防验收单位认可。

（3）总监理工程师组织相关专业监理工程师一起对智能建筑工程各系统安全和功能检验项目、系统试运行记录、系统电源及系统接地等主要的安全和功能检验资料进行核查，并将相关的实查信息、意见等如实填写到《安全和功能检验资料核查和主要功能抽查记录表》中，为智能建筑工程最终安全和功能评估提供依据，见表 5.6-3。

《安全和功能检验资料核查和主要功能抽查记录表》列项   表 5.6-3

<table>
<tr><td colspan="7">安全和功能检验资料核查和主要功能抽查记录表</td></tr>
<tr><td>序号</td><td rowspan="3">智能建筑</td><td>安全和功能检查项目</td><td>份数</td><td>核查意见</td><td>抽查结果</td><td>核查人</td></tr>
<tr><td>1</td><td>系统试运行记录</td><td></td><td></td><td></td><td></td></tr>
<tr><td>2</td><td>系统电源及接地检测报告</td><td></td><td></td><td></td><td></td></tr>
<tr><td>3</td><td>系统接地检测报告</td><td></td><td></td><td></td><td></td></tr>
</table>

11. 智能建筑工程质量保证资料及施工技术资料核查

核查智能建筑工程图纸会审，设计变更，原材料出厂合格证书及进场检（试）验报告，施工试验报告及见证检测报告，隐蔽工程验收记录，分项、分部工程质量验收记录等资料是否齐全；并将核查结果填写到《智能建筑工程质量控制资料核查记录》表中，为智能建筑工程最终安装质量评估提供依据，见表 5.6-4。

总监理工程师组织相关专业监理工程师对某工程智能建筑工程安装质量的逐项验收，以及对工程质量控制资料的逐项检查，之后项目监理部应给出智能建筑工程安装质量是否

《智能建筑工程质量控制资料核查记录》列项 表 5.6-4

智能建筑工程质量控制资料核查记录

序号	项目	资料名称	份数	施工单位		监理单位	
				核查意见	核查人	抽查结果	核查人
1	智能建筑	图纸会审记录、设计变更通知单、工程洽商记录					
2		原材料出厂合格证书及进场检验、试验报告					
3		隐蔽工程验收记录					
4		施工记录					
5		系统功能测定及设备调试记录					
6		系统技术、操作和维护手册					
7		系统管理、操作人员培训记录					
8		系统监测报告					
9		分项、分部工程质量验收记录					
10		新技术论证、备案及施工记录					

符合验收标准、是否符合设计要求、是否符合验收规范的最终结论，并明确最终该分部工程的安装质量评估意见。

五、监理过程中遇到的问题分析

智能建筑的科技含量高，因而对监理工程师的专业知识要求也较高。智能系统的具体设计都和建设单位后期的管理息息相关，因此，智能建筑系统的专业监理队伍需要高素质的监理人员加入，这就对专业监理工程师的知识水平有了更高要求，而且对先进设备的操作有所了解，熟悉各类智能建筑设备的调试、检测等技术要求。

根据以往智能建筑工程监理的实践经验，如下汇总了安装监理经常遇到的问题与监理应对措施。

1. 施工管理中的常见问题

（1）智能建筑工程涵盖的系统工程较多、涉及面较广、安装质量专业性要求较高，且不同系统的安装由不同系统工程公司来承担施工。

（2）现场人员情况复杂，施工人员缺乏专业知识，缺少相应系统的技术经验。

（3）受现场有经验的施工人员不足、施工进度压力影响，智能建筑工程统一管理难度较大，组织平行施工时现场受控性不强。

对应的监理措施：

（1）在智能建筑工程施工前，协调建设单位、设计单位、施工总承包单位，以及各系统专业分包单位成立智能建筑工程专项工作小组。对各系统的施工工艺、工序进行分析，调整施工组织计划；定期召开智能建筑工程联席会议，及时处理在工程推进中遇到的技术问题。

（2）督促各系统专业分包单位加强技术培训，对施工人员进行业务能力考核，避免因施工质量意识薄弱而引发系统质量问题、系统故障等。

（3）因智能建筑工程涉及建设工程项目的方方面面，施工范围几乎全覆盖，系统、子系统之间的交叉施工内容较多，利用公共线槽的敷设方法较多，而且一些系统所使用的线材外观基本相同（但类别不同），因此在交叉施工时容易出错；项目监理部应从施工组织的角度，利用联席会议协调各系统的施工顺序，并提出"在公共区域施工时，上一系统工序未验收通过，下一工序暂缓施工"的方法，在验收程序上形成交叉，主动控制发生质量问题的可能性。

2. 综合布线施工中的常见问题

（1）线材质量不符合要求

原因分析：一些专业施工单位为了降低成本，选择使用低劣、低价、规格和型号不符合设计要求的线材进行替代。

（2）接线不牢固、容易脱落

原因分析：使用的接线端子，或者采用插拔式接线时，配件内五金件贴合性差，或者恢复力差；使用冷压端头接线方式时，施工时的压接力度不当；又或者采用的接线配件不符合标准要求等，都会造成接线不牢固、容易脱落的现象。

（3）线序（跳线）错误

原因分析：施工人员没有经验，对系统线脚跳线、信号线线序定义等知识缺乏。

（4）施工布线混乱

如图 5.6-1 所示为布线不规范案例。

图 5.6-1　布线不规范案例照片

原因分析：现场交叉作业较多，同一个线槽内布设了多个系统线路（甚至有弱电线路布设在强电线槽内的现象），且在施工时未按规范要求采取屏蔽措施，未按规范要求对线材进行整理。

（5）接线箱内部接线混乱

如图 5.6-2 所示为接线箱、盒内接线混乱案例。

原因分析：其一，前期设计缺陷导致接线箱内端口不足，施工单位在接线箱内随意增加接线模块，或者采用不符合规范、标准的方法进行飞线、并线施工；其二，施工人员未经专业培训，对系统线路不熟悉，或在线缆敷设时未留有余量，导致箱体内接线观感质量差，线路杂乱交错。

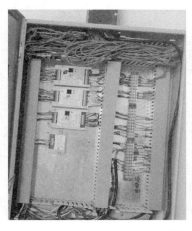

图 5.6-2　接线箱、盒内接线混乱案例照片

（6）线缆标识模糊

原因分析：现场管理人员不重视，或为了降低成本故意不按规范要求制作永久性标识，采用纸质标签手写、打印纸质标识等粗糙的标识方法进行替代，或不进行标识。

对应的监理措施：

智能建筑工程几乎是一个用线缆连接起来的庞大网络，各系统的接线数量多如牛毛，综合布线系统显然已成为现代建筑的重要组成部分。一旦在综合布线系统中出现了上述问题，都可能影响建筑物的正常使用和运行。因此，在监理对现场进行检查、验收时，务必要根据设计图纸、行业标准、建设单位需求等依据，必须遵循验收规范规定的安装方法进行验收，严格、认真地对每一个系统的布线、接线、通路测试、线序跳脚等加强检查。如图 5.6-3 所示为布线、接线标准示意图。

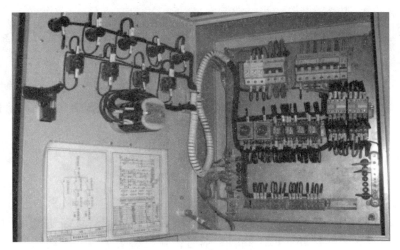

图 5.6-3　布线、接线标准示意图

（1）除在施工材料进场验收不合格的情况下，监理人员应在施工过程中加强对每个系统所使用的线材规格、型号、生产厂家、批号等的检查（信号传输线缆还应对线芯数量进

行核查），防止施工单位在施工过程中采用"偷梁换柱"的手法用低劣的产品替代标准产品。

（2）对进场的接头、配件等进行检查，必要时截取适配线材进行现场试验。

（3）督促施工企业加强施工人员的技术培训、技术交底，将系统工程接线要求和接线方法纳入培训内容，在施工人员上岗前进行考核。监理机构在现场加强施工过程中的通路检测，避免该现象延误至系统调试时期。

（4）监理应按项目工程的实际情况，充分与建设单位、设计单位沟通，建议尽可能合理化地敷设线缆，避免过多的线材敷设于同一线槽或槽盒内（特别是弱电线缆敷设于强电线槽的现象）产生线缆发热（会加速线缆老化、火灾）的安全隐患。在现场，监理应提高巡视检查的频次，督促施工人员按规范的要求对线缆进行绑扎、整理，并在不同系统、不同功能的线缆间采取有效的屏蔽措施防止电磁干扰，尽可能地减少传输线路问题引发的系统功能故障。

（5）项目监理部应在施工前组织内部图纸审查，组织召开设计答疑会议，根据建设单位对系统的实际需求，以及对设计施工图中有缺陷处确定修改意见，并在接线箱等器材采购前确定最终的配线需求，在事前对因设计原因引起的施工质量问题进行解决。另外，在施工过程中应加强对施工人员的专业培训，敷设系统线路时按规范的要求留有适当余量，以便在接线箱内配线施工时能达到线缆横平竖直的观感效果。

（6）督促施工单位按规范要求落实综合布线标识要求，未按要求执行的不予验收通过，如图 5.6-4 所示为线缆标识标准示意图。

图 5.6-4　线缆标识标准示意图

3. 设备安装施工中的常见问题

（1）设备安装不平稳、稳定性差

如图 5.6-5 所示为设备稳定性差案例。

原因分析：施工人员未按施工工艺要求实施安装工作，或者设备进场后的成品保护措施不当造成设备、支架连接处变形。同时，信号传输材料受潮也会影响到设备的稳定性。

（2）设备支架不符合要求

原因分析：系统中的大部分电子设备不能直接应用，必须使用支架进行安装，但安装过程中施工单位为了赶进度，或者降低成本，往往会出现安装的设备箱不匹配、支架型号

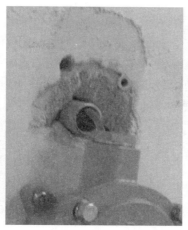

图 5.6-5　设备稳定性差案例照片

与设备不对应等情况，甚至有出现设备箱防腐、防水功能未落实，电子设备外壳接地被忽略的情况。

（3）传感器、执行器的安装不满足技术要求

原因分析：智能建筑中配备的传感器、执行器都属于系统的前端设备，安装时的专业要求较高。一般而言，土建施工，或装饰装修工程施工时不会为这些前端设备预留相应的安装位置。因此，导致了这些前端设备不能按照设计的要求和相关标准进行安装；造成了前端设备安装位置不合理、安装施工不能满足系统技术要求的问题，最终导致所采集的数据不全面，在系统执行过程中发生错误。

（4）信号质量问题

原因分析：综合布线工程施工时与其他系统信号线敷设在同一槽盒内，受相邻线缆的信号干扰产生信号过冲的现象。

信号线走线较长，或者信号线敷设在干扰源附近（如受接地线干扰等产生噪声）。

设备驱动能力不强，或者负载过大，造成信号边缘缓慢。

对应的监理措施：

（1）监理人员在巡视检查项目施工时必须严格按照相关要求进行，这个环节是比较精细的工作，相关技术工作者必须充分掌握设备特点以及安装流程等。由于智能建筑中所使用的设备属于精密设备，在搬运和进行成品保护时注意轻拿轻放，避免由于螺丝松动等原因导致其无法顺利运行。另外，存放地点的温湿度必须适中，做好防粉尘工作。

（2）监理人员应根据设备、材料进场的审核要求严格对系统设备以及配套支架等进行验收，在施工过程中应加强对安装过程的巡视，避免不匹配的情况发生。当设备箱安装现场环境和电气环境不满足安装要求时，应督促施工单位落实好相应的防腐、防水措施，并根据设备安装要求做好接地。

（3）在安装前端设备时，监理人员应加强现场的巡视检查，必要时采取监理旁站的措施，防止施工人员使用蛮力、外力等各种简单粗暴行为强行安装（特别是接口很难进行连接时），避免使其发生应力疲劳损坏，出现设备受力不平衡、不稳定等情况，从而影响使

用功能。

（4）在系统测试期间，经常会发现系统信号不佳，无法实现系统功能的情况。在调试和试运行期间发现该质量问题后，监理人员应督促施工单位对该系统线路进行梳理，及时排除信号干扰和信号不稳的现象，如：采取措施避开干扰源和耦合路径、调整器件的布局、改变敷设线路等。当信号延时较长不符合设计和标准的规定时，在确定综合布线系统无缺陷的情况下，可考虑提高设备驱动性能，或减少设备负载的方法进行测试，避免造成数据采样错误。

第六章　建筑节能工程安装监理

第一节　建筑节能工程概述

一、建筑节能工程

建筑节能是指人们在建筑物的设计、施工和运营过程中，采取各种措施来降低能源消耗，提高能源利用效率，减少对环境的影响。建筑节能通常以如下几个重要途径展开：

建筑设计阶段：在建筑物的规划和设计阶段，考虑采用节能设计理念，包括选择合适的建筑朝向、优化建筑形状、提高建筑外墙和窗户的隔热性能等。

建筑材料选择：选用具有良好隔热性能、保温性能和透气性能的建筑材料，如高效保温材料、双层玻璃窗等。

建筑设备系统：采用高效节能的供暖、通风、空调等设备系统，如采用地源热泵、太阳能热水器、智能控制系统等。

照明系统：采用高效节能的照明设备，如 LED 灯具，并结合光照传感器、智能控制系统等技术，实现照明的自动化控制。

建筑能源管理：建立科学的能源管理体系，包括能源计量、能源监测和能源优化等，通过监测和分析能源消耗情况，提出相应的节能改进措施。

建筑使用阶段：在建筑物的使用阶段，通过合理的运营管理和倡导用户节能意识观念，包括合理设置室内温度、定期维护设备、加强人们的节能意识等，实现建筑节能效果的持续提高。

通过以上措施的综合应用，建筑节能工程可以有效降低建筑物的能源消耗，减少对环境的影响，提高建筑物的舒适性和可持续发展水平。

本章讲述的建筑节能工程是建筑工程项目建设中涉及土建结构和装饰、机电设备方面，和建筑节能有关联的一项分部工程。

作为建筑节能努力的一部分，打好建筑工程项目的节能基础，基于加强建筑节能工程的施工质量管理的目的，在 2007 年，国家标准《建筑节能工程施工质量验收规范》GB 50411—2007 颁布实施，它统一了工程建设项目中有关节能施工质量的验收标准，并在建筑工程项目中的常规分部（子分部）工程划分外，另将各专业施工中所涉及建筑节能的重要分项工程，在单位工程中组合成一个独立的，并行于原有各专业分部工程的新分部工程——"建筑节能工程"，以便实施建筑项目节能品质的施工专项管理。2017 年之后上海地区的工程项目，安装监理在进行建筑节能工程施工质量检查与验收时会执行上海市建设规范《建筑节能工程施工质量验收规程》DGJ 08—113—2017。2019 年新的国家标准《建筑节能工程施工质量验收标准》GB 50411—2019 实施后，监理工作实施过程中应更新有关的验收标准。

新的国家标准《建筑节能与可再生能源利用通用规范》GB 55015—2021 自 2022 年 4 月 1 日起实施，其中第 8 章是施工、调试及验收的专篇，所列的条款具有强制性，是必须执行的标准。

二、建筑节能工程的机电组成与划分

按照国家标准《建筑工程施工质量验收统一标准》GB 50300—2013 的划分，建筑节能工程是建筑工程项目的十大分部工程之一，而节能工程包含土建装饰和机电两大部分。在建筑工程项目建筑电气、给水排水及供暖、通风与空调、建筑智能四个机电类分部工程中均涉及建筑节能工程内容，其中通风与空调工程涉及内容相对较多，这和建筑空调系统能耗在建筑总能耗中较高占比是相关联的。

国家标准《建筑节能工程施工质量验收标准》GB 50411—2019 将建筑节能作为一个分部工程，它包含有 5 个子分部工程，继续分解后形成了 13 个分项工程。这 13 个分项工程中有 5 个属于被动式节能的土建装饰专业类工程，8 个属于主动式节能的机电专业类工程。其中 5 个机电专业类分项工程与建筑冷热能利用有关，分别是供暖节能工程、通风与空调节能工程、冷热源及管网节能工程、地源热泵换热系统节能工程、太阳能光热系统节能工程；3 个机电专业类分项与建筑电气工程和智能建筑工程有关，分别是配电与照明节能工程和监测与控制节能工程。

机电专业类的子分部工程、分项工程划分及主要的工程质量验收内容见表 6.1-1。

机电安装建筑节能子分部工程和分项工程划分表   表 6.1-1

序号	子分部工程	分项工程	主要验收内容
1	供暖空调节能工程	供暖节能工程	系统形式；散热器；自控阀门与仪表；热力入口装置；保温构造；调试等
2		通风与空调节能工程	系统形式；通风与空调设备；自控阀门与仪表；绝热构造；调试等
3		冷热源及管网节能工程	系统形式；冷热源设备；辅助设备；管网；自控阀门与仪表；绝热构造；调试等
4	配电照明节能工程	配电与照明节能工程	低压配电电源；照明光源、灯具；附属装置；控制功能；调试等
5	监测控制节能工程	监测与控制节能工程	冷热源的监测控制系统；供暖与空调的监测控制系统；监测与计量装置；供配电的监测控制系统；照明控制系统；调试等
6	可再生能源节能工程	地源热泵换热系统节能工程	岩土热响应试验；钻孔数量、位置及深度；管材、管件；热源井数量、井位分布、出水量及回灌量；换热设备；自控阀门与仪表；绝热材料；调试等
7		太阳能光热系统节能工程	太阳能集热器；储热设备；控制系统；管路系统；调试等
8		太阳能光伏节能工程	光伏组件；逆变器；配电系统；储能蓄电池；充放电控制器；调试等

三、检验项目重叠的处理

建筑节能分部工程机电专业节能的质量控制和验收项目内容的一些质量控制和验收项目和前面所述机电专业五大分部工程的质量控制和验收项目有可能会出现部分重叠。如果建筑节能工程项目验收的内容与其他各专业分部工程、分项工程或检验批的验收内容相同且验收结果合格时，可采用已检验收结果，不必进行重复检验。

建筑节能工程验收项目聚焦于节能相关分项工程（或检验批），这些项目之所以从一般机电项目出列，再行组成一个节能规范，是为了强化建筑节能的基础建设管理，突出建筑工程项目"节能性能"的考核与验收。

建筑节能工程的建设管理方面国家标准《建筑节能工程施工质量验收标准》GB 50411—2019 要求验收资料应单独组卷。

第二节　建筑节能工程机电安装质量验收规范、标准及技术规程

一、建筑节能机电安装部分质量验收的主要规范

目前，建筑节能工程机电安装部分施工质量验收的主要依据文件有：
（1）《建筑节能与可再生能源利用通用规范》GB 55015—2021
（2）《建筑节能工程施工质量验收标准》GB 50411—2019
（3）《建筑给水排水与节水通用规范》GB 55020—2021
（4）《建筑电气与智能化通用规范》GB 55024—2022

二、建筑节能机电安装部分质量验收的其他规范、标准及技术规程

（1）《建筑节能工程施工质量验收规程》DGJ 08—113—2017
（2）《公共建筑绿色及节能工程智能化技术标准》DG/TJ 08—2040—2021
（3）《既有居住建筑节能改造技术标准》DG/TJ 08—2136—2022
（4）《民用建筑太阳能热水系统应用技术标准》GB 50364—2018
（5）《太阳能供热采暖工程技术标准》GB 50495—2019
（6）《民用建筑太阳能空调工程技术规范》GB 50787—2012
（7）《地源热泵系统工程技术规范》GB 50366—2005（2009 版）

第三节　建筑节能工程机电安装监理流程和方法

一、建筑节能工程监理工作流程

建筑节能工程主要监理流程与建筑工程中的给水排水及供暖工程、通风与空调工程、建筑电气工程和智能建筑工程的监理工作流程类似，可以参阅本教材第二章～第五章相关内容。

二、建筑节能机电安装部分工程质量监理主要工作

1. 建筑节能工程专项施工方案的审查

按照国家标准《建筑节能工程施工质量验收标准》GB 50411—2019 的要求，每个单位工程施工组织设计应包括建筑节能工程的施工内容。建筑节能工程施工前，施工单位应编制建筑节能工程专项施工方案，并经监理单位审批后实施。

为了确保建筑节能工程的施工质量，除了检查施工单位对应的专项施工方案及技术准备工作外，专业监理工程师还应督促施工单位对从事建筑节能工程施工作业的人员进行技术交底和必要的实际操作培训，真正体现对质量控制中的"人""方法"这两个重要因素的认识。

2. 见证取样与复验

施工单位取样人员在监理工程师的见证下，按照有关规定从施工现场随机抽样入场的设备、工程材料等，送至具备相应资质的检测机构进行检验的活动。抽样复验项目及抽样判定应符合国家标准《建筑节能工程施工质量验收标准》GB 50411—2019 的附录 A 和附录 G 的相关要求。建筑节能工程对进场设备和工程材料要求采用见证取样的方式进行复验，在一定的阶段时期有其必要性，体现了行业对建筑节能工程关键设备及材料质量管理的重视，也是面对配电照明、供暖、通风与空调耗能设备、绝热材料、换热设备、光伏组件等有关的庞大、选择多样化的市场，如何保证项目今后投用时节能、低碳的现实需要的一项技术管理举措。

专业监理工程师应认真领会施工安装的设备和材料一定要满足项目设计文件的要求、国家关于建筑节能工程的规范标准和技术规定这一基本原则，并按照规范标准的指引落实好有关设备及工程材料的进场验收工作。

3. 工程变更管理

在工程建设领域，按照要求一些项目的工程设计需要进行建筑节能工程的设计审查，当施工图变更涉及这一范围时，则该变更除了须经原设计单位认可外，还应经原设计文件节能设计审查机构的审查，出具变更后的审查文件。工程设计（施工）变更在施工前应办理变更手续，并应获得监理单位和建设单位的确认。

监理对工程变更情况进行检查时应检查设计变更文件和施工图设计审查文件，依据有无设计变更文件和施工图设计审查文件，以及两者是否一致作为判定依据。

4. 建筑节能的监测与控制

建筑节能工程实现系统节能运转，作为主动节能的机电系统，数据采集和应对工况占有相当重要的影响地位。所以，机电系统相关专业的固件（设备、管道及保温）安装施工质量是一方面，应对系统负荷变化时的系统控制反应则是系统另外一个工程质量相关的关键要素。国家标准《建筑节能工程施工质量验收标准》GB 50411—2019 已经将监测节能控制工程专门列为一个子分部工程。国家标准《建筑节能与可再生能源利用通用规范》GB 55015—2021、《建筑给水排水与节水通用规范》GB 55020—2021、《建筑电气与智能化通用规范》GB 55024—2022、《地源热泵系统工程技术规范》GB 50366—2005（2009版）、《民用建筑太阳能热水系统应用技术标准》GB 50364—2018、《太阳能供热采暖工程技术标准》GB 50495—2019、《民用建筑太阳能空调工程技术规范》GB 50787—2012 等均

提出了多条关于建筑节能控制措施的核查内容，其实质就是对系统响应及应对能力的检查。控制理论中反馈是确保系统按设定目标运行的重要一环，主动式节能系统（机电设备系统）则反映了这一过程实际应用场景。所以空调系统冷冻机的运行管理系统、供暖系统管理、电气照明控制系统都有严格的质量验收要求。

因此，各机电安装专业监理工程师需要密切配合，尤其要发挥智能建筑系统专业监理工程师的作用，真正承担起做好建筑节能工程机电安装的分部及子分部工程的质量验收工作。

5. 建筑节能分部工程质量验收

（1）建筑节能分部工程质量验收合格，应符合下列规定：

1）建筑节能各分项工程应全部合格；

2）质量控制资料应完整；

3）外墙节能构造现场实体检验结果应对照图纸进行核查，并符合要求；

4）建筑外窗气密性能现场实体检验结果应对照图纸进行核查，并符合要求；

5）建筑设备系统节能性能检测结果应合格。

（2）建筑节能工程验收资料应单独组卷，验收时应对下列资料进行核查：

1）设计文件、图纸会审记录、设计变更和洽商；

2）主要材料、设备、构件的质量证明文件，进场检验记录，进场复验报告，见证试验报告；

3）隐蔽工程验收记录和相关图像资料；

4）分项工程质量验收记录；

5）建筑外墙节能构造现场实体检验报告或外墙传热系数检验报告；

6）外窗气密性能现场检验记录；

7）风管系统严密性检验记录；

8）设备单机试运转调试记录；

9）设备系统联合试运转及调试记录；

10）分部（子分部）工程质量验收记录；

11）设备系统节能性和太阳能系统性能检测报告。

第四节　建筑节能工程机电安装监理管控要点

一、建筑节能工程机电安装部分的设备与材料验收的监理管控要点

1. 节能设备、材料的基本要求

国家标准《建筑节能工程施工质量验收标准》GB 50411—2019 关于建筑节能工程使用的材料和设备有如下基本要求：

（1）建筑节能工程使用的材料、构件和设备等，必须符合设计要求及国家现行标准的有关规定，严禁使用国家明令禁止与淘汰的材料和设备。

（2）公共机构建筑和政府出资的建筑工程应选用通过建筑节能产品认证或具有节能标识的产品；其他建筑工程宜选用通过建筑节能产品认证或具有节能标识的产品。

（3）涉及建筑节能效果的定型产品、预制构件，以及采用成套技术现场施工安装的工程，相关单位应提供型式检验报告。当无明确规定时，型式检验报告的有效期不应超过2年。

型式检验报告是生产厂家委托具有相应资质的检测机构，对定型产品或成套技术的全部性能指标进行的检验而出具的检验报告。通常在产品定型鉴定、正常生产期间规定时间内、出厂检验结果与上次型式检验结果有较大差异、材料及工艺参数改变、停产后恢复生产或有型式检验要求时才会进行型式检验报告申报工作。所以，型式检验报告出具2年后再次要求就节能效果等性能进行检测是合理的。

建筑节能工程使用材料的燃烧性能和防火处理应符合设计要求，并应符合国家标准《建筑设计防火规范》GB 50016—2014（2018年版）和《建筑内部装修设计防火规范》GB 50222—2017的规定。

（4）建筑节能工程使用的材料应符合国家现行有关标准对材料有害物质限量的规定，不得对室内外环境造成污染。

（5）节能保温材料在施工使用时的含水率应符合设计、施工工艺及施工方案要求。当无上述要求时，节能保温材料在施工使用时的含水率不应大于正常施工环境湿度下的自然含水率。

2. 设备、材料的验收方式和验收项目

（1）抽样送检

1）基本规定：涉及安全、节能、环境保护和主要使用功能的材料、构件和设备，应按照国家标准《建筑节能工程施工质量验收标准》GB 50411—2019的规定在施工现场随机抽样复验，复验应为见证取样检验。当复验的结果不合格时，该材料、构件和设备不得使用。

2）供暖节能工程使用的散热器、通风与空调节能工程使用的风机盘管、太阳能光热系统节能工程采用的集热设备和所有节能项目的保温材料进场时，应对其下列性能进行复验，复验应为见证取样检验：

① 散热器的单位散热量、金属热强度；

② 风机盘管机组的供冷量、供热量、风量、水阻力、功率及噪声；

③ 集热设备的热性能；

④ 保温材料的导热系数或热阻、密度、吸水率。

同厂家、同材质的散热器或同厂家的风机盘管机组数量在500组及以下时，抽检2组；数量每增加1000组时应增加抽检1组。同厂家、同类型的太阳能集热器或太阳能热水器数量在200台（套）及以下时，抽检1台（套）；200台（套）以上抽检2台（套）。

同工程项目、同施工单位且同期施工的多个单位工程可合并计算。当符合国家标准《建筑节能工程施工质量验收标准》GB 50411—2019第3.2.3条规定时，检验批容量可以扩大一倍。同厂家、同材质的保温材料，复验次数不得少于2次。

3）配电与照明节能工程使用的照明光源、照明灯具及其附属装置等进场时，应随机抽取样品对其照明光源初始光效、照明灯具镇流器能效值与效率、照明设备功率及功率因数和谐波含量值四项性能进行复验，复验应为见证取样检验：

同厂家的照明光源、镇流器、灯具、照明设备，数量在200套（个）及以下时，抽检2套（个）；数量在201套（个）～2000套（个）时，抽检3套（个）；当数量在2000套

（个）以上时，每增加 1000 套（个）时应增加抽检 1 套（个）。同工程项目、同施工单位且同期施工的多个单位工程可合并计算。当符合国家标准《建筑节能工程施工质量验收标准》GB 50411—2019 第 3.2.3 条规定时，检验批容量可以扩大一倍。

　　4）低压配电系统使用的电线、电缆进场时，应随机抽取样品对其导体电阻值进行复验，复验应为见证取样检验。同厂家各种规格总数的 10%，且不少于 2 个规格。不同标称截面面积的电缆、电线每芯导体最大电阻值见表 6.4-1。

不同标称截面面积的电缆、电线每芯导体最大电阻值　　　　表 6.4-1

标称截面（mm²）	20℃时导体最大电阻（Ω/km）圆钢导体（不镀金属）
0.5	36
0.75	24.5
1.0	18.1
1.5	12.1
2.5	7.41
4	4.61
6	3.08
10	1.83
16	1.15
25	0.727
35	0.524
50	0.387
70	0.268
05	0.193
120	0.153
150	0.124
185	0.0991
240	0.0754
300	0.0601

　　5）地源热泵换热系统节能工程地埋管换热系统埋管材料进场时，应按下列要求进行复检，复检应为见证取样送检。

　　1）复检参数：管材的外径、壁厚、导热系数、物理力学性能。

　　2）复检要求：满足《地源热泵系统用聚乙烯管材及管件》CJ/T 317—2009 及设计要求。

　　3）检查数量：同一厂家同一规格型号为一批次，每一批次应抽测 2%，并不少于 2 组。

　　（2）设备、主要材料的进场验收

　　1）供暖节能工程使用的散热设备、热计量装置、温度调控装置、自控阀门、仪表、保温材料等产品应进行进场验收，验收结果应经监理工程师检查认可，且应形成相应的验收记录。各种材料和设备的质量证明文件与相关技术资料应齐全，并应符合设计要求和国家现行有关标准的规定。

2）通风与空调节能工程使用的设备、管道、自控阀门、仪表、绝热材料等产品应进行进场验收，并应对下列产品的技术性能参数和功能进行核查。验收与核查的结果应经监理工程师检查认可，且应形成相应的验收记录。各种材料和设备的质量证明文件与相关技术资料应齐全，并应符合设计要求和国家现行有关标准的规定：

① 组合式空调机组、柜式空调机组、新风机组、单元式空调机组及多联机空调系统室内机等设备的供冷量、供热量、风量、风压、噪声及功率，风机盘管的供冷量、供热量、风量、出口静压、噪声及功率；

② 风机的风量、风压、功率、效率；

③ 空气能量回收装置的风量、静压损失、出口全压及输入功率；装置内部或外部漏风率、有效换气率、交换效率、噪声；

④ 阀门与仪表的类型、规格、材质及公称压力；

⑤ 成品风管的规格、材质及厚度；

⑥ 绝热材料的导热系数、密度、厚度、吸水率。

3）空调与供暖系统使用的冷热源设备及其辅助设备、自控阀门、仪表、绝热材料等产品应进行进场验收，并应对下列产品的技术性能参数和功能进行核查。验收与核查的结果应经监理工程师检查认可，且应形成相应的验收记录。各种材料和设备的质量证明文件与相关技术资料应齐全，并应符合设计要求和国家现行有关标准的规定：

① 锅炉的单台容量及名义工况下的热效率；

② 热交换器的单台换热量；

③ 电驱动压缩机蒸汽压缩循环冷水（热泵）机组的额定制冷（热）量、输入功率、性能系数（CQP）、综合部分负荷性能系数（IPLV）限值；

④ 电驱动压缩机单元式空气调节机组、风管送风式和屋顶式空气调节机组的名义制冷量、输入功率及能效比（EER）；

⑤ 多联机空调系统室外机的额定制冷（热）量、输入功率及制冷综合性能系数 IPLV（C）；

⑥ 蒸汽和热水型溴化锂吸收式冷水机组及直燃型溴化锂吸收式冷（温）水机组的名义制冷量、供热量、输入功率及性能系数；

⑦ 供暖热水循环水泵、空调冷（热）水循环水泵、空调冷却水循环水泵等的流量、扬程、电机功率及效率；

⑧ 冷却塔的流量及电机功率；

⑨ 自控阀门与仪表的类型、规格、材质及公称压力；

⑩ 管道的规格、材质、公称压力及适用温度；

⑪ 绝热材料的导热系数、密度、厚度、吸水率。

4）配电与照明节能工程使用的配电设备、电线电缆、照明光源、灯具及其附属装置等产品应对下列技术性能进行核查验收，验收结果应经监理工程师检查认可，且应形成相应的验收记录。各种材料和设备的质量证明文件与相关技术资料应齐全，并应符合设计要求和国家现行有关标准的规定。监理工程师应按照设计文件、技术资料和性能检测报告等质量证明文件与实物核对查验。

① 荧光灯灯具和高强度气体放电灯灯具的效率不应低于表 6.4-2 的规定。

荧光灯灯具和高强度气体放电灯灯具的效率及允许值　　　　表 6.4-2

灯具出光口形式	开敞式	保护罩（玻璃或塑料）		格栅	格栅或透光罩
		透明	磨砂、棱镜		
荧光灯灯具	75%	65%	55%	60%	—
高强度其他放电灯灯具	75%	—	—	60%	60%

② 管型荧光灯镇流器能效限定值应不小于表 6.4-3 的规定。

镇流器能效限定值　　　　表 6.4-3

标称功率（W）		18	20	22	30	32	36	40
镇流器能效因素（BEF）	电感型	3.154	2.952	2.770	2.232	2.146	2.030	1.992
	电子型	4.778	4.370	3.998	22.870	2.678	2.402	2.27

③ 照明设备谐波含量限值应符合表 6.4-4 的规定。

照明设备谐波含量限值　　　　表 6.4-4

谐波次数 n	基波频率下输入电流百分比数表示的最大允许谐波电流（%）
2	2
3	$30 \times \lambda$
5	10
7	7
9	5
$11 \leqslant n \leqslant 39$（仅有奇数谐波）	3

注：λ 是电路功率因数。

④ 进场的电线、电缆出厂质量证明文件及检测报告应齐全，实际进场数量、规格等满足设计和施工要求。

⑤ 电线电缆的外观质量、绝缘层厚度应满足设计要求和现行产品标准的规定。

⑥ 配电系统选择的导体截面面积不得低于设计值。监理工程师应通过检查质量证明文件、尺量检查等方式检查，每种规格检验不少于 5 次。

5）监测与控制节能工程使用的设备、材料应进行进场验收，验收结果应经监理工程师检查认可，并应形成相应的验收记录。各种材料和设备的质量证明文件和相关技术资料应齐全，并应符合设计要求和国家现行有关标准的规定。并应对下列主要产品的技术性能参数和功能进行核查：

① 系统集成软件的功能及系统接口兼容性；

② 自动控制阀门和执行机构的设计计算书；控制器、执行器、变频设备以及阀门等设备的规格参数；

③ 变风量（VAV）末端控制器的自动控制和运算功能。

监测与控制节能工程使用设备、材料还需要注意以下事项：

① 产品应为列入《中华人民共和国实施强制性产品认证的产品目录》或实施生产许

可证和上网许可证管理的产品，未列入强制性认证产品目录或未实施生产许可证和上网许可证管理的产品，应按规定程序通过产品检测后方可使用。

② 硬件设备及材料的质量检查重点应包括安全性、可靠性及电磁兼容性等项目，可靠性检测可参考生产厂家出具的可靠性检测报告。

③ 依规定程序获得批准使用的新材料和新产品除符合本条规定外，尚应提供主管部门规定的相关证明文件。

④ 进口产品除应符合国家标准《智能建筑工程质量验收规范》GB 50339—2013 的规定外，尚应提供原产地证明和商检证明，配套提供的质量合格证明、检测报告及安装、使用、维护说明书等文件资料应为中文文本（或附中文译文）。

⑤ 监测与控制节能工程设备及材料的进场验收除按上述规定执行外，还应符合下列要求：

A. 电气设备、材料、成品和半成品的进场验收应按国家标准《建筑电气工程施工质量验收规范》GB 50303—2015 中有关规定执行。

B. 各类传感器、变送器、电动阀门及执行器、现场控制器等的进场验收要求：

a. 查验合格证和随带的技术文件，实行产品许可证和强制性产品认证标志的产品应有产品许可证和强制性产品认证标志。

b. 外观检查：铭牌、附件齐全，电气接线端子完好，设备表面无缺损，涂层完整。

c. 传感器进场应检查下列主要性能参数：测量范围（量程）、线性度、不重复性、滞后、精确度、灵敏度（传感器系数）、零点时间漂移、零点温度漂移、灵敏度漂移、响应速度。

6）地源热泵换热系统节能工程使用的管材、管件、水泵、自控阀门、仪表、绝热材料等产品应进行进场验收，进场验收的结果应经监理工程师检查认可，并应形成相应的验收记录。各种材料和设备的质量证明文件与相关技术资料应齐全，并应符合设计要求和国家现行有关标准的规定。

7）太阳能光热系统节能工程所采用的管材、设备、阀门、仪表、保温材料等产品应进行进场验收，验收结果应经监理工程师检查认可，并应形成相应的验收记录。各种材料和设备的质量证明文件与相关技术资料应齐全，并应符合设计要求和国家现行有关标准的规定。

8）太阳能光伏系统建筑节能工程所采用的光伏组件、汇流箱、电缆、逆变器、充放电控制器、储能蓄电池、电网接入单元、主控和监视系统、触电保护和接地、配电设备及配件等产品应进行进场验收，验收结果应经监理工程师检查认可，并应形成相应的验收记录。各种材料和设备的质量证明文件和相关技术资料应齐全，并应符合设计要求和国家现行有关标准的规定。

二、机电安装工程部分的节能工程质量监理管控要点

1. 供暖节能工程质量监理管控要点

（1）供暖系统安装的温度调控装置和热计量装置，应满足设计要求的分室（户或区）温度调控、楼栋热计量和分户（区）热计量功能。

（2）室内供暖系统的安装应符合下列规定：

1）供暖系统的形式应符合设计要求；

2）散热设备、阀门、过滤器、温度、流量、压力等测量仪表应按设计要求安装齐全，不得随意增减或更换；

3）水力平衡装置、热计量装置、室内温度调控装置的安装位置和方向应符合设计要求，并便于数据读取、操作、调试和维护。

（3）散热器及其安装应符合下列规定：

1）每组散热器的规格、数量及安装方式应符合设计要求；

2）散热器外表面应刷非金属性涂料。

（4）散热器恒温阀及其安装应符合下列规定：

1）恒温阀的规格、数量应符合设计要求；

2）明装散热器恒温阀不应安装在狭小和封闭空间，其恒温阀阀头应水平安装并远离发热体，但不应被散热器、窗帘或其他障碍物遮挡；

3）暗装散热器恒温阀的外置式温度传感器，应安装在空气流通且能正确反映房间温度的位置上。

（5）低温热水地面辐射供暖系统的安装，除应符合国家标准《建筑节能工程施工质量验收标准》GB 50411—2019 中第 9.2.4 条的规定外，尚应符合下列规定：

1）防潮层和绝热层的做法及绝热层的厚度应符合设计要求；

2）室内温度调控装置的安装位置和方向应符合设计要求，并便于观察、操作和调试；

3）室内温度调控装置的温度传感器宜安装在距地面 1.4m 的内墙上或与照明开关在同一高度上，且避开阳光直射和发热设备。

（6）供暖系统热力入口装置的安装应符合下列规定：

1）热力入口装置中各种部件的规格、数量应符合设计要求；

2）热计量表、过滤器、压力表、温度计的安装位置及方向应正确，并便于观察、维护；

3）水力平衡装置及各类阀门的安装位置、方向应正确，并便于操作和调试。

（7）供暖管道保温层和防潮层的施工应符合下列规定：

1）保温材料的燃烧性能、材质及厚度等应符合设计要求。

2）保温管壳的捆扎、粘贴应牢固，铺设应平整。硬质或半硬质的保温管壳每节至少应采用防腐金属丝、耐腐蚀织带或专用胶带捆扎 2 道，其间距为 300～350mm，且捆扎应紧密，无滑动、松弛及断裂现象。

3）硬质或半硬质保温管壳的拼接缝隙不应大于 5mm，并应用粘结材料勾缝填满；纵缝应错开，外层的水平接缝应设在侧下方。

4）松散或软质保温材料应按规定的密度压缩其体积，疏密应均匀，搭接处不应有空隙。

5）防潮层应紧密粘贴在保温层上，封闭良好，不得有虚粘、气泡、褶皱、裂缝等缺陷；防潮层外表面搭接应顺水。

6）立管的防潮层应由管道的低端向高端敷设，环向搭接缝应朝向低端；纵向搭接缝应位于管道的侧面，并顺水。

7）卷材防潮层采用螺旋形缠绕的方式施工时，卷材的搭接宽度宜为 30～50mm。

8）阀门及法兰部位的保温应严密，但能单独拆卸并不得影响其操作功能。

（8）供暖系统安装完毕后，应在供暖期内与热源进行联合试运转和调试，试运转和调试结果应符合设计要求。

2. 通风与空调节能工程质量监理管控要点

（1）通风与空调节能工程中的送、排风系统及空调风系统、空调水系统的安装，应符合下列规定：

1）各系统的形式应符合设计要求；

2）设备、阀门、过滤器、温度计及仪表应按设计要求安装齐全，不得随意增减或更换；

3）水系统各分支管路水力平衡装置、温度控制装置的安装位置、方向应符合设计要求，并便于数据读取、操作、调试和维护；

4）空调系统应满足设计要求的分室（区）温度调控和冷、热计量功能。

（2）风管的安装应符合下列规定：

1）风管的材质、断面尺寸及壁厚应符合设计要求；

2）风管与部件、建筑风道及风管间的连接应严密、牢固；

3）风管的严密性检验结果应符合设计和国家现行标准的有关要求；

4）需要绝热的风管与金属支架的接触处，需要绝热的复合材料风管及非金属风管的连接处和内部支撑加固处等，应有防热桥的措施，并应符合设计要求。

（3）组合式空调机组、柜式空调机组、新风机组、单元式空调机组的安装应符合下列规定：

1）规格、数量应符合设计要求；

2）安装位置和方向应正确，且与风管、送风静压箱、回风箱、阀门的连接应严密可靠；

3）现场组装的组合式空调机组各功能段之间连接应严密，其漏风量应符合国家标准《组合式空调机组》GB/T 14294—2008 的有关要求；

4）机组内的空气热交换器翅片和空气过滤器应清洁、完好，且安装位置和方向正确，以便于维护和清理。

（4）带热回收功能的双向换气装置和集中排风系统中的能量回收装置的安装应符合下列规定：

1）规格、数量及安装位置应符合设计要求；

2）进、排风管的连接应正确、严密、可靠；

3）室外进、排风口的安装位置、高度及水平距离应符合设计要求。

（5）空调机组、新风机组及风机盘管机组水系统自控阀门与仪表的安装应符合下列规定：

1）规格、数量应符合设计要求；

2）方向应正确，位置应便于读取数据、操作、调试和维护。

（6）空调风管系统及部件的绝热层和防潮层施工应符合下列规定：

1）绝热材料的燃烧性能、材质、规格及厚度等应符合设计要求；

2）绝热层与风管、部件及设备应紧密贴合，无裂缝、空隙等缺陷，且纵、横向的接缝应错开；

3）绝热层表面应平整，当采用卷材或板材时，其厚度允许偏差为 5mm；采用涂抹或其他方式时，其厚度允许偏差为 10mm；

4）风管法兰部位绝热层的厚度，不应低于风管绝热层厚度的 80%；

5）风管穿楼板和穿墙处的绝热层应连续不间断；

6）防潮层（包括绝热层的端部）应完整，且封闭良好，其搭接缝应顺水；

7）带有防潮层隔气层绝热材料的拼缝处，应用胶带封严，粘胶带的宽度不应小于 50mm；

8）风管系统阀门等部件的绝热，不得影响其操作功能。

（7）空调水系统管道、制冷剂管道及配件绝热层和防潮层的施工，应符合下列规定：

1）绝热材料的燃烧性能、材质、规格及厚度等应符合设计要求。

2）绝热管壳的捆扎、粘贴应牢固，铺设应平整。硬质或半硬质的绝热管壳每节至少应用防腐金属丝、耐腐蚀织带或专用胶带捆扎 2 道，其间距为 300～350mm，且捆扎应紧密，无滑动、松弛及断裂现象。

3）硬质或半硬质绝热管壳的拼接缝隙，保温时不应大于 5mm，保冷时不应大于 2mm，并用粘结材料勾缝填满；纵缝应错开，外层的水平接缝应设在侧下方。

4）松散或软质保温材料应按规定的密度压缩其体积，疏密应均匀，搭接处不应有空隙。

5）防潮层与绝热层应结合紧密，封闭良好，不得有虚粘、气泡、褶皱、裂缝等缺陷。

6）立管的防潮层应由管道的低端向高端敷设，环向搭接缝应朝向低端；纵向搭接缝应位于管道的侧面，并顺水。

7）卷材防潮层采用螺旋形缠绕的方式施工时，卷材的搭接宽度宜为 30～50mm。

8）空调冷热水管穿楼板和穿墙处的绝热层应连续不间断，且绝热层与穿楼板和穿墙处的套管之间应用不燃材料填实，不得有空隙；套管两端应进行密封封堵。

9）管道阀门、过滤器及法兰部位的绝热应严密，并能单独拆卸，且不得影响其操作功能。

（8）空调冷热水管道及制冷剂管道与支、吊架之间应设置绝热衬垫，其厚度不应小于绝热层厚度，宽度应大于支、吊架支承面的宽度。衬垫的表面应平整，衬垫与绝热材料之间应填实无空隙。

（9）通风与空调系统安装完毕，应进行通风机和空调机组等设备的单机试运转和调试，并应进行系统的风量平衡调试，单机试运转和调试结果应符合设计要求；系统的总风量与设计风量的允许偏差不应大于 10%，风口的风量与设计风量的允许偏差不应大于 15%。

（10）多联机空调系统安装完毕后，应进行系统的试运转与调试，并应在工程验收前进行系统运行效果检验，检验结果应符合设计要求。

（11）空气风幕机的规格、数量、安装位置和方向应正确，垂直度和水平度的偏差均不应大于 2/1000。

（12）变风量末端装置与风管连接前应做动作试验，确认运行正常后再进行管道连接。

3. 冷热源及管网节能工程质量监理管控要点

（1）空调与供暖系统冷热源设备和辅助设备及其管网系统的安装，应符合下列规定：

1）管道系统的形式应符合设计要求；

2）设备、自控阀门与仪表，应按设计要求安装齐全，不得随意增减或更换；

3）空调冷（热）水系统，应能实现设计要求的变流量或定流量运行；

4）供热系统应能根据热负荷及室外温度变化，实现设计要求的集中质调节、量调节或质量调节相结合地运行。

（2）冷热源侧的电动调节阀、水力平衡阀、冷（热）量计量装置、供热量自动控制装置等自控阀门与仪表的安装，应符合下列规定：

1）类型、规格、数量应符合设计要求；

2）方向应正确，位置便于数据读取、操作、调试和维护。

（3）锅炉、热交换器、电驱动压缩机蒸气压缩循环冷水（热泵）机组、蒸汽或热水型溴化锂吸收式冷水机组及直燃型溴化锂吸收式冷（温）水机组等设备的安装，应符合下列规定：

1）类型、规格、数量应符合设计要求；

2）安装位置及管道连接应正确。

（4）冷却塔、水泵等辅助设备的安装应符合下列规定：

1）类型、规格、数量应符合设计要求；

2）冷却塔设置位置应通风良好，并应远离厨房排风等高温气体；

3）管道连接应正确。

（5）多联机空调系统室外机的安装位置应符合设计要求，进排风应通畅，并便于检查和维护。

（6）空调与供暖系统冷热源和辅助设备及其管道和管网系统安装完毕后，应按下列规定进行系统的试运转与调试：

1）冷热源和辅助设备应进行单机试运转与调试；

2）冷热源和辅助设备应同建筑物室内空调或供暖系统进行联合试运转与调试。

（7）空调与供暖系统的冷热源设备及其辅助设备、配件的绝热，不得影响其操作功能。

4. 建筑配电与照明节能工程质量监理管控要点

建筑配电与照明节能工程线缆敷设、箱柜及控制设备、照明灯具安装等工程实施及质量管控要点，参照本书第四章及《建筑电气工程施工质量验收规范》GB 50303—2015 的有关规定并满足设计和合同约定的要求执行。在节能质量检查方面应注意以下几点：

（1）母线与母线或母线与电器接线端子，当采用螺栓搭接连接时，应采用力矩扳手拧紧，制作应符合《建筑电气工程施工质量验收规范》GB 50303—2015 标准中有关规定。监理工程师应加强对母线压接头的质量控制检查，避免由于压接头的加工质量问题而产生局部接触电阻增加，从而造成发热，增加损耗。母线搭接螺栓的拧紧力矩满足表 6.4-5 的规定。

母线搭接螺栓的拧紧力矩数值　　　　　　　　　　　　　　　表 6.4-5

序号	螺栓规格	力矩值（N·m）
1	M8	8.8～10.8
2	M10	17.7～22.6
3	M12	31.4～39.2
4	M14	51.0～60.8
5	M16	78.5～98.1
6	M18	98.0～127.4
7	M20	156.9～196.2
8	M24	274.6～343.2

（2）交流单芯电缆或分相后的每相电缆宜品字形（三叶形）敷设，且不得形成闭合铁磁回路。

对于交流单相或三相单芯电缆，如果并排敷设或用铁制卡箍固定会形成铁磁回路，造成电缆发热，增加损耗并形成安全隐患。尤其是采用预制电缆头做分支连接时，要防止分支处电缆芯线作单相固定时，采用的夹具和支架形成闭合铁磁回路。

（3）三相照明配电干线的各相负荷宜分配平衡，其最大相负荷不宜超过三相负荷平均值的 115%，最小相负荷不宜小于三相负荷平均值的 85%。

（4）低压配电系统调试与检测

1）安装有变频器的设备、铁磁设备、电弧设备、电力电子设备等，应进行单机试运转合格；照明回路及控制系统已带负荷试运行合格，并进行三相负荷调整。

2）工程安装完成后应对低压配电系统进行调试，调试合格后应对低压配电电源质量进行检测。其中：

① 供电电压允许偏差：三相供电电压允许偏差为标称系统电压的 7%；单相 220V 为 +7%、−10%。

② 公共电网谐波电压限值：380V 的电网标称电压，电压总谐波畸变率（THDu）为 5%，奇次（1～25 次）谐波含有率为 4%，偶次（2～24 次）谐波含有率为 2%。

③ 谐波电流不应超过表 6.4-6 中规定的允许值。

谐波电流允许值　　　　　　　　　　　　　　　　　　　　　表 6.4-6

标准电压	基准短路容量（MVA）	谐波次数及谐波电流允许值（A）											
		2	3	4	5	6	7	8	9	10	11	12	13
0.38	10	78	62	39	62	26	44	19	21	16	28	13	24
		谐波次数及谐波电流允许值（A）											
		14	15	16	17	18	19	20	21	22	23	24	25
		11	12	9.7	18	8.6	16	7.8	8.9	7.1	14	6.5	12

④ 三相电压不平衡度允许值为 2%，短时不得超过 4%。

检测所使用的三相电能质量分析仪应具备检测"电能质量标准"规定的各项参数：电压、电流真有效值和峰值，频率，基波和真功率因数、功率、电量，电压、电流总谐波畸变率，至少达 25 次谐波，并具有统计和计算功能。

测量电压准确度 0.5% 标称电压，电压不平衡度测量的绝对误差小于或等于 0.2%，电流不平衡度测量的绝对误差小于或等于 1%。

（5）照明系统节能性能检测

在通电试运行中，应测试并记录照明系统的照度和功率密度值。

1）照度值不得小于设计值的 90%。

2）功率密度值应符合《建筑照明设计标准》GB 50034—2013 中的规定。

应重点对公共建筑和建筑公共部位的照明进行检查，照度值检验应与功率密度检验同时进行。

5. 监测与控制节能工程质量监理控制要点

（1）监测与控制节能工程的传感器、执行机构，其安装位置、方式应符合设计要求；预留的检测孔位置正确，管道保温时应做明显标识；监测计量装置的测量数据应准确并符合设计要求。应按国家标准《建筑节能工程施工质量验收标准》GB 50411—2019 表 3.4.3 最小抽样数量抽样检查，不足 10 台时应全数检查。

（2）监测与控制节能工程的系统集成软件安装并完成系统地址配置后，在软件加载到现场控制器前，应对中央控制站软件功能进行逐项测试，测试结果应符合设计文件要求。测试项目包括：系统集成功能、数据采集功能、报警连锁控制、设备运行状态显示、远动控制功能、程序参数下载、瞬间保护功能、紧急事故运行模式切换、历史数据处理等。

（3）能耗监测计量装置宜具备数据远传功能和能耗核算功能，其设置应符合下列规定：

1）按分区、分类、分系统、分项进行设置和监测；

2）对主要能耗系统、大型设备的耗能量（含燃料、水、电、汽）、输出冷（热）量等参数进行监测；

3）利用互联网、物联网、云计算及大数据等创新技术构建的新型建筑节能平台，具备建筑节能管理功能。

（4）照明自动控制系统的功能应符合设计要求，当设计无要求时，应符合下列规定：

1）大型公共建筑的公用照明区应采用集中控制，按照建筑使用条件、自然采光状况和实际需要，采取分区、分组及调光或降低照度的节能控制措施。

2）宾馆的每间（套）客房应设置总电源节能控制开关。

3）有自然采光的楼梯间、廊道的一般照明应采用按照度或时间表开关的节能控制方式。

4）当房间或场所设有两列或多列灯具时，应采取下列控制方式：

① 所控灯列应与侧窗平行；

② 电教室、会议室、多功能厅、报告厅等场所，应按靠近或远离讲台方式进行分组；

③ 大空间场所应间隔控制或调光控制。

（5）自动扶梯无人乘行时，应自动停止运行。

（6）建筑能源管理系统的能耗数据采集与分析功能、设备管理和运行管理功能、优化能源调度功能、数据集成功能应符合设计要求。

（7）建筑能源系统的协调控制及供暖、通风与空调系统的优化监控等节能控制系统应满足设计要求。

（8）监测与控制节能工程应对下列可再生能源系统参数进行监测：

1）地源热泵系统：室外温度、典型房间室内温度、系统热源侧与用户侧进出水温度和流量、机组热源侧与用户侧进出水温度和流量、热泵系统耗电量；

2）太阳能热水供暖系统：室外温度、典型房间室内温度、辅助热源耗电量、集热系统进出口水温、集热系统循环水流量、太阳总辐射量；

3）太阳能光伏系统：室外温度、太阳总辐射量、光伏组件背板表面温度、发电量。

（9）应对监测与控制系统的可靠性、实时性、可操作性、可维护性等系统性能进行检测，并应符合下列规定：

1）执行器动作应与控制系统的指令一致；

2）控制系统的采样速度、操作响应时间、报警反应速度；

3）冗余设备的故障检测、切换时间和切换功能；

4）应用软件的在线编程（组态）、参数修改、下载功能，设备及网络故障自检测功能；

5）故障检测与诊断系统的报警和显示功能；

6）被控设备的顺序控制和连锁功能；

7）自动控制、远程控制、现场控制模式下的命令冲突检测功能；

8）人机界面可视化功能。

（10）传感器、变送器、阀门及执行器、现场控制器等定位和安装：

1）现场检测与控制元器件不应安装在阳光直射的位置，应远离有较强振动、电磁干扰的区域，其位置不能破坏建筑物的外观与完整性，室外型温、湿度传感器应有防风雨的防护罩；

2）应尽可能远离门、窗和出风口的位置，若无法避开，则与之距离不应小于2m；

3）并列安装的传感器，距地高度应一致，高度差不应大于1mm，同一区域高度差不应大于5mm。

4）温度传感器至DDC（控制器）之间的连接应符合设计要求，应尽量减少因接线引起的误差，对于镍温度传感器的接线总电阻应小于3Ω，铂温度传感器的接线总电阻应小于1Ω。

（11）风管式温、湿度传感器的安装：

1）传感器应安装在风速平稳且能反应风温的位置；

2）传感器的安装应在风管保温层完成后，安装在风管直管段的下游，并避开风管死角的位置；

3）传感器应安装在便于调试、维修的地方。

（12）水管温度传感器的安装：

1）水管温度传感器的开孔与焊接，必须在工艺管道的防腐、衬里、吹扫和压力试验前进行；

2）水管温度传感器的安装位置应在水流温度变化灵敏和具有代表性的地方，不宜选择在阀门等阻力部件附近，以及介质流动呈死角和振动较大的位置；

3）水管温度传感器的感温段大于管道口径的1/2时，可安装在管道的顶部；若感温段小于管道口径的 1/2，应安装在管道的侧面或底部；

4）水管温度传感器不宜在焊缝及其边缘上开孔和焊接。

（13）压力、压差传感器和压差开关、水流开关的安装：

1）传感器应安装在便于调试、维修的位置；

2）压力、压差传感器应安装在温、湿度传感器的上游侧；

3）风管型压力、压差传感器应安装在风管的直管段，若不能安装在直管段应避开风管内死角位置；

4）管道型蒸汽压力与压差传感器的安装：其开孔与焊接工作必须在工艺管道的防腐、衬里、吹扫和压力试验前进行；

5）管道型蒸汽压力与压差传感器不宜在管道焊缝及其边缘处开孔及焊接安装；

6）压力取源部件的端部不应超出设备或管道的内壁；

7）安装压差开关时，宜将薄膜处于垂直于平面的位置；风压压差开关安装距地面高度不应小于 0.5m；

8）水流开关应安装在水平管段上，不应安装垂直管段上，水流开关应安装在便于调试、维修的地方。水流开关的叶片长度应与水管管径相匹配，应避免安装在侧流孔、直角弯头或阀门附近。

（14）涡轮式流量传感器的安装：

1）涡轮式流量传感器应安装在便于维修并避免管道振动、强磁场及热辐射的场所；

2）涡轮式流量传感器安装时应水平，流体的流动方向必须与传感器壳体上所示的流向标志一致；

3）当可能产生逆流时，流量变送器后面应装设止回阀。流量变送器应安装在测压点上游，距测压点 $(3.5 \sim 5.5)D$ 的位置，测温应设置在下游侧，距流量传感器 $(6 \sim 8)D$ 的位置；

4）流量传感器需安装在一定长度的直管上，以确保管道内流速平稳。流量传感器上游应留有 $10D$ 的直管，下游应留有 $5D$ 的直管。如传感器前后的管道中安装有阀门、管道缩径、弯管等影响流量平稳的管路附件，则直管段的长度还需相应的增加；

5）信号的传输线宜采用屏蔽和有绝缘保护层的电缆，宜在 DDC 侧一点接地；

6）为了避免流体中脏物堵塞涡轮叶片和减少轴承磨损，应在流量计前的直管段 $(20D)$ 前部安装 $20 \sim 60$ 目的过滤器，通径小的目数密，通径大时，目数稀。过滤器应定期清洗。

（15）空气质量传感器的安装：

1）空气质量传感器应安装在便于调试、维修的位置。

2）空气质量传感器的安装应在风管保温层完成之后进行。

3）被测气体密度比空气轻时，空气质量传感器应安装在风管或房间的上部；被测气体密度比空气重时，空气质量传感器应安装在风管或房间的下部。

4）空气质量传感器应安装在能反应监测空间空气质量状况的区域或位置。

（16）风机盘管温控器、电动阀的安装：

1）温控开关与其他开关并列安装时，距地面高度应一致，高度差不应大于 1mm，同一区域高度差不应大于 5mm，温控开关外形尺寸与其他开关不一样时，以底边齐平为准；

2）电动阀阀体上箭头的指向应与水流方向一致；

3）风机盘电动阀应安装在风机盘管的回水管上；

4）四管制风机盘管的冷热水管电动阀共用线为零线；

5）客房风机盘管温控系统应与节能系统连接。

（17）电动调节阀的安装：

1）电动阀阀体上箭头的指向应与水流方向一致；

2）空调器的电动阀旁一般应装有旁通管道；

3）电动阀的口径与管道通径不一致时，应采用渐缩管件，电动阀的口径一般不应小于管道通径两个等级并满足设计要求；

4）电动阀执行机构应固定牢靠，手动操作机构应处于便于操作的位置；

5）电动阀应垂直安装在水平管道上，特别是对大口径电动阀不能有倾斜；

6）有阀位指示装置的电动阀，阀位指示装置应面向便于观察的位置；

7）安装在室外的电动阀应有防晒、防雨措施；

8）电动阀在安装前宜进行仿真动作和试压试验；

9）电动阀一般安装在回水管路上；

10）电动阀在管道冲洗前，应完全打开，清除污物；

11）检查电动阀门的驱动器，其行程、压力和最大关紧力（关阀的压力）必须满足设计和产品说明书的要求；

12）检查电动调节阀的型号、材质必须符合设计要求，其阀体强度、阀芯泄漏试验必须满足产品说明书的有关规定；

13）电动调节阀安装时，应避免给调节阀带来附加压力，若调节阀安装在管道较长的地方，应安装支架和采取防振措施；

14）检查电动调节阀的输入电压、输出信号和接线方式，应符合产品说明书的要求；

15）将电动执行器和调节阀进行组装时，应保证执行器的行程和阀的行程大小一致。

（18）监测与控制节能工程的系统集成软件安装并完成系统地址配置后，在软件加载到现场控制器前，应对中央控制站软件功能进行逐项测试，测试结果应符合设计文件要求。测试项目包括：系统集成功能、数据采集功能、报警连锁控制、设备运行状态显示、远动控制功能、程序参数下载、瞬间保护功能、紧急事故运行模式切换、历史数据处理等。

（19）监测与控制系统和供暖通风与空调系统应同步进行试运行与调试，系统稳定后，进行不少于120h的连续运行，系统控制及故障报警功能应符合设计要求。当不具备条件时，应以模拟方式进行系统试运行与调试。

6. 地源热泵换热系统节能工程质量监理管控要点

（1）地源热泵地埋管换热系统方案设计前，应由有资质的第三方检验机构在建设项目地点进行岩土热响应试验，并应符合下列规定：

1）地源热泵系统的应用建筑面积小于 $5000m^2$ 时，测试孔不应少于1个；

2）地源热泵系统的应用建筑面积大于或等于 $5000m^2$ 时，测试孔不应少于2个。

（2）地源热泵地埋管换热系统的安装应符合下列规定：

1）竖直钻孔的位置、间距、深度、数量应符合设计要求；

2）埋管的位置、间距、深度、长度以及管材的材质、管径、厚度，应符合设计要求；

3）回填料及配比应符合设计要求，回填应密实；

4）地埋管换热系统应进行水压试验，并应合格。

（3）地源热泵地埋管换热系统管道的连接应符合下列规定：

1）埋地管道与环路集管连接应采用热熔或电熔连接，连接应严密、牢固；

2）竖直地埋管换热器的 U 形弯管接头应选用定型产品；

3）竖直地埋管换热器 U 形管的组对，应能满足插入钻孔后与环路集管连接的要求，组对好的 U 形管的开口端部应及时密封保护。

（4）地源热泵地下水换热系统的施工应符合下列规定：

1）施工前应具备热源井及周围区域的工程地质勘查资料、设计文件、施工图纸和专项施工方案；

2）热源井的数量、井位分布及取水层位应符合设计要求；

3）井身结构、井管配置、填砾位置、滤料规格、止水材料及抽灌设备选用均应符合设计要求；

4）热源井应进行抽水试验和回灌试验并应单独验收，其持续出水量和回灌量应稳定，并应满足设计要求；抽水试验结束前应在抽水设备的出口处采集水样进行水质和含砂量的测定，水质和含砂量应满足系统设备的使用要求；

5）地下水换热系统验收后，施工单位应提交热源成井报告。报告应包括文字说明，热源井的井位图和管井综合柱状图，洗井、抽水和回灌试验、水质和含砂量检验及管井验收资料。

（5）地源热泵地表水换热系统的施工应符合下列规定：

1）施工前应具备地表水换热系统所用水源的水质、水温、水量的测试报告等勘察资料；

2）地表水塑料换热盘管的长度和布置方式及管沟设置，换热器与过滤器及防堵塞等设备的安装，均应符合设计要求；

3）海水取水口与排水口设置应符合设计要求，并应保证取水防护外网的布置不影响该区域的海洋景观或船舶航运；与海水接触的设备、部件及管道应具有防腐、防生物附着的能力；

4）地表水换热系统应进行水压试验，并应合格。

（6）地源热泵换热系统交付使用前的整体运转、调试应符合设计要求。

（7）地埋管换热系统在安装前后均应对管路进行冲洗，并应符合下列规定：

1）竖直埋管插入钻孔后，应进行管道冲洗；

2）环路水平地埋管连接完成，在与分、集水器连接之前，应进行管道二次冲洗；

3）环路水平管道与分、集水器连接完成后，地源热泵换热系统应进行第三次管道冲洗。

（8）地源热泵换热系统热源水井均应具备连续抽水和回灌的功能。

7. 太阳能光热系统节能工程质量监理管控要点

(1) 太阳能光热系统的安装应符合下列规定:

1) 太阳能光热系统的形式应符合设计要求;

2) 集热器、吸收式制冷机组、吸收式热泵机组、吸附式制冷机组、换热装置、贮热设备、水泵、阀门、过滤器、温度计及传感器等设备设施仪表应按设计要求安装齐全,不得随意增减和更换;

3) 各类设备、阀门及仪表的安装位置、方向应正确,并便于读取数据、操作、调试和维护;

4) 供回水(或高温导热介质)管道的敷设坡度应符合设计要求;

5) 集热系统所有设备的基座与建筑主体结构的连接应牢固;

6) 太阳能光热系统的管道安装完成后应进行水压试验,并应合格;

7) 聚焦型太阳能光热系统的高温部分(导热介质系统管道及附件)安装完成后,应进行压力试验和管道吹扫。

(2) 集热器设备安装应符合下列规定:

1) 集热设备的规格、数量、安装方式、倾角及定位应符合设计要求。平板和真空管型集热器的安装倾角和定位允许误差不超过 $\pm3℃$;聚焦型光热系统太阳能收集装置在焦线或焦点上,焦线或焦点允许偏差不超过 $\pm2mm$。

2) 集热设备、支架、基座三者之间的连接必须牢固,支架应采取抗风、抗震、防雷、防腐措施,并与建筑物接地系统可靠连接。

3) 集热设备连接波纹管安装不得有凸起现象。

(3) 贮热设备安装及检验应满足下列规定:

1) 贮热设备的材质、规格、热损因数、保温材料及其性能应符合设计要求;

2) 贮热设备应与底座固定牢固;

3) 贮热设备应选择耐腐蚀材料制作;内壁防腐应满足卫生、无毒、环保要求,且应能承受所储存介质的最高温度和压力;

4) 敞口设备的满水试验和密闭设备的水压试验应符合设计要求。

(4) 太阳能光热系统辅助加热设备为电直接加热器时,接地保护必须可靠固定,并应加装防漏电、防干烧等保护装置。

(5) 太阳能光热系统安装完毕后,应进行系统试运转和调试,并应连续运行 72h,设备及主要部件的联动应协调、动作准确,无异常现象。

(6) 在建筑上增设太阳能光热系统时,系统设计应满足建筑结构及其他相应的安全性能要求,并不得降低相邻建筑的日照标准。

(7) 太阳能集中热水供应系统热水循环管的安装,应保证干管和立管中的热水循环正常。

(8) 太阳能光热系统在建筑中的安装,应符合太阳能建筑一体化设计要求。

8. 太阳能光伏节能工程质量监理管控要点

(1) 太阳能光伏系统的安装应符合下列规定:

1) 太阳能光伏组件的安装位置、方向、倾角、支撑结构等,应符合设计要求;

2) 光伏组件、汇流箱、电缆、逆变器、充放电控制器、储能蓄电池、电网接入单元、主控和监视系统、触电保护和接地、配电设备及配件等应按照设计要求安装齐全，不得随意增减、合并和替换；

3）配电设备和控制设备安装位置等应符合设计要求，并便于读取数据、操作、调试和维护；逆变器应有足够的散热空间并保证良好的通风；

4）电气设备的外观、结构、标识和安全性应符合设计要求。

（2）太阳能光伏系统的试运行与调试应包括下列内容：

1）保护装置和等电位体的连接匹配性；

2）极性与光伏组串电流；

3）系统主要电气设备功能；

4）光伏方阵绝缘阻值；

5）触电保护和接地；

6）光伏方阵标称功率与电能质量。

（3）光伏组件的光电转换效率应符合设计文件的规定。光电转换效率使用便携式测试仪现场检测，测试参数包括：光伏组件背板温度、室外环境平均温度、平均风速、太阳辐照强度、电压、电流、发电功率、光伏组件光照面积，其余项目为观察检查。同一类型太阳能光伏系统被测试数量为该类型系统总数量的 5%，且不得少于 1 套。

（4）太阳能光伏系统安装完成经调试后，应具有测量显示功能、数据存储与传输功能、交（直）流配电设备保护功能并符合设计要求。

（5）在建筑上增设太阳能光伏发电系统时，系统设计应满足建筑结构及其他相应的安全性能要求，并不得降低相邻建筑的日照标准。

（6）太阳能光伏系统安装完成后，应按设计要求或相关标准规定进行标识。

三、设备系统节能性能检验

1. 设备系统节能性能检验

供暖节能工程、通风与空调节能工程等机电节能工程安装调试完成后，应由建设单位委托具有相应资质的检测机构进行系统节能性能检验并出具报告。受季节影响未进行的节能性能检验项目，应在保修期内补做。

2. 设备系统节能性能检验的项目与要求

（1）供暖节能工程、通风与空调节能工程、配电与照明节能工程的设备系统节能性能检测应符合表 6.4-7 的规定。

（2）检测作业

设备系统节能性能检测的项目和抽样数量可在工程合同中约定，必要时可增加其他检测项目，但合同中约定的检测项目和抽样数量不应低于本标准的规定。

（3）不合格问题的处理

当设备系统节能性能检测的项目出现不符合设计要求和标准规定的情况时，应委托具有资质的检测机构扩大一倍数量抽样，对不符合要求的项目或参数应再次检验。仍然不符合要求时应给出"不合格"的结论。

对于不合格的设备系统，施工单位应查找原因，整改后重新进行检测，合格后方可通过验收。

设备系统节能性能检测主要项目及要求　　　　　　　表 6.4-7

序号	检测项目	抽样数量	允许偏差或规定值
1	室内平均温度	以房间数量为受检样本基数,最小抽样数量按《建筑节能工程施工质量验收标准》GB 50411—2019 第 3.4.3 条的规定执行,且均匀分布,并具有代表性:对面积大于 100m² 的房间或空间,可按每 100m² 划分为多个受检样本。公共建筑的不同典型功能区域检测部位不应少于 2 处	冬季不得低于设计计算温度 2℃,且不应高于 1℃; 夏季不得高于设计计算温度 2℃,且不应低于 1℃
2	通风、空调(包括新风)系统的风量	以系统数量为受检样本基数,抽样数量按《建筑节能工程施工质量验收标准》GB 50411—2019 第 3.4.3 条的规定执行,且不同功能的系统不应少于 1 个	符合现行国家标准《通风与空调工程施工质量验收规范》GB 50243—2016 有关规定的限值
3	各风口的风量	以风口数量为受检样本基数抽样数量按《建筑节能工程施工质量验收标准》GB 50411—2019 第 3.4.3 条的规定执行,且不同功能的系统不应少于 2 个	与设计风量的允许偏差不大于 15%
4	风道系统单位风量耗功率	以风机数量为受检样本基数,抽样数量按《建筑节能工程施工质量验收标准》GB 50411—2019 第 3.4.3 条的规定执行,且均不应少于 1 台	符合现行国家标准《公共建筑节能设计标准》GB 50189—2015 规定的限值
5	空调机组的水流量	以空调机组数量为受检样本基数,抽样数量按《建筑节能工程施工质量验收标准》GB 50411—2019 第 3.4.3 条的规定执行	定流量系统允许偏差为 15%,变流量系统允许偏差为 10%
6	空调系统冷水、热水、冷却水的循环流量	全数检测	与设计循环流量的允许偏差不大于 10%
7	室外供暖管网水力平衡度	热力入口总数不超过 6 个时,全数检测;超过 6 个时,应根据各个热力入口距热源距离的远近,按近端、远端、中间区域各抽检 2 个热力入	0.9~1.2
8	室外供暖管网热损失率	全数检测	不大于 10%
9	照度与照明功率密度	每个典型功能区域不少于 2 处,且均匀分布,并具有代表性	照度不低于设计值的 90%;照明功率密度值不应大于设计值

第七章　电梯工程安装监理

第一节　电梯工程概述

一、电梯系统与设备

1. 电梯分类

电梯广泛使用在住宅、办公楼、商场、车站、码头、机场等场所，常见有人扶梯、自动人行道、观光电梯、乘客电梯、载货电梯等。电梯一般分为曳引驱动电梯、液压驱动电梯、自动扶梯与自动人行道及其他类型电梯。其中，曳引驱动电梯运用在住宅、办公楼等场所，如常见的乘客电梯、载货电梯、观光电梯等；液压驱动电梯适用于短程、重载荷等使用场景，广泛应用于工厂、停车场等低层建筑中；自动人行道主要用于机场、机场、展览馆等人流密集处，自动扶梯主要用于商场、车站等地方。此外还有其他特殊用途的电梯，例如防爆电梯、消防员电梯、杂物电梯等。

电梯还有很多分类方式，这取决于从何种角度进行分类。例如按拖动方式分类，电梯可分为交流电梯、直流电梯、液压电梯和齿轮齿条式电梯四类；也可按电梯速度分为低速电梯、快速电梯、高速电梯、超高速电梯等。此外还可按控制方式、操作方式、驱动方式等进行分类。

2. 电梯系统的基本组成

（1）曳引电梯

以有机房的曳引驱动电梯为例，其电梯系统一般由机房、井道、轿厢和层站等部分等组成。参见图 7.1-1。

1）机房

机房内的主要设备有曳引机、控制柜（屏）、承重梁、导向轮、电源柜、限速器、极限开关、曳引钢丝绳锥套与绳头组合、曳引钢丝绳、地震报警保护器等。

2）井道

安装于井道的设备设施主要有轿厢导轨、对重导轨、导轨支架和压道板、配线槽、对重、曳引钢丝绳、平层感应装置、限速钢丝绳张紧装置、随行电缆、电缆支架、端站强迫减速装置、端站限位开关、极限开关碰轮、限速器胀绳轮、补偿装置、缓冲器、底坑检修灯等。

3）轿厢

轿厢部分主要有轿顶轮、轿厢架、轿厢底、轿厢壁、轿厢顶、轿厢门、自动门机构、自动安全触板、门刀装置、自动门调速装置、光电保护防夹装置、轿厢召唤钮、控制电梯功能钮、轿厢顶检修及安全灯、平层感应器、护脚板、平衡链、导靴、对重、轿厢导轨用的油杯、急停钮、安全窗及其保护开关、安全钳、轿厢超载装置、电话、绳头等。

4）层站

层站主要有楼层显示器、自动层门钥匙开关、手动钥匙开关、层门（厅门）、层门门锁、层门框、层门地坎、呼梯钮等。

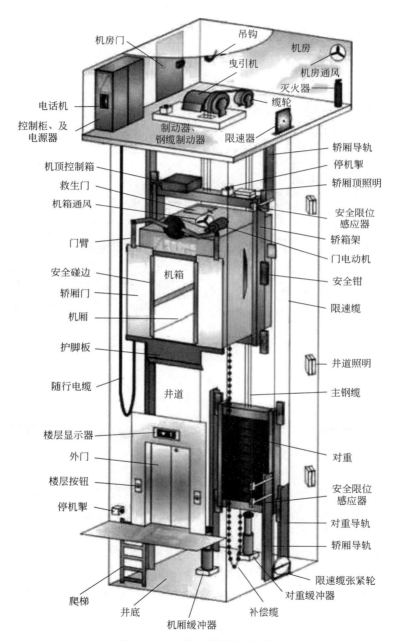

图 7.1-1　曳引电梯系统示意图

（2）自动扶梯

自动扶梯广泛应用于公共建筑，例如商场、地铁车站等楼层间有不间断大客流的场所，作为上下层间的人员运载设备。一般自动扶梯为整件设备运输，现场属于整体就位安装的模式。它的主要组成参见图 7.1-2。自动扶梯由梯路和两旁的扶手组成。其主要部件有梯级、牵引链条及链轮、导轨系统、主传动系统（包括电动机、减速装置、制动器及中间传动环节等）驱动主轴、梯路张紧装置、扶手系统、梳齿板、扶梯骨架和电气系统等。

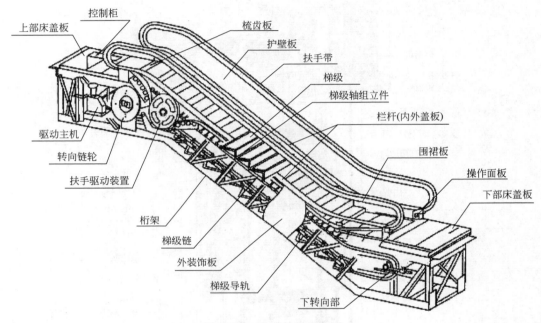

图 7.1-2   自动扶梯设备图

3. 电梯安装工程的专业特点

目前国内对电梯的制造、安装及维修养护实行生产企业全面负责的管理制度，电梯的终身质量责任主要落实在生产企业。国家对电梯的生产、安装、维修养护实行了许可证制度。

电梯设备（系统）专业性强，技术复杂程度高，一旦发生质量事故，势必造成重大人身伤亡和财产损失，且电梯制造、安装具有一定的特殊性，不能简单地把监制和安装明确区分开来，电梯安装是在施工现场装配成整机至交付用户使用的过程，电梯安装应由具有设备安装监理资格的专业监理人员实施电梯安装过程的监理。

曳引电梯安装工程始终处于一个垂直井道的空间内交叉作业，施工安全的管控有一定的特殊性。本章节主要讲述关于曳引电梯监制、安装、试运行及验收等过程的监理管控内容。

自动扶梯因为常采用整体就位安装模式，施工时大件顺利入场、移位是需要重点关注的问题。

二、电梯工程安装质量验收的规范、标准和技术规程

1. 电梯工程安装质量验收依据的主要验收规范、标准和技术规程文件

(1)《电梯制造与安装安全规范》GB/T 7588.1～2—2020

(2)《电梯工程施工质量验收规范》GB 50310—2002

(3)《电梯监督检验和定期检验规则—曳引与强制驱动电梯》TSG T7001—2023

(4)《电梯试验方法》GB/T 10059—2009

(5)《自动扶梯和自动人行道的制造与安装安全规范》GB 16899—2011

2. 国家标准《电梯工程施工质量验收规范》GB 50310—2002 的强制性条款分析

国家标准《电梯工程施工质量验收规范》GB 50310—2002 适用于电力驱动的曳引式电梯、曳引式强制式电梯、液压电梯、自动扶梯和自动人行道安装工程质量的验收，它是电梯在生产厂家出厂后，在施工现场装配成整机至交付使用时监理进行安装质量验收的主要依据。电梯安装过程中，监理应严格做到进场设备及材料验收合格；安装工序验收合格，验收不合格不得进入下一道工序。

(1) 第 4.2.3 条关于电梯井道的强制性条文

该条款要求当底坑底面下有人员能到达的空间存在，且对重（或平衡重）上未设有安全钳装置时，对重缓冲器必须能安装在（或平衡重运行区域的下边）一直延伸到坚固地面上的实心桩墩上。这是指对底坑土建结构的要求。对曳引式电梯，主要考虑当电梯发生故障时，轿厢上曳引失控或曳引钢丝绳断裂时对重撞击缓冲器。对强制式电梯、液压电梯，主要考虑悬挂钢丝绳断裂时平衡重撞击地面，防止人员伤亡。显然，规范要求电梯系统在设计时应尽量避免将电梯井道设置在人们能到达空间位置。若因功能需要，在底坑下存在有人员能到达的空间时，对重缓冲器必须能安装在一直延伸到坚固地面上的实心桩墩上，且实心桩墩的结构和材料及支撑实心桩墩的地面均应有足够强度，以防对人员造成伤害。

监理电梯井道在土建交接检验时，不仅要查相关土建施工图、施工记录，还要查验现场是否存在能够供人员进入的空间。若采用隔墙等防护措施，使其空间不存在，则应按《电梯工程施工质量验收规范》GB 50310—2002 中的相关要求进行验收。

(2) 第 4.5 条规定的门系统安装要求

1) 层门地坎至轿厢地坎之间的水平距离偏差为 0～+3mm，且最大距离严禁超过 35mm。层门强迫关门装置必须动作正常。

2) 动力操纵的水平滑动门在关门开始的 1/3 行程之后，阻止关门的力严禁超过 150N。

3) 层门锁钩必须动作灵活，在证实锁紧的电气安全装置动作之前，锁紧元件的最小啮合长度为 7mm。

该条款的目的是防止人员误坠入井道发生伤亡，层门强迫关门装置的动作是否正常是层门系统施工质量的综合体现，它不仅取决于强迫关门装置自身安装与调整质量，还关系到层门其他部件（如门头、门导轨、门吊板、门靴、地坎等）的安装施工质量。

3. 电梯系统安装质量验收的分部、分项工程划分

电梯在房屋建筑工程中为一个分部工程，以曳引驱动电梯为例进行子分部分项的划分，见表 7.1-1。

电梯分部分项划分表   表 7.1-1

分部	子分部	分项
电梯	曳引驱动电梯安装	设备进场验收,土建交接验收,驱动主机,导轨,门系统,对重,安全部件,悬挂装置,随行电缆,补偿装置,电气装置,整机安装验收

三、电梯安装监理活动及相关资料

1. 监理活动

电梯安装监理活动包括监理专业活动、参加相关会议、审核文件和编撰监理文件、参加验收活动等。

（1）监理活动

某商业办公楼电梯安装专业监理活动和主要的监理用表见表 7.1-2。

某商业办公楼项目电梯安装专业监理参加的活动汇总表   表 7.1-2

序号	监理活动		备注
	活动项目	监理要点	
1	工序交接验收	按设计和规范进行现场测量验收	(1)工序交接验收记录表
2	工厂监造	驻厂监理或见证点监理,监造大纲	(2)开箱验收记录表
3	材料、设备进场验收	现场验收和平行检查	(3)平行检查记录表
4	巡视检查	定期或不定巡视检查	(4)隐蔽工程质量验收记录
5	平行检验	对材料和工序进行检验	(5)旁站记录表
6	旁站监理	电梯系统调试	(6)测试记录表
7	质量验收	分部、分项、检验批及隐蔽工程验收	(7)施工质量(分部、分项、检验批)验收记录表
8	安全监督	现场不定期巡视检查	

电梯专业监理人员通过现场检查、监督、检测、试验等监理活动，发现和提出问题，采取措施、落实纠正。监理活动情况，每天记入《监理日志》。

（2）监理会议

1）监理例会

监理例会一般是在第一次电梯专题监理会议上，由总监提出后续监理例会的时间和地点，与会各单位确定的，主要是总结上一阶段施工过程中遇到的各种问题和下一阶段的施工计划安排，施工中遇到的图纸问题、施工难点、技术问题、工序衔接、安全问题、进度问题、质量问题等都可以在监理例会上进行很好的协调与沟通，达成解决议案，形成一致意见。后由监理整理会议纪要，并由各参建单位签字盖章。

2）专题会议

项目监理主持的专题会议是讨论协调某一专一主题，例如工程进度延期问题的会议。会议由监理主持，会议中将讨论分析目前工期的延期时间是多少，分析各责任主体的安装施工是否在关键线路上，在关键线路上的工作，施工单位必须提出按期完成赶工的方案，例如增加何种资源、措施等。在非关键线路上的工作，可以合理安排时间完成，做到不窝工，既经济又有效率，各工种互相配合，各参建单位互相协作，按总工期要求完成。

某项目监理会议汇总见表 7.1-3。

监理活动会议内容 表 7. 1-3

| 序号 | 监理参加的会议 | | 备注 |
	会议项目	监理要点	
1	第 1 次电梯工程专题例会	承包单位提出需要协调接口问题，做监理细则和监理流程交底，并确定下次监理例会的形式和时间等	总监方主持
2	监理例会	收集、分析、解决上一阶段电梯安装中存在的问题，和下一阶段安排以及监理对施工中问题的讲评	总监组织专监参加
3	图纸会审和设计交底会议	汇集施工图中存在的疑问、问题，需要设计或建设单位确认	总监、专监参与会签
4	专题会议	反映、汇集、讨论、解决专项问题	总监主持专监参加
5	预验收会议	汇总、解决工程预验收中存在的问题	总监组织专监参加
6	竣工验收会议	监理总结电梯安装、协助配合完成电梯验收	总监、专监参加

专业监理人员通过参加各种有关监理会议，发现和提出问题，建议采取的措施，纠正整改，最终达到规范标准的验收要求。

2. 监理文件

电梯工程施工项目的监理文件一般主要包括本专业工程的《建设工程监理合同》《电梯工程监理细则》《监理会议纪要》《监理报告》《监理指令》《质量验收资料》和《试验记录》等。

(1) 监理报告的形式见表 7.1-4。

监理报告的形式 表 7. 1-4

| 序号 | 监理报告 | | 备注 |
	报告项目	监理要点	
1	监理月报	电梯安装监理工作和工程情况分析总结汇总到工程项目月报	总监审签后，向监理单位、建设单位和安全质量监督部门报告
2	监理专项报告	针对性质量安全问题（例如电梯分部验收质量评估报告）	
3	监理紧急报告	事后形成监理报告（发生重大质量或安全问题）	

专业监理人员通过编写《监理月报》《监理专项报告》《监理紧急报告》等监理报告文件，及时通报电梯专业施工的情况、存在的问题以及要求采取的相应措施等。

(2) 书面文件

电梯工程的监理书面文件主要是在安装过程中，监理对施工中的一般问题或较严重质量的问题以书面形式发出的监理文件（《工作联系单》《监理通知单》）；有关电梯安装过程的监理例会、专题会议和验收会议等形成的纪要、资料；电梯安装过程中的工序质量验收、分项、分部验收资料等文件。

有关电梯安装监理书面文件汇总表详见表 7.1-5。

书面文件的形式

表 7.1-5

序号	文件名称	监理要点	备注
1	《工作联系单》	安装中存在的一般问题或需告知的事项等	专业监理工程师
2	《监理通知单》	违反工序施工或使用不合格材料等问题	总监或专业监理工程师
3	《会议纪要》	包括监理例会、专题会议和验收会议等	总监或专业监理工程师

电梯专业监理人员通过发出的一系列监理书面文件，完整、清晰地记录了监理工作的全过程，为保证工程施工质量和厘清责任奠定了坚实的工作基础。

（3）电梯安装工程监理需要审查/审核的文件

负责电梯安装工程的专业监理工程师需要审查/审核的文件见表 7.1-6。

电梯安装工程审查文件

表 7.1-6

序号	审查/审核文件	备注
1	《电梯专项施工方案报审表》	监理工程师审查、总监签字
2	《进场材料/构配件/设备报审表》	平行检验
3	《电梯开箱检查记录》	现场确认，检查
4	《隐蔽工程验收记录》	专业监理工程师审查
5	《分包单位资质报审表》	监理工程师审查、总监签字
6	《电梯工程施工进度计划报审表》	专监审核，经总监审批
7	《电梯的分部、分项划分报审表》	专监审核，经总监审批
8	《工程变更》	专监审核报总监签字
9	《工程款支付申请表》	专监审核报总监批准
10	《检验批质量验收记录》	资料、主控/一般项目验收
11	《分项工程质量验收记录》	专业监理工程师资料审查
12	《分部工程质量验收记录》	监理工程师审查、总监签字

专业监理工程师依照监理细则规定的工作流程，在审查/审核施工方报审的文件后签注专业监理的审查意见。项目所涉及的各类监理文件应按相关规则汇集、整理后归档监理台账并归档。

四、电梯设备监造

1. 电梯设备监造的形式

设备监造是按照建设工程监理合同和设备采购合同的约定，监理对设备制造过程进行的监督检查活动。当建设单位委托监理单位开展电梯设备监造时，监理单位将根据工程的规模和工作需要在项目监理部配备专业监理工程师或组建电梯专业设备监理团队。目前电梯设备监造的监理服务一般分为驻厂监造和见证点监理。按照国家标准，见证是对信息、文件、记录、实物、活动、过程等事物进行观察、审查、记录和确认等监督活动。

如设备生产周期长，见证点较多，加工工艺复杂或有特殊要求的电梯设备，以及在投入运行后电梯故障将会产生严重影响的电梯设备，需要采用驻厂监造，这是一种设备制造全过程监理的形式，是对整个设备的生产制造质量、进度、投资等进行管控的监理活动。而一般见证点监理则是专业监理人员在电梯设备生产过程中某些特殊的环节或重要工序进行时，且生产现场与项目施工现场较近的，到电梯设备制造企业进行现场监理。电梯监造一般采用见证点监理的形式。

国家标准《建设工程监理规范》GB/T 50319—2013 第 8 章为设备采购与设备监造的基本要求，前述《设备工程监理规范》GB/T 26429—2022 和设备监理的关系更为紧密，参阅其第 8 章第 3 节城市轨道交通工程的设备监造。

2. 电梯设备监造的监理工作要点

（1）项目监理部应编制设备监造计划。

（2）协调建设单位（采购单位）落实电梯工厂监造方案，组织工厂监造或以见证点监理的方式开展监理工作。

（3）根据电梯《用户需求书》技术要求和《施工合同》约定的工厂监造规定，主要对电梯的制造加工/检测设备、制造工艺质量、主要外购件三个重点环节进行检查。

（4）在电梯工厂监造现场重点做好文件审查、工艺审核、生产过程见证和试验结果的确认工作。

（5）做好书面文件、影像记录，形成《工厂监造记录/纪要》，并将工厂监造资料归档。

3. 设备出厂验收/样机测试

（1）协调建设单位落实电梯设备出厂验收/样机测试计划、参与或组织出厂验收/样机测试。

（2）根据电梯《用户需求书》技术要求和《施工合同》约定的电梯出厂验收/样机测试规定，审核电梯的《出厂验收/样机测试计划》及《验收/测试大纲》，明确验收/测试项目和技术标准。

（3）在电梯制造工厂现场见证试验/测试全过程。重点做好订购的电梯的有关文件审查、产品检查、功能测试。

（4）做好资料文件、影像记录，形成《出厂验收/样机测试纪要/记录》，并将出厂验收/样机测试资料归档。

第二节　电梯工程安装监理管控要点

一、电梯安装监理的工作方式和工作流程

1. 电梯安装监理的基本工作方式

电梯工程监理内容包括三方面材料（设备检验、安装工艺检查、调试试验查验）和四种工作形式（巡视、旁站、平行检验、见证）。

（1）材料设备检验：对设备进行工厂监造、进场开箱检查，对进场材料进行验收和平行检验。

（2）安装工艺检查：对安装过程、工序进行巡视检查和旁站监理。

（3）调试试验查验：对调试试验过程、结果进行巡视检查和旁站监理。

2. 电梯安装监理工作的主要仪器和仪表

电梯工程安装过程中，监理为工作需要应配置基本的必备工具，实施实测实量等监理检验活动，专业监理人员的基本工具见表 7.2-1。

以某项目为例，在检查导轨和电梯轿厢的框架的垂直度时，一般可以用水平尺检查，电梯在调试时用钳形电流表检查主机电流，使用兆欧表检查导线的绝缘强度是否满足设计和规范要求等。

电梯专业监理使用的仪器和仪表

表 7.2-1

序号	仪器工具名称	型号规格	备注
1	兆欧表	ZC25-3, 500V	
2	钳形电流表	1708A	
3	水平尺	500mm	
4	卷尺	5m	

3. 电梯安装监理工作流程

（1）材料、设备检验监理工作流程

电梯属于特种设备，电梯的安装、制造及维修均实行许可证制度。电梯系统的设备和主要材料一般是由建设单位采购，由电梯制造单位总施工，电梯制造单位委托专业的电梯安装单位完成现场安装。需按国家相关部门的要求办理开工手续，过程验收、第三方检测和竣工验收，办理使用许可等，所以电梯系统的设备、材料监理检验流程有一定的特殊性，详见图 7.2-1。

（2）曳引电梯安装监理工作流程

根据曳引电梯安装工艺流程的过程，电梯专业监理按需进行事前、事中、事后的监督管理和质量验收，具体流程见图 7.2-2。

（3）自动扶梯安装监理工作流程

自动扶梯安装与曳引电梯安装有较大的不同。桁架通常采取整体组件就位的施工安装方式，所以庞大设备组件进场运输、机位就位是一项重要的施工过程。整个安装过程的专业监理工作流程见图 7.2-3。

二、电梯安装工程监理管控要点

1. 电梯安装施工准备阶段的监理要点

（1）施工准备的监理要点

1）督促施工方做好施工前资源准备、现场资料收集、施工环境、材料及设备堆场等相关的工作；设备、材料的供货进场的计划；主要设备的进场验收计划等。

2）审查施工方电梯工程施工方案，审核方案的编审程序及编制内容，符合设计及规范要求后签署施工方案报审表。

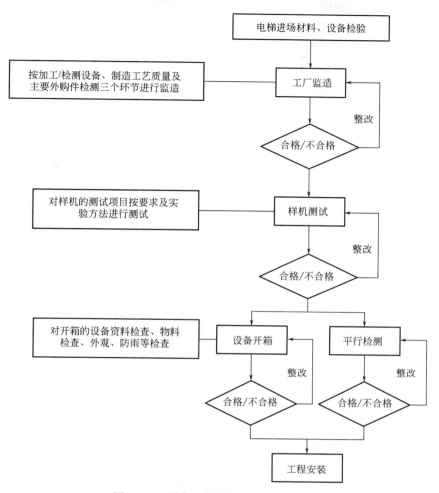

图 7.2-1 设备、材料监理检验工作流程

3）审核专业分包安装单位资质和特种作业人员岗位资格证书，以及检查施工机械设备的相关资料是否齐全、是否符合要求。

安装企业必须持有国家颁发的电梯安装许可证。安装企业还应持有电梯安装营业执照，严格按规定的营业范围承揽工程。

4）配合建设方完成设计交底和施工图，对存在的设计、施工接口（特别是装饰专业、自动防火系统、电梯控制、设备监控等）问题向建设方反馈、协调。

5）召开第一次电梯安装专题监理会议，就电梯安装监理程序、监理的依据等进行交底。

6）在安全风险控制方面，检查施工单位质量安全保证体系，安全专项方案及应急措施，施工作业人员的健康保障体系等。

7）检查电梯井道照明施工安排，电梯厅门口的防水措施是否已落实等。

8）监理对施工方的准备开工条件进行审查与记录，满足要求后批准开工，并签发开工令。

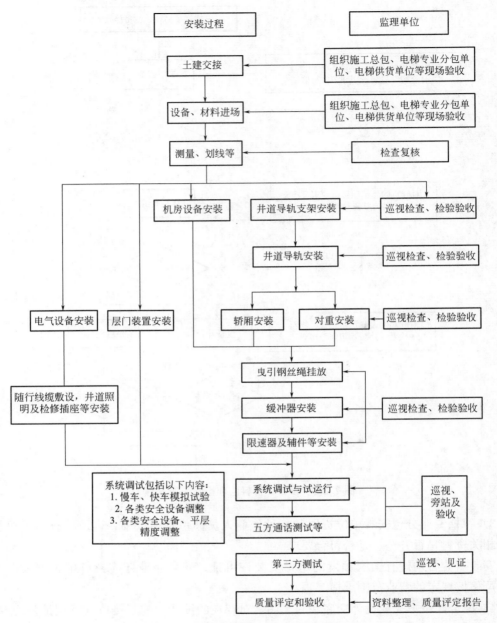

图 7.2-2　曳引电梯安装施工监理工作流程

（2）进行土建交接验收，熟悉图纸，对井道、机房、底坑，自动扶梯踏板上或胶带上空的垂直净空要求等土建部分的复测工作，机房内部、井道土建（钢架）结构及布置必须符合电梯土建布置图要求，主电源开关及井道应符合国家标准《电梯工程施工质量验收规范》GB 50310—2002 的规定，并做好土建进场验收记录。

2. 电梯设备、材料进场检验要点

电梯设备、材料进场检验包括设备开箱检查和平行检验。根据电梯《用户需求书》的

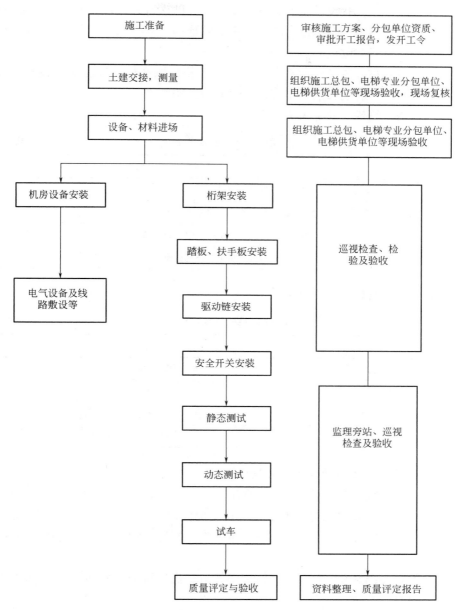

图 7.2-3 自动扶梯安装施工监理工作流程

技术要求和《施工合同》中"主要部件供应商清单"的约定，对进场电梯设备、工程材料进行检验检查。

（1）进场报验审批要点

审核施工方报审的《进场材料/构配件/设备报审表》，其中新型设备、新材料及器具等进场需要提供质量合格证明文件，性能检测报告，以及安装、使用、维修、试验要求的技术文件。电梯产品必须是具有国家颁发生产许可证的厂家生产的、有合格证的产品，并应取得相关许可文件。

（2）根据装箱单会同建设单位对设备主体、零部件进行开箱检查、验收，随机技术文件（土建布置图、产品出厂合格证、限速器等试验证书）应齐全，设备外观不应存在明显损坏，并做好设备进场验收记录。

（3）进口设备和材料进场验收时应提供质量合格证明文件，性能检测报告以及安装、使用、维修、试验要求和说明的技术文件以及商检证明文件。

（4）电梯设备开箱检查要点见表7.2-2。

电梯设备开箱检查要点   表 7.2-2

序号	种类	检验要点
1	设备包装	如有破损,影像记录
2	设备外观	如损坏锈蚀,落实承包方更换措施
3	零部件	零部件种类、数量及原产地,如有短缺或不符,落实承包商补齐或更换措施
4	文件资料	如有缺少,落实承包商补充措施

（5）电梯材料平行检验要点见表7.2-3。

电梯材料平行检验要点   表 7.2-3

序号	种类	检验要点
1	玻璃	厚度、厂家、3C认证标志
2	角钢/导轨	规格、镀锌层
3	标准件	规格、长度、强度、镀锌层
4	钢丝绳	外观:毛刺、股数、断骨、散股

3. 电梯安装阶段施工质量的监理管控要点

电梯安装阶段，监理应严格按照国家标准《电梯工程施工质量验收规范》GB 50310—2002 等相关的要求进行质量监督与验收，电梯质量控制主要从以下三个方面展开：

施工条件检查：机房、井道建筑施工基本结束，井道内脚手架搭设完毕，电梯供电电源已具备。

组件及设备安装：电梯电气装置、轿厢、轨道、机房设备、缓冲器、安全器件、钢丝绳等安装质量的控制。

试车验收：电梯调整试车和交接试验。

现以常见的曳引电梯、自动扶梯和液压电梯为例展开电梯安装阶段施工质量的监理管控要点。

（1）土建交接监理管控要点

监理人员应参加施工总包单位和电梯安装单位两家对井道、机房等土建施工部分的交接工作。确认土建施工是否符合设计图纸及电梯安装布置要求，如有差异，应督促其整改。经交接验收符合安装要求后，要及时形成书面交接文件，三方签字确认后进入下道工序。

（2）曳引电梯安装阶段的监理管控要点见表7.2-4。

曳引电梯安装阶段监理管控要点

表 7.2-4

序号	项目名称	管控要点
1	井道测量及放线	1. 井道实测实量后蓝图校对
		2. 井道底坑无积水
		3. 导轨样板架水平度偏差应合规
		4. 导轨样板基准垂线的位置偏差应合规
		5. 调整导轨垂直度时,基准线不应与脚手架或其他物体接触
2	导轨安装	1. 安装好导轨支架,支架的水平度及间距合规,每根导轨至少安装 2 个导轨支架
		2. 导轨的垂直度与轿厢及对重的偏差应合规,导轨接头应平顺
		3. 两列导轨顶面水平间距偏差应合规
		4. 导轨支架应安装在同一水平面上
		5. 导轨支架在井道壁上应安装牢固
		6. 与预埋件焊接的导轨支架其焊缝应连续、双面焊牢
3	底坑设备安装	1. 缓冲器的安全系数应满足规范的要求
		2. 轿厢和对重下端撞板与缓冲器顶面距离应合规,撞板中心与缓冲器中心偏差应合规
		3. 限速绳张紧装置距底坑地面距离合规,防断绳保护开关位置应正确,操作正常
		4. 底坑对重侧应设防护栏,其高度应合规,设有方便出入底坑的爬梯,并设有非自动复位的急停开关和电源插座
4	厅门和门框的安装	1. 厅门地坎要有足够的强度
		2. 门套的不垂直度应合规,开联电梯门套应在同一平面上
		3. 厅门下端与地坎间、厅门与厅门、厅门与门套、开门刀与厅门地坎,门锁滚轮与轿厢地坎的间隙应合规
		4. 厅门地坎和轿门地坎间距应合规
		5. 厅门运行不应有卡阻、脱轨和错位现象,层门都应有自动关闭装置,采用重锤自动关闭装置,应有防止重锤坠落措施
		6. 厅门的紧急开锁装置应灵活可靠,开锁后自动复位,厅门未关闭的情况下,应不能启动或保持电梯运行
		7. 厅门锁的锁钩,锁臂和动接点应灵活可靠
		8. 厅门锁应有防护
5	轿厢安装	1. 轿厢拼装各部分连接正确性及坚固性,配套安装正确,接地线牢靠
		2. 轿厢底面水平度及曳引绳的张力平均值偏差应合规,安全钳楔间隙应均匀,且动作可靠,限位开关碰铁铅锤度应合规

续表

序号	项目名称	管控要点
5	轿厢安装	3. 轿厢有反绳轮时,应保持润滑,反绳轮应设有防护装置和挡绳装置
		4. 轿厢门及层门关闭后,门扇间的间隙应合规
		5. 轿厢与对重间距应合规
		6. 应设有轿厢上行超速保护装置,该装置动作后应使一个与其相对应的电器安全装置动作
		7. 轿厢顶防护拦的安装应符合国家标准
6	主机设备的安装	1. 驱动装置安装应平稳,驱动主机紧急操作装置动作必须正常,机座和承重梁的强度应符合设计要求
		2. 驱动主轴轴向水平偏差、引轮、导向轮垂直度及限速器绳轮垂直度应合规
		3. 限速器安装位置正确,底座牢固
		4. 曳引轮、导向轮、飞轮、限速器应有运行方向相对应的箭头等标记
		5. 曳引绳、限速器绳距楼板孔洞间隙应合规
		6. 曳引线不应有过度磨损、断股、断丝等缺陷
7	电气部分的安装	1. 每台电梯应单独设置主电源开关,并应有断相保护装置
		2. 线槽、线管的敷设应平直、牢固,线槽内导线总面积应合规,所有线槽线管的外露导电部分,均应必须可靠接地(PE)
		3. 随行电缆两端应可靠固定,不应有打结和波浪扭曲现象,不得与底坑地面和其他设施接触
		4. 电源单独接地,直接接在接地干线接线柱上
		5. 动力电路和电气安全装置电路的绝缘阻值应合规
		6. 各层厅门门锁有一层门未关闭,门锁回路应是断开的。各安全开关动作灵活可靠,各种显示清晰明确
		7. 控制箱电气接线要可靠,排列整齐,标识清晰,接地须符合规范要求
		8. 各种安全保护开关接线正确、标志清晰、动作灵活、准确可靠
8	其他部分的安装	1. 轿厢内操作面板应满足残疾人的使用要求
		2. 电梯安全保护装置应牢固可靠,不得在运行中产生位移
		3. 各种安全保护开关接线正确、标志清晰、动作灵活、准确可靠
		4. 焊接部分的焊缝应均匀饱满,焊点强度不应低于母体金属强度极限,有铆接部位应牢固可靠
		5. 所有紧固件调整后应达到规定锁紧力的要求,不得脱落或松动
		6. 各安全开关应可靠固定,但不得使用焊接固定

（3）自动扶梯电梯安装阶段管控要点见表 7.2-5。

自动扶梯电梯安装阶段管控要点　　　　　表 7.2-5

序号	项目名称	管控要点
1	土建交接检验及基准线放线	1. 扶梯支承基础预埋铁的受力必须符合图纸要求。 2. 净空水平距离的偏差应保证自动扶梯的梯级踏板上空与最近楼板最小垂直净空高度不应小于 2.3m。 3. 桁架两端支承角钢与支撑基础搭接长度应大于 100mm,并应符合产品设计要求。 4. 支承间距离偏差为 0～+15mm。 5. 提升高度的尺寸偏差为 ±15mm
2	隐蔽工程部位	扶梯支承预埋铁的受力必须符合图纸要求
		预埋钢板的规格应符合设计要求,并达到施工工艺规程第八分册所要求的预埋钢板规格:20×200×长度(mm)
		桁架两端支承角钢与支承基础搭接长度应符合产品设计要求,并达到施工工艺第八分册所要求的长度大于 100mm
3	扶手安装	《自动扶梯和自动人行道的制造与安装安全规范》GB 16899—2011 第 7.3.1 条款规定:扶手带外缘与墙壁或其他障碍物之间的水平距离在任何情况下均不得小于 80mm。这个距离应保持至自动扶梯梯级上方和自动人行道的踏板或胶带上方至少 2.1m 高度处。如果采取适当措施能免除伤害的危险,则这一高度可以酌量减小
		1. 扶手带与其障碍物之间距离大于 80mm。 2. 扶手带驱动装置与扶手带开口边缘(两边的唇口)应无磨损,扶手带驱动轮边缘不得切坏扶手带开口边缘。 3. 扶手带存储温度应防止过热或过冷,环境应保持干燥;扶手带不应互相缠绕或直接放在梯级上。 4. 扶手带盖板缝隙应无空洞或破边,安装时接头应对接,接缝应直顺,应平整光滑。 5. 扶手带表面应无伤痕。扶手带开口边缘与导轨或支架之间的距离合规,运行时不得偏移。 6. 左、右扶手带支架安装应对称于扶梯安装中心线,允许偏差合规,顶面高度一致,固定可靠。 7. 扶手带导向装置的安装位置应符合规定,其托辊组、胶带滑轮和防偏轮均应转动灵活
4	驱动主机安装	驱动主机、驱动主机底座与承重结构应符合产品设计要求
		制动器动作应灵活,制动间隙符合产品设计要求
		紧急操作装置动作必须正常
		驱动主机的纵、横向水平度允许偏差合规,且固定牢靠
		主驱动轴的轴心线水平度及轴心线与扶梯纵向中心线的垂直度允许偏差合规
		主传动轮与驱动轮的轮宽中央平面应在同一平面上,允许偏差合规
		驱动主机安装在金属结构架内时,其精度应符合要求,并应连接紧密、固定牢固
		飞轮与制动盘外侧面应漆成黄色,飞轮上应有与运行方向对应的标志
5	电气装置安装	所有电气设备及导管必须可靠接地,动力回路及电气安全装置的导体与导体之间的绝缘电阻大于 0.5MΩ,控制和信号回路绝缘电阻大于 0.25MΩ

序号	项目名称	管控要点
5	电气装置安装	1. 导管内导线的总面积不大于导管内净面积的40%，软管的长度小于1m，且两端端头固定，接地支线应为黄绿线且大于4mm²，导管跨接大于2.5mm²。 2. 每根电缆槽固定点合规。 3. 电缆槽水平和垂直允许偏差合规。 4. 动力线路与控制线路应分别敷设。 5. 控制柜安装位置应符合设计和规范要求
6	扶梯井道测量及金属框架	1. 测放出上、下地坪高度及扶梯安装中心线，允许偏差符合设计与规范要求。 2. 框架连接应平直，允许偏差符合设计与规范要求。 3. 结构架中心线与扶梯安装中心线，头、尾部水平段的水平度允许偏差符合设计与规范要求。 4. 构架与混凝土基础的连接、固定应符合设计与规范要求。 5. 金属结构架的施焊部位及防腐损坏部位应做处理
7	桁架对接组装及对接处部件安装	1. 桁架对接平直，接头处错台符合设计与规范要求。 2. 对接、斜支撑的高强度螺栓螺母应用力矩扳手拧紧符合规范要求。 3. 连接板或法兰盘的定位应锁定。 4. 桁架底部钢板的连接处缝隙应用密封条或密封胶密封。 5. 梯级导轨之间的连接板应固定紧密、平滑、无凸肩；直线段导轨对接台阶内表面及接缝间隙应符合规范要求。 6. 应保持梯级链连接链板干净，弹簧卡圈安装应齐全。 7. 梯级应安装牢固，定位销或螺栓防转片安装应齐全。 8. 围裙板安装时接头应对接，接缝应直顺，平整光滑。 9. 围裙板与梯级防夹装置应固定牢固。 10. 扶梯梳齿前沿板与装修后最终地面高度的要求按施工工艺规程要求可以在同一水平面上或高出地面2~5mm，高出地面外应采取措施平缓过渡。 11. 梳齿板前沿与楼面接平或高出地面2~5mm应平缓过渡。 12. 扶梯桁架中心线与井道中心线的偏差应不大于1mm。桁架上端部与支承基础边缘间的距离应为40~60mm 13. 两台或两台以上并列或并靠的自动扶梯上、下两端前后偏差不大于15mm；高低偏差不大于8mm。 14. 扶梯桁架的挠度不应超过支承距离的1/750；扶梯挠度不应超过支承距离的1/1000。倾角的误差应不大于0°~0.5°。
8	自动扶梯和自动人行道吊装就位	1. 起吊桁架时，起吊点应在桁架标明位置处。 2. 桁架纵向调整：两端桁架与钢筋混凝土搁机梁牛腿桁架立面之间的距离应相等。 3. 桁架横向调整：桁架中心线与扶梯安装中心线与头、尾部水平段的水平度允许偏差符合设计与规范要求。 4. 桁架端头支撑角钢与基础搭接长度应符合规范要求。 5. 设备梳齿撑板表面应与完工地面高度一致。 6. 驱动轴与张紧轴轴心线水平度应调整水平。 7. 梯级表面或出厂时桁架上给出的水平基准面应调整水平。 8. 中间支撑处桁架高度应高于桁架全长直线段的高度。 9. 桁架与混凝土基础的连接、固定应符合要求。 10. 金属结构架的施焊部位及防腐损坏部位应做防腐处理，且不得低于原防腐标准

续表

序号	项目名称		管控要点
9	梯路系统	驱动端	1. 轴心线水平度允许偏差合规。 2. 轴心线与扶梯安装中心线的垂直度允许偏差合规。 3. 梯级张紧机构的安装应符合要求。 4. 驱动端与张紧端安装应符合规定
		梯路导轨	1. 直线段导轨的直顺度允许偏差合规。 2. 两侧导轨与扶梯安装中心线的允许偏差合规。 3. 上、下水平段两侧导轨水平度允许偏差合规。 4. 主、副轮导轨轨距应一致,其与相应反轨之间的距离应使梯级滚轮平滑,通过无卡阻。 5. 两侧对应导轨的接头错开,固定紧密、平滑、无凸肩。沉头螺栓顶面埋入导轨平面以下 0.15~0.25mm
		梯级	1. 主、副滚轮转动应灵活,并应同时接触轨面。 2. 梯级踏板与围裙板的间隙每侧及两侧间隙之和合规。 3. 梯级踏板表面在工作区段内应水平。 4. 在水平段内,相邻两个梯级的高度偏差合规。 5. 梯级运行应平稳,横向应无明显游动。 6. 梳齿板梳齿与踏板面齿槽的啮合深度及间隙合规
		前沿板	1. 装饰板与活地板镶拼密贴。 2. 前沿板水平度允许偏差为合规与梳齿板拼接高低一致
		驱动链条	1. 制动带摩擦垫片与制动轮的实际接触面合规。 2. 机电式制动器在制动电路断开时,应立即制动。 3. 附加制动器动作时,控制电源应立即断开
		手动盘车	手动盘车装置应操作方便,安全可靠
10	围裙板、内外盖板、外装饰板及护壁板安装	内外盖板	1. 安装顺序依次为下曲线段内外盖板、下部水平段内外盖板、中间倾斜直线段内外盖板、上曲线段内外盖板、上部水平段内外盖板。 2. 内外盖板的接头间隙要求合规,接头处平整,内盖板与围裙板,外盖板与装饰板贴合
		围裙板	1. 围裙板应垂直,围裙板上缘与梯级、踏板或胶带踏面之间的垂直距离合规。 2. 围裙板应坚固、平滑、对接缝良好。 3. 底部护板搭接顺序应先上后下,以免机内油污渗漏到底部护板下面
		护壁板安装	1. 金属护壁板的安装应注意朝向梯级踏板和胶带一侧扶手装置部分应是光滑的。 2. 压条或镶条的不平度合规,且应坚固,并有圆角和倒角的边缘。 3. 护壁板之间的空隙合规,且在连接处呈圆角和倒角状。 4. 护壁板或外装饰板两板之间的缝隙应满足要求,边缘应呈圆角或倒角。 5. 护壁板及外装饰板倾斜段接缝应与斜面垂直,在弯曲段不应有接缝
		外装饰板安装	1. 外装饰板内不应用木板或其他可燃材料支撑或加固。 2. 外装饰板龙骨宜采用镀锌材料。 3. 外装饰板龙骨与桁架连接宜采用螺栓固定,不宜采用焊接

续表

序号	项目名称	管控要点
11	成品保护	1. 在扶梯安装施工期间，上下端出入口应有护栏作为安全防护，防火油布覆盖扶梯表面。 2. 安装后至调试前阶段，扶梯顶面采用防火油布加护板，两侧面采用护板进行成品保护。 3. 调试完成，需采用防火油布覆盖扶梯。油布需落在梯级踢面上，扶梯两外侧垂直下落覆盖两外侧，并在扶梯踏面上覆盖板

（4）液压电梯管控要点

液压电梯一般通过液压动力源，把油压入油缸，使得柱塞进行直线运动，然后直接或者通过钢丝绳间接让电梯轿厢进行不断地上下运动。而曳引电梯一般都是凭借着曳引机和钢丝绳之间的摩擦来带动电梯上下运行的，液压电梯的安装施工程序基本与曳引电梯相同，分为安装准备阶段、安装阶段和竣工验收阶段，相关的监理方法和资料审核内容基本相似，导轨、门系统、轿厢、驱动主机、平衡重、钢丝绳、随行电缆、悬挂装置、电气装置及相关的安全部件等参照曳引电梯的监控要点，但液压系统安装也具有它的特殊性。

1）液压系统安装，液压泵站及液压顶升机构必须按照土建布置图进行安装，首先检查土建的尺寸是否符合设计要求，做好土建交接验收。液压系统安装必须按照设计系统原理图进行组装，顶升机构安装必须牢固，缸体的垂直度严禁大于 0.4‰，使用激光仪或线坠测量检测。符合要求才能进入下一道工序。液压管路连接可靠，无渗漏。液压系统的压力表必须满足计量要求，且检测合格，清晰准确，液压泵站油位显示清晰、准确。

2）液压油温保护装置，安装正确，动作可靠。检查液压缓冲器安装符合要求，复位开关可靠。

3）液压泵站的溢流阀安装符合设计要求，在系统压力为满载压力的 $140\% \sim 170\%$ 时动作可靠。

4）在进行静载试验时，关闭系统截止阀 5min 后，液压系统完好。

4. 电梯试运行及验收阶段的监理管控要点

（1）电梯的系统调试及试运行

电梯整机验收和调试是对整台电梯安装质量、机械性能、安全使用效果等方面的综合鉴定。以常见的曳引电梯安装施工项目为例，试验必须按规范要求对下列各项全部试验：曳引检验；限速器、安全钳联动试验；缓冲试验；层门、轿门连锁试验；上下极限限位试验；控制开关（轿顶与底坑急停开关、限速松绳开关、安全窗开关）试验；运行试验；超载报警试验；安全钳试验；消防功能试验；电梯起动、制动加减速试验等工作进行巡视检查、旁站和验收。

（2）电梯运行试验管控要点

1）电梯起动、运行和停止，轿厢内无较大的振动和冲击，制动器可靠。

2）运行控制功能达到设计要求：指令、召唤、定向、程序交换、开车、截车、停车、平层等准确无误，声光信号显示清晰、正确。

3）减速器油的温升不超过 60℃，且最高温度不超过 85℃。

4）超载试验必须达到下列要求：

① 电梯能安全启动、运行和停止；

② 曳引机工作正常。

5）轿厢空载时，以检修速度使安全钳动作，电梯必须能可靠地停止，动作后应能正常恢复。

5. 电梯安装工程的质量验收工作

（1）隐蔽工程验收

1）电梯工程分部的隐蔽工程主要包括曳引机承重梁安装、层门地坎安装和导轨支架安装等，专业监理工程师应根据施工单位报送的隐蔽工程报验单申请表和自检结果进行现场检查验收，符合要求予以签认。

2）对未经监理人员验收或验收不合格的工序，监理人员应拒绝签认，并要求施工单位严禁进行下道工序的施工。

（2）分项工程验收

电梯工程的分项工程验收主要包括设备及工程材料进场的验收，土建交接验收，驱动主机、导轨、门系统、对重、安全部件、悬挂装置、随行电缆、补偿装置、电气装置以及整机安装的验收。专业监理工程师应对施工单位报送的分项工程质量验评资料进行审核，并组织施工单位共同进行现场验收，符合要求后予以签认。

（3）分部工程验收

总监理工程师应组织监理人员对施工单位报送的分部工程质量验评资料进行审核，并组织施工单位共同进行现场验收，组织电梯分部工程验收会议，符合要求后予以签认，并编制电梯工程质量评估报告。

（4）验收资料

验收阶段，监理应完成相关监理资料。对验收中提出的整改问题，监理应要求施工单位进行整改并复验。见证第三方检测单位的现场测试，协助配合政府相关部门组织的验收并提供相关监理资料。验收资料包括《分部工程验收报审表》和《分部验收记录表》，以及功能性（运行记录、安全装置检测报告）抽查记录和电梯感观（运行、平层、开关门、层门、信号系统、机房）验收表。

三、电梯安装的安全生产监督

1. 电梯安装施工风险源的识别

电梯安装施工风险源的识别及监理安全监督要点见表 7.2-6。

电梯安装施工风险源的识别及监理安全监督要点　　　　　表 7.2-6

序号	风险源	风险后果	监理安全监督要点
1	临时用电作业	触电伤亡	依据安全技术规范 1. 审查施工方案 2. 检查施工安全制度 3. 巡视施工现场
2	高空作业	人员高空坠落	
3	电焊动火作业	火灾事故	

2. 井道内电梯安装的安全管控要点

（1）电梯厅门安装前，必须在厅门口设置安全护栏并挂有醒目的警告标志："危险""闲人免进"，以防止误入发生事故。

（2）施工中必须在井道口、层门门框外设置安全护栏，并悬挂醒目的警告牌。如"严禁入内，谨防坠落"等，防止非施工人员靠近或进入。

（3）井道内从二层楼面起张设安全网，往上每隔两层设置一道。安全网必须完好无损、牢固可靠。

（4）起吊重物时，人员应站在起吊物的旁边，并检查工作载荷是否相符，在确认可以起吊后，人员应远离起吊物，严禁超载或以人体作为配重随起吊物升降。

（5）在有易燃物体或易挥发性气体的地方，严禁携带火种，并悬挂"禁止烟火"标志牌。

（6）动火（动用电、气焊）前应征得用户书面同意，并按当地具体规定进行。首先清理场地，当易燃物品无法搬运时，要用防火材料覆盖；确认安全措施、消防用具及用品都已到位，并做好安全防护措施后，再动火施工。

（7）施工中，当遇到危及其他作业人员安全的情况时，必须立即停止施工并通知安装负责人，由安装负责人视其情况，组织撤离或采取必要的安全措施。

（8）当必须进行停电作业时，电源开关处必须有明显的断开点，并悬挂"有人工作，禁止合闸"的警告标志牌，必要时派人监护。

（9）在安装曳引机、轿厢、对重、导轨和钢丝绳时，严禁冒险或违章操作，必须由施工负责人统一指挥，使用安全可靠的设备、工具，做好人员力量的配备组织工作。

（10）在施工过程中，操作人员用三角钥匙开启层门进入轿厢时，必须思想集中，并看清楚其停靠的位置，然后方可用正确稳妥的方法进入。严禁在轿厢未停稳或层门刚开启时就匆忙进入，避免造成坠落事故。

（11）在施工过程中，严禁操作人员站立在电梯层门和轿门的骑跨处，以防触动按钮或手柄开关，使电梯位移发生事故。骑跨处是指电梯的移动部分与静止部分之间的位置，如轿门地坎和层门地坎之间、分隔井道用的工字钢（槽钢）和轿厢顶之间等。

（12）在施工过程中，操作人员若需要离开轿厢时，必须切断电源，关闭层门、轿门，并悬挂"禁止使用"警告牌，以防他人启用电梯。

（13）施工中间断作业（如下班、暂离工地等）时，应切断电源，设置安全标志，必要时作业区应设置值班人员留守。

（14）电梯在调试过程中，必须有专业人员统一指挥，严禁载客。

第三节　曳引垂直电梯工程安装案例分析

一、工程概况

某项目有 4 栋办公楼，其中裙楼为 4 层，均为商场，主建筑高度 105m，地下 2 层。本次电梯工程共安装曳引电梯 16 台（其中观光电梯 2 台），额定速度 2m/s，载重量 1300kg；自动扶梯 18 台，额定速度 1m/s。电梯主要参数见表 7.3-1。

电梯主要技术参数   表 7. 3-1

序号	项目	参数
1	额定载重	楼栋 4 台主电梯为 1300kg;商场 2 台观光电梯为 1300kg
2	额定速度	曳引电梯 2m/s,自动扶梯 1m/s
3	井道净尺寸	观光电梯透明井道:2600mm×2150mm(宽×深)
4	轿厢内尺寸	尺寸为 1600mm×1400mm(宽×深),高度不小于 2300mm
5	层门及轿门	开门尺寸(宽×高):1100mm×2100mm
6	驱动方式	交流无齿永磁曳引机驱动,曳引机安装在井道顶部(或机房)
7	电源	三相四线制(TN-S 系统),AC380V±10%,50±1Hz

由于电梯安装专业的特殊性,专业监理人员应严格根据国家标准《电梯工程施工质量验收规范》GB 50310—2002 等相关法规、规范标准进行监理。在电梯安装过程中监理人员应从资料审核、交接检验、隐蔽部分、部件安装（机房、井道、轿厢、站层、地坑）、调试运行等方面实施监理。除正常巡视及关键部位旁站外,应采取事前、事中、事后的控制方法。

二、电梯工程的安装监理实践

本案例仅从资料文件审核、土建交接、开箱检查、材料平行检验和分项验收几个方面介绍该项目的电梯安装监理主要过程和相关文件表格。

1. 资格文件及技术资料审核

电梯是特种设备,建设工程所用电梯及关键部件,必须是国家审批的特种设备许可的制造企业的合格产品,国外进口的产品还须有商检合格证明。电梯安装企业须持有国家颁发的特种设备安装许可证,在电梯安装规定的营业范围内承揽工程,承揽工程后到特种设备管理部门办理相关手续等。审核安装单位编制的本工程《电梯安装方案》和电梯进场时提供相关的资料文件审核,参加设备开箱验收,应与本工程相符方可进场。

2. 设备、材料进场的监理工作

电梯进场时,电梯制造企业应按照规范要求提供必要的资料文件。设备（产品）检验检测报告见图 7.3-1,特种设备生产许可证见图 7.3-2。

电梯设备组件进场后,监理参加设备开箱检查,检查所有组件和设备,并与送货清单进行清点,检查是否与本工程设计文件及设备供货合同相符,符合要求后允许进场准备安装,并按表 7.3-2 要求进行记录。这些资料文件包括设备、材料报验表、设备进场验收记录表、相关合格证文件等。

有关电梯电气设备、器材进场验收时,监理主要检查设备的包装、密封是否完好,开箱检查清点相关设备、器材应符合设计要求,备件齐全、外观完好,质量保证资料和有关技术文件应齐全、有效。

3. 土建、安装的交接验收

监理人员参加施工总包单位和电梯安装单位双方对井道、机房等土建施工部分的交接工作。确认土建施工是否符合设计图纸及电梯安装布置要求,如有差异,应督促其整改。经交接验收符合安装要求后,及时形成书面交接文件,三方签字确认后进行下道工序。在电梯安装之前,还应进行土建交接验收和现场测量复核。详见表 7.3-3。

图 7.3-1　检验检测报告

图 7.3-2　特种设备生产许可证

设备进场验收记录表

表 7.3-2

工程名称	×××商业办公大楼建设工程		
安装地点	×××路××号		
产品合同号/安装合同号	JTF045-××		
施工单位	上海×安装集团有限公司	项目负责人	张三
安装单位	上海××电梯工程有限公司	项目负责人	李四
建设单位	上海×××有限公司	项目负责人	王五
执行标准名称及编号	《电梯工程施工质量验收规范》GB 50310—2002		

检验项目			检验结果	
			合格	不合格
主控项目	1	随机文件(第4.1.1条)	符合要求	
	2	土建布置图	符合要求	
	3	产品出厂合格证	符合要求	
	4	门锁装置、限速器、安全钳及缓冲器等型式试验证书	符合要求	
一般项目	1	随机文件(第4.1.2条)	6份	
	2	装箱单	1份	
	3	安装使用维护说明书	2份	
	4	电气动力电路和安全电路的电气原理图	1份	

验收结论			
参加验收单位	施工单位	安装单位	监理(建设)单位
	项目负责人 张三 ××年×月×日	项目负责人 李四 ××年×月×日	项目负责人 王五 ××年×月×日

土建交接试验记录表   表 7.3-3

工程名称	×××商业办公大楼建设工程		
安装地点	×××路××号		
产品合同号/ 安装合同号	JTF045-××		
施工单位	上海××安装集团 有限公司	项目负责人	张三
安装单位	上海××电梯工程 有限公司	项目负责人	李四
建设单位	上海×××有限公司	项目负责人	王五
执行标准名称及编号	《电梯工程施工质量验收规范》GB 50310—2002		

检验项目			检验结果	
			合格	不合格
主控 项目	1	机房内部、井道及布置	合格	
	2	主电源开关(第4.2.2条)	合格	
	3	井道(第4.2.3条)	合格	
一般 项目	1	机房(第4.2.4条)	符合要求	
	2	井道(第4.2.5条)	符合要求	
	3	机房应有良好的防水、防漏保护	符合要求	
	4	地坑有防渗、防漏保护,无积水	符合要求	
	5	每层有水平基准标识	符合要求	
验收结论	合格			

参加验 收单位	施工单位	安装单位	监理(建设)单位
	项目负责人: 张三 ××年×月×日	项目负责人: 李四 ××年×月×日	项目负责人: 王五 ××年×月×日

4. 平行检验

平行检验是监理在施工单位自检的同时，按有关规定、建设工程监理合同约定对同一检验项目进行的检测试验活动。在电梯安装过程中，主要材料等在使用之前要进行平行检验，符合要求方可使用。本案例平行检查的内容和材料见表 7.3-4。

平行检验记录表　　　　　　　　　　　　　表 7.3-4

工程名称：×××商业办公大楼建设工程　　　　　　　　　　　　　编号：××

序号	检查时间	批次数量	检查地点	批次数量	抽检数量	材料名称	检查内容	备注
1	9：15	3	2号仓库	3	10件	玻璃	厂家、规格、3C认证标志	
2	11：20	1	3号仓库	1	8件	角钢、导轨	厂家、规格、长度、镀锌层	
3	9：15	1	2号仓库	1	10件	标准件	厂家、规格等	
4	11：20	1	3号仓库	1	3件	钢丝绳	厂家、型号、外观、毛刺、股数、断骨、散股	
监理人员：张军、李勇			日期：××年×月×日					

5. 安装过程中的问题整改

安装过程中，监理应进行定期和不定期巡视检查，发现问题及时要求施工单位进行改造，影响使用功能或主控项，监理工程师要开具监理通知单，整改结束，施工单位自验合格后，监理进行复验，合格后方可进入下一道工序。

例如，轨道安装位置必须符合土建布置图，每根导轨固定支架应符合规范要求，两列导轨面间的距离偏差应符合规范要求，两列导轨顶面水平间距偏差，轿厢导轨 0～+2mm，对重导轨 0～+3mm。导轨应用压板固定在导轨支架上，不应采用焊接或螺栓直接连接，现发现有×个膨胀螺栓在砖砌墙体上固定导轨支架，且经现场测量轿厢导轨间距距离偏差 4mm，对重导轨距离偏差 4mm，均偏大。监理工程师现场要求暂停作业轨道施工，对已安装的导轨进行整改，并下发监理通知单，见表 7.3-5。

施工单位按通知单的内容进行整改，整改结束自验合格后，报审监理通知回复单，见表 7.3-6。监理收到监理通知回复单后立即进行复验，复验合格，同意施工进入下一道工序，并对监理通知回复单内容签署意见。

6. 隐蔽工程验收

电梯安装隐蔽工程主要包括电梯导轨及支架安装、电梯承重梁和电梯层门支架等。本节以曳引电梯导轨支架、承重梁安装的验收为例，介绍隐蔽工程验收过程（报审表＋验收记录表）。

为确保曳引机运行的稳定性，必须对承重梁安装进行验收。具体要求：水平误差及相互间水平误差小于 1.5/1000；相互平行度小于 6mm；埋入深度超过墙中心 20mm，且不应小于 75mm；坐标位置必须符合设计要求。

电梯隐蔽工程报审表见表 7.3-7，验收记录表见表 7.3-8。导轨支架隐蔽工程报审表见表 7.3-9，检查记录见表 7.3-10。

监理通知单   表 7.3-5

工程名称：×××商业办公大楼建设工程   编号：××

致：上海××集团有限公司×××商业办公大楼建设工程项目部(项目经理部)

事由：关于现场导轨安装质量的相关事宜

内容：我们监理工程师在现场巡视中发现以下问题：

1)膨胀螺栓用在砌墙体来固定导轨支架；(违反 GB 50310—2002 第 4.4.2 条规定)

2)现场测量轿厢导轨间距偏差 5mm,对重导轨间距偏差 5mm。(违反 GB 50310—2002 4.4.1 条规定)

上述问题,违反规范 GB 50310—2002 的相关条款的要求,望施工单位严格按照规范要求施工,自检合格后报我监理部复查。

监理机构:上海××监理有限公司

×××商业办公大楼建设工程监理部

总监理工程师/专业监理工程师:张军

日期:××年×月×日

监理通知回复单

表 7.3-6

工程名称：×××商业办公大楼建设工程　　　　　　　　　　　　　　　　编号：××

致：上海××监理有限公司×××商业办公大楼建设工程监理部(项目监理机构)

我方收到编号为××的监理通知单后，我们已按要求完成相关工作的整改，请予以复查。

1)膨胀螺栓用在砌墙体上来固定导轨支架，增加型钢固定在混凝土结构上，再与导轨轨道连接，见图××；

2)现场对轿厢导轨间距离和对重导轨间距离进行调整，符合规范 GB 50310—2002 的相关条款的要求。

　　　　　　　　　　　　　　　　　　　　　　　　　上海×安装有限公司
　　　　　　　　　　　　　　　　×××商业办公大楼建设工程项目经理部(章)
　　　　　　　　　　　　　　　　　　　　　　　　　　　　项目经理：张三
　　　　　　　　　　　　　　　　　　　　　　　　　　　　××年×月×日

复查意见：经现场检查和测量，符合规范和设计要求。同意进行后续施工工作。

　　　　　　　　　　　　　　　　　　监理机构：上海××监理有限公司
　　　　　　　　　　　　×××××商业办公大楼建设工程监理部
　　　　　　　　　　　　总监理工程师/专业监理工程师：张军
　　　　　　　　　　　　　　　　　　日期：××年×月×日

电梯隐蔽工程报审表　　　　　　　　　　　　　　　表 7.3-7

工程名称：上海×××商业办公大楼建设工程　　　　　　　　　　　编号：××

致：上海××监理有限公司上海×××商业办公大楼建设工程项目监理部(项目监理机构)

我方已完成 3 号楼机房承重梁安装工作,经自检合格,请予以审查验收。

附件☑隐蔽工程检验资料

　　□检验批检验资料

　　□检验批检验资料

　　□施工实验室证明资料

　　□检验批检验资料

施工项目经理部(盖章)：

项目经理/项目技术负责人:张三

××年×月×日

审查/验收意见:经现场检查验收,机房承重梁安装符合规范和设计要求,同意验收并允许进入下一道工序施工。

项目监理机构(盖章)：

专业监理工程师:李军

日期:××年×月×日

电梯隐蔽工程报验表

表 7.3-8

隐蔽工程验收记录 表 C5-1		资料编号	××××
工程名称		上海×××××商业办公大楼建设工程	
隐检项目	承重梁	隐检日期	××年×月×日
隐检部位		3#楼机房	

隐检依据:施工图图号_____平面图 JZ-0-40-03_____,设计变更/洽商(编号_____

_____及有关国家现行标准等。

主要材料名称及规格/型号:_____20B 工字钢_____

隐检内容:

1. 采用的承重梁规格及材料牌号应符合技术文件规定的要求。焊接支架应无裂纹、气孔,其焊缝应是连续的,并双面焊牢。

2. 曳引机承重梁应支承在钢筋混凝土过梁或金属过梁上。

3. 金属过梁使用锚栓固定应牢靠,使用锚栓规格应符合规定的要求。

4. 承重梁如需埋入承重墙内,则支承长度应超过墙厚中心 20m,且不应小于 75mm。

5. 焊接承重梁与金属过梁应无裂纹、气孔,并两边焊透。

影像资料的部位、数量:　　　　1 份

附件:影像资料 A4 纸×1 张

申报人:张三

检查意见:

符合设计及规范要求,

检查结论: 合格 ☑ √　　同意隐蔽 ☑ √　　同意 □　　不同意,修改后进行复查 □

复查结论:

复查人:　　　　　　　　　　　　　　　　　　复查日期:

签字栏	施工单位	上海×安装工程集团有限公司	专业技术负责人	专业质检员	专业工长
			张三	李四	王五
	监理(建设)单位	上海××监理有限公司	专业工程师		李军

本表由施工单位填写。

电梯导轨支架隐蔽工程报审表　　　　　　　　　　表 7.3-9

工程名称：上海×××商业办公大楼建设工程　　　　　　　　　　　编号：××

致：上海××监理有限公司上海×××商业办公大楼建设工程项目监理部(项目监理机构) 　　我方已完成 3 号楼导轨 1 号电梯支架安装工作,经自检合格,请予以审查验收。 　　附件☑隐蔽工程检验资料 　　　　□检验批检验资料 　　　　□检验批检验资料 　　　　□施工实验室证明资料 　　　　□检验批检验资料   　　施工项目经理部(盖章): 　　项目经理/项目技术负责人:张三 　　202×年×月×日
审查/验收意见:经现场检查验收,机房承重梁安装符合规范和设计要求,同意验收并允许进入下一道工序施工。   　　项目监理机构(盖章): 　　专业监理工程师:李军 　　日期:202×年×月×日

电梯导轨支架安装隐蔽工程检查记录

表 7.3-10

单位(子单位)工程	上海×××商业办公大楼建设工程		
分部(子分部)工程:	电力驱动、液压电梯子分部	检查日期	××年×月×日
电梯型号		电梯编号	

隐蔽工程内容	1. 采用的导轨支架规格及材料牌号应符合规定的要求,支架应具有足够的强度,锚栓固定应牢靠,埋入墙的螺栓应采取防腐措施。 2. 焊接支架应无裂纹、气孔,其焊缝应是连续的,并双面焊牢。 3. 导轨支架的地脚螺栓或支架直接埋入墙的埋入深度不应小于120mm	分项名称	实测值(mm)		

分项名称 / 实测值(mm):

分项名称	M	h	d
导轨	16	95	25

M:膨胀螺栓直径
h:构筑物钻孔深度
d:构筑物钻孔直径
注:构筑物必须是混凝土结构

螺栓规格 mm	钻孔直径 mm	钻孔深度 mm
M16	23	90

建设单位	监理单位	施工单位
现场代表: 王五 ××年×月×日	专业监理工程师: 李四 ××年×月×日	施工技术员:张勇 质量检查员:洋名 施工班(组)长:张三 ××年×月×日

7．工序验收

如前所述常规工序验收流程一般为施工单位自检合格，报监理验收。有关导轨安装检验批的质量验收记录见表 7.3-11。

导轨安装检验批质量验收记录　　　　　　　　　表 7.3-11

单位(子单)工程名称	×××商业办公大楼建设工程	分部(子分部)工程名称	电梯分部—电力驱动的曳引式或强制式电梯子分部	分项工程名称	导轨分项
施工单位	上海×安装集团有限公司	项目负责人	陈英	检验批容量	16
分包单位	上海××电梯工程有限公司	分包单位项目负责人	李军	检验批部位	电梯安装导轨检验批质量验收记录
施工依据	电梯施工方案		验收依据	《电梯工程施工质量验收规范》GB 50310—2002	

主控项目		验收项目		设计要求及规范规定	最小/实际抽样数量		检查记录					检查结果
	1	导轨安装位置		设计要求	2	—	符合设计和规范要求					合格
一般项目	1	两列导轨顶面间的距离偏差	轿厢导轨	0～+2	5	—	0.1	0.1	0.1	0.2	0.1	符合要求
			对重导轨	0～+3	5	—	0.2	0.2	0.2	0.2	0.3	符合要求
	2	导轨支架安装		第4.4.3条	—							
	3	每列导轨工作面与安装基准线每5m偏差值	轿厢导轨和设有安全钳的对重导轨	≤0.6mm	5		0.5	0.4	0.5	0.6	0.5	符合要求
			不设安全钳的对重导轨	≤1.0mm	5		0.8	0.8	1.0	0.7	0.8	符合要求
	4	轿厢导轨和设有安全钳的对重导轨工作面接头		第4.4.5条	—							
	5	不设安全钳对重导轨接头	接头缝隙	≤1.0mm	2		1.0	0.8				符合要求
			接头台阶	≤0.15mm	3		0.1	0.1				符合要求

施工单位检查结果	合格　　专业工长：　　　　张三　　项目专业质量检查员：　李四　　××年×月×日
监理单位验收结论	符合要求,同意验收　　专业监理工程师:李勇　　××年×月×日

8. 旁站

所谓的旁站是监理对工程的关键部位或关键工序的施工质量进行的监督活动。本案例在施工过程中，专业监理对重要设备安装要进行旁站。例如对电梯主机设备安装的旁站，表 7.3-12 为监理所做的旁站记录。

旁站记录   表 7.3-12

工程名称：×××××商业办公大楼建设工程   编号：××

旁站的关键部位、关键工序	主机设备的安装	工程地点	机房
旁站开始时间	××年×月×日 13 时 30 分	旁站结束时间	××年×月×日 17 时 30 分

旁站的关键部位、关键工序施工情况：
现场安装单位作业人员 8 人，专职安全员 1 人，现场负责人 1 人。施工前现场负责人和专职安全员对作业人员进行技术和安全交底，检查电焊工 1 人的操作证书，在有效期内，施工过程严格按照施工方案进行施工，安装确定的施工顺序进行，按工序验收，现场测量驱动主轴轴向水平偏差≤0.5‰，符合要求，限速器安装位置正确，底座牢固。曳引轮、导向轮、飞轮、限速器应有箭头等标记。作业到 5 点结束，并对现场进行整理和清扫。

旁站的问题及处理情况：
现场测量：引轮、导向轮垂直度应 5mm，偏大。监理人员对现场负责人进行提醒，现场重新进行调整，再次测量为 2mm。

旁站监理人员（签字）：张军
××年×月×日

填报说明：本表一式一份，项目监理机构留存。

9. 电气装置安装控制

（1）检查电梯供电电源，必须独立敷设的双电源。

（2）电气设备和配线的绝缘电阻使用 500V 兆欧表测量必须大于 0.5MΩ。

（3）机房内控制屏安装布局合理，配线连接牢固，标志清晰，包扎紧密，绝缘良好。

（4）电线管、槽安装牢固，布局走向合理，附属机架不带金属部分应作防腐处理，无遗漏。

（5）保护接地（接零）系统必须良好，跨接地线必须紧密牢固、无遗漏。

（6）电梯运行电缆必须绑扎牢固，排列整齐、无扭曲，其敷设长度必须保证轿厢在极限位置时不受力、不拖地。

（7）各种安全保护开关固定必须可靠，且不得采用焊接。

（8）与机械配合的各种安全开关，在各种限制条件时，必须可靠动作，并使电梯立即停止运行。

（9）急停、检修、程序转换等按钮和开关的动作必须灵活可靠；极限、限位、缓速装置正确，功能必须可靠；轿厢自动门的安全触板必须灵活可靠；井道内的随行电缆及其他运行部位在运行中严禁与任何部件碰撞或摩擦。为保证各种安全保护开关动作可靠，各种电气安全保护装置应进行复查和调整。相关的资料表格有《电梯安装电气装置检验批验收报审表》《电梯安装电气装置检验批验收记录表》等。表 7.3-13 为电梯安装电气装置检验批验收记录，是专业监理人员在逐项检查验收所做的验收记录。

电梯安装电气装置检验批质量验收记录　　表 7.3-13

单位(子单位)工程名称	上海×××商业办公大楼建设工程项目	分部(子分部)工程名称	电梯分部—电力驱动的曳引式或强制式电梯子分部	分项工程名称	电气装置分项
施工单位	上海××安装集团有限公司	项目负责人	陈烨英	检验批容量	16
分包单位	上海××电梯工程有限公司	分包单位项目负责人	李军	检验批部位	电梯安装电气装置检验批质量验收记录
施工依据	电梯施工方案		验收依据	《电梯工程施工质量验收规范》GB 50310—2002	

		验收项目	设计要求及规范规定	抽样数量	检查记录			检查结果
主控项目	1	电气设备接地	第4.10.1条	5	符合要求			合格
	2	导体之间、导体对地之间绝缘电阻	第4.10.2条	3	10MΩ	107MΩ	112MΩ	合格
一般项目	1	主电源开关不应切断的电路	第4.10.3条	1	符合要求			合格
	2	机房和井道内配线	第4.10.4条	5	符合要求			合格
	3	导管、线槽敷设	第4.10.5条	5	符合要求			合格
	4	接地支线色标	应采用黄绿相间的绝缘导线	1	黄绿			合格
	5	控制柜(屏)的安装位置	设计要求	1	符合设计要求			合格

施工单位验收结论	合格	专业工长：张六 项目专业质量检查员：李琦 ××年×月×日
监理单位验收结论	符合设计和规范要求，同意验收。	专业监理工程师：李四 ××年×月×日

电气装置分项验收包括分项质量验收报审表和所有该分项的检验批的质量验收资料，专业监理工程师组织安装单位相关人员前往现场对该分项进行抽查验收。

10. 运行试验和整机验收

（1）整机验收

电梯安装完毕后要进行整机验收，见表7.3-14，检查五方通话需满足要求，由安装单位按要求进行试运转，在空载运行、额定荷载运行中，启动、停层平稳可靠、无异常响声。指令信号响应正确可靠，合同要求的各附加功能应符合出厂技术要求。在调试过程中监理人员要进行旁站并进行检查和验收，编制质量评估报告、整理全部过程资料并完善归档。

整机验收记录表　　　　　　　　　　表7.3-14

工程名称：上海×××商业办公大楼建设工程　　　　　　　　　　编号××

	验收项目	验收依据 GB 50310—2002	检查记录	验收结果
1	安全保护验收	第4.11.1条	安装牢固	符合要求
2	限速器安全钳联动试验	第4.11.2条	动作可靠	符合要求
3	层门与轿门试验	第4.11.3条	检查每层层门必须能够用三角钥匙正常开启，抽查2个层门系统控制正常	符合要求
4	曳引式电梯曳引能力试验	第4.11.4条	125%额定载重量下，停层4次运行正常	符合要求
5	曳引式电梯平衡系数	0.4～0.5	0.5	符合要求
6	试运行试验	第4.11.6条	电梯运行平稳、制动可靠	符合要求
7	噪声检验	第4.11.7条	测量三次三个部位65dB，60dB，55dB	符合要求
8	平层准确度检验	第4.11.8条	测量3次，3个部位15mm，12mm，14mm	符合要求
9	运行速度检验	第4.11.9条	荷载50%情况下，运行正常	符合要求
10	观感检查	第4.11.10条	符合要求	合格
11	五方通话		满足要求，通话正常	符合要求
	施工单位		项目负责人：张三	
	施工单位		总监理工程师：李九	
	建设单位		建设单位代表：王五	

（2）第三方检测和验收

在电梯试运行后，需由第三方检测验收。专业监理协助建设单位申报电梯验收，由特检部门到场进行检测，检测合格后颁发检测合格报告，并颁发特种设备使用标志，见图7.3-3。标志应粘贴固定在轿厢内醒目位置。建设单位到相关部门办理好使用登记证，如图7.3-4所示。至此电梯安装的专业监理工作顺利完成。

图 7.3-3　电梯使用标志　　　　　　　图 7.3-4　电梯使用登记证

三、移交资料

1. 电梯安装单位在交接验收时，应提交的资料文件

（1）施工单位资质及安装过程资料和竣工图。

（2）电梯资料：

1）电梯类别、型号、驱动控制方式、技术参数和安装地点；

2）制造厂提供随机文件和图纸；

3）变更设计的实际施工图及变更证明文件；

4）安全保护装置的检查记录；

5）电梯检查及电梯运行参数记录。

2. 监理单位应提交的资料文件

（1）单位资质资料。

（2）监理实施细则。

（3）安装过程验收资料。

（4）电梯分部质量评估报告。

（5）监理总结。

第八章 城市轨道交通工程机电设备安装监理

城市轨道交通工程类别中的地下铁道工程项目可分为车站工程、正线及站线轨道工程、其他相关工程；轻轨交通工程项目可分为车站工程、路基工程、正线及站线轨道工程、其他相关工程。自本章节起，我们将主要针对这两类项目介绍其机电设备及系统的安装监理工作。

第一节 城市轨道交通工程机电设备系统及安装监理概述

一、城市轨道交通工程机电设备系统组成

1. 电客列车及牵引制动系统

（1）电客列车

电客列车（简称"车辆"）作为城市公共交通的旅客运载工具，不仅是城市轨道交通设备的核心，还是确保系统安全、高效运营的关键。车辆包含车体、车门、转向架、钩缓、空调、贯通道、制动系统、乘客信息系统、列车网络系统等关键系统，因轨道交通项目招标方式的要求，牵引系统一般不包含在内。

常见的城市轨道交通车辆有 A 型车和 B 型车，部分城市还有 APM 胶轮、跨座式单轨和市域线等特殊车型。目前最为常见的是应用于部分大城市中心线路的 8 节编组 A 型车和用于普通城市的 6 节编组 B 型车。

（2）制动系统

制动系统是为电客列车提供制动力的车载设备及其控制系统的总称，作用是产生制动力，使列车减速或停车，显然，它是影响城轨车辆安全性和寿命成本的最重要因素之一。该系统主要由风源设备、制动控制设备、基础制动设备、车轮防滑设备、空气悬挂供风控制设备等组成。

（3）牵引系统

牵引系统是从牵引网获取能量，提供列车牵引力、制动力及车载设备用电的控制与变流系统的总称。该系统主要由牵引逆变器、辅助变流器、充电机、牵引电机、车载直流高速断路器、控制器等组成。

2. 供电系统

供电系统作为城市轨道交通工程项目机电设备中除车辆以外的最大辅助设备系统，在建设中起着非常重要的作用，它不但为列车提供牵引动力，而且还为城市轨道交通运营服务的辅助设施如照明、通风、空调、排水、通信、信号、防灾报警、自动扶梯等提供电力。该系统主要由电力源（主所外电源）、供电线路（主所外电通道）、110kV 主变电站、35kV 牵引和降压变电所、DC1500V 接触网（部分城市为 DC750V 接触轨，市域线路通常

采用单相工频 25kV 交流制式）、电力监控系统、干线电缆（环网）、车站及区间动力照明系统、杂散电流防护系统、防雷设施和接地系统等组成。

3. 信号系统

信号系统是根据列车与线路设备的相对位置和状态，人工或自动实现列车指挥和列车运行控制、安全间隔控制的信息自动化系统。该系统主要由联锁子系统、列车自动防护子系统、列车自动运行子系统、列车自动监控子系统、数据通信子系统、电源系统等组成。信号系统一般由机房设备、车载设备和轨旁设备组成。

4. 通信系统

通信系统是城市轨道交通运营指挥、企业管理、信息传递、服务乘客的综合数字通信网络系统。该系统总体分为专用通信系统、民用通信系统、公安通信系统和乘客信息系统。

（1）专用通信系统

专用通信系统一般包括传输系统、公务电话交换系统、专用电话交换系统、无线通信系统、闭路电视监控系统、广播系统、时钟系统、电源及接地系统等。

（2）民用通信系统

民用通信系统一般包括传输系统、无线覆盖系统、电源及接地系统等。民用通信系统的机房设备施工一般由通信系统施工单位负责，区间和线路施工一般由民用通信运营商的施工单位负责。

（3）公安通信系统

公安通信系统一般包括传输系统、计算机网络系统、公安消防无线通信系统、公安视频监控系统、电源及接地系统等。

（4）乘客信息系统

乘客信息系统（PIS）是依托多媒体网络技术，以计算机系统为核心，以车站和车载显示终端为媒介向乘客提供信息服务的系统。该系统主要由中心子系统、车站子系统、网络子系统、广告制作子系统和车载子系统等组成。

5. 给水排水系统

给排水系统指满足车站生产、生活与消防用水对水量、水质与水压的要求，保证车站和车辆段排水通畅，为安全运营提供服务，同时对生活和生产污水进行收集和处理，达到排放标准的一系列系统的总称。该系统分为给水系统和排水系统，给水系统包含车站生产、生活给水系统和各站及地下区间水消防系统；排水系统包含各地下车站的污水排水系统、废水排水系统、污水泵房、废水泵房、车站局部排水泵房、地下区间隧道排水系统、区间排水泵房和洞口雨水排水泵房等。

6. 通风空调系统

通风空调系统承担着车站站厅、站台、重要的设备用房、管理用房的通风换气、火灾排烟、空气调节等功能。该系统主要由隧道通风系统、车站通风空调系统、车站设备及管理房间通风空调系统、车站空调水系统等组成。

7. 综合监控系统

综合监控系统（ISCS）指对机电设备进行监视、控制及综合管理的成套设备及软件的总称，实现了在同一计算机硬件平台和软件体系下，火灾自动报警系统、环境与设备监控系统及电力监控系统等多个子系统的集成与互联。该系统由中央级监控层、车站级监控层和就地级监控设备层三层结构组成。

8. 环境与设备监控系统

环境与设备监控系统（BAS）是对城市轨道交通建筑物内的环境与空气条件、通风、给排水、照明、乘客导向、自动电扶梯、站台门、防淹门等建筑设备和系统进行集中监视、控制和管理的系统。该系统由中央级监控系统、车站级监控系统、就地级监控设备组成。

9. 火灾自动报警系统

火灾自动报警系统（FAS）是实现火灾检测、自动报警并直接联动消防救灾设备的自动控制系统。该系统包括火灾报警控制器、消防联动控制器、火灾探测器、手动火灾报警按钮、区域显示器、火灾警报器、消防应急广播、消防专用电话、消防模块、防火门监控器、传输设备等部件。

10. 气体自动灭火系统

气体自动灭火系统是消防体系的重要组成部分，负责保护车站高低压室、变配电室、综合控制室、站台门设备室、自动售检票（AFC）设备室、综合监控和通信设备室、电源室、信号设备室和环控电控室等关键重要设备用房的安全，该系统分为管网子系统和控制子系统两部分：

（1）管网子系统

管网子系统由气瓶及其组件、机械启动器、电磁阀、高压软管、集流管、安全阀、逆止阀、减压装置、选择阀、压力开关、管道、喷头等部分组成。

（2）控制子系统

控制子系统由控制器、探测器、警铃、声光报警器、疏散指示灯、释放指示灯、紧急释放按钮、紧急止喷按钮和手动/自动转换开关等部分组成。

11. 电梯、自动扶梯

电梯、自动扶梯指能在地面和车站之间或站厅层和站台层之间输送乘客的设备装置。电梯由井道、轿厢、驱动装置和控制部分组成。自动扶梯由桁架、梯级、扶手带、驱动电机、不锈钢外装饰板等组成。

12. 自动售检票系统

自动售检票系统（AFC）是基于计算机、通信、网络、自动控制等技术，实现售票、检票、计费、收费、统计、清分、管理等全过程的自动化系统。该系统主要包括线路中央计算机组成的中央层、车站计算机组成的车站层、车站终端设备组成的终端层以及票务系统等。

AFC系统的机房设备有AFC设备室、票务室和编码室设备等，现场设备有售票机、检票机（进出站闸机）、补票机和客服中心设备等。

13. 站台门系统

站台门系统（PSD）指设置在站台边缘，将乘客候车区与列车运行区相互隔离，并与列车门相对应、可多级控制开启与关闭滑动门的连续屏障。该系统包括机械和电气两部分，机械部分主要由门体和驱动系统组成，电气部分由电源系统和控制系统组成。

14. 车辆段车辆检修工艺设备

车辆段车辆检修工艺设备是检测设备运行状态、修复和更换已经受到损伤的零部件，避免关键零部件失效，恢复其原有的技术状态，以保证城市轨道交通安全、正常运行的一系列工艺设备的总称。该系统主要包括列车清洗机、架车机、车轮车床、起重设备、救援设备、转向架升降台、车底设备冲洗装备、模拟驾驶设备、重型轨道车、轨道平车、携吊平车、隧道清洗车、蓄电池工程车等设备。

二、机电设备制造、安装质量验收规范、标准及技术规程

城市轨道交通工程安装监理依据的规范标准文件主要有国家标准规范、交通运输部颁标准（TB）、国家铁路局（TB）和类似中国设备监理协会（CAPEC）的行业团体标准等。

1. 设备监理规范标准

（1）《设备工程监理规范》GB/T 26429—2022

《设备工程监理规范》GB/T 26429—2022 规定了设备工程监理服务的基本方法和通用要求。它适用于设备监理工程师和设备监理单位开展的设备工程监理服务和管理活动。

（2）《设备工程监理归档资料管理规范》T/CAPEC 9—2019

2. 电客列车的规范标准文件

电客列车作为项目订购的重要产品，设备监造或作为设备进场时监理的主要规范标准文件包括：

（1）《城市轨道交通市域快线 120km/h～160km/h 车辆通用技术条件》GB/T 37532—2019

（2）《地铁车辆通用技术条件》GB/T 7928—2003

（3）《城市轨道车辆客室侧门》GB/T 30489—2014

（4）《城市轨道交通车辆组装后的检查与试验规则》GB/T 14894—2005

（5）《地铁与轻轨车辆转向架技术条件》CJ/T 365—2011

（6）《轨道交通　司机控制器》GB/T 34573—2017

（7）《轨道交通　牵引电传动系统　第 1 部分：城轨车辆》GB/T 37863.1—2019

（8）《轨道交通　牵引电传动系统　第 2 部分：机车、动车组》GB/T 37863.2—2021

（9）《城市轨道交通　列车再生制动能量地面利用系统》GB/T 36287—2018

（10）《轨道交通　机车车辆布线规则》GB/T 34571—2017

3. 轨道交通工程相关标准

《地下铁道工程施工质量验收标准》GB/T 50299—2018

《地下铁道工程施工质量验收标准》GB/T 50299—2018 作为地下铁道项目整体适用的规范和机电设备系统各专业规范标准形成了有关工程质量验收的系列文件，在本教材第九～十三章将以专业为基础逐一展开。

4. 政府部门文件

城市轨道交通工程也是当今城市基础设施建设的热点，相关的政府职能委办也对城市轨道交通项目提出了一系列行政管理文件：

（1）《城市轨道交通初期运营前安全评估技术规范》

（2）《城市轨道交通正式运营前安全评估规范》

（3）《城市轨道交通正式运营前和运营期间安全评估管理暂行办法》

（4）《城市轨道交通运营安全风险分级管控和隐患排查治理管理办法》

三、安装监理机构的设置

1. 项目监理机构的组建

城市轨道交通工程机电设备安装项目监理机构（项目监理部）的监理人员应由总监理工程师、专业监理工程师、专业监理工程师助理和其他监理人员组成，且专业配套、数量应满足委托监理合同及监理工作需要，必要时可设总监理工程师代表。

设备安装监理单位在建设工程监理合同签订后，应及时将项目监理机构（项目监理部）的组织形式、人员构成及对总监理工程师的任命书（《建设工程监理规范》GB/T 50319—2013 表 A.0.1）书面通知建设单位。

2. 项目监理部选址和人员安排与施工单位作业的有效匹配

（1）由于城市轨道交通项目安装监理的特殊性，站点（工点）多，作业线长，项目监理部可能设立在项目沿线的某个位置，因此项目部的合理选址对于提高管理的机动性，节省交通时间等有很大的影响。

（2）总监理工程师在选配监理人员时应考虑结合本专业特点，根据类似工程经验，进行合理分工和配置，确保监理专业覆盖面的需求。

（3）项目监理部还应充分考虑施工单位施工作业特点和作业分组情况，对施工单位的生产班组排班计划进行跟踪，做到监理人员安排与施工单位的作业情况有效匹配，最大限度提高监理人员的到位率和工作效率。

3. 设备监造驻厂监理团队

城市轨道交通工程机电设备安装监理根据工程特点和建设单位委托，监理服务范围有可能会前置，覆盖设计、设备制造阶段，如有需要还要向设备制造企业派驻专业监理人员，详见本章第二节、第三节。

第二节　城市轨道交通工程安装监理工作及流程

一、城市轨道交通工程安装监理工作

1. 设备、材料采购阶段的监理工作内容

城市轨道交通工程由于其设备系统的特殊性，与建筑工程大量采用通用设备的场景不同，机电设备安装监理的服务范畴会向前延伸，所以该阶段的监理工作包含较多设备监造的内容：

（1）熟悉技术文件，协助审查各设备系统的用户需求书、技术规格书等有关技术文件，以及各设备系统、子系统等接口界面划分。

（2）部分项目需协助建设单位进行设备、材料采购招标工作。例如协助建设单位选择优秀的关键设备和主要材料供应商，对供应商要作基本调查，以及参加对关键设备和主要材料供应商的评审工作。

（3）审查成套设备通用规格书。

城市轨道交通机电设备系统有大量非标准的定制设备和成套设备，成套设备项目的施工合同，内容涉及面广，规定多而细，机电设备安装监理应督促关键设备供货商组织设计、制造、安装等各方共同完成工程任务。因此，设备安装监理帮助建设单位协调和统一

各有关单位对施工合同的理解，理顺各有关单位之间的权责关系，提出统一的设备质量要求，对于确保成套设备项目系统的整体质量是十分必要的。

通用规格书是成套设备项目的施工单位以施工合同为依据，对总施工合同形式、特点、责任关系等进行说明，对设备及系统的资料交付、质量监督与设备检验、交货、现场技术服务、财务结算等作出明确规定，以及对加工质量、包装、防锈储运等提出通用技术要求的法规性文件。

通用规格书本质上是施工合同的实施细则，是检验施工、分包施工各方工作的标准。

（4）协助业主对采购合同进行管理，并对采购进度计划进行监督与控制。

（5）派有相关资质的专业监理工程师参加各设备系统的设计联络工作，审查和协调各种接口关系，保证各设备系统之间的接口，以及相关系统与车辆之间接口的正确性。

（6）对设备生产制造过程中的重要工序、关键控制点进行质量检验，参与关键或大型设备的驻厂监造，组织样机验收，中间检验，以及进行设备出厂前验收。

（7）负责协调各设备系统接口处理、调试。对需用软件的系统，应结合调试情况审查软件的可用性，是否符合合同及有关技术规范要求。部分机电设备系统还需要组织软件验收。

（8）设备全部运到现场后，项目监理部应组织建设单位、供货商参加的设备交货验收，见证施工单位办理交接工作。

（9）汇集采购质量记录文件资料。

为保证和证明采购质量体系的有效运行，机电设备安装监理工程师要收集和整理好有关质量记录，其中包括来自设备、材料供应商的质量记录文件，并按合同要求进行核查。所有质量记录等文件应保持清晰完整，并建立台账和文件资料清单，以便保存和检索。

（10）在每个合同设备采购监理工作结束后，项目监理部应向建设单位提交该项监理工作报告，并在全部设备采购工作结束后，向建设单位提交总结报告。

2. 设备安装、调试和验收阶段的监理工作内容

（1）掌握项目的有关资料、技术参数，审查施工图，核查与土建、装饰专业预留、预埋孔洞图纸的一致性，参加设计单位的设计交底，组织施工图纸会审，对存在的问题向设计单位提出书面建议和意见。

（2）部分项目需协助建设单位进行设备安装施工招标工作，根据建设单位的要求，参加编制各机电设备系统施工安装招标文件，分解合同标段，负责审查各机电设备系统接口界面关系、责任划分，编制机电设备接口管理文件，并以此作为施工安装合同条款。

（3）审查项目各设备系统安装与土建接口关系，明确界面和接口，划分责任，验收交接，并与土建施工监理密切配合；统一协调处理施工中出现的各类技术问题。

（4）负责审查施工单位的施工组织设计、质量管理体系和技术管理体系；审查安全管理措施、文明施工措施以及进场施工人员资质、机具等，并对审查结果予以签认。对存在的问题应提出整改意见，并督促施工单位落实，直至达到项目管理要求，并报送建设单位。

（5）参加建设单位组织的第一次工地例会，进行监理工作交底和安全监理工作交底；负责组织、主持召开监理例会及各种专题会议，并定期和不定期报送施工监理周报（会议纪要）、月报和专题报告；及时向业主汇报设备施工安装和系统调试进展情况。

（6）负责监督设备集成商、供货商和施工单位提供的工程材料、构配件、设备等质量是否符合设计要求，其材质证明、产品合格证、各种检验报告等是否齐全，并满足技术要

求；审查材料供应商资质。

（7）督促设备集成商、供货商和施工单位编制各机电设备系统及子系统的安装施工程序文件，包括施工过程中的修改或变更，并负责文件的审查。施工程序文件未经总监理工程师审定，不得允许施工单位进行施工或进入下道工序。

（8）编制各设备系统及子系统分级控制点，并对施工全过程的各个工序、采取的工艺、实验室等进行审核和签认，落实设备集成商、供货商和施工单位经审核的质保措施。

（9）在设备安装施工阶段，对工序的全过程、重要部位、关键工序、隐蔽部位或工序，以及需要通过检测且经过设备集成商、供货商和施工单位自检的，项目监理部必须严格执行规范标准，开展旁站、巡视、平行检测等监理见证活动，并填写相关表格，作为监理文件资料存档。

（10）主持或参加工程质量事故的调查、取证，负责处理施工过程中出现的质量缺陷和发现的重大质量隐患等质量问题，并下达整改、暂停令，检查整改结果，提出处理意见，并向业主提交书面报告。质量事故的处理有关资料应整理归档。

（11）审批工程进度计划，对形象进度进行动态管理，检查分析。发现实际进度严重滞后于计划时，采取进一步措施，控制工程进度。

（12）管理工程变更，处理索赔，审核工程计量和工程结算，并对项目造价进行分析，实施投资控制。

（13）处理工程暂停、复工、工程变更、工程延期及延误、合同争议调解、合同解除、索赔等工作。

（14）督促项目参建单位（包括设计单位、设备集成商、供货商和施工单位等）做好各设备系统的调试准备，参加业主组织的竣工验收，并监督、检查调试的全过程。

（15）负责审查设备集成商、供货商和施工单位提交的各设备系统调试大纲（包括单机、单系统调试方案），并组织调试、预验收，对存在的问题督促整改，签署竣工报验单，并向业主提交工程质量评估报告。

（16）总监理工程师负责审查竣工资料，参加签署各设备系统的竣工验收报告，并向业主提交施工监理总结。

（17）在各设备系统安装施工、调试、试运行、竣工验收的基础上，负责编制全线各设备系统之间（含车辆段、停车场、控制中心、主变电所、正线车站和区间）系统联调大纲，并报建设单位审批。

（18）督促项目参建单位（包括设计单位、集成商、设备供货商、施工单位）做好系统联调准备工作，保证各自设备系统具备系统联调条件。

（19）负责组织线路设备限界检查，对不符合要求的部分，督促相关责任单位整改直到符合要求为止。

（20）积极参与协调全线各设备系统之间系统联调。部分城市轨道交通系统联调期间还需进行全点位测试和全功能验证，监理单位应全程参与见证调试结果。

（21）在系统联调过程中，各设备系统出现问题后，由牵头的机电设备系统安装监理单位主持各方参加的分析会，对发生的原因、性质和责任进行分析判断，并提出相应的处理意见报建设单位。

（22）监督问题责任单位及时整改，为继续系统联调创造条件，直至满足设计和运营要求。

（23）参加建设单位组织的全系统联调验收，并在此基础上提出系统联调总结报告、系统联调质量评估报告、监理工作总结等相关监理文件资料，报送建设单位。

3. 工程质量保修期的设备监理工作内容

机电设备安装监理单位负责建设单位委托监理范围内的质量保修期的监理工作，直到责任期终止。机电设备系统质保期一般为 2 年/24 个月，但有项目竣工验收后 2 年或开通初期运营后满 2 年等不同计算方式，具体执行应按设备采购合同、施工安装合同以及设备安装监理合同确定。

在质量保修期机电设备安装监理对建设单位提出的工程质量缺陷进行检查和记录，对施工单位修复后的工程质量进行验收，合格后予以签认。

机电设备安装监理应对质量缺陷的原因进行调查，分析并确定责任归属，对非施工单位造成的工程质量缺陷，机电设备安装监理应核实修复工程的费用和签署工程款支付证书，并报建设单位。

综上所述，城市轨道交通机电设备系统安装监理在各设备系统安装施工、调试和验收的监理服务框架、工作思路方面和建筑工程的机电安装监理有很多共同之处，但它具有自身独特的专业特点和一定的专业技术要求，这正是主要在建筑工程机电设备安装监理岗位工作的专业监理工程师有一定的基础，但也需要拓展专业知识面，进一步学习和初步掌握城市轨道交通机电设备系统安装监理业务技能的培训目的。

二、城市轨道交通工程安装监理工作流程

1. 机电设备系统招标采购阶段的监理工作流程

（1）前期介入

1）专业监理工程师及其筹建中的团队在项目总监理工程师的组织和领导下，了解工程项目的基本信息、机电设备系统工程概况和委托监理合同的内容，初拟项目机电设备安装监理的工作方向。

2）查看主要设备、材料采购及施工合同，了解机电设备系统安装工程项目的报监情况。

3）查阅、收集和整理以往类似项目的相关信息及资料，确定工程项目的难点和监理应对的管控要点。

4）根据监理单位内控管理制度及操作手册，进行委托监理合同的风险识别、风险分析与评估、制定风险应对措施，编制审核企业内部针对本项目的风险评估报告。

5）参加建设单位、安质监站等组织的关于监理质量安全行为、档案管理和其他相关信息的交底。

（2）设备招标采购和设备监造

1）总监理工程师应组织监理人员熟悉和掌握项目设计文件对机电设备的技术说明、各项要求和应执行的规范标准。

2）按监理委托合同要求，协助建设单位进行设备、材料招标采购工作。

3）部分机电设备系统的关键核心设备（电客列车、控制设备、车辆检修设备等）按监理委托合同的约定提供驻厂监造服务。设备监造服务是和城市轨道交通工程机电设备系统的特殊性有关的设备监理工作。关于设备监造的监理工作流程详见本章第三节。

2. 机电设备系统安装准备阶段的监理工作流程

（1）监理技术准备工作

监理技术准备工作是指项目监理投标、监理委托合同签约直至项目开工的时间段中专业监理工程师所做的工作。

1）完成机电设备安装监理规划、监理实施细则的编制。监理实施细则是针对某一专业或某一方面监理工作的操作性文件，所以它应该和项目紧密关联。以上海轨道交通工程项目为例，根据相关规定，施工单位每编制一个施工组织设计或专项方案，监理单位应编制对应的监理实施细则。

2）施工设计（图纸）准备

有关施工图纸及其他工程施工设计文件的监理准备工作包括检查、核对本专业施工图纸是否齐全，主持施工图纸会审会议，会议纪要应由总监理工程师签认。

3）第一次工地例会及监理工作交底

工程开工前，监理人员应参加由建设单位主持召开的第一次工地会议，会议纪要应由监理项目部负责整理，与会各方代表应会签。之后监理项目部应定期召开监理例会、监理工作交底，并组织有关单位研究解决与监理相关的问题。

（2）前置条件的确认

1）土建及装饰前置条件

① 屋顶、楼板、墙面等施工完毕，不得渗漏；

② 穿楼板、墙面的预留孔洞符合设计要求，ISCS、FAS、气体自动灭火和通信等专业系统应在二次结构圈梁和预制过梁在浇筑前完成预埋。

③ 设备系统安装专业应与装饰专业对接好，在开始设备房和公共区吊顶前完成线缆敷设工作，在吊顶施工完成后由装饰专业及时通知相关专业，已具备安装终端设备的条件。

④ 当有设备进场运输路径需求时，机电设备系统专业应与土建及装饰专业协调是否砌筑墙体、预留门洞的施工方案，并报监理审批。

⑤ 关键设备用房的屋顶、墙面、地坪施工已基本完成，具备控制箱、柜、盘等设备系统安装条件。初步处理潮湿、粉尘等情况，并有必要的产品（临时）防盗保护措施。

2）机电设备系统前置条件

① 关联系统间设计联络会已召开，接口规格书（协议书）已确认。

② 强、弱电管线与桥架敷设、风管、水管、消防管道等各设备系统管线间的径路和空间占用的协调已完成。尤其是气体自动灭火系统的输气管道，如果协调不好，将导致管道弯头过多，直接影响气体灭火的效果，可能会有消防安全隐患。

③ 强、弱电电缆及接地的敷设与相互协调已完成。

④ 对通信传输通道的要求已提资。

3）其他前置条件

① 施工项目已报监、总包单位及分包单位、监理单位已备案。

② 开工相关准备工作已基本完成。

（3）施工管理手续

1）开工报审

① 机电设备安装监理应审查施工单位报审的施工组织设计，符合要求时，应由总监理

工程师签认后报建设单位。监理项目部应要求施工单位按已批准的施工组织设计组织施工。施工组织设计需要调整时，监理项目部应按程序重新审查。施工组织设计或（专项）施工方案报审表应按国家标准《建设工程监理规范》GB/T 50319—2013 表 B.0.1 的要求填写。

② 工程开工前，监理项目部应审查施工单位现场的质量管理组织机构、管理制度及专职管理人员和特种作业人员的资格。

③ 总监理工程师应组织专业监理工程师审查施工单位报送的开工报审表及相关资料；同时具备下列条件时，应由总监理工程师签署审查意见，并应报建设单位批准后，总监理工程师签发工程开工令：

a. 设计交底和图纸会审已完成。

b. 施工组织设计已由总监理工程师签认。

c. 施工单位现场质量、安全生产管理体系已建立，管理及施工人员已到位，施工机械具备使用条件，主要工程材料已落实。

d. 进场道路及水、电、通信等已满足开工要求。

开工报审表应按国家标准《建设工程监理规范》GB/T 50319—2013 表 B.0.2 的要求填写，工程开工令应按表 A.0.2 的要求填写。

④ 分包工程开工前，监理项目部应审核施工单位报送的分包单位资格报审表，专业监理工程师提出审查意见后，应由总监理工程师审核签认。分包单位资格报审表应按国家标准《建设工程监理规范》GB/T 50319—2013 表 B.0.4 的要求填写。

⑤ 监理项目部宜根据工程特点、施工合同、工程设计文件及经过批准的施工组织设计对工程进行风险分析，并应制定工程质量、造价、进度目标控制及安全生产管理方案，同时应提出防范性对策。

⑥ 监理项目部应审查施工单位报审的施工总进度计划和阶段性施工进度计划，提出审查意见，并应由总监理工程师审核后报建设单位。

⑦ 监理项目部应审查施工单位现场安全生产规章制度的建立和实施情况，并应审查施工单位安全生产许可证及施工单位项目经理、专职安全生产管理人员和特种作业人员的资格，同时应核查施工机械和设施的安全许可验收手续。

2）专项施工方案和设备、材料报审

① 在施工单位的组织设计审批后，总监理工程师应组织专业监理工程师审查施工单位报审的施工方案（含补充方案），符合要求后应予以签认，施工方案报审表应按国家标准《建设工程监理规范》GB/T 50319—2013 表 B.0.1 的要求填写。

② 专业监理工程师应审查施工单位报送的新材料、新工艺、新技术、新设备的质量认证材料和相关验收标准的适用性，必要时，应要求施工单位组织专题论证，审查合格后报总监理工程师签认。

③ 监理项目部应审查施工单位报送的用于工程的材料、构配件、设备的质量证明文件，并应按有关规定、建设工程监理合同约定，对用于工程的材料进行见证取样，平行检验。监理项目部对已进场经检验不合格的工程材料、构配件、设备，应要求施工单位限期将其撤出施工现场。

有关工程材料、构配件或设备报审表应按国家标准《建设工程监理规范》GB/T 50319—2013 表 B.0.6 的要求填写。

3. 机电设备系统安装阶段的监理工作流程

（1）机电设备系统安装施工流程

城市轨道交通工程机电设备系统包含多个不同专业的子系统，安装监理要开展工程施工质量的监督首先要了解各系统的施工流程。本小节以某项目火灾自动报警系统（FAS）、环境与设备监控系统（BAS）和门禁系统（ACS）三个弱电系统为例，介绍相关设备系统安装施工的基本流程。

1）机电设备系统安装施工流程图（图 8.2-1）

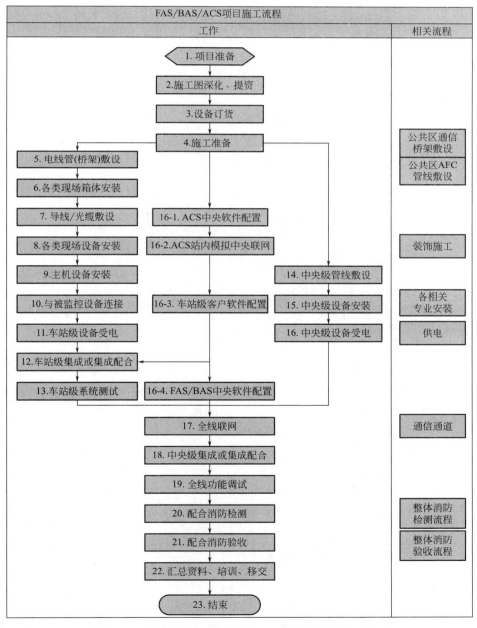

图 8.2-1　某项目 FAS、BAS 和 ACS 系统安装施工流程

2）机电设备系统安装施工流程说明（表 8.2-1）

FAS、BAS 和 ACS 系统安装施工流程说明表   表 8.2-1

序号	工作名称	工作内容	主要机具	主要制约因素
1	项目准备	汇总整合用户需求		
2	施工图深化、提资	收集相关专业资料，设计院完成深化设计，向相关专业提供资料	计算机	相关专业接口技术参数的确定
3	设备订货	订购系统所需的所有设备		
4	施工准备	开工前技术、组织、人员、材料、机具等准备		
5	电线管/桥架敷设	吊架、支架安装，安装电线管、桥架	作业平台、电锤、卷尺、锯、钳、螺丝刀、扳手等	各专业管道在同一空间位置协调，并需在装修施工前进行
6	各类现场箱体安装	挂墙安装各类箱体，包括模块箱、手报箱、远程 I/O 箱等	电锤、卷尺、钳、螺丝刀、扳手等	墙体砌筑、粉刷
7	导线/光缆敷设	在电线管、桥架内敷设电线电缆、光缆	作业平台、钳、钢丝、兆欧表、万用表等	
8	各类现场设备安装	安装探测器、传感器、手报、门控器、读卡器、门锁等各现场设备	作业平台、钳、螺丝刀、电工刀、万用表等	与装饰专业的进度协调
9	主机设备安装	报警主机、门禁主机、PLC、车站级计算机等设备的安装	钳、螺丝刀、电工刀、万用表等	车控室、环控电控室装修、布置
10	与被监控设备连接	将控制电缆和信号电缆与被控设备连接	作业平台、钳、螺丝刀、电工刀、万用表等	被控设备安装进度、接口形式及位置
11	车站级设备受电	向车站级系统供正式用电		正式电供电
12	车站级集成或集成配合	接入各相关专业的信息	计算机	各相关专业开通程度及其数据通道的开通程度
13	车站级系统调试	探测功能调试、各项单点输入输出调试、各种工况调试、消防报警联动调试		各相关专业配合
14	中央级管线敷设	敷设电线管、桥架	卷尺、锯、钳、螺丝刀、扳手、兆欧表、万用表等	各专业管道在同空间位置协调
15	中央级设备安装	安装中央级主机、各类服务器、工作站、打印机等	电讯工具	
16	中央级设备受电	向中央级系统供正式用电		正式电供电

续表

序号	工作名称	工作内容	主要机具	主要制约因素
16-1	ACS中央软件配置	配置设定ACS中央级软件	计算机	
16-2	ACS站内模拟中央联网	在站内用调试用服务器和车站级工作站联网	计算机	
16-3	车站级客户软件编制/配置	根据设计文件编制车站级客户程序	计算机	现场变更
16-4	中央级客户软件编制/配置	根据设计文件编制中央级客户程序	计算机	现场变更
17	全线联网	将各车站级系统与中央级系统联通至同一网络上		通信专业提供的网络通道
18	中央级集成或集成配合	在控制中心集成各下级系统的信息并上传信息给上层系统	计算机	各相关专业及其数据通道的开通程度
19	系统联调(全线功能测试)	在中央协同车站一起测试各设计功能及工况,包括隧道事故风机的工况测试等		各相关专业的配合
20	消防检测	车站整体消防检测		
21	消防验收	车站整体消防验收		
22	汇总资料、移交、培训	整理汇总资料、设备移交给运营单位、培训运营单位人员		
23	结束			

（2）城市轨道交通工程安装监理工作流程

在机电设备系统施工阶段，安装监理将根据规范标准、工程设计文件和施工合同的约定，开展施工质量监理及验收工作。由于各专业系统的技术特点不同，监理工作流程也应该是有针对性的。图8.2-2是一般机电设备安装监理的常规工作流程。本教材第九～十三章将逐一叙述城市轨道交通工程主要机电设备系统的安装监理的管控要点。

（3）关键工序（节点）的监理管控要点

城市轨道交通机电设备系统安装施工程序应根据相关规范标准，结合项目特点，建设单位、监理单位和施工单位就各机电设备系统分部、分项划分达成约定，监理将选择其中关键分部或分项工程作为关键节点进行重点管控。在各关键节点完成后，按序进入检查验收阶段。

1）关键工序（节点）的筛选

① 机电设备系统关键设备出厂验收和调试；

② 电缆导管、线槽敷设、设备安装；

③ 光、电缆性能测试及接地系统性能测试；

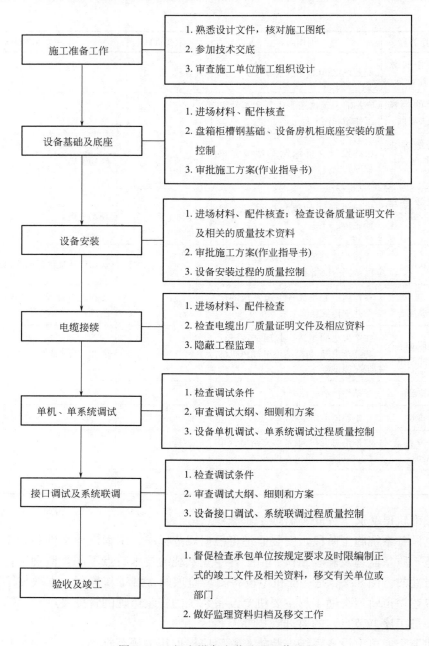

图 8.2-2 机电设备安装监理工作流程

④ 机电设备系统的仿真测试平台和软件验收；

⑤ 系统功能测试和性能测试；

⑥ 全线联网调试；

⑦ 涉及既有线路的安装施工。

2）针对关键工序进行的旁站监理、平行检测

① 设备安装监理应根据项目的特点、施工单位报送的施工组织设计，在上述关键工

序（节点要求）确定旁站的关键部位；关键工序进行时安排监理人员旁站监督，并应及时记录旁站情况。关键工序（节点）涉及的有关项目加强平行检验工作。

在上海的轨交项目中，建设单位要求轨行区作业是监理重点旁站的工序。监理单位必须加强相关设备系统轨行区作业的监督工作，并做好场地管理工作。

② 监理项目部应安排专业监理工程师对关键工序和节点的工程施工质量进行巡视。

3）积极参与重点调试、性能测试的验收工作，强化监理的见证程序。

4）涉及既有轨交线路的设备安装监理

城市轨道交通各机电设备系统涉及既有轨交线路的项目施工，在很多城市参照"特别危大工程"的管理要求进行项目管理成为常态。

① 供电系统、通信系统、信号系统、综合监控系统、环境与设备监控系统、火灾自动报警系统、门禁系统和自动售检票系统涉及既有线路的项目施工，需要编制（专项）施工方案，设备安装监理审核后，报建设单位组织专项方案的专家评审，通过专家评审并根据专家意见修改完善，经设备安装监理复核后，提交运营单位审核。

② 运营单位召开技术方案审查会，通过后进行安全和技术交底，相关管理制度的宣贯与培训，并提出明确的施工计划和请销点要求。城市轨道交通施工请销点是指在施工单位在施工前向运营单位申请开始施工，运营单位批准后才能进行施工；施工结束后，系统检查正常，施工现场人员、施工机具清场完毕再向运营单位报告施工结束，申请结束施工状态的程序。严格执行该程序对保障轨道交通的运行安全是非常重要的。

③ 设备安装监理应督促施工单位严格按照通过评审和审查的"专项施工方案"实施。

④ 严格按照既有线运营单位的管理要求执行请销点制度。

⑤ 设备安装监理应参照特别危大工程的管理要求，对涉及既有线路的项目施工履行监理职责。

⑥ 对相关作业区域的施工材料、机具的存储、隔断等进行检查。

⑦ 对施工过程和材料、机具临时存放等可能造成影响既有线运营的风险源进行辨识，根据风险源辨识结果制定专项监理实施细则和旁站监理方案。通过监理单位技术负责人审核后，向建设单位代表报备。

⑧ 根据专项监理实施细则和旁站监理方案对涉及既有线路的项目机电设备系统施工实施全程旁站监理。

⑨ 施工结束后，设备安装监理还应督促施工单位做到工完场清，并确认相关设备系统复位，接线正确，使用功能满足既有线路的运营要求。

（4）施工现场相关管理制度检查

1）施工现场管理制度

① 施工现场布局合理，材料、成品、半成品、机具堆放符合要求。

② 施工单位在施工前必须向施工人员进行安全文明施工教育，避免施工人员出现违规行为。

③ 各施工单位应执行国家及建设单位有关安全生产和劳动保护的法律法规、政府规章，建立安全生产责任制，持证上岗，保证施工用电安全，配备安全防护用具，设置合格消防器材。

④ 各施工单位要制定本单位施工现场半成品、成品保护的管理办法，落实半成品、

成品保护的措施，发现问题要及时采取措施进行纠正处理。各施工单位凡在成品或半成品区域施工作业、装卸运输、调试试验都要设专人负责现场半成品、成品保护工作的协调管理。

变压器、开关柜、冷水机组、气体灭火系统钢瓶组、地铁车站综合后备盘（IBP）等大型设备在进行二次搬运时，要做好防护措施，防止出现设备摔坠破坏地砖、地面和墙面等情况。

⑤ 在设备搬运、存储等过程中，做到轻拿轻放，不得将产品外包装、保护膜等拆除或撕坏。存储前应对所存材料外包装上的存储说明进行详细阅读，采取妥善的防腐、防潮、防挤压等措施。易碎物应相互隔离，易受潮材料应有防水措施。

⑥ 在施工安装期间，材料要按进度合理安排好进库出库计划。

2）轨行区管理制度

为了统一协调城市轨道交通工程各机电设备系统专业在轨行区的施工，确保轨行区间的施工作业安全、高效和有序展开，除严格执行国家法律法规、政府职能部门等关于施工管理行政规章外，各参建单位还应严格执行建设单位、运营单位有关轨行区施工和运输管理办法和制度。

① 每个有轨行区施工作业的单位要成立专门的管理组织机构，负责轨行区的施工作业计划的申报和请销点工作。

② 每个有轨行区施工作业的单位要服从轨行区场地管理单位的指挥和安全监督，根据其确认和发布的施工作业计划进行请销点。施工队伍准入、施工设备（或材料）进场等要符合相关管理制度中关于进入轨行区施工的要求。不得出现未经许可擅自进入轨行区施工或进入轨行区的时间和区段与申请范围不一致。

③ 进入轨行区施工必须做好防护工作，在施工作业区域两端悬挂警示灯和警示标志，并有专人看护。施工作业人员和监理人员佩戴安全帽和反光背心，强光手电等。使用平板车或移动平台及移动脚手架的，要仔细检查相关设备设施的制动和防溜装置。

④ 在轨行区施工作业期间，原则上与轨道车运输是分开的，但遇到特殊情况，必须做好避让措施，确保安全。

⑤ 在轨行区施工作业的单位施工完毕后，要做到工完料清。监理要对轨行区施工作业情况及现场管理情况进行监督和旁站。

4. 机电设备系统调试阶段的监理工作流程

城市轨道交通各电设备系统的调试应在车站、车辆段基地和控制中心等建筑的土建和装饰工程完成，机电设备系统安装结束后进行。调试负责人必须由有资质和现场问题解决能力的设备供货商或集成商专业技术人员担任，施工单位技术管理人员，机电设备安装监理单位专业监理工程师参与，所有参加调试人员职责和分工明确，并应按照调试程序进行。

部分机电设备系统的调试还涉及专项验收，相关专项验收应在质量监督机构监督下，由建设主管单位主持，监理、设计、施工、设备集成、设备供货等单位参加。专项验收工作必须按照施工及验收规范进行，符合设计及施工验收规范要求。

各系统验收前必须进行单机试验，正常后方可进行系统调试。

（1）机电设备系统调试前的准备

1）在系统调试前，专业监理工程师应督促施工单位对安装线路进行测试。

首先进行一般性检查,从外部检查穿线及接线是否符合规范标准;同时利用万用表检查线路接线是否正确,检查复核接地情况和回路绝缘电阻。线—线、线—地、线—屏蔽层的绝缘电阻都应符合相关设备系统验收规范要求,并将测试结果填写在调试记录上。若发现有错线、开路、虚焊、短路等情况,应查找原因予以排除或更换,并记入调试记录。线路经测试全部合格后方可进行单机测试。

2)在机电设备系统调试前,设备供货商或集成商要根据设计系统的功能要求及器材、设备特性编制调试方案,经内部审核后,报监理单位和建设单位审核通过,由设备供货商或集成商调试负责人组织实施。

3)调试前,专业监理工程师等参加调试人员应认真阅读有关产品说明书、工程竣工图纸、会审记录、变更联系单、施工记录及竣工报告等,并准备相应调试用仪器仪表及相应记录表格资料。

4)调试前专业监理工程师应检查设备的规格、型号、数量、备品备件是否符合设计要求,技术资料是否齐全。

(2)单机调试的监理管控要点

1)机电设备系统安装验收完成后、单系统调试进行前应进行单机调试。

2)通电后各设备、模块工作指示灯状态应正常。

3)设备的硬件配置、软件配置、网络地址设置、预置参数应符合设计要求。

4)设备中预装的软件登录正常,应用程序、调试工具软件无死机或不响应。

(3)单系统调试的监理管控要点

1)单机调试完成后、系统联调进行前应进行单系统调试。

2)机电设备系统的单系统调试一般包括通用功能调试、各子系统调试及各集成系统的调试。

3)单系统调试应按照经建设单位、设计单位、监理单位审核确认的调试大纲和方案进行。

4)根据各机电设备系统设计文件和相关验收规范要求,对相关机电设备系统应具有的功能及应达到的性能指标进行全面的测试和试验,各项指标应达到设计及有关标准的要求。

(4)监理单位在机电设备系统单机、单系统调试完成后,应组织专业监理工程师审核设备供货商、设备集成商(或施工单位)编写的调试报告,调试关键工序的自评报告,并编制监理质量评估报告。

5. 机电设备系统联调及试运行阶段的监理工作流程

系统联调是指全线各设备系统之间系统联调,应包括现场接口协议测试、现场测点对应性测试、接口专业功能测试及各系统联动功能测试及验证。专业监理工程师应全程参与见证调试结果。

(1)系统联调过程的监理管控要点

1)系统联调应按照经建设单位、系统联调单位(如有)、设计单位、监理单位、设备供货商、集成商和施工单位共同确认的调试大纲和方案进行。

2)参与系统联调的各接口机电设备系统应已经完成单机、单系统调试,并提供经监理审核确认的单机、单系统调试报告。

3）系统调试之前设备供货商或集成商应提供实验室或仿真测试平台的接口协议测试报告和测点对应性测试报告（目前通常为覆盖全点位的全面点对点测试）。接口协议测试应包括冗余链路测试。测点对应性模拟测试应覆盖100％测点。

4）测点对应性测试应从综合监控系统人机界面至现场设备一次完成。

5）测点对应性测试应按测点清单进行抽样测试：

① 经过100％点到点测试的，抽测应覆盖所有设备类型，抽测点数不低于该接口专业总点数的10％，抽测中如发现任何错误，应增加抽测比例至20％。

② 测试后有设计变更的情况下，对变更部分应进行100％测试。

③ 控制类测点应在现场进行100％端到端测试，不得进行抽测。

④ 综合紧急后备盘（IBP）等通过硬线连接的接口应在现场进行100％端到端测试，不得进行抽测。

6）系统联调应验证接口专业功能符合设计要求。

（2）机电设备系统安装监理单位参与系统联调（供电、通信、信号、通风空调、给排水、电梯及自动扶梯、车站机电设备自动化、自动售检票系统等）及试运行，记录相关调试问题，跟踪、监督施工单位的后续整改工作，直至整改销项，形成一个质量管理的闭环。

（3）机电设备系统安装监理单位协助建设单位、接收单位及施工单位进行移交流程：

1）施工单位（设备供货商或集成商）与接管单位办理移交手续；

2）设备启用并移交后，将由运营和维保单位负责管理。

（4）对接收单位提出的A/B/C类缺陷，向施工单位发出整改通知，并监督销项。

1）缺陷问题的划分

针对接收单位提出的A/B/C类缺陷，监理确认后向施工单位发出整改通知，并监督销项。所谓的A/B/C类缺陷是按问题的影响程度来划分的：

A类缺陷：严重问题，影响行车、消防、人身、安全的问题；不符合强制性规范。

B类缺陷：重要问题，设备主要功能未实现，不能达到设计要求；不良状态影响其他设备运行；不良状态长期持续将导致本设备运行质量严重恶化；不具备检修条件，无法实施日常检查与维修。

C类缺陷：一般问题，设备状态不良或功能不完善；对运营服务长期有影响或对用户使用有影响的问题；给乘客出行、用户使用或维修维护造成不便，或影响乘客出行及影响用户使用、维修维护等问题。

2）整改期限

联调发现的问题，其整改期限一般按以下原则落实：

① 硬件问题、软件问题、施工问题：一般问题1天，重大问题不超过2天；

② 设计问题：一般设计问题1天，重大设计问题不超过2天；

③ 其他问题：1天；

④ 现场具备整改条件的需立即整改；

⑤ 因特殊情况超过整改期限的，需向建设单位及联调单位说明原由，共同确认整改期限。

6. 竣工资料的检查

施工单位的竣工资料工作包括档案资料整理、申报的整改。

（1）参加城建档案馆、建设单位安质部门、建设管理部门和质量监督部门关于竣工档案资料的培训和交底。

（2）根据上述培训和交底要求整理竣工档案资料。

（3）向档案馆提交竣工资料申报，根据档案馆提出的整改要求限期整改，并销项。

（4）取得档案馆竣工档案验收合格的证明文件。

7. 机电设备系统安装施工质量验收一般流程的总结

（1）检验批、分项工程、分部工程验收

安装监理依据在开工前确认项目分部工程、分项工程、检验批的划分方案，随着施工进展按检验批、分项工程、分部工程顺序开展工程质量检查和验收工作：

1）检验批验收。审核施工单位报送的检验批质量验收资料，专业监理工程师组织施工单位项目专业技术负责人等进行验收。

2）分项工程验收。审核施工单位报送的分项工程质量验收资料，专业监理工程师组织施工单位项目专业技术负责人等进行验收。

3）分部工程验收。审核施工单位报送的分部工程质量验收资料，总监理工程师组织施工单位项目负责人和技术、质量负责人等进行验收。

（2）单位工程预验收

1）核查单位工程预验收的条件

施工单位（包括大型、关键设备供货商或系统集成供货商）编写《竣工预验收小结》（或自评报告），监理单位编制《预验收质量评估报告》。

2）在质量监督管理部门监督下，监理单位组织设计单位、施工单位，并邀请建设单位和运营单位参加预验收。城市轨道交通工程供电系统的主变所及外电源工程项目勘察单位一般列在参与单位名单中。

3）监理单位编写预验收会议纪要，对预验收会议提出的问题签发监理工程师通知单要求施工单位限期整改，施工单位限期整改，并提交通知单回复。监理检查确认销项。

（3）单位工程竣工验收

在政府管理部门监督下，建设单位组织设计、监理、施工、运营等五方责任主体单位和专家参加竣工验收。

第三节　城市轨道交通工程的设备监造

设备监造的范畴仍然是质量、进度、投资、合同管理和组织协调 5 个方面。在城市轨道交通工程或一些工业安装工程中设备监造是一项重要的监理服务内容，这显然不同于一般建筑工程项目机电系统主要采用标准化、非"特制"的设备情景。本小节将从城市轨道交通工程机电设备安装监理的角度去了解、熟悉设备监造的相关内容。从事设备监造的专业监理工程师对机电设备系统监造这一套规范标准化、程序化的工作程序应有基本的认识。

一、设备监造和样机检验管理的目的

城市轨道交通机电设备系统的工厂监造和样机检验管理是为保证其订购的产品（设备）质量，督促设备供货商严格按照设备采购合同及相关标准的要求进行设备生产而展开

的管理活动。设备工厂监造把设备（产品）的缺陷消除在出厂以前，防止不合格产品进入下一步的现场安装施工阶段。这对采用大型、复杂关键的机电设备的工程项目而言是非常重要的监理活动。

工厂监造和样机检验管理主要包括样机制造与验收、设备制造前准备、设备生产制造、出厂试验和验收等设备在制造厂形成的一系列过程。在此过程中，设备监理的重点工作就是实施工厂监造，对设备生产全过程进行监督控制，验证产品设计、制造中的重要质量特性与设备采购合同以及规定的适用标准和图纸等的符合性。设备供货商应按照要求配合设备监造，提供现场见证点（W 点）和质量记录。所谓现场见证点是指由设备监理工程师对设备工程活动、过程、工序、节点或结果进行现场见证、检验或审核而预先设定的监理控制点。

当监造的设备有一定的订购批量，且为新设计的设备或是关键功能部分有新采用的技术或元件时，则样机检验就成为设备监造不可或缺的重要过程节点。

设备监造的整个过程除了严格控制产品质量，同时还要监督设备供货商完成本项目的供货计划、资金保证、原材料供应等工作内容的具体落实情况，以保证工程项目总体目标的实现。

二、监理实施设备监造的主要依据

（1）《建设工程监理规范》GB/T 50319—2013

（2）《设备工程监理规范》GB/T 26429—2022

（3）国家、行业等有关设备采购、设备制造和设备监造的法律法规、规范标准和行政规章规定。

（4）机电设备系统设备采购合同文件，建设工程监理合同（设备工程监理合同）以及与设备监造有关的其他合同。

（5）经建设单位、设计单位、监理单位和设备供货商确认的工程图纸等设计文件，以及相关会议纪要等。

三、设备监造的监理工作和监理文件

设备工厂监造工作是建立在设备供货商技术管理和质量管理体系运行的基础上，协助设备供货商发现问题，及时改进，最终达到设备采购合同约定的标准。需要强调的是监造工作不免除设备供货商自行检验的责任，也不代替建设单位（业主）对合同设备的最终检验，设备的质量和性能在最后保证期之前始终由设备供货商负责。

监理单位派驻设备制造现场的设备监造项目，应根据监理合同确定的设备监造内容进行该设备的驻厂监造工作。作为团队重要成员的专业监理工程师在进驻监造现场前，应明确设备监造目标并编制设备监造的监理细则；进驻监造现场后，将严格按照监理细则的工作流程开展设备监造活动。

1. 设备监造的监理工作内容

（1）项目监理机构（设备监造项目部）应根据建设工程监理合同约定的设备监造工作内容配备监理人员，并明确各岗位职责。

（2）监造项目部应编制监理计划，独立或协助建设单位编制设备监造方案。

（3）监造项目部应检查设备制造单位的质量管理体系，并应审查设备制造单位报送的设备制造生产计划和工艺方案。

（4）监造项目部应审查设备制造的检验计划和检验要求等技术文件，并确认各阶段的检验时间、内容、方法、标准，以及检测手段、检测设备和仪器等。

（5）驻厂监造的专业监理工程师应审查设备制造采用的原材料、外购配套件、元器件、标准件，以及坯料的质量证明文件及检验报告，并应审查设备制造单位提交的报验资料，符合规定时予以签认。

（6）监造项目部应对设备制造过程进行监督和检查，对主要及关键零部件的制造工序应进行抽检。

（7）监造项目部应要求设备制造单位按批准的检验计划和检验要求进行设备制造过程的检验工作，并应做好检验记录。监造项目部应对检验结果进行审核，当认为不符合质量要求时，应要求设备制造单位进行整改、返修或返工；当发生质量失控或重大质量事故时，应由总监理工程师签发暂停令，提出处理意见，并应及时报告建设单位。

（8）监造项目部应检查和监督设备的装配过程和成套过程。

（9）在设备制造过程中如需要对设备的原设计进行变更时，监造项目部应审查设计变更，并应协调处理因变更引起的费用和工期调整，同时应报建设单位批准。

（10）监造项目部应参加设备整机性能检测、调试和出厂验收，符合要求后予以签认。

（11）在设备运往现场前，监造项目部应检查设备制造单位对待运设备采取的防护和包装措施，并应检查是否符合运输、装卸、储存、安装的要求，以及随机文件、装箱单和附件是否齐全。

（12）设备运到现场后，监造项目部应参加设备制造单位按合同约定与接收单位的交接工作。

（13）专业监理工程师应按设备制造合同的约定审查设备制造单位提交的付款申请，提出审查意见，并应由总监理工程师审核后签发支付证书。

（14）专业监理工程师应审查设备制造单位提出的索赔文件，提出意见后报总监理工程师，并应由总监理工程师与建设单位、设备制造单位协商一致后签署意见。

（15）专业监理工程师应审查设备制造单位报送的设备制造结算文件，提出审查意见，并应由总监理工程师签署意见后报建设单位。

2. 设备监造的监理文件

设备监造项目部的主要监理文件有监理计划、监理细则、监理通知单和监理联系单等。

监理计划是对项目的目标、内容、方法、时间、资源和管理等作出规定，用于指导设备监造项目部和人员工作的文件。监理计划在建筑工程监理中被称为监理规划。组建的监造项目部总监理工程师应组织专业监理工程师团队编制设备监造的监理计划，并经监理单位技术负责人审核批准后，在设备监造启动之前报送建设单位确认。监理细则是表述监理活动的作业方法和内容的作业指导文件。后续专业监理工程师编制或协助编制的设备监造方案应包括以下内容：

（1）监造的设备概况；

（2）监造工作的目标、范围及内容；

（3）监造工作依据；

（4）监造监理工作的程序、制度、方法和措施；

（5）设备监造的质量控制点：确定文件见证点、现场见证点和停止见证点等监理控制点和工作方式；

（6）监造项目部的监理人员组成、设施装备及其他资源配备。

有关的监造日志（记录表）见表8.3-1。

监造日志（记录表）　　　　　　　　　　　　表8.3-1

项目名称：

设备供货商		监造地点	
主要监造内容			
监造开始时间		监造结束时间	
制造情况			
监造情况			
处理意见			
备注			
监造单位		负责人	
监造人员		记录时间	

表 8.3-2 为监造质量整改通知单。

监造质量整改通知单

表 8.3-2

监造时间		监造工序	
部件名称		部件编号	

存在质量问题（可附照片）

项目人员：

监造意见	一般质量问题		重大质量问题
	□返工　□返修 □退回分包商　□报废		□停工

整改措施	

整改措施落实情况：

确认人员：

制造方		监造方	

四、设备监造的工作方式、管控要点

1. 设备监造的工作方式

实施设备监造的专业监理工程师的工作方式有见证、检验和审核等多种形式。其中，见证是对信息、文件、记录、实物、活动、过程等事务进行观察、审查、记录和确认等监督活动；检验是对产品、过程、服务或装置的审查，或对其设计的审查，并确定其余特定要求的符合性，或在专业判断的基础上确定与其通用要求的符合性；审核则是查明事物的状态、特性或特性值，以确定与规定要求的符合性。

2. 设备监造的监理控制点设置

为了实现监理的工作目标，专业监理工程师将事先确定需要采取一定的见证、检验、审核等控制措施的，设备工程中的特殊过程、重要活动或关键节点的监理控制点。按照国家标准《设备工程监理规范》GB/T 26429—2022，这些控制点分为文件见证点（R点）、现场见证点（W点）和停止见证点（H点）：

（1）文件见证点（R点）。需要监理进行文件见证、检验或审核而预先设定的监理控制点。例如设备供货商需按监理要求清单提供有关文件（原材料、外供件等合格证明，技术文件、材质证书、检验记录、试验报告等）供专业监理工程师（设备监造）审查。

（2）现场见证点（W点）。对于设备工程的活动、过程、复杂的关键的工序或节点，以及对结果有见证、测试和检验要求而预先设定的监理控制点。建筑工程监理对工程施工中关键部位或关键工序的施工质量进行的监督活动被称为旁站。

对于设备监造的现场见证点，在设备过程中设备供货商必须提前通知监理单位（设备监造），监造人员按工作程序安排好时间参加。如果监造人员未在约定的时间达到现场见证和监督，设备供货商自行检验合格，可认为监造人员已认可检验结果。当然，严格意义上说，以上操作应有经各方确认的，并列有操作流程的正式文件作为执行的依据。

（3）停止见证点（H点）。对于设备制造过程中重要工序节点、关键的见证、检验或审核，必须经监理单位（设备监造）监督、签认后才能进行下一个活动、过程、工序或节点而预先设定的监理控制点。同样在停止见证点，执行时设备供货商必须提前通知监理单位（设备监造），监造人员必须到场。

显然，停止见证点比前述的现场见证点的定义更严格，明确只有设备监理完成签认后才有下一步进程。这一点和建筑工程监理中的隐蔽工程验收有一定的共同点。对于设备制造过程中质量不能或很难通过后续检查检验的，应设置设备监造停止见证点，如设备会被遮蔽的焊缝工艺质量，零配件组装、拼装质量检查等。建筑工程中的隐蔽验收制度有部分相似之处。

综上所述，监理控制点的设置，要求专业监理工程师充分了解设备的生产工艺流程，并以设备供货商设备制造经验、技术水平，以及设备某段制造工序的重要程度等因素确定。

3. 设备监造的监理管控要点

（1）审核设备供货商的质量管理体系，并提出审核意见。

（2）检查设备供货商生产能力，建立质量通报制度，随时抽查设备供货商设备质量

记录。

（3）审核主要原材料、外购件质量证明文件及设备供货商提交的入厂检验资料，核实其文件、报告等资料的一致性、真实性，审核合同设备功能、规格参数是否符合设计联络会议记录及合同要求。

（4）制造过程中进行监督检查，对主要及关键部件的制造工序和制造质量进行检查与确认。

（5）确认各制造阶段检验/试验的时间、内容、方法、标准以及检测手段，重点掌握主要及关键部件的生产工艺流程及检验要求。

（6）检查试验设备、计量等级等，审核试验内容和试验记录。

（7）检查主要部件的生产设备状况、操作规程、检测手段、测量和试验设备、有关人员的上岗资格，并对设备制造和装配场所的环境进行查验。

（8）监督设备供货商合同设备的装配和整体试验等过程。

（9）审核设备制造过程中采用的重大新技术、新材料、新工艺的鉴定和试验报告，提请业主予以确认。

（10）参加设备制造过程关键点的见证并签署意见。

（11）按照设备采购合同要求，对设备供货商的生产质量和生产进度进行监督和控制，并做好设备监造日志的记录工作，定期向建设单位报告设备监造工作，遇有重大质量问题和进度偏差，及时报告建设单位。

五、样机制造与检验

关于样机，前面已经介绍了在批量、特殊情景下的业主设备生产的第一步是样机制造。样机制造有设计、生产能力验证环节的特征，所以设备监理将围绕这样的技术背景开展监理活动。

1. 样机选择原则

机电设备系统样机制造的选择主要考虑以下原则：

（1）机电设备系统采购合同的需求，设备在系统中需契合运行的特殊性；

（2）设备的成熟度、可靠性；

（3）设备供货商的工装设备情况、生产工艺水平、供货业绩；

（4）系统内外部接口要求。

2. 样机检验大纲的监理审查及工作检查

样机检验大纲是指导样机检验的关键文件，由设备供货商编写，业主、设计、监理单位（设备监造）进行审核和审定。

样机检验大纲中对样机检验的目的、依据、工作程序及方法、检验项目及内容，以及如何得出样机检验结论做出了明确规定。这也是设备监造专业监理工程师在文件审核和审定时关注的要点内容。

（1）样机检验的目的

验证产品设计、生产工艺、工装设备、检测手段、外购件及主要原材料、生产企业人员资质是否满足合同及相关标准的要求。

对样机不符合要求的，需按合同规定进行整改，最终确保批量生产的产品满足合同及相关标准的要求。

（2）样机检验的主要依据

1）设备采购合同；

2）合同设备产品技术条件；

3）相关技术标准及规范。

（3）样机检验工作程序及方法

1）文件审查；

2）现场检查；

3）现场测试。

（4）样机检验项目及主要内容

1）设计文件及生产工艺文件的审查

设计文件：指设备制造依据的设计图纸及相关文件，其审查包含了设计文件的完整性，图纸版面是否符合国标规定、图纸签署是否齐全、零部件图是否齐全的检查。此外，还需审查技术文件是否符合合同及相关标准的要求，所使用的标准是否有效。

生产工艺文件：审查生产工艺文件的完整性；审查工艺流程的合理性；审查关键工艺是否满足设计文件的要求。

设备制造前选择样机制造、验证流程的本身显示了涉及样机设备设计、生产工艺、材料、元器件等不确定性风险，因此设计文件及生产工艺文件审查应严格把关，多角度分析与比较，有效发挥控制可能的风险的重要作用。

2）主要设备的二级供应商资质审查

按设备采购合同要求对设备主要部件的二级设备供货商资质进行检查。监理单位（设备监造方）应重点审查二级设备供货商的选择是否符合合同要求，并对合同技术参数全面响应。

3）重要部件、原材料相关文件检查

合同要求的重要部件（外协件）质量证明文件、合格证、相关的检验文件。

重要部件的检验报告（如部件的化学成分及物理性能测试等）。

重点检查进口部件的进口证明、报关单、出厂合格证。

4）型式试验报告审查

审查与样机同类型设备的型式试验报告，如新研发设备必须做型式试验。

5）质量检验文件审查

生产工艺流程质量控制文件：检查制造工艺流程质量控制点检验文件是否完整、有效。

样机试验自检报告：设备供货商完成样机制造后应进行自检。设备供货商应提供自检试验报告；报告中的试验内容应不少于合同对产品测试的要求，各项试验的参数应符合合同及相关标准的要求。

（5）现场检查

1）生产及检测设备状况；

2）生产及检测人员上岗资格；

3）生产及检测环境；

4）实验室、检验、测量仪器、仪表，试验设备状况、标定有效期、精度。

（6）现场测试

1）测试程序

测试按以下程序进行：仪器、仪表检查→试验人员资质检查→测试前样机检查→测试过程监督并记录测试数据→整理、计算测试数据→得出测试结果。

2）试验装置、仪器、仪表的检查

测试所使用的仪器、仪表精度应符合国家标准规定，并应在国家计量检测部门标定的有效期限内。采用的性能测试装置应经过国家有关部门的鉴定，并在有效使用期限内。

3）测试前样机检查

样机的重要部件检查：设备供货商自行生产的重要部件，应使用合同规定的材料制作。由二级供应商提供的重要部件铭牌上标明的品牌、规格、型号应与合同规定的一致。

4）样机测试项目及实施

样机测试项目按照设计文件、设备合同，以及相关技术标准规范设立，测试由设备供货商按照测试大纲进行，记录测试原始数据，验收人员监督。

5）测试数据的整理

测试数据的整理、测试结果的计算按设计文件及相关标准规定的公式进行。

（7）样机检验结论

根据文件审查结果、现场检查结果和样机现场测试结果最终得出样机检验结论。

3. 样机试验与验收的监理管控要点

（1）样机检验工作流程

样机检验工作流程如图 8.3-1 所示。

（2）样机检验准备工作

1）设备供货商向监理单位（设备监造）递交以下文件资料及计划安排。

① 检验大纲：经建设单位、设计、监理单位（设备监造）共同审查认可的设备样机检验大纲。

② 自检报告：设备供货商按照样机检验大纲完成设备样机自检的试验报告。

③ 检测报告：若设备供货商不具备设备样机某些项目试验的条件，或者业主方明确要求需要送外检验的项目，设备供货商应委托相关权威检测机构进行检测试验。在此情况下，设备供货商应出具该权威机构的检测报告。

④ 设备供货商对样机检验及验收工作的日程安排。

2）监理单位（设备监造）进行的工作

对设备供货商提交的文件进行审查，如不符合要求，应要求设备供货商进一步补充完善。

审查设备供货商编制的设备样机检验及验收大纲，组织设计院审查，并交业主审定认可。

设备供货商应提前编制设备样机检验大纲，经建设单位、设计、监理单位（设备监造）共同审查认可后予以实施。

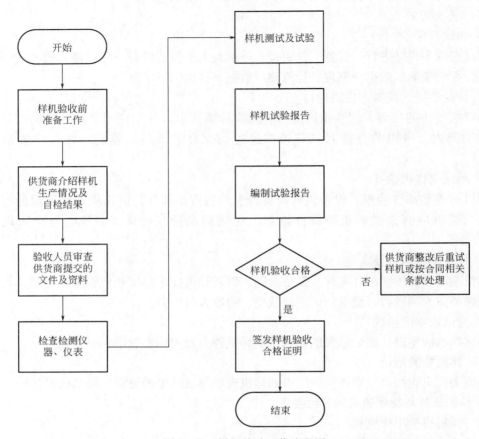

图 8.3-1 样机检验工作流程图

完成设备合同要求的其他事项，包括设备供货商加工的主要零部件质量的抽检，外协件、外购件质量证明材料及设备供货商资质的确认，样机生产过程的监造。

检查样机检验验收准备工作的进展情况，确定并通知设备供货商进行样机检验的具体时间、参加人员等有关事项，以便设备供货商进行工作安排。

（3）样机检验工作程序

1）监理单位（设备监造）组织，业主主持设备样机的验收工作。参加样机检验的人员为建设单位代表（通常包括建设部门和运营部门）、设计工程师、监理单位（设备监造）专业工程师和总施工管理单位等相关人员。

2）设备供货商应提供以下文件资料供样机检验小组审核：

① 样机设计文件；

② 进货检验、工序检验及产品最终检验的质量检验记录文件；

③ 关键质量问题控制的过程记录。

3）现场检查

设备监理的现场检查主要涉及样机设备质量的相关事项，例如生产及检测设备状况、生产及检测人员上岗资格和生产及检测环境等。

4）试验仪器、仪表的检查

试验前，验收人员应检查使用的仪器、仪表和检测工具等设备。各类试验仪器、仪表应具有国家权威管理部门检验并发放在有效使用期内的计量合格证。其型号、规格及测量精度范围应符合相关标准要求。

5）现场测试

按照样机检验大纲规定的项目逐项进行检查和检测试验，并记录。在检测试验过程中可核对设备供货商自检报告中的有关数据。参加测试人员应对检测试验现场记录数据进行签字确认。采用的性能测试装置应经过国家有关部门的鉴定，并在有效使用期限内。

6）参加样机检验人员可对文件审查及样机现场检测试验结果进行评议和讨论，对样机生产中存在的问题进行分析并对设备供货商提出整改要求。

7）样机通过检验的判断依据

检验大纲中规定的检测试验项目，全部合格。

通过样机生产已达到验证设计图纸、验证关键技术和生产工艺的目的。

样机的各项功能、性能参数指标均已达到设备合同产品技术规格的要求，即符合合同及相关技术标准及规范的要求。

8）样机检验结束后，监理单位（设备监造）负责编写"设备样机检验报告"，对样机检验是否合格作出判断，呈报业主审查和确认。

9）对验收合格的样机，经业主同意后可向设备供货商签发"设备样机检验合格证明"。

10）如果样机检验中发现尚存在缺陷，则应要求设备供货商限期整改。设备供货商原则上应在规定的期限内完成整改工作，如有特殊情况需要延期，则应征得监理单位（设备监造）及业主的同意和认可。必要时还须经验收人员复验合格后，才能重新进行样机检验。

11）如果样机检验未能通过，则应按设备合同中相关条款处理。

12）样机检验通过后，表明该合同设备已经具备正式生产条件，待正式生产前技术准备工作检查通过后，即可正式投产。

六、设备批量生产前准备

继样机制造并通过验收后，建设单位订购的设备将进入批量化生产状态，在启动前，仍有一系列必要的监理工作需要落实，例如有质量保证体系、设备二级供应商、制造工艺和生产技术准备状态的检查。其中设备二级供应商资质、制造工艺在样机制造阶段有相对应的检查内容，但现阶段应该更加全面，也更加严格。

1. 设备供货商质量保证体系审查

根据设备供货商以国家标准《质量管理体系　要求》GB/T 19001—2016/ISO 9001—2015、《环境管理体系　要求及使用指南》GB/T 24001—2016/ISO 14001—2015、《职业健康安全管理体系　要求及使用指南》GB/T 45001—2020/ISO 45001—2018 三体系标准建立的质量管理体系、环境管理体系和职业健康安全管理体系，促进标准化三体系的持续改进，使其内部运作符合贯标管理体系的要求，使业主和监理单位（设备监造）确认其具备按照合同要求持续提供设备及服务的能力。对设备供货商质量保证体系的审核，在设备样机制造或首批设备生产制造前进行。在项目执行过程中，业主和监理单位（设备监造）认为有必要时，可以根据具体情况追加审核。

2. 设备二级供应商审查

机电系统很多设备的部分关键部件、元器件、原材料为外购产品，由专业生产企业分包生产，设备分包商生产部件的性能、质量、供货进度往往制约着整体设备的性能、质量和供货。因此，应对设备分包商进行审查。对设备二级供应商的审查一般采取资料审查方式，重要部件的二级供应商也可以采取实地考察的审查方式。在前述样机检验大纲监理审查中有主要设备的二级供应商资质审查的内容，现在进入了批量设备生产的前期准备阶段，有关监理审查的具体要求将更细化展开。

监理单位（设备监造）对设备二级供应商的资质证明资料审查应包括以下内容：

（1）营业执照：营业范围是否包括本工程类别，注册资金是否满足要求，年审是否通过等；

（2）资质证书：资质证书是否涵盖本工程，年审是否通过；

（3）从事特殊专业许可证明（如果需要）：特殊专业的许可证明是否涵盖本工程；

（4）企业质保体系证明材料：质保体系是否健全，运行是否有效；

（5）近几年类似工程业绩：设备二级供应商是否具备承担本工程的经验和能力；

（6）二级供应商合同文件：合同中有关质量、进度、规格型号、技术指标与设备供货商主合同中相应条款是否一致；

（7）产品质量证明文件：是否具有出厂合格证书，质量是否满足合同要求。

3. 设备制造工艺审查

设备制造工艺方案是进行制造管理的指导性文件。设备供货商在设备制造之前编制的设备制造工艺方案应该是采用较为成熟的工艺，众多不确定风险应该低于前面所述样机生产工艺性文件。它主要的目的是统筹设备制造的全过程。如果设备制造工艺技术复杂或采用新技术、新材料、新工艺的设备，而又没有经历样机制造阶段的，编制专项制造工艺方案就显得非常必要了。

设备制造工艺方案应根据设备制造的要求，在不侵犯设备供货商知识产权的前提下，设备供货商应提供必要的详尽资料以满足业主和监理单位（设备监造）对制造过程进行质量监督的要求。设备制造工艺方案审查包括以下内容：

（1）产品技术设计确定的产品总体布置图和总图，重要部件和组件总图；

（2）产品的主要精度及其特点、特殊要求；

（3）产品试制及正式制造阶段的质量指标；

（4）新产品生产组织形式和工艺路线安排；

（5）主要生产设备的性能及功能，包括设备制造、检验、测量及试验设备；

（6）外委托加工或外购重要零部件、元器件、原材料的关键工序；

（7）产品质量检验关键项、质量控制点设置及检验标准和方法。

对于具有试验性质或制造条件因素造成与原设计有较大出入者，监理单位（设备监造）应与建设单位（业主）、设计单位共同参加审核，以确定是否满足设计要求。

4. 生产前技术准备检查

这是设备制造进入实际生产前的状态检查。监理单位（设备监造）进行检查的内容主要包括：

（1）生产进度计划的安排；

（2）关键生产设备、工装设备的性能指标、加工精度等能否满足合同设备生产工艺的要求；

（3）生产图纸及相关技术文件是否已通过产品设计审查或设备样机生产验证是否合格；

（4）工装设备、工模具及生产工艺文件的准备情况；

（5）外供件、外协件、配套元器件及原材料的准备情况；

（6）主要元器件、原材料、外供件、外协件的质量证明文件；

（7）用于产品试验的装备、检测设备、仪器仪表的准备情况；

（8）关键工序操作人员的资质情况；

（9）生产调度、技术支持、中转和临时仓储条件、包装、运输计划的安排及特殊加工工艺的准备情况等。

七、设备生产及工厂监造

1. 城市轨道交通机电设备系统监造模式

（1）设备监造的主要任务是按设备采购合同确定的设备质量监造要求，在制造过程中监督检查合同产品是否符合体系标准及各专业技术标准的要求。

（2）设备监造模式根据工作内容、范围和深度不同，分为一级监造和二级监造两种模式。一级监造项目少，是重点监检和最低要求。二级监造项目多，内容齐全、具体，对监造过程提出了更高要求，要求监造人员对制造过程的跟踪检查。

（3）设备监造方式分为停止待检（H点）、现场见证（W点）、文件见证（R点）和日常巡检（P点）。停止待检项目必须有监理单位（设备监造）参加，现场检验并签证后，才能转入下道工序。现场见证项目应有监理单位（设备监造）人员在场。文字见证项目由监理单位（设备监造）人员查阅制造厂的检验、试验记录。

（4）机电系统设备监造项目及H点、W点和R点的设置参见本小节"四、设备监造的工作方式、管控要点"。设备供货商应向监理单位（设备监造）提供生产进度计划及质量检验计划，在预定见证日期以前（H点20天，W点15天）通知。

（5）监理单位（设备监造）接到质量见证通知后，应及时派监造人员到设备制造厂参加现场见证。如监造人员不能按时参加，W点自动转为R点；但当H点没有监理单位（设备监造）书面通知同意转为R点时，设备供货商不得自行转入下道工序，应与监理单位（设备监造）联系商定更改见证日期。如更改时间后，监造人员仍未按时到达，即认为放弃H点监造。

（6）如设备供货商未按规定提前通知监理单位（设备监造），致使监造人员不能如期参加现场见证，监理单位（设备监造）有权要求重新见证。

（7）质量见证完成后，监理单位（设备监造）人员和制造厂检验员应在质量见证书上签字，一式两份，双方各执一份。

根据机电系统设备的重要性，对主要设备实行二级监造模式，普通常规设备实行一级监造模式。对于实行一级监造的设备，如果在监造过程中，发现产品质量问题较多，后续的监造工作转为二级监造。

2. 设备监造人员要求

监理单位（设备监造）人员应具备专业的技术水平和丰富的工程经验，熟悉三体系标准和专业标准，具有高度的责任感和处理问题的能力，具有良好的组织协调能力。

（1）了解并熟悉合同条款、制造标准、设备生产进度、设备供货商的质量保证体系。

（2）充分了解重要部件原材料的理化检验方法和元器件的检验程序。

（3）清楚重要部件的质量保证措施，了解设备加工、组装工艺和中间检查过程。

（4）熟悉合同规定的试验内容（包括单项试验、联动试验、总装和出厂试验），对于定型产品的型式试验，能够查阅有关的证明材料，能够履行现场见证和签证手续，签证手续不代替合同设备到达工地后的验收和投运后的保证期责任。

（5）跟踪合同设备出厂前的防护、维护、入库保管和包装发运情况。

（6）掌握合同设备在产品设计和制造过程的方案修改情况。

（7）当发现问题时，应立即与设备供货商联系解决，重大问题应立即向业主报告。双方意见发生分歧时，监造人员应本着实事求是的科学态度和主动协商的精神争取达成一致意见。如商讨意见达不到共识，由业主主管部门解决或仲裁解决。

（8）监造人员应严格遵守制厂有关规定及劳动纪律，保护制造厂商业秘密。

（9）监造人员应遵守设备供货商的工作时间，必要时夜间跟班到岗。并针对每日工作情况填写设备监造驻厂日记，将现场检查测试情况填写设备监造测试记录，定期进行监造工作总结，及时向业主报告监造工作情况。

3. 机电设备系统监造程序及管理流程

（1）在机电系统设备批量生产之前，监理单位（设备监造）编制《工厂监造/样机检验管理》，明确工程监造工作流程和主要设备监造项目，用以指导工厂监造工作。

（2）监理单位（设备监造）根据具体设备编制设备工厂监造准备文件，规范细化监造范围、项目、内容、方案。

（3）工厂监造开始前，监理单位（设备监造）根据设备生产计划编制设备监造工作计划，包括需设备供货商提供的技术资料、图纸、标准和试验记录、现场见证格式、相互联系办法及定期会议制度等。

（4）实施工厂监造工作前，监理单位（设备监造）将监造人员名单和监造范围，书面通知设备供货商，监造人员一般为监理单位（设备监造）项目管理人员，必要时业主、设计或其他项目相关人员可以参加。

（5）设备监造人员在监造过程中编写监造日志、《监造周报》（表8.3-3）。监造工作结束，监造负责人和设备供货商代表在《监造见证表》（表8.3-4）、《文件见证记录》（表8.3-5）和《现场见证记录》（表8.3-6）上签字，一式三份，设备供货商留存一份。设备监造负责人编写监造总结报告，报告主要内容包括所有与该设备监造有关的文件、通知、记录、监造见证表、监测实施记录等。监理单位留存监造总结报告一份，并提交业主一份。

监造周报

表 8.3-3

监造人员：＿＿＿＿　周期：　　年　月　日—　　年　月　日

监造设备		制造厂家			
监造部位		监造人员	项目	机械	电气
本周生产进度综述					
本周质量核查状况					
重大问题汇总					
备注					

监造见证表 表 8.3-4

见证表编号			
见证内容		见证方式	
见证时间		见证地点	
项目见证意见			

监造单位代表：

日期：　　年　　月　　日

文件见证记录　　　　　　　　　　　　　　　　　　表 8.3-5

编号：

设备名称				
序号	审查项目	标准	审查结果	备注
1				
2				
3				
4				
5				

审查人：　　　　　　　　　　　确认人：　　　　　　　　　　　日期：

现场见证记录　　　　　　　　　　　　　　　　表 8.3-6

编号：

设备名称			
监造点	检查项目	标准	备注
1			
2			
3			
4			
5			

见证人：　　　　　　　　　　　确认人：　　　　　　　　　　　日期：

（6）监造人员应根据确定的监造项目，按设备制造进度到现场进行监造和检验，对存在的问题及处理结果，定期向业主进行报告。

工厂监造全过程控制管理流程如图 8.3-2 所示。

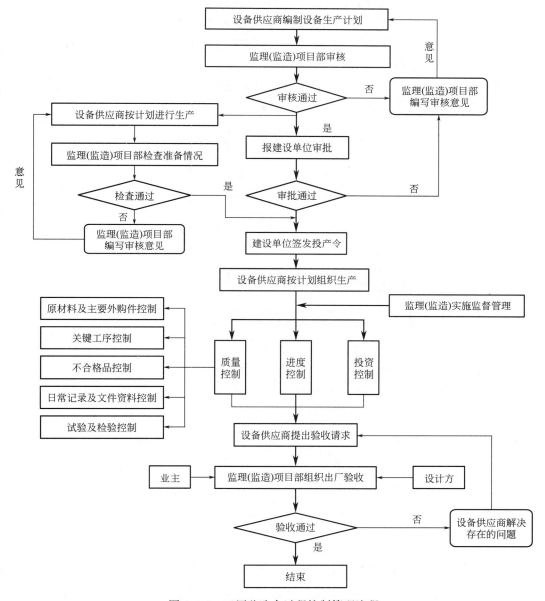

图 8.3-2　工厂监造全过程控制管理流程

4. 主要原材料和外购件控制

（1）原材料和外购件包括设备制造所需要的原材料、元器件和外协件，设备主要原材料和外购件直接构成产品实体并影响产品质量，设备供货商必须按照严格的物资采购程序文件执行，确保采购的原材料和外购件质量满足合同设备制造的质量要求。

（2）设备供货商物资检验、试验部门应严格按照物资采购规范的要求和验收规范所规定的方法、项目进行原材料和外购件的验收，达不到规范要求的外购件不得入库。

（3）设备供货商用于制造设备的原材料和外购件未经检验或鉴定，不得使用或加工，对于使用的原材料和外购件要保持相应的检验记录或鉴定报告，监理单位（设备监造）有权要求设备供货商随时提供有关原材料和外购件的检验记录或鉴定报告。

（4）监造人员有权检查设备供货商的采购控制程序具体执行情况，包括必要时的抽查、验证，设备供货商的相关部门应予以配合。这种抽查和验证并不免除设备供货商对原材料和外购件质量所承担的责任。

（5）设备供货商应对重要的原材料和外购件实施报验程序，经监造人员验收合格后方可用于设备生产制造。具体流程如图 8.3-3 所示。

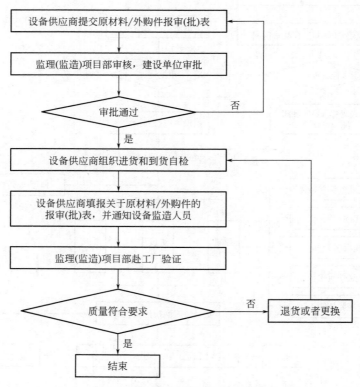

图 8.3-3   原材料和外购件报验流程

5. 关键工序控制

关键工序是指在设备生产制造过程中，可单独划分和识别，可独立完成并对产品主要质量的形成有重要影响的工序。设备生产制造过程中对关键工序的控制管理流程如图 8.3-4 所示。

（1）设备供货商在关键工序作业前，应预先通知监理单位（设备监造）。

（2）监理单位（设备监造）通知业主，根据质量控制点的分级要求，检验工作由监理单位（设备监造）的监造人员与业主共同进行，监造人员应在关键工序作业前到达现场。

（3）设备供货商向监造人员提供关键工序以前各项质量检验合格记录和本关键工序的技术文件，其中包括：检验和试验流程图、检验守则、检验指导书、测量和试验设备的技

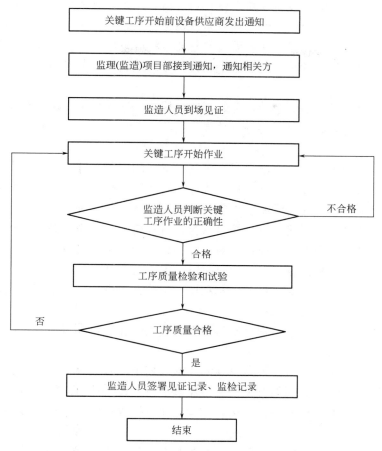

图 8.3-4　关键工序控制管理流程

术资料，以证实这些设备的功能和测量精度等文件。监造人员应审查卖方提供的资料文件是否齐全，如不齐全责成设备供货商补充完善，监造人员认为有关文件齐全后，开始对关键工序进行见证。

（4）监造人员监督关键工序全过程，对关键工序作业正确性进行确认。监造人员对照关键工序技术文件的具体要求，对作业情况进行核查，如有不符，则要求返工。

（5）关键工序作业完成后，监造人员与设备供货商的质检人员对工序质量进行检测和试验，如不合格则要求返工。关键工序产品最终检验、测量、试验合格后，由监造人员和设备供货商的质检人员共同填写监检记录。

6. 设备总装过程监造

设备总装是指设备各部件生产、检验合格后在生产工厂进行设备的总组装。设备总装和成套过程是大型关键设备质量形成最为关键的过程，也是影响设备工期的最主要过程。设备总装过程包括部件组装、调试、测试、整机试验或整组试验。设备组装完成后，进行设备的出厂验收。

在设备总装前，监造人员应审查待总装设备零部件的检查验收情况，例如外购件验收到货情况，总装用的原材料、元器件是否已检查验收合格，总装工艺设备是否调试完成并符合有关规定，调试、测试设备仪器设备是否合格，是否在有效检测期限内，总装人员是否具有相应的上岗资质，总装车间的环境是否符合要求。

对于需要驻厂监造的设备，所有设备的总装过程应采用旁站方式监造；对于采用阶段性检查的设备，首件设备的总装过程应采用旁站方式监造，其余设备总装可以采用文件见证和抽查方式进行监造。

对于未按要求进行设备的总装，总装调试、检测未达到技术文件的要求，监造人员可以要求总装暂停，待整改完成后再进行总装，由此造成的供货延误责任由设备供货商承担。

7．工厂试验

（1）为保证城市轨道交通机电设备系统各设备之间或子系统之间相互关联、相互衔接的部分在电气、机械、功能、软件、规约等方面，实现功能正确，使各个单机设备有效地组成一个运行可靠、功能完备的系统，需要对有关设备进行工厂试验。

（2）工厂试验（包括样机测试、接口试验、过程检验等）由设备供货商组织实施，监理单位（设备监造）进行全过程监督，对试验结果进行评估并报业主。

（3）设备供货商根据设备情况及项目执行要求，在产品设计过程中，设备供货商提交设备接口试验方案和大纲，对接口的内容和接口试验方案进行详细描述，报业主、监理单位（设备监造）和设计单位审核批准。

（4）监理单位（设备监造）根据确认的进度计划，在进行样机试验和接口试验前，将样机试验和接口试验实施计划交业主确认。

（5）监理单位（设备监造）根据批准的实施计划组织有关人员进行样机试验和接口试验。在样机试验和接口试验期间有关问题由监理单位（设备监造）初步确认，业主最后确认，如果业主未派人参加样机试验和接口试验，业主授权由监理单位（设备监造）作最终确认。

（6）在工厂试验期间，由监理单位（设备监造）和业主所作的任何确认都不能免除设备供货商对合同项下设备质量的保证责任。

（7）在本工程范围内，监理单位（设备监造）有责任和义务配合和组织各设备供货商实现本系统与其他相关专业系统的互联互通试验。

八、设备监造质量控制的监理管控要点

1．驻厂监造专业监理工程师审核内容

对轨道交通机电设备系统的设备制造人员资格进行审核；对设备制造和施工调试方案进行审核；审查设备制造的检验计划和检验要求，并应确认设备制造不同阶段的检验时间、内容、方法、标准，以及检测手段、设备和仪器等。

2．驻厂监造专业监理工程师对设备制造质量控制点进行监控

针对影响设备制造质量的重要工序环节，或针对设备的关键零配件、在加工制造过程中易产生质量缺陷的薄弱环节或工艺流程，设置质量控制点。做好相关质量预控及技术复核工作，以实现对设备制造质量进行总体控制的目的。

（1）设置城市轨道交通机电设备系统监造文件见证点

驻厂监造专业监理工程师应审查设备制造单位提交的相关文件。审查设备制造的原材料、零配件、元器件的质量证明文件及检验报告，并应审查设备制造单位提交的报验资

料，对于符合设备采购合同及设计、规范、标准要求的报验资料予以签字确认。

（2）设置城市轨道交通机电设备系统监造现场见证点

驻厂监造专业监理工程师对设备制造关键工序、关键部位进行旁站见证监督，对符合设备采购合同及设计、规范、标准要求的设备制造安装工序质量予以签字确认。

（3）设置市轨道交通机电设备系统监造停止待检点

对于设备制造过程中质量不能或很难通过后续检查检验的，应设置设备监造停止待检点，如焊缝工艺质量，零配件组装、拼装质量检查等。停止待检项目一定要由驻厂监造专业监理工程师在现场检查签认合格后，方能进入下一道工序施工。

（4）设置市轨道交通机电设备系统制造日常巡检点

设备制造日常巡查是指驻厂监造专业监理工程师对设备生产车间工人在设备制造、工序质量、零配件加工、质量缺陷、不合格品等方面的处置情况进行日常巡检。

1）驻厂监理工程师的巡视检查：驻厂监造专业监理工程师对设备制造、运输、施工调试过程情况进行的有重点的巡视检查。

2）驻厂监理工程师的抽查检查：按照设备监造方案对设备的组装、拼装、施工调试过程质量进行抽检。

3）驻厂监理工程师的必检项目检查：设备制造单位对必检项目自检合格后，以书面形式报驻厂监造专业监理工程师，驻厂监造专业监理工程师对其进行检查和书面确认。

4）驻厂监理工程师的旁站监督：驻厂监造专业监理工程师对设备关键重要制造过程、设备关键重要部件装配过程和主要设备调试过程实施旁站检查和监督。

5）驻厂监理工程师的跟踪检查：驻厂监造专业监理工程师跟踪检查主要设备、关键零配件、关键工序的安装质量是否符合设计图纸和规范、标准以及设备采购合同约定的要求。

九、设备监造投资控制的监理管控要点

设备制造过程期间，建设单位将按合同要求支付设备款。设备监理将协助业主控制或由技术更新、功能扩充、数量增加等而导致的费用上升，对于由于其他设备及土建接口参数的改变而造成供货商的索赔进行事先控制。事实上设备监造中的投资控制在前期设定功能目标，设计方案确定阶段影响是巨大的。设备监理应把握好如下关键节点：

（1）对设备制造设计方案进行优化。通过对设备使用功能和使用价值进行深入分析，将设备技术与经济问题紧密地结合起来，按照经济效果评价原则对设备设计方案中的使用功能、造价等方面进行定量与定性分析，从中选出技术上先进、经济上合理，既能完全满足设备使用功能要求又能降低设备造价的设备制造优化设计方案。

（2）设备价值工程是通过对设备使用功能的分析，以最经济合理的设备制造成本实现设备必要的使用功能，从而提高设备价值的一套科学的技术经济方法。通过将设备使用功能细化，去除不必要的设备使用功能，对造价高的主要设备使用功能实施重点控制，从而最终降低设备总造价，以实现设备使用功能、社会效益、经济效益和环境效益的最佳结合。

（3）设备监造项目应认真做好对设备制造选型设计图纸的审查工作，以减少设备制造选型设计图纸中的错漏，使得设备制造选型阶段的施工图预算更为准确。若设备选型设计

图纸设计不完善或设计深度不够，将会导致设备制造阶段的设计变更增加，从而导致设备制造总成本的增加。

在设备制造阶段，如需要对设备的原设计方案进行变更，设备监造项目部应认真审查设计变更，并应协调处理因变更引起的费用和工期调整，同时应及时报建设单位批准。

十、设备监造进度控制的监理管控要点

设备制造阶段的进度控制要点是设备供货能满足整个工程的进度要求和设备合同进度要求。供货商应根据合同进度要求编写设备制造总进度计划、月度计划，监理审核批准后实施。

在设备制造过程中，驻厂监造专业监理工程师严格执行设备制造总进度计划以及阶段性计划，在实施过程中一旦发现设备制造、拼装、调试等进度偏离了计划进度目标，必须及时采取措施纠正偏差。驻厂监造专业监理工程师的主要工作内容包括以下几个方面：

监督设备制造单位严格按照进度计划实施，随时注意设备制造进度计划的关键工作，及时掌握设备制造进度计划实施的动态。定期或不定期检查和审核设备制造单位提交的进度统计分析资料和进度计划控制报表，以及现场检查实际完成工程任务量是两个互补的控制手段。

（1）驻厂监造专业监理工程师应监督设备零配件加工制造是否按设备制造工艺规程的规定进行，设备零配件的加工制造进度是否符合设备生产制造进度计划的要求。

（2）驻厂监造专业监理工程师应对存在质量缺陷的设备零配件对后续进度影响的情况进行认真分析；对因设备零配件存在残次品须重新加工从而影响进度的情况进行认真分析；对存在质量缺陷的设备零配件的返修或返工影响进度的情况进行认真分析。通过以上分析及时督促设备制造单位采取赶工措施追赶生产计划安排的进度。

（3）驻厂监造专业监理工程师应每周分析设备制造进度偏差将带来的影响并进行工程进度预测分析，从而提出可具操作性的进度纠偏措施，重新调整进度计划并付诸实施。

（4）设备监造项目部应每周组织设备制造进度控制的专题会议，及时向建设单位分析、通报设备制造进度状况，并协调设备制造单位与相关配合单位之间的生产活动。

（5）设备监造项目部应及时整理设备制造过程的进度资料，一方面为建设单位提供信息，另一方面这些资料也是工程索赔必不可少的原始资料。监理必须认真整理，妥善保存。

（6）设备监造项目部应及时组织对设备制造过程的相关质量检查及验收工作。

（7）驻厂监造专业监理工程师应定期核实已完成的合格的设备制造工程量，为总监理工程师签发设备制造单位的工程进度款提供依据。

（8）设备监造项目部应公正处理设备制造单位以及相关单位提出的工程索赔申请。

大型设备制造（供货）进度控制是多方面的，有设计周期、原材料进厂时间、外购件进厂时间、关键工序的加工能力、样机试验不合格返工的风险、设备运输时间等诸多因素。有时为减少对工程现场仓储的压力，还要避免设备提前到货的现象。

十一、设备监造的文件资料

设备监造的文件资料应包括下列主要内容：

（1）建设工程监理合同及设备采购合同。

（2）设备监造工作计划，设备监造大纲和设备监造实施细则。

（3）设备制造工艺方案报审资料。

（4）设备制造的检验计划和检验要求。

（5）设备制造分包单位资格报审资料。

（6）设备原材料、零配件的检验报告。

（7）工程暂停令、开工或复工报审资料。

（8）检验记录及试验报告。

（9）变更资料。

（10）会议纪要。

（11）来往函件。

（12）监理通知单（监造质量整改通知单）与工作联系单。

（13）监理日志（监造日志）。

（14）监理月报（监造月报）。

（15）监造见证表、文件见证记录、现场见证记录。

（16）质量事故处理文件。

（17）索赔文件。

（18）设备验收文件。

（19）设备交接文件。

（20）支付证书和设备制造结算审核文件。

（21）设备监造工作总结。

至此，设备监造基本完成了驻厂设备监理工作，后续的设备进入安装施工现场，进场检验、安装质量检验验收、调试直至系统联调与一般机电设备安装监理流程相似。其中需要强调的是设备工厂监造工作是监理在合同规定条件下对设备（产品）在制造厂内的质量监造（含附件和外购产品），不代替设备到达工地后的质量验收和试运行的质量验收。对于大型设备或装置需解体装运进场，再组装的设备，监理应加强施工进度管控，如在组装过程，包括之后的调试、系统联调阶段发现问题，应在合同规定期限内向设备制造单位提出索赔要求。

第四节　城市轨道交通工程施工安全监督

监理开展轨道交通工程安装施工的安全生产监督就是要根据工程项目的特点采取一系列措施使安装工程在符合规定的物质条件和工作秩序下进行，从有效识别到消除或控制危险源及有害因素，方能保障人员安全与健康、设备和设施及环境免受损坏。

一、安全监理责任和安全管控

1. 安全监理责任和范围

（1）城市轨道交通工程安装监理单位应严格执行国家标准《建设工程监理规范》GB/T 50319—2013 等法律法规、强制性标准，依法履行监理职责，开展安全、文明施工和环境保护等全过程的安全生产监督。

（2）项目总监理工程师为第一责任人，按专业、阶段对监理人员进行职责分工，依法履行职责。

（3）监理应审查、审核施工单位报送的施工组织设计中的安全技术措施或者专项施工方案是否符合工程建设强制性标准。

（4）监理在实施项目监理过程中，应对人、机、物料、方法、环境及施工全过程进行安全监控，并符合强制性标准。发现安全事故隐患的，按监理规范规定条款执行。

2. 安全监理人员要求

（1）监理单位按规定配备专职安全监理人员，机电设备安装工程在具有重大风险源的施工面，如起重吊装、高空作业等需要配备安全监理人员。

（2）安全监理必须持证上岗，应熟悉安全生产方面的法律法规、规范标准及相关规定。

3. 安全监理管理事项

（1）审查监理规划和安全监理实施方案、细则。

（2）建立健全安全管理制度、技术措施、安全监理日志和管理台账。

（3）对危险源、重要环境因素、周边环境、水文地质条件、人为等因素的辨识，制定预防措施。

（4）按规定配置检测和验收有关工具、器械、检测用品和职业安全防护用品清单。

（5）执行资质审核和检查安全交底的符合性。

（6）检查施工组织设计及专项安全施工方案安全交底执行情况。

（7）对大、小型施工机械（机具）、劳动防护用品、安全设施、消防器材等设施、设备的状况进行审核。

（8）现场巡视、旁站、检查（抽查），对危险性较大分部分项工程管控情况；每天巡视不少于两次，关键工序、重点部位实施跟班检查。

（9）检查现场安全防护、文明施工、环境保护和职业健康等方面管控情况。

4. 对被监理单位（机电设备系统施工单位）安全管控要点

（1）开工前，对施工单位进行质量、安全生产、文明施工和环境保护等工作总交底。

（2）审查施工单位是否建立健全安全生产、文明施工、环境保护、职业安全健康等管理制度，安全生产责任制和安全管理制度是否有针对性编制。

（3）审查施工单位施工组织设计是否符合程序；是否建立安全生产技术措施和应急预案。

（4）审查施工单位安全生产有关强制性标准规范的执行情况。

（5）审查施工单位安全生产行为是否符合法律法规，安全管理人员是否符合招标文件要求。

（6）审查施工单位专职安全员是否持证上岗。

（7）危险性较大的分部分项工程实施过程中，要求施工单位专职安全管理人员进行全过程监管与管控，严格按照《专项施工方案》组织施工。

（8）根据合同约定审查施工单位安全防护、文明施工措施费使用计划。内容包括总、分包合同，措施费用清单，使用、支付计划（使用计划应与支付计划相对应），支付、使用、审核、审批、发票凭证复印件、检查记录，财务报表等。

（9）审查施工单位安全管理台账。

二、现场主要安全风险源识别

城市轨道交通机电设备系统施工，尤其地下车站施工属于流动人员从事流动性作业、工序复杂、危险因素较多的行业，为防止安全事故的发生，针对地铁施工特性，结合城市轨道交通工程建筑结构、类型、规模、高度、施工环境、施工季节等特点，从人、机、料、法、环等因素综合分析研判，城市轨道交通机电设备系统安装工程有高处坠落、物体打击、机械伤害、触电、火灾、起重伤害和轨行区车辆伤害等7类可能造成人员伤害、财产损失的重大危险源。某项目排列的现场主要危险源见表8.4-1。

城市轨道交通工程（机电设备系统）现场主要危险源汇总表　　表8.4-1

序号	作业活动	重要危险因素	可导致的事故	严重程度	控制措施
1	高处作业	高处作业平台、走道、斜道、脚手架超载	高空坠落	3	措施控制
2		高空物体坠落	伤亡事故	3	制度措施控制
3		脚手架拆除没按顺序	高空坠落	3	措施控制
4		脚手架搭设不合格	人员伤害	3	制度措施控制
5	动火作业	氧气瓶和乙炔瓶距离不符合规定	火灾爆炸	3	制度措施控制
6		气瓶没有安装回火阀	火灾爆炸	3	措施控制
7		作业范围内有易燃、易爆危险物质	火灾爆炸	3	措施控制
8		电焊作业无证上岗、接地不符合要求	火灾爆炸	3	措施控制
9	起重运输	吊钩无防脱钩装置	起重伤害	3	制度措施控制
10		起重机械制动、限位、止轮器、联锁等安全装置不齐全	起重伤害	3	制度措施控制
11	吊装作业	重物绑扎不牢	物体打击	3	措施控制
12		钢丝绳断丝	物体打击	3	措施控制
13		违章指挥、操作	物体打击	3	制度措施控制
14	轨行区	无票作业	车辆伤害	4	制度措施控制
15		私自进入轨行区	车辆伤害	4	制度措施控制
16		安全防护措施不全	车辆伤害	4	制度措施控制
17	临时用电	设备、机具未按要求接地线	触电伤害	3	制定管理措施
18		未装漏电开关或漏电开关失灵	触电伤害	3	制定管理措施
19		电缆老化、接头破损	触电、火灾	3	制定管理措施
20		带电作业	触电伤害	3	制定管理措施
21		配电箱无专人管理	触电伤害	3	制定管理措施
22		超负荷用电	火灾	3	措施控制

三、施工现场安全风险管控

1. 设备监理现场安全管理的原则

对项目的安全风险管控要立足于"两个控制"，即前期控制、施工过程控制。

前期控制：工程开工前在编制施工组织设计或专项施工方案时，针对工程的各种危险源，制定出防控措施。

施工过程控制：在工程施工过程中，严格按照安全规定监督检查，发现问题后认真落实整改。

2. 监理督促施工单位加强安全生产的综合管理

（1）认真落实各级安全生产责任制，建立健全各项管理制度，杜绝一切人为事故的发生。

（2）增强各级管理人员安全责任意识，加强安全专业知识培训。

（3）加强对员工队伍人员的安全教育，提高作业人员素质和安全生产自我保护意识。

（4）严格加强各种危险源和管理工作，结合工程特点，针对确认的危险源实施相应的预防控制措施。

3. 加强危大工程方案审核和开工条件验收的管理

根据政府文件《住房城乡建设部办公厅关于加强城市轨道交通工程关键节点风险管控的通知》（建办质〔2017〕68号）、《住房城乡建设部办公厅关于实施〈危险性较大的分部分项工程安全管理规定〉有关问题的通知》（建办质〔2018〕31号）、《危险性较大的分部分项工程安全管理规定》（住房城乡建设部令第37号）和《建筑施工安全检查标准》JGJ 59—2011第3.1.3条的相关规定，安装监理必须重视机电设备系统有关危大工程的安全管控，如从专项施工方案开始，就严格按照上述管理文件要求严格执行。如超一定规模危险性较大的分部分项工程必须编制专项施工方案，并组织专家评审。

有经验的建设单位还会牵头编制城市轨道交通建设工程《关键节点开工前安全条件验收管理办法》和《关键节点验收规定》，提出关于特别危大工程（含涉及既有运营线路施工）、超一定规模危大工程和一般危大工程的风险清单及对应的管理措施，并且进一步明确了关键节点定义分级、各方责任以及开工前安全条件验收等主要环节的基本程序和要求。

在危险性较大的关键节点（工序）开工前，监理应进行安全条件验收。关键节点施工前相关责任单位对技术、环境、人员、设备、材料等条件是否满足工程安全、质量生产要求进行的检查验收是各参建单位落实施工现场安全质量风险预控管理的重要手段。未经开工前安全条件验收的，施工单位不得组织施工。

施工过程严格按经过评审的专项方案施工的，且相关手续齐全的关键节点，在施工完成后由监理单位组织该分部分项工程（关键节点）的验收。

4. 城市轨道交通机电设备系统施工现场常见的重大危险风险预防措施

（1）预防高处坠落事故的防护措施

1）为防止高处坠落事故的发生，在工程施工前对所从事高处作业的人员进行安全基本知识、安全注意事项等安全技术交底。凡患有高血压、心脏病及不宜从事高处作业的人员，严禁参加高处作业工作。

2）施工作业人员进场后，按不同层次（公司、项目部、班组）进行三级教育工作。

3）对所有预留洞口，如短边超过 25mm 的预留洞口，加木盖进行防护，凡超过 1000mm 的洞口应在上方铺设厚度不小于 50mm 的木板，并在下方支挂安全网。对所有临边进行防护，加防护栏杆。

4）为保证防护措施能真正起到应有的防护作用，除在具体实施过程中由项目负责人、安全专职人员及相关作用班组长，对防护设施进行必要的监督制作过程和验收外，还应按规定要求每周进行不少于一次的检查工作，以确保防护设施的完好性，防止坠落事故的发生。

5）凡在高处作业时，施工作业人员必须正确佩戴安全带或安全绳（使用前必须对安全防护设施进行检查），其安全带或安全绳的使用必须遵照高挂低用的原则。凡未使用防护用品用具的，不准作业，以防止高处坠落事故的发生。

（2）防护物体打击事故的防护措施

1）加强对员工的安全知识教育，提高安全意识和技能。凡现场人员必须正确佩戴符合标准要求的安全帽，施工现场严禁抛掷作业（其中包括架体拆除及垃圾清理）。

2）作业前施工单位项目负责人必须根据现场情况进行安全技术交底，使作业人员明确安全生产状态及要点，避免事故发生。

3）作业前安全管理人员及操作手必须对设备进行检查和空载运行，在确定无故障情况时方能进行作业。

4）经常进行安全检查，对于凡有可能造成落物或对人员形成打击威胁的部位，必须进行日巡查，保证其安全可靠。

5）对于吊装作业除设指挥人员外，对有危险区域应增设安全警戒人员，以确保人身安全。

6）起重作业人员必须做到持证上岗，同时有一定的操作经验和技能，熟悉操作规程。司索人员应当严格注意被吊物的整体状态，运行区域路线及其危险性。如有可能对作业人员形成威胁，必须通报指挥人员暂停作业。

（3）预防机械伤害事故的防护措施

1）所有各种机械设备进场后，必须由设备负责人会同安全员和使用机械的人员共同对该机械设备进行进场验收工作，经验收发现安全防护装置不齐全的或有其他故障的应退回设备保障部门进行维修和安装。

2）设备安装调试合格后，应进行检查，并按标准要求对该设备进行验收，经项目组织验收合格后方能正常使用。

3）使用前要对设备使用人员进行必要的安全技术交底和教育工作，使用人员必须严格执行交底内容及按照操作规程操作。

4）使用中要经常对该设备进行保养检查，使用后电工切断电源并锁好电闸箱。

5）各种机械设备必须专人专机，凡属特种设备，其操作负责人要按规定每周对施工现场的所有机械设备进行检查，发现问题及隐患及时解决处理，确保机械设备的完好，防止机械伤害事故的发生。

（4）预防触电事故的防护措施

1）安装作业前，必须按规范、标准、规定对安装作业人员进行安全技术及操作规程的交底工作。

2）必须由持有合格证件的专职电工，负责现场临时用电管理及安拆。

3）凡从事与用电有关的施工作业时，必须实行电工跟班作业。

4）在项目施工现场外侧，当与相邻高压线路未达到安全距离时，应增设屏障遮栏、围栏或保护网等防护设施。

5）对新调入工地的电气设备，在安装使用前，必须进行检验测试。经检测合格方能投入使用。

6）施工现场专用的中性点直接接地的配电线路必须实行 TN-S 接零保护系统，做到三级配电、三级漏电保护，电箱为标准电闸箱，并采取防雨、防潮措施。

7）电气设备应根据地区或系统要求，做保护接零，或做保护接地，不得一部分设备做保护接零，另一部分设备做保护接地。

8）专职电工对现场电气设备每月进行巡查，项目部每周对施工用电系统、漏电保护器进行一次全面系统的检查。

9）照明专用回路设置漏电保护器，灯具金属外壳做接零保护，室内线路及灯具安装高度低于 2.5m 的应有使用安全电压。在潮湿和易触及带电体的照明电源必须使用安全电压，电气设备架设或埋设必须符合要求，并保证绝缘良好。任何场合均不能拖地。

10）配电箱设在干燥通风的场所，周围不得堆放任何妨碍操作、维修的物品，并与被控制的固定设备距离不得超过 3m。安装和使用按"一机、一闸、一箱、一漏"的原则，不能同时控制两台或两台以上的设备，否则容易发生误操作事故。

11）配电箱应标明其名称、用途，并做出分路标志，门应配锁，现场停止作业 1h 以上时，应将开关箱断电上锁。

12）线路过道应按规定进行架设或地埋，破皮老化线路不准使用。

（5）施工现场防火措施

1）加强对员工消防安全知识教育，提高消防安全意识和防火救灾技能。特别是地下车站、区间隧道施工区火警状态时灭火、人员疏散的预案宣传、演练要落实到位，真正做到防患于未然。

2）建立明火作业报告制度，凡需明火作业的部位和项目需提前申请动火作业令，经批准方可进行明火作业，危险性较大的明火作业应派专人监护。

3）配备足量的消防器材、用具和水源，并保证其常备有效，做到防患于未然。

4）临时用房、仓库必须留出足量的消防通道，以备应急之用。

5）对于临时线路要加强管理和检查，防止因产生电火花造成火灾。

6）定期对着火源、水源、消防器材等要害部位和设施进行安全检查，发现问题及时处理，将事故隐患消灭于萌芽状态。

7）严格对易燃易爆物品的管理，禁止将燃油、油漆、乙炔等物品混存于一般材料库房，应进行单独保管。

8）对易燃物品仓库选址要远离员工宿舍及火源存在区域，同时要增加防护设施。

（6）轨行区施工安全预防措施

轨行区是城市轨道交通工程的特殊区域，具有自由空间小、有接触网和可能的车辆来往特点，存在一定的安全风险。因此，监理应监督施工单位，包括轨行区设备供货商调试人员，严格遵守建设单位轨行区管理办法的要求，加大轨行区的施工管理力度，确保在关键工期前把轨行区内作业内容施工完毕。

1）占用轨行区施工必须得到建设单位有关部门的批准，执行施工请点流程，申请获批后方可进入轨行区施工，并把控好在轨行区的作业时间，施工结束后办理销点手续。参见本章第二节监理工作流程的相关叙述。

2）在轨行区施工时，必须在作业区域两端设置信号装置、防护设施和监护人员。

3）机电设备系统单位的材料和设备如需要使用轨道运输，将接受建设单位（运营单位）有关部门的统一调度和指挥，按照管理制度提前申请，经批准后根据运输路线租用指定的运输车辆。

4）站台材料的堆放不能超出站台边界，控制在站台边界1m内，并且堆放要整齐。

5）做好轨行区的安全管理，在轨道运输开通后，设置轨行区安全护栏，并实行专人负责。由于多专业在轨行区施工，应同时做好产品的保护工作。

（7）预防起重伤害事故的安全技术措施

1）指挥人员必须持证上岗，与起重机司机密切配合。

2）起重机选型合理，道路平坦坚实，不得在斜坡上工作。

3）起重机要做到"十不吊"：吊物重量不明或超负荷不吊、指挥信号不明不吊、违章指挥不吊、吊物捆绑不牢不吊、吊物上有人不吊、起重机安全装置不灵不吊、吊物被埋在地下不吊、作业场所光线阴暗或视线不清不吊、斜拉吊物不吊、有棱角的吊物没有采取相应的防护措施不吊。并禁止在六级及六级以上强风的情况下进行吊装作业。

4）避免带载行走。

5）严禁起吊重物长时间悬挂在空中。

6）吊索需经计算，绑扎方法可靠。起重工具定期检查。

7）吊点应与重物的重心在同一垂直线上，吊点应在重心之上。

8）吊钩吊环和限位装置检查，吊钩吊环严禁补焊。

9）双机抬吊合理负荷分配，统一指挥，密切配合。

5. 特殊工种管理

（1）对特殊工种人员进行审核、检查，特种作业人员持证上岗。督促施工单位建立特殊工种台账。

（2）对特殊工种作业人员的监督管理按住房和城乡建设部、交通运输部、应急管理部及安全质量监督部门相关规定和要求执行。

6. 消防安全管理

（1）严格执行《中华人民共和国消防法》和国家标准《建设工程施工现场消防安全技术规范》GB 50720—2011等国家有关法律法规、规范标准。

（2）明确施工总承包单位（下简称总包单位）项目经理为施工现场消防安全第一责任人，全面负责施工现场的消防安全工作，审查施工现场消防安全管理制度。

（3）总包单位制订施工现场灭火疏散应急预案，并适时进行演练。

（4）检查总包单位项目经理负责对施工现场进行动火审批（日常动火等级为三级，地下工程为二级，节假日提高动火等级）。

（5）检查现场动用明火持证上岗符合性，操作证、动火证和监护人到位情况。

（6）检查总包单位对氧气、乙炔、油库等危险品仓库的管理。

（7）施工现场、五小设施区域按规范要求配置消防器材和消防水源。

7. 临时用电安全管理

（1）严格执行《施工现场临时用电安全技术规范》JGJ 46—2005。规范中强制性条文必须全面执行。

（2）总包单位制定临时用电管理办法、编制临时用电专项方案，并建立临时用电安全技术档案。

不同阶段按照建设单位管理制度和施工合同落实施工现场临时电源责任管理单位。所有用电单位应向电源责任管理单位提出书面申请，并签订用电协议。

（3）安装、巡检、维修或拆除临时用电设备和线路，必须由专职电工完成。

（4）配电系统必须设置一级总配电箱、二级分配电箱、三级开关箱，实行"三级配电、三级漏电保护"。每台用电设备必须有各自专用的开关箱，动力开关箱必须实行"一机、一闸、一箱、一漏"。除照明外，严禁用同一个开关箱直接控制二台及二台以上用电设备（含插座）。

（5）审查总包单位区间隧道区域内的所有灯具产品必须具备防潮（爆）功能，采用标准化电箱及地下潮湿环境下使用的灯具必须符合国家标准。

（6）车站与区间的临时照明，由临时电源管理单位负责维护并保证协议规定的亮灯率。

（7）标准化电箱应符合以下标准：

1）动力配电箱与照明配电箱应分别设置，当合并设置为同一配电箱时，动力和照明线应分路配电，动力开关箱和照明开关箱必须分设；严禁乱接乱拉电线。

2）现场电工班必须配备漏电开关检测仪，按规定时间进行漏电开关测试。

3）定期用接地电阻测试仪器测量接地电阻。

8. 高处作业安全管理

（1）严格执行国家标准《高处作业分级》GB/T 3608—2008和行业标准《建筑施工高处作业安全技术规范》JGJ 80—2016。

（2）高处作业的安全技术措施及其所需料具，必须列入工程项目的施工组织设计编制中。

（3）凡±2m以上作业的，在无其他防坠落的、可靠的安全措施情况下，所有作业人员必须正确系好安全带。

（4）地面与地下的脚手架搭设，均必须执行国家标准《建筑施工脚手架安全技术统一标准》GB 51210—2016、行业标准《建筑施工门式钢管脚手架安全技术标准》JGJ/T 128—2019和《建筑施工扣件式钢管脚手架安全技术规范》JGJ 130—2011等规范标准。

（5）所有预留洞口的安全防护措施必须及时设置到位，且可靠有效。

（6）临边与洞口的防护栏杆按规范使用定型产品设置，严禁使用钢管设置。

（7）所有施工脚手架、临边与洞口的防护必须设立挡脚板，并设置密目网或防坠网。

（8）未经项目经理批准，任何人不得私自拆除安全防护设施。

（9）严禁在钢支撑、结构排架或临边洞口边堆载钢筋、木料、模板、钢管、扣件等物品，以防高空坠物伤人。

（10）杜绝施工人员在钢支撑、翘头板上随意行走；杜绝施工人员翻越临边、洞口防护栏杆或在施工脚手架、排架上随意攀爬。

（11）工具应放入工具袋；传递物件严禁抛掷；严禁随意向下方抛掷物品。

四、强、弱电系统安装施工安全管控要点

1. 主变电所施工安全

（1）对侧间隔铁塔施工和电缆敷设严格按照供电局请点批准的停电时间进行。

（2）起重吊装作业应严格按经批准的吊装方案和吊装令进行，施工人员持证上岗。吊装作业设警戒区，水平支撑应完全伸出，并垫好枕木与钢板，施工和监理管理人员到位后方可起吊，大雾或大风天气不得进行起重吊装作业。

主变压器的落位应编制专项施工方案，如采用吊装方式，单件超过 300kN，还需通过专家评审。

（3）电焊作业应办理动火证，焊渣、切割熔渣避免引起明火，配置烟气收集装置；氧气瓶、乙炔瓶和焊接地点距离应符合要求。

（4）主所送电应编制专项施工方案，并通过主变电所首次启动前安全条件验收。

2. 主所外电源线路施工安全

（1）施工前做好邻边建筑物基础结构类型的调查，采取相对应的保护措施，并预判可能引发的安全风险（如开挖面离临街商铺和住户距离过近时）。

（2）重视深基槽开挖的支护和观测，做好城市交通的疏导及与市政各部门的配合协调。

（3）定期检查并做好外电施工区域的围挡封闭、临电和消防设施配置。

（4）人工顶管和机械顶管严格按通过专家评审并修改完善的专项方案实施。井坑处应做好边坡支护、临时电缆要做好保护措施。

（5）顶管进尺时，应注意实时监测，当该段地质出现土质断裂层，且含水率较大，存在坍塌风险时，应确保严格按照专项施工方案控制每次的顶进距离（50cm 左右），并做好观测记录。

（6）重视管线保护防护、沉降监测；做好顶坑部位物料起重吊装监控工作，安全员、司索员、信号员分别由专人担任并配备到位。

（7）重视顶管时的有限空间作业、地下密闭空间作业环境，通风措施到位，并做好空气质量检测，规范照明。

3. 干线电缆和牵引降压变电所施工安全

（1）变电所施工期间的主要风险来自大型设备及箱柜的吊装、运输风险和二次搬运风险，如变压器、开关柜等。35kV 变电所位置一般都处于站台层，这部分设备必须通过吊装来运输和安装。对此，要严格按照变电所设备吊装和二次搬运方案（一站一方案）实施，重点把关起吊机械与操作人员是否与吊装令一致。施工单位的专项方案应包括大型设备运输路径。施工单位管理人员和监理在吊装时还应旁站监督。

（2）变电所一般位于站台层站台端门外侧的小站台区域，作业人员进入端门外侧应根据轨行区管理办法请点（如有），施工和调试人员不得在走廊与过道上停留，施工的材料、工器具和物品一律不得堆放在变电所外的过道上，避免刮蹭运行的电客列车，或被隧道活

塞风带入区间侵蚀造成事故。

（3）轨行区交叉作业风险：变电所施工和环网电缆运输，常需借助轨道车运输材料和设备，轨行区交叉作业的风险也比较大，严格按轨行区管理办法请销点作业。

（4）变压器、开关柜和电缆盘下站就位前，在临时摆放处应注意成品保护，外包装暂不拆除，做好防尘防水措施。

（5）变电所设备安装就位时应检查气体灭火喷头、通风空调风口以及其他设备或空调供回水管道不得直接位于变压器、开关柜柜体正上方。

（6）变电所设备就位后，应有专人看护值守。通电后其他相关系统和专业进入变电所区域施工必须向供电管理部门请点。

（7）区间隧道和地下电缆夹层等密闭空间通风不良，作业前应检测密闭空间空气质量，夏季高温还应检测环境温度，避免中暑。

（8）与地盘单位保持沟通对接，确保"天地墙、防水防渗、电缆夹层积水"等符合要求，避免损坏设备。

（9）供电系统调试前，为避免设备调试错误操作或错误停送电造成人员触电，必须检查设备是否严格按照设计图纸进行安装，防误操作的联锁装置功能状态是否良好。调试前的设备功能查验应严格执行"一人操作，一人监控"的制度。调试时严格按照调试组长的指令操作设备，并经现场防护人员确认后，才能操作设备。为确保操作命令准确，应严格执行操作命令确认和操作命令复诵制度。

4. 接触网施工安全

（1）严格按照轨行区管理办法请销点施工。

（2）重视全自动运行线路特有的车辆段"无人区"相关安全措施，进出相关区域要重视标识标牌，事先要做安全交底。

（3）用梯车进行作业时，必须指定梯车负责人，每辆梯车推扶人员不得少于4人，梯车上的作业人员不得超过2人。

（4）梯车应按计划上道，梯车负责人和推扶人员，必须时刻注意和保持梯车的稳定状态。当梯车在曲线上或遇大风时，对梯车要采取防止倾倒的措施；当梯车在大坡道上时，应采取防止滑移的措施。当梯车搬离线路存放时，采取措施避免侵入限界或发生剐蹭。

（5）部分市域线路采用大铁交流制式，隧道区间直径较大，其他线路既有的梯车、区间作业车应根据交流制式线路限界情况做相应调整，使用配套高度的梯车，以满足线路施工特点。

（6）在车辆段库内进行钢柱施工时，在曲臂车上也应做好类似防护工作，高空作业还应保证安全带的正确系挂。

（7）重视攀杆作业安全，作业人员必须系紧安全帽，扎好安全带，安全带挂于牢固可靠处。攀登支柱前，应检查支柱状态，观察支柱上有无其他设备，选好攀登方向和条件。攀登支柱时应手把牢靠，脚踏稳准，尽量避开支柱上设备。用脚扣攀登时，脚扣应卡牢，防止滑落。使用爬梯作业时，应保证爬梯上部绑扎牢固，并有专人扶持，梯脚应有防滑措施。

（8）竖立支柱时要注意起重吊装安全，坑内不得有人；支柱整正过程中，支柱的任何部分和整正器均不得侵入限界，整正后应及时回填。

（9）接触网支柱装配施工，高处作业时应使用专门用具传递工具、零件和材料；上、下交叉作业应有安全防护措施；严禁将工具、材料随手放置在支柱上。

（10）作业支柱下面，不得有人。支柱未整正完成，不得上杆作业。零件安装应牢固，不得在安装高处对主要零部件做临时固定。软横跨、硬横梁架设必须设置驻站防护员和现场防护员，并保证可靠的联系。检查承力索、接触线是否架设安全。

（11）架线时，严禁在放出的线索下站人。

（12）接触网冷滑、热滑应编制专项方案，经批准后，严格按方案实施。

5. 弱电系统施工安全

轨道交通的弱电系统主要包括通信、信号、ISCS、BAS 和 FAS 系统等。在进行系统安装施工时监理安全管控要点如下所述：

（1）严格按轨行区管理办法请销点施工，进入车站站台区站台端门外侧应根据轨行区管理办法请点。小站台走廊与过道上的烟感、手消报、门禁读卡器、CCTV 摄像头、广播、桥架、线槽和线缆敷设等施工必须在安全范围内进行，施工材料、工器具和物品一律不得堆放在过道上，坚持工完料净场地清，避免剐蹭运行的电客列车，或被隧道活塞风带入区间侵限造成事故。

（2）涉及既有线路的项目施工一般视作特别危大工程进行管理，需编制专项施工方案，并经过专家评审和运营单位审核，通过后必须严格按经批准的方案，请点后在规定时间内按要求进行施工作业。

（3）通信多层托臂支架的打眼、安装要注意登高作业安全和临时用电安全，提高打眼成功率，减少对盾构管片的影响。

（4）不得触碰尚未交付使用的电气箱柜、裸露线头、带电设备等，避免触电。

（5）进入已送电的供电设备房施工，必须严格请销点作业，禁止触碰、倚靠、踩踏和攀登供电系统相关设备。未经许可，严禁在供电系统设备正上方施工和安装相关设备及管线。

（6）车辆段库内和部分车站站台层顶部（中板）标高较高，施工时须注意登高作业安全；在轨通和接触网送电后，在相关区域的施工要按规定请销点作业，并做好防护。避免携带超长金属物品触碰接触网造成触电事故。

（7）根据标准规范，桥架和线槽穿墙（超过 300mm 宽度），且在圈梁以上的应增设过梁。

（8）密闭空间施工前应进行空气检测，夏季高温时测量环境温度，避免中毒、窒息和中暑。

（9）注意全自动线路设备安装和调试与一般普通线路的区别，如站台门就地控制盘（PSL）安装位置与普通线路不同，综合监控与站台门的对点调试方案要作相应调整。此外，站台门等与信号系统有联动关系的调试，不能在非计划时间段进行，因为这会影响车载信号系统正常运行。FAS 与气体灭火、ISCS 与防淹门等调试，要避免因联动调试而造成误喷等的破坏性后果。

第九章 城市轨道交通工程供电系统安装监理

第一节 城市轨道交通工程供电系统概述

城市轨道交通工程供电系统是整个轨道交通系统的关键组成部分，负责电力的供应与传输，供电系统是城市轨道交通运行的动力系统，不仅为列车牵引运行供电，同时也给车站、区间、车辆段、停车场、控制中心等其他相关建筑物所需要的动力、照明提供电力。

一、供电系统的组成

城市轨道交通工程供电系统一般由外部电源、主变电所、牵引供电系统、供电干线环网系统、动力照明供电系统、轨道交通电力监控系统等组成。

1. 主变电所

110kV 变电所常被称为主所，一般一条轨交全线有 2 座主变电所。每座主变电所设两台 110/35kV 主变压器。主变所的外部电源是由国家电网的电力接入，接入电压 110kV。

2. 供电干线环网系统

供电干线环网系统的组成包括 110kV 主所至牵引供电所、车站、区间、车辆段、停车场、控制中心等降压所（或混变所）的电力线路以及接触网系统。

供电干线网络采用 AC35kV 电压等级，在车站设置 AC35kV/DC1500V 的牵引变电所和 AC35kV/0.4kV 的降压变电所。各变电所之间通过 AC35kV 电缆连接，构成城市轨道交通工程项目的 AC35kV 供电干线网络。

3. 牵引供电系统

牵引供电系统包括牵引变电所和牵引网（也叫接触网），它将 35kV 电压电源经降压整流变成 DC1500V（有的机车采用 DC750V）电压，为线路上的电动列车提供牵引供电。

4. 车站、区间、车辆段、停车场、控制中心等的动力照明供电系统

车站、区间、车辆段、停车场、控制中心等的动力照明供电系统电源来自系统的 35kV 变电所，35kV 变电所将输入的 35kV 经降压变成 220/380V 电压向系统内的一般机电设备、照明装置供电。

5. 轨道交通电力监控系统

轨道交通电力监控系统（PSCADA）设置在轨交控制中心，实时对城市轨道交通电力系统的各变电所、接触网设备等进行远程数据采集和监控。通过电力调度端、通信通道和执行端（变电所综合自动化系统）对主要电气设备进行遥控、遥信、遥测、遥调，实现对整个城市轨道交通供电系统的运营调度和管理。

PSCADA 系统的优劣，直接关系到全线供电系统的安全与运行可靠性。

图 9.1-1 示意图形象地描述了轨道交通供电系统组成和服务范围。

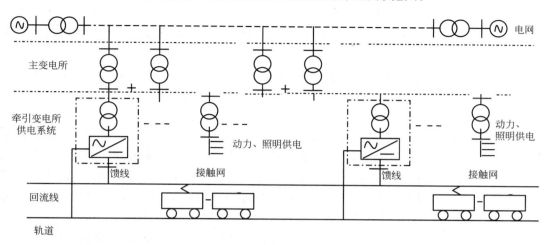

图 9.1-1　轨道交通工程供电系统示意图

二、供电系统的主要设备和运行原理

1. 110kV 主所

110kV 主所主要设备有 110kV 电力变压器、气体绝缘组合开关电器（GIS）、电容器和电感器、35kV 开关柜、计量柜、电压互感器柜、交直流屏及二次系统控制柜等，主变压器 110kV 侧采用电力电缆接入，直接来自本所 110kV GIS，35kV 侧采用单母线分段方式，两段母线间设母联断路器，正常运行时母联断路器打开，经电力环网供给 35kV 牵引变电所、35kV 降压变电所提供电力。

（1）110kV 主所主要设备 110kVGIS（六氟化硫气体绝缘全封闭组合电器开关）的主要元器件有断路器、隔离开关/接地开关、电压互感器（PT）、电流互感器（CT）、避雷器、快速接地开关、三相共箱母线等，是接收和分配电能的重要设备。

（2）主变压器是 110kV 三相油浸电力变压器，主变带有有载调压开关和自动调压装置，散热及储油装置等。主变压器的作用是将 110kV 电压降压成 35kV 电压。主变压器的 110kV 高压侧采用星型绕组中性点接地，35kV 低压侧经接地电阻柜接地。

（3）35kVGIS 开关柜为 SF6 气体绝缘开关柜，基本配置有：真空断路器、电流互感器、接地开关、电压互感器、综保系统、综控单元、电缆插座等。主要用作接收和分配 35kV 电能的设备，主要为牵引和动力照明系统提供电源。

（4）主变电站交直流屏装置：为变电所设备控制、信号、自动装置以及供电设备提供交流 380V、直流 220V 控制电源。交直流屏由交流屏、直流充电屏、直流馈电屏和蓄电池屏等组成，内含蓄电池、供电模块（充电模块）、逆变模块、切换装置、监控单元、绝缘监测装置等，负责提供变电所交直流自用电。

（5）主变电所两段 35kV 母线分别安装了一套静止无功发生器（SVG），作用是完成无功功率的补偿，主要由电容和电感柜组成，为主所提供无功功率补偿，提高系统功率因数。

2. 牵引变电所

牵引供电系统主要由牵引变电所中的整流机组、直流正负极开关设备、馈线、接触网、专用回流轨、回流线和均流电缆等组成。每座牵引变电所设两套整流机组（整流变压器-整流器单元），整流变压器一次侧并接于同一段 35kV 母线，直流 1500V（750V）侧单母线不分段，两台整流机组并列运行并组成，通过接触网向列车供电，然后再经专用回流轨、回流电缆至牵引变电所负极柜。

牵引变电所将环网电缆送入的 AC35kV 电压经降压整流变为 DC1500V（750V）电压，供车辆牵引用电。牵引变电所和降压变电所合建为牵引降压混合变电所。

3. PSCADA 系统

在供电系统控制中心运行管理人员利用 PSCADA 能对供电系统中的主变电所、牵引降压混合变电所、降压变电所的供电设备、杂散电流防护及接触网电动隔离开关等设备状态进行统一的监视和控制。系统可以人工或自动通过数据采集，信号反馈，随时了解全线供电设备情况，并及时准确完成各种操作；对故障报警和各种运行事故迅速做出判断并进行准确处理，保证供电系统和设备的安全可靠运行。

PSCADA 系统一般采用三层一网架构设计，站控层是自动化监视控制、故障分析、运营管理；间隔层是使用间隔与远动、智能传感器、控制器通信；过程层是完成变电设备的测量、控制、保护实时状态检测，事件报警预警等。电力监控系统通过冗余通信接口与综合监控系统（ISCS）连接，将信息传至 ISCS。图 9.1-2 为电力监控系统示意图。

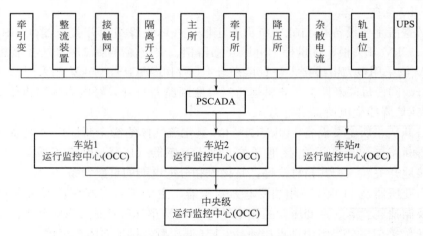

图 9.1-2　电力监控系统示意图

第二节　轨交供电系统的安装质量验收规范标准和监理流程

一、施工质量验收的主要规范、标准及技术规程

（1）《铁路电力工程施工质量验收标准》TB 10420—2018

（2）《城市轨道交通工程供电系统监理技术要求》T/CAPEC 5—2019

（3）《铁路电力牵引供电工程施工质量验收标准》TB 10421—2018

（4）《轨道交通　直流架空接触网雷电防护导则》GB/T 37317—2019

（5）《城市轨道交通直流牵引供电系统》GB/T 10411—2005

（6）《轨道交通　地面装置直流开关设备》GB/T 25890 1~9—2010

（7）《城市轨道交通用电综合评定指标》GB/T 35554—2017

（8）《城市轨道交通机电设备节能要求》GB/T 35553—2017

（9）《地下铁路工程施工质量验收标准》GB 50299—2018

二、安装专业监理的主要工作内容

轨道交通供电系统工程监理内容包括四个方面——设备监制、安装施工、交接试验（预防性试验）、调试及试运行以及四种工作形式——巡视、旁站、平行检验、见证。其中四个方面的主要工作可以归结如下：

（1）材料、设备检验：对进场材料、设备进行工厂监造、测试、开箱检查和平行检验。

（2）安装工艺检查：对安装施工过程中的工序进行巡视检查和旁站监理、验收。

（3）调试及试运行查验：对调试试验过程、结果进行巡视检查和旁站监理、验收。

三、供电系统安装监理的工作流程

1. 设备、材料检验监理工作流程

电力变压器属于特殊设备，服役后需长期使用，一旦发生故障涉及面广，会对城市轨道交通的正常运行带来严重的影响。变压器制造单位，需要对每台出厂的电力变压器进行测试，合格后再安排运输至现场进行安装。城市轨道交通工程订购的大型电力变压器一般需要进行设备监造、过程验收等设备监理流程。目前电力变压器设备监造的监理一般采用见证点监理模式，工作流程详见图 9.2-1。

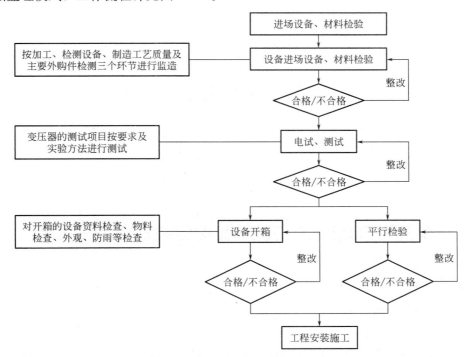

图 9.2-1　设备、材料检验监理工作流程

2. 施工质量控制工作流程

专业监理工程师将根据城市轨道交通工程供电系统施工的工序要求编制安装施工的质量控制的工作流程，见图 9.2-2。

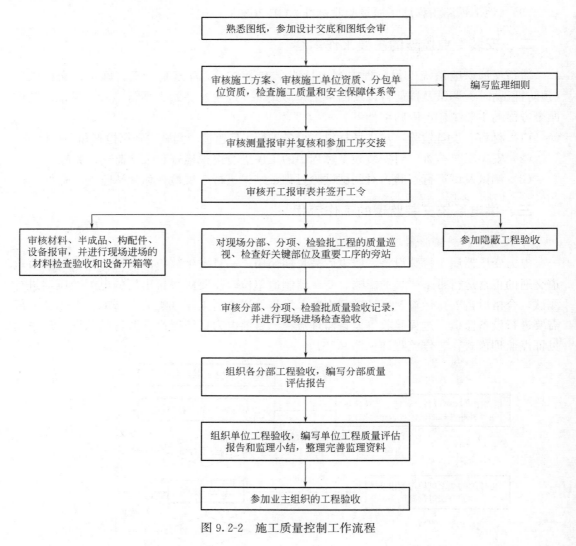

图 9.2-2 施工质量控制工作流程

第三节 城市轨道交通工程供电系统监理管控要点

一、施工准备阶段监理

开工前监理工程师对施工单位的施工准备状况进行督促检查，具体的管控要点包括以下几个方面：

（1）完成审核专业分包施工单位资质、工程项目经理资质及等级证书和特种作业人员岗位资格证书，以及检查相关施工机械设备的相关资料是否齐全、是否符合要求。

（2）参与工程图纸的会审、设计交底，在设计交底前，总监理工程师应组织监理人员熟悉设计文件，对存在的设计错漏之处、施工接口（特别是土建专业、其他机电安装专业，以及自动防火系统接口等）问题向建设单位反馈、协调。

（3）审查城市轨道交通供电系统工程各子系统的施工方案，审核方案中的施工工艺是否符合设计及规范要求，施工技术管理措施是否有效，施工单位的劳动力资源、施工机械设备配置是否满足合同规定的质量、工期目标要求，且方案具有所定项目施工的可行性后签署施工方案报审表，审核施工单位的分部、分项的划分报审表等。

（4）督促施工单位做好施工前资源准备、现场资料收集、施工环境、材料及设备堆场等相关的工作；设备、材料的供货进场的计划；主要设备的进厂验收计划等。

（5）第一次专题监理会议，对监理程序、监理工作依据和监理细则等进行交底。做好会议记录、签发会议纪要。

（6）检查施工单位质量保证体系、安全保证体系，安全专项方案如临时用电、消防等以及应急措施，施工作业人员的健康、安全、薪酬保障体系等。

（7）监理对施工准备开工条件进行审查与记录，符合条件批准开工，并签发开工令。

（8）进行土建交接验收，熟悉图纸，完成对场地、预埋管、预留洞口等土建部分的复测工作，并做好"工序交接验收记录"。

二、设备、材料进场验收

城市轨道交通工程供电系统的设备、工程材料进场检验，包括设备开箱检查和平行检验。专业监理工程师根据电力设备《采购合同》技术要求，对进场相关设备和工程材料进行检验检查。监理工作要点如下：

（1）审核施工方报审的《进场材料/构配件/设备报审表》，设备、材料及器具等进场需要提供质量合格证明文件、性能检测报告，还需要提供安装、使用、维修、试验要求的技术文件，其中进口设备还要提供商检证明文件。

（2）根据装箱单会同业主对设备及零部件进行开箱检查、验收，产品出厂合格证、检测报告应齐全，设备外观不应存在明显损坏，并做好"设备进场验收记录"。

设备进场后要全数进行进场验收，设备开箱检验要点见表9.3-1。

设备开箱检验要点 表 9.3-1

序号	种类	检验要点
1	设备包装	如有破损，影像记录
2	设备外观	如损坏锈蚀，落实施工方更换措施
3	配件、工具等	配件及备品部件种类、数量及生产工厂如有短缺或不符，落实施工单位补齐或更换措施
4	文件资料	合格证、检测报告等，如有缺少，落实施工单位补充措施

（3）专业监理工程师需对进场的材料进行平行检验，如电力电缆、电线、桥架、镀锌钢管等材料平行检验，要点见表9.3-2。

电力电缆、电线、桥架等材料平行检验要点　　　　　表 9.3-2

序号	种类	检验要点
1	电线	厂家、合格证、规格、检测报告、外观检查
2	电缆、控制电缆	厂家、合格证、规格、检测报告、外观检查
3	桥架、电缆支架	规格、长度、镀锌层、合格证、外观检查
4	网线、光纤等	厂家、合格证、规格、检测报告、外观检查
5	绝缘子	厂家、合格证、规格、检测报告、外观检查
6	钢绞线	厂家、合格证、规格、检测报告、外观检查

注：其中电线、电缆等需进行复验，一般指第三方检测，合格后方可使用。

三、施工阶段各子系统的监理管控要点

供电系统工程施工过程的质量控制是专业监理工程师根据施工单位的施工计划，对施工过程中的每个施工工序、施工质量进行巡视检查；关键工序或重要设备的安装等进行旁站监理、验收。施工质量满足设计和规范要求，合格后方可进入下一道工序，对不合格的施工工序使用监理指令（如监理工程师通知单、工作联系单等）要求施工单位整改，并进行复查验收。对未按设计文件和施工方案施工的，专业监理工程师应使用监理通知单、施工暂停令等监理指令，要求施工单位立即整改。

1. 110kV 主所

110kV 主所在施工阶段主要包含以下几个方面工作：接口、预埋件等的复查，材料进场检验、关键材料的复试（见证取样工作）及审核，主变压器、GIS、管线及电缆敷设、桥架安装，成套配电柜、母线及母线槽的安装、接地装置及接地系统的安装，计量柜、二次系统柜及二次系统的安装和电气设备的交接试验及设备调试和试运行工作等方面的质量管控。

（1）接口检查

110kV 主所供电系统工程安装前需进行工序验收，即接口检查，检查主要的控制要点见表 9.3-3。

110kV 主所接口控制要点　　　　　表 9.3-3

序号	设备	接口专业	控制要点
1	外线电缆	预留洞	110kV 进线间隔设备需与外线 110kV 进线电缆终端适配
2	110kV GIS	土建专业 装饰专业	1. 土建预留设备基础尺寸和预埋接地扁铁位置： 110kV GIS 设备为大型组合设备，设备就位后必须落座于土建预留基础上，因此基础隐蔽前必须核对相应参数，发现偏差及时要求土建专业整改； 2. 土建预留电缆孔洞：必须在预留电缆孔洞 GIS 进出线的正下方，且孔洞外形尺寸必须满足设计要求，混凝土浇筑前、后须核对设备厂家图纸和预留孔位置的匹配性，发现偏差及时要求土建专业整改；电气柜上方灯具和空调管线及风口的定位位置是否合适，可从土建施工时的管线预埋开始控制，以避免后阶段出现较大的返工现象； 3. 土建预留进出通道：110kV GIS 为大型设备，土建预留的设备进出通道必须保证最大单体设备的进出需求，且设备房净空高度必须满足 GIS 设备的安装需求，设备房空间尺寸必须满足 GIS 设备高压试验时的安全距离要求及 GIS 设备运行时的安全距离要求； 4. 110kV GIS 设备本体间留出足够的安全距离及检修通道，按安装前土建施工结束，房间保持干净

续表

序号	设备	接口专业	控制要点
3	主变压器	土建专业	1. 土建预留设备基础:需在浇筑前、后进行设备基础中心轴线的复测及设备一、二次侧方向的复核,发现偏差及时要求土建专业整改; 2. 土建预留电缆孔洞:需在浇筑前、后根据变压器外形图复核土建预留变压器一、二次侧电缆孔洞,发现偏差及时要求土建专业整改,避免因孔洞偏离过大造成的电缆弯曲集中受力; 3. 复核中性点接地刀基础位置符合设计要求
4	35kV GIS	土建专业	电缆孔洞复核,确保电缆敷设
5	电容器	土建专业	设备基础及电缆孔洞复核,确保设备安装及电缆敷设
6	电抗器	土建专业	
7	二次系统制屏	土建专业 装饰专业	1. 复核设备的电缆预留孔洞符合设计要求; 2. 复核接地扁钢预留
8	交、直流屏		
9	接地系统	土建专业	应对土建预留的接地引出极接地电阻进行复测,复测合格(元江路主变电所接地电阻设计值为<0.5Ω)后进行交接

（2）设备、材料进场检验

1）出厂验收

开工伊始监理督促并审核施工方根据工程合同约定的设备、材料种类,编制出厂验收计划及出厂验收大纲,分批次进行出厂验收。如电力变压器、GIS组合电器、电抗器、电容器、PT柜、二次系统控制屏、接地小电阻柜等。表9.3-4是110kV GIS的出厂验收要点。

110kV GIS 出厂验收要点　　　　　　　表 9.3-4

序号	名称	验收要点
1	原材料/外协件检验	检查部分外购材料、外购件进货检验报告
2	试验检测设备及校验鉴定证书检查	检查检测试验设备检定/校准证书须在有效期内使用
3	型式试验报告/外购件试验报告检查	检查型式试验报告,《外壳压力试验报告》《控制机构中辅助回路、设备和联锁的试验报告》《隔板的压力试验报告》等
4	装配、标识等外观检查	1. 所有电机驱动装置的装配位置是否正确; 2. 每个单元组件是否正确而完整地按照设计图纸装配; 3. 所有气室外壳是否都有压力试验合格的标记等
5	隔离开关和接地开关的机械试验	每个隔离开关和接地开关按照设计规定的额定控制电压和最高、最低控制电压进行分合闸连续操作。操作过程中隔离开关、接地开关按照命令正确动作,无拒动、无误动,则机械操作试验合格
6	隔离开关和接地开关的机械操作特性测量	在额定控制电压下测量隔离开关和接地开关的分合闸时间和马达电流误差须在公差范围内
7	断路器机械操作试验	每台断路器按照设计规定的额定控制电压和最高、最低控制电压进行分合闸连续操作,操作过程中断路器按照命令动作正确,无拒动,无误动,则机械操作试验合格

续表

序号	名称	验收要点
8	气体状态检查	在每个单独运输模块主回路绝缘试验阶段，使用露点仪测量露点，在压力法下≤-10℃，则满足绝缘试验条件
9	工频耐压试验	1min 工频 275kV，工频试验设备保护装置不动作（未发生瞬时失压）
10	局部放电试验	1min 工频 190kV，局部放电量≤5pC
11	辅助和控制回路的绝缘试验	1min 工频 2kV，工频试验设备保护装置不动作（未发生瞬时失压）
12	主回路电阻测量	对单独模块使用直流电阻测试仪，在主回路两端通入 100A 的直流电流，测量主回路两端的电压降，计算该主回路的电阻

2）材料进场检验

督促施工单位及时报验《进场材料/构配件/设备报审表》，根据监理细则确定的频率进行平行检验。材料/构配件检验的主要内容有批次数量、产品商标、外观检查、外观尺寸、装配尺寸和涂层厚度等，监理按已编制的平行检验记录表进行检验。主所的主要材料进场平行检验要点见表 9.3-5。

主所主要材料进场平行检验要点　　　　　　　　　　　　　表 9.3-5

序号	名称	检验频率	监理要点
1	锚栓螺栓	20%	外观完好，品种（厂家）符合合同要求；规格符合设计要求
2	扁钢槽钢角钢钢板		
3	护管线槽		
4	桥/支架		
5	网栅		
6	电力电缆	100%	外观完好，包装、护套无破损；规格符合、技术参数、标注符合设计要求；电气绝缘值或电阻符合规定
7	电力电缆头		
8	控制电缆		
9	光纤、网线		

3）110kV 主所设备开箱检验

110kV 主所设备开箱主要检验工作可结合表 9.3-2 和表 9.3-6 的要求落实。

110kV 主所设备开箱检验工作要点　　　　　　　　　　　　表 9.3-6

检验频率	检验要点	备注
100%	外包装、外观完好（拍照记录）； 型号规格符合要求； 安装尺寸符合要求； 随箱附件齐全； 合格证、用户使用手册等资料齐全	110kV GIS、主变、35kV GIS、接地变、所用变、电抗器、接地变阻箱、控制屏、电源屏等

4）第三方检验

第三方检验是对进场的部分主要材料和部件必须经具有资质的检测单位对这部分材料

或部件进行独立检测，并能够出具测试报告。

① 根据《施工合同》约定和规范轨道的种类、数量，审核施工方报送的第三方检验清单。现场抽样、封装由第三方检验单位实施，或者见证施工方现场抽样、封装、送检。

② 根据《监理合同》约定的种类、数量，列出第三方检验清单。现场抽样、封装由第三方检验单位实施，或者由监理现场抽样、封装、送检。

某项目主所的材料设备第三方检测项目见表9.3-7。

某项目主所材料设备第三方检测项目　　　　　　表 9.3-7

序号	名称		第三方检测项目
1	电缆		1. 35kV 电缆：单根垂直燃烧、成束燃烧、结构尺寸、绝缘老化前拉伸、护套老化前拉伸、绝缘热延伸、4h 耐压试验； 2. 控制电缆：单根垂直燃烧、成束（C类）燃烧、结构尺寸、绝缘老化前拉伸、护套老化前拉伸
2	主变附件	电流互感器	外观检查、绝缘电阻测量、极性测量
		电压互感器	
		SF6 新气体	全分析
		110kV 变压器绝缘油	外观、水分、击穿电压、介质损耗因数、闪点、酸值
		绕组（油面）温度计	外观、温度示值、变送电流、接点动作等
		压力释放阀	外观、时效开启压力检测、开启压力检测、关闭压力检测、密封性
		瓦斯继电器	外观、绝缘强度、密封性、流速值、气体容积值
3	材料类		外形尺寸、镀锌厚度（锚栓、螺栓、扁钢、槽钢、角钢、钢板、护管、线槽、桥/支架、网栅等）

特别说明，主变压器绝缘油要进行多次检测，如进场、混合油、送电 24h 后等。

（3）安装阶段

主所安装阶段主要包括对预埋件的检查、保护导管、电力电缆及导线、桥架、接地装置、环境和设备监控装置、设围栏、变压器、GIS组合电气设备、二次设备等进行安装施工。专业监理工程师应根据现行规范和设计文件要求进行工程质量管控。

1）预埋线管、桥架、接地装置及支架等安装，严格按设计文件和相关规范执行，监理管控要点见表9.3-8。

预埋线管、桥架、接地装置及支架等安装监理管控要点　　　　表 9.3-8

序号	名称	监理管控要点
1	预埋件	1. 设备基础预埋件规格尺寸、制安方式及预埋位置； 2. 预埋件接地方式和接地端子数量； 3. 螺栓应露出螺母 2～3 扣
2	保护线管	1. 保护线管连接方式符合相关规范要求，跨接接地符合要求； 2. 电缆保护管管口高度应为 100～300mm，高度统一，排列整齐，应满足电缆弯曲半径要求； 3. 所有沟口、洞口、电缆进出口应用防火材料封堵

续表

序号	名称	监理管控要点
3	桥架、支架	1. 是否镀锌、有无锈蚀； 2. 各支架水平高差； 3. 接地连接可靠
4	遮栏及栅栏	1. 防护网栅的门扇开闭灵活； 2. 防止误入带电间隔的闭锁装置安装； 3. 网栅与带电体的距离
5	温控温显装置	温控温显装置符合规定，接线完整，各开关接点动作正确，指示灯完好
6	接地装置	预留接地端子 1. 是否镀锌、有无锈蚀； 2. 各支架水平高差； 3. 接地连接可靠 所内接地网、接地母排 1. 巡查锚栓孔径孔深及埋深； 2. 接地扁钢或圆钢搭接长度； 3. 标志牌规格、标识 设备单体接地 1. 设备基础预埋件规格尺寸、制安方式及预埋位置； 2. 预埋件接地方式和接地端子数量； 3. 螺栓应露出螺母2～3扣

2）线缆敷设的方式以设计文件和相关规范为准，管控要点见表9.3-9。

线缆敷设管控要点　　　　　　　　　　　　　表 9.3-9

序号	名称	监理管控要点
1	热缩材料	1. 严格按电缆型号、规格（截面尺寸）选择合格的热缩材料； 2. 套入电缆前和热缩后，均须用清洁剂清洗干净； 3. 热收缩管加热均匀、表面光滑无皱
2	分层配置	1. 低压电缆，强电电缆、控制线缆应按由上而下顺序分层配置； 2. 电力电缆和控制电缆不应配置在同一层支架上
3	电力电缆	1. 线缆规格、型号符合规范和设计要求； 2. 线缆敷设排列整齐，尽量避免交叉； 3. 电缆预留长度符合设计要求
4	控制线缆	线缆敷设 1. 线缆及配件合规并已报审，无破皮、变形、扭伤、背扣； 2. 接头、密封、弯曲、预留等符合要求，固定牢靠； 3. 防雷接地符合设计要求 线缆接续及引入 1. 线位对接、接头固定符合要求； 2. 光电缆管槽内、漏缆单根馈线不允许接头； 3. 引入室内外处的电气绝缘，盒（箱）处的固定、保护、标识符合要求
5	弯曲半径	转弯处的弯曲半径满足电缆最小允许弯曲半径的要求

续表

序号	名称	监理管控要点
6	电力电缆头	1. 缆头及附件现场应检查规格、型号符合设计要求; 2. 电缆终端和中间接头应采取加强绝缘、密封防潮、机械保护措施; 3. 控制线鼻子与芯线截面配套、压接模具规格与芯线规格一致、压接数量不得小于二道
7	绑扎	1. 绑扎材料及颜色、间隔及方式符合设计和运营的要求; 2. 电缆敷设排列整齐,水平敷设首尾两段、转弯两侧及每隔5~10m处上设固定点; 3. 垂直敷设电缆固定点间距不大于1m
8	保护	1. 电缆进入建筑物、沟道、穿过楼板和墙壁加装保护管,其内径不应小于电缆外径的1.5倍; 2. 穿入管中的电缆数要符合图纸中的设计要求; 3. 交流单芯电缆不能单独穿入钢管内; 4. 穿电缆时不要损坏保护层
9	防火封堵	1. 电缆孔洞或变电所电缆出口等处,需按设计要求防火封堵; 2. 防火泥封堵厚度均匀,上部略高于周边结构面。其他面可与结构面平齐
10	标识牌	1. 标识牌内容、挂设位置符合设计和运营的要求; 2. 电缆的始、终端及中间每隔20m等部位挂好电缆标志牌,注明回路编号、用途、型号、规格等内容

3) 变压器、互感器、电抗器、变阻箱安装,变压器等设备安装的监理管控要点见表9.3-10。

变压器、互感器、电抗器、变阻箱安装监理管控要点　　　　表 9.3-10

序号	检查项目	监理管控要点
1	安装	1. 器身与基础预埋件固定牢固可靠; 2. 高低压电缆支架安装牢靠
2	间距	1. 母线相间及对地的净空距离; 2. 部位安全净空距离
3	绝缘油	1. 绝缘油进场时质量合格证明文件及相关检测报告齐全; 2. 绝缘油油位符合要求,本体无渗漏; 3. 注油后的变压器,在施加电压前静止时间不应少于以下规定:110kV及以下24h;220kV及以下48h
4	接线	1. 变压器相数、结构形式符合设计要求; 2. 整流变联结组别符合设计要求
5	接地	1. 器身及外壳和其他非带电金属部分,可靠接地; 2. 动力变压器中性点单独与接地母排相连

4) 110kV GIS设备安装　GIS组织开关设备安装要符合设计文件及相关规范要求,监理管控要点见表9.3-11。

110kV GIS 设备安装监理管控要点　　　　表 9.3-11

序号	检查项目	监理管控要点
1	柜体检查及安装	1. 设备的型号、规格及安装位置应符合设计要求; 2. 安装成列屏,标志牌、标志框齐全、清晰、正确

续表

序号	检查项目	监理管控要点
2	基础及连接	开关柜与基础的连接应固定牢固,所有紧固件应采取防腐处理
3	SF6 气体注入	1. SF6 设备在充装气体时,必须严密措施防止水分进入; 2. 工作未开始之前,首先应测定现场周围环境空气相对湿度≤80％,这是限制空气含水具体示数。测定如不合格,则应采取措施或重选干燥晴朗的天气进行充装; 3. 在进行充装的同时开启通风机,认真遵守空气 SF6 含量不得超过 1000ppm 的规定。在工作开始后的一定时间内即应进行检测,并具体情况于中途再进行检测。当出现 SF6 气体含量增高或超过标准时,应随即对部件进行详细检查,查找原因并予以消除
4	接地系统	1. 本体直接接地且接地可靠,可开启的门与框架的接地端子间应用裸编织铜线连接; 2. 所内运营期设备检修维护接地端子预留符合设计要求

5）35kV GIS 设备安装监理管控要点见表 9.3-12。

35kV GIS 设备安装监理管控要点   表 9.3-12

序号	检查项目	监理管控要点
1	柜体检查及安装	1. 设备的型号、规格及安装位置应符合设计要求; 2. 安装成列屏,标志牌,标志框齐全、清晰、正确
2	断路器/辅助开关	35kV 断路器、三位置隔离开关的辅助开关及闭锁装置动作灵活,准确可靠(实际操作)
3	基础及连接	开关柜与基础的连接应固定牢固,所有紧固件应防腐处理
4	接地系统	本体直接接地且接地可靠,可开启的门与框架的接地端子间应用裸编织铜线连接
5	柜内设备	设备上安装的元、器件应完好无损、固定牢靠,二次回路接线正确,连接可靠

6）交直流屏及二次系统控制屏安装（含蓄电池电源屏）的监理管控要点见表 9.3-13。

交直流屏及二次系统控制屏安装监理管控要点   表 9.3-13

序号	检查项目	监理管控要点
1	柜体检查及安装	1. 设备的型号、规格及安装位置应符合设计要求; 2. 安装成列屏,标志牌,标志框齐全、清晰、正确
2	基础及连接	基础槽钢安装应符合规范标准的规定
3	接地系统	交、直流屏的金属框架必须可靠接地,可开启的门与框架连接应符合电气规范要求
4	蓄电池组	1. 蓄电池的规格、容量和电池数量应符合设计规定; 2. 蓄电池组在屏内台架上安装应稳固、排列整齐,端子连接紧密正确可靠,无锈蚀,每组蓄电池间应保持一定间距

（4）旁站

110kV 主所的安装监理旁站工作主要涉及 110kV 线缆接头的制作和安装、接地装置的安装和测试、主变压器和 110kV GIS 的交接试验、设备及系统的调试,以及送电等关键工序。线缆接头制作安装见表 9.3-14,接地装置安装及测试见表 9.3-15。

线缆接头制作安装监理管控要点　　　　　表 9.3-14

检查项目	监理管控要点
线缆接头制作安装	1. 严格持证上岗的要求,确保环网电缆工程质量; 2. 电缆头及附件现场应检查规格、型号符合设计要求; 3. 中间接头组件等材料和电缆剥切刀等工器具满足现场施工需要; 4. 按电缆头制作工艺检查电缆头制作过程是否按既定的工艺实施

接地装置安装、测试　　　　　表 9.3-15

检查项目	监理要点
接地装置安装、测试	1. 接地装置引出端应符合设计要求,并便于与室内接地干线连接; 2. 每个电气装置均应以单独的接地线与接地干线相连接; 3. 接地装置外露部分连接可靠,防腐完好,标志明显; 4. 测试工器具是否标定在有效期;测试并记录测试数据,综合接地系统测试满足设计要求,接地电阻符合设计要求; 5. 核查综合接地网接地电阻测试报告

（5）电气交接试系统联调

1）电气交接试验

专业监理工程师电气交接试验应按照国家标准《电气装置安装工程　电气设备交接试验标准》GB 50150—2016 相应要求执行。监理管控要点见表 9.3-16。

电气交接试验监理管控要点　　　　　表 9.3-16

序号	试验项目	试验内容	监理管控要点
1	110kV SF6 封闭式组合电器	CT、PT SF 断路器 回路电阻、交流耐压 SF6 气体测试,密闭测试 气体密度继电器 特殊试验(耐压、局放)	1. 交流耐压在额定气压时,按出厂试验电压80%; 2. 分、合闸时间符合产品的技术条件规定; 3. SF6 的含水量应小于 150μL/L(与灭弧室相通); 4. 充气后 24h 进行开关进行动作试验,满足要求; 5. 检查气体密度继电器及压力动作阀的动作满足要求; 6. 二次回路检查等
2	110kV 主变压器	主变压器本体 主变压器套管 CT 避雷器 特殊试验(绕组变形频率响应法/低压阻抗法试验;绕组连同套管交流耐压/长时感应耐压带局放试验)	1. 绝缘油透明、无杂质或悬浮物;水溶性 pH>5.4,含水量≤20mg/L,H_2 含量≤10μL/L; 2. 变压器油应在进场后、混合油及送电后 24h 进行多次油检测; 3. 检查气体继电器、压力释放阀、有载调压开关等; 4. 送电前的冲击合闸试验; 5. 耐压 2500V 测量铁心和夹件的绝缘电阻,1min 无击穿或闪络现象; 6. 检查三相极性应符合要求; 7. 电压比、介损等符合要求; 8. 电压为出厂耐压试验值的 0.8

续表

序号	试验项目	试验内容	监理管控要点
3	35kV GIS 开关柜	SF6 断路器 SF6 密闭、微水 CT、PT 回路电阻 避雷器 母线耐压	1. 测量主回路的导电电阻符合要求； 2. SF6 的含水量应小于 $50\mu L/L$； 3. 交流耐压在额定气压时，按出厂试验电压 80%； 4. 检查气体密度继电器及压力动作阀的动作满足要求； 5. 组合电器的操作试验等
4	35kV SVG	CT、PT 避雷器	1. 电流互感器的电流比、介损等符合要求； 2. 局部放电和耐压试验； 3. 测量绕组的直流电子； 4. 测量励磁特性； 5. 检查组别和极性； 6. 密封性能检查； 7. 测量绝缘电阻等
5	35kV 电感设备	所用主变压器 接地变阻 电抗器 接地变 CT	1. 测量绕组连同套管的直流电子； 2. 测量绕组连同套管的绝缘电阻、吸收比和介损； 3. 交流耐压试验出厂耐压试验的 80%； 4. 额定电压下的冲击试验 5 次，每次 5min； 5. 测量箱壳的表面温度
6	35kV 电力电缆	主变低压侧 站用变电缆 接地变电缆 电抗器电缆 母联开关电缆	1. 主绝缘及外护层绝缘电阻测量； 2. 主电缆的绝缘直流耐压为 $4U_0$； 3. 检查两端的相位 4. 局部放电和泄漏电阻测量

2）综保（继电保护）调试监理管控要点见表 9.3-17

综合保护调试监理管控要点　　　　　　　　　　　　表 9.3-17

序号	试验项目	试验内容	监理管控要点
一、单体试验			
1	110kV	进线线路保护屏 主变压器保护屏	分柜（屏）试验，动作可靠，符合设计要求；定值符合电力部门和设计要求；检测测试记录
2	35kV	馈线开关柜线路保护盘 站用变开关柜保护盘 接地变开关柜保护盘 电抗器开关柜（保护屏） 母联分段开关柜保护盘（含备自投） 母线保护柜、母线分段隔开柜	

续表

序号	试验项目	试验内容		监理管控要点
二、系统试验				
1	110kV 系统	主变压器系统保护试验		分系统试验,检查试验记录,旁站
2	35kV 系统	馈线系统保护试验		
		母线系统保护试验		
3	二次设备系统	公用测控系统试验(测控屏)		
		直流电源系统(直流电源屏)		
		UPS 系统试验(逆变电源屏)		
		站用电切换系统试验(站用电源屏)		
		主变压器间隔五防系统(闭锁装置)		
		事故照明系统试验(事故照明柜)		
		故障录波系统试验(故障录波屏)		
		一次通 380V 试验(CT、PT)	(110kV 进线线路)	
			(35kV 母线)	

3）专项试验的监理管控要点见表 9.3-18。

专项试验监理管控要点 表 9.3-18

序号	试验项目	试验内容	监理管控要点
1	绝缘油	主变压器油罐(注油前)	《电气装置安装工程 电气设备交接试验标准》GB 50150—2016 第 19 章
		主变压器本体(注油静置/耐压和局放 24h 后)	
2	蓄电池	全容量核对性充放电	《电气装置安装工程 蓄电池施工及验收规范》GB 50172—2012
3	接地网	接地电阻	《电气装置安装工程 电气设备交接试验标准》GB 50150—2016 第 25 章
4	主变压器附件仪器	气体继电器	
		温度仪器(温度指示仪、压力式温度计)	

4）送电开通流程监理管控要点见表 9.3-19。

送电开通监理管控要点 表 9.3-19

序号	试验项目	监理管控要点	监理措施
1	送电准备	送电前确认所有设备交接试验已完成,所有电气设备已进行传动检查;模拟事故状态的产生,在本所对自动装置的动作情况及返回信号的正确性进行确认,应达到设计规定;检查操作人员上岗证及相关工具,工作票	送电前检查

序号	试验项目	监理管控要点	监理措施
2	远动	对于配备远动操作系统的变电所,应根据设计文件要求,对操作对象的位置信号、预告信号、故障信号等在电力调度中心进行检查确认,同时检查事故记录和事故打印功能的完整性。具备条件的情况下,应由电力调度中心进行必要的遥控操作检查	旁站,检查记录
3	受电	见证检查变电所受电后,其高压侧母线电压、相位及相序,低压侧母线电压、相位以及所用电电压、相位、相序均符合设计文件要求	旁站,检查记录
4	冲击	新安装变压器应进行五次空载全电压冲击合闸试验,不同电压等级的变压器结构形式不一样,受电后的持续时间不一样。110kV 电压等级一般为 15min;35kV 及以下电压等级变压器冲击时间一般为 5min。变压器空载受电运行 24h 后方可带负荷运行	旁站,检查记录
5	显示	变电所开关动作准确无误,闭锁功能符合设计规定要求。各种声光信号显示正确,测量仪表指示准确	检查

5）系统联调试验，系统联调试验很重要，监理要进行旁站，监理管控要点见表 9.3-20。

供电系统联调试验监理管控要点 表 9.3-20

序号	试验项目	监理管控要点	监理措施
1	供电系统联调	1. 通信上位机接口测试完成、主备通道切换正常; 2. 主所与电力网络之间时钟系统测试时间一致; 3. 观察主所与电力网络系统功能验证测试过程,完成所有遥信、遥控、遥测功能试验; 4. 调试试验各方签字	旁站,检查记录

（6）质量验收

1）隐蔽工程验收

① 主变电所工程的隐蔽工程主要包括线管安装、接地极安装和线缆敷设等。专业监理工程师应根据施工单位报送的隐蔽工程报验单申请表和自检结果进行现场检查验收，符合要求予以签认。

② 对未经监理人员验收或验收不合格的工序，监理人员应拒绝签认，并要求施工单位严禁进行下道工序的施工。

2）分部、分项工程验收

专业监理工程师应对施工单位报送的分项工程质量验评资料进行审核，并组织施工单位共同进行现场验收，符合要求后予以签认。总监理工程师应组织监理人员对施工单位报送的分部工程质量验评资料进行审核，并组织施工单位共同进行现场验收，组织变配电室分部工程验收会议，符合要求后予以签认。并编制主所施工监理总结和分部工程质量评估报告。

3）验收阶段，监理应完成相关监理资料。对验收中提出的整改问题，设备监造项目部应要求施工单位进行整改并复验，并协助配合建设单位与电力部门的验收并提供相关监理资料。验收资料包括分部工程验收报审表和分部验收记录表，以及功能性（绝缘电阻测试记录、接地故障回路阻抗测试记录等）抽查记录和感观（配电箱、盘、板、接线盒、插座、开关、防雷接地、防火、设备等）验收表。

2. 35kV 牵引降压混变所

（1）技术特点

1）主要设备

35kV 牵引变所的主要设备有牵引/降压变器、35kV 开关柜、整流器柜等。35kV 牵引变所主要设备见表 9.3-21。牵引/降压变电所设备输入电压为交流 35kV；输出电压为直流 1500V（或 750V）、交流 400V。35kV 牵引变所的安装监理要点基本与主所相似，可以参考 110kV 变电所的控制要点，但也有它的特殊性。牵引干式变压器见图 9.3-1，35kV GIS 柜见图 9.3-2。

35kV 牵引变所主要设备表　　　　　表 9.3-21

序号	项目名称	设备种类		
1	变压器	整流变压器 降压变压器	成套配电变压器	—
2	开关柜	35kV 开关柜 整流器柜	1500(750)V 直流柜 400V 配电屏	交直流屏 排流柜
3	监控设备	PSCADA 系统	控制屏	—
4	线缆	35kV 交流电缆 400V 交流电缆	1500V 直流电缆	控制电缆

图 9.3-1　牵引干式变压器

图 9.3-2　35kV GIS 柜

2）监理工作的技术准备

① 熟悉设计图纸、专题技术讨论交流，通过图纸会审、设计交底、现场勘察等途径熟悉掌握本工程的特点及关键的施工工序，确定旁站的工序和关键节点。

② 依据牵降变系统安装工程的特点及本工程的实际情况，通过协调牵降变系统工程与其他各专业工序及施工界面的衔接、交叉、接口等，确定施工作业的工艺、质量及其成品保护措施，落实牵降变系统安装工程与触网、车站接口交接制度。

（2）接口检查

35kV 降压变电所的接口基本与 110kV 主所相似，不一样的地方在于其外线从城市轨道交通系统的 110kV 主所来的 35kV 电力电缆。接口检查包括土建预留洞口的检查，主要涉及变压器室，整流、35kV 开关及低压配电系统等。

（3）设备、材料进场检验

参见 110kV 主所，部分材料、设备的电压等级不一样。

（4）安装阶段

1）35kV GIS 高压开关柜安装

① 高压开关柜型号规格符合设计要求，铭牌及各种标识清晰、齐全，附件安装齐全，传动机构联动正常，无卡阻现象，分合闸指示正确；辅助开关和电气闭锁动作正确可靠，接地线连接正确可靠。

② 柜体安装牢固，允许偏差垂直度为 1.5mm/m，柜体表面无损伤，柜门开闭灵活。

③ 电流互感器、电压互感器及二次端子位置符合设计图纸要求。

④ 六氟化硫气体无泄漏，气压指示正确，六氟化硫气体含水率应符合规定，六氟化硫气体压力降低报警定值应符合规定。

⑤ 柜内无杂物、清洁。主回路与二次回路接线正确，引出电缆应排列整齐，编号清晰，避免交叉，固定牢固。

⑥ 各连接电缆排列整齐，绑扎牢固：与电缆外表有棱角接触的地方，应加垫、套保护。

2）35kV/1.2kV/1.2kV 干式整流变压器安装

① 参与有关部门对变压器基础及预留孔洞进行土建交接验收，检查变压器基础及尺寸是否符合设计要求。变压器室内照明、消防满足设计规范要求，门的开启方向应符合设计和规范要求。

② 变压器安装位置正确，固定牢固可靠，附件齐全。

③ 接地线与变压器的支架、基础槽钢连接应可靠，防松零件齐全。

④ 绝缘件应无裂纹，缺损和瓷件瓷轴无损坏等缺陷，外表清洁，温控仪表指示正确。

⑤ 整流变压器的规格型号、相数、联接组别应符合设计要求。

⑥ 整流变压器附件安装位置及温度控制的设置应符合设计要求，安装位置应便于检查和观察变压器温度。

⑦ 整流变压器低压侧至整流器电缆连接必须相位准确，连接紧固，用力矩扳手检查其拧紧度，应满足规范要求。

3）整流器柜及负极柜安装

① 参与有关各方对设备基础进行土建交接验收，设备基础及尺寸符合设计要求。

② 设备规格型号符合设计要求，元器件齐全。

③ 柜体绝缘安装，检查绝缘板厚度、尺寸符合设计要求，柜体与基础绝缘良好。

④ 柜体安装平稳、牢固，螺栓紧固，有防松措施。

⑤ 主回路与二次回路接线正确，引出电缆排列整齐，编号清晰，避免交叉，固定牢固。

⑥ 铭牌和各种标识清晰齐全。

⑦ 柜体表面无损伤，柜门开闭灵活。

⑧ 回流直流电缆与负极柜母排连接应可靠、牢固。用力矩扳手检查其拧紧度，力矩值应符合出厂技术要求或国家标准要求。

4）1500V 直流开关柜安装

① 设备型号规格符合设计，元器件齐全。铭牌和各种标识清晰齐全；柜体绝缘安装，检查绝缘板厚度、尺寸符合设计要求，柜体与基础绝缘良好。

② 柜体安装平稳、牢固，螺栓紧固，有防松措施，柜面无损伤，柜门开闭灵活。

③ 检查快速断路器小车应具有"运行""试验"和"移开"三个明显位置。

④ 快速断路器手车推拉灵活，无卡阻、碰撞现象。手车与柜体间的二次回路连接插件应接触良好；柜内控制电缆的位置不应妨碍手车进出，并应安装牢固；操动机构和辅助开关动作灵活可靠。

⑤ 主回路与二次回路接线正确，引出电缆排列整齐，标识清晰。

⑥ 馈出电缆连接应正确可靠、牢固，用力矩扳手检查其拧紧度，力矩值应符合出厂技术要求或国家标准要求。

5）配电屏（交直流屏、电池屏）、二次柜安装

① 交、直流屏、蓄电池屏、信号屏规格型号符合设计要求，铭牌和各种标识清晰齐全；柜体安装平稳、牢固、螺栓紧固；接地线连接正确可靠。

② 各种连接电缆排列整齐，端子清晰，避免交叉并应固定牢固。

③ 蓄电池外壳无裂纹、损伤；蓄电池正、负极摆放正确，连接条及抽头接线正确、紧固、无锈蚀；蓄电池组绝缘良好。

6）电缆桥架、支架安装

① 电缆桥架及支架的规格及尺寸必须符合设计要求。

② 镀锌电缆桥架间连接板的两端不跨接接地线，但连接板两端不少于两个有防松螺帽或防松垫圈的连接固定螺栓。

③ 电缆桥架及其支架必须接地，并且安装不少于两处与接地干线相连接。

④ 桥架与支架间螺栓、桥架连接板螺栓固定紧固无遗漏，螺母位于桥架外。

⑤ 电缆桥架跨越建筑物伸缩缝处要设置补偿装置。

⑥ 电缆桥架转弯处的弯曲半径不小于桥架内电缆最小弯曲半径，电缆最小允许半径为：聚氯乙烯绝缘电缆 10D，交联聚氯乙烯绝缘电缆 15D。

⑦ 当设计无要求时，电缆桥架水平安装支架间距为 1.5～3m，垂直安装支架间距不大于 2m。

7）电缆敷设、电缆头制作、接线和电缆绝缘测试

① 电缆敷设的路径，电缆规格型号和根数必须符合设计要求。

② 电缆出入电缆沟、竖井、建筑物、盘柜及管子管口处做密封处理。

③ 电缆敷设排列整齐，水平敷设的电缆，首尾两端、转弯处及每隔 10m 处设置固定点，沿垂直竖井内支架上敷设的电缆必须在每个支架上固定牢固。

④ 单相交流单芯电缆不得单独穿于钢管内。

⑤ 电缆的首端、末端和分支处应设置标志牌，标志牌应清晰，标号准确。

⑥ 35kV 高压电力电缆直流泄漏试验结果必须符合交接试验标准。

⑦ 电线、电缆穿管前应清除管内杂物和积水。管口应有保护措施，进入接线盒、箱的电线、电缆敷设后，管口应密封。

⑧ 电线、电缆接线必须准确，并联运行的电缆型号规格、长度、相位应一致。电缆芯线连接金具规格应与芯线的规格适配。

⑨ 低压电缆，控制电缆、直流 1500V 电缆绝缘电阻值必须符合规范要求。

⑩ 纵差保护光缆的型号规格、行径位置均符合设计要求。铠装电缆的接地线应采用铜绞线或锡铜编织线，截面面积应符合规范要求。

8）回流箱及均流箱安装

① 回流箱、均流箱制作应符合设计和合同要求。

② 回流箱及均流箱安装位置必须符合设计要求。

③ 回流箱及均流箱内铜母排支持绝缘件应无裂纹，固定牢固。

④ 回流箱及均流箱内进出电缆在铜母排上的连接、固定必须牢固可靠，并用力矩扳手检查其拧紧度力矩值，应满足规范要求或出厂技术要求。

9）35kV/0.4kV 干式变压器安装

① 变压器安装位置正确，固定牢固可靠，附件齐全。

② 变电所接地母排引出的接地电缆与动力变压器的低压侧中性点直接连接。

③ 干式变压器的支架或外壳也应接地，并与接地干线或接地母排连接，所有连接应可靠，紧固件及防松零件齐全。

④ 绝缘件应无裂纹、缺损，瓷件瓷轴无损坏，外壳清洁，温控仪表指示正确。

10）400V 低压成套开关柜安装

① 400V 低压成套开关柜基础槽钢预埋尺寸符合要求，基础槽钢必须可靠接地，接地扁钢焊接、防腐要符合规范要求。

② 柜体安装应牢固可靠，允许偏差垂直度 11.5mm/m，相互间隙不大于 2mm。前后通道符合规范要求。

③ 抽出式成套配电柜推拉灵活，无卡阻、碰撞现象，动触头与静触头中心应一致，柜内元器件齐全，规格、型号符合要求，铭牌和各种标识清晰齐全。

④ 电气设备连接螺栓应有防松装置，拧紧后螺栓长度露出蝶、母 2～5 扣。低压母线的相色、相位排列正确，标识齐全，符合规定。

⑤ 母线表面应平整、清洁、无损痕、无变形。母线搭接应符合规定。母线的支持绝缘子应完好，无裂纹、无破损。

⑥ 电缆芯线应按垂直或水平配置，不得任意歪斜交叉连接，开关出线电缆接线连接牢固、可靠，排列整齐，绑扎牢固。

⑦ 接地干线及接地铜母排安装：室内接地干线、接地母排、接地电缆的规格及安装应符合设计和规范要求。高低压室内接地线应不少于两处与接地装置引出的接地干线相连

接，在综合接地装置引出处，复测接地装置的接地电阻值应小于1Ω。电气装置均应以单独的接地线与接地干线相连接，严禁串联连接。

⑧ 接地线的敷设应平直、牢固，穿越墙壁和楼板时应加保护套管；跨越建筑物伸缝时应有补偿装置。

（5）电气交接试验、系统联调

1）电气交接试验应根据国家标准《电气装置安装工程　电气设备交接试验标准》GB 50150—2016的相关要求进行管控，要点见表9.3-22。

电气交接试验监理管控要点　　　　　　　　　　　　　表9.3-22

序号	试验项目	试验内容	监理管控要点
1	35kV SF6 封闭式组合电器	CT、PT	1. 测量主回路的导电电阻符合要求； 2. SF6的含水量应小于 50μL/L； 3. 交流耐压在额定气压时，按出厂试验电压80%； 4. 检查气体密度继电器及压力动作阀的动作满足要求； 5. 组合电器的操作试验等
		SF6 断路器	
		回路电阻、交流耐压	
		SF6 气体测试，SF6 密闭、微水	
		气体密度继电器	
		特殊试验（耐压、局放）	
2	35kV 主变压器区域	主变压器本体	1. 电压比、介损等符合要求； 2. 送电前的冲击合闸试验； 3. 交流耐压为出厂耐压试验值的 0.8； 4. 2500V 测量铁心和夹件的绝缘电阻，1min 无击穿或闪络现象； 5. 检查三相极性应符合要求
		主变压器套管	
		CT	
		避雷器	
		特殊试验（绕组变形频率响应法/低压阻抗法试验；绕组连同套管交流耐压/长时感应耐压带局放试验）	
		避雷器	
3	35kV 电感设备	电压互感器	1. 互感器的变比、介损等符合要求； 2. 局部放电和耐压试验； 3. 测量绕组的直流电子； 4. 测量励磁特性； 5. 检查组别和极性； 6. 测量绝缘电阻等
		电抗器	
		接地变 CT	
4	400V/1500 低压成套柜	主开关	1. 耐压测试和绝缘测试； 2. 电压线圈动作值校验； 3. 脱扣值的整定
		综合控制	
		绝缘测试	
5	35kV 电力电缆	主变低压侧	1. 主绝缘及外护层绝缘电阻测量； 2. 主电缆的绝缘直流耐压为 $4U_0$； 3. 检查两端的相位； 4. 局部放电和泄漏电阻测量
		站用变电缆	
		接地变电缆	
		电抗器电缆	
		母联开关电缆	

2）综保（继电保护），综保监理管控要点见表 9.3-23。

综保（继电保护）监理管控要点　　　　　　　　　　表 9.3-23

序号	试验项目	试验内容		监理管控要点
一、单体试验				
1	110kV 系统	进线线路保护屏		分柜(屏)试验,动作可靠,符合设计要求;定值符合电力部门和设计要求;检测测试记录
		主变压器保护屏		
2	35kV 系统	馈线开关柜线路保护盘		
		站用变开关柜保护盘		
		接地变开关柜保护盘		
		电抗器开关柜(保护屏)		
		母联分段开关柜保护盘(含备自投)		
		母线保护柜、母线分段隔开柜		
二、系统试验				
1	110kV 系统	主变压器系统保护试验		分系统试验,检查试验记录,旁站
2	35kV 系统	馈线系统保护试验		
		母线系统保护试验		
3	二次设备系统	公用测控系统试验(测控屏)		
		直流电源系统(直流电源屏)		
		UPS 系统试验(逆变电源屏)		
		站用电切换系统试验(站用电源屏)		
		主变压器间隔五防系统(闭锁装置)		
		事故照明系统试验(事故照明柜)		
		故障录波系统试验(故障录波屏)		
		一次通 380V 试验(CT、PT)	(110kV 进线线路)	
			(35kV 母线)	

3）送电开通，送电流程和管控要点见表 9.3-24。

送电开通监理管控要点　　　　　　　　　　表 9.3-24

序号	试验项目	监理管控要点	监理措施
1	送电准备	送电前确认所有设备交接试验已完成,所有电气设备已进行传动检查;模拟事故状态的产生,在本所对自动装置的动作情况及返回信号的正确性进行确认,应达到设计规定;检查操作人员上岗证及相关工具,工作票	送电前检查
2	远动	对于配备远动操作系统的变电所,应根据设计文件要求,对操作对象的位置信号、预告信号、故障信号等在电力调度中心进行检查确认,同时检查事故记录和事故打印功能的完整性。具备条件的情况下,应由电力调度中心进行必要的遥控操作检查	旁站,检查记录
3	受电	见证检查变电所受电后,其高压侧母线电压、相位及相序,低压侧母线电压、相位以及所用电电压、相位、相序均符合设计文件要求	旁站,检查记录

续表

序号	试验项目	监理管控要点	监理措施
4	冲击	新安装变压器应进行五次空载全电压冲击合闸试验,不同电压等级的变压器结构形式不一样,受电后的持续时间不一样。35kV 及以下电压等级变压器冲击时间一般为 5min。变压器空载受电运行 24h 后方可带负荷运行	旁站,检查记录

4）系统联调试验，系统联调试验监理管控要点见表 9.3-25。

供电系统联调试验监理管控要点　　　　　　　　　表 9.3-25

序号	试验项目	监理管控要点	监理措施
1	电网系统联调	1. 通信上位机接口测试完成、主备通道切换正常; 2. 牵引所与电力网络之间时钟系统测试时间一致; 3. 观察主所与牵引电力在网络系统功能验证测试过程,完成所有遥信、遥控、遥测功能试验; 4. 调试试验各方签字	旁站,检查记录

5）质量验收

参见 110kV 的质量验收。

3. 接触网

（1）技术特点

城市轨道交通接触网是一种特殊的供电网，通过接触网给用电设备——轨交列车提供电力，它最大的特点是用电设备不定点取流，采用这种方式的供电网络系统称为接触网。接触网、钢轨与大地、回流线统称为牵引网。接触网从结构形式上可以分为柔性悬挂接触网、刚性支撑接触网和接触轨。

1）柔性悬挂接触网

柔性悬挂接触网的基本组成有接触线、吊弦、承力索、弹性吊弦、定位管、定位器、腕臂、棒式绝缘子、拉杆、悬式绝缘子串、支柱、接地线、钢轨等，见图 9.3-3。

2）刚性接触网

刚性悬挂接触网作为一种全新的接触悬挂方式，具有占用空间少、安装简单、少围护、稳定性好、安全可靠等特点。刚性悬挂系统的特点是高阻力，只有极少的几个零部件是可运动的，且移动量微小，接触导线沿汇流排全长加牢，不承受机械应力，所以运营期间摩擦损耗最小，无须维修和调整。刚性悬挂系统中接触导线及汇流排不受张力作用，与柔性接触悬挂系统相比，基本不会出现断线故障。基本组成种类主要有 Π 形汇流排＋接触线、T 形汇流排＋接触线和第三轨等形式。刚性接触网见图 9.3-4。

3）接触轨

接触轨系统也称为"轨交第三轨"，主要由接触轨、绝缘子、端部弯头、防爬器、防护罩、隔离开关等组成，见图 9.3-5。

牵引网一般采用 DC1500V 正极供电，负极走行轨的回流方式。当牵引网采用架空方式时，有的区段采用刚性接触网，有的区段采用柔性接触网。牵引降压混合变电所 DC1500V

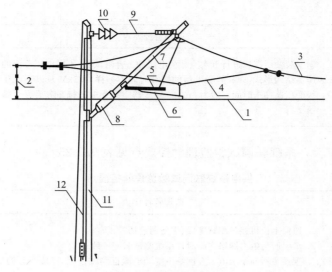

图 9.3-3　柔性悬挂接触网

1—接触线；2—吊弦；3—承力索；4—弹性吊弦；5—定位管；6—定位器；7—腕臂；
8—棒式绝缘子；9—拉杆；10—悬式绝缘子串；11—支柱；12—接地线

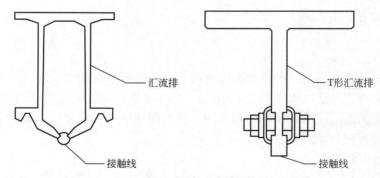

图 9.3-4　刚性接触网

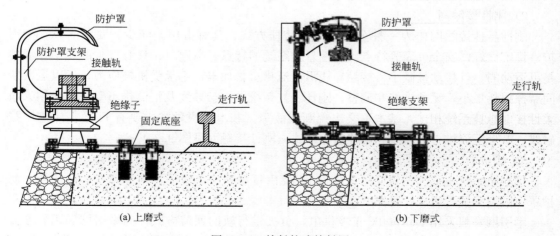

(a) 上磨式　　　　　　　　　　　(b) 下磨式

图 9.3-5　接触轨式接触网

馈线电缆经电动隔离开关与接触网相连，另外在正线牵引变电所处接触网两侧接触网间设常开的越区电动隔离开关，在本牵引变电所解列时，合闸越区电动隔离开关，由左右相邻牵引变电所越区大双边向接触网供电。允许电压波动范围1000～1800VDC。为保证乘客安全，限制行轨电位，在正线每个车站、车辆段设置钢轨电位限制装置。钢轨电位限制装置安装在各牵引降压混合变电所或降压变电所内。

杂散电流监测系统采用车站（变电所）监测和控制中心集中监测二级监测系统。全线在各车站变电所内分别设置一台杂散电流监测装置。该装置经过传输电缆与该监测区间内的各监测点传感器相连，各监测点传感器经由测量线与该点结构钢筋、整体道床测防端子、钢轨及对应的参考电极相连，实现对该分区结构和整体道床结构钢筋的极化电位数据采集。杂散电流防护工程设置了排流网，牵引变电所设置了排流柜。杂散电流监测系统采用按供电分区监测、集中管理的方式。在监控中心设立杂散电流防护系统监控主机，负责监测装置与排流柜通信，采集数据并控制排流。安装在沿线各测试点处，兼作传输信号线分线盒使用。监测装置分别安装在各车站变电所内，接收传感器监测的实时数据，并可以定时向传感器发布本体电位校正命令。

某城市轨道交通工程项目的接触网悬挂类型及组成见表9.3-26，线材规格及张力见表9.3-27，线材、绝缘子及接触网金具安全系数见表9.3-28。

某城市轨道交通工程项目的接触网悬挂类型　　表9.3-26

线路类别		悬挂类型	导线组成
地下段	正线	架空"Π"形刚性悬挂	1根汇流排＋1根接触线＋单架空地线
	渡线、存车线、折返线、联络线	架空"Π"形刚性悬挂	1根汇流排＋1根接触线＋单架空地线
	出入段线（地下部分）	架空"Π"形刚性悬挂	1根汇流排＋1根接触线＋单架空地线
高架段	正线	链形悬挂	双承力索＋双接触线＋单架空地线
车辆段	出入段线（地面部分）	链形悬挂	双承力索＋双接触线＋单架空地线
	试车线	链形悬挂	双承力索＋双接触线＋单架空地线
	车场线	补偿简单悬挂	单接触线＋补偿吊索＋单架空地线

线材规格及张力　　表9.3-27

项目	线材	导线规格	张力
刚性悬挂	汇流排	设计文件	无张力
	接触线	设计文件	无张力
	架空地线	设计文件	12kN（最大张力）
柔性悬挂	承力索	设计文件	12kN（额定张力）
	接触线	设计文件	12kN（额定张力）
	架空地线	设计文件	12kN（最大张力）

线材、绝缘子及接触网金具安全系数   表 9.3-28

项目		安全系数
线材类	接触线最大磨耗面积 20%的情况下	≥2.0
	承力索	≥2.0
	架空地线、辅助馈线	≥2.5
	其他诸如镀铝锌钢绞线等	≥2.5
	门型架定位索、中心锚结线	≥3.0
绝缘子	下锚绝缘子(受机电联合荷载时抗拉)	≥2.0
	棒式绝缘子(抗弯)	≥2.5
	针式绝缘子(抗弯)	≥2.5
	合成材料绝缘元件(抗拉)	≥5.0
耐张的零件强度		≥3.0

（2）接口检查

接触网系统的接口涉及牵引所、土建专业以及停车场、车辆段等，交接验收时对现场进行勘测确认，监理对施工单位的放线测量进行复核。

（3）安装阶段

1）立杆基础表面平整、棱角完整，无漏浆、露筋等现象，同一组软、硬横跨的基础底面及硬横跨实心基础底面高程应相等。拉线基础高出路肩面 100mm。腕臂柱杯型基础的中心线应与线路中心线垂直，偏差不大于 3°腕臂柱杯型基础杯底中心至线路中心的距离应符合设计要求，允许偏差为 0～+100mm。

2）钢柱安装

① 钢柱运达现场后应对其进行检查，其质量应符合轨道交通标准及其他有关规定。

② 钢柱型号、规格及安装位置应符合设计要求。

③ 钢柱承载后应直立或向受力反侧略有倾斜，施工允许偏差应符合表 9.3-29 的规定。

钢柱倾斜允许偏差表（从基础面算起）   表 9.3-29

序号	项目	允许偏差
1	格构及实腹式钢柱顺线路方向应直立	0.5%
2	锚柱端部向拉线侧倾斜	0～1%
3	桥钢柱横线路方向向受力反侧倾斜	0～0.5%
4	软横跨钢柱横线路方向向受力反侧倾斜	0.5%～1%
5	硬横梁钢柱顺、横线路方向均应直立	0.3%

④ 桥钢柱（格构及实腹式）应垂直于线路中心线，允许偏差不得大于 1°。软横跨两根钢柱中心连线均应垂直于正线，偏差不应大于 3°。同一组硬横梁两钢柱间距应符合横梁跨长要求，施工允许偏差±20mm。

3）地线及接地极安装

接触网支柱应按设计要求接地。距接触网带电体 5m 以内的金属结构栏杆及隔离开关、避雷器和站台上的支柱、架空地线两端下锚处等均应按设计要求设接地极。接地线地面部分涂防锈漆，地下部分采取防腐处理措施，接触网支柱接地线平直，无明显弯曲，防锈漆无脱落和漏涂现象，镀锌地线的镀层应完好，连接牢固可靠。接地电阻值见表 9.3-30。

接地电阻值　　　　　　　　　　　　表 9.3-30

序号	项目	接地电阻值（Ω）
1	距接触网带电体 5m 以内的金属结构	≤30
2	隔离开关、吸流变压器	≤10
3	架空地线	≤10
4	附加导线远离铁路、行人多站台上的支柱	≤30
5	避雷线、避雷器	≤4

4）拉线施工

拉线施工前应进行核对检查，符合设计及规范要求。

① 拉线不得有断股、松股和接头，两条拉线受力应均衡。

② 拉线角钢水平并与支柱密贴，连接件镀锌层无脱落和漏镀现象，钢绞线拉线无锈蚀现象并涂防腐油防腐。回头绑扎牢固。下锚拉线环应采用二级热镀锌防腐处理，其相对支柱的朝向应符合设计规定。

③ 锚柱拉线施工允许偏差应符合规范的规定。

5）支持结构施工

① 软横跨

施工前应在现场检查线材，镀锌钢绞线不得有断股、交叉、折叠、硬弯、松散等缺陷；镀锌钢绞线表面镀锌良好，不得锈蚀。

② 施工前现场应对绝缘子进行检查，其质量应符合有关标准的规定。必要时应抽取试件做机械和电气性能检验。外观质量应符合轨道交通施工验收规范要求的规定。检查质量证明书和进行复验报告，绝缘子交流耐压试验，可按每批产品抽样 5％，但每次试验数量不少于 50 只，若不合格率在 20％以上，则必须 100％进行试验，将不合格的剔除；监理单位检查复验报告或平行检验。

③ 固定角钢高度应符合设计要求，横向承力索至上部固定索最短吊弦处距离为 400～600mm，简单悬挂的软横跨承力索与定位索的最小距离符合设计要求，施工偏差±100mm，软横跨受力后，固定索及定位索应水平，允许有轻微负弛度。

④ 横向承力索及上、下部固定索不得有接头，连接螺栓紧固力矩符合设计要求。双横承力索的软横跨，两根承力索应平行，受力均匀，联板无偏斜。

⑤ 半斜链形悬挂软横跨的直吊弦在直线区段应在线路中心，曲线区段与接触线在同一垂面内。悬挂承力索与接触线应在同一垂面内，调整螺栓螺丝外露长度应为 20mm 至螺纹全长的 1/2。钢绞线在线夹内的回头长度为 300～500mm，软横跨固定索受力均匀。钢绞线和螺纹外露部分涂油防腐，电分段的绝缘子在同一垂面内。

⑥ 软横跨安装的允许偏差应符合表 9.3-31 的规定。

软横跨安装的允许偏差   表 9.3-31

序号	项目	允许偏差(mm)
1	固定角钢安装高度	±20
2	站台上方的绝缘子裙边与站台边缘齐	±100
3	杵头杆螺栓外露	20~80

⑦ 硬横梁施工的管控要点

a. 现场应对硬横梁进行检查，其质量应符合规范标准的规定。

b. 硬横梁的安装高度应符合设计要求。硬横梁与支柱、硬横梁各梁段结合密贴，连接牢固可靠，螺栓紧固力矩应符合设计要求。硬横梁呈水平状态，梁的挠度符合设计要求。硬横梁安装允许偏差应符合表 9.3-32。

硬横梁安装允许偏差值   表 9.3-32

序号	项目	允许偏差值
1	硬横梁安装高度	0~100mm
2	铰接硬横跨的硬横梁挠度	≤梁跨长的1/200
3	刚接硬横跨的硬横梁挠度	≤梁跨长的1/360

6）支柱装配施工

① 现场应对其进行检查，其质量应符合国家标准《电力金具通用技术条件》GB/T 2314—2008 等有关标准的规定。

② 全补偿、半补偿链形悬挂的腕臂安装位置及连接螺栓紧固力矩符合设计要求。在平均温度时应垂直于线路中心，温度变化时的偏移不得大于计算值。腕臂无弯曲，承力索悬挂点距轨面的高度符合设计要求，允许偏差符合规范要求。

③ 腕臂安装位置及连接螺栓紧固力矩应符合设计和规范要求。腕臂宜水平安装，允许偏差符合规范要求。平腕臂受力后应呈水平状态，定位管的状态应符合设计要求。

7）承力索及接触线架设施工

① 承力索架设

a. 施工前应现场对线材进行检查，承力索的线材规格、型号应符合设计要求，其质量应符合相关标准的规定。外观质量应符合规定：镀锌钢绞线不得有断股、交叉、折叠、硬弯、松散等缺陷，表面镀锌良好，不得锈蚀。铜、铜合金及铜包钢绞线不得有断股、交叉、折叠、硬弯、松散等缺陷；不得有腐蚀现象，如有缺陷应按规定进行处理。

b. 承力索每个锚段内接头数：正线不超过 1 个，站线不超过 2 个（不含锚支上的接头）。两接头间距不应小于 150m，接头距悬挂点的距离不应小于 2m。

c. 承力索接头应符合设计要求，钢绞线和铜绞线在楔形线夹内的回头长度为 300~500mm。半补偿链形悬挂承力索的弛度应符合设计安装曲线要求。

d. 张力补偿装置应符合设计要求，补偿绳应无磨损，转动灵活，坠砣完整无损且无卡滞现象。

② 接触线架设

a. 施工前应现场对线材进行检查，其质量应符合国家标准《电力牵引用接触线   第 1

部分：铜及铜合金接触线》GB/T 12971.1—2008 和《电气化铁路用同铜及铜合金接触线》TB/T 2809—2017 的规定。

b. 120km/h 以上区段正线接触线不允许有接头。站线接触线在一个锚段内允许有一个接头，两接头间距不应小于 150m，接头距悬挂点距离不应小于 2m。

c. 接触线接头应符合设计要求，接头线夹处应平滑不打弓，螺栓紧固力矩应符合产品说明书的要求。

d. 站场正线及重要线的接触线应在下方，侧线及次要线的接触线应在上方。

e. 张力补偿装置应符合设计要求，补偿绳应无磨支柱或拉线现象，坠砣完整。

8）接触悬挂施工

① 在地面段柔性悬挂及试车线柔性悬挂均设置防断中心锚结。

② 中心锚结应安装在设计指定位置上，接触线中心锚结所在跨距内不得有接触线接头。直线区段的中心锚结线夹端正，曲线区段中心锚线应与接触线倾斜度相一致，中心锚结线夹应牢固可靠，螺栓紧固力矩符合设计要求。

③ 中心锚结辅助绳的长度符合设计要求，允许偏差 ±20mm。

④ 全补偿链形悬挂承力索中心锚结辅助绳的驰度小于或等于所在跨距承力索的驰度，全补偿、半补偿链形悬挂接触线中心锚结线夹两边锚结绳张力相等，接触线中心锚结线夹处接触线高度比相邻吊弦点高出 20～60mm。安装形式应符合设计要求。采用镀锌钢绞线的承力索中心锚结辅助绳和接触线中心锚结应均涂防腐油防腐。

⑤ 弹性简单悬挂中心锚结应符合设计要求。下锚绳的驰度应满足：在最高温度时，中心锚结线夹处接触线高于两边悬挂点 50mm；在最低温度时，平腕臂抬头不得大于 50mm。采用镀锌钢绞线的中心锚结绳应涂防腐油防腐。

⑥ 柔性悬挂的跨距：地面段柔性悬挂最大跨距一般不大于 50m。不同曲线半径跨距选用如表 9.3-33 所示。

柔性悬挂的跨距　　　　　　　　　　　　表 9.3-33

序号	曲线半径(m)	跨距(m)	序号	曲线半径(m)	跨距(m)
1	150	20	6	700～800	35
2	200	25	7	1000～1200	40
3	300	30	8	1500	45
4	400	30	9	2500	45
5	500～600	35	10	直线	45

⑦ 结构高度：地下段隧道内刚性悬挂接触线悬挂点距轨面连线的高度一般为 4040mm。最低不得低于 4000mm，车辆段内接触线悬挂点距轨面连线的高度一般为 5300mm。试车线接触线悬挂点距轨面连线的高度为 5000mm。当导线高度发生变化时，接触线的坡度根据机车行驶速度确定，满足《地铁设计规范》GB 50157—2013 的要求。接触线悬挂点距轨面高度应符合设计要求，且接触线距轨面的最高高度一般为 5300mm，最低高度应符合悬挂点接触线高度设计要求，施工允许偏差不应大于 ±30mm。接触线工作高度变化时，其变化率不大于：一般区段 2‰，困难区段 4‰，半补偿悬挂接触线驰度应符合安装曲线的规定，弹性简单悬挂同一吊索两吊索线夹处接触线距轨面连线的高度应符合设计要求，

并等高，且相互偏差不应大于±20mm，接触线拉出值的布置应符合设计要求，允许偏差±30mm。在任何情况下其导线偏移值（相对于受电弓中心）不宜大于400mm。

9）补偿装置施工

① 承力索、接触线在补偿器处的额定张力应符合设计要求，补偿器重量的偏差为额定重量的±2%（坠砣串重量包括坠砣杆、坠砣抱箍及连接的楔形线夹重量），限制架安装应符合设计要求，补偿传动灵活，坠砣串无卡滞现象。

② 张力补偿器的调整应符合设计安装曲线，坠砣距地面偏差不大于±200mm，在任何情况下距地面不得小于200mm。坠砣完整、码放整齐、表面光洁，连接螺栓紧固，螺栓外露部分涂防腐油。

10）电气链接装置施工

① 电连接线，柔性悬挂电连接的设置

a. 简单链形悬挂承力索和接触线间按60～100m间距设置横向电连接。

b. 非绝缘锚段关节的机械分段处设置关节电连接。

c. 道岔处设置道岔电连接。

d. 车场的股道间根据需要设置电连接。

e. 电连接线与线夹接触应良好，并涂电力复合脂，电连接线夹应端正牢固，螺栓紧固力矩应符合设计要求。

f. 多股道的电连接线在平均温度时应垂直于正线或重要线。平均温度时，全补偿承力索、接触线采用同材质时应垂直安装；采用不同材质时按吊弦计算偏移值安装；半补偿链形悬挂同吊弦安装；电连接线不应有断股和松股现象。

② 线岔安装

a. 安装前应对线岔外观进行检查，其质量应符合国家标准和设计文件及其他有关规定。

b. 单开道岔采用交叉布置方式时，道岔定位柱及拉出值应保证两接触线交叉点位于设计规定的范围内。两工作支拉出值在任何情况下不得大于450mm，侧线接触线应高出正线接触线10～20mm。非支抬高量应符合设计要求。当采用无交叉布置方式时，定位点处侧线接触线高度应符合设计要求，允许偏差为±10mm。

c. 复式交分道岔采用交叉布置方式时，两接触线应相交于道岔对称中心轴正上方，交叉渡线、两接触线应相交于两渡线中心线交点正上方处，且侧线接触线高出正线（重要线）接触线10～20mm，非支抬高量应符合设计要求。复式交分和交叉渡线的交叉点允许横、纵向偏差均为50mm。

d. 在直侧股线间距800mm处，两接触线应位于受电弓的同一侧，线岔始触区不得安装任何线夹。

③ 隔离开关及负荷开关，隔离开关设置符合设计文件和规范要求，一般设置点见表9.3-34。

④ 隔离开关及负荷开关安装

a. 安装前应对隔离开关及负荷开关进行检查，其质量应符合有关标准的规定。隔离开关安装位置、型号及各部尺寸、绝缘性能应符合设计要求。连接牢固可靠．各转动部分灵活，双极开关应同步。

隔离开关设置表（案例）　　　表 9.3-34

序号	类型	地点
1	电动隔离开关	牵引变电所馈出线引至接触网的上网点处
2	电动隔离开关	正线各供电分区之间
3	电动隔离开关	车辆段各供电分区馈线上网点处
4	手动隔离开关	车辆段各供电分区的联络开关及互为备用开关
5	手动隔离开关	隧道内折返线、存车线与正线间
6	带接地刀闸的手动隔离开关	车库线进口及列检库库中电分段处
7	接地刀闸的手动隔离开关	洗车库库前根据车辆工艺的要求

b. 隔离开关操作机构传动操作应轻便灵活，机构的分、合闸指示与开关的实际分、合位置应一致。

c. 具有引弧触头的隔离开关，主触头和引弧触头开、合顺序正确，带接地刀闸的隔离开关接地刀闸与主触头间的机械闭锁应准确、可靠。

d. 隔离开关触头接触紧密，用 0.05mm×10mm 塞尺检查，对于线接触应塞不进去；对于面接触，接触宽度为 50mm 及以下者，塞入深度不大于 4mm，接触宽度为 60mm 及以上者，塞入深度不大于 6mm。合闸后触头相对位置、备用行程、分闸状态时触头间净距或拉开角度，符合产品技术规定。

e. 开关引线连接正确牢固，在任何情况下均满足带电距离要求，并预留因温度变化而引起的位移长度。

f. 开关托架呈水平状态，瓷柱垂直，操作机构安装位置应便于操作，并符合设计要求，传动杆垂直与操作机构轴线一致，连接牢固，无松动现象，导电部分触头表面平整清洁，并涂有中性凡士林油。设备接线端子连接接触面涂有电力复合脂。

g. 操作机构距地面高度的施工允许偏差为±100mm。

⑤ 避雷器安装

a. 安装前应对避雷器进行检查，其质量应符合有关标准的规定。避雷器安装位置、规格、型号、引线方式应符合设计要求，引线连接正确牢固，并预留因温度变化而引起的位移长度。

b. 金属氧化物避雷器的接地电阻值应符合设计要求。

c. 肩架呈水平状态，两极棒水平，并在一条直线上，引线连接外加应力不超过端子本身所承受的应力，连接处涂电力复合脂。

d. 金属氧化物避雷器竖直，支架水平，连接牢固可靠，吸流变压器两金属氧化物避雷器两组平行。

11）接地保护施工

① 正线行车的左、右线各设置贯通的架空地线，凡是正常情况下与带电部分绝缘的金属底座、腕臂底座、零散支柱或吊柱等金属接地部分，均连至架空地线；架空地线引至牵引变电所的接地母排上，构成闪络保护回路。

② 跨越接触网的跨线桥，人行天桥两侧设防护网栅，并设接地极。

③ 车场内成排的支柱设置贯通的架空地线，支柱上的金属底座均连接至架空地线，

架空地线引至牵引变电所的接地母排上，构成闪络保护回路。

④ 根据国家标准《地下铁道工程施工质量验收标准》GB/T 50299—2018 相关要求按分项、检验批进行验收。

12）附加悬挂施工

① 现场安装前应对附加导线进行检查，电缆规格、型号、电压等级应符合设计要求，其质量应符合相关标准的规定。外观质量应符合要求，镀锌钢绞线不得有断股、交叉、折叠、硬弯、松散等缺陷，镀锌钢绞线表面镀锌良好，不得锈蚀。

② 附加导线弛度应符合设计要求，其允许偏差为 2.5%～+5%，悬式绝缘子串悬挂角度过大时应倒装。

③ 不同金属、不同规格、不同绞制方向的导线不得有接头。一个耐张段内接头、断股补强处数不超过：500m 时为 1 个，500～1000m 时为 2 个，1000m 以上为 3 个，接头位置距悬挂点不小于 500mm。

④ 电连接线夹等作为电连接线线夹时，连接处导线不得包缠铝包带。电连接线夹与导线连接面平整光洁，并涂有一层电力复合脂，连接应密贴牢固，螺栓紧固力矩应符合设计要求。

⑤ 附加导线肩架与支柱密贴，紧固牢靠，肩架呈水平状态施工允许偏差应不大于 50mm。导线在针式绝缘子上的固定正确、牢固、可靠。

⑥ 电缆钢索托架安装牢固，钢索规格型号及张力符合设计要求，电缆悬挂点间距符合要求。

⑦ 电缆接头所用的电缆附件规格与电缆一致，电缆的耐压试验、泄漏电流和绝缘电阻等技术指标符合国家标准《电气装置安装工程　电气设备交接试验标准》GB 50150—2016 中的规定。

⑧ 电缆终端头的固定方式、接地电阻及带电距离均应符合设计要求，螺栓紧固力矩应符合设计要求。

13）冷滑试验及送电开通的管控要点

① 冷滑试验及送电开通前，应对影响安全运营的路内、外电力线路，建筑物及树木进行全面检查，并应符合下列规定：

a. 电力线跨越接触网时，距接触网的垂直距离应符合有关规定。

b. 接触网距树木间的最小距离，水平不应小于 3.5m，垂直不应小于 3.0m。

② 冷滑试验及送电开通前，应用受电弓动态包络线检查尺，对接触网进行检测，检查尺应按照设计给定的营业电力机车受电弓动态最大抬升量和最大摆动量或按 $v \leqslant 120km/h$ 时，最大抬升量为 100mm，左右最大摆动量为 200mm，$60km/h \leqslant v \leqslant 120km/h$ 时，最大抬升量为 120mm，左右最大摆动量为 250mm 制作，支持装置及定位装置任何部位均应在受电弓动态包络线范围以外。

③ 拉出值最大不应大于 400mm，接触线线面正确、无弯曲、碰弓、脱弓现象。常速冷滑无不允许的硬点。

④ 受电弓在正常情况下距接地体瞬时间隙不应小于 200mm，困难情况下不应小于 160mm。

⑤ 吊弦线夹、定位线夹、接触线接头线夹、中心锚结线夹、电连接线夹、分段绝缘

器、分相绝缘器、线岔等无碰弓现象和不允许的硬点。

⑥ 开通区段接触网绝缘良好，接触网送电后，各供电臂始、终端确保有电。

（4）验收阶段

1）验收前，监理工程师应对施工单位报送的调试方案进行审核，并督促参与各方做好系统调试准备工作，调试时监理工程师跟踪检查，检查各运行技术参数和性能是否达到要求；

2）按建设单位认可的验收大纲和设计文件及相关规范进行接触网系统的检查和预验收；

3）现场检查分项、分部工程的施工质量，审核分项、分部工程质量验评资料，并签发验收报验单，并根据工程质量实际情况编写监理评估报告和监理施工小结以及资料收集与整理。

4.供电干线系统

（1）技术特点

根据城市轨道交通的环境和运行条件的要求，供电干线系统主要是 AC35kV 环网，干线电缆敷设于地下车站及地下区间，AC35kV 电缆一般采用铜芯、低烟、无卤、阻燃、非磁性铠装、具有防水性能的单芯电力电缆，具有防水和防紫外线性能的单芯电力电缆。

AC35kV 环网电缆根据实际用电容量进行选择，目前大多数牵引混变所的 35kV 电力电缆面为 $150 \sim 400 mm^2$。AC35kV 环网供电电缆敷设包括主所至正线变电所的馈出电缆和各变电所间的 AC35kV 电力电缆。

根据工程的实际技术条件，供电干线的电缆敷设方式有排管敷设、电缆吊顶敷设、电缆支架敷设和桥架内敷设等方式。

（2）接口检查

供电干线系统的接口涉及主变电所、土建专业、动力照明专业、人防专业以及停车场、车辆段等接口，一般参见招标文件的要求，所涉及的内容以设计文件为准，同时参与工序交接验收。

（3）安装阶段

1）电缆支架安装

电缆支架安装的质量直接影响到电缆敷设，作为监理首先严格把好支架安装质量关，对电缆支架安装作如下检查：

① 支架规格、型号及支架层间垂直净距符合设计文件要求。

② 支架材质符合钢材质量的国家标准，钢材检验报告及质保书齐全。

③ 支架安装牢固、横平竖直；固定方式符合设计要求；在坡道安装时，支架与建筑物处于相同坡度。

2）电缆桥架安装

对桥架安装，监理检查以下项目，并做好记录：

① 在车站与区间的交界处，需要加工部分特殊电缆桥架，电缆桥架的弯曲度要符合电缆的弯曲半径要求。在电缆敷设前，桥架要安装固定。

② 桥架在支架上的安装应牢固、螺母位于桥架的外侧，安装后要保持平直、外形美观。

　　3）电缆支架、桥架、吊架的防腐处理

　　监理应按规定对此部分项目进行检查，具体做法如下：

　　① 支架、桥架、吊架应按设计要求进行防腐处理，并应符合国家标准《金属覆盖层　钢铁制件热浸镀锌层　技术要求及试验方法》GB/T 13912—2020 的要求。

　　② 镀锌层修复不超过表面的 0.5％。

　　③ 支架镀锌层的厚度 $70\mu m$；桥架镀锌层的平均厚度不小于 $70\mu m$。

　　④ 支架、桥架、吊架应遵循设计图纸及国家的有关规定和标准制作。

　　⑤ 支架、桥架、吊架及其连接件和附件质量符合国家现行的有关技术标准要求。

　　4）电缆支架、桥架、吊架的接地电阻测试

　　① 在电缆的支架、桥架、吊架以及接地扁钢安装完成后，需要进行接地电阻测试，先检查测试仪器经过国家认定的检测机构的检测，并贴有"检测合格"标识，且在有效期以内。

　　② 检查接地电阻符合设计要求。

　　③ 使用自备的接地电阻测试仪复测接地电阻。

　　5）电缆的敷设

　　① 对电缆的敷设，监理应事前要求施工方编制详细的施工方案报监理部审核。监理过程中应提醒施工单位注意人身及设备的安全保障。

　　② 电缆敷设前监理应检查：

　　a. 电缆型号、规格符合规定要求。

　　b. 电缆外观无损伤、绝缘良好。

　　c. 审核电缆的出厂合格证、技术资料齐全，并用兆欧表测量电缆芯线的绝缘符合要求。

　　d. 按路径检查电缆盘长度，合理安排每盘电缆，对电缆接头数量进行控制。

　　③ 要求施工单位在电缆敷设过程中注意以下情况的控制：

　　a. 电缆起重、装卸、进场运输和支盘，应有专人负责指挥，各负其责。

　　b. 电缆盘起重工作开始前，施工人员应检查起吊、搬运工具、机具及绳索质量良好，接头处必须牢固，不符合要求的严禁使用。

　　c. 电缆起重前必须绑牢，吊钩应挂在电缆盘的重心。

　　d. 电缆盘支盘处地面应平整、结实，支架放置应水平、稳固。

　　e. 在电缆盘起吊、电缆牵引过程中，受力钢丝绳的周围、下方、内角侧和起吊物的下面，严禁有人逗留和通过。

　　f. 不论采用何种方式敷设电缆，敷设过程中全体施工人员均应随时注意观察电缆，检查电缆外表有无铠装压扁、电缆绞拧和护层断裂等未消除的机械损伤，发现问题时应立即停止该电缆盘的敷设，并进行详细记录、及时处理。

　　g. 电缆采用机械牵引时，敷设速度不可超过 2m/s。

　　h. 人力牵引电缆过程中，注意电缆与支架的摩擦。

　　i. 电缆敷设时，防止人手被电缆砸伤或挤伤，严禁电缆砸伤设备。

　　j. 电缆敷设的弯曲半径应符合设计要求，电缆之间避免交叉。

　　6）电缆固定

　　监理需根据设计要求，对电缆在进出支（桥）架端部、拐弯处、垂直敷设处以及水平敷设每间隔 6m 左右实施巡视检查，电缆卡子经过防腐处理，在支架上采用刚性固定；电缆与每一个支架用电缆扎带绑扎固定。

车站竖井内的电缆，在每个竖井横担或桥架的每隔 1m 处需进行固定。除控制电缆外，所有高压电缆均采用经防腐处理的电缆卡子（金属卡箍固定）。

电缆的排列整齐美观，电缆绑扎整齐、方向一致。

7）悬挂电缆标示牌

监理在电缆敷设完毕后，检查在终端头、中间接头、拐弯处、电缆夹层内及竖井的两端、电缆人井等处设有的标示牌；检查电缆标牌全部采用打号机打字，字迹不会脱落，电缆编号清晰、明了；检查标示牌上线路编号，当无电缆编号时应写明电缆型号、规格及起始点。

标志牌制作符合施工规范要求，标示牌装设齐全、相色统一正确。

8）电缆线路安装完毕后，还需对其进行检查，如电缆型号和规格、电缆的固定、弯曲半径、相关距离、路径标志、电缆终端、电缆接头等。

9）电缆的防火封堵措施

在电缆进入车站夹层处，电缆竖井上下口需要分别做电缆的防火封堵。

防火封堵严格按照设计要求施工，并严格按照国家标准《地下铁道工程施工质量验收标准》GB/T 50299—2018 和《铁路电力牵引供电工程施工质量验收标准》TB 10421—2018 执行。

10）电缆终端头及中间接头的制作安装

监理在现场施工过程中实施旁站、巡检等方法检查终端接头及中间接头的制作质量，监理有责任制止不规范的操作。

（4）质量验收

1）电气试验

电缆线路敷设完毕后，监理需要根据设计规定，督促施工单位对其已完工程进行现场电气试验，如绝缘电阻试验、工频耐压试验、直流绝缘耐压试验等。其数值应符合国家标准《电气装置安装工程　电气设备交接试验标准》GB 50150—2016 的有关技术规定，并监督施工单位填写电测试记录。

2）开通送电

开通送电的条件是施工单位已将影响送电的各项问题处理完毕，已经收到送电书面通知。开通送电操作听从送电小组指挥，并配合变电所执行送电方案，送电后按送电小组命令撤离。

3）验收阶段

① 验收前，监理工程师应对施工单位报送的调试方案进行审核，并督促参与各方做好系统调试准备工作，调试时监理工程师跟踪检查，检查各运行技术参数和性能是否达到要求；

② 按建设单位认可的验收大纲和国家标准《电气装置安装工程　接地装置施工及验收规范》GB 50169—2016 进行环网电缆系统的检查和预验收；

③ 现场检查分项、分部工程的质量，审核分项、分部工程质量评评资料，并签发验收报验单，并根据工程质量实际情况编写监理评估报告；

④ 参加由建设单位组织的环网电缆系统的竣工验收；资料收集与整理，编写监理总结和评估报告。

5.电力监控系统

（1）技术特点

PSCADA 系统是一个涉及面非常广的集成系统，有关工程安装质量的管控人员应充分认识到系统的复杂性：

1）多专业的接口

PSCADA 系统本身的设备安装、调试关键工序多、质量控制点多的特性，且不仅涉及供配电专业，还与综合监控、FAS 系统等专业系统，以及车站土建装饰专业有接口协调的要求。例如系统管辖的被控设备分布广，线缆多，穿管预埋多，需要土建装修单位的配合等。

2）系统调试周期长

由于系统牵涉面广，所控设备多，接口复杂，每个车站的信息采集点包括物理点和信息点就有可能达几千个，系统调试工作量大，周期长。

3）专业要求高

PSCACA 系统是综合监控的子系统，系统涉及的设备多、专业性强，这需要专业监理工程师具备较广的知识面和一定的专业能力。

（2）施工准备

1）检查施工单位是否做好施工前资源准备、现场资料收集、施工环境、材料及设备堆场等相关的工作；设备、材料的供货进场的计划；主要设备的进场验收计划等。

2）审查 PSCADA 工程施工方案，审核方案的编审程序及编制内容符合设计及规范要求后签署施工方案报审表。

3）完成审核专业分包施工单位资质和特种作业人员岗位资格证书，以及检查相关施工机械设备的相关资料是否齐全符合要求。

4）配合建设方完成施工图和设计交底，对存在设计、施工接口（特别是土建装饰专业、自动消防系统、综合监控、供配电、机电专业等）问题向建设方反馈、协调。

5）第一次电力监控专题监理会议，监理程序、监理的依据等进行交底。

6）检查施工单位质量安全保证体系，安全专项方案及应急措施，施工作业人员的健康、安全薪酬保障体系。

7）监理对施工准备开工条件进行审查与记录，满足要求后批准开工，并签发开工令。

8）机房的检查要点

① 设备安装前，机房及相关土建工程已全部竣工，主要出、入门的高度和宽度尺寸符合设计要求；房门的锁和钥匙配套齐全，门窗的防盗符合要求；机房的楼板负荷应满足设计要求。

② 机房照明、插座的数量和容量符合设计要求，安装工艺良好，满足使用要求。

③ 机房空调设备性能良好，温湿度、洁净度应符合设备技术说明中的要求，满足设计要求。

④ 铺设活动地板的机房，地板板块铺设要严密、整齐、防火，平稳度符合安装要求，水平误差≤2mm/m²，地板支柱接地良好，系统电阻值应符合 $1.0 \times 10^5 \sim 1.0 \times 10^{10} \Omega$ 的指

标要求。

⑤ 机房地面平整、光洁、倾斜度不应大于 0.1%。

⑥ 预留孔洞位置尺寸必须符合安装设备的要求。

⑦ 机房的线槽、壁槽、位置、路由、深度及宽度应符合施工图要求。线槽盖板应牢固、平稳与线槽嵌合严密，开启方便，并不得设置于设备机架底部。

⑧ 设备机房装修材料应为阻燃材料，符合建筑内部装修设计防火规范。

⑨ 设备机房内的预留孔洞应配置有阻燃材料的安全盖板或填充物。设备机房内严禁存放易燃易爆物品。

（3）设备、材料进场验收

电力监控系统的主要设备、材料到达施工现场后，审核施工方报审的《进场材料/构配件/设备报审表》，组织材料订货单位、施工单位对材料进行进场验收。主要验收内容为：生产厂家的生产资质、质量保证体系、检测手段、产品的原材料、各部分的质量记录及工艺流程、检测记录、试验记录、产品合格证、产品说明书、内外包装等，按一定比例对材料的性能指标进行试验（重要材料要全部试验）。待所有项目合格后，产品方能在施工现场使用。否则要单独存放，退回供货方，所发生的费用和损失按合同办理。

① 由施工单位组织采购的材料，采购前应先报监理工程师对该批材料的保证资料进行审查，审查通过后实施采购。材料进场后进行实物检查，杜绝工程中使用不合格产品。

② 新型设备、新材料及器具等进场需要提供质量合格证明文件，性能检测报告，还需要提供安装、使用、维修、试验要求的技术文件。

③ 进口设备和材料进场验收时应提供质量合格证明文件，性能检测报告以及安装、使用、维修、试验的要求和说明的技术文件以及商检证明文件。

④ 根据装箱单会同建设单位对设备零部件进行开箱检查、验收，随机技术文件（土建布置图、产品出厂合格证、形式试验报告）应齐全，设备外观不应存在明显损坏，并做好设备进场验收记录。

（4）安装阶段

1）预埋钢管、预埋线盒施工

① 根据设计图的要求和现场实际情况，确定盒、箱轴线位置，以结构弹出的水平线为基准，挂线找平，线坠找正，标出盒、箱实际的尺寸位置；了解各部位构造，留出余量，使箱、盒的外盖、底边与最终地面距离符合规范要求，使成排的箱、盒呈一条直线，同时力求保证便于操作和检修。

② 暗配的电气管路宜沿最近的路线敷设并应减少弯曲。埋入墙内或其他混凝土构件内的管道，离表面的净距不应小于 15mm。

③ 埋地的电线管路不宜穿过设备基础，当穿过建筑基础时，应加保护管。穿越外墙的钢管必须焊接止水片，埋入土层的钢管用沥青油作防腐处理。敷设于多尘和潮湿场所的电线管路、管口、管子连接处均应作密封处理。

④ 预埋钢管通过变形缝时，应沿止水带内侧通过。防护管及所穿缆线应有补偿措施。

2）明管敷设

① 管路弯曲敷设时，弯曲管材弧度应均匀，弯曲半径在规定范围内。

② 管路敷设完毕后，管路应按施工规范固定牢固，易进异物的端头应进行封堵。

3）桥架、线槽安装和线缆敷设

① 直线段钢制电缆桥架、线槽长度超过 30m 时，应设伸缩节。电缆桥架、线槽跨越建筑物变形缝时，应设置补偿装置。

② 敷设在竖井内和穿越不同防火分区的电缆桥架、线槽，按设计要求位置应有防火隔堵措施。

③ 电缆桥架、线槽、防护钢管、托架安装固定时，固定连接件应同结构钢筋进行电气隔离。

④ 敷设电缆的桥架在任何情况下必须保证其弯曲半径为敷设的最大电缆外径的 10 倍。

⑤ 桥架、线槽连接板的螺栓应紧固，螺母应位于桥、线槽的外侧，其不带电的金属外壳均牢固连接为一个整体，并可靠接地以保证其整体为良好的电气通路。

⑥ 桥架安装宜采用单独卡具吊装或支撑物固定，吊杆的直径不应小于 6mm，固定支架间距一般不应大于 1～1.5mm，在进出接线盒、箱、柜、转角、转弯和变形两端及丁字接头的三端 0.5m 以内，应设置固定支撑点。支撑点不应设置在桥架接头处，以距接头处 0.5m 为宜。

⑦ 金属线槽的连接处不应设置在穿过楼板或墙壁等处。

⑧ 线槽安装应平直整齐，水平和垂直允许偏差为其长度的 2‰，且全长允许偏差应不大于 20mm，并列安装时槽盖应便于开启。

⑨ 线槽内敷设的线缆应按回路绑扎成束并应适当固定，导线不得在线槽内设置接头，安装在任何场所的线槽盖板应齐全牢固。

⑩ 穿管绝缘线缆总面积不应超过管内截面面积的 40%，敷设于封闭式线槽内的绝缘缆线总面积不应大于线槽净面积的 50%。

4）预埋管、槽、箱盒安装、桥架安装监理管控要点汇总（表 9.3-35）

预埋管、槽、箱盒安装、桥架安装监理管控要点 表 9.3-35

序号	分项工程	质量控制点	质量控制方法
1	结构预埋	位置标高正确、线管保护层、管路弯扁度	观察、量测
2	孔洞留设	漏留、错留	观察、量测
3	桥架、线槽安装	位置、标高正确与水管、风管及其他建筑物间距正确,支架排列正确	观察、量测
4	管路明敷	支架间距、与水管、风管及其他建筑物间距正确,接线盒、过线盒接线正确,管路横平竖直、管路弯扁度	观察、量测

5）缆线敷设

① 线缆在管内或线槽内，布放应顺直，无明显扭绞和交叉，不得溢出槽道。

② 线缆应符合设计要求，要有出厂合格证、进网许可证，外皮不能老化、破损、扭伤，绝缘电阻、电压降等直流特性要符合指标要求。

③ 线缆的布放路由、截面和位置应符合施工图设计要求，长度应按实际路由丈量剪裁，走向合理、排列整齐。

④ 布放的线缆必须是整条线料，严禁中间有接头，布放直流电源线时还要注意颜色，

红色为正极，蓝色为负极。网络设备的交流电源线必须有接地保护线。

⑤ 缆线在机架内部布放顺直，并做适当绑扎，不得影响原有内部布放和机盘插拔。

⑥ 缆线在配线架内布放时应顺直，出线位置准确，预留长度一致，绑扎整齐，间隔一致，绑扎头不应放在明显部位。

⑦ 缆线穿越上下层或水平穿墙时，应用防火材料堵封洞孔，缆线还应有余量（在洞口内可弯曲为 S 状）。

6) 光缆敷设

① 光缆施工前对光缆应进行单盘测试，配盘，标明 A、B 端。敷设时从网络枢纽至用户侧一般为 A 端至 B 端，顺序不能混乱。放缆要保持匀速，严禁硬拉猛拽，避免使光纤受力过大而产生损伤。

② 光纤接续后应排列整齐，布置合理，将光纤接头固定。光纤余长盘放一致，松紧适度，无扭绞受压现象，光纤余留长度不应小于 1.2m。

③ 从光缆终端接头引出的尾纤所带连接器，应按设计要求插入光缆配线架上的连接部件中。如暂时不用的连接器可不插接，但应套上塑料帽，以保证其不受污染，便于今后连接。

④ 光纤芯径与连接器接头中心位置的同心度偏差要求为：多模光纤同心度偏差应小于或等于 3μm；单模光纤同心度偏差应小于或等于 1μm。

⑤ 光缆传输系统中的光纤跳线或光纤连接器在插入适配器或耦合器前，应用丙醇棉签擦拭连接器插头和适配器内部，要清洁干净后才能插接，插接必须紧密，牢固可靠。

⑥ 光纤终端连接处均应设有醒目标志，其标志内容应正确无误，清楚完整。

⑦ 光纤熔接后衰减小于 5dB。

7) 采集设备、交换机、控制柜等的安装

① 设备、机架的排列位置和设备朝向符合设计要求。相邻机架应紧密，整机面应在同一平面，无凹凸现象。

② 设备、机架安装的垂直度偏差应不大于 3mm，安装牢固可靠。各类螺栓必须拧紧，同类螺丝露出螺母的长度应一致，无松动、缺损和晃动现象。

③ 设备、机架必须按施工图纸要求进行抗震加固。接地应符合设计及施工规范要求。

④ 终端设备应配备完整，标志齐全、正确。通信引出端（信息插座）在地面安装时应与地面齐平，要严密防水和防尘，在墙壁安装时要位置正确，使用方便。

8) 电力监控系统安装工程质量监理管控点汇总（表 9.3-36）

电力监控系统安装工程质量监理管控点

表 9.3-36

序号	项目名称	质量控制点	质量控制方法
1	进场设备材料检查	外观检查；型号、规格、数量；光、电缆电气性能测试	平检、检查
2	设备间、设备机柜、机架、设备等	安装垂直、水平度；油漆不得脱落；标志完整齐全；各种螺丝必须紧固；抗震加固措施；接地措施	巡视检查、验收
3	配线部件	规格、外观；各种螺丝必须紧固；标志齐全；安装符合工艺要求；屏蔽层可靠连接	巡视检查、验收

续表

序号	项目名称	质量控制点	质量控制方法
4	电缆桥架及线槽布放	安装位置正确；安装符合工艺要求；符合布放缆线工艺要求；接地	巡视检查、验收
5	缆线暗敷（包括暗管、线槽、地板等方式）	缆线规格、路由、位置；符合布放缆线工艺要求；接地	巡视检查、验收
6	性能测试	连接图；长度；设计要求的其他测试内容	旁站、巡视检查、查看测试记录、验收

（5）系统调试与验收

电力监控系统的采集设备、网络通信设备、终端设备等就位安装验收后，施工人员将按说明书进行单机逐台通电检查，正常后才能接入进行系统调试。电力监控系统调试监理管控要点见表 9.3-37。

系统调试完成后，施工单位将完成调试开通报告。

电力监控系统调试监理管控要点   表 9.3-37

序号	项目名称	监理管控要点
1	接口验证	1. 完成验证测试平台搭设，制定接口测试计划； 2. 按计划分系统完成接口测试，测试结果符合设计要求： （1）通道测试； （2）规约测试（发送测试数据给接口专业，检测接口专业回复数据）； （3）协议测试（修改接口专业点表状态 0/1，接受为 0/1）
2	单机调试	1. 设备安装完成； 2. 上电后各设备、模块工作指示灯状态正常； 3. 设备的硬件配置、软件配置、网络地址设置预设参数符合设计要求； 4. 设备登录正常，应用程序、调试工具软件运行正常
3	单项调试	1. 单机调试完成； 2. 电力监控单系统的现场通信调试； 3. 电力监控系统与现场监控对象的接口调试； 4. 电力监控系统现场监控设备的功能测试； 5. 电力监控系统软件平台的接口调试； 6. 电力监控系统的子系统功能测试； 7. 冗余设备实现无扰动自动切换功能； 8. 电力监控系统接口现场进行 100% 端到端测试
4	系统功能验证、验收	1. 综合联调： （1）电力监控的单机调试完成； （2）电力监控系统与单系统接口调试； （3）电力监控系统与单系统接口调试的点对点测试； （4）电力监控系统与上位机联动功能调试； （5）电力监控与 ISCS 综合联动功能调试； （6）系统调试过程做好记录：接口调试、点对点测试、功能调试记录调试各方签字；

续表

序号	项目名称	监理管控要点
4	系统功能验证、验收	2. 系统响应性指标满足设计要求： (1)遥控、遥测、遥信命令在综合监控系统中的传送时间＜2s； (2)单控、程控设备状态变化信息在监控系统中的传送时间＜2s；冗余服务器切换时间≤2s； 3. 在 OPS 界面显示满足要求； 4. 系统性能验收过程做好记录
5	系统不间断运行测试	1. 不间断运行保证监控系统功能和性能正常，并持续运转。运行时间≥144h。巡视过程分站点、分系统抽查系统功能和性能； 2. PSCADA 系统因自身系统故障导致全部或部分功能丧失，且故障时间超过 3min 时，重新开始不间断运行； 3. 系统不间断运行测试过程做好记录

四、验收

1. 隐蔽工程验收

1) 专业监理工程师应根据施工单位报送的隐蔽工程报验单申请表和自检结果进行现场检查验收，符合要求予以签认。

2) 对未经监理人员验收或验收不合格的工序，监理人员应拒绝签认，并要求施工单位严禁进行下道工序的施工。

2. 分项工程验收

专业监理工程师应对施工单位报送的分项工程质量验评资料进行审核，并组织施工单位对本分项的所有检验批进行现场验收，审查相关分项的资料，符合要求后予以签认。

3. 分部工程验收

在施工单位完成《施工合同》全部施工内容，自检合格，并报单位工程预验收报审单后，总监理工程师组织监理机构的专业监理工程师和监理员，审核施工单位提供的相关资料，并对照施工内容在现场进行检查核对，验收资料包括单位工程、分部工程验收报审表和单位工程、分部验收记录表，以及功能性（绝缘电阻测试记录、接地故障回路阻抗测试记录等）抽查记录和感观（配电箱、盘、板、接线盒、插座、开关、防雷接地、防火、设备等）验收表等。之后监理将组织施工单位相关人员进行预验收。对在预验收中提出的整改问题，设备监造项目部应要求施工单位进行整改并复验，同时完成监理总结和施工质量评估报告。

专业监理工程师将根据施工竣工图对照现场复核，复核完毕确认后在竣工图上签字，并完成其他相关监理资料，达到要求后报建设单位进行项目验收。

全系统试运行 3 个月后监理将参与建设、运管、设计、施工等单位共同进行的正式竣工验收，并移交相关监理资料。

第十章 车站设备自动化系统安装监理

本章车站设备自动化系统是指城市轨道交通工程中的综合监控、环境与设备监控和门禁系统、火灾自动报警系统和气体灭火系统。

综合监控系统、火灾自动报警系统和气体灭火系统安装质量验收依据的主要规范有：

《城市轨道交通综合监控系统工程技术标准》GB/T 50636—2018

《城市轨道交通工程监测技术规范》GB 50911—2013

《火灾自动报警系统施工及验收标准》GB 50166—2019

《气体灭火系统施工及验收规范》GB 50263—2007

第一节 综合监控系统、环境与设备监控系统监理管控要点

综合监控系统（ISCS）是深度集成的综合自动化监控系统，通过集成和互联相关机电系统的分层分布式计算机集成系统，实现地铁各专业设备系统之间的信息互通、资源共享，提高各系统的协调配合能力，高效实现设备系统间的联动。通过综合监控系统的统一用户界面，运营管理人员能够更加方便、更加有效地监控管理整条线路的运作情况。

ISCS 可分为以行车调度为核心的全集成系统和以环调、电调为核心的深度集成系统。集成的系统有 PSCADA、FAS、BAS，互联的系统有 ATC、AFC、时钟、CCTV、PIS、PA、PSD、防淹门等。

ISCS 主要运营两级管理（中央级、车站级）和三级控制（中央级、车站级和现场就地级）的系统架构，由设置在控制中心的中央级综合监控系统、车站与车辆段综合基地的综合监控系统，培训管理系统、维护管理系统和网络管理系统构成。综合监控系统总体施工流程如图 10.1-1 所示。

一、管线、线槽安装监理管控要点

ISCS 和 BAS 管槽施工与通信系统管槽施工要求基本相同，专业监理工程师应对各个安装工序进行平行检查或抽检，对隐蔽工程进行旁站。

（1）管槽及保护管到达现场，ISCS 和 BAS 所用管线、线槽在使用之前应进行检查，其型号、规格、质量应符合设计要求及相关产品标准的规定。施工单位应准备质量证明文件的相关合格文件，报设备监理审核，并经监理现场验收合格后才可以使用。

（2）检查测量、定位情况。

依据设计文件、施工图纸及验收规范的要求，专业监理工程师检查施工单位是否根据施工图纸来确定管槽的安装位置，是否做出了标记等，必要时使用工具进行复核测量。督促施工单位结合现场测量情况确定所需的线槽转弯、分支处的弯通配件规格及数量。

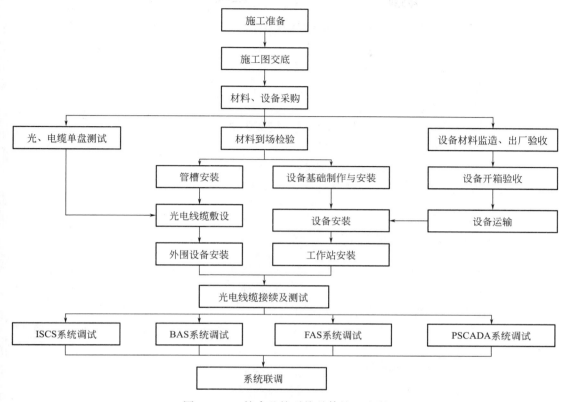

图 10.1-1 综合监控系统总体施工流程

（3）对管线、线槽安装过程进行检查。

专业监理工程师重点检查管线、线槽的规格、防腐类型是否符合规范及设计要求，路径走向与其他管道之间距离是否符合规程规定，规格是否满足电缆弯曲半径需要；管线、线槽的安装保持平直，整齐牢固无歪斜现象，穿越墙体、楼板的管线、线槽，在穿越处不得设置接口连接；地线安装敷设符合设计要求。

1）管槽的预埋、安装、接头、封口、桥架应符合国家标准《建筑电气工程施工质量验收规范》GB 50303—2015 及《自动化仪表工程施工及质量验收规范》GB 50093—2013 相关内容要求。

2）线槽要用托架支撑，线槽距离地面高度 50～100mm；线槽应距离墙面 50～100mm；线槽的左右偏差不超过 50mm，线槽水平度每米偏差不超过 2mm。

3）线槽节与节间用接头连接，两线槽拼接处水平偏差不超过 2mm；线槽转弯半径不小于其槽内的线缆最小允许弯曲半径的最大值。

4）线槽盖板应该紧固；线槽中要加隔板，将电源线和数据线分开，避免相互影响；车控室内防静电地板下的线槽将用来统一布放各接入车控室系统在地板下的线缆，该线槽要加多重盖板，将各接入车控室的系统在防静电架空地板下的线缆分开，从而避免相互影响。

5）线槽应固定牢靠，横平竖直，线槽内不同方向的信息电缆要分束捆扎，做好标记。线槽内线缆布放结束后，不得再进行喷漆刷漆。

6）线槽穿越楼板墙洞时，不能采用水泥将其堵死，要采用防火堵料进行封堵。

7）钢管与通风、上下水管等的最小距离控制在：水平大于 100mm、交叉 50mm，绝缘导线明配水平大于 200mm、交叉 100mm。

8）线槽在砌筑结构圈梁上方穿墙时，应设置过梁，或在砌筑结构施工单位施工前，进行相关预留预埋工作。

9）暗敷的钢管离表面净距离不小于 15mm。

10）敷设管路超过下列长度时，应在便于接线处装设接线盒：

① 管子长度每超过 45m，无弯曲时；

② 管子长度每超过 30m，有一弯曲时；

③ 管子长度每超过 20m，有二弯曲时；

④ 管子长度每超过 12m，有三弯曲时。

二、线缆敷设、端接监理管控要点

（1）电源线、信号线、光缆、电缆到达现场应进行检查，其型号、规格、质量应符合设计要求及相关产品标准的规定。施工单位应准备质量证明的相关合格文件，报设备监理审核，并经监理现场验收合格后才可以使用。

（2）线缆敷设、引入、接续应符合国家标准《综合布线系统工程验收规范》GB/T 50312—2016 的规定。

（3）光缆的施工前检验应包括：包装标记、端别、盘号、盘长、外观。

1）根据光缆的出厂测试记录，审核光纤的特性是否符合设计要求；

2）测试单盘光缆的衰减及长度，并与出厂测试数据进行比较。单盘衰减常数不大于 0.4dB/km（部分不大于 0.38dB/km）；

3）检查测试完毕后，端头应密封固定，恢复包装。

（4）电源线、信号线不应破损、受潮、扭曲、折皱，线径正确。每根电源线或信号线不应断线、错线，线间绝缘、组间绝缘应符合产品技术条件或设计要求。

（5）ISCS 和 BAS 的线缆线径较小，材质较柔软，基本采用人工敷设，线缆展放时特别要注意不能与其他硬物摩擦，以防线缆受损。

（6）缆线的型号规格及敷设方式符合设计要求。缆线弯曲半径符合规范的要求，缆线之间避免有交叉。多芯电缆的弯曲半径，不应小于其外径的 6 倍。

（7）数条水平线槽垂直排列时，布放应按弱电、强电的顺序从上至下排列。

（8）缆线在管内或线槽内不应有接头和扭结。缆线的接头应在接线盒内焊接或用端子连接。

（9）施工过程中应保证缆线不应有铠装压扁、缆线绞拧、折层裂痕、外护套破损等现象，表面不得有严重划伤，接头处密封良好。

（10）电缆管道必须按设计要求可靠接地，光、电缆在管道中不得有接头。

（11）缆线敷设及编扎，顺序平直排列整齐，互相靠拢，不得起伏不平、扭绞和交叉及溢出线槽，绑扎线扣正确一致。

（12）所有接线盒、终端盖板要密封，密封前清扫干净，并保证管口平滑无毛刺。

（13）缆线穿墙洞时要求加钢管护套，钢管固定，间距小于 1.5m，同时要求避开高、低压电缆敷设。

（14）引进机柜内或盘台内的控制电缆排列整齐，避免交叉，电缆型号、规格符合设计要求。

（15）缆线固定牢靠，不得使所接的端子排受到机械应力。缆线按设计编号要求挂牌，挂牌为永久性标志。

（16）所有线缆应在两端进行标注，标注应包括起点、终点、类型和编号，标注应清晰完整。

（17）线缆引入终端方式及安装位置应符合设计文件规定，各项指标应符合设计规定，测试手段及所用仪器仪表应符合施工规范规定。

（18）所有线缆端头均应挂标牌，标牌应全部采用计算机打字，清晰、明了且不会因潮湿等原因引起褪色。

（19）当采用屏蔽电缆或穿金属保护管以及在线槽内敷设时，与具有强磁场和强电场的电气设备之间的净距离应大于 0.8m。屏蔽线应单端接地。

（20）电源线与信号线交叉敷设时，应呈直角；当平行敷设时，相互间的距离应符合设计要求。

（21）过伸缩缝、转接盒及缆线终端处应作余留处理。

（22）线槽敷设截面利用率不宜大于 50%，保护管敷设截面利用率不宜大于 40%。

（23）室内光缆宜在金属线槽中敷设，在桥架敷设时应在绑扎固定段加装垫层；应有必要的防护措施；转弯处应保持足够的弯曲半径，其弯曲半径应不小于光缆外径的 15 倍。光缆连接线两端的余留、处理应符合工艺要求。

（24）光、电缆敷设前应进行单盘测试，测试指标应符合产品技术条件及设计要求。

（25）光、电缆线路的径路、敷设位置应符合设计要求。

（26）光、电缆与其他管线的间隔距离应符合设计要求。

（27）低压电线和电缆、导线间和线对地间的绝缘电阻值必须大于 0.5MΩ。

（28）动力电缆、控制电缆的线缆端接应符合国家标准《建筑电气工程施工质量验收规范》GB 50303—2015 的规定。

（29）通信电缆的线缆端接应符合国家标准《综合布线系统工程验收规范》GB/T 50312—2016 的规定。

三、设备安装监理管控要点

1. 机房设备安装监理管控要点

ISCS 和 BAS 的主要机房设备包括：调度台（含工作站、打印机等）、综合紧急后备盘（IBP 盘）、服务器机柜、网络机柜、通信前置机、磁盘阵列、配电盘、UPS 机柜、配电柜、交换机及接口设备等。

专业监理工程师主要质量控制点如下：

（1）机架、控制箱、柜、盘固定符合设计规定，固定螺丝、垫片和弹簧垫圈按要求紧固，不得漏装。

（2）设备安装位置符合设计要求。机箱（柜）安装与地面垂直、平稳，机柜安装牢固，垂直偏差度不大于 3mm，柜面标识完整清晰，漆面如有脱落在验收前予以补漆。

（3）机架（柜）内设备、部件安装在机架（柜）定位并加固后安装，安装牢固、端正，符合规范要求。机柜内的设备安装牢固，端子配线正确，接触紧密，各种零件不得脱落或碰坏。

（4）IBP 盘的安放位置、方向符合设计规定。IBP 盘内的接插件和设备接触可靠，内部接线符合设计要求。盘面整洁，无划痕。

（5）控制箱、柜、盘安装应符合国家标准《建筑电气工程施工质量验收规范》GB 50303—2015 及《自动化仪表工程施工及质量验收规范》GB 50093—2013 中的有关要求。

（6）设备型号、规格符合设计及供货合同规定，内部设备接（插）件（盘）完整，符合施工图设计要求。

（7）机架、机柜的固定螺丝、垫片和弹簧垫圈应按要求紧固，不得漏装。

（8）机架内的系统设备、部件应在机架（柜）定位并加固后安装，安装牢固、端正，符合安装手册要求，机柜内的设备安装牢固，端子配线正确，接触紧密，各种零件不得脱落或碰坏。

（9）IBP 盘和临窗工作台安放位置、方向应符合设计规定，应保证台面水平，附件安装完整。台内接插件和设备接触可靠，端子配线正确，接触紧密，内部接线符合设计和安装手册，台面整洁，无划痕。

（10）控制箱、柜、盘的接地牢固良好，装有电气设备的可开启的控制箱、柜、盘门要用软导线与接地的金属构架可靠接地。

（11）控制箱、柜、盘体的上方不能敷设管道，底座周围要采取封闭措施，防止鼠、蛇等小动物进入箱内。

（12）引入控制箱、柜、盘体内的控制电缆要排列整齐，避免交叉，电缆型号、规格要符合设计要求。电缆固定牢靠，不得使所接的端子排受到机械应力，电缆头一般固定于最低端子排 150～200mm 处。电缆按设计要求要挂牌，挂牌为永久性标志。

（13）车站环控室及冷站控制室 PLC 控制柜的安装应牢固，高度尽量与低压控制柜一致，垂直偏差度不大于 3mm，柜面标识完整清晰，漆面如有脱落应在验收前予以补漆。

（14）机柜内的 PLC 控制器安装牢固，端子配线正确，接触紧密，各种零件不得脱落或碰坏。

（15）机柜接地槽板或接地线连接良好，柜门开启灵活，操作方便。

（16）就地 PLC 控制箱定位合理（省料、方便维修、不与其他专业冲突），安装牢固端正、其垂直偏差度不应大于 2mm，固定方法按施工现场条件而定，宜采用预置膨胀螺钉。

（17）进入控制箱的线缆保护钢管入箱时，箱外侧应套锁母，内侧应装护口。箱内导线穿软管保护，入箱保护钢管应具有防水弯。

（18）基础型钢应可靠接地，柜盘的接地应牢固良好。装有电器的可开启的盘、柜门，应该以软导线与接地的金属构架可靠地连接。

（19）应根据施工图纸及产品设计图全面检查控制柜、盘、箱的数量、设备部件、模块是否齐全、设备配线是否正确。

（20）各种机柜插接件应插接准确、牢固。

（21）柜内设备间布线应符合设计要求。

（22）设备安装应稳定、牢固，位置准确，符合设计要求。

（23）设备的附件、备件应齐全完整。

（24）设备的机箱应漆饰良好，无严重脱漆和锈蚀。

（25）控制箱、柜、盘的安装位置应符合设计图纸要求；进出控制箱、柜、盘的电缆数量不宜过多，以便于设备的检修和维护。

（26）各设备房间的设备布置及缆线布放与其他设备或障碍物的距离必须满足检修、维护、消防及设计文件的要求。

（27）设备在机柜或操作台就位时要"小心轻放"。设备底部地板要求密封。

（28）盘、柜安装完毕后，要求施工单位使用防火布将盘柜包封，防止灰尘、潮气侵入。同时要求施工单位派专人看守，防止设备损坏或丢失。

2. 外围和终端设备安装监理管控要点

（1）挂墙安装的控制箱应安装在承重墙上或采取加固措施，安装高度应符合设计要求。

（2）设备铭牌字迹应清晰完整、参数正确。

（3）ISCS 和 BAS 的终端设备安装主要有温湿度传感器和二氧化碳传感器安装，以及空调水系统电动二通阀等执行机构安装。传感器要根据设计文件要求确定安装位置，一般在天花板下方 150mm 位置处，靠墙柱安装，阀体执行机构安装根据设计要求在阀体上方位置。

（4）BAS 模块箱和控制箱等通常根据就地控制设备的位置就地安装，有靠墙安装和支架安装两种方式，其安装施工管控要点与通信、信号专业的控制箱、柜、盘要求基本一致。

（5）终端设备连线严格按照设计要求的方式进行连接。

（6）终端设备的安装位置、安装方式应符合设计要求。施工流程如图 10.1-2 所示。

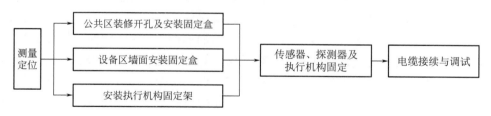

图 10.1-2 终端设备安装施工流程图

3. 设备接线监理管控要点

（1）专业监理工程师重点检查柜内接线，接线的标准、美观与否最能考验施工单位的水平。引入盘柜的电缆接线应排列整齐美观、不得任意穿行，电缆芯线应标明回路编号，编号正确字迹清晰，接线后应对各回路进行校线检查。

（2）线缆配线正确，无错、漏现象，卡接牢固，扭结正确、密实。在设备走线架上敷设及编扎，应顺序平直排列正确，互相靠拢，不得起伏不平、扭绞和交叉，绑扎线扣应正确一致。

（3）引进盘柜内的线缆应排列整齐，避免交叉。电缆固定牢靠，不得使所接的端子排受到机械应力。电缆应按设计编号要求挂牌，挂牌应为永久性标志。

四、软件安装检查监理管控要点

（1）ISCS中软件的安装测试是一项复杂、内容繁多的工作。在安装软件前要做详细的记录，包括安装时间、软件名称、软件版本号、安装人、软件安装条件、安装完成情况、安装过程的各个参数与节点的设置等，若安装失败要有软件版本倒回机制。

（2）ISCS和BAS与各系统间的接口协议要符合设计要求，此项工作为设计联络会的重点工作之一，并作为综合监控系统重点检查工作之一。

（3）ISCS和BAS所应用的软件，如数据库、应用软件、系统软件满足新线全线（含规划的后期延伸线路）容量要求，软件采用模块化设计，方便软件扩容升级。

（4）ISCS和BAS各种系统软件应符合设计文件规定和合同文件的规定。

（5）专业监理工程师应检查综合监控集成商是否按全线容量（含规划的后期延伸线路）统一设计，设置系统软件测试平台进行调试和接入。

（6）对于规划的后期延伸线路，专业监理工程师应检查软件实施方案是否符合设计文件的要求和施工组织设计的要求。

（7）ISCS和BAS软件安装要求操作人员按照正确的操作步骤和要求进行安装。专业监理工程师对软件安装过程要进行检查，同时对操作人员进行监督。ISCS软件的正确安装步骤如下：

1）检查各部分设备安装是否合格，软件安装前检查确认所有硬件设备工作正常。

2）软件安装是一个动态过程，每次软件安装前，专业监理工程师应督促操作人员检查、核对当前软件版本和拟安装（更新）的软件版本，并做好记录，登记软件版本号，操作人员，安装（更新）日期，安装结果等。

3）软件安装前做分类检查与准备。综合监控系统软件按功能主要分为平台软件和系统软件。平台软件的安装分为服务器平台软件、操作员工作站平台软件、监控子站工作软件的安装。系统软件的安装分为设备级软件、IO通信软件、管理软件和操作级软件的安装。准备工作要按类检查软件载体有无损坏现象，并在一台工作站上预先进行运行检查可否正常工作，再按服务器、工作站、打印机、交换机、监控子站分类放置以备安装。

4）软件的安装。在设备供货商的指导下先进行第一套软件的安装，并作详细记录。在第一套软件安装完成并检验合格后再进行其他各同类设备软件的安装。

5）所有设备软件安装完成并检验合格后，系统投入试运行阶段。

五、系统调试监理管控要点

系统调试应在安装完成后，按单机调试、集成子系统调试、综合联调的顺序逐步进行。

系统调试应按审批通过的调试大纲进行。

1. 单机调试

（1）上电后各设备、模块工作指示灯状态应正常。

（2）设备的硬件配置、软件配置、网络地址设置、预置参数应符合设计要求。

（3）设备中预装的软件登录应正常，应用程序、调试工具软件应运行正常。

2. 集成子系统调试

（1）集成子系统调试应包括综合监控系统的网络调试、集成子系统与现场监控对象的接口调试、集成子系统现场级监控设备的功能测试、集成子系统与综合监控系统的接口调试、综合监控系统的集成子系统专业功能测试。

（2）综合监控系统的网络调试应包括集成子系统现场总线、车站局域网、骨干网和中央局域网的联网调试。

（3）冗余设备应进行无扰动自动切换调试。

（4）集成子系统与综合监控系统的接口应属于内部接口，集成子系统与现场监控对象的接口应属于外部接口，接口调试应按接口调试规范文件要求进行。

（5）集成子系统与现场监控对象的点对点测试应按测点清单进行100％测试。

3. 接口调试

（1）ISCS 专业接口多，接口调试是一项复杂而且耗时长的工作，专业监理工程师应督促综合监控集成商编制调试方案，同时根据其他各专业节点计划，编写 ISCS 和 BAS 与各专业接口的调试计划，并提交监理单位审查。在调试过程中，针对进度偏差及时调整调试计划和后续调试方案，确保调试能按期高质量完成。

（2）ISCS 调试采用"从小到大""先局部后整体""先车站级后中央级"的原则合理安排调试顺序，以免因单个设备的故障或局部故障而影响整个系统。

（3）由于电源系统为其他系统提供馈电，因此首先进行电源系统的调试，在电源系统调试完成后即进行传输设备的调试。其他各专业系统则根据其本体调试完成情况，分别与 ISCS 进行接口调试。

（4）在调试过程中，专业监理工程师对调试情况进行旁站或平行检查，对发现问题进行记录，并督促各单位进行修改完善。

4. 系统联调

在相关专业的设备安装、接线、调试到位后，进入综合监控系统联调。系统联调是综合监控直接对监控对象的设备状态、运行状态进行遥测，对被控对象进行遥控，测试遥测、遥控结果的正确性。如有不符，在查清导致错误源头的基础上，对本系统或相关专业的设备进行纠错。同时，通过系统联调，不断优化系统的人机交互界面。因为系统联调是竣工前必不可少的一个阶段，监理单位应及时跟踪联调的效果。

六、不间断运行测试监理管控要点

（1）ISCS 和 BAS 通过功能验收、性能验收后，应进行不间断运行测试。

（2）不间断运行期间，ISCS 和 BAS 功能和性能应保持正常，并持续运行，运行时间不得小于 144h。当出现下列情况时，应终止不间断运行测试，整改后重新进行：

1）系统硬件未出现故障的情况下，软件运行异常，导致全部或部分系统功能丧失，且运行异常时间超过 5min 时；

2）系统配置的冗余设备同时发生故障，导致全部或部分系统功能丧失，且故障时间超过 5min 时；

3）ISCS 因自身系统故障导致失去单个车站、车辆段或停车场的单个接口专业全部监控功能，且故障时间超过 5min 时。

（3）不间断运行期间应停止下列维护性操作：

1）修改数据库结构或算法；

2）修改数据库中的遥控序列表；

3）离线组态、数据同步；

（4）系统启停。

第二节 门禁系统监理管控要点

门禁系统（ACS）是车站管理区、设备间员工进出身份识别及控制的系统。

一、机房设备安装、配线监理管控要点

（1）门禁网络控制器通常安装于综合监控等弱电设备室机柜内。

（2）门禁就地控制器设置在金属材质的标准机箱内，箱体应采取防水、防尘、防腐蚀等措施。机箱挂壁安装于该套门禁的保护区内侧（室内）吊顶或天花板下，高度以人员无法直接触及为标准而进行统一（如箱体底边距地面 2.5m）。机箱安装应牢固，固定支点不得少于 4 个；进线时宜采用下进-下出线，强弱电分开布管，两者距离≥300mm；接地线应与机箱外壳相连。

（3）引入控制器的电缆或导线，应符合下列要求：

1）配线应整齐，不宜交叉，并应固定牢靠；

2）电缆芯线和所配导线的端部，均应标明编号，并与图纸一致，字迹应清晰且不易褪色（不得采用手写方式）；

3）端子板的每个接线端，接线不得超过 2 根；

4）电缆芯和导线，应留有不少于 200mm 的余量；

5）导线应绑扎成束；

6）导线穿管、线槽后，应将管口、槽口封堵。

二、磁力锁监理管控要点

（1）安装时吸合铁片装在门扇上，锁主体装在门框上，要求锁主体安装在室内。

（2）若门体为外开门，吸合贴片与锁主体可分别直接安装于门锁和门框上；若门体为内开门，则必须配合安装辅件（"L"形支架）。门闭合时，铁片与锁主体应对正并完全吸合。

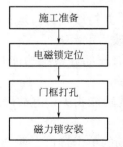

图 10.2-1 磁力锁安装流程

（3）门磁用于检测门的状态（开或关）。安装门磁应注意开孔不可太松，明装方式应固定稳妥，以免开门时门扇与门磁产生摩擦。

（4）门磁的两端平面一侧相对距离不能大于 5mm、偏离不能大于 3mm。

（5）门禁系统施工前需要与地盘管理单位核对和沟通设备区防火门做单门左开、右开、双开门主动门方向，过线保护管和门磁衔铁等预留位置等，也是门禁系统监理的最主要工作之一。磁力锁安装流程如图 10.2-1 所示。

三、读卡器、出门按钮、破玻按钮安装配线监理管控要点

1. 读卡器

读卡器安装高度通常底边距地面 1.2~1.5m（应与走廊照明开关底边平齐）。通常情况下，单门的读卡器安装于门扇开启的一侧，双门的读卡器安装于活动门扇（另一扇门通常上销锁定）一侧。读卡器的外接导线，应留有不少于 120mm 的余量，且在其端部应有明显标志。

通常门禁读卡器、出门按钮、破玻按钮、手报、气体灭火控制盘、气灭三联开关、照明开关、多联机开关和 FAS、BAS 模块箱等终端设备下标高应在同一水平线上，后安装的设备应以先安装设备系统终端设备的下标高为基准进行安装，以保证美观、整齐和装修效果，详见图 10.2-2。

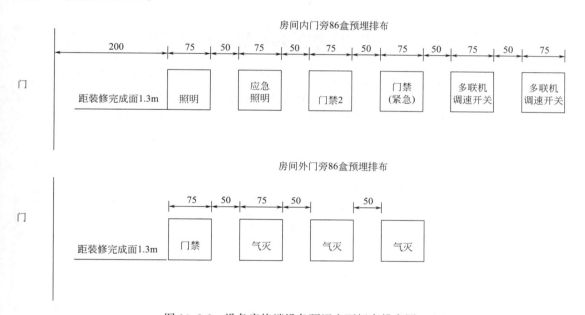

图 10.2-2　设备房终端设备预埋盒下标高排布图

2. 出门按钮及紧急破玻按钮安装要求

出门按钮和紧急破玻按钮通常相邻安装，安装高度通常底边距地坪完成面 1.2~1.5m（应与室内照明开关底边平齐）。通常情况下，单门的出门按钮和紧急破玻按钮安装于门扇开启的一侧（且出门按钮相对靠近门体），双门的出门按钮和紧急破玻按钮安装于活动门扇（另一扇门通常上销锁定）一侧。出门按钮、紧急破玻按钮与照明开关的位置顺序应保持一致，优先采用"紧急破玻按钮→出门按钮→照明开关→门扇"的方案。

四、门禁系统调试监理管控要点

门禁系统的调试、试验应在建筑内部装修和系统施工结束后进行，调试工作负责人必须由有资格的专业技术员担任，所有参加调试人员应职责明确，并应按照调试程序工作。验收必须按照施工及验收规范进行，符合设计及施工验收规范要求。

（1）门禁系统验收前必须进行单机试验，正常后方可进行系统调试。施工单位必须严格按调试程序按步骤进行。根据本工程门禁系统的特点，各子系统以传输系统为主干，构成整个系统网络。因此传输系统对实现整个系统功能起着决定性的作用，所以，联调必须从通信传输系统的调试完成开始。

（2）网络管理各项功能试验，网管功能应能满足门禁设计要求。

（3）与其他通信子系统的联调。按照其他系统的需要，指标达到门禁系统要求。

（4）对各站设备通过传输系统构成的各个系统，根据工程的设计要求，对整个门禁系统应具有的功能及应达到的指标进行全面的测试和试验，各项指标应达到设计及有关标准的要求。

（5）系统性能检验以确定门禁系统安装施工项目的全部或部分设备达到合同及设计中所规定的系统技术标准及要求。

第三节　火灾自动报警系统监理管控要点

火灾自动报警系统（FAS）施工方法与综合监控系统施工方基本相同，所包含的施工内容基本一致，主要包含电线电缆敷设、光缆敷设及熔接，探测器安装、模块箱安装、按钮安装等内容，但增加了感温光纤敷设等特有的内容。整个火灾自动报警系统施工流程如图 10.3-1 所示。

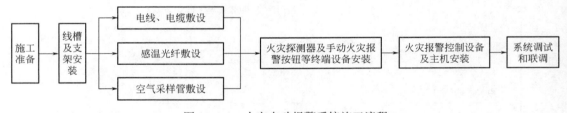

图 10.3-1　火灾自动报警系统施工流程

一、火灾自动报警系统工程的质量见证点

设备监理单位应对火灾自动报警系统工程设置文件见证点、现场见证点、停止见证点，见表 10.3-1。监理应按要求进行监督检查（采取旁站、巡视和平行检验等方式），对达不到质量要求的，监理不予签认，并有权责令返工和向有关主管部门报告。

1. 火灾自动报警系统设备安装监理见证点

火灾自动报警系统设备安装监理见证点表（进口设备除外）　　　　表 10.3-1

序号	见证点见证内容	文件见证点 R 点	现场见证点 W 点	停止见证点 H 点
1	火灾自动报警系统采购合同和施工合同	★		
2	经批准的施工图、设计说明书及其设计变更通知单等设计文件	★		
3	系统图、设备平面布置图、接线图、安装图以及消防设备联动逻辑说明等必要的技术文件	★		

续表

序号	见证点见证内容	文件见证点 R 点	现场见证点 W 点	停止见证点 H 点
4	进场材料、设备检验	★	★	★
5	布线配管施工过程质量检查	★	★	
6	隐蔽工程验收	★	★	★
7	管内线槽线路杂物清理检查	★	★	
8	布线检查、对导线的种类、电压等级检查	★		
9	导线的种类、电压等级和线路接头质量抽检	★	★	
10	多尘或潮湿场所密封质量检查	★	★	
11	回路对地绝缘电阻测量	★	★	
12	接地电阻测试	★	★	
13	火灾探测器安装检查	★	★	
14	探测器接线检查	★	★	
15	手动报警按钮的安装检查	★	★	
16	火灾报警控制器安装检查	★	★	
17	火灾报警控制器接线检查	★	★	
18	消防控制设备的安装检查	★	★	
19	火灾报警功能测定检查试验	★	★	★
20	检查火灾自动报警系统的主电源和备用电源	★	★	★
21	竣工验收时，检查以下文件： 1）竣工图 2）设计变更文字记录 3）施工记录（包括隐蔽工程验收记录） 4）检验记录（包括绝缘电阻、接地电阻的测试记录） 5）竣工报告	★	★	★

2. 见证应符合以下要求

（1）施工单位应向设备监理和建设单位提供生产进度计划及质量检验计划。在预定见证日期以前（H 点 20 天，W 点 15 天）通知项目监理。

（2）监理单位和建设单位接到质量见证通知后，应及时派遣专业监理工程师参加现场见证，如监理单位或建设单位人员不能按期参加，W 点自动转为 R 点。

（3）监理人员所有的质量检查必须在施工单位自查合格并提交监理报审、报验的基础上进行，否则拒绝检查。可在书面通知施工单位质量控制点时一并写明。

（4）凡有 R 的控制点，必须提供相应的交工技术文件，否则不予签认，以确保文件的真实、准确、同步、有效。

（5）如施工单位未按规定提前通知项目监理单位或建设单位，致使其人员不能参加现场见证，项目监理单位或建设单位有权要求重新见证。

二、进场材料、设备检验阶段监理管控要点

火灾报警系统进场的质量进行检查与控制，重点控制以下内容：

（1）设备按有关部门批准的设计文件和所附技术说明进行验收，根据安装规范和产品加工制作标准进行验收。

（2）检查是否存在外观质量缺陷。使用配件齐全，无机械性损伤变形和其他缺陷。

（3）对材料数量进行核对，材料是否合格且质量文件齐全，其中：

1）钢管必须有质保书，并注明规格、数量、品种。

2）钢管内外表面应光滑，不允许有折叠、裂缝、分层堵焊缺陷存在；电线管的内外表面不得有裂纹和结疤；钢管弯曲度每米不得大于 3mm，螺纹应整齐，光洁、无裂缝，允许有轻微毛刺。

3）埋设于混凝土内的钢管外壁不用作防腐处理，其他场所应作防腐处理，处理方法按照设计要求，设计无要求时按规范要求。

4）镀锌钢管不得采用熔焊连接。

5）暗配焊接钢管与盒（箱）连接，应采用焊接管口高出盒（箱）内壁 3~5mm，焊接后应补防腐漆。

6）明暗配薄壁钢管及镀锌钢管与盒（箱）连接，并与电线管钢管进行跨接，盒子内用螺栓进行加固，管子露盒（箱）内壁宜 2~3 丝扣，管口用相配套的塑料塞进行遮盖，盒子必须进行固定以防偏位。

7）钢管与设备直接连接时，应将钢管伸至设备接线盒内，端部宜增设电线保护软管，再接入设备接线盒内。

8）钢管连接的末节与中间节均须用圆钢接地跨接，焊接长度不小于圆钢直径的 6 倍，暗配钢管连接宜采用套管连接，套管长度为连接管外径的 1.5~3.0 倍，连接管的对口处应在套管的中心，焊口应焊接牢固严密。钢管管路的所有连接点必须可靠。

（4）地方或部门对火灾报警系统设备配件试验有文件特殊规定的，由监理监督进行抽样，并按规定送检。

三、施工阶段监理管控要点

1. 布线及配管检查

火灾自动报警系统的布线应按国家现行标准《电气装置工程施工及验收规范》ZBB ZH/GJ9 检查，并符合国家标准《火灾自动报警系统设计规范》GB 50116—2019 规定，对导线的种类、电压等级进行检查。除此之外，还应符合下列要求：

（1）所穿导线的型号、规格、数量应符合设计要求，导线应有相应规格的合格证。

（2）管内或线槽内穿线，应在建筑抹灰及地面工程结束后进行，并要清管或清槽。

（3）不同系统，不同电压等级，不同电流类别的线路，不应穿在同一管内或线槽的同一槽孔内，避免错用击穿绝缘层。

（4）导线在管内或线槽内，不应有接头、扭结。

（5）多尘或潮湿场所密封质量检查：敷设在多尘或潮湿场所的管路的管口和连接处，均应作密封处理。这是避免误动作、保证设备安全和人身安全的必要措施。

（6）管路超过下列长度或弯头较多时，宜在便于接线处装设接线盒，并应满足下列要求：

1）管路长度每超过 45m，无弯曲时；

2）管路长度每超过 30m，有 1 个弯曲时；

3）管路长度每超过 20m，有 2 个弯曲时；

4）管路长度每超过 12m，有 3 个弯曲时。

（7）管子入盒时，盒外侧套锁母，在穿线时必须备齐各档规格的护口，内侧加装护口，并将线头弯起。在吊顶内敷设时，盒的内侧均应套锁母。

（8）在吊顶内敷设各类管路和线槽，应单独设置卡具吊装或支撑物固定；同时吊装线槽的吊杆直径不得小于 6mm；其直线段每隔 1.0～1.5m 设置吊点或支点，在下列部位也应设置吊点或支点：

1）线槽头处；

2）距接线盒 0.2m 处；

3）线槽走向改变或转角处。

（9）线槽接头处，距接线盒 0.2m 处，线槽走向改变或转角处都应设置吊点或支点；其直线段每隔 1.0～1.5m 设置吊点或支点。

（10）管线经过建筑物的变形缝（包括沉降缝、伸缩物、抗震缝等）处，应采取补救措施，导线跨越变形缝的两侧应固定，并留有适当余量。

（11）吊装线槽的吊杆直径不应小于 6mm。

（12）回路测量绝缘：系统导线敷设后，应对每回路的导线用 500V 兆欧表测量绝缘电阻，其对地绝缘电阻值不应小于 20MΩ。

（13）火灾自动报警系统布线时，应对导线的种类、电压等级进行检查。

（14）火灾自动报警系统传输线路采用绝缘导线时，应采用穿金属管、硬质塑料管、半硬塑料管或封闭式线槽保护方式布线，消防控制、通信和报警线路，应采取穿金属管保护，并宜暗敷设在非燃烧体结构内，其保护层厚度不应小于 30mm。当必须明敷设时，应在金属管上采取防火保护措施。当采用绝缘和护套为非延燃性材料的电缆时，可不穿金属管保护，但应敷设在电缆井内。

2．隐蔽工程施工检查

执行隐蔽工程检验程序，签证《隐蔽工程检查验收记录》。

3．火灾探测器的安装

感烟、感温等探测器严格按设计要求布置，安装时盒口周边无破损，探测器接线正确，外观无损，牢固可靠。当设计无要求时，安装位置应符合下列规定：

（1）点型火灾探测器的安装：

1）探测器至墙边，梁边水平距离，不应<0.5m，且周围 0.5m 内不应有遮挡物。

2）探测器周围 0.5m 内，不应有遮挡物。

3）探测器至空调送风口的水平距离不应<1.5m，宜接近回风口安装，至多孔送风顶棚孔口水平距离不应<0.5m。

4）在宽度小于 3m 的走道，探测器宜居中布置。感温探测器的安装距离，不应>10m。感烟探测器距离，不应>15m。探测器距端墙的距离，不应大于安装间距的一半。

5）探测器宜水平安装，当必须倾斜时，倾斜角不应>45°。

（2）探测器底座应固定牢靠，其导线连接必须压接或焊接（当采用焊接时，不得使用具有腐蚀性的助焊剂）。

（3）注意连接导线的颜色区分，探测器的"＋"线为红色，"－"线为蓝色，其余线根据不同用途采用其他颜色区分。同一工程相同用途的导线颜色应一致。

（4）探测器底座的穿线孔宜封堵，安装完毕后的探测器底座应采取保护措施。

（5）探测器的确认灯，应面向便于人员观察的主要入口方向。

（6）探测器在即将调试时方可安装，安装前妥善保管，并采取防尘、防潮、防腐措施。

（7）线型火灾探测器和可燃气体探测器等有特殊安装要求的探测器，按国家标准的规定检查。

（8）探测器底座的外接导线，应留有不小于 150mm 的余量，且在其端部应有明显的标志。

（9）探测器安装时，先将预留在盒内的导线剥去绝缘外皮，露出线芯 10～15mm，但不要碰掉编号套管，顺时针连接在探测器底座的各级接线端上，然后将底座用配套的机螺栓固定在预埋盒上，且上好防潮罩。最后按设计图要求检查无误后，再拧上探测器头。

（10）探测器暗装时，灯头盒埋设在混凝土或设置在顶棚内，灯头盒焊接在暗配电线保护管端，灯头盒口向下，不应埋设太深，其口面也不能凸出屋顶粉刷面，最好与屋顶粉刷面平或略低 2～4mm。

（11）探测器明装时，将探测器安装在明配线路中的灯头盒上，明装灯头盒仍固定在管端，在距管端处 100～150mm 处应加以固定。明配线路中，金属灯头盒涂漆应与电线保护管颜色一致。

4. 手动火灾报警按钮的安装

（1）手动火灾报警按钮应安装在墙上距地面高度 1.3～1.5m 处，应安装牢固，不得倾斜。

（2）手动火灾报警按钮的外接导线，应留有不小于 10cm 的余量，端部有明显标志。

（3）报警区域内每个防火分区，应至少设置一个手动报警按钮。从一个防火分区的任何位置到邻近防火分区的一个手动火灾报警按钮的步行距离，不应大于 30m。

（4）手动火灾报警按钮，应安装牢固，且不得倾斜。

（5）手动火灾报警按钮并联安装时，终端按钮内应加装监控电阻，其阻值由生产厂家提供。

5. 火灾报警控制器的安装

（1）火灾报警控制器在墙上安装时，其底边距地（楼）面高度不应小于 1.5m，靠近门轴的侧面距墙不应小于 0.5m，正面操作距离不应小于 1.2m。

（2）火灾报警控制器落地安装时，其底宜高出地坪 0.1～0.2m，框下面有进出线地沟。当需从后面检修时，框后面板距离不应小于 1m，当有一侧靠墙安装时，另一侧距离不应小于 1m。

（3）集中报警控制器的正面操作距离：当设备单列布置时不应小于 1.5m；双列布置时不应小于 2m；在值班人员经常工作的一面，控制盘前距离不应小于 3m。

（4）控制器应安装牢固，不得倾斜。安装在非承重墙上时，应采取加固措施。

（5）引入控制器的电缆或导线，应符合下列要求：

1）配线应整齐，避免交叉，且固定牢靠。

2）电缆芯线和所配导线的端部，均应标明编号，且与图样一致，字迹清晰不得褪色。

3）端子板的每个接线端，接线不得超过两根。

4）电缆芯和导线，应留有不小于 200mm 的余量。

5）导线应绑扎成束。

6）导线引出线穿管后，在进线管处应封堵。

7）控制器的主电源引入线，应直接与消防电源连挡，严禁使用电源插头。主电源应有明显标志。

8）控制器的接地应牢固，且有明显标志。

6. 火灾报警控制设备的安装

（1）消防控制设备的安装前，应进行功能检查，不合格者不得安装。

（2）消防控制设备的外接导线，当采用金属软管作套管时，其长度不宜大于 2m，并应采用管卡固定，其固定点间距不应大于 0.5m。金属软管与消防控制设备的接线盒（箱），应采用锁母固定，且应根据配管规格接地。

（3）消防控制设备外接导线的端部，应有明显标志。

（4）消防控制设备盘（柜）内电压等级、不同电流类别的端子应分开，且有明显标志。

7. 火灾报警系统专用配线（或接线）箱安装

（1）设置在墙上的箱体，应根据设计要求的高度及位置，采用金属膨胀螺栓固定在墙壁上。

（2）配电线（或接线）箱内采用端子板连接各种导线并按不同用途、不同电压、电流类别等需要，分别设置不同端子板，且将交直流不同电压的端子板加保护罩进行隔离，以保护人身和设备安全。

（3）箱内端子板接线时，两人分别在线路两端逐根对导线编号。将箱内留有余量的导线绑扎成束，分别设置在端子板两侧，左侧为控制中心引来的干线，右侧为火灾探测器及其他设备的控制线路，在连接前应用兆欧表测量绝缘电阻，每一回路线间的绝缘电阻值应不小于 $10M\Omega$。

（4）单芯铜导线剥去绝缘层后，可直接接入端子板，剥削绝缘层的长度，一般以比端子插入孔深度长 1mm 为宜，对于多芯铜线，剥去绝缘后应挂锡再接入接线端子。

8. 系统接地装置的安装

（1）工作接地线应采用铜芯绝缘导线或电缆，不得利用镀锌扁铁或金属软管。

（2）由消防控制室引至接地体的工作接地线，在通过墙壁时，应穿入钢管或其他坚固的保护管。

（3）工作接地线与保护接地线，必须分开，保护接地导体不得利用金属软管。

（4）消防控制室专设工作接地装置时，接地电阻值不应大于 4Ω。采用共同接地时，接地电阻不应大于 1Ω。

（5）当采用共同接地时，可用专用接地干线由消防控制室接地板引至接地体。专用接地干线应选用截面面积不小于 $25mm^2$ 的塑料绝缘铜芯电线或电缆两根。

（6）由消防控制室接地板引至消防设备的接地线，应选用铜芯绝缘软线，其线芯截面面积不应小于 $4mm^2$。

（7）接地装置施工完毕后，应及时做隐蔽工程验收。验收应包括下列内容：测量接地电阻，且做记录；检验应提交的技术文件；审查施工质量。

四、火灾报警系统调试阶段监理管控要点

各系统验收前必须进行单机试验，正常后方可进行系统调试。

1. 在调试前调试人员要认真阅读有关产品说明书、工程竣工图纸、会审记录、变更联系单、施工记录及竣工报告等，并准备相应调试用仪器仪表及相应记录表格资料，做到先谋而后动。

2. 调试前检查设备的规格、型号、数量、备品备件是否符合设计要求，技术资料是否齐全。

3. 在系统调试前应对安装线路进行测试。

首先进行一般性检查，从外部检查穿线及接线是否符合现行国家标准《火灾自动报警系统施工及验收标准》GB 50166—2019 要求；同时利用万用表检查线路接线是否正确，对连有终端电阻的，要检查电阻是否与设计相符；最后还要测试回路绝缘电阻。对线-线、线-地、线-屏蔽层的绝缘电阻都应大于 $20M\Omega$，并把测试结果填写在调试记录中，同时记下测试室温。若发现有错线、开路、虚焊、短路等问题，应查找原因予以排除或更换，并记入调试记录。

4. 线路经测试全部合格后进行单体测试。

（1）首先对探测器进行定性测试，利用报警控制器接出一个回路装上烟感或温感探测器进行吹烟、加温后，检测其"确认灯"是否会亮，是否发出声光报警，若发现探测器灵敏度差或不会动作就不能使用；

（2）在对探测器进行定性试验时，要对报警控制器逐个进行单机通电检查，查看火警时声、光报警系统是否工作，报警时间及地址是否显示，报警后是否联动输出。同时测量电源电压，测量自检回路输出电压及各报警回路的电压信号是否符合报警控制器技术数据要求，单体调试中出现问题，应向公司消防监理部报告并会同有关单位协调解决，并把情况记入调试记录。

5. 系统开通调试。

（1）对 FAS 系统设备逐台进行通电检查，检测合格后方可进行调试；

（2）按设计文件和设计说明，应分别检查主电源和备用电源，其容量是否符合标准要求，并对备用电源连续充电 3 次后，主电源和备用电源应能自动转换；

（3）应用专用烟杆对探测器逐个进行试验，其动作应准确无误，打印出记录和实测的探测器地址一一对应；

（4）分别用主电源和备用电源供电，检查火灾自动报警系统的各项联动控制功能。

6. 系统功能正常后，开通投入运行，在连续无故障运行 144h 后，提交调试报告。

7. 由调试负责人负责整理调试资料，其内容包括调试步骤、调试方法、使用专用工具及仪器、仪表，调试中发现问题以及排除方法、各种整定数据等，整理入档，编制调试报告提交监理单位审核。

第四节　气体自动灭火系统监理管控要点

从国内外城市轨道交通工程所发生的火灾情况来看，绝大部分属于电气火灾，多发生

在关键电气设备用房内。房间内的设备价值昂贵，一旦发生意外运转中断将直接威胁到整个地铁的安全运营，造成重大人身伤害、经济损失和不良的社会影响。因此，目前关键设备用房一般均采用 IG541 等气体自动灭火系统作为车站核心区域的消防控制系统。气体自动灭火系统由管网部分和报警部分组成，安装工程的监理重点包括管网安装、气密性试验、报警设备安装、系统调试和系统联调，见图 10.4-1。

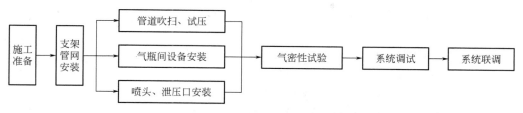

图 10.4-1 气体自动灭火系统工程施工流程

一、气体自动灭火系统工程的质量见证点

对照表 10.4-1 设定的文件见证点、现场见证点、停止见证点，监理应按要求及时进行监督检查（采取旁站、巡视和平行检验等方式），对达不到质量要求的，监理不予签认，并有权责令返工和向有关主管部门报告。

气体自动灭火系统设备监理见证点表（进口设备除外）　　表 10.4-1

序号	见证点见证内容	文件见证点（R 点）	现场见证点（W 点）	停止见证点（H 点）
重要部件及原材料的检验报告及合格证				
1	钢瓶	★		
2	膜片	★		
3	集流管	★		
4	电磁阀启动器	★		
生产过程				
5	钢瓶组件组装		★	
6	钢瓶组件、阀件的耐压及性能测试		★	
7	集流管及高压软管耐压及性能测试		★	
8	控制盘性能测试		★	
9	手自动转换开关性能测试		★	
10	手拉启动器性能测试		★	
11	紧急停止按钮性能测试		★	
整机性能试验				
12	系统性能试验			★
13	出厂检验			★
14	型式试验			★

续表

序号	见证点见证内容	文件见证点 （R 点）	现场见证点 （W 点）	停止见证点 （H 点）
	一般规定			
15	气体自动灭火系统总施工采购合同	★		
16	经批准的施工图、设计说明书及其设计变更通知单等设计文件	★		
17	重要部件及原材料检验报告	★		
18	成套装置与灭火剂瓶组及容器阀、单向阀、连接管、集流管、安全泄压装置、选择阀、阀驱动装置、喷嘴、信号反馈装置、检漏装置、减压装置等系统组件,灭火剂输送管道及管道连接件的产品出厂合格证和市场准入制度要求的有效证明文件	★	★	★
19	系统采用的不能复验的产品,其生产厂出具的同批产品检验报告与合格证	★		
20	所有机械(包括高压管的强度试验)及电气部分设备的出厂前测试	★		
21	所有机械及电气部分设备安装后的现场测试	★		
22	检验批出厂验收	★	★	
23	样机检验	★		
24	合同项下设备、材料和技术文件的到货检查。检验货物唛头与订货设备符合性;包装是否破损		★	★
25	开箱检验	★	★	★
26	隐蔽工程验收	★	★	★
27	模拟启动试验	★	★	
28	模拟喷气试验	★	★	
29	备用灭火剂气瓶组模拟切换操作试验	★	★	
30	防护区与气瓶间验收	★	★	★
31	设备和灭火剂输送管道验收	★	★	★
32	系统功能验收	★	★	★

（1）气体自动灭火系统设备监理见证点。

（2）见证要求参见本章第三节火灾自动报警系统监理管控要点中有关质量见证点的内容。

二、施工准备阶段监理管控要点

（1）结合工程特点明确需要管控的重要部件：IG-541 气瓶及气体、瓶头阀、选择阀、启动电磁阀、气体灭火控制盘、烟温感控制器、声光报警、气体灭火指示灯、紧急启停按钮、控制模块等。

（2）施工现场质量管理检查记录由施工单位质量检验员填写，专业监理工程师进行检查，并做出结论。检查记录表格式见国家标准《气体灭火系统施工及验收规范》GB 50263—2007 附录 A 的表 A。

三、系统组件及材料检验的监理管控要点

（1）灭火剂储存容器及容器阀、单向阀、连接管、集流管、安全泄放装置、选择阀、阀驱动装置、喷嘴、信号反馈装置、检漏装置、减压装置等系统组件的产品出厂合格证和市场准入制度要求的法定机构出具的有效证明文件应符合规定。设计有复验要求或对质量有疑义时，应抽样复验，复验结果应符合国家现行产品标准和设计要求。

（2）系统中采用的不能复检的产品，应具有生产厂出具的同批产品检验报告与合格证。

（3）系统及其主要组件的使用、维护说明书应齐全。

（4）灭火剂储存容器内的充装量、充装压力应符合设计要求，充装系数或装量系数应符合设计规范规定。

（5）阀驱动装置应符合下列规定：

1）电磁驱动装置的电源电压应符合系统设计要求。通电检查电磁铁芯，其行程应能满足系统启动要求，且动作灵活，无卡阻现象。

2）气动驱动装置贮存容器内气体压力不应低于设计压力，且不得超过设计压力的 5%，气动驱动装置中的单向阀芯应启闭灵活，无卡阻现象。

3）机械驱动装置应传动灵活，无卡阻现象。

（6）管材、管道连接件的品种、规格、性能等应符合相应产品标准和设计要求。验收项目还应包括外观质量检查、按抽样比例进行尺寸测量，设计有复验要求或对质量有异议时，应抽样复验，复验结果应符合国家现行产品标准和设计要求。

（7）进场检验抽样检查有 1 处不合格时，应加倍抽样，加倍抽样仍有 1 处不合格，按照国家标准《气体灭火系统施工及验收规范》GB 50263—2007 第 4.1.2 条判定该批系统组件、材料或装置为不合格。

四、管网部分安装监理管控要点

有关阀门、管道及支架、吊架的安装质量验收除应符合国家标准《气体灭火系统施工及验收规范》GB 50263—2007 外，尚应符合国家标准《工业金属管道工程施工质量验收规范》GB 50184—2011 的要求。

1. 灭火剂输送管道的安装及施工

（1）无缝钢管采用法兰连接时，应在焊接后进行内外镀锌处理。已防腐处理的无缝钢管不宜采用焊接连接，个别部位需采用法兰焊接连接时，应对被焊接损坏的防腐层进行二次防腐处理。

（2）管道穿过墙壁、楼板处应安装套管。套管公称直径比管道公称直径至少应大 2级，穿墙套管的长度应和墙厚相等，穿过楼板的套管长度应高出地板 50mm。管道与套管间的空隙应采用防火封堵材料填塞密实。

（3）管道支、吊架的安装。

管道应固定牢靠，管道支、吊架的最大间距应符合表 10.4-2 的规定。

气体灭火管网支吊架最大间距　　　　　　　　表 10.4-2

管道公称直径（mm）	15	20	25	32	40	50	65	80	100	150
最大间距（m）	1.5	1.8	2.1	2.4	2.7	3.4	3.5	3.7	4.3	5.2

管道末端应采用防晃支架固定，支架与喷嘴间的距离不应大于 500mm。

公称直径大于或等于 50mm 的主干管道，垂直方向和水平方向至少应各安装 1 个防晃支架，当穿过建筑物楼层时，每层应设 1 个防晃支架。当水平管道改变方向时，应增设防晃支架。

（4）IG541 灭火系统管道的三通管接头的分流出口应水平安装。

2. 灭火剂输送管道的吹扫、试验和涂漆

（1）灭火剂输送管道安装完毕后，应进行强度试验和气密性试验，并合格。

（2）IG541 灭火系统管道的水压强度试验压力应取值为 13.0MPa。

（3）进行水压强度试验时，应以不大于 0.5MPa/s 的速率缓慢升压至试验压力后保压 5min，检查管道各连接处应无渗漏、无变形为合格。

（4）当水压强度试验条件不具备时，可采用气压强度试验代替。IG541 灭火系统气压强度试验压力的取值为 10.5MPa。

（5）灭火剂输送管道气密性试验的加压介质可采用空气或氮气，试验压力取值为水压强度试验压力的 2/3。试验时应按要求缓慢升压至试验压力，关断试验气源 3min 内压力降不超过试验压力的 10% 为合格。

（6）灭火剂输送管道在水压强度试验合格后，或气密性试验前，应进行吹扫。吹扫管道可采用压缩空气或氮气。吹扫时，管道末端的气体流速不应小于 20m/s，采用白布检查，直至无铁锈、尘土、水渍及其他异物出现。

（7）灭火剂输送管道的外表面宜涂红色油漆。在吊顶内、活动地板下等隐蔽场所内的管道，可涂红色油漆色环。每个防护区的色环宽度应一致，间距应均匀。

3. 喷嘴的安装

（1）安装在吊顶下的不带装饰罩的喷嘴，其连接管管端螺纹不应露出吊顶；安装在吊顶下的带装饰罩的喷嘴，其装饰罩应紧贴吊顶。

（2）喷嘴安装时应按设计要求逐个核对其型号、规格和喷孔方向。

五、气瓶间设备安装监理管控要点

1. 系统组件外观检查

（1）系统组件无碰撞变形及其他机械性损伤。

（2）组件外露非机械加工表面保护涂层完好。

（3）组件所有外露接口均设有防护堵、盖，且封闭良好，接口螺纹和法兰密封面无损伤。

（4）铭牌清晰、牢固、方向正确。

产品标牌的具体内容以及要求应符合国家标准《标牌》GB/T 13306—2011 和《气体

灭火系统设计规范》GB 50370—2005 的规定。

（5）灭火剂储存容器、集流器的支、框架应固定牢固，且应采取防腐处理措施；正面标明设计规定的灭火剂名称和气瓶组的编号。

（6）同一规格的灭火剂储存容器，其高度差不宜超过 20mm。

（7）同一规格的驱动气体储存容器，其高度差不宜超过 10mm。

2. 灭火剂储存装置的安装

（1）灭火剂储存装置安装后，泄压装置的泄压方向不应朝向操作面。

（2）储存装置上压力计、液位计、称重显示装置的安装位置应便于人员观察和操作。

（3）储存容器的支、框架应固定牢靠，并应做防腐处理。

（4）储存容器宜涂红色油漆，正面应标明设计规定的灭火剂名称和储存容器的编号。

3. 选择阀的安装

（1）选择阀操作手柄应安装在操作面一侧，当安装高度超过 1.7m 时应采取便于操作的措施。

（2）采用螺纹连接的选择阀，其与管道连接处宜采用活接。

（3）选择阀上应设置标明防护区名称或保护对象名称或编号的永久性标志牌，并应便于观察。

4. 阀驱动装置的安装

（1）拉索式机械驱动装置的安装应符合下列规定：

1）拉索除必须外露部分外，应采用经内外防腐处理的钢管防护。

2）拉索转弯处应采用专用导向滑轮。

3）拉索末端拉手应设在专用的保护盒内。

4）拉索套管和保护盒应固定牢靠。

（2）安装以重力式机械驱动装置时，应保证重物在下落行程中无阻挡，其行程应保证驱动所需距离，且不得小于 25mm。

（3）电磁驱动装置驱动器的电气连接线应沿固定灭火剂储存容器的支、框架或墙面固定。

（4）气动驱动装置的安装应符合下列规定：

1）驱动气瓶的支、框架或箱体应固定牢靠，且应做防腐处理。

2）驱动气瓶正面应标明驱动介质的名称和对应防护区名称的编号。

（5）气动驱动装置的管道安装应符合下列规定：

1）管道布置应符合设计要求。

2）竖直管道应在其始端和终端设防晃支架或采用管卡固定。

3）水平管道应采用管卡固定。管卡的间距不宜大于 0.6m，转弯处应增设一个管卡。

（6）气动驱动装置的管道安装后应做气压严密性试验，并合格。

试验按照国家标准《气体灭火系统施工及验收规范》GB 50263—2007 第 E.1 节的规定执行。

5. 集流管的安装

（1）集流管安装前应检查内腔，确保清洁。

（2）集流器上的泄压装置的泄压方向不应朝向操作面。

（3）集流管应固定在支、框架上。支、框架应固定牢靠，并做防腐处理。

（4）集流管外表面宜涂红色油漆。

六、系统调试与验收

气体自动灭火系统的调试（包括模拟启动试验、模拟喷气试验和模拟切换操作试验）应在建筑内部装修和系统施工结束后进行，调试负责人必须由施工单位有资格的专业技术员担任，所有参加调试人员应职责明确，并应按照调试程序工作。系统调试前必须进行单机试验，正常后方可进行系统调试。

系统验收的重要一环是系统功能的验收，包括按防护区或保护对象进行模拟启动试验的抽样检查、模拟喷气试验抽查，以及主、备用电源切换试验等。

1. 气体自动灭火系统的调试范围

气体自动灭火系统调试、验收内容包括下列场所和设备：

（1）气体保护区和气瓶间。

（2）系统设备和灭火剂输送管道。

（3）与气体灭火系统联动的有关设备。

（4）有关的安全设备。

2. 主要调试步骤

（1）在系统调试前，施工单位应根据设计系统的功能要求及器材、设备特性编制调试方案，调试由有资质的调试负责人组织实施。

（2）督促施工单位在调试前组织有关调试人员认真阅读有关产品说明书、工程竣工图纸、会审记录、变更联系单、施工记录及竣工报告等，并准备相应调试用仪器仪表及对应的记录表格资料。

（3）调试前检查设备的规格、型号、数量、备品备件是否符合设计要求，技术资料是否齐全。

（4）调试前应对安装线路进行测试。

（5）线路经测试全部合格后进行单体测试。

1）首先对探测器进行定性测试，利用报警控制器接出 1 个回路，装上烟感或温感控测器进行吹烟、加温后，其"确认灯"是否会亮，是否发出声光报警，若发现探测器灵敏度差或不动作就应进行整改。

2）在对探测器进行定性试验时，要对报警控制器逐个进行单机通电检查，查看火警时声、光报警系统是否工作，报警时间及地址是否显示，报警后是否联动输出。同时测量电源电压，测量自检回路输出电压及各报警回路的电压信号是否符合报警控制器技术数据，单体调试中出现问题，应会同有关单位协调解决，并把情况记入调试记录。

（6）系统开通调试

1）系统各功能检测正常后，开通投入运行，在连续无故障运行 144h 后，写出开通调试报告。

2）由施工单位负责整理调试资料，其内容包括调试步骤、调试方法、使用专用工具及仪器、仪表，调试中发现问题以及排除方法、各种整定数据等，整理入档，并加盖单位公章提交监理审核。

3. 气体灭火系统的调试阶段质量控制要点

（1）气体灭火系统的调试，应对所有防护区或保护对象进行系统手动、自动模拟启动试验、模拟喷气试验，以及设有灭火剂备用量的系统进行模拟切换操作试验。

（2）模拟喷气试验宜采用自动启动方式。

（3）模拟喷气试验的结果应符合下列规定：

1）延迟时间与设定时间相符，响应时间满足要求；

2）有关声、光报警信号正确；

3）有关控制阀门工作正常；

4）信号反馈装置动作后，气体防护区门外的气体喷放指示灯应工作正常；

5）储存容器间内的设备和对应防护区或保护对象的灭火剂输送管道无明显晃动和机械性损坏；

6）试验气体能喷入被试防护区内或保护对象上，且应能从每个喷嘴喷出。

第十一章 通信、信号系统安装监理

城市轨道交通工程通信、信号系统安装质量监理依据的主要规范标准有国家标准《城市轨道交通通信工程质量验收规范》GB 50382—2016、《城市轨道交通信号工程施工质量验收标准》GB/T 50578—2018，行业标准《城市轨道交通工程通信系统监理技术要求》T/CAPEC 7—2019、《城市轨道交通工程信号系统监理技术要求》T/CAPEC 6—2019。

通信系统服务于大量信息流传输，关于信息保护就成为系统建设的主要组成部分。信息等级保护具备防范病毒入侵、黑客攻击、对数据进行审计功能等技术要求的能力。相关系统的建设应按照《中华人民共和国计算机信息系统安全保护条例》（国务院令第147号）、《信息安全技术　网络安全等级保护实施指南》GB/T 25058—2019和《信息安全等级保护管理办法》实施等级保护工作。城市轨道交通通信、信号，以及第十章涉及的综合监控和第十二章的自动售检票系统等级保护按3级实施，其系统需接受并通过信息保护等级相适应的测试，且必须通过等级保护测评。本章第一节主要讨论通信系统设备的安装监理工作。

信号系统是列车运行密切关联的支撑系统，在全自动运行系统中更是占据主导地位。它是列车正常行驶和运行安全的重要保障。本章第二节将讨论信号系统设备的安装监理工作。

第一节 通信系统监理管控要点

一、技术特点与系统施工总流程

通信系统工程包括主备控制中心、车辆段综合基地、停车场、正线车站、变电所和区间及引入通道等全部通信系统，由专用通信系统、民用通信系统和公安通信系统三部分组成。专用通信系统包括传输系统、无线通信系统、公务电话系统、专用电话系统、视频监视系统、广播系统、时钟系统、乘客信息系统、办公自动化系统、电源及接地系统、集中告警系统等子系统；民用通信系统包括民用传输系统、移动通信引入系统、集中监测告警系统、电源及接地系统等子系统；公安通信系统包括公安传输系统、公务无线通信系统、公安视频监视系统、公安信息网络系统、公安电话系统、公安视频会议系统、电源及接地系统等子系统。

通信系统专业监理工程师进场前应先调查施工作业现场条件和环境、预埋预留情况，落实主材、设备供货日期等。施工单位会采取各站平行作业方式进行管线预埋、线缆敷设，在设备安装阶段，多种外场及设备房设备的安装工程同时进行，流水作业与交叉作业相结合。监理根据通信系统子系统众多、施工线路长、工作量大、工期紧等特点，督促施工单位优化工艺流程，如图11.1-1所示。

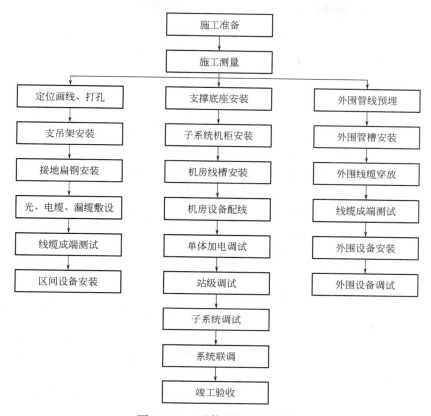

图 11.1-1　通信系统施工流程

二、通信管线施工监理管控要点

1. 通信管线施工总体要求

（1）城市轨道交通通信工程的管线施工包括主备控制中心、车辆段综合基地、停车场、正线车站、变电所、区间及引入通道等。通信管线施工应由监理组织验收的内容包括支架、吊架安装，桥架安装，保护管安装，通信管道安装和线缆布放等。

（2）监理组织通信管线验收，应检查施工前的径路复核资料，应按设计文件及复核资料对预埋、安装、敷设的位置进行确认。

（3）监理应提醒和督促施工单位在保护管安装、线缆敷设施工经过人防门（含车站及区间人防门、区间隔断门等）时，注意符合设计及人防专业的要求。

（4）通信光缆、电缆直埋敷设时，其直埋沟槽的施工及验收宜执行行业标准《铁路运输通信工程施工质量验收标准》TB 10418—2018 的相关要求。

2. 支架、吊架安装的监理管控要点

通信系统支架、吊架安装施工流程如图 11.1-2 所示。

（1）支架、吊架及配件到达现场时应进行进场检验，图 11.1-2　支架、吊架安装流程其型号、规格和质量应符合设计要求。

　　监理应对照设计文件、施工单位提交的材料报审表、工程量清单和材料报审台账，检查出厂合格证及其他质量证明文件，并观察检查全部进场材料的外观及形状。

　　（2）监理应认真熟悉图纸，按照施工图核对材料的型号、规格、质量是否符合设计要求和相关产品标准的规定。检查支架、桥架安装位置及安装方式是否符合设计要求，并固定牢固。支架与吊架的各臂应连接牢固。施工时应将支、吊架对准孔位，加上平垫片、弹簧垫片后紧固螺杆，螺杆固定应牢固。支架、吊架安装不得侵入设备限界，重点检查是否侵入车站及区间轨行区限界。

　　（3）支架、吊架不应安装在具有较大振动、热源、腐蚀性液滴及排污沟道的位置，也不应安装在具有高温、高压、腐蚀性及易燃易爆等介质的工艺设备、管道及能移动的构筑物上。监理在组织施工图纸会审时，应检查是否存在上述情况，在组织验收时，还应检查施工现场是否存在以上所列各种不适合安装的情况。

　　（4）监理应检查区间电缆支架接地方式是否符合设计要求，接地连接可靠。

　　（5）支架、吊架的镀锌要求和尺寸应符合设计要求；切口处不应有卷边，表面应光洁，无毛刺。监理应进行镀锌层厚度平行检测和外观检查，所有的支架、吊架、有盖电缆托盘、爬架、梯架、电缆线槽、附件及钢管等均须采用热镀锌防腐处理，镀层厚度应≥$50\mu m$，并保持电气地线连通。

　　（6）监理通过观察检查当支架、吊架安装在坡度、弧度的建筑物构架上时，其他装坡度、弧度是否与建筑物构架的坡度、弧度相同。

　　（7）监理通过观察检查支架、吊架安装是否横平竖直、整齐美观，安装位置偏差不宜大于50mm（根据设计文件或规范要求，部分城市轨道交通系统安装工程要求间距偏差小于5mm）。在同一直线段上的支架、吊架应间距均匀，同层托臂应在同一水平面上。

　　（8）安装金属线槽及保护管用的支架、吊架间距应符合设计要求。

　　（9）敷设电缆用的支架、吊架间距应符合设计要求；当设计无要求时，水平敷设时宜为0.8～1.5m；垂直敷设时宜为1.0m。

　　（10）实际施工过程中，桥架的支架、吊架通常采用综合支吊架或50mm×50mm×5mm的角钢和吊杆构成的支架、吊架，电缆桥架吊架每一个间距为1.0m。

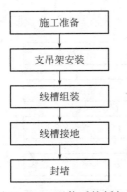

图 11.1-3　通信系统桥架
施工流程

　　3. 桥架安装的监理管控要点

　　桥架（金属线槽）是用来放置通信系统线缆的装置，可以有效保护线路，使其美观整齐，起到固定线路，预防火灾触电事故等作用。施工流程如图 11.1-3 所示。

　　（1）线槽、走线架及配件到达现场时应进行进场检验，其型号、规格和质量应符合设计要求。

　　监理应对照设计文件、施工单位提交的材料报审表、工程量清单和材料报审台账，检查出厂合格证及其他质量证明文件，并观察检查全部进场材料的外观及形状。

　　（2）监理应检查线槽、走线架安装位置和安装方式是否符合设计要求。

　　（3）监理检查线槽终端是否进行了防火、防鼠封堵。

（4）金属线槽焊接应牢固，内层应平整，不应有明显的变形，埋设时焊接处应进行防腐处理。金属线槽采用螺栓连接或固定时应牢固。

（5）线槽、走线架与机架连接处应垂直并连接牢固。

（6）金属线槽、走线架应接地，线槽接缝处应有连接线或跨接线。监理应进行观察检查，并用万用表检查接地。

（7）预埋线槽时，线槽的连接处、出线口和分线盒，均应进行防水处理。

（8）当供电电缆与信号电缆在同一径路用线槽敷设时，宜分线槽敷设。当需敷设在同一线槽内时，应采用带金属隔板的线槽分开敷设。

（9）线槽安装在经过建筑沉降缝或伸缩缝时应预留变形间距。

金属线槽、桥架在通过墙体或楼板处，不得在墙壁或楼板处连接，也不应将穿过墙壁或楼板的桥架与墙或楼板上的孔洞一块"抹死"。应在穿缆后用防火泥封堵，并刷上与墙面相同色漆。

金属线槽、桥架在穿过建筑物变形缝处应有补偿装置，桥架本身应断开，用连接板搭接，紧固须有余量。

（10）监理应重点检查桥架接地：按照技术规范要求，每段金属槽道的两端要与土建的综合接地体进行连接。因此，桥架安装完成后，在槽道的两端就近与土建的综合接地线进行连接，连接时采用螺丝方式进行连接，连接导线采用铜芯塑料绝缘线，连接点要牢固可靠，接触良好。

（11）金属线槽的金属材料厚度、镀锌要求应符合设计要求。监理应进行镀锌层厚度平行检测和外观检查，并检查出厂合格证等质量证明文件。所有的桥架和金属线槽均须采用热镀锌防腐处理，镀层厚度应≥50μm。

（12）线槽的安装应横平竖直，排列整齐。槽与槽之间、槽与设备盘（箱）之间、槽与盖之间、盖与盖之间的连接处，应对合严密。

金属线槽、桥架之间互相连接时应采用连接板连接，连接处间隙应严密平齐。金属线槽桥架安装完成后进行必要调整，使其横平竖直、整齐美观；然后进行各线槽保护地线的连接，并可靠接地。最后清除桥架内杂物，盖上盖板。

金属线槽、桥架进行转角、分支连接时应采用弯通、三通、四通等进行变通连接，桥架末端应加装封堵板。

（13）当线槽的直线长度超过 50m 时，宜采取热膨胀补偿措施。

（14）当线槽内引出电缆时，应采用缆线保护措施。

（15）线槽的上部应留有便于操作的空间。当线槽拐直角弯时，其弯头的弯曲半径不应小于槽内最粗电缆外径的 10 倍。

4. 保护管安装的监理管控要点

通信墙面保护钢管的预埋，需要在车站等主体结构基本完成，墙面砌筑完成，但未抹灰前进行；地面保护钢管的预埋，则需要在地面垫层铺设前完成。吊顶内的保护管，应在主干桥架完成后开始施工。施工流程如图 11.1-4 所示。

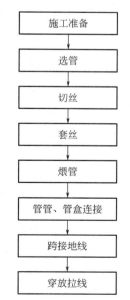

图 11.1-4 通信系统保护管施工流程

（1）保护管及配件到达现场应进行检查，其型号、规格和质量应符合设计要求。

监理应对照设计文件、施工单位提交的材料报审表、工程量清单和材料报审台账，检查出厂合格证及其他质量证明文件，并观察检查全部进场材料的外观及形状。

（2）监理应随工检查保护管揻管（钢管揻弯）是否符合下列规定：

1）弯成角度不应小于90°。

2）弯曲半径不应小于管外径的6倍。

3）弯扁度不应大于该管外径的1/10。

4）弯曲处应无凹陷、裂缝。

5）单根保护管的直角弯不应超过两个。

（3）监理检查保护管管口是否采用防火材料进行密封处理。

（4）金属保护管应可靠接地，金属保护管连接后应保证整个系统的电气连通性。监理使用万用表检查。

（5）埋入墙或混凝土内的保护管宜采用整根材料；当需连接时，应在连接处进行防水处理。预埋保护管管口应进行防护处理。

（6）保护管安装在经过建筑沉降缝或伸缩缝时应预留变形间距。

（7）保护管不应有变形及裂缝，管口应光滑、无锐边，内外壁应光洁、无毛刺，尺寸应准确；金属保护管的镀锌要求应符合设计要求。

（8）保护管增设接线盒或拉线盒的位置应符合设计要求，接线盒或拉线盒开口朝向应方便施工。预埋箱、盒位置应正确，并应固定牢固。与预埋保护管连接的接线盒（底盒）的表面应与墙面平齐，误差应小于2mm。

（9）预埋保护管应符合下列规定，监理采用观察检查和尺量复核进行把控：

1）伸入箱、盒内的长度不应小于5mm，并应固定牢固，多根管伸入时应排列整齐。

2）预埋的保护管引出表面时，管口宜伸出表面200mm；当从地下引入落地式盘（箱）。

3）预埋的金属保护管管外不应涂漆。

4）当预埋保护管埋入墙或混凝土内时，离表面的净距离不应小于15mm。

（10）保护管应排列整齐、固定牢固。用管卡固定或水平吊挂安装时，管卡间距或吊杆间距应符合设计要求。

三、通信线路施工监理管控要点

城市轨道交通通信系统施工过程中，通信线路部分是关乎通信系统质量的关键，专业监理工程师需要从以下几个方面做好管控：

1. 通信管道施工监理管控要点

（1）通信管道所用的器材在进场使用之前应进行检查，其型号、规格和质量应符合设计要求。

监理应对照设计文件、施工单位提交的材料报审表、工程量清单和材料报审台账，检查出厂合格证及其他质量证明文件，并观察检查全部进场材料的外观及形状。

（2）通信管道埋深达不到设计要求时，其包封和防护、管道倾斜度、管道弯度、段长，以及防水、防蚀、防强电干扰的要求，应符合设计要求。监理会同施工单位对照设计文件进行检查。

（3）通信管道应进行试通，对不能通过标准拉棒但能通过比标准拉棒直径小 1mm 的拉棒的孔段占试通孔段总数的比例不应大于 10%。

检验数量：钢材、塑料等单孔组群的通信管道，2 孔及以下试通全部管孔，3 孔至 6 孔抽试 2 孔，6 孔以上每增加 5 孔多抽试 1 孔。

检验方法：在直线管道使用比管孔标称直径小 5mm 长 900mm 的拉棒试通；对弯曲半径大于 36m 的弯管道，使用比管孔标称直径小 6mm 长 900mm 的拉棒试通。

（4）通信管道的人手孔简介及监理管控要点

1）人孔和手孔的简介及区别

人孔和手孔是设置在通信系统室外线路敷设管道或井道上的检查孔，人孔在该类设备检查或维修时，可以容纳人通过。而手孔比较小，只能允许伸手探入检查或操作。如图 11.1-5 所示。

图 11.1-5　通信系统手孔井

人孔和手孔的区别：

从外观上看，人孔的封口一般是坚固的圆形或矩形钢质井盖，手孔的封口是承重相对较弱的矩形盖板，如图 11.1-6 所示。

从体积上看，人孔型号较多，一般有标准尺码和规范，相对体积较大，人孔型号较少，体积相对较小，大小深浅根据设计文件（环境和要求）设置。

从功能上看，人孔是通信主干管线上的中转点和中继点，手孔是通信管线网络上的终末梢节点。

从位置上看，城市轨道交通通信系统的室外人、手孔一般设置在车辆段基地和停车场，人孔一般设置在库外（停车列检库、运转库等），手孔一般设置在库内。

图 11.1-6　通信系统手孔盖板

2）人孔和手孔施工监理管控要点：

通信管道进入建筑物、人手孔时，管孔应进行封堵。

人手孔四壁及基础表面应平整，铁件安装牢固并应符合设计要求，管道窗口处理应美观。

人手孔口圈安装质量、位置和高程应符合设计要求。

人手孔防渗、漏水及排水功能应良好。

2. 通信缆线布放施工监理管控要点

（1）通信系统电源线、信号线及配套器材进场使用之前应进行检查，其型号、规格和质量应符合设计要求。重点检查数量、型号、规格和质量是否符合设计和订货合同的要求；合格证、质量检验报告等质量证明文件是否齐全；缆线外皮是否无破损、挤压变形，缆线是否受潮、扭曲、背扣。

监理应对照设计文件、施工单位订货合同，施工单位提交的材料报审表、工程量清单和材料报审台账，检查出厂合格证及其他质量证明文件，并观察检查全部进场材料的外观及形状。

（2）电源线、信号线不应断线和错线，线间绝缘、组间绝缘应符合设计要求。

监理使用万用表检查断线和错线，用兆欧表测试绝缘电阻进行平行检验。

（3）当多层水平线槽垂直排列时，布放应按强电、弱电的顺序从上至下排列。

（4）线槽内的电源线、信号线应排列整齐，不应扭绞、交叉及溢出线槽。

（5）电源线、信号线在管内或线槽内不应有接头和扭结。

（6）当采用屏蔽电缆或穿金属保护管以及在线槽内敷设时，缆线与具有强磁场和强电场的电气设备之间的净距离应大于 0.8m。屏蔽线应单端接地。

监理使用尺量检查进行检查。

（7）电源线与信号线应分开布放；当交叉敷设时，应呈直角；当平行敷设时，相互间的距离应符合设计要求。

（8）电源线、信号线的走向及径路应符合设计要求；布线应牢固、整齐。

（9）电源线、信号线布放的弯曲半径应符合下列规定：①光缆弯曲半径不应小于光缆外径的 15 倍；②大对数对绞电缆的弯曲半径不应小于电缆外径的 10 倍；③同轴电缆、馈线的弯曲半径不应小于电缆外径的 15 倍。

（10）电源线、信号线布放经过伸缩缝、转接盒及缆线终端处时应进行预留。

（11）线槽敷设截面利用率不宜大于 50%，保护管敷设截面利用率不宜大于 40%。

（12）室内光缆宜在线槽中敷设；当在桥架敷设时应采取防护措施。光缆连接线两端的余留应符合工艺要求。

（13）在垂直的线槽或爬架上敷设时，电源线、信号线应在线槽内和爬架上进行绑扎固定，其固定间距不宜大于 1m。

3. 通信线路施工总体管控要求

（1）通信线路的施工场所包括控制中心、车辆基地、车站、变电所、区间及引入通道。由监理组织的验收内容包括区间电缆支架安装、光缆敷设、电缆敷设、光缆接续及引入、接续及引入、光缆线路检测、电缆线路检测、漏泄同轴电缆（以下简称漏缆）敷设、漏缆连接及引入、漏缆线路检测。

（2）光、电缆和漏缆的线路验收前，应对径路复测情况进行确认，并复核隐蔽工程记录。

（3）对设计要求的光缆、电缆、漏缆的低烟、无卤、阻燃等特性，以及防雨淋和抗阳光辐射特性，应由具有相应资质的检测单位出具测试报告。

（4）光缆、电缆、漏缆敷设应按设计和配盘要求的盘长敷设，不得任意切断光缆、电缆和漏缆增加接头。

（5）光、电缆的接续、测试人员，漏缆及馈线连接件制作、漏缆及天馈测试人员，应经过专业培训，并应持有上岗证。

4. 通信区间电缆支架安装监理管控要点

（1）根据设计图确定支架的安装位置，每隔 1m 设置 1 处档距。

（2）钻孔前如遇到钢筋可在左右 5cm 距离内（且同时应符合设计支架间距要求）进行整体微调，钻孔应对准标记位置进行垂直钻孔，孔的深度与螺栓的长度相同。

（3）锚栓安装：严格按照标记下的"十"字定位线钻孔，根据所采用的锚栓型号、规格确定钻孔深度，然后安装锚栓。钻孔直径的误差不得超过 0.3～0.5mm；深度误差不得超过 3mm；钻孔后就将孔内残存的碎屑清除干净。打孔的深度应以达到套管全部进入墙内或顶板内，表面平齐。用锤子将锚栓敲入洞内，锚栓固定后，其头部偏斜值不应大于 2mm。

（4）监理对区间锚栓需进行拉拔试验，监理旁站。

5. 光、电缆敷设监理管控要点

（1）光、电缆及配套器材进场使用之前应进行检查，重点检查：①型号、规格和质量是否符合设计和订货合同的要求；②合格证、质量检验报告等质量证明文件是否齐全；③光、电缆应无压扁、护套损伤和表面严重划伤等缺陷。

监理应对照设计文件、施工单位订货合同，施工单位提交的材料报审表、工程量清单和材料报审台账，检查出厂合格证及其他质量证明文件，并观察检查全部进场材料的外观及形状。

（2）光、电缆单盘测试应符合下列规定：

1）单盘光缆长度、衰耗应符合设计和订货要求。

2）市话通信电缆的单线电阻、绝缘电阻、电气绝缘强度等直流电性能应符合该型号规格电缆的产品技术标准的规定；单盘电缆应不断线、不混线。

3）低频四芯组电缆的环线电阻、环阻不平衡、绝缘电阻、电气绝缘强度等直流电性能，交流对地不平衡、近/远端串音、杂音计电压等交流电性能应符合该型号规格电缆的产品技术标准的规定。

监理督促施工单位使用光时域反射仪（OTDR）测试光缆；使用万用表、直流电桥、兆欧表、耐压测试仪等测试电缆进行自检，一般根据合同要求，将光、电缆送建设单位指定的第三方检测机构进行检测合格后，方可同意其进场使用。

（3）光、电缆敷设应符合下列规定：

1）敷设径路及光、电缆的端别应符合设计要求。

2）光、电缆在支架上敷设位置应符合设计要求，并应固定牢靠。

3）直埋光、电缆的埋深应符合设计要求。

4）区间光、电缆的敷设，不得侵入设备限界。

（4）在通信管道和人手孔内敷设光、电缆时应符合下列规定：

1）管孔运用应符合设计要求。

2）同一根光、电缆所占各段管道的管孔宜保持一致。

3）光、电缆在人手孔支架上的排列顺序应与光、电缆管孔运用相适应，在人手孔内应避免光、电缆相互交越、交叉，不应阻碍空闲管孔的使用。

（5）光、电缆线路防雷设施的设置地点、数量、方式和防护措施应符合设计要求。

（6）光、电缆线路的防蚀和防电磁设施的设置地点、数量、方式和防护措施应符合设计要求。

（7）光、电缆外护层（套）不得有破损、变形或扭伤，接头处应密封良好。

（8）光、电缆与其他管线、设施的间隔距离应符合设计要求。

（9）光、电缆敷设、接续或固定安装时的弯曲半径不应小于光电缆外径的15倍。

（10）光、电缆线路余留的设置位置和长度应符合设计要求。

（11）直埋光、电缆线路标桩的埋设应符合设计要求；光电缆标桩应埋设在径路的正上方，接续标桩应埋设在接续点的正上方；标识应清楚。

（12）各种电缆布放路由和敷设方式应符合设计及定测图的规定。

（13）金属线槽、桥架内的电缆的敷设，应符合设计规定。

（14）正线车站站台板下电缆的敷设应符合施工与验收规范规定。

（15）交接、分线设备的规格、程式、数量、安装位置应符合设计规定。

（16）电缆防高压、防虫鼠害等应满足设计规定。进出关键设备机房的电缆管孔，工程竣工后应进行防火封堵。

6. 光缆接续及引入监理管控要点

（1）光缆接续施工流程如图11.1-7所示，其施工应符合下列规定：

1）芯线按光纤色谱排列顺序对应接续；光纤接续部位应采用热缩加强管保护，加强

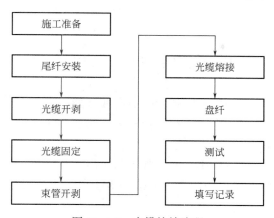

图 11.1-7 光缆接续流程

管收缩应均匀、无气泡。

2）光缆的金属外护套和加强芯应紧固在接头盒内。同侧的金属外护套与金属加强芯在电气上应连通；两侧的金属外护套、金属加强芯应绝缘。

3）光缆接头盒盒体安装应牢固、密封良好。

4）光纤收容时的余长单端引入引出长度不应小于 0.8m，两端引入引出长度不应小于 1.2m。

5）光纤收容时的弯曲半径不应小于 40mm。

6）光缆接头处的弯曲半径不应小于护套外径的 20 倍。

7）光缆接续后宜余留 2～3m 长度。

（2）光缆接头的固定方式、位置应符合设计要求。

（3）光缆引入应符合下列规定：

1）光缆引入时，其室内、室外金属护层及金属加强芯应断开，并应彼此绝缘分别接地。

2）光缆引入应在光缆配线架上或光终端盒中终端，并标识清晰。

3）引入室内的光缆应进行固定并安装牢固。

（4）光缆配线架或光终端盒的安装位置及面板排列应符合设计要求。

（5）光缆配线架的安装应符合下列规定：

1）光缆配线架的型号、规格和安装位置应符合设计要求，架体安装应牢固可靠，紧固件应齐全并安装牢固。

2）光缆配线架上的标志应齐全、清晰、耐久可靠；光缆终端区光缆进、出应有标识。

3）光纤收容盘内，光纤的盘留弯曲半径应大于 40mm。

4）裸光纤与尾纤的接续应符合《城市轨道交通通信工程质量验收规范》GB 50382—2016 第 5.3.1 条的相关要求，其接头应加热熔保护管保护，并应按顺序排列固定。

5）尾纤应按单元进行盘留，盘留弯曲半径应大于 50mm。

（6）光缆及接头盒在进入人孔时，应放在人孔铁架上固定保护。

（7）光缆引入室内、光缆配线架或光终端盒时，其型号、规格、起止点及上下行标识应清晰准确。

7．电缆接续及引入监理管控要点

（1）电缆接续应符合下列规定：

1）电缆接续时芯线线位应正确、连接可靠，接续完成后应检查无错线、断线，绝缘应良好。

2）直通电缆两侧的金属护层及屏蔽钢带应有效连通。

3）人、手孔内的电缆接头应固定在托板架上，相邻接头放置应错开。

4）电缆接头盒盒体应安装牢固、密封良好。

5）电缆成端的弯曲半径不应小于电缆外径的 15 倍。

检查时监理应要求施工单位使用万用表检查错线和断线，用兆欧表测试绝缘电阻。监理进行旁站。

（2）电缆接头的固定方式、位置应符合设计要求。

（3）电缆引入应符合下列规定：

1）电缆引入室内时，其室内、室外两侧的屏蔽钢带及金属护层应电气绝缘；外线侧的屏蔽钢带及金属护层应可靠接地；设备侧的屏蔽钢带及金属护层应悬浮。

2）电缆引入室内应终端在配线架或分线盒上，并应标识清楚。

3）电缆引入防护应符合设计要求。

（4）分歧电缆接入干线的端别应与干线端别相对应。

（5）接线盒、分线盒和交接箱的配线应卡接牢固、排列整齐、序号正确，标识应清楚。

（6）配线架的安装应符合下列规定：

1）配线架的型号、规格和安装位置应符合设计要求，架体安装应牢固可靠，紧固件应齐全并固定牢靠。

2）配线架上的标志应齐全、清晰、耐久可靠，卡接模块上应有标识。

3）接线端子应连接牢固，接触可靠。

4）接线排上任意互不相连的两接线端子之间、任一接线端子和金属固定件之间，其绝缘电阻不应小于 50MΩ。

5）总配线架的总地线和交换机的地线应实现等电位连接，引入总配线架的用户电缆其屏蔽层在电路两端应接地，交换机侧进线应在入局界面处与室内地线总汇集排连接接地。

6）总配线架的告警功能应符合设计要求。

专业监理工程师组织施工单位使用 500V 兆欧表对绝缘电阻抽测 10％，其余项目全部使用测试、试验检查。

（7）当室内电缆分线盒、交接箱安装在墙上时，其位置及高度应符合设计要求。

（8）当电缆引入分线盒时，从引入口到分线盒的电缆宜采用管槽保护。

（9）接头装置宜按设计要求进行编号。

（10）电缆引入室内及配线架时，其型号、规格、起止点及上下行标识应清晰准确。

8．漏缆敷设、连接及引入监理管控要点

漏缆施工流程如图 11.1-8 所示。

（1）漏缆、馈线及配套器材进场使用之前应进行检查，重点检查：①型号、规格和质量是否符合设计和订货合同的要求；②合格证、质量检验报告等质量证明文件是否齐全；③漏缆和馈线应无压扁、护套损伤和表面严重划伤等缺陷。

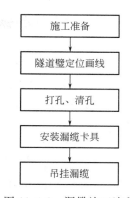

图 11.1-8　漏缆施工流程

监理应对照设计文件、施工单位订货合同，施工单位提交的材料报审表、工程量清单和材料报审台账，检查出厂合格证及其他质量证明文件，并观察检查全部进场材料的外观及形状。

（2）漏缆进场应进行单盘检测，需符合下列规定：

1）内外导体直流电阻、绝缘介电强度、绝缘电阻等直流电气特性应符合设计要求。

2）特性阻抗、电压驻波比、标称耦合损耗、传输衰减等交流电气特性应符合设计和订货合同要求。

监理应检查出厂检验报告，并督促施工单位将漏缆送建设单位指定的第三方检测机构进行直流电气特性测试检验，交流电气特性测试检验。检测合格后，方可进入施工现场。

（3）漏缆吊挂支柱安装应符合下列规定：

1）位置、高度及埋深应符合设计要求。

2）防雷接地应符合设计要求。

3）基础的浇筑方式和强度应符合设计要求。

4）漏缆吊挂支柱不得侵入设备限界。

监理单位应进行旁站。

（4）漏缆吊挂用吊线敷设的安装方式应符合设计要求，并应吊挂牢固。

（5）漏缆夹具的安装应符合下列规定：

1）漏缆夹具的安装位置、间隔、强度及距钢轨面的高度应符合设计要求。

2）当漏缆夹具固定在支架上时，支架的安装位置、安装强度及距钢轨面的高度应符合设计要求。

3）漏缆防火夹具的设置应符合设计要求。

（6）漏缆敷设应符合下列规定：

1）漏缆应固定牢靠，安装件的固定间隔应符合设计要求。

2）隧道内漏缆架挂位置、漏缆的开口方向应符合设计要求。

3）漏缆不应急剧弯曲，弯曲半径应符合该型号规格漏缆产品的工程应用指标要求。

4）漏缆敷设不得侵入设备限界。

（7）漏缆固定接头应保持原漏缆结构及开槽间距不变；接头应连接可靠，装配后接头外部应按设计要求进行防护。

监理使用万用表检查固定接头的接续是否合格。

（8）单根馈线中间不得有接头；馈线在室外与功分器、漏缆连接应可靠，接头处应进行防水处理，并应固定可靠。

（9）隧道外区段漏缆吊挂后最大下垂幅度应在 0.15～0.20m 范围内。

（10）合路器与分路器的安装位置应符合设计要求；分路器空余端应接上相匹配的终端负载。

9. 交接分线设备施工监理管控要点

（1）交接分线设备包括电缆交接箱、分线盒、光纤分配架、数字分配架；

（2）交接分线设备的规格、程式、数量、安装位置及设备内的端子应用编号符合设计规定；

（3）成端电缆把线应按顺序出线，芯线不得有接头，扭绞不得散乱，线束应松绕，不得紧缠。成端电缆线与交接箱端子号对应正确，不得颠倒或错接；

（4）交接分线设备内的跳线布放路由合理，不得交叉扭绞，不得损伤芯线和绝缘层，跳线中间不得有接头；

（5）落地式交接分线设备应严格防潮，穿电缆的管孔的上、下管口应封堵严密，交换箱的底板进出口缝隙也应封堵。

四、通信设备安装和配线施工监理管控要点

1. 通信系统设备安装监理管控要点

（1）通信系统设备进场验收、进场使用之前应进行开箱检查，重点检查：①数量、型号、规格和质量是否符合设计要求；②图纸和说明书等技术资料，合格证和质量检验报告等质量证明文件是否齐全；③机柜（架）、设备及附件应无变形、表面应无损伤，镀层、漆饰应完整无脱落，铭牌、标识是否完整清晰。④机柜（架）、设备内的部件应完好，连接应无松动；应无受潮、发霉和锈蚀。

监理应对照设计文件、设备采购订货合同，设备报审表、工程量清单，检查出厂合格证及其他质量证明文件，并观察检查全部进场设备的实物外观质量。

一般城市轨道交通通信系统设备进场前，监理还应完成进场设备报审、厂验和投产令签发等工作。

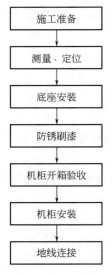

图 11.1-9　机柜
安装流程

（2）机柜（架）安装应符合下列规定：

1）机柜（架）的安装位置及安装方式应符合设计要求。

2）机柜（架）底座应对地加固。

3）机柜（架）安装应稳定牢固。

机柜底座及机柜安装流程如图 11.1-9 所示。

（3）壁挂式设备安装位置和方式应符合设计要求，并应安装牢固可靠。

（4）子架或机盘安装应符合下列规定：

1）子架或机盘安装位置应符合设备技术文件或设计要求。

2）子架或机盘应整齐一致，接触应良好。

（5）金属机柜（架）、基础型钢应保持电气连接，并应可靠接地。监理可使用万用表对接地情况进行抽查。

（6）设备应排列整齐、漆饰完好，铭牌和标记应清楚准确。

（7）机柜（架）应垂直，倾斜度偏差应小于机柜（架）高度的 1‰；相邻机柜（架）间隙不应大于 3mm；相邻机柜（架）正立面应平齐。

（8）各类工作台布局应符合设计要求。

2. 通信系统设备配线监理管控要点

（1）设备配线光电缆及配套器材进场使用之前应进行检查，重点检查：①数量型号、规格和质量是否符合设计和订货合同的要求；②合格证、质量检验报告等质量证明文件是否齐全；③缆线外皮应无破损、挤压变形，缆线应无受潮、扭曲和背扣。

监理应对照设计文件、施工单位订货合同，施工单位提交的材料报审表、工程量清单和材料报审台账，检查出厂合格证及其他质量证明文件，并观察检查全部进场材料的外观及形状。

（2）配线电缆、光跳线的芯线应无错线或断线、混线，中间不得有接头。

监理可使用万用表、对号器等抽查断线、混线。

（3）光缆尾纤应按标定的纤序连接设备。光跳线应单独布放，并应采用垫衬固定，不得挤压和扭曲。

监理对照设计文件检查光缆尾纤纤序，并观察检查。

（4）设备电源配线中间不得有接头，电源端子接线应正确，配线两端的标志应齐全。

（5）接插件、连接器的组装应符合相应的工艺要求。应配件齐全、线位正确、装配可靠，连接牢固。

（6）机柜（架）应可靠接地。

监理可使用万用表对接地情况进行抽查。

（7）配线电缆的屏蔽护套应可靠接地。

监理可使用万用表对接地情况进行抽查。

（8）各种缆线在防静电地板下、走线架或槽道内、机柜（架）内应均匀绑扎固定、松紧适度，其中软光纤应加套管或线槽保护。

（9）缆线两端的标签，其型号、序号、长度及起止设备名称等标识信息应准确。

（10）当缆线接入设备或配线架时，应留有余长。

（11）当设备配线采用焊接时，焊接后芯线绝缘层应无烫伤、开裂及后缩现象，绝缘层离开端子边缘露铜不宜大于 1mm。

（12）当设备配线采用卡接时，电缆芯线的卡接端子应接触牢固。

（13）配线电缆和电源线应分开布放，间距不应小于 50mm。交流配线和直流配线应分开绑扎。

五、通信电源系统及接地施工监理管控要点

1. 通信电源设备安装施工监理管控要点

（1）电源设备、防雷器件进场使用之前应进行检查，重点检查：①数量、型号、规格和质量是否符合设计要求；②图纸和说明书等技术资料、合格证和质量检验报告等质量证明文件是否齐全；③机柜（架）、设备及附件应无变形，表面应无损伤，镀层和漆饰应完整无脱落，铭牌和标识应完整清晰；④机柜（架）、设备内的部件应完好、连接无松动；应无受潮、发霉、锈蚀。

监理应对照设计文件、设备采购订货合同，设备报审表、工程量清单，检查出厂合格证及其他质量证明文件，并观察检查全部进场设备的实物外观质量。

通信电源设备进场前，监理还应完成进场设备报审、厂验和投产令签发等工作。

（2）电源设备的安装位置、机柜（架）的加固方式应符合设计要求。

（3）配电设备的进出线配电开关及保护装置的数量、规格应符合设计要求。

（4）蓄电池架（柜）的加工形式、规格尺寸和平面布置、抗震加固方式应符合设计要求。

（5）蓄电池连接应可靠，接点和连接条应经过防腐处理。

（6）交直流电源柜各单元应插接良好，电气触点应接触可靠、连接紧密；输入电源的相线和零线不得接错，其零线不得虚接或断开。

（7）电源设备的防雷等级、防雷器件的安装位置及数量应符合设计要求。

（8）电源系统接地保护或接零保护应可靠，且应有标识。监理可使用万用表对接地情况进行抽查。

（9）直流电源工作接地应采用单点接地方式，并应就近从地线盘上引入。

（10）电源设备机柜安装的垂直偏差应小于 1.5‰。

（11）电源架（柜）各种零件不得脱落或碰坏，各种标志应准确、清晰、齐全，机柜漆面应完好、漆色一致。

（12）蓄电池柜（架）水平及垂直度应符合设计要求，漆面应完好，螺栓、螺母应经过防腐处理。

（13）蓄电池安装应排列整齐，距离应均匀一致。

2. 通信电源设备配线监理管控要点

（1）电源设备配线线缆进场使用之前应进行检查，重点检查：①数量型号、规格和质量是否符合设计和订货合同的要求；②合格证、质量检验报告等质量证明文件是否齐全；③缆线外皮应无破损、挤压变形，缆线应无受潮、扭曲和背扣。

监理应对照设计文件、施工单位订货合同，施工单位提交的材料报审表、工程量清单和材料报审台账，检查出厂合格证及其他质量证明文件，并观察检查全部进场材料的外观及形状。

（2）电源设备配线用电源线应采用整段线料，配线中间不得有接头。

（3）连接柜（箱）面板上的电器及控制板等可移动部位的电源线应采用多股铜芯软电源线，敷设长度应有适当余留。

（4）引入引出交流不间断电源装置的电源线和控制线应分开敷设，在电缆支架上平行敷设时间距不应小于 150mm。

（5）电源线颜色的配置或标识应牢固并应符合下列规定：

1）对交流电源线，A 相应为黄色，B 相应为绿色，C 相应为红色，零线应为天蓝色或黑色，保护地线应为黄绿双色。

2）对直流电源线，正极应为红色，负极应为蓝色。

（6）电源设备配线端子接线应准确、连接牢固，配线两端的标志应齐全、正确。

（7）电源设备的输出电源线应成束绑扎，不同电压等级，交流线、直流线及控制线应分别绑扎并有标识。通信设备接地线与交流配电设备的接地线宜分开敷设。

（8）电源设备配线的布放应平直整齐，不得有急剧转弯和起伏不平，应无扭绞和交叉。所有电源设备线、缆绑扎固定后不应妨碍手动开关或抽出式部件的拉出或推入。

3．接地安装监理管控要点

（1）接地装置及材料进场使用之前应进行检查，其数量、型号、规格和质量应符合设计要求。

监理应对照设计文件、施工单位订货合同、施工单位提交的材料报审表、工程量清单和材料报审台账，检查出厂合格证及其他质量证明文件，并观察检查全部进场材料的外观、形状及标识。

（2）接地装置的安装位置、安装方式及引入方式应符合设计要求。

（3）接地装置的接地电阻应符合下列规定：

1）独立设置接地装置的接地电阻值应符合设计要求。

2）室外综合接地体接地电阻不应大于 1Ω。

监理使用接地电阻测试仪进行平行检验。

（4）接地装置的焊接方式应符合设计要求；焊接工艺应符合相应的工艺技术要求；焊接处应进行防腐处理。

（5）地线盘（箱）、接地铜排安装应符合下列规定：

1）接地铜排和螺栓应结合紧密、导电性能良好。

2）接地铜排端子分配应符合设计要求。

3）地线盘（箱）端子应连接紧密。

六、专用通信各子系统施工监理管控要点

1．传输系统

（1）审查传输系统光通道的接收光功率、误码特性、抖动性能指标、保护倒换时间等性能指标测试报告；

（2）审查传输设备光接口性能指标、电接口输出信号比特率、二四线接口音频指标等性能指标测试报告；

（3）审查基于同步数字系列（SDH）多业务传送平台（MSTP）的吞吐量、丢包率，时延性能等性能指标测试报告；

（4）审查传输系统的可靠性功能、保护倒换准则和功能，同步和定时功能测试报告；

（5）审查 SDH、MSTP 开放传输网络（OTN）等制式传输系统的功能测试报告；

（6）见证传输系统路由功能、数据传输功能、网络服务功能、网络自愈功能、告警功能、网管功能等测试。

2．车地综合通信系统

（1）见证 LTE-M 无线场强测试，漏泄同轴电缆辐射电波的时间地点概率指标测试；

（2）审查 LTE-M 系统评估文件及阶段性评估报告；

（3）审查 LTE-M 基站设备，终端设备设置的合理性，可维护性及可冗余性；

（4）审查 LTE-M 系统接口技术文件、接口功能测试。

3．公务电话系统

（1）审查公务电话系统的本局呼叫接续故障率、传输衰耗等性能指标测试报告；

（2）审查公务电话系统的忙时呼叫尝试次数性能指标的测试报告或检查出厂检验报告；

（3）见证公务电话系统的语音业务、非话业务、特种业务、话务台，测量台，时钟同

步、话务统计、计费、录音、主要部件冗余备份、长时间通话等功能测试；

（4）见证公务电话与调度指挥中心、路网其他线路互通，市话互通，长途出局等功能测试。

4．专用电话系统

（1）审查专用电话系统模拟接口传输损耗、本局呼叫接续故障率等性能指标测试报告；

（2）审查专用电话系统忙时呼叫尝试次数性能测试报告或检查出厂检验报告；

（3）见证调度电话，站内集中电话，站间行车电话、紧急电话，区间电话、会议电话，录音设备的功能、可靠性功能测试；

（4）见证调度电话系统总调、行调、电调、防灾环控调度、票务调度、换乘站互联互通、单组呼、一般和紧急呼叫、直通电话分机与值班操作台互通、值班台会议功能等功能测试。

5．无线通信系统

（1）审查基站设备、直放站设备、手持台和车载台的性能指标测试报告；

（2）见证无线通信系统场强测试，漏泄同轴电缆辐射电波的时间地点概率指标测试报告；

（3）见证无线通信系统的通话质量模拟测试指标测试；

（4）见证无线通信系统的无线交换控制设备，基站设备，直放站设备、车载台设备，调度台设备的功能测试及检查出厂检验报告；

（5）审查天馈系统电压驻波比测试报告；

（6）见证无线通信系二次开发功能和录音功能测试。

6．视频监视系统

（1）审查摄像机、显示设备的性能指标测试报告或检查出厂检验报告；

（2）见证模拟电视系统、数字电视系统的图像质量测试；

（3）审查采用 IP 网络承载业务的视频监视系统的网络性能指标测试报告；

（4）见证中心级与车站级之间的操作响应时延测试；

（5）见证中心级与车站级视频控制系统的功能测试；

（6）见证视频监视系统的录像功能，录像回放功能、与其他系统间联动功能、智能分析功能、控制中心大屏的图像分割及拼接功能测试；

（7）见证采用 IP 网络承载业务的视频监视系统的抗攻击和防病毒能力测试。

7．广播系统

（1）检查播音控制盒、功率放大器、语音合成器、扬声器和音柱的性能指标出厂检验报告；

（2）审查广播系统的最大声压级指标、声场不均匀度性能指标测试报告；

（3）见证车站播音控制盒、车站广播设备、控制中心广播设备及广播系统的功能测试。

8．乘客信息系统

（1）检查乘客信息系统显示设备，多媒体查询机的性能指标出厂检验报告；

（2）审查乘客信息系统网络主干网、车地网、车载网的性能检测报告；

（3）见证乘客信息系统地面、车载图像质量测试；

（4）见证信息显示设备、车站子系统、控制中心的功能测试；

（5）见证采用 IP 网络承载业务的乘客信息系统的抗攻击和防病毒能力测试；

（6）检查乘客信息系统的安全保护等级定级报告。

9. 时钟系统

（1）审查卫星接收设备性能指标测试报告及检查出厂检验报告；

（2）审查时间显示设备性能测试报告；

（3）审查时钟系统性能指标测试报告；

（4）见证卫星接收设备时间校准及冗余热备份功能，母钟、子钟和电源冗余热备份功能，时间显示设备功能，时钟系统功能测试。

10. 电源系统

（1）审查电源设备的绝缘测试报告；

（2）审查交流输入电压相线与相线、每组相线与零线之间的电压测试报告；

（3）检查高频开关电源的配置容量、蓄电池的配置；

（4）审查高频开关电源、不间断电源（UPS）的性能指标，功能测试报告或检查出厂检验报告；

（5）见证蓄电池组的性能指标测试；

（6）见证交流配电柜（箱）自动切换装置的延时性能、机械电气双重联锁和手动切换功能测试；

（7）见证电源系统人工或自动转换试验；

（8）见证电源集中监控系统测试。

11. 办公自动化系统

（1）审查以太网交换机、路由器、防火墙、数据网业务端到端的性能指标测试报告；

（2）审查以太网交换机、路由器、防火墙的功能测试报告；

（3）审查数据网功能测试报告。

12. 通信集中告警系统

（1）见证通信集中告警系统的响应性能、对采集后数据的处理准确性、存储能力和存储时间、数据检索响应时延等性能指标测试；

（2）见证通信集中告警系统采集内容和范围、显示、告警、存储、检索等功能测试。

七、公安通信施工监理管控要点

公安通信的施工要求和专用通信基本相同，但进入轨道交通公安分局（或派出所等）施工，须严格执行提前申报，并在公安部门批准和监护情况下进行施工，禁止一切非事先申报的施工，并应做好相关应急预案，同时重点关注以下内容：

（1）检查公安通信线路光电缆敷设及漏缆敷设；

（2）见证公安电源系统、公安数据网络、公安无线通信引入、公安视频监视系统的系统性能和功能测试。

八、地铁民用通信引入施工监理管控要点

当前我国的城市轨道交通建设已经逐步进入了快速发展时期。乘客在地铁中的服务需

求也越来越个性化和高标准化。为了满足人们在搭乘城市轨道交通对即时通信和浏览资讯方面的需要，已逐步引入民用通信。

该系统的主要功能便是在地铁中覆盖移动通信网络，能够让乘客获得和在地面上同样的服务。地铁民用通信覆盖工程因为涉及众多设备系统，且与其他地铁建设工程存在交叉作业，涉及审查环节繁多。因此需要加强对各参建单位的质量和进度的控制，确保按照出图计划、施工计划高质量完成工程项目。民用通信系统引入的施工基本与专用通信系统相同，但需重点做好以下事项：

1. 审查民用通信引入的系统性能和功能测试报告

（1）审查民用通信系统的杂散发射指标测试报告；

（2）检查民用通信引入线路安装；

（3）检查民用通信无线系统安装及敷设。

2. 加强区间轨行区施工关键工序的旁站监理

民用通信系统进场施工较晚，一般刚进入就涉及区间轨行区施工的请点难和交叉作业多等问题，且由于工序问题，在隧道区间还涉及设备限界问题和其他专业成品保护问题，所以隧道区间民用通信设备安装是重要监理内容，监理进行旁站监理。所有民用通信系统工程应按图施工，必须改变时一定要经设计、监理认可方能进行施工。对于关键或特殊工序的施工应实行旁站监理。

九、软件安装测试及其他接口管理监理管控要点

1. 软件安装测试总体要求

（1）检查操作系统软件及监控系统软件是否符合设计及订货合同的规定；

（2）按类检查软件载体有无损坏现象；

（3）检查打印机的试验是否按产品说明书的要求进行，其打字质量和打印性能应满足设计要求；

（4）检查键盘、鼠标或其他输入设备的功能是否满足产品的技术规定；

（5）所有设备的软件安装完成并检验合格后，系统投入试运行阶段；

（6）其他有关的接口系统的构成与相关接口（对所有各类接口），应注意以下各项：

1）接口的类型、数量和实现的功能与交接界面（软件、硬件、固件）；

2）有关该接口的技术规格；

3）在系统构成、相关指标、功能描述及工程进度表中必须有相关内容。与既有设备有接口的应注意具体执行操作、倒接、过渡及测试流程。

2. 工程准备阶段软件系统监理管控要点

专业监理工程师应协助建设单位和通信集成商签订的合同条款中有软件（商用、应用）的所有者的权益（软件著作权登记）；对应用软件应界定使用范围和有效期限，本系统应用软件必须具备两个条件：一是必须具备工程实际应用经验，以此证明其产品是成熟和完整的；二是必须将技术资料（包括介质）提供给建设单位。

审查通信集成商提交的系统设计方案，其中必须具备如下内容：集成设计概述、工程概况、系统技术描述、控制中心系统集成、控制中心集成系统的功能、控制中心集成综合系统的构成（控制中心局域网、中央系统服务器、中央监控工作站、维护工作站、打印机

及打印机服务器、不间断电源（UPS）、声光报警系统、系统通信接口、时钟接口）；车站级系统集成、车站级系统集成的功能、车站站点综合系统的构成（车站 RTU、打印机、不间断电源）；主要系统设备的产品样本、鉴定报告、准销证明及入网证明。

3. 工程实施阶段软件系统监理管控要点

（1）软件的检测验收

1）商业化的软件，如操作系统、数库、系统软件、组态软件和网管软件等应做好使用许可证及使用范围的验收，并进行必要的功能测试和系统测试；

2）组态软件、信息安全软件和其他一些半商业化软件，除按商业化软件要求进行检测验收外，还需针对其在本工程中的需求进行二次开发，其二次开发部分应按自编应用软件的要求检测验收；

3）由通信集成商编制的用户应用软件、用户组态软件及接口软件等进行功能测试和系统测试之外，还应进行容量、可用性、安全性、可恢复性、兼容性、自诊断、可维护性等多项功能测试；

4）所有通信集成商自编应用软件均应提供完备齐全的文档（包括软件资料、程序结构说明、安装调试说明、使用和维护说明书等）；

5）通信集成商应提供给建设单位必要的调试检测用软件和开发工具，用于监理在通信集成商所有测试过程的平行检验及证实。

（2）系统功能检测验收

按照建设单位已批准的检测验收大纲中的系统功能逐项进行验收。

监理措施：与相关施工单位及监理单位做好协调工作，相互配合，确保系统联调顺利进行。

（3）系统接口的检测

所有接口必须由通信集成商提交接口规范和接口测试大纲，接口规范和接口测试大纲应由建设单位审定，监理人批准。检测验收时应按接口测试大纲逐项检测接口系统的软硬件，保证接口性能符合设计要求，能实现接口规范中规定的各项功能，不发生兼容性及通信瓶颈问题，并保证接口系统的制造安装质量。

（4）系统平台工厂验收检测

通信集成商应先对软硬件配置进行核对，调通系统平台，安装调试应用软件，确认无误后再进行系统检测。

系统检测应由通信集成商编制检测方案，并由建设单位、运营部门及设备监理共同确认；对采用系统的实际数据和实际应用案例进行检测。

系统检测应采用黑盒法对被测软件的功能、性能进行确认，主要测试内容应包括：功能测试——在规定的一段时间内运行软件系统的所有功能，以验证系统是否符合功能需求；性能测试——检查系统是否满足说明书中规定的性能，应对软件的响应时间、吞吐量、辅助存储区、处理精度进行检测；文档测试——检测用户文档的清晰性和精确性，用户文档中所列应用案例必须全部测试；回归测试——软件修改后经回归测试验证是否因修改引出新的错误，即验证修改后的软件是否仍能满足系统的设计要求；可靠性测试——检测平均失效间隔时间（MTBF）和平均故障停机时间（MTTR）是否超过规定值；互连测试——应验证两个或多个不同系统之间的互连性。

系统安全性通信集成商在开发应用系统时提供的各种安全服务检测。

操作系统、应用系统及数据库服务器安全性应满足以下要求：身份认证——严格管理操作系统的用户账号，要求用户必须使用满足安全要求的口令；访问控制——确定的权限设置，必须在身份认证的基础上根据用户及资源对象实施访问控制——用户能正确访问其对象资源；系统平台的数据完整性和保密性——数据在网上传输时，根据设计要求应采取必要的加密措施，并采用会话密钥、数字签名、时间戳等安全技术，保证传输数据的完整性和保密性。

测试结果的确认：当功能、性能与设计要求一致时为合格；当功能、性能与设计要求有差距时应开列一张软件问题报告，并对所发现的缺陷和错误进行整改，测试合格后，需经监理验证。

监理工程师检查方法：旁站见证、观察测试。

第二节　信号系统监理管控要点

一、技术特点

城市轨道交通工程信号系统目前多采用基于通信的移动闭塞列车自动控制系统（CBTC），该系统由列车自动监控（ATS）系统、列车自动防护（ATP）系统、列车自动运行（ATO）子系统以及计算机联锁（CI）、数据通信（DCS）系统和维修检测（MSS）系统构成。

城市轨道交通工程信号系统分为中央级控制、联锁区及车辆段、停车场级控制和车站级控制三级控制模式。

信号系统设备主要包括主备控制中心、车辆段综合基地、停车场、正线车站及区间设备、试车线设备、车载设备、维修中心设备和培训中心设备等。

信号系统主要功能如图11.2-1所示。

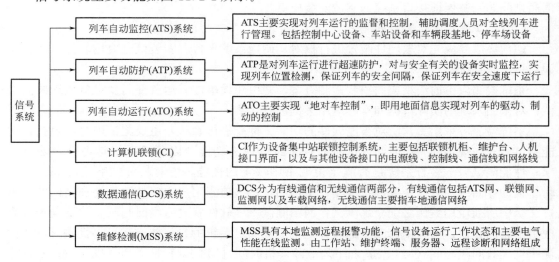

图 11.2-1　信号系统功能图

二、光电缆线路施工监理管控要点

（1）检查施工单位对电（光）缆设计径路与施工现场定测的差异及前置项目完成情况。

（2）检查电（光）缆接续及测试人员的持证情况。

（3）检查支架安装位置、安装高度、安装间距、安装平直度、防腐处理、固定方式和接地情况。

（4）检查线槽焊接牢固性、防腐处理、补偿方式、固定方式、支撑间距、连接、接地等情况。

（5）支架、线槽安装完成后，电（光）缆敷设前，应完成支架、线槽安装质量验收。

（6）检查电（光）缆的敷设方式、弯曲半径、穿人防门孔洞、过轨、电缆头处理、电缆排列、余留量、电缆标牌、干线径路标志、电缆敷设完成后线间、对地绝缘电阻值和电缆芯线直流电阻值等情况。

（7）检查电（光）缆防护管（槽）材质、防护部位、弯曲半径、封堵、防护长度、防护范围等情况。

（8）检查电（光）缆接续位置、接续环境、电（光）缆方向、工艺技术、屏蔽连接等。

（9）检查箱、盒安装位置、安装高度、距线路中心的距离、电缆引入箱盒成端、箱盒内配线、设备部件布置、端子编号、密封、箱盒基础等情况。

光、电缆敷设施工流程如图 11.2-2 所示。

三、信号机、发车表示器及按钮装置安装监理管控要点

（1）检查信号机安装在列车运行方向的位置、显示距离、信号机定测情况。

（2）检查信号机安装位置、安装高度、垂直度、显示方向、灯光配列、光源、配线、灯室结构、封堵、组件安装、线缆防护、基础材质、安装稳固性和安装限界等情况。信号机安装施工流程如图 11.2-3 所示。

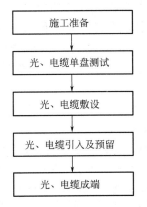

图 11.2-2　光、电缆敷设施工流程

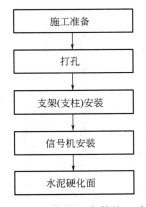

图 11.2-3　信号机安装施工流程

（3）检查发车指示器安装位置、安装高度、垂直度、显示方式、配线、线缆防护、基

础材质和安装稳固性等情况。

（4）检查按钮箱安装位置、安装高度、按钮箱封、配线、线缆防护、基础材质和安装稳固性等情况。

四、转辙设备安装监理管控要点

（1）检查转辙设备安装装置的安装位置、安装方式、安装偏差、防腐处理、绝缘部件安装、杆件动作灵活性、杆件与长基础角钢平行度、角型座铁与钢轨密贴度、连接杆调整丝扣余量、零部件紧固程度、开口销劈开角度等情况。

（2）检查转辙设备外锁闭装置的安装位置、安装方式、锁闭框、尖轨连接铁、锁钩和锁闭杆连接牢固性、可动部分动作灵活性、定位反位锁闭量、安装偏差、防腐处理、零部件紧固程度、开口销劈开角度等情况。

（3）检查转辙机安装位置、安装方式、动作杆与密贴调整杆、表示杆、道岔第一连接杆位置关系、液压转辙机油管固定、内部配线、配线防护、零部件紧固程度、开口销劈开角度等情况。

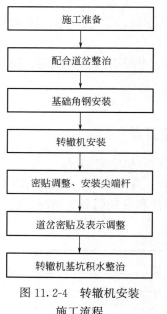

图 11.2-4 转辙机安装
施工流程

转辙机安装施工流程如图 11.2-4 所示。

五、车地通信设备监理管控要点

（1）检查轨道电路区段内连接两轨道间具有导电性能的各种装置的绝缘性，相邻轨道电路的极性（相位或频率）交叉。

（2）检查机械绝缘轨道电路设备的安装位置、安装方法、限流装置的调整、设备配线、钢轨绝缘安装、轨道连接线截面、轨道连接线安装、轨道连接线防护、连接紧固性、钢轨接续线截面、钢轨接续线与钢轨连接方式、钢轨接续线安装位置、道岔跳线截面、道岔跳线安装位置及固定、回流线截面、回流线与钢轨连接方式、轨道电路设备支架防腐处理、钢轨绝缘配件安装、各类连接线端子防腐等情况。

（3）检查电气绝缘轨道电路设备的安装位置、安装方法、调谐单元安装紧固性、调谐单元防潮密封、调谐单元接地、塞钉式连接棒安装、焊接式连接棒安装、连接棒接头防腐处理、钢轨探伤等情况。

（4）检查阻抗连接器的安装位置、安装方法、顶面与轨顶高度、均回流线连接数量、与钢轨的焊接质量、焊接后的防腐处理、安装紧固性等情况。

（5）检查环线的安装位置、安装方法、道岔区长环线安装宽度及交叉点、道岔区长环线安装固定方式、车地通信环线安装宽度及交叉点、环线走线、各类卡具紧固性等情况。

（6）检查波导管的安装位置、安装方法、波导管安装支架（包括固定支架与滑动支架）的高度、间隔距离、与走行轨中心距离、与钢轨的位置关系、两个波导管分段末端间距离、波导管、轨旁无线电子盒、耦合器接地、波导管安装空间、波导管与轨旁无线电子盒（或耦合器）间连接的射频电缆长度、波导管及各种安装配件防腐处理、安装紧固性、波导管保护膜、波导管防护罩强度等情况。

（7）检查漏泄同轴电缆的安装位置、安装方式、漏缆开口方向、安装间距、安装高度、弯曲半径、漏缆接续、接头防护、漏缆交直流电气性能测试、中继段静态场强测试等情况。

（8）检查应答器的安装位置、安装方式、安装高度、纵横向偏移量、有源应答器馈电盒连接电缆防护、有源应答器馈电盒配线、有源应答器馈电盒防潮密封、有源应答器馈电盒接地、安装支架可调节、有源应答器馈电盒固定等情况。

（9）检查定位天线的安装位置、安装方法、距钢轨顶面距离、与轨面平行度、纵横向偏移量、安装支架可调节、安装紧固性、支柱高度、杆体金属结构电气连通与接地、避雷针、防雷装置、接地引下线、基础稳固性等情况。

（10）检查终端接收器的安装位置、安装方法、接收器箱在墙壁上安装的垂直度、接收器箱配线、引出线敷设、接收器箱密封装置、接收器箱体接地、安装紧固性等情况。

（11）检查无线接入单元的安装位置、安装方法、天线安装坐标、天线安装限界、天线方向调整、无线接入单元电子箱防潮密封、无线接入单元电子箱配线、无线接入单元电子箱接地、电子箱安装垂直度、电子箱安装紧固性、天线支架防腐处理、天线支架安装紧固性等情况。

（12）检查计轴装置的安装位置、安装方法、计轴磁头安装部位、磁头与钢轨隔离、相邻磁头安装间距、磁头安装固定、计轴电子盒安装位置、电子盒内部配线、电子盒密封装置、电子盒接地、电子盒安装垂直度、计轴装置电缆材质、电缆长度、电缆防护等情况。

（13）检查本地综合通信（LTE-M）设备的安装方式、安装位置、安装固定、抗风、防雨、防震、防结露及散热功能、接地电阻、布线走向、绑扎固定、光电缆接地、防水及机械防护等。

六、车载设备监理管控要点

（1）检查车载设备安装限界等。

（2）检查机柜的安装位置、安装方式、机柜底座防振措施、柜内各种元器件安装、机柜内配线、人机界面安装高度、屏幕显示、操作手柄、扳键和按钮动作可靠性、灵活性、部件安装紧固性等情况。

（3）检查天线及测速装置的安装位置、安装方式、测速装置安装位置精确度、固定紧固性、测速装置接线盒安装固定、线缆防护、防护管材质、金属支架防护管防腐处理等情况。

（4）检查车载设备配线的线缆外观、有无中间接头、接线端子压接方式、配线电缆固定、标识等情况。

（5）全自动运行线路设置车载机柜及折叠驾驶台，应固定牢靠，设备边缘无毛刺，棱边倒圆、光整。

七、室内设备监理管控要点

（1）检查机房内机柜（架）的平面布置、安装位置、机面朝向、柜（架）间距、机柜

（架）固定方式、机柜（架）底座与地面固定、底座安装高度、同排机柜（架）水平度、垂直度、机柜（架）之间连接固定、机柜（架）抗震措施、机柜（架）铭牌文字和符号标志、机柜（架）漆面色调、继电器安装等情况。

（2）检查走线架（槽）的安装位置、安装方法、架（槽）之间连接固定等情况。

（3）检查电缆引入信号设备室弯曲半径、余留量、电缆成端、引入孔防火封堵、电缆标识、电缆防护、电缆排列、分线盘（柜）上接线端子排列、分线盘安装高度、分线柜安装固定等情况。

（4）检查操作显示设备的安装位置、整体布局、计算机及附属设备接口选接、防电磁干扰屏蔽措施、计算机配线、计算机显示屏、键盘、鼠标、打印机、扫描仪安装、控制台表示盘面的布置及表示方式、控制台指示灯、按钮、控制台内部配线、限流装置容量、报警装置、单元控制台紧固性等情况。

（5）检查大屏设备的安装位置、屏幕配置、安装方式、安装程序、操作工艺、地面走线、屏幕间缝隙、屏幕拼接间距、大屏总体平整精度、反射镜安装角度、电子设备箱安装配线、投影机安装、风扇安装、大屏显示图像、连接部件紧固性等情况。

（6）检查电源设备的安装位置、安装方式、各屏排列顺序、两路电源相序、电源屏按钮动作灵活性、限流装置容量、电源屏接地装置、指示灯安装、报警装置安装、不间断电源（UPS）机柜外壳接地、电池块配置、电池柜接地装置、电源线敷设、电源线防护、电源屏固定、电源屏配线、蓄电池排列等情况。

（7）检查室内设备配线的线缆外观、有无中间接头、接线端子压接方式、配线电缆固定、标识等情况。

（8）室内设备安装施工流程如图 11.2-5 所示。

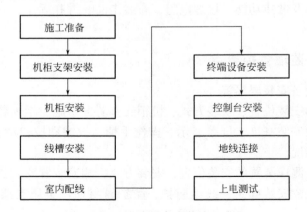

图 11.2-5　室内设备安装施工流程

八、防雷及接地监理管控要点

（1）检查信号设备机房电源防雷箱的安装位置、安装方式、接线方式。

（2）检查信号系统设备的接地方式和连接方式。

（3）检查防雷设施的安装位置、安装方式、连接线路、配线、安装稳固性、防雷箱外壳接地情况和标识等情况。

（4）检查接地装置的安装位置、安装方式、接线、接地体埋深、接地体距其他设备和建筑物距离等情况。

（5）检查直流电气牵引区段信号设备防护情况，一般包括：

1）信号干线屏蔽电缆引入室内时和电缆中间接续的屏蔽连接；

2）信号设备的金属外缘距接触网带电部分距离；

3）信号设备的金属外缘距回流线的距离。

（6）检查接地体材质、接地体与引接线连接部分连接方式、防腐处理和接地电阻测试等情况。

九、试车线设备监理管控要点

（1）试车线设备验收应包括与正线相同部分的列车检测与车地通信设备、室内操控及显示设备安装和系统功能检验。

（2）试车线信号系统设备的布置，应能满足 ATP 或 ATO 等双向试车的需要。

（3）试车线设备安装。

1）试车线轨旁设备的安装的管控要点同正线轨旁设备安装有关内容。

2）试车线室内设备的安装的管控要点同正线室内设备安装有关内容。

（4）试车线功能检验。

1）试车线设备的列车自动防护功能的管控要点同正线有关内容。

2）试车线设备的列车自动运行功能的管控要点同正线有关内容。

十、信号设备标识及硬化面监理管控要点

（1）室内外信号设备均应有明确的标识。设备标识内容应包括设备名称、编号。

（2）室外安装在地面的信号轨旁设备周边应进行硬面化处理。

（3）设备标识的监理管控要点。

1）室外设备标识宜采用喷涂或制作安装标识牌，室外信号设备标识的名称及编号书写、标识的位置应符合设计要求及相关技术规定。

2）室内主体机柜的颜色应满足设计要求。

3）室内设备标识牌粘贴或悬挂在设备表面醒目处，数字清晰、排列整齐。

（4）硬面化的监理管控要点。

1）室外轨旁设备周边硬面化范围、硬面化用混凝土的强度及硬面化的上部厚度应满足设计要求。

2）相邻轨旁设备周边应采用同一个围桩及硬面化处理。

3）硬面化表面应平整光洁无裂纹，并应无缺边掉角现象。

4）硬化面制作前须保证设备埋设稳固，无侵入限界、无倾斜超标、无线缆外露。

5）轨旁设备基础的底面与硬化面平面的距离标准，硬化面与地面的距离标准均应满足设计文件要求。

6）信号系统设备硬化面应避免与接触网钢支柱基础和水沟冲突，距离标准应满足设计文件要求。

十一、联锁验证监理管控要点

（1）依据设计和相关技术要求，审查联锁系统调试方案。

（2）依据设计提供的进路联锁表核查联锁试验情况。

（3）核查计算机及外部设备功能性试验情况。

（4）核查电源设备试验情况。

（5）核查车站联锁试验情况。一般包括：

1）进路联锁表所列的每条列车/调车进路的建立与取消、信号机开放与关闭、进路锁闭与解锁等项目的试验；

2）敌对进路、敌对信号、列车防护进路等项目的试验；

3）站内联锁设备与区间、站（场）间的联锁关系；

4）计算机联锁设备的采集单元与采集对象、驱动单元与执行器件的状态一致性；

5）站台门、扣车、紧急停车按钮与信号联锁关系等。

（6）核查车站联锁设备故障报警信号的及时性、准确性和可靠性。

（7）核查信号机试验情况。

（8）核查转辙设备试验情况。包括：

1）道岔在定位或反位状态时，尖轨与基本轨密贴程度；

2）在道岔正常转换、因故不能转换或转换中途受阻时，电机转动情况；

3）转辙设备可动部分在转动过程中的平稳性、灵活性，杆件连接部位旷量；

4）道岔的转换动程、外锁闭量以及转换时间、动作电流与故障电流等主要性能指标；

5）道岔不锁闭间隙值；

6）转辙机内表示系统的动接点与定接点在接触状态时，接点相互接触深度，动接点前端边缘与定接点座的距离；在挤岔状态时，转辙机表示系统的定位、反位接点断开的可靠性；

7）转辙机开启机盖、关闭机盖或插入手摇把时，安全接点的开断情况。

（9）核查轨道电路试验情况。

（10）核查计轴装置试验情况。

（11）核查联锁综合试验情况。一般包括：

1）进路上道岔、信号机和区段的联锁关系，联锁条件与进路开通的对应关系，敌对进路互斥情况；

2）引导信号机故障情况下，引导作业的实现；

3）控制台（显示器）上复示信号显示与室外对应信号机的信号显示一致性、室外轨道电路位置与控制台（显示器）上的轨道区段表示一致性、室外道岔实际定/反位位置与控制台（显示器）上的道岔位置表示一致性、操作道岔时室外道岔转换设备动作状态与室内有关设备动作状态一致性、室外其他设备状态与控制台（显示器）上的相关表示一致性等室内外设备一致性检验，灯丝断丝报警功能；

4）正线与车辆基地间的接口测试及功能检验。

（12）依据设计和相关技术要求，审查电源设备、信号机、转辙设备、轨道电路、计轴装置等单体设备测试记录、试验报告，审查联锁系统测试记录、试验报告。联锁试验流程如图 11.2-6 所示。

十二、信号调试监理管控要点

1. 列车自动防护（ATP）子系统功能试验监理管控要点

（1）ATP 子系统能保证列车的安全运行间隔控制、防止后续列车的冲突、防止列车冒进信号、列车超速防护等功能的实现；

（2）ATP 子系统必须符合故障导向安全的原则；

（3）在进行折返作业的折返点，具有完整的 ATP 功能；

（4）由地面发送的机车信号强度能够满足车载接收灵敏度的要求；

（5）当按下车站的紧急停车按钮时，能立即切断相应范围的速度命令及有关信号机的开放电路，并使列车立即紧急停车；

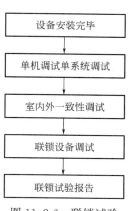

图 11.2-6 联锁试验流程

（6）列车正确停站后，方可允许打开规定侧的车门；

（7）在列车车门全部关闭的情况下，列车方可启动和运行；

（8）报警信号准确可靠；

（9）在装有站台门的车站，列车在规定的停站位置停稳后，当 ATP 开启或关闭列车车门时，能给出开启或关闭站台门的命令；并在全部站台门关闭后才会允许列车出发；

（10）设备稳定性试验时间应≥72h。

2. 列车自动运行（ATO）子系统功能试验监理管控要点

（1）ATO 子系统的车载设备在车载 ATP 主机或备机运行时均能正常使用。

（2）列车对已设置了跳停的车站能自动通过。

（3）停车精度能满足停站、折返和存车作业的要求。

（4）能在规定允许的范围内自动调节列车运行速度。

3. 列车自动监控（ATS）子系统功能试验监理管控要点

（1）线路操作模式（包括有时刻表的自动控制模式、无时刻表的自动控制模式和人工控制模式）功能的试验。

（2）列车自动运行调整功能的试验。

（3）工作站运行模式（包括在线模式、回放模式和模拟模式）的试验。

（4）信号控制功能（包括控制进路、控制信号机、设置终端模式和控制道岔等）的试验。

（5）自动进路设置功能（包括连续通过进路、车次号触发进路和接近触发进路）的试验。

（6）列车描述功能（包括车次号的设置、修改、移动、取消以及对车次号跟踪等）的试验。

（7）列车折返功能（包括列车自动折返和人工列车折返）的试验。

（8）列车运行间隔和折返时间的测试。

（9）列车运行时刻表的编制及管理功能的试验。

（10）站台控制功能（包括设置停站时间、扣车、停站终止等）的试验。

（11）各种运营报告（包括日常运营报告、当前时刻表报告、偏离时刻表报告、列车驾驶员报告、车辆走行距离报告和准点率统计报告等）的打印。

（12）对报警和事件管理功能的测试。

（13）根据不同类别和等级的职权范围（区分为主任调度员、调度员、超级用户、LATS操作员、维护员和计划员等的不同），提供对不同用户可登录管理功能范围的测试。

（14）对正常情况下，车站控制权和中央控制权之间的转换需经过完整的授权、受权操作手续，在紧急情况下，车站可不经中心同意立即获得紧急站控权的试验。

（15）ATS与联锁子系统、ATP/ATO、时钟、停车场（车辆段）联锁系统、综合监控系统和无线电列车调度系统等接口的测试。

4. 列车自动控制系统综合试验监理管控要点

（1）列车自动防护、自动驾驶和自动监控系统的接口性能测试。

（2）调车、接发车及通过列车的进路行车试验。

（3）列车行车间隔、折返时间和列车运行调整功能试验。

（4）列车自动控制系统可靠性、可用性指标检验。

（5）设计规定的其他项目。

（6）系统的测试须进行连续运营无故障144h。

5. 空载试运行监理管控要点

（1）列车自动控制系统不得重新调整或修改。

（2）列车自动控制系统的功能应符合《城市轨道交通初期运营前安全评估技术规范第1部分：地铁和轻轨》的相关指标要求。

（3）试运行时间应为3个月。

十三、维护检测、培训系统监理管控要点

1. 维护检测系统监理管控要点

（1）智能运维系统验收宜包括微机监测、维护支持的内容。

（2）运维设备的安装不应影响被监测信号设备的正常工作。

（3）微机监测系统功能检验。

（4）维护支持系统功能检验。

2. 培训系统监理管控要点

（1）培训系统验收应包括培训系统设备安装和培训系统功能检验的内容。

（2）培训系统设备应能模拟全线信号系统的运行，并应模拟实现单列或多列列车的运行情况，还应具备对信号各子系统设备进行单点或多点故障设置的功能。

（3）培训系统设备安装监理管控要点：

1）培训系统设备的安装应符合正线设备的安装标准。

2）培训系统的服务器及终端的网络接口配置及地址、软件配置应满足设计要求。

（4）培训系统功能检验监理管控要点：

1）培训系统轨旁及车载模拟软件应与现场使用的系统软件相匹配，且应能模拟实现单列或多列列车的正常运行。

2）培训系统轨旁模拟软件应能实现轨旁ATP、ATS子系统的全部功能，且应能模拟设置单点或多点系统设备故障。

3）培训系统车载模拟软件应能实现车载 ATO 子系统的全部功能，且应能模拟设置列车子系统设备故障。

4）培训系统操作终端软件应能正确获取系统模拟服务器的信息，且应能提供 ATS 子系统的全部功能及操作。

十四、全自动运行系统监理管控要点

本节仅描述全自动运行系统主要验收内容，全自动运行无人驾驶的简介与监理实践，详见第十三章第三节全自动运行无人驾驶系统项目监理实务。

（1）在进行全自动运行系统功能检验前，应完成 ATP、ATS、ATO、DCS 系统功能检验，且调测数据、性能指标应满足设计要求。

（2）在进行全自动运行系统调试前应检查系统通信通道正常。

（3）全自动运行模式下，列车下列驾驶模式应满足设计要求：

1）限制人工模式；

2）非限制人工模式；

3）列车自动保护人工模式；

4）列车自动运行模式（ATO）；

5）列车自动折返模式；

6）全自动运行模式；

7）蠕动驾驶模式。

（4）全自动运行系统下列休眠与唤醒功能应满足设计要求：

1）早间上电功能；

2）列车唤醒功能；

3）列车休眠功能。

（5）全自动运行系统下列正线运营功能应满足设计要求：

1）进入正线服务功能；

2）进站停车功能；

3）站台发车功能；

4）点动对位（JOG）功能；

5）车门与站台门对位隔离功能；

6）折返换端功能；

7）清客功能；

8）停止正线服务功能；

9）车上设备远程检测功能；

10）宜具备雨雪模式功能。

（6）全自动运行系统下列车辆基地运营功能应满足设计要求：

1）出库功能；

2）回库功能；

3）清扫/日检功能；

4）洗车功能；

5）列车转线功能；

6）维修功能。

（7）全自动运行系统下列车辆故障处理功能应满足设计要求：

1）车门状态丢失处理功能；

2）车辆制动系统故障处理功能；

3）蠕动模式功能。

（8）全自动运行系统下列系统故障应急处理功能应满足设计要求：

1）紧急手柄紧急制动功能；

2）车站火灾应急处理功能；

3）区间火灾应急处理功能；

4）车辆火灾应急处理功能；

5）障碍物/脱轨检测功能；

6）远程指令功能；

7）车门故障隔离站台门和站台门故障隔离车门功能。

（9）信号系统与车辆调测试和功能检验应满足设计要求。

（10）人员防护开关、站台按钮测试和功能检验应满足设计要求。

第十二章　自动检售票系统和站台门系统安装监理

自动售检票系统（AFC）和站台门系统（PSD）是车站工程中的重要施工项目，AFC系统还有各关联车站之间的联网要求。

AFC系统安装监理涉及的主要规范标准有：《城市轨道交通自动售检票系统工程质量验收标准》GB/T 50381—2018、《城市轨道交通自动售检票系统技术条件》GB/T 20907—2007 和《城市轨道交通工程自动售检票系统监理技术要求》T/CAPEC 8—2019。

PSD系统主要的规范标准有《轨道交通站台门电气系统》GB/T 36284—2018 和《城市轨道交通站台屏蔽门》CJ/T 236—2022。

第一节　自动售检票系统监理管控要点

一、设计阶段监理管控要点

（1）审核设计初步设计文件。

（2）参加设计联络会，督促设计联络会议纪要和设计联络文件的落实。

（3）审查施工图出图计划。

（4）参加设计交底会，组织施工图纸会审。

（5）对本工程有关技术标准、设计规范、规程、设计参数及用户需求书的要求进行符合性审核。

二、设备生产监造阶段监理管控要点

1. 票箱及纸币模块监造

（1）见证对模块的通用检测过程，审查检测报告。主要包括：外观与结构、环境、电磁兼容、安全，数据接口、可靠性检测。

（2）见证对票箱、车票统一处理单元（TPU）、纸币识别、纸币找零、硬币处理、票卡发售、回收、闸门及其控制装置的性能和功能检测，审查检测报告。

（3）值得一提的是，随着目前电子支付平台、电子票卡和人脸识别技术的迅猛发展和技术进步，自动售检票系统的售票机和纸币模块、实体票卡走票模块的配置已经大幅减少，每个车站售票机的数量也仅保留少部分可以用纸币的自动售票机。

2. 硬件监造

（1）审查生产流程、工艺标准；

（2）核查质量记录；

（3）检查原材料采购程序；

（4）装配和调试前，核查模块检测合格证明文件。

3. 软件部分工厂验收监理

（1）审核软件项目管理方案，包括：软件需求管理计划、软件开发计划、软件质量保证计划、软件分析及设计标准、程序代码标准、软件结构管理、软件技术审查、软件验收需求、软件管理目标、软件实施、风险管理。

（2）审查软件设计方案、测试方案。

（3）见证软件验收测试过程。包括功能测试、出错处理测试、全负荷测试、冗余性和故障弱化能力测试、极限度测试、预留容量要求测试、系统利用率统计。

（4）审查测试记录、测试报告。

4. 样机验收监理

（1）见证样机设备通用检测过程，审查检测报告。

（2）见证自动检票机、半自动售票机、自动售票机、查询机等设备样机的性能和功能检测，提交样机验收报告。

5. 设备出厂验收监理

（1）审核自动售检票系统施工单位编制的出厂验收方案；

（2）按合同条款约定的比例，在本批次同类设备中随机抽检；

（3）见证出厂验收测试过程，包括工况测试、单机功能测试、走票压力测试等；

（4）审核测试记录、测试报告；

（5）编制出厂验收报告。

三、设备到货和施工准备阶段监理管控要点

1. 设备储运阶段监理管控要点

（1）审核自动售检票系统施工单位编制设备储运方案。包括包装、仓储、防腐保养、吊装、运输方式、发运顺序等。

（2）检查设备装箱和发运前状态。包括设备包装、防潮、防震、防污染措施、设备重心吊装点、收发货标记、随机资料、附件及包装等。

（3）检查设备的储存条件和标识。

（4）定期检查设备防腐保养情况。

（5）检查设备运输的环境条件、运输工具、特殊技术措施、装卸情况、安全措施等。

（6）审核自动售检票系统施工单位编制的设备吊装方案，对吊装过程进行旁站。

2. 参加设计交底与组织施工图纸会审

（1）收到设计单位施工图设计文件后，熟悉图纸，并将疑问和发现的问题提交设计单位进行处理。

（2）参加建设单位组织召开的设计交底会议。

（3）组织召开正式版施工图图纸会审会议。

（4）审查设计交底记录、图纸会审记录。

3. 施工组织设计的报审和监理审核

（1）要求自动售检票系统施工单位，在施工前做好现场的施工调查，核对设计文件，规划施工部署及编制施工组织设计，（专项）施工方案，签订施工中必要的协议等（如进

场安全协议、地盘管理协议、轨行区管理协议等）。

（2）施工组织设计和（专项）施工方案审核监理要求：

1）施工组织设计和（专项）施工方案应由自动售检票系统项目负责人主持编制，可根据需要分阶段编制和审批；

2）施工组织设计和（专项）施工方案应由自动售检票系统施工单位公司技术负责人审批；重点、难点分部（分项）工程和专项工程施工方案应由自动售检票系统施工单位技术部门组织相关专家评审，自动售检票系统施工单位公司技术负责人批准；

3）规模较大的分部（分项）工程和专项工程的施工方案应按单位工程施工组织设计进行编制和审批。

4）涉及既有线路的项目（专项）施工方案应参照超一定规模危大工程要求，组织专家评审，并提交运营单位进行技术方案审查。

（3）审核施工组织设计和（专项）施工方案。

1）要求自动售检票系统施工单位在完成施工组织设计和（专项）施工方案的编制及自审工作后，填写施工组织设计和（专项）施工方案报审表，报监理单位审核；审核的方式采用现场检查和文件审查两种方式。

2）总监理工程师应组织专业监理工程师审查自动售检票系统施工单位报送的施工组织设计和（专项）施工方案，提出审查意见后，由总监理工程师审批。需要自动售检票系统施工单位修改时，监理单位提出书面意见，退回自动售检票系统施工单位修改并重新报审。

3）随工程进展，施工组织设计和（专项）施工方案如需做较大的变动，应按照原审批程序重新审核。

4．场地移交的监理协调工作

（1）协调、见证场地移交工作。包括车站站厅层公共区、票亭、客服中心、自动检票系统（AFC）设备机房、票务室、编码分拣室、配线间等。

（2）组织自动售检票系统施工单位核查设备室移交条件，见证移交过程。包括设备室结构验收情况、天地墙装饰装修完成情况、有无渗漏水、标高、设备安装条件、责任区划分等。

（3）组织自动售检票系统施工单位核查公共区场地移交条件。包括空间、时间和场地要求等。

（4）组织自动售检票系统施工单位核实基准线及预留孔洞。

（5）督促自动售检票系统施工单位核查站厅公共区线槽预埋情况。

（6）督促自动售检票系统施工单位核实导向标识、车站运营组织模式和进出站闸机、售票机位置。

四、样板站及首件定标监理管控要点

（1）设备监理单位审查样板站和首件定标方案，审查作业指导书，包括以下工序：

1）管槽安装；

2）桥架、支吊架安装；

3）底座安装；

4）线缆敷设；

5）终端设备（售票机、进出站检票闸机、补票机、进出站指示标志、票亭和客服中心设备）安装；

6）机柜安装；

7）服务器安装。

（2）要求自动售检票系统施工单位按照首站定标计划和批准的首站定标方案及作业指导书进行施工，并自检合格。

（3）设备监理单位组织建设单位、设计单位、自动售检票系统施工单位共同进行样板站（现场首站）验收。

五、设备施工安装阶段监理管控要点

自动售检票系统（AFC）的施工包括线槽预埋，光、电缆敷设，线路中心计算机系统安装，车站计算系统安装和车站终端设备安装，施工工点为线路中心、各车站、车辆段综合基地维修车间、培训基地等。AFC 系统设备的安装工程质量控制应遵照《城市轨道交通自动售检票系统工程质量验收标准》GB/T 50381—2018 执行。

1. 施工准备及线槽预埋

AFC 系统施工最关键的是线槽预埋，其安装位置必须以正式施工图纸为准，公共区线槽还应与车站地盘土建和装饰装修单位沟通，以土建和装饰专业确认的轴线和高程线为参照施工，如图 12.1-1 所示。

（1）具有将所有设备运输进站的现场条件，一般利用预留的吊装口将设备吊装进站；

（2）所有管线、线槽、线盒、设备底座等全部施工完成；

（3）设备安装区的吊顶、地面装修完成。

2. 自动检票机（一般又称为闸机，有三杆式、对插式和拍打式等）安装

AFC 设备安装包括自动检票机（闸机）、自动和半自动售票机、自动充值机、车票编码机及客服中心操作终端设备、机房设备等安装，如图 12.1-2 所示。此外，因为终端设备在车站公共区较多，其施工和安装的通道宽度应符合设计要求，设备周围应预留足够的操作和维护空间。

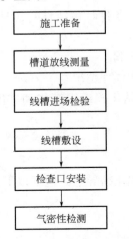

图 12.1-1　自动售检票系统线
槽预埋施工流程

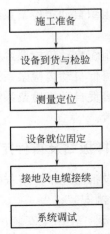

图 12.1-2　自动售检票系统
安装施工流程

（1）自动检票机底座标高；

（2）自动检票机并行安装间距；

（3）自动检票机底座周围的密封；

（4）通信电缆和交流电缆管槽出口密封；

（5）所有电缆防护管可靠接地；

（6）通信电缆插头接线；

（7）电力电缆连接；

（8）电缆绑扎及标牌；

（9）所有外部电缆的路径，不影响自动检票机的正常操作。

3. 自动售票机安装

（1）自动售票机底座标高；

（2）自动售票机与相邻墙壁之间的距离；

（3）维修门的打开角度；

（4）自动售票机底座周围的密封；

（5）所有电缆防护管可靠接地；

（6）通信电缆插头接线；

（7）电力电缆连接；

（8）电缆绑扎及标牌；

（9）所有外部电缆的路径，不影响自动售票机的正常操作。

4. 半自动售票机安装

（1）网络机架、电源插座安装安全牢固，不影响售票员的操作；

（2）半自售票机模块之间的电缆连接正确；

（3）通信电缆和交流电缆管槽出口密封；

（4）其余同自动售票机要求。

5. 车站计算机系统安装

（1）系统各设备安装稳定可靠；

（2）设备屏蔽机箱可靠接地；

（3）所有电缆防护管可靠接地；

（4）通信电缆插头接线；

（5）电力电缆连接；

（6）网络设备连接；

（7）电缆绑扎及标牌。

6. 编码分拣设备安装

（1）设备安装；

（2）所有电缆防护管可靠接地；

（3）通信电缆插头接线；

（4）电力电缆连接；

（5）电缆绑扎及标牌。

7．其他设备安装

（1）各种机柜、显示器、乘客显示牌、UPS等设备要安装平稳牢固，机柜门要开、关自如；

（2）电缆敷设时，不得损伤外皮，弯曲半径符合规范要求，端子连接处的裸露芯线不超长；

（3）进入各设备、连接盒的电缆不宜过紧，其电缆终端以标记区分；

（4）电缆槽、分向盒、终端盒、电缆防护钢管采取防渗水有效措施，并采用焊接方式保证电气连接的可靠性；

（5）电缆槽、分向盒、终端盒、电缆防护钢管及各设备的接地端子均接至车站接地系统；

（6）设备工作接地和保护接地，应符合设计及规范要求；

（7）敷设的通信电缆和电源电缆均作通断测试和绝缘电阻测试，并保存测试记录表格；

（8）通信电缆与电源电缆应分管（槽）敷设，两种电缆同时通过分向盒时，通信电缆采用蛇管防护方式；

（9）不同金属相互连接时，连接处应有防电化腐蚀措施。

8．成品保护

（1）安装完成的管线、线槽、线盒、设备底座设置告示信息，浇筑混凝土之前应设专人看护，以免交叉施工造成损坏；

（2）站厅层公共区和设备区地面预留线槽应在接口处做好封堵，防止渗水和灰尘、垃圾进入；

（3）敷设完的电缆，电缆头处用绝缘胶布包封，保持电缆良好绝缘特性，防止水分浸入；

（4）在车站设备房，敷设完的电缆按规范要求进行防护，以免造成电缆损伤；

（5）站厅内和设备机房内已安装完毕的设备采取保护措施，防尘、防水，并设置成品保护标识。

9．调试阶段监理管控要点

（1）单机设备调试监理

1）见证单机设备调试过程。

涵盖所有安装到现场的每台设备，包括：自动检票机、自动售票机、半自动售票机、自助取票机、自动查询机。

2）审查单机测试记录、测试报告。

（2）车站系统测试监理

1）在单机设备调试完成后，见证车站系统测试过程，验证各个车站系统的技术指标、系统功能满足合同要求。包括：车站计算机系统、自动检票机、自动售票机、半自动售票机、自助取票机、自动查询机。

2）审查测试记录、测试报告。

3）检查各设备之间的相互联系以及控制，以车站为单位核查所有功能。

（3）单系统及接口调试监理管控要点

1）见证调试过程，验证整个系统的功能，包括车站计算机系统（或线路 AFC 系统、区域 AFC 系统）、票务中心系统与中央计算机系统通信及其他系统（包括票务清分系统）的接口功能。

2）审查测试记录、测试报告。

3）核查 AFC 联调测试范围。

4）核查 AFC 系统联调测试内容包括：

① 中央计算机系统联调测试：整个 AFC 系统数据传输正确性测试、各类参数正确性测试；

② 模拟大客流测试：系统性能指标测试、数据压力测试、模拟大客流测试等；

③ 车站计算机系统测试：系统性的功能测试；

④ 接口测试：数据传输正确性、接口功能正确性。

（4）专项测试监理

1）见证专项测试过程，包括：AFC 设备与车站计算机系统功能测试、144h 系统连续测试、紧急按钮测试、连续开关机测试、数据准确性测试、模拟车站计算机系统压力测试、模拟单口客流高峰测试、模拟单站客流高峰测试、网络购票测试等项目。

2）审查测试记录、测试报告。

（5）系统联调监理

1）审查系统联调测试方案，包括具体的测试内容、测试步骤和测试程序。

2）见证系统联调过程，综合联调范围包括：AFC 系统与其他系统的所有接口功能测试阶段和联合调试测试阶段。

3）审查测试记录、测试报告。

（6）系统功能测试监理

（7）互联互通测试监理

1）审核新建线路与既有线路 AFC 系统的互联互通走票测试方案。

2）见证互联互通走票测试过程，包括通信功能、票卡数据、参数管理、模式处理、清分对账、数据一致性等。

3）分析互联互通故障情况，复查故障整改完成情况。

第二节　站台门系统监理管控要点

站台门系统（PSD）监理主要工作涉及样机制造、驻厂监造、到货和开箱检验、测量复核、门体安装、门机安装、电气设备安装和系统调试等阶段。总体施工流程如图 12.2-1 所示。

一、样机制造、测试及验收阶段监理管控要点

设备监理通过站台门系统样机验收，验证设备供应单位生产的站台门设备是否达到产品设计、合同及相关标准的要求。修正缺陷，完善产品设计，保证批量生产优质的设备。

样机验收工作主要由设备监理单位组织，专业监理工程师的重点在于样机验收项目和验收方案的审核与把关，对样机生产材料、外购件严格检查，并监督设备供应单位按大纲

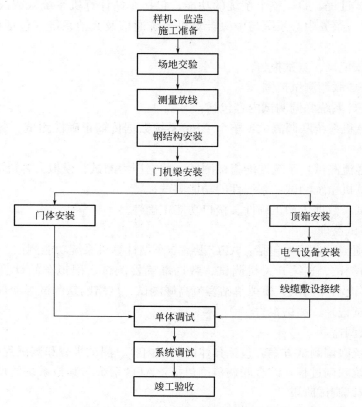

图 12.2-1   站台门系统总体施工流程

要求的步骤对样机进行测试，以达到样机验收的目的。

1. 设备监理审查站台门样机制造及验收进度计划

（1）系统设计进度计划；

（2）样机设计进度计划；

（3）样机制造及试验进度计划；

（4）站台门设备生产计划。

2. 进行站台门样机制造生产准备检查

（1）生产用图纸及工艺文件；

（2）质量保证文件；

（3）加工设备；

（4）检验设备；

（5）特殊工种人员资格证书。

3. 实施原材料检验（材料的规格、型号、合格证）

4. 实施外购件检验（外购件的规格、型号、出厂检验报告、合格证）

5. 对加工件成品进行检验

6. 见证部件试验检验

（1）门体框架材料抗腐蚀性能试验；

（2）门体强度试验；

（3）玻璃及门体框架材料粘结强度试验。

7. 进行样机组装检查

8. 参与站台门样机试验

（1）审查试验项目及试验大纲。

（2）按已批准的试验大纲检查试验前的各项准备工作。

（3）审查、确认试验结果。在试验过程中，发现有不足之处应立即对相关部件进行设计改进，为批量生产合格站台门打下基础。

（4）审查试验报告。

二、站台门设备驻厂监造监理管控要点

站台门系统在设备制造阶段，设备监理应按质量控制、进度控制、投资控制等几个方面对该阶段进行监理，并依据合同约定的试验检测项目，配合抽验检查，严格对设备的原材料试验、系统设备的性能试验以及设备首批出厂验收检验予以审核确认。

按照合同的约定，在站台门设备制造完成后，应对设备的状态、功能和性能进行全面的检查、试验，以证实其已完全达到合同规定标准及技术规格书的要求。设备监理与建设单位应对设备供应单位根据技术要求进行审查，对设备供应单位提供的自检报告和检测报告进行审核，必要时须对设备供应单位加工的主要零部件质量进行抽检。

1. 站台门设备制造前期准备阶段监理管控要点

（1）审查站台门系统原材料和外购件厂商的资质。

对站台门系统设备供应单位与材料和外购件厂商的设备、工艺、质量进行必要的审查，了解其质量保证体系状况、生产供货能力，管理人员、技术人员与生产操作人员的人力资源状况，以及本系统的核心设备加工工艺状况等，以保证其提供的产品和服务质量达到合同要求，对于不合格的分包商，应取消其资格。

审查内容包括材料和外购件厂商的生产规模、设备条件、技术水平、生产供货能力、产品检验手段、产品质量保证体系、生产管理情况、产品的技术符合度、产品售后服务质量等。

检查的具体内容和要求包括：

1）参加产品的配套供货商要有 2 年以上的历史业绩和相关工程经验，并在合作过程中未发生过质量问题；

2）有较好的生产规模，生产能力能满足工期进度要求，并能按期供货；

3）主要生产设备、加工工艺、检测设备能满足产品的精度和质量要求；

4）通过 ISO 质量体系认证；同时检查产品生产许可证和产品合格证；

5）特殊工艺的生产操作人员必须具备相关的上岗证；

6）材料、设备和过程的技术规范应达到较高水准；

7）生产的产品从原材料进厂到出厂、包装、运输有一整套完整的质量保证措施和科学的检测手段，并认真执行该产品的国家标准或行业标准。

（2）设备生产图纸的审查与确认。

在生产图纸和文件的审查或抽查过程中，建设单位代表有权提出意见，站台门系统设

备供应单位应及时对相关部分进行完善，并将最终正式版本图纸提交建设单位盖章确认后，方可根据该图纸进行产品零部件的生产与组装。

（3）站台门等核心系统需要接受审查的主要部件。

站台门钢架结构部分、应急门、固定门、滑动门、端门、上下安装支架、绝缘材料、钢化玻璃、门机、电气控制系统和供电系统等。以上部件的供货厂商有国内和进口部分，站台门系统设备供应单位应提交完整的材料和外购件供货厂商资质证明材料给建设单位和设备监理审核，必要时需到相应厂家进行考察。

（4）签认并审查需要进口的部件。

1）门机部分

2）电气控制系统

① 门机控制器 DCU（含声光告警装置）；

② 门单元控制器 PEDC；

③ 就地控制盘 PSL；

④ 站台门状态报警盘 PSAP；

⑤ 站台门操作指示盘 PSA；

⑥ 站台门控制开关 PCS。

2. 站台门系统设备生产阶段监理管控要点

（1）投产前技术准备条件的检查。

合同产品批量投产一般应具备的条件：

1）设备产品技术条件满足生产要求；

2）产品的质量保证计划需通过审查；

3）产品设备生产图纸及相关技术文件（包括生产工艺文件）通过审查；

4）根据产品图纸、工艺文件查看生产设备和检测设备，特别是工装夹具和现场检测设备应作为重点，包括用于产品试验的装备、检测设备和仪器仪表，查看设备精度、可靠性等应满足生产图纸及零部件要求；

5）查看生产调度、技术支持及仓储条件、包装、运输计划的安排及特殊加工工艺的准备情况等，检查其管理状况是否合理、规范；

6）产品主要的原材料、外购外协件、配套件的进货检验工作程序、材质检验报告和检验原始记录等相关质量证明材料应经过审查；审核设备生产方对原材料采购、分配及质量控制的情况；

7）设备产品的出厂试验大纲需通过产品技术审查会的审查；

8）关键工艺工序的生产操作人员应当具备相关的资质证明；

9）待站台门设备样机试验及生产前准备条件审查通过后，按合同条款签署有关文件，经建设单位与设备监理正式批准后，设备供应单位方可准备合同设备的正式投产。

（2）站台门系统设备产品生产中的监理管控要点。

1）设备监理人员对站台门系统设备供应单位加工的主要零部件质量进行抽查，对关键部件的生产加工工艺、工序进行监督检查。

2）对照本项目的质量控制关键点，对产品零部件、组装件进行验收。

3）厂商要对设备制造的质量事故负责，不得随意降低质量等级要求。如所使用的材料或部件与合同或设计联络阶段所确定的不相符，须向建设单位及监理单位提交申请报告，按规定的程序进行，经建设单位同意后，方可实施。

4）供货厂商须对部件制造的质量进行自检，并提供相应的检验记录；设备监理方须对部件制造过程的进行检验，对相应的质量控制点进行检验。

（3）站台门系统设备产品制造阶段加工工艺的质量监理管控要点。

1）铸件与锻件的质量控制。

铸钢件应按要求的质量等级及探伤等级进行评定，对铸件的理、化试验必须进行审查，其性能应符合有关规范的规定。铸件质量要求和允许补焊范围应遵循规范规定或按图样要求执行。

锻件的锻造应符合锻件通用技术条件的规定，对锻件的理、化试验进行审查，其性能应符合规范或图样的规定；锻件的表面不应有夹层、折叠、裂纹、锻伤、结疤、夹渣等缺陷，不允许存在白点。锻件的主要受力部位必须进行无损探伤，缺陷不得焊补，必须更换。

2）焊接件的质量控制。

焊接设备应满足焊接质量要求，第一次使用的材料和未经验证的焊接工艺，应做焊接工艺评定，评定项目应覆盖所有钢种和厚度的焊接，要以评定合格的工艺参数编制焊接工艺规程，以指导焊接作业人员的施焊。焊缝的质量应按焊缝类别进行无损探伤，焊缝的返修必须找出原因，制定返修补焊工艺措施，在监理监督下执行，并载入质量档案。

3）机械加工的质量控制。

机械加工应按作业指导文件进行工艺操作，加工前应对机械加工设备进行全面检查、调整和认可。特别是零件的尺寸精度、形位公差、表面粗糙度应严格检查，完全符合产品生产图样上的要求。

4）热处理的质量控制。

热处理前应根据零件的材料、形状、尺寸和所要求的机械性能按工艺要求进行工艺试验，确定热处理介质，炉温的均匀性和工艺曲线，试验合格后纳入工艺规程。热处理后必须保留热处理过程记录曲线。

5）装配调试的质量控制。

站台门部件装配调试要有相应的现场和工夹具装置，在装配前工厂要提供装配工艺文件和检测大纲，检测大纲应包括检测方法、程序和配置的检测工具。调试时要检查部件的灵活性和配合件的配合偏差，若有异常或超差，应查清原因进行处理，直至符合装配工艺文件和检测大纲的要求。

6）防腐涂装的质量控制。

表面预处理的质量是涂装工程的关键，因此表面清洁度和粗糙度应符合规定要求，表面处理合格后应尽快进行涂料或热喷锌涂装，涂装材料、涂层厚度以及涂层表面质量均应进行检测，并进行结合性能检查。

7）包装质量控制。

站台门系统设备供应单位要根据运输方式、包装发运形式进行包装设计，包装设计应有包装储运图示标志，并符合现行公路作业规范规定。裸装应有防护和加固措施，箱装应分类不得混装，发货清单及装箱清单应随货送交。确保设备在运输过程中不受损伤，以满足合同约定的要求。

3. 出厂验收监理管控要点

首先要在厂内进行出厂验收，根据合同设备产品技术条件，以检查为手段，审核设备供应单位提供的设备和主要部件（包括国外厂家提供）的质量检测报告、产品合格证书、出厂检验报告和相关附件是否齐全，审查设备供应单位编制的设备验收大纲，督促其按合同中的规定来执行产品的装卸、储存及发运，按验收大纲中的检验方法和手段以及质量标准组织出厂验收。只有验收合格后，系统设备方可运抵安装现场。

4. 设备到货监理管控要点

（1）监督站台门系统设备运输、装卸及仓储计划，统筹施工进度与设备到货时间。

（2）组织设备现场交货，会同各方对设备外观进行检查，对设备数量（含专用工具、备品备件、易损件等）进行清点，并对随机所附之产品合格证、技术资料、图纸进行验收、存档，做好记录，协助办理设备移交手续。

（3）协助建设单位检查设备存储场所的条件和环境，督促保管部门对设备进行定期检查。

三、站台门设备进场开箱检验监理管控要点

1. 资料审核

（1）技术资料。

门锁装置、限速器、安全钳及缓冲器的型式试验证书复印件。

（2）随机文件。

2. 设备外观质量

设备监理应检查站台门系统设备外观有无明显损坏。

四、现场测量复核监理管控要点

1. 站台门系统现场测量主要内容

轨道数据测量，以轨道基标为基准校核轨道中心线、轨顶标高、轨道坡度和轨道弧度（曲线型车站）等的测量和复测；站台中心线的测量；底部支撑件相对轨道和站台中心线、轨顶标高的三维尺寸；站台门施工安装线（相对轨道和站台中心线的三维尺寸）放线。

2. 测量结果对后续施工的影响

测量将影响到下部接口和上部接口的安装，下部接口如：轨道数据、轨道面到站台面的实际高度、站台门距离轨道中心线的实际距离、实际的停车位置、实际站台高度、站台边缘强度、当前站台边缘情况。上部接口如：从站台面到上部接口的高度、实际的土建接口的位置和状况。

3. 现场测量复核安装监理的主要工作

设备监理单位应检查施工单位的测量准备工作（审核测量方案及仪器准备等）；对测量过程进行旁站或巡视，视测量内容监理采取复核和复测措施，并做好测量记录；督促施工单位做到保证测量数据真实可靠，所有测量数据必须进行三次闭合测量，以确保测量精度；在确定轨道中心点及基准线时，要先用模板初步确定中心点位置，再用经纬仪精确定点；督促施工单位做好对测量确定的参照点、标记的保护。

4. 现场测量复核的重点

（1）下部接口。

轨道数据：站台门门槛上平面到轨顶面的实际高度控制和站台门门槛侧面距离轨道中心的距离控制。站台地面与轨顶面的高度尺寸和平面度的控制。监理将督促施工单位做好：站台门门槛上平面相对于轨顶的高度和门槛侧面到轨道中心线的距离控制，使门槛安装限界符合要求。

（2）上部土建接口位置。

在安装现场对安装基准位置做标识，以方便施工单位后续安装。为了保证站台门上部支撑架的精确安装，站台标记公差必须在 1.0mm 内。这些标记可以通过钻孔、螺纹孔或者喷涂永久符号来作为标识。安装的标记原则上应当是永久的，但是在应该不影响原来完成的车站环境的视觉效果。测量点必须做标记，使得施工单位可以明显看到它的位置。要求施工单位提交测量记录，以便监理及时复核。

（3）立柱、门槛支架的位置。

轨道中心线偏移：以轨道中心线为基准偏移做一条施工基准线，标记在站台平面合适的位置上，作为结构支撑架安装的水平方向参考。标记线应当离站台边缘很近，从而方便底部支架的安装。标记应该做在土建钢结构的每个门单元的端部。

轨道高度偏移：以轨道高度为基准偏移做一条高度基准线，标记在站台侧垂直平面合适的位置上，作为结构支撑架安装的垂直方向参考，尽量靠近要安装的底部支架，尽量接近单元的端部。

单元中心线：站台门单元中心线垂直于轨道线，并处在每个门单元中心。应当标记在合适的位置上，便于门中心定位和门槛定位。

5. 设备监理单位应对现场测量进行复核，并确认相关测量结果是否符合设计文件、规范标准和施工组织设计的要求。站台门测量复核如图 12.2-2 所示

五、站台门系统固定支撑件安装监理管控要点

（1）设备监理应督促站台门施工单位严格按照设计文件、安装规范和质量验收标准相关内容施工；固定连接件偏差不大于合同和投标文件允许范围。

（2）下底座固定支架与混凝土接触面必须达到 100%；调剂垫块不超过五块，超过五块的，要现场焊接，高度不超过 20mm，严格控制安装尺寸，确保下部支撑不侵入设备限界；现场安装好的部件做好成品保护措施。

（3）所有结构的连接固定，必须牢固可靠，不允许有松动现象（通过扭力扳手紧固和复核）。

（4）注意对构件间绝缘垫的防潮防尘保护，保证安装完毕其对地绝缘电阻大于 0.5MΩ。

六、门体结构安装监理管控要点

站台门系统门体安装施工主要包括：安装滑动门、固定门、应急门、端头门、司机手推门及辅件的安装。其设备监理质量管控要点如下：

（1）要求施工单位做好施工预备工作，安装前进行滑槽清洁；

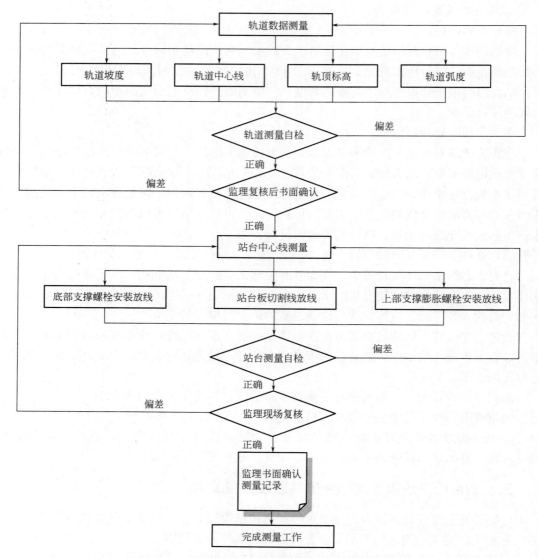

图 12.2-2　站台门系统现场测量监理质量控制程序图

（2）检查滑动门距轨道中心的距离在允许的误差范围内；

（3）端头门与端墙之间必须打绝缘胶。

（4）施工中注意在固定门两侧固定销安装后必须采取临时固定措施、分别控制好活动门与固定门及立柱之间的间隙。所有门的垂直度均在允许范围内。

七、横梁、门机梁系统安装监理管控要点

站台门系统横梁、门机梁施工主要内容有横梁组装、门机梁吊装，高度在误差允许范围内，符合限界要求。设备监理的管控要点如下：

（1）检查横梁水平倾斜度与站台坡度一致，到轨道中心线的距离符合限界要求；

（2）根据安装技术要求检查调整后的三维尺寸及螺栓拧紧度；

（3）督促施工单位做好门机安全吊装的工作，并对门机进行绝缘测试；

（4）检查门机梁水平和垂直位置，保证机构导轨槽底面距门槛表面的距离，导轨两端至立柱距离相等；检查线槽安装与门机梁型材相嵌连接情况，以及水平位置调整情况和螺栓拧紧度；

（5）对整体结构进行三维尺寸（x、y、z方向）复测及质量检查。

八、顶箱盖板安装监理管控要点

顶箱盖板安装施工主要内容有固定面板、活动面板、指示灯（蜂鸣器）、胶条及辅件等。设备监理的管控要点如下：

（1）检查实际施工情况是否与设计图纸要求相符合。

（2）检查固定面板调整后的垂直度和平整度，检查面板与面板之间的缝隙是否一致。

（3）要求施工单位注意面板表面不得损坏划伤、安装时注意保护好面板涂层、面板安装时注意需采用拉线来控制其平面整齐度、指示灯应排列整齐、胶条安装必须平整等事项。

九、线槽、电缆敷设监理管控要点

线槽、电缆敷设施工内容有：站台门控制室至车控室的线槽、电缆的敷设；站台门控制室至信号设备室的线槽、电缆的敷设；站台门控制室至站台就地控制盒的线槽、电缆的敷设；站台门控制室至站台门门体设备的电缆的敷设；站台门等电位与钢轨回流线连接电缆的铺设。设备监理控制要点如下：

（1）要求施工单位注意保证电力电缆与通信线缆等其他管线的间距。

（2）根据各设备位置确定管线分支位置及安装方式，主干径路应尽量减少管线转弯，尽量避免与其他管线交叉，并留有便于施工、维护的空间。

（3）做好钢管的防腐、接地线跨接及标志等；对各种电缆分类绑扎、标注，设备内部配线也应注意分类绑扎，做到整齐美观，标注清晰、正确无误。

十、电气设备及系统测试监理管控要点

1. 电气设备监理管控要点

站台门电气设备包括：电源系统、控制系统、监视系统等。电源系统有：直流屏、馈线屏、电池屏等。控制系统有：主控机（PSC）、站台控制盘（PSL）、门机控制器（DCU）、就地控制盒（LCB）、紧急控制面板（PEC）、站台门测试面板（PST）。监视系统有：主监控系统（MMS）、操作指示盘（PSA）、声光告警系统等。设备监理要重点做好以下工作：

（1）对各系统电缆接入设备输出端时，检查检测缆线的连接情况；

（2）所有系统电源线敷设并接入电源设备后必须标识清楚；

（3）检查电气设备的柜、屏、箱、盘的布置是否符合国家标准的有关要求；

（4）电气设备的柜、屏、箱、盘之间的电缆、电线均须可靠连接。

2. 站台门系统调试监理管控要点

（1）现场测试与调试的技术要求必须满足相关规范要求，同时符合站台门系统技术规

格书、设计问价和设计联络成果文件要求，所有测试、调试记录应保存完整。

（2）督促施工单位做好测试、调试方案；测试、调试仪表准备和检验测试。

（3）机械和防夹调试：用拉、压力计测量每扇活动门的开关门力，确保人工打开、关闭门的力不大于150N；手动解锁力不大于70N。

（4）用兆欧表测量整个站台门体与土建之间的绝缘值，在500V直流试验电压下，门体与大地间的绝缘电阻应大于0.5MΩ。

（5）检查每个门单元已安装完成的设备是否完全符合图纸，检查电线连接是否有松动现象。

（6）每个门单元的电气设备与直流电源进行独立测试，检查功能运行状态是否正确。

（7）每个门单元通电，通过就地控制开关滑动门循环30次，在此期间，进行观测滑动门是否运行顺畅。

（8）手动检查每个门单元的障碍物探测功能，探测障碍物的最小厚度应不大于10mm。

（9）系统全负荷测试：站台门在全负荷运行时的所有运行情况是否能在监控系统以及人机界面中得到反映，以及检验技术规格书要求是否均已实现。

（10）检查或审查电气设备的防尘、防水等级是否满足站台门设备的IP防护等级。

3. 系统联调（与信号系统、电客列车等）监理管控要点

站台门系统（PSD）与信号系统接口测试：测试站台门设备能否顺利与信号系统互换信息。包括站台门发给信号系统的"所有滑动门和应急门关闭且锁定"和"PSD互锁解除"信号；信号系统发给站台门设备的"开门""关门""故障"和"列车占用轨道"信号。

站台门系统与综合监控系统及综合后备盘（IBP）之间的接口测试：测试站台门设备能否顺利与综合监控系统（ISCS）互换信息，IBP盘通过硬线连接站台门系统，在紧急状态下可以直接开启或关闭站台门。

功能测试：测试站台门系统设备能否顺利与信号系统与列车互换信息。

对于站台门系统联调的监理管控要点如下：

（1）见证接口测试。

对站台门控制系统与信号系统、电客列车、综合监控系统（ISCS）和IBP盘之间接口的各项指标进行测试，分析系统接口的协议、信令方式、数据格式等性能指标是否能满足系统的接入要求。

另外通过PSL、PEC对站台门操作：检测信号系统能否收到"所有滑动门和应急门关闭且锁定"信号；检测信号系统能否收到"PSD互锁解除"信号；检测站台门能否收到"开门"信号；检测站台门能否收到"关门"信号；检测站台门能否收到"列车占用轨道"信号。通过综合监控系统（ISCS）人机界面，检查是否能收到监控系统重要状态/时刻/报警信息。

（2）见证功能测试。

检测电客列车停靠在允许的误差范围内，站台门设备能否收到来自信号系统的"列车占用轨道""关门""开门"和"故障"信号；检测当信号系统收到来自站台门设备的"所有滑动门和应急门关闭且锁定"信号后，能否向列车发出允许离开车站的信号；检测当站

台上任何一扇滑动门不能关闭且锁定时，信号系统收到来自站台门设备的"PSD 互锁解除"信号后，检测向列车发出允许离开车站的信号。

（3）见证站台门系统障碍物探测检验。

（4）见证站台门防夹测试和关门力、开门力测试。

十一、站台门系统验收阶段监理管控要点

1. 系统检查验收的监理管控

调试是整个站台门系统的最终质量检测点。调试过程检查验收包括机械部分、电气部分和控制部分。其中最重要的是在通电前的电气检查，如果线路接线将会导致设备损坏。

（1）对站台门电气系统的检查：

供电系统的检查；UPS 电源系统检查；系统接地保护的检查；电气电路的绝缘检查；站台门门体绝缘检查。

（2）对站台门控制系统的检查：

中央接口盘（PSC）检查；就地控制盘（PSL）检查；远方报警盘（PSA）检查；系统级、站台级和手动操作三级控制方式检查；站台门控制开关（PCS）检查。

（3）对站台门门体结构的检查：

对应急门和端门的检查：手动解锁装置检查；手动解锁力检查；闭门器自动关闭检查；门体开启方向检查；开门锁及钥匙检查；电气安全开关检查。

对滑动门的检查：手动开门力检查；开门把手检查；开门门锁与钥匙检查；门锁紧装置检查；门锁安全开关检查；开、关门时间检测；障碍物探测功能检查；噪声测试检查。

2. 系统验收监理管控要点

系统验收是对站台门系统的全面质量检查，系统施工单位应在站台门系统进行验收前，根据站台门检验手册的各项内容做好全面的自检工作，进行阶段性的检查与复检，并且保证在综合验收之前完成整改项目。

站台门系统设备的验收内容包括：

（1）支架的检测内容包括上下支撑的爬电距离、安装界限、固定牢靠等关键点。站台门系统施工单位应提交相关质检记录表。

（2）钢结构检测主要是对立柱、横梁、门机梁、固定侧盒的检测，检测内容包括主体结构的接地；立柱与门机梁、横梁的连接牢固与绝缘处理；电机的接地；横梁、门机梁的水平度；立柱、固定侧盒的垂直度等。

（3）门槛检测的内容包括：门槛到轨道中心线的距离；门槛安装牢靠，门体相应处的防滑措施；门槛螺栓紧固并有平垫和弹垫；相邻门槛的平整度；前后门槛的间隙等。

（4）盖板检测的内容包括：盖板的绝缘处理；盖板的安装固定；前盖板的导向标志；相邻盖板间距的均匀性；盖板支撑构件；盖板与门楣间隙的均匀性等。

（5）滑动门检测的内容包括：门体内外侧设有开门装置且开门装置动作良好；标准门体与非标门体的净开度；滑动门与立柱间的密封性能；开关门状况；模式开关的安装方向一致性；手动开门解锁力；门体安装垂直度；门框与立柱间隙；门框与门槛间隙等。

（6）应急门、端门检测的内容包括：手动开门解锁力；应急门的电气安全开关性能；门体内外侧的开门装置性能；门体开启旋转角度与自动关闭性能；解锁推杆性能；密封胶

的安装质量；门框与门槛的间隙等。

（7）固定门检测的内容包括：固定门安装牢靠性；内侧密封胶的安装质量；门体安装垂直度；相邻固定门结合处的上下间距等。

（8）线槽、线缆检测的内容包括：线槽、线缆站台层和缆线保护管的接地保护；接线端子的严密牢固；导管与线槽的敷设整齐牢固；线槽的安装路径与安装方式的合理性等。

（9）电气装置检测的内容包括：柜（盘）及其内部所有电气设备与导管、线槽的外露可导电部分的接地可靠性与合理性；电气设备和配线的绝缘电阻值；柜（盘）安装位置分配的合理性及安装整齐可靠性；柜（盘）内的设备接地可靠性；设备部件标识清晰齐全等。

（10）系统调试包括站台门安装的测试和调试一般包括现场测试、单元调试、系统调试、性能测试及接口测试等几个阶段。对整个站台门进行连续通电 5000 次运行试验，由模拟信号装置发出开/关门命令。在试验期间，不应产生任何系统性故障和影响系统安全的故障，如信号系统发出命令后，滑动门无法开或关，则试验失败，排除故障后，重新进行试验。

第十三章 城市轨道交通工程机电设备系统安装监理实务

本章介绍几例城市轨道交通工程机电设备系统安装项目的监理实践案例。

第一节 机电设备系统施工接口管理监理实务

城市轨道交通工程是一个庞大的系统工程,从专业角度又可划分为土建、装饰装修、车站常规机电、强弱电系统等十多个系统,涉及数十个专业。各参建单位之间、建设阶段之间、专业系统之间客观存在或人为分割的界面关系,这通常都称为接口。接口衔接与配合在工程上形成了一定的规则,当然因工程项目各有特点,规则也会调整。明确参建各方在遵守这些已确定的规则方面的责任、权利和义务,并监督规则的执行就是接口管理。城市轨道交通工程建设的接口管理,监理扮演了重要的角色。

一、常见的接口协调问题

城市轨道交通机电设备系统的安装工程中有不少常见的问题:

1. 与土建及装修的接口问题

(1) 机电设备穿墙、穿楼板的孔洞未预留或预留不符合要求;

(2) 机房设备进场安装时,设备房装饰装修尚未满足要求;

(3) 车控室工艺布置不合理,箱柜等未预留检修通道,或检修通道过于狭小;

(4) 车站设备区防火门安装未按要求预留门锁、门磁、过线管等,或单、双开门和开门方向协调不到位,产生偏差;

(5) 有吊顶设备房的吊顶标高未与门禁控制器安装沟通,门禁控制器安装位置不合理或不便于检修维护;

(6) 车站设备区墙面二次粉刷或最终粉刷前未提前通知设备系统做好终末端设备的成品保护,导致手报按钮及消防电话插孔、门禁读卡器、警铃、气控盘、气灭放气指示灯、声光报警灯等被涂料污染,影响设备使用和实物观感质量;

(7) 公共区装饰层未预留火灾报警系统手报按钮、门禁读卡器、出门按钮、破玻按钮等孔洞,或预留位置不合理;

(8) 挡烟垂壁、吊顶安装进度滞后或安装位置不合理,影响设备系统终端设备的安装和调试。

2. 设备及系统之间的接口问题

(1) 设备区走道吊顶及支吊架上各类管线密集,终端设备、气体灭火输送管道等无安装位置,或位置不合理,导致气体输送管道弯头过多,影响气体灭火释放效果;

(2) 设备系统间的联动模式的接口存在问题;

（3）风机、风阀安装进度滞后，或设备本身存在问题，影响消防联动调试效果；

（4）电梯、自动扶梯工期滞后或变更设计数量，影响收尾专业调试进度。

二、接口关系表

表 13.1-1 是以某项目火灾自动报警系统（FAS）为例，列举了该系统和其他系统或相关工程的接口关系。以此为鉴，整理好机电设备系统类似的接口表，对安装监理有序开展工作是十分有益的。

火灾自动报警系统主要接口关系表 表 13.1-1

工程名称	相关工程	工程接口项目
火灾自动报警系统	土建及装修工程	1. 地铁车站各设备和管理用房、站台、站厅和通道等区域均设火灾探测器，土建需留出安装条件。 2. 地铁车站站台板下的电缆廊道，各电缆支架需预留安装火灾探测器的位置。 3. 车控室内设备的布置。 4. 设备用房的布置和要求。 5. 在站厅、站台、出入口通道和设备区等处，预留设手动火灾报警按钮位置。火灾报警按钮可结合消火栓箱设置
	车辆段/停车场	1. 车辆段运用库宜设火灾探测器。 2. 其他公共办公房屋亦设火灾探测器
	供电系统	1. FAS 系统按一级负荷供电，供电系统应保证提供设备电源和控制电源。 2. FAS 系统现场配线，采用阻燃型电缆（线）。 3. FAS 系统的接地采用综合网接地方式。 4. 有关消防联动控制，必须实现防排烟联动控制及火灾时能切断非消防电源的功能
	其他弱电系统	1. 通信系统应提供 FAS 系统所需的传输信道。 2. 车站 FAS 系统不设警铃或警笛，由通信系统提供火灾事故广播，火灾事故广播可与车站广播系统合用。 3. 中央控制室的防灾指挥中心，应设报警专用电话。 4. 防灾指挥中心设防灾调度电话总机，各车站（车辆段）消防控制室设调度分机，实现中央调度对各分机进行单呼、组呼或全呼；分机可向中央调度进行一般呼叫或紧急呼叫。 5. FAS 系统可不设固定专用消防电话，而与站内及轨旁电话系统合用，实现消防指挥通信的全部功能。 6. FAS 系统与行车管理共用一套闭路电视系统，在中央防灾指挥中心，应设置切换装置和监视终端。 7. ISCS 系统应能可靠地接收并按 FAS 系统的指令完成要求的消防联动，火灾时 FAS 系统发出的指令具有优先权
	防排烟系统	挡烟垂壁和防火卷帘门的设置和位置由建筑专业设计，控制由 FAS 实施，注意协调相互关系

三、接口管理办法

1. 城市轨道交通机电设备系统的接口管理

机电设备之间或系统之间的接口通常分为硬接口和软接口。以轨交地下车站设备系统为例，它包括供电系统、通信系统、信号系统、通风空调系统、给水排水及消防给水系统、电梯自动扶梯系统、站台门系统、自动售检票系统、火灾自动报警系统、设备监控系统等众多专业，因此接口管理实行程序化、标准化是成功管理的重要举措。

（1）建立有效的各类接口的管理程序。

为了保证接口处理的完整、正确，必须建立科学的接口管理程序，以避免接口处理的疏漏或差错。详见本小节"四、接口管理程序"。

（2）编制接口管理监理细则。

将项目全部内部接口及其与相关系统的外部接口列表分类，并在接口表中分别标明接口编码、接口描述、接口管理的配合与分工、接口试验等内容。

（3）编制接口实施计划。

既要编制总的接口实施计划，又要编制分阶段的接口实施计划。在计划中，要明确每一个阶段接口工作的要求、内容及完成的时间等。监理根据接口实施计划，依照专业及系统的施工质量要求，按接口位置、施工时间节点部署监理工作。

2. 接口管理中的风险评估及对策

城市轨道交通各设备系统与各专业关系紧密，接口管理矛盾突出，专业监理工程师需对各潜在风险进行评估，并制定相应的对策。

（1）来自建设单位的风险。

风险：各专业设计、施工招标时间不衔接。与市政管网连接的技术条件不清，重要设备安装图滞后等。

对策：建议建设单位加快设备招标投标进程，以解决设备与土建施工中常见的重要设备安装图滞后的问题。发挥建设单位在工程接口管理中的总体组织协调作用，形成以建设单位为核心，土建专业监理、设备安装专业监理为主要配合方的工程接口管理体系，对有关参建各方实施有效的工程接口管理。

（2）来自设计单位的风险。

风险：施工图纸不齐全，技术交底不详细，专业之间图纸不配套，预留位置尺寸不准等。不同设计单位也有配合盲区，两个设计单位设计范围交界处有错误。

对策：积极与设计单位沟通协调。充分发挥总体设计单位的作用。由建设单位组织设计交底与图纸会审，安装监理单位全程参加并提出建议，为施工单位严格按图施工创造条件。

（3）来自施工单位的风险。

风险：接口双方施工单位互不联系协调，相同专业之间配合无程序，前道工序预留孔、洞、沟、槽位置误差偏大，工期拖延等。

对策：及时建立定期、有效的沟通机制，引导接口双方各自派遣技术人员对先行施工的接口部位进行共同确认，必要时专业监理工程师到场见证确认，防止或减少错误的发生。

（4）来自换乘车站（已经运营的既有线路）施工的风险。

风险：与已经运营的既有线路换乘站的施工往往存在较大的风险，其风险除了技术接口不匹配和安全风险外，还有可能因为沟通不畅和协调不到位，造成影响既有线路运营的结果。通常既有线路的严重晚点或延误，会在社会上造成巨大的负面影响。既有轨交系统越发达，新建线路工程的换乘接口也越多，此时换乘站的接口管理显得格外重要。

对策：新建线路设备系统在换乘站施工前，必须先与已开通运营的既有线路车站进行充分的协调。严格按照既有线路相关施工管理制度进行施工时间段申请工作，并将施工作业内容、施工方案、时间、区域和可能造成的影响，对既有线路车站的运营单位做交底。

在规定时间段内的施工作业完成后，机电设备安装监理要及时进行复核、确认，并且督促施工单位最大限度降低对既有运营线路的影响。

3. 施工阶段接口的监理协调与管控

在机电设备系统安装阶段，同时施工的专业多，施工单位也多，安装施工实际上是桌面设计到现实落地的过程，接口配合不好的问题都会一一呈现出来，因此该阶段的协调、管控任务就显得至关重要。

（1）设计与施工的协调。

由于设备系统工程安装阶段交叉作业多，空间狭小，情况复杂，工期紧凑，而施工设计图所反映的一些路径和设备位置可能由于现场的变化而无法实施，或是设计阶段各专业设计之间的协调就已埋下隐患，致使欲施工的管线相撞，或漏项。在这类问题上监理要积极前置检查和事先协调，例如采用 BIM 技术等多种检查、预判手段，召开有设计、施工各方人员参加的前期协调会，争取事前控制的主动性。如事后解决则有费用增加和工期延长的风险。

（2）各专业施工之间的协调。

各专业施工阶段时间和空间交叉作业多，协调量大。主要有以下几个方面：

1）运输通道与设备房土建施工。

大型设备必须考虑预留运输通道，便于如变压器、成套的开关柜、空调冷水机组、气体灭火钢瓶组、设备箱柜、综合后备盘（IBP）等的进场移位。此时相关的设备房砌筑隔墙就需要事先协调，一些墙体暂时不能砌筑或应预留下足够尺寸的运输通道（宽度和高度）。

2）先后进场的施工顺序管控。

为确保关键工期中的供电、通信、信号设备房等关键设备用房的移交，机电设备安装单位一定要提前完成相关安装作业。例如吊顶施工前，上方的管线要敷设完毕，孔洞封堵完成，否则装饰天花经过多次拆卸，会导致变形；又如防静电地板施工前，地板地下的金属线槽、电缆电线也要及时敷设完成。因此，类似的施工顺序协调管控不仅任务重，而且一旦协调不当，就会导致工期滞后的不良后果。

3）成品保护的共同责任。

成品保护如果不力，也会导致返工，增加费用，若相互推诿责任，严重时影响工期和质量。

四、接口管理程序

为了施工接口的有序推进，一个针对性的特定管理程序是十分必要的。

1. 接口关系表

在工程技术界面接口风险控制中，较为有效的管理办法是列表法。安装监理根据《机电设备系统接口关系表》实施系统接口管理，进一步编制接口管理监理细则和实施计划，这将使得监理工作路径更为清晰。

2. 接口提资及复核

机电设备系统接口提资是确保工程有序进行，避免因接口问题产生返工和降低验收标准的关键。因此，在工程实施的各阶段，都应重视接口提资问题。

3. 设计联络及设备系统间接口规格书的签订

接口双方签订的接口规格书以设计联络会纪要为准则，接口规格书及设计联络会纪要明确定义了接口双方的接口需求，定义了接口双方在接口实施过程中的角色和责任。接口双方应严格按照接口规格书和设计联络会纪要规定的内容进行相关接口的实施。

接口规格书（协议书）所描述的接口必须与设计文件保持一致，设计单位有义务把最新的设计文件通知到接口各方、关联系统接口调试各参与单位。

接口规格书及设计联络会纪要是由建设单位、设计和单位接口各方共同签字后生效的，具有约束性。

4. 接口变更

在接口施工期间，可能需要变更接口的需求以纠正错误或改进设计。接口变更过程包括如下几个步骤：

（1）接口变更建议得到接口双方同意，并通过会议纪要或信函的形式备案；

（2）接口变更建议提交设计确认和建设单位审批；

（3）如果该变更被建设单位接受，则更新签署接口规格书，并按新的接口协议重新开始接口实施。

5. 接口冲突解决措施

（1）接口施工阶段，若出现接口问题，由建设单位主持专题会召集各方分析原因，由责任方负责解决，安装专业监理全程参与。

（2）若原因不属于接口双方的任何一方，接口双方应共同协商提出解决方案报设计确认和建设单位审批。

五、接口确认单制度

1. 土建、装饰与机电设备接口的确认单制度

以某项目为例，列举两份关于接口确认工作的表格。表 13.1-2 为机电设备系统进场前置条件验收（土建/设备）交接单，表 13.1-3 为机电设备系统进场前置条件验收（装修/设备）交接单。

2. 设备/设备接口的确认单制度

关于设备/设备接口的确认单制度有如下要求：

（1）设备系统与其他设备系统的接口的形式和内容以设计联络会签订的会议纪要和正式接口规格书为准；

（2）设备系统与其他设备系统的接口确认形式可根据专业特点及接口双方的贯标要求自拟，原则上应包括接口文件的目的及适用范围、接口规范及描述、接口双方的建设单位、设计单位、监理单位和施工单位的签字等；

（3）接口规格书及设计联络会纪要明确定义了接口双方的接口需求，定义了接口双方在接口实施过程中的角色和责任。接口双方应严格按照接口规格书和设计联络会纪要规定的内容进行相关接口的实施；

设备系统进场前置条件验收（土建/设备）交接单　　　　　表 13. 1-2

日期：　　　　　　　　　　　　交接单编号：

系统名称	××设备系统		

土建/设备接口：
1. 地铁车站各设备和管理用房、站台、站厅和通道等区域土建需留出安装条件。
……

土建施工单位意见		土建监理意见	
	项目经理签字：		总监签字：
设备施工单位意见		设备监理意见	
	项目经理签字：		总监签字：

存在问题及要求整改完成时间：

土建单位整改情况回复： 项目经理：＿＿＿＿（签字盖章）日期：	土建监理单位复核： 项目经理：＿＿＿＿（签字盖章）日期：
设备施工单位整改确认： 总监：＿＿＿＿（签字盖章）日期：	设备监理单位复核： 总监：＿＿＿＿（签字盖章）日期：

结论:同意交接□　有条件交接□　不满足交接条件□

设计单位： 单位： 负责人： 日期：	项目公司： 单位： 负责人： 日期：	建管中心： 单位： 负责人： 日期：

设备系统进场前置条件验收（装修/设备）交接单

表 13. 1-3

日期：　　　　　　　　　　　　交接单编号：

系统名称	××系统

装修/设备接口：

1. 装饰专业在设备房和公共区吊顶前，应至少提前一周通知系统单位完成线缆敷设工作，在吊顶施工完成后，及时通知相关专业及时安装设备。

……

装修施工单位意见		装修监理意见	
	项目经理签字：		总监签字：
设备施工单位意见		设备监理意见	
	项目经理签字：		总监签字：

存在问题及要求整改完成时间：

装修单位整改情况回复：	装修监理单位复核：
项目经理：＿＿＿＿＿（签字盖章）日期：	项目经理：＿＿＿＿＿（签字盖章）日期：
设备施工单位整改确认：	设备监理单位复核：
总监：＿＿＿＿＿（签字盖章）日期：	总监：＿＿＿＿＿（签字盖章）日期：

结论：同意交接□　有条件交接□　不满足交接条件□

设计单位：	项目公司：	建管中心：
单位： 负责人： 日期：	单位： 负责人： 日期：	单位： 负责人： 日期：

　　（4）接口规格书（协议书）所描述的接口必须与设计文件保持一致，设计单位有义务把最新的设计文件通知到接口各方、关联系统接口调试各参与单位；

　　（5）接口规格书及设计联络会纪要是由建设单位、设计单位和接口各方共同签字后生效的，具有约束性；

　　（6）牵头方负责提供点、类表模板，由配合方负责点、类表的内容填写，包括但不限于：设备类型、设备安装位置信息、寄存器地址等；

　　（7）采用通信方式连接的，牵头方统一制定配合方设备接入牵头方网络的配置信息，双方分别完成各自系统的网络配置工作；接口双方须根据经签字确认的接口协议规定进行数据通信；

　　（8）牵头方在设计冻结期之前收到由配合方引起的接口协议变化，经确认后可被牵头方接受，牵头方应将设计冻结期提前通知各方；

　　（9）接口双方负责完成各自所属侧接口的接线；

　　（10）配合方在接口调试过程中有义务协助牵头方完成调试并解决所遇到的接口问题。

第二节　机电设备系统联调监理实务

　　设备安装监理不能定义为狭义的"施工监理"，监理积极参与系统联调见证和努力提升机电设备系统工程品质的目标是一致的。

　　城市轨道交通的通信、信号、综合监控等设备供货及系统集成的造价在整个机电设备专业的建安费中占比极高，而施工费用占比一般不到30%。一些城市的监理取费标准仅考虑施工合同价，均不含设备供货和系统集成的费用，这正是基于监理只管施工，不管调试的观念。在探索施工监理如何向工程全过程咨询转型升级的大趋势下，积极参与城市轨道交通工程新线项目运营前最为重要的质量检验手段的系统联调，其意义就显得格外重要。

一、重要的质量检验手段

　　通过系统联调可以发现很多设计、缆线接续、设备安装及设备自身质量以及系统间通信协议等问题。

　　监理应积极全程参与、协调全线各设备系统之间系统联调工作，并见证调试结果。在设备硬件方面，之前机电设备安装监理已经按照监理工作程序进行施工质量检查和验收，但仍可能存在还未发现的系统施工质量缺陷、系统功能性等问题的风险。不过在设备系统联调时这些问题往往会较容易被甄别，不再有误漏的可能。在系统软件方面更是如此。因此系统联调是项目施工收尾时非常重要的系统性能验证、工程质量验收环节。

　　城市轨道交通工程中的机电系统，可视为一个"大联动机"，检验"大联动机"的性能是否符合设计要求，需要启动所有设备装置，包括终端设备进行系统联调来确定。这是因为先前安装和单一系统调试的监理和验收尚不足以得出整体系统工程质量达标的结论。下面以地铁车站火灾工况下的垂直电梯回归首层基站的设计功能为例，从一个视角来认识系统联调的检验作用。

　　根据现行消防法规和设计标准，在地铁车站发生火灾时，火灾自动报警系统（FAS）应联动垂直升降电梯迫降到首层（疏散层）。当电梯的设备监理单位以特种设备取证为重点，在监理实践中会关注于土建井道交接检验复核，材料、设备进场验收，导轨支架安装、轿厢和对重安装检验、其他设备安装检验，并进行慢车、快车模拟试验、加减速试验和静载负载超载试验等检查项目，以满足电梯工程验收及特种设备取证的基本条件。通常电梯与 FAS、ISCS 等弱电系统只有一个接线端子间的互连线的接口，有关进场线缆检验及线缆敷设进行的安装监理并不复杂。如果电梯监理忽略了"垂梯归首"这一联动功能验证，在接口另一方负责 FAS 或 ISCS 的安装监理可能因为接口界面，也没有进行监理全覆盖和交接，最终可能受阻于"一票否决"的消防验收。因为这个联动功能是需要系统调试确认的。

由此可见系统联调工作的重要性。在《交通运输部办公厅关于印发〈城市轨道交通初期运营前安全评估技术规范 第 1 部分：地铁和轻轨〉的通知》（交办运〔2019〕17 号）的文件里，明确要求轨交项目试运行前应完成系统联调。目前全国城市轨道交通建设单位会成立专门的系统联调组织机构，统一指挥，聘请咨询方或采取自助联调的方式来开展这项工作。其中系统联调的基本要求一是带终端设备实际动作调试验证联动功能；二是关键设备联动功能的点位全部测试并作记录。

某设备监理单位参与的所有城市轨交工程系统联调咨询服务项目，都有覆盖正线车站、段场和主变电所的火灾工况联动调试科目，对于整个新线工程涉及的每一台需要火灾电气联动迫降到首层的垂直电梯，根据测试用点表对每一个控制及信号反馈点位带动终端设备实际动作进行测试和记录。从而彻底查验了新线路工程每一台电梯是否具备"垂梯归首"功能。如果联动功能有问题，由于是全覆盖全点位测试，还可以分析出是单体问题还是共性问题。真正实现了通过系统联调发现虽按规范实施设备监理，但仍然发现不了的问题。

二、系统联调助力解决问题

系统联调除了发现问题，更重要的是能帮助建设单位解决问题，设备安装监理参与系统联调就能利用这一过程，就能为提升工程质量展现更好的监理服务。

再以消防联动和初期运营前安全评估需要专家评审地铁车站的区间隧道风机为例，介绍系统联调助力解决问题的实例。

一般情况下，轨交项目多由设备供货商提供设备和设备单体调试，风水电专业施工单位在厂家指导下负责安装，并配合单体调试，并通过综合监控（ISCS）及环境设备监控系统（BAS），以及 IBP 盘进行接口联动测试。

机电设备安装监理，可以确保隧道风机按设计图纸、标准规范和厂家指导要求安装到位，质量可靠，单个隧道风机就地启停、风向风速均达标，接口联动功能正确。但是否完全达到检验的目的了呢？下列一项常见的隧道风机问题，如果不进行全面的系统联调很难发现。每条新线路项目的区间隧道风机的选型不同，区间阻塞或火灾模式需要联动的风机数量也不同，隧道风机由车站 0.4kV 开关柜供电，当 400V 进线框架断路器设定了过流速断系数与需要同时启动的风机数不匹配时，会造成断路器过流保护跳闸，造成风机停机，相关模式执行失败。

多台隧道风机同时启动是否会造成跳闸问题，往往由于线路条件不同或临时的设计变更导致问题在系统联调前不能被发现和解决，且由于隧道风机启动前需要清理风道、排除安全隐患，往往在机电施工安装收尾阶段才能进行单机调试，最终导致很难及时发现问题。

有系统联调监理经验的监理单位，在新的监理项目实践中：会在协助建设单位编制系统联调方案中，特别编制区间阻塞及火灾模式等工况联动功能科目的专项联调，以应对其作为初期运营前安全评估专家评审重点的检查环节。在车站和区间不同灾害模式工况下，同时启动一台或多台隧道风机将所有模式逐一验证。

这一案例可以看到从系统联调发现过流保护跳闸问题，并通过系统联调判断出是定值设置问题还是联动风机数量不合理等，最终以调整跳闸定值、增加容量或调整联动方式等路径解决了发现的问题。

三、与运营单位的工作衔接

在新线路项目开通前的评审阶段，专家常给最终用户运营单位提出三个方面的建议：一是一线运营人员设备使用及操作不熟练，建议加强实操训练；二是新线设备与既有线路运营使用习惯不符，建议规章制度做相应调整；三是运营人员未掌握设备系统施工安装调试阶段已整改问题的原始情况，建议提前介入掌握第一手资料。

系统联合调试对运营人员业务实地培训、运营单位掌握机电系统实况，熟悉设备布置和数量、熟悉设备管线走向，配套设备管理适用的规章制度，以及日后项目移交需要完成的设备清点工作等都是一个很好的机会。监理也可以借助参与系统联调的机会，在将传统施工安装监理不能覆盖到的工作范围予以有效衔接，并进行针对所有的设备和点位的全面检查的同时，推动、协助运营单位做好新线路项目设备清点、设备管理的接收准备工作。

过去系统联调归为建设部门管辖，工作出发点是如何尽快建成交付使用，重心在"做完"。现在的联调渐渐转由运营单位牵头，包括初期运营前的安全评估也转由交通运输部管辖，力求"做好"。工作出发点转为确保每项功能包括每个设备、每一个点位都要通过系统联调验证，并且符合运营的使用习惯。如某城市地铁习惯使用700V接触轨系统，运营相关的工班设置和规章制度，包括轨行区管理都基于接触轨的特点，后上的新线改为1500V接触网系统，在编制系统联调技术方案和组织实施过程中，除了调试方式要做相应调整外，还应提前考虑运营的相关规章制度的调整。

监理的工作重点就是工程质量验证，发现问题后督促解决问题。有经验的专业监理工程师在系统调试期间会设置专门的问题台账组，每天除了录入新发现的问题，还要将剩余未销项的问题摘录出来，放到相关信息共享平台，提示相关责任单位抓紧时间整改销项。同时，后续联调科目实施前，也会将之前发现的问题清单专门打印出来，交给现场联调负责人。安排在当天调试过程中或结束后，专门组织施工单位会同运营单位进行确认，从而做到质量管理闭环。而销项的问题在问题库中并不删除，永久保留，只是进行整改状态的更新。在整个系统联调工作结束后，该台账及其整改处理跟踪情况，是最终用户运营单位（维保单位）第一手设备维保资料，将来若发生设备系统问题，可以通过查询、比对原始情况分析原因。

四、系统联调相关施工进度的统筹

系统联调前置条件复杂，而且联调时各系统还有相互牵制的"掣肘"，所以联调团队除了编制科学可行的总体工程进度筹划及系统联调计划外，还要根据现场前置条件的变化以及计划执行的偏离情况，不断予以调整，并采取措施保证关键节点的进度。

以下从设备安装监理的角度分析几个机电系统工程进度管控重点：

1. 电力监控系统（PSCADA）功能的系统联调应提前开展，并在动车调试前完成大部分联调内容

PSCADA 系统包括 35kV，直流电 1500V 和 400V 的所有点位联调，遥信、遥测、遥控联调工作量较大，往往在全面开展系统联调工作前需要提前进行。部分城市轨交工程联调经验丰富的项目，新线路工程电力监控系统联调往往较全系统联调提前了 2～3 个月。部分测试点位需要进行 35kV Ⅰ 段和 Ⅱ 段倒闸切换操作，联闭锁和联跳功能验证、程控卡片联调等在运营单位电力总调度接管后，需要提前请点申报，待批准后才能实施，其手续复杂，时间亦不可控。因为系统联调时进行相关停送电作业会对区间行车和信号车载调试产生重大影响。所以专业监理工程师在审核系统联调计划时，把提前开展 PSCADA 系统功能联调作为工期关键节点来考量。

2. 轨行区施工及调试安全

系统联调实施过程涉及轨行区的施工及调试一直是管理的重点和难点。区内对于相关专业的工序衔接和请点作业有极高的要求，因为若轨行区管理不严，容易造成设备及人身事故。设备安装监理应协助施工单位制定好工期进度计划，并进行严密跟踪监督。

3. 送电区域的设备安装施工和调试工期进度计划

变电所、接触网等带电区域在正式送电后，该区域的机电设备系统的单机及单系统调试和最终的系统联调均须请点后实施。原因是这些被运营单位电力总调度接管的区域要控制、尽量减少影响区间行车计划或其他受电用户的停电作业。为此，设备安装监理应督促一些车站设备自动化系统的相关施工单位在正式送电前，优先完成下列区域终端设备的安装及调试：

（1）主变电所、车站 35kV 变电所变压器室和开关柜室内的感烟、感温探测器、声光报警、感温电缆、吸气式（空气采样）感烟探测器等火灾报警探测器。

（2）变电所气体灭火系统管网及喷头、泄压口、门禁系统就地控制器、读卡器、出门和紧急出门按钮等。

（3）变电所内变压器室和开关柜室内的动力及照明线缆桥架、插座、照明灯具、风机风管、空调等设备。

（4）车辆段运用库、检修库等区域接触网上方的弱电专业桥架、动力及照明线缆桥架、空气采样等火灾报警探测器终端、视频监控（CCTV）摄像头、照明灯具、风机风管等设备。

这些区域也就是前述的轨行区，严格的请点施工申请制度随之而来。

4. 空调冷源系统联调的工期节点

空调冷源系统的联调进度计划应结合当地空调季时间统筹完善。

车站空调冷源系统调试需要考虑项目所在地的空调季的时间节点，系统联调单位应查询当地空调季周期，结合项目施工进度和运营计划，努力在项目投入运营前的空调季内将空调冷源系统有关的单机、单系统调试和全系统联调工作全部完成，否则需要等到次年空调季才能完成最终的调试，这也存在试运营期间乘客投诉的风险。

有关空调系统的联调参阅本教材第三章第四节。

5. 车辆段、停车场和主变电所工筹计划需要提前安排

消防验收要求车辆段、停车场和主变电所与正线车站同步建成投入使用，而上述区域土建进度滞后，将影响电客列车接车及静、动调、车辆段封闭区域的火灾报警联动和供电系统各种运行模式调试等联调工作。

车辆段咽喉区出入段线部分的施工进度滞后，更是会影响列车及信号车载调试进度，影响信号取证等工作。

新建线路需要两座主变电所各两路进线电源来确保供电系统稳定可靠运行，而主变电所经常受到选址拆迁和周边居民对高压供电系统的误解等因素影响而迟滞工期。

上述问题均为初期运营前安全评审的 A 类问题。根据多条线路的系统联调经验，设备监理单位应将此类预判问题提前向建设单位提出。

五、提升设备安装监理的专业水平

专业监理工程师经过系统联调项目的监理实践，相关专业水平不断提高，主要体现在以下几个方面：

1. 监理人员主动发现问题的能力普遍提高

设备安装监理专业水平的提升，为预判相关接口问题和进度风险提供了可能。这有利于组织接口施工单位沟通和协调，先期消除隐患，也能对安装施工、单机及单系统调试等关键工序的管控更加具有说服力。

2. 监理服务前置到设计阶段的实力

某项调查通过系统联调问题库的归纳和分析，发现由于设计缺陷或设计变更造成的问题占比达到 20% 以上，由此可见，项目在设计阶段加强管理的必要性。经过实践锻炼，积累不少经验的专业监理工程师，当建设单位委托监理单位提供监理服务的范围扩展至前期设计阶段时，就能够结合工程实际，在参与设计联络会、设计交底和图纸会审时提出专业的监理意见，齐心协力提升工程质量，完成建设单位的委托任务。

3. 设备监理人员的现场管理能力明显提高

近年来，建设单位对系统联调现场人员的组织能力、动手能力和协调能力的要求越发苛刻。参与过系统联调全过程的总监理工程师、专业监理工程师，都会在调试前协助建设单位组织召开技术交底会，进行桌面推演和相关准备工作。在联调开始后监督、协调联调科目的正常推进，当天调试结束后，现场召开"班后会"，小结当天调试情况，分析调试存在问题，确认责任单位和整改时间，并对当天联调所涉及的人员、工具、材料和设备进行清点，尤其是涉及轨行区的联调科目必须做到工完料清场地净。

对于限定时间整改的项目，监理应跟踪问题整改情况，加强管理，确保系统调试顺利进行。系统联调项目进入高峰阶段，每天会出调试日报和汇总联调问题，调试进度需要及时跟进管控，出现偏差情况应采取措施加以调整。

经过联调项目锻炼的专业监理工程师，在转至其他项目后，对施工现场的质量、进度管控能力明显提高。

第三节　全自动运行无人驾驶系统项目监理实务

一、城市轨道交通全自动运行无人驾驶系统的简介

全自动运行无人驾驶已在国际上和国内多个城市的轨道交通中得到了应用，并成功应用于大运量轨道交通运输业务。国际上巴黎、新加坡、温哥华和哥本哈根等城市的全自动运行线路已投入运营，国内如上海轨道交通 10 号线、北京燕房线、武汉轨道交通 5 号线一期工程和成都轨道交通 9 号线一期工程等全自动运行线路也已先后开通初期运营。

全自动运行无人驾驶（Fully Automatic Operation，简称 FAO）系统：基于现代计算机、通信、控制和系统集成等技术实现列车运行全过程自动化的新一代城市轨道交通系统，也是城市轨道交通技术的发展方向，目前国内各大城市正在大力推广应用（表 13.3-1）。

FAO 系统包含自动化等级 GoA3 和 GoA4，即有人值守的列车自动运行（DTO）和无人值守的列车自动运行（UTO）。

不同等级下的列车运行方式　　　　　　　　表 13.3-1

自动化等级	列车运行方式	驾驶模式
GoA0	目视下列车运行（TOS）	无 ATP 防护
GoA1	非自动列车运行（NTO）	ATP
GoA2	半自动列车运行（STO）	ATO
GoA3	有人值守下列车自动运行（DTO）	FAO
GoA4	无人值守下的列车自动运行（UTO）	

以国内首条全自动运行线路上海轨道交通 10 号线为例（图 13.3-1），2010 年 4 月开通半自动运行（STO），2014 年 8 月开通 DTO。

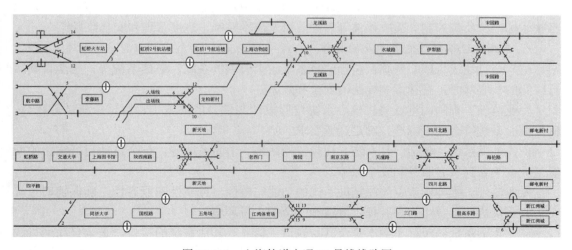

图 13.3-1　上海轨道交通 10 号线线路图

二、城市轨道交通 FAO 的优势和特点

FAO 系统以行车为核心，信号与车辆、通信等多系统深度互联的高度自动化系统，列车按照时刻表准时从休眠中自动唤醒，完成自检后自动出库，正线运营，完成站间行驶、到站精准停车、自动开闭车门、自动发车离站等一系列运营工作，最终自动回库、自动洗车、自动休眠，相比传统 CBTC 系统，全自动运行系统有如下优势：

1. 提升运行组织的灵活性

全自动运行系统通过在车站增加存车线，灵活加减车，适时调整运能，可以提高系统对突发大客流的响应能力。

2. 提高运能

全自动运行系统运行时不需要司机进行任何操作，节约司机操作时间，在保证相同有效站停时间下可降低站停时间，缩短列车追踪间隔及折返间隔，提高线路旅行速度。

3. 提高整体自动化水平，减少人为误操作

4. 降低运营人员劳动强度，提升乘客服务质量

目前轨交司机的劳动强度已接近极限状态，全自动运行系统将使司机从重复作业中解放出来，承担列车巡视人员的职能，在为乘客服务的同时监视列车运行状态。

5. 节能减排

节能减排是城市轨道交通可持续发展的需求，全自动运行系统可以在单车节能驾驶的基础上进一步实现列车的协同控制，利用再生制动能量，降低系统整体能耗。

三、全自动运行无人驾驶项目的设备及系统安装监理

1. 基本工作

全自动运行无人驾驶系统的本身有其新颖性，监理单位在了解系统的特点后需要明确监理工作的目的、范围和依据，并组建专业化的监理团队。

项目的设备安装专业监理工作将从全自动运行的核心系统、辅助系统、车辆系统、运营管理系统等方面展开，并在监理规划及监理细则中阐述监理工作的主要内容和方法，包括技术标准、质量控制、验收评估等程序，以及成本控制、进度管理和安全监督等。

2. 专业监理工程师主要涉及的工作

（1）全自动运行核心系统：包括信号系统、牵引供电系统、通信系统等，是全自动运行线路的核心部分，直接影响线路的安全和效率。

专业监理工程师应重点关注核心系统按照设计文件要求的施工、调试、测试等环节，确保核心系统符合技术标准，满足运营要求。

（2）辅助系统：包括门禁系统、视频监控系统、消防系统等，是全自动运行线路的配套组成，关系到乘客服务和安全保障。

专业监理工程师应重点关注辅助系统的功能完整性、可靠性和兼容性，确保辅助系统与核心系统协调配合，为乘客提供舒适和安全的出行环境。

（3）车辆系统：包括车辆本身及其与轨道、信号等其他系统的接口，是全自动运行线路的直接载体，关联乘客运输服务，是全自动运行线路的核心目标，满足乘客的出行需求。

专业监理工程师应重点关注车辆系统的安全，确保运输服务达到运行计划要求。

（4）工程质量验收：包括单项工程验收、分部工程验收、分项工程验收、主体工程验收、竣工验收等，是项目质量控制的关键环节。

专业监理工程师应重点关注工程验收的程序、标准和结果，确保工程质量符合验收标准和安全评估管理规定，满足初期运营前安全评估要求。

3. 专业监理工程师的工作方法

（1）现场巡查：专业监理工程师应定期或不定期对全自动运行线路的各个阶段和环节进行现场巡查，检查施工质量、进度、安全等情况，发现问题及时记录和反馈，督促整改和落实。

（2）文件审核：专业监理工程师应对全自动运行线路的各个阶段和环节涉及的设计文件、施工文件、调试文件、测试文件等进行审核，核查文件的完整性、合理性和准确性，发现问题及时记录和反馈，督促修改和完善。

（3）数据分析：专业监理工程师应对全自动运行线路的各个阶段和环节涉及的数据进行分析，评价数据的有效性、一致性和可靠性，发现问题及时记录和反馈，督促调整和优化。

（4）抽样检测：专业监理工程师应对全自动运行线路的各个阶段和环节涉及的设备设施进行抽样检测，验证设备设施的功能性能、安全性能和兼容性能，发现问题及时记录和反馈，督促更换或修复。

（5）专家咨询：专业监理工程师应根据需要邀请相关领域的专家进行咨询，获取专业意见和建议，解决技术难题或争议问题。

四、全自动运行无人驾驶系统运行线路监理工作的难点分析

全自动运行线路的监理工作重点、难点主要包括以下几个方面：

1. 监理工作不够全面

一般专业监理工程师往往只熟悉部分重要设备和关键节点并对此实施安装监理进行监督管理，并没有完全覆盖全自动运行线路全部范畴，容易造成监理缺位，进而影响到工程质量、进度、安全等方面目标的实现。因此，监理单位应该针对性地制订出合理的监理计划和监理方案，合理分配好监理人员和监理资源，确保监理工作能够覆盖全自动运行线路项目实施的各个阶段和各个环节。

2. 专业监理工程师专业水平有待提高

由于全自动运行线路涉及多种专业技术和设备设施，需要有相应的专业知识和经验才能进行有效的监理工作。目前普遍缺乏具有全自动运行线路相关专业背景和资质的监理人员，监理单位应加强内部专业化培训和考核，提高监理对全自动运行线路相关技术、规范标准、监督工作流程等方面的掌握和熟悉程度。

3. 监理工作依据的规范标准需要达成共识

由于全自动运行线路是一种新型的城市轨道交通模式，目前还没有形成完善的规范和行业标准来指导和规范其建设、运营、维护等各个方面，监理单位应与建设单位、设计单位、设备供应商和施工单位充分沟通，参考国内外相关标准和规范，结合工程实际情况，就项目的质量标准达成共识，再制定出适合全自动运行线路项目特点的监理管理制度和方法。

五、全自动运行线路的安全风险及专业监理工程师的针对性措施

项目监理团队应分析全自动运行线路监理工作中可能遇到的主要难点和风险，如技术复杂性、系统集成性、人机交互性、安全可靠性等，并提出相应的解决措施和建议。

1. 安全风险点梳理

（1）系统故障

由于全自动运行系统涉及多个子系统和设备，如果出现故障或异常，可能导致列车停止、信号中断、数据丢失等问题，影响轨道交通的正常运行。

（2）人为干扰

由于全自动运行线路没有人员值守，如果遭到人为的破坏、攻击或误操作，可能导致轨道交通的安全隐患。

（3）应急处置

由于全自动运行线路没有司机，如发生紧急情况，如火灾、事故、恐怖袭击等，需要车站人员及时有效地进行应急处置，保障乘客的生命安全。

2. 专业监理工程师的针对性措施

（1）设计审核

专业监理工程师应对信号系统的设计方案、图纸等进行审核，检查是否符合规范、标准、合同等要求，是否满足全自动运行的功能、性能、安全等要求。

（2）施工监督

专业监理工程师应对信号系统的施工过程进行监督，检查材料、设备的质量、数量、规格等情况，检查施工方法、工艺、进度等情况，检查施工安全、环保、文明等情况，记录监督过程和结果，处理监督问题和异议。

（3）调试监督

专业监理工程师应对信号系统的调试过程，包括单体调试、单机单系统调试、信号集成测试、场景模式调试和系统联调等全过程进行监督，检查调试人员的资质、调试方案和程序等具体落实情况，见证调试数据、结果、报告，旁站调试安全、效率、质量等情况，对监督过程和结果做好记录。

（4）试运行监督

专业监理工程师应对试运行过程进行监督，见证试运行安全、效率、质量等情况，记录监督过程和结果，处理监督问题和异议。

（5）验收参与

专业监理工程师应参与信号系统的各级验收，根据验收标准和技术指南，检查验收资料和报告是否完整、准确、合理，确认验收结果和结论是否符合要求，提出验收意见和建议。

第十四章　装配式综合支吊架和BIM技术应用

　　机电设备安装施工技术和项目管理随着生产工艺的创新、施工成本控制和工期进度的新追求，以及先进工具手段的应用等而不断发展。本章分别介绍两项较有发展空间的实用项目——装配式综合支架和 BIM 技术应用。

　　支吊架，是支架和吊架的合称，在工程上起着承担各配件及其介质重量、约束和限制建筑部件不合理位移以及控制部件振动等功能，对建筑设施的安全运行具有极其重要的作用。支吊架是建筑物中的重要承载部件，是建筑机电安装工程的重要组成部分，在给水排水与供暖、通风与空调、建筑电气、智能建筑等管线系统中，作为支撑是管线承受重力、地震等作用的主要措施。其作用可大致分为以下三点：

　　第一，承受管线的自重，并使管线的自重应力在允许范围内；

　　第二，增加管线的刚度，避免过大的挠度和振动；

　　第三，限制管线系统热位移的大小和方向，保证管道和与之连接的设备的安全运行。

　　综合支吊架是在机电设备安装工程中将给水排水与供暖、通风与空调、建筑电气、智能建筑等各专业管线的支吊架综合在一起，统筹设计，整合成一个统一的支吊架支撑系统，有利于节约成本、加快施工进度、提高观感质量，并最大限度节省空间。装配式综合支吊架是所有部件和槽钢均在工厂预制，除槽钢和螺杆可以现场切割外，其他所有部件均在施工现场组装而成综合支吊架。

　　2000 年前，机电设备安装工程一直采用传统支吊架。传统支吊架主要在现场用型钢焊接而成，在成品加工方面依赖工人的操作水平存在焊接、制作质量不稳定、美观性不足；现场加工切割噪声、粉尘难以控制，焊接过程还有引发火灾的隐患。一般的传统支架制作完成后就无法调节，灵活性较差，安装作业效率低、影响工期；且支吊架安装过程中对混凝土主体结构易造成损伤，使用寿命难以满足结构寿命的要求；各管道系统独立的吊支架有浪费空间的缺陷，但传统支架又较难实现多层布管、管线综合难度大。

　　2000 年后，成品支吊架即装配式支吊架开始进入中国市场。由工厂生产定型定长的 C 形槽钢并配以相应的连接件，运往现场后根据使用需求进行装配，精度有了较大的提升。所有构件和配件均在出厂前进行防腐处理，实现了标准化设计、工厂化生产，为规范化高效施工和科学化管理提供了可能。但受限于成本控制和技术难度，最初基本只在一些外资企业有少量应用。

　　直到 2015 年颁布实施的国家标准《建筑机电工程抗震设计规范》GB 50981—2014 明确提出"组成抗震支吊架的所有构件应采用成品构件"；2016 年 1 月实施的国家标准《工业化建筑评价标准》GB/T 51129—2015（该标准于 2017 年修订发布为《装配式建筑评价标准》GB/T 51129—2017），又提出了"机电设备管线集成技术"的得分点，装配式支吊架无疑是实现建筑机电管线集成技术的重要手段之一。再加上 2015 年前后，建筑领域内"装配式"概念深入人心，同时伴随着成品抗震支吊架的异军突起，成品支吊架系统在市场化浪潮下，沿用"成品"二字的含义，又进一步改革创新，以"装配式支吊架"的名称开始被工程行业熟知并应用。这其中又根据不同的功能作用分为装配式抗震支吊架、装配式承重支吊架、装配式滑动支吊架、装配式导向吊架、装配式防晃吊架等多种产品。

然而由于建筑工程机电安装过程中，众多系统管线交错布置，若各专业施工单位各自为政、只考虑各自负责专业管线施工，缺乏统一协调管理，必然导致现场凌乱无章，并将严重影响施工质量。因此，管线支吊架设置是否合理，不仅关系到机电设施的正常使用，同时影响其抗震安全性。如何在有限的空间中，合理地布置各类管线，综合支吊架的应用可以有效地解决这个问题，那么如何才能生成综合支吊架呢？

BIM 技术的应用为综合支吊架的优化排布提出了新的解决模式和方法，它能直接在三维模型上完成支吊架的形式设计、平面设计、大样设计、材料统计等，并能够生成计算书，为建设单位、设计单位、施工单位提供更完善的建筑模型演示平台，从而将各支吊架分解进行工厂化预制，减少施工周期、保证支架施工质量、节约材料成本。

通过项目前期的 BIM 设计，模拟现实安装环境，提前规划管线走向，综合管线的排布设置，对支吊架进行三维深化设计和力学分析，设计支吊架型式，检测支吊架碰撞，避免在施工过程中频繁遭遇的"打架"导致的返工，节省不必要的人力、物力和时间成本，最大限度达到"设计图即竣工图"的目标。同时根据设计出的支吊架型式从供应商中选择相应的装配式支吊架组件，或经过强度计算，根据结果进行支吊架型材选型、设计，工厂制作装配式组合支吊架，出具现场施工平面图指导施工。在施工现场仅需简单机械化拼装即可成型，减少现场测量、制作工序，也能够实现对物资材料的精确统计，降低材料损耗率和安全隐患，节省经济成本，实现施工现场绿色、节能。

因此，随着 BIM 技术的应用和装配式抗震支吊架的应用推广，为机电安装工程装配式综合支吊架系统在国内的应用发展提供了技术支撑。当然，BIM 技术在工程项目中的应用更为广泛，它对设计、施工、项目管理的渗透正在产生巨大的反响，了解、熟悉直至掌握这一先进的技术工具，多领域的熟练应用对提升工程监理水平和工作效率有着非常正面的推动作用。

第一节 装配式支吊架技术应用基础

装配式支吊架也称为组合式支吊架或者成品支吊架，根据国家标准《装配式支吊架通用技术要求》GB/T 38053—2019 的定义，装配式支吊架是工厂预制的连接构件与槽钢在工地现场组装，以重力作用为主要荷载，与建筑结构体牢固连接而成的支吊架。连接构件是槽钢与槽钢之间的连接件、槽钢与混凝土结构之间的连接件、槽钢与钢结构之间的连接件以及槽钢与管道之间的连接件的统称。

槽钢一般采用内卷边带齿 C 形槽（见图 14.1-1），C 形槽的规格尺寸可见表 14.1-1。

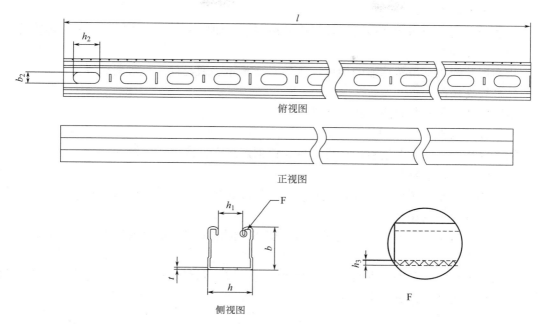

图 14.1-1　C形槽钢示意图

C形槽钢尺寸（mm）　　　　　　　　　　　　　表 14. 1-1

规格	$t\pm0.2$	$h\pm0.3$	$b\pm0.5$	$h_1\pm0.3$	$h_2\pm0.1$	$b_2\pm0.1$	$h_3 0\sim\pm0.5$	$l 0\sim+20$
41×21	2.0	41.3	21	22.3	28	13.5	0.9	6000
41×41	2.0	41.3	41	22.3	28	13.5	0.9	6000
41×52	2.5	41.3	52	22.3	28	13.5	0.9	6000
41×62	2.5	41.3	62	22.3	28	13.5	0.9	6000
41×72	2.5	41.3	72	22.3	28	13.5	0.9	6000

　　连接构件的尺寸公差应符合国家标准《圆弧圆柱齿轮模数》GB/T 1840—1989 的规定，表面处理宜采用热浸镀锌或者镀铬涂层（达克罗），且应符合下列规定：

　　（1）表面热浸镀锌处理时，应符合国家标准《金属覆盖层　钢铁制件热浸镀锌层　技术要求及试验方法》GB/T 13912—2020 的规定，厚度不小于 $45\mu m$；

　　（2）表面锌铬涂层处理时，应符合国家标准《锌铬涂层　技术条件》GB/T 18684—2002 的规定，厚度不小于 $8\mu m$；

　　（3）表面电镀锌处理时，应符合国家标准《金属及其他无机覆盖层　钢铁上经过处理的锌电镀层》GB/T 9799—2011 的规定，厚度不小于 $5\mu m$。

一、装配式支吊架简介

1. 装配式支吊架的组成

　　装配式支吊架是由专业工厂成批量生产的、标准化的构件组成的体系。构件主要包括：生根构件、主体构件、管夹构件和连接构件等。

（1）生根构件

指装配式支吊架与承载结构直接相连的构件，例如槽钢底座、通丝杆底座、锚栓等。

（2）主体构件

指实现装配式支吊架功能的构件，例如 C 形槽钢、通丝杆、抗震斜撑等。

（3）管夹构件

指装配式支吊架与管道连接的构件。

（4）连接构件

指主体构件之间相互连接的构件，例如槽钢连接件、抗震连接件等。

（5）装配式通丝杆吊架

主要构件包括：锚栓、通丝杆接头（或通丝杆底座）、通丝杆、管夹等。

（6）装配式立柱吊架

主要构件包括：锚栓、槽钢底座、槽钢立柱、槽钢横梁、槽钢连接件及管夹等。

（7）抗震吊架

主要构件包括：锚栓、槽钢底座、槽钢立柱、槽钢横梁、槽钢管束连接件、槽钢斜撑、抗震槽钢连接件及管夹等。图 14.1-2 为装配式支吊架主要形式示意图。

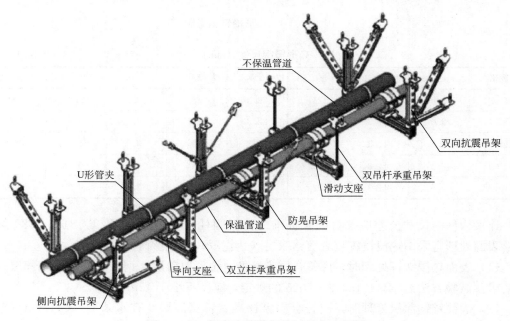

图 14.1-2　装配式管道支吊架形式示意图

2. 装配式支吊架的技术特点

（1）标准化

产品由一系列标准化构件组成，所有构件均采用成品，或由工厂采用标准化生产工艺，在全程、严格的质量管理体系下批量生产，产品质量稳定，且具有通用性和互换性。

（2）简易安装

一般只需 2 人即可进行安装，技术要求不高，安装操作简易、高效，明显降低劳动强度。

（3）施工安全

施工现场无电焊作业产生的火花，从而消灭了施工过程中的火灾事故隐患。

（4）节约能源

由于主材选用的是符合国际标准的轻型C型钢，在确保其承载能力的前提下，所用的C型钢质量相对于传统支吊架所用的槽钢、角钢等材料可减轻15%～20%，明显减少了钢材使用量，从而节约了能源消耗。

（5）节约成本

由于采用标准件装配，可减少安装施工人员；现场无需电焊机、钻床、氧气乙炔装置等施工设备投入，能有效节约施工成本。

（6）保护环境

无需现场焊接、无需现场刷油漆等作业，因而不会产生弧光、烟雾、异味等多重污染。

（7）坚固耐用

经专业的技术选型和机械力学计算，且考虑足够的安全系数，确保其承载能力的安全可靠。

（8）安装效果美观

安装过程中，由专业公司提供全程、优质的服务，确保精致、简约的外观效果。

二、装配式支吊架的规范、标准和技术规程文件

1. 国家标准

（1）《建筑与市政工程抗震通用规范》GB 55002—2021

（2）《建筑机电工程抗震设计规范》GB 50981—2014

（3）《建筑抗震设计规范》GB 50011—2010（2016年版）

（4）《装配式支吊架通用技术要求》GB/T 38053—2019

（5）《建筑抗震支吊架通用技术条件》GB/T 37267—2018

（6）《管道支吊架 第1部分：技术规范》GB/T 17116.1—2018

（7）《管道支吊架 第2部分：管道连接部件》GB/T 17116.2—2018

（8）《管道支吊架 第3部分：中间连接件和建筑结构连接件》GB/T 17116.3—2018

（9）《冷轧钢板和钢带的尺寸、外形、重量及允许偏差》GB/T 708—2019

（10）《热轧钢板和钢带的尺寸、外形、重量及允许偏差》GB/T 709—2019

（11）《不锈钢热轧钢板和钢带》GB/T 4237—2015

（12）《紧固件机械性能 螺栓、螺钉和螺柱》GB/T 3098.1—2010

（13）《产品几何技术规范（GPS） 光滑工件尺寸的检验》GB/T 3177—2009

2. 行业标准

（1）《非结构构件抗震设计规范》JGJ 339—2015

（2）《建筑机电设备抗震支吊架通用技术条件》CJ/T 476—2015

（3）《混凝土结构后锚固技术规程》JGJ 145—2013

（4）《混凝土用机械锚栓》JG/T 160—2017

（5）《建筑机械使用安全技术规程》JGJ 33—2012

（6）《施工现场临时用电安全技术规范》JGJ 46—2005

（7）《建筑施工高处作业安全技术规范》JGJ 80—2016

3. 团体标准

（1）《抗震支吊架安装及验收标准》T/CECS 420—2022

（2）《装配式支吊架认证通用技术要求》T/CECS 10141—2021

（3）《机电工程装配式支吊架安装及验收规程》T/CECS 1280—2023

（4）《装配式支吊架系统应用技术规程》T/CECS 731—2020

4. 国标图集

（1）《装配式室内管道支吊架的选用与安装》16CK208

（2）《室内管道支吊架》05R417—1

（3）《装配式管道支吊架（含抗震支吊架）》18R417—2

（4）《金属、非金属风管支吊架（含抗震支吊架）》19K112

（5）《母线槽安装》19D701—2

（6）《建筑电气设施抗震安装》16D707—1

（7）《地铁装配式管道支吊架设计与安装》19T202

（8）《地铁工程抗震支吊架设计与安装》17T206

三、抗震支吊架的应用

1. 抗震支吊架的发展

地震是一种随机性振动，有着难以把握的复杂性和不确定性。当地震来临时，由于导线、管道、消防系统等机电设备坠落引发的二次伤害（如火灾、坠落物、泄漏等）造成的二次人员伤亡比例占了伤亡一半以上，并且由于地震作用，导致消防系统、给水系统以及报警系统失效或坠落，造成更大的人员伤亡。因此，在建筑抗震技术中，不仅要加强建筑本体的抗震性能，也要对机电设备起到保护作用，避免因意外导致设备坠落而造成二次伤亡。

长期以来，由于我国经济基础薄弱，建筑标准较低，抗震主要是救灾，而不是防灾。与某些发达国家相比，我国的全民防灾教育、防灾意识乃至民用防灾物品的生产、普及，建筑抗震措施的落地等都比较差。1976 年唐山地震后，尽管建筑工程抗震设计标准有所提高，但是由于我国经济水平所限，设计标准仍然较低，也主要涉及建筑、结构专业。2008 年 5 月 12 日汶川地震后，国家对整个建筑的抗震设计十分重视。建设部对原《建筑抗震设计规范》GB 50011—2001 先后两次进行紧急修订并颁布新的《建筑抗震设计规范》GB 50011—2010（2016 年版），发文要求严格执行其中的强制性条文，以期达到该规范的基本精神"大震不倒，中震可修，小震不裂"，最大限度保障人民生命及财产安全。

建筑抗震包含两个方面的含义，分别是建筑结构抗震和非结构构件抗震，非结构构件抗震又细分为建筑非结构构件抗震和建筑附属机电设备抗震。在建筑抗震发展前期，建筑的地震破坏主要表现在建筑结构的破坏——房倒屋塌。所以此时建筑抗震理论的研究对象主要是建筑结构的抗震性能，由此而发展出抗震概念设计，地震作用计算，抗震构造措施等系统的抗震设计理论。另外，减震、隔震技术，也主要地应用在建筑结构的地震防护方面，并起到了很好的地震防护效果。当建筑结构抗震发展到一定程度时，建筑结构抵抗地震破坏的能力大幅度提高，而非结构构件的地震破坏便凸显了其破坏性，随着我国科学技术和建筑业的发展，机电工程抗震施工技术也得到了快速发展。建筑机电工程抗震设计成为建筑工程设计的重要组成部分，建筑机电抗震在整体的建筑结构抗震中起到了至关重要的作用。

　　建筑机电抗震，指的是管道、风管、电缆桥架等机电设施的抗震，通俗来说就是"水电风"系统的抗震措施。在最开始，国内对于机电设施的保护，主要考虑悬吊系统的承重作用，基本上都是没有考虑抗震设计。当地震发生时，只承受重力荷载作用的悬吊系统会发生无规则的摆动，次数多了可能会对生根点处的锚固强度产生影响，使得悬吊系统松脱掉落，造成次生灾害，给系统安全带来很大的隐患。而一旦给悬吊系统增加了抗震设施，即抗震支吊架，在地震发生时，通过侧向和纵向的抗震支承能够大大减少其无序晃动，在整体建筑抗震性能完好的情况下，能保证悬吊系统不发生掉落，大大减少因次生灾害引起的人员伤亡和经济损失。所以，建筑机电工程抗震是建筑结构抗震中必不可少的一个重要环节，而抗震支吊架在地震中对建筑机电工程设施能给予可靠的保护，承受来自任意水平方向的地震作用，大大降低地震对建筑机电工程设施的破坏。对于减少和防止由地震引发的次生灾害具有十分重要的积极作用。

　　2014年10月国家标准《建筑机电工程抗震设计规范》GB 50981—2014颁布，自2015年8月1日起实施。该标准填补了我国机电抗震的空白，成为我国建筑机电行业在抗震领域的里程碑。该国家标准全面阐述了抗震措施的设计基本要求，使建筑在排水、供暖、通风、空调、燃气、热力、电力、通信、消防等机电工程设施经抗震设防后，以减轻地震破坏，防止次生灾害，避免人员伤亡，减少经济损失，做到安全可靠、技术先进、经济合理、维护管理方便。而《建筑机电工程抗震设计规范》GB 50981—2014所列明应采取的措施、技术，定义为抗震支撑系统。以荷载力学为基础，地震作用验算为核心，将管道、风管、电缆桥架等机电设施牢固连接于已做抗震设计的建筑体，限制机电工程设施位移，控制设施振动，并将荷载传递至承载结构上的各类组件或装置。其抗震支撑的主要目的就是安全，即把地震所造成的生命与财产损失减少到最低程度，通俗地来讲，这类产品我们又称之为抗震支吊架。

　　2015年3月行业标准《建筑机电设备抗震支吊架通用技术条件》CJ/T 476—2015正式颁布，并于2015年9月1日起正式实施。它为建筑机电工程抗震支架产品的设计、制造提供了依据，同时规定了产品满足抗震支架设计需要进行的试验、检验等要求。这一标准的颁布，不仅意味着国家规范了抗震设防烈度为6度及6度以上地区（全国90%以上区域）的建筑机电工程设施必须进行抗震设计，同时也对约束生产企业、施工企业等履行标准化进程，引领行业健康发展提供了切实的依据和保障。

　　2021年4月新出台了国家标准《建筑与市政工程抗震通用规范》GB 55002—2021，自2022年1月1日起实施。同年中华人民共和国国务院令第744号《建设工程抗震管理条例》自2021年9月1日起实施。《建设工程抗震管理条例》分别针对新建建设工程、已建成建设工程的不同特点，明确建设、勘察、设计、施工、监理、检测和建设工程所有权人、抗震鉴定机构等各方主体的抗震责任，强化监督管理和责任追究，为进一步推动落实抗震设防强制性标准，提升建设工程抗震能力提供了法律依据。

2. 抗震支吊架的分类和组成

（1）抗震支吊架的分类

1）支撑式抗震支吊架（简称支架），用符号 KZZ 表示；

2）悬吊式抗震支吊架（简称吊架），用符号 KZD 表示。

抗震支吊架的产品标记由产品分类代号、企业自定义产品代号或规格、材质、标准编号组成。

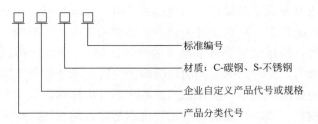

标准编号

材质：C-碳钢、S-不锈钢

企业自定义产品代号或规格

产品分类代号

如材质为碳钢，承力方式为悬吊式的企业自定义产品代号为 A 的抗震支吊架的标记为：KZD-A-C-CJ/T 476—2015。

（2）抗震支吊架的组成

抗震支吊架是对机电设备及管线进行有效保护的重要抗震措施，其构成（图 14.1-3）由锚固件、加固吊杆、抗震连接构件（图 14.1-4）及抗震斜撑组成。起到限制机电设备位移，减少振动，将荷载传递到承重部位的作用。

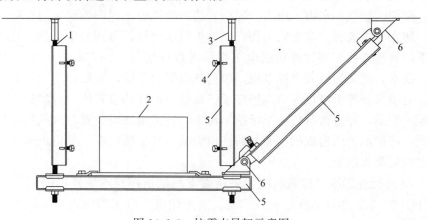

图 14.1-3　抗震支吊架示意图

1—螺杆；2—设备或管道；3—六角连接器；4—螺杆紧固件；5—槽钢；6—抗震连接构件

3. 抗震支吊架的作用

地震是地壳释放能量的过程中造成的振动，通过地震波对人类的生活造成影响甚至破坏。

地震波可以分为纵波（P 波）、横波（S 波）和面波（L 波）三种形式：

纵波属于推进波，使地面发生上下的震动，破坏性相对较弱；

横波属于剪切波，使地面发生前后左右的抖动，破坏性较强；面波属于纵波和横波在地表相遇后激发产生的混合波，破坏性最强。

重力支吊架虽可起到抵抗、缓解垂直地震（即纵波）的作用，但抗震支吊架，通过其

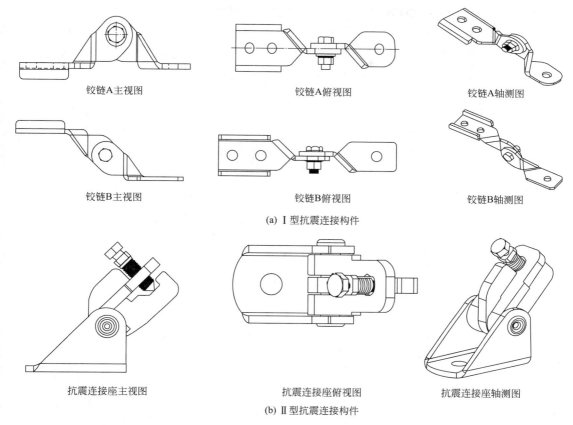

铰链A主视图　　　　　　　铰链A俯视图　　　　　　　铰链A轴测图

铰链B主视图　　　　　　　铰链B俯视图　　　　　　　铰链B轴测图

(a) Ⅰ型抗震连接构件

抗震连接座主视图　　　　　抗震连接座俯视图　　　　　抗震连接座轴测图

(b) Ⅱ型抗震连接构件

图 14.1-4　抗震连接构件示意图

独特的斜撑结构，极大地抵抗和缓解水平地震（即横波）的作用。

抗震支吊架是通过抗震斜撑的加固，来起到抗震的作用。抗震斜撑的存在，使得本来在水平方向上毫无束缚的管道支吊架系统能够在地震发生时做到安全可靠，防止管道支吊架系统垮塌掉落，造成严重的次生灾害。

4. 抗震支吊架的构造形式

抗震支吊架在地震中应对建筑机电工程设施给予可靠保护，承受来自任意水平方向的地震作用。根据被保护管线的不同，抗震支吊架有多种构造形式见图 14.1-5。

5. 抗震支吊架的应用范围

（1）悬吊管道中重力大于 1.8kN 的设备；

（2）DN65 以上的生活给水、消防管道系统；

（3）矩形截面面积大于等于 0.38m² 和圆形直径大于等于 0.7m 的风管系统；

（4）对于内径大于等于 60mm 的电气配管及重力大于等于 150N/m 的电缆梯架、电缆槽盒、母线槽。

6. 抗震支吊架材料进场验收监理管控要点

根据《建设工程抗震管理条例》（国务院令第 744 号）的规定，隔震减震装置生产经营企业应当建立唯一编码制度和产品检验合格印鉴制度，采集、存储隔震减震装置生产、经营、检测等信息，确保隔震减震装置质量信息可追溯。隔震减震装置质量应当符合有关产品质量法律、法规和国家相关技术标准的规定。

　　建设单位应当组织勘察、设计、施工、工程监理单位建立隔震减震工程质量可追溯制度，利用信息化手段对隔震减震装置采购、勘察、设计、进场检测、安装施工、竣工验收等全过程的信息资料进行采集和存储，并纳入建设项目档案。

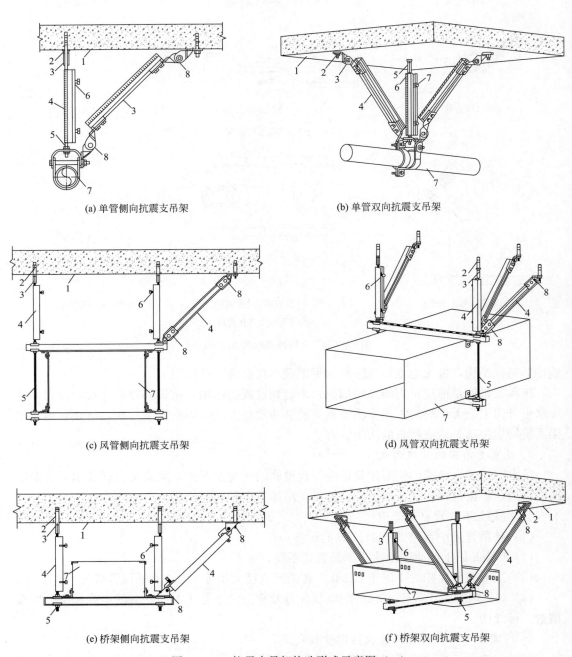

(a) 单管侧向抗震支吊架　　　　　　　　　　(b) 单管双向抗震支吊架

(c) 风管侧向抗震支吊架　　　　　　　　　　(d) 风管双向抗震支吊架

(e) 桥架侧向抗震支吊架　　　　　　　　　　(f) 桥架双向抗震支吊架

图 14.1-5　抗震支吊架构造形式示意图（一）

1—结构体；2—锚栓；3—六角连接器；4—槽钢；5—螺杆；
6—螺杆紧固件；7—管道；8—抗震连接构件

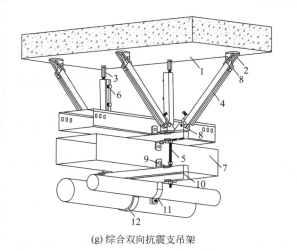

(g) 综合双向抗震支吊架

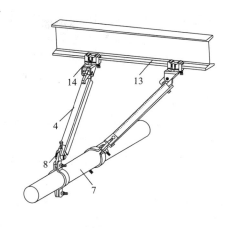

(h) 钢结构单管侧向及纵向抗震支吊架

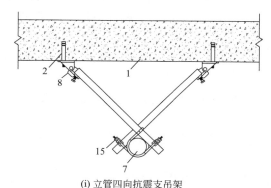

(i) 立管四向抗震支吊架

图 14.1-5　抗震支吊架构造形式示意图（二）

1—结构体；2—锚栓；3—六角连接器；4—槽钢；5—螺杆；6—螺杆紧固件；
7—管道；8—抗震连接构件；9—限位组件；10—双拼槽钢；11—P 形管夹；
12—Ω 管夹；13—工字钢；14—钢结构夹具；15—鞍形夹

因此，作为监理应从源头抓起，首先检查抗震支吊架生产企业是否建立了唯一编码制度和产品检验合格印鉴制度，同时督促施工单位建立抗震支吊架质量可追溯制度，及时采集和存储抗震支吊架采购、勘察、设计、进场检测、安装施工、竣工验收等全过程的信息资料。

（1）检查进场材料的包装完好无损，包装箱外有标明放置方向、堆放件数限制、储存防护条件。

（2）检查进场材料的清单与材料相符，实际进场材料与施工合同约定一致。

（3）检查进场材料附带的技术资料，包括：

1）产品出厂质量检验证明、产品合格证、质量保证书，以及使用说明书；

2）第三方检测机构出具的检测报告；

3）原材料质量检验报告；

4）进口材料商检证明等质量证明文件。

（4）监督并见证施工单位按产品检验标准分类进行抽样检验：

1）按国家标准《产品几何技术规范（GPS）　光滑工件尺寸的检验》GB/T 3177—2009

的有关规定检测槽钢尺寸、齿牙深度、连接构件尺寸；

2）按国家标准《建筑抗震支吊架通用技术条件》GB/T 37267—2018 的有关规定检测抗震连接构件或斜撑组件力学性能；

3）按现行行业标准《混凝土用机械锚栓》JG/T 160—2017 的有关规定检测锚栓承载力性能；

4）按国家标准《紧固件机械性能　螺栓、螺钉和螺柱》GB/T 3098.1—2010 的有关规定检测螺杆性能等级。

（5）检查抗震支吊架材料、材质及表面处理方式符合技术文件及国家标准《建筑抗震支吊架通用技术条件》GB/T 37267—2018 的有关规定。

连接构件与槽钢表面平整、光洁，无锈蚀、折叠、裂纹、分层、滴瘤、粗糙、刺锌、漏镀等缺陷。外表缺陷允许修补但保持色泽一致。

（6）使用精度不大于 0.1mm 的测量工具检查抗震连接构件及管道连接构件板材厚度不小于 5mm，槽钢厚度不小于 2mm，并根据不同材质判断厚度偏差是否符合国家标准《冷轧钢板和钢带的尺寸、外形、重量及允许偏差》GB/T 708—2019 或《热轧钢板和钢带的尺寸、外形、重量及允许偏差》GB/T 709—2019 或《不锈钢热轧钢板和钢带》GB/T 4237—2015 的相关规定。

（7）根据材料受力性能及抗腐蚀性能检查抗震支吊架材料采用的防腐措施与设计文件的规定是否相符。

（8）检查槽钢性能是否符合国家标准《装配式支吊架通用技术要求》GB/T 38053—2019 的有关规定。

（9）检查锚栓是否符合行业标准《混凝土用机械锚栓》JG/T 160—2017、《混凝土结构后锚固技术规程》JGJ 145—2013 的有关规定。

（10）检查槽钢、连接件、管夹、锚栓等材料配件的企业永久商标标识，标识至少包括：

1）规格型号；

2）生产厂名称或商标；

3）生产日期或出厂编号。

（11）检查抗震支吊架构件的储存

1）储存的库房通风良好，室内干燥。

2）采用纸箱包装的抗震支吊架构件按同型号、规格分类摆放在货架或卡板上，码放整齐，高度不超过 5 层和 1.0m。

3）槽钢的储存环境能防腐的同时还能防潮，槽钢储存的地面上铺设防潮膜，防潮膜上垫置干燥木条或木架子、竹胶板等，不同型号槽钢分开叠放；未经拆封的槽钢之间衬垫干燥木条。槽钢的堆放高度不高于 1.0m，并设有防倾覆措施和警示标牌。

7. 抗震支吊架安装质量监理管控要点

（1）抗震支吊架安装前，督促施工单位按抗震支吊架设计文件和施工要求编写施工方案，并及时审批施工单位报审的施工方案。

（2）安装前按设计文件规定，核查抗震支吊架的型号、规格、材料等。

（3）督促施工单位统一规划，统一排布，同步安装抗震支吊架与承重支吊架，避免由于抗震支吊架的进场时间落后于承重支吊架，而出现施工现场无足够的空间安装抗震支吊架的情况，导致抗震支吊架安装的位置及斜撑角度与施工图不符，甚至无法安装。

（4）检查安装单位的施工资质和安装作业人员的培训合格记录。

（5）检查抗震支吊架安装过程中的安全防护措施，防止构件磕碰或坠落。同时避免构件表面防腐涂层的破坏。

（6）检查抗震支吊架施工安全措施，是否符合现行行业标准《建筑施工高处作业安全技术规范》JGJ 80、《建筑机械使用安全技术规程》JGJ 33、《施工现场临时用电安全技术规范》JGJ 46 的有关规定和施工方案要求。

（7）抗震支吊架的所有构件均采用成品构件，除槽钢、螺杆可以进行现场切割外，其他产品均不能进行现场加工。而槽钢和螺杆的切割质量也必须加以管控，因此，监理应检查切割方式是否采用机械切割方式，切割时应检查断面的垂直度；槽钢切割时开口面向下，切割中均匀施加力矩；切割端毛刺是否打磨平滑，并清除吸附的铁屑和粉末；切口断面处是否采用增加端盖或者锌漆喷涂等防护措施进行防腐处理。

（8）检查施工机具的完备性，检查测量工具的校验合格证及有效期。

常用施工机具包括：扳手（活动扳手、梅花扳手、扭矩扳手、电动扳手）、电钻、切割机、铁锤等。常用测量工具包括：水平尺、钢卷尺、激光放线仪、线坠（磁力线坠）、记号笔等。

（9）根据工序验收情况，检查抗震支吊架安装工作面，是否满足施工和抗震支吊架安装的技术要求。

（10）检查固定抗震支吊架的锚栓：

1）是否采用具有机械锁键效应的S类扩底型锚栓；

2）锚固区基材表面是否坚实、平整，是否存在起砂、起壳、蜂窝、麻面、油污等影响锚固承载力的缺陷；

3）根据厂家技术文件确定锚栓安装最小边距、最小间距，无相关文件要求时，最小边距和最小间距均应大于或等于最小有效锚固深度和6倍锚栓外径，且应计算边距及间距对锚栓承载力的影响；

4）锚栓钻孔满足厂家技术文件的要求，无相关文件要求时，应符合表 14.1-2 和表 14.1-3 的规定；

锚栓钻孔质量　　　　　　　　　　　　　　　　　　表 14.1-2

锚栓名称	锚孔深度（mm）	锚孔垂直度（%）	锚孔位置（mm）
扩底锚栓	+50	±2	±5

锚栓钻孔直径允许偏差 （mm）　　　　　　　　　　　表 14.1-3

钻孔直径	允许偏差	钻孔直径	允许偏差
6～14	+0.3 0	30～32	+0.6 0
16～22	+0.4 0	34～37	+0.7 0
24～28	+0.5 0	40	+0.8 0

　　5）检查锚固安装步骤是否按下列（图 14.1-6）执行，钻孔前是否用钢筋探测器检查，避开钢筋、线管等隐蔽物。

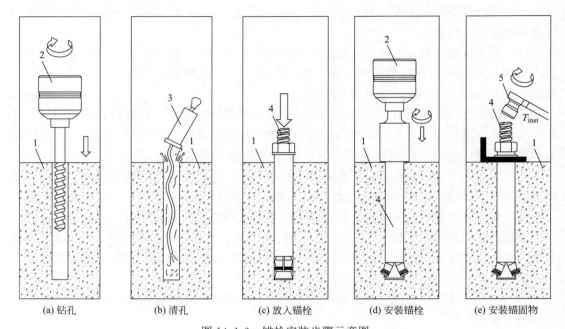

(a) 钻孔　　　　(b) 清孔　　　　(c) 放入锚栓　　　　(d) 安装锚栓　　　　(e) 安装锚固物

图 14.1-6　锚栓安装步骤示意图

1—混凝土；2—冲击钻；3—打气筒；4—扩底锚栓；5—力矩扳手

　　（11）检查抗震支吊架安装程序与技术文件的规定是否相符。技术文件无规定时，可按下列步骤操作：

　　1）测量所要安装的机电设备距离生根点的高度，确定螺杆、加劲槽钢及斜撑槽钢的长度；

　　2）根据测量出的相关数据对槽钢和丝杆进行切割下料；

　　3）确定主吊架的锚栓位置并钻孔，安装主吊架；

　　4）定位抗震斜撑锚栓的位置，安装斜撑；

　　5）安装加劲装置。

　　（12）检查抗震支吊架螺杆安装：

　　1）螺杆在现场按设计长度切割完毕后，再进行连接组合；

　　2）连接螺母与螺杆和锚栓连接时，螺纹端头先按旋入深度划线，旋入深度均达到 45％的连接螺母长度；

　　3）安装后的螺杆垂直度偏差不大于 4°。

　　（13）检查抗震斜撑的安装：

　　1）抗震斜撑垂直安装角度符合设计文件的规定，且不小于 30°；

　　2）单管抗震斜撑与吊架的距离不超过 100mm；

　　3）抗震斜撑安装不偏离中心线 2.5°；

　　4）抗震斜撑槽钢采用无背孔槽钢，且槽口不朝上；

　　5）螺栓采用扭剪螺栓，螺栓头拧断，且拧断扭矩不低于 50N·m；

6）采用普通六角螺栓安装时，扭矩满足产品技术要求。

（14）检查抗震支吊架的其他构件安装：

1）不同材质的金属管夹与管道连接处设置绝缘胶垫，管夹与管道的连接稳固；

2）锁扣系统锁紧到位，锁扣配套使用螺栓的扭矩符合设计文件的规定。设计文件无规定时，最小扭矩符合表 14.1-4 的规定；

锁扣配套使用螺栓的最小扭矩 表 14.1-4

螺栓规格	安装扭矩（N·m）
M10	25
M12	45

3）螺杆螺母按设计扭矩锁紧，无设计扭矩要求时，最小扭矩符合表 14.1-5 的规定；

螺杆螺母的最小扭矩 表 14.1-5

螺杆规格	安装扭矩（N·m）
M8	20
M10	30
M12	50
M16	100
M20	200

4）抗震支吊架安装完毕后擦拭干净，完全暴露的槽钢端部除会结露的部位外其他均装上槽钢端盖。

8. 抗震支吊架竣工验收监理管控要点

（1）审查检验批的划分是否符合以下划分原则：

1）设计、材料和施工条件相同的抗震支吊架工程中，同层套数大于或等于 1000 套时，按每 10% 划分为一个检验批；同层套数小于 1000 套时，每 100 套划分为一个检验批。

2）所有标准层划分为一个独立检验批，除标准层外，其他楼层不足 100 套也划分为一个独立的检验批。

3）机房工程中的抗震支吊架划为一个独立检验批。

（2）审查施工单位提供的验收资料是否齐全。

1）抗震支吊架的竣工图、计算书、设计变更文件及其他设计文件；

2）抗震支吊架构件、组件及其他附件的产品质量合格证书，第三方检测报告，进场验收记录；

3）施工过程中重大技术问题的处理文件、工作文件和变更记录；

4）隐蔽工程验收及中间试验记录，检验批、分项工程质量验收记录；

5）其他质量保证资料。

（3）按《抗震支吊架安装及验收标准》T/CECS 420—2022 中规定的检查方法和检查数量，现场核查以下内容：

1）核查抗震支吊架数量、位置，符合设计文件的规定。

2）核查抗震支吊架的型号规格及配件选型，符合施工图纸的规定。

3）核查抗震斜撑与吊架安装距离，符合设计文件的规定，最大不得大于 0.1m。

4）核查抗震斜撑竖向安装角度，符合设计文件的规定，最小不得小于 30°。

5）核查抗震支吊架与结构的连接，吊杆与槽钢的连接，螺栓、螺母与连接件的扭矩，符合设计文件的规定，安装牢固。

6）核查抗震支吊架锚栓的安装，锚栓套管，符合设计文件的规定，锚栓套管不能超出混凝土安装平面。

7）核查抗震支吊架锚栓的承载力，符合设计文件的规定。

8）核查抗震支吊架系统整体外观，达到横平竖直，不应出现扭曲变形。

9）核查抗震支吊架构件表面，达到平整、洁净；无起泡、分层现象。

10）核查抗震支吊架表面、侧面，达到平整，无明显压扁或局部变形等缺陷。

11）核查扭剪螺栓是否有与带背孔槽钢连接现象。如有，要求施工单位整改。

第二节　BIM 技术应用基础

BIM（Building Information Modeling）直译是建筑信息模型。它是一种应用于工程设计、建造、管理的数据化工具，通过对建筑的外形、结构及建筑设备安装的数据化、信息化模型整合，在项目策划、设计、施工、运行和维护的全生命周期过程中进行共享和传递，使工程技术人员对各种建筑及设备信息做出正确理解和高效应对，为项目建设的各参与方，例如建设单位、设计团队，以及建筑土建、设备安装、监理及项目完工后的运营单位在内的各单位提供协同工作的基础，并在提高生产效率、节约成本和缩短建设工期方面发挥重要作用。

BIM 是一种建筑设计和施工管理的数字化方法，包括建筑物的几何外形、组件的空间关系、材料、数量及属性信息等多方面的数据，并能在整个建筑生命周期内延续。专业监理工程师作为项目建设的参与者学习、了解有关 BIM 技术的基本知识，并能够在工程监理实践中应用好 BIM 技术，发挥好这一平台的作用，将能更好地协同建设单位、设计单位和施工单位，科学提高工程项目的管理效率，确保项目施工的质量、进度和成本，以及施工过程的安全性满足国家标准、工程设计文件，以及建设单位的合同要求。

一、BIM 技术的基础知识

1. BIM 建模环境与应用软件体系

BIM 应用软件是指基于 BIM 技术的应用软件。它们通常具有 4 个特征，即面向对象、基于三维的几何模型、包含各项信息和支持开放式标准。

BIM 应用软件按照功能分 BIM 核心建模软件、BIM 工具软件、BIM 平台软件三大类：

（1）BIM 核心建模软件

BIM 核心建模软件（BIM Authoring Software）是 BIM 的基础，也是在 BIM 的应用过程中碰到的第一类 BIM 软件。目前市场上热门的 BIM 核心建模软件有：

1）欧特克有限公司（Autodesk）的 Revit 建筑、结构和机电系列软件。该公司的

AutoCAD 在工程绘图软件应用领域有着非常广泛的基础。Revit 软件借助这一优势，已经有相当不错的市场表现。其集成式的 BIM 工具包括 Revit、AutoCAD 和 Civil3D。

应用 Revit 软件展现的工程案例模型如图 14.2-1 所示。

图 14.2-1　Revit 软件建立的污水处理厂项目模型效果

2）本特利软件公司（Bentley）的建筑、结构和设备系列。Bentley 软件公司是一家基础设施工程软件公司，Bentley 系列软件包括三维参数化建模、曲面和实体造型、管线建模、设施规划、GIS（地理信息系统）映射、3D HVAC 建模（3D 空调建模）等功能模块。BentleySuite 系列软件则提供了支持建筑全生命周期工具，支持协同管理并与专业软件集成，如集成实现结构分析。Bentley 系列软件还包括 3D 协调和 4D 规划功能，以方便项目建设团队之间的协同管理。软件的其他功能还包括支持二次开发、数据交换、项目数据集成、变更管理、版本控制等。Bentley 系列软件也支持三维可视化、导航、漫游和标记等功能。

Bentley 产品在工厂设计和基础设施领域被认为具有很强的优势，Bentley 软件有关一个道路工程项目的操作界面如图 14.2-2 所示。

图 14.2-2　Bentley 软件操作界面示意图

Bentley 软件的系列产品众多，如表 14.2-1 所示。在实际应用中，BIM 团队宜根据工程类型、实际需求选择合适的软件进行 BIM 建模及分析模拟工作。

Bentley 系列软件及功能一览表　　　　　　　　　　表 14.2-1

序号	软件名称	软件功能	序号	软件名称	软件功能
1	ContextCapture	三维实景建模	12	OpenFlows	水力模型建模
2	MicroStation	三维 CAD	13	OpenPlant	三维工厂设计
3	PLAXIS	岩土工程分析	14	LumenRT	可视化和实景建模
4	gINT	地质勘察数据模拟	15	iTwin	数字孪生技术
5	CUBE	交通规划仿真	16	AssetWise	资产全生命周期信息管理
6	LEGION	人流分析模拟	17	ProjectWise	文档管理
7	OpenRoads	土木工程设计	18	Navigator	BIM 模型审查和协同工作
8	SYNCHRO	施工模拟	19	Emme	多模式交通规划
9	OpenBuildings	土建建模	20	AutoPIPE	设计和管道应力分析
10	ProStructures	钢结构建模	21	SACs	高岸结构分析
11	Substation	智能化变电站电气设计系统			

3）达索系统公司（Dassault），脱胎于著名的航空制造商达索集团（Dassault Group），自 1977 年成立后的很长一段时间里，该公司专注于飞机的研发和制造，直到 20 世纪 80 年代末，他们在 IBM 的协助下才将一款名为 Catia 的商业三维 CAD 设计软件推向其他工业制造领域。Catia 软件支持从项目前期阶段具体的设计、分析、模拟、组装到维护在内的全部工业设计流程，它具有混合建模的功能，强大参数化能力与交互能力。目前实施 BIM 技术的项目中，Catia 主要应用于异形建筑、幕墙、钢结构厂房、桥梁工程中，软件操作界面如图 14.2-3 所示，达索系列软件如表 14.2-2 所示。

图 14.2-3　Catia 软件操作界面示意图

达索系列软件及功能一览表　表 14.2-2

序号	软件名称	软件功能	序号	软件名称	软件功能
1	CATIA	3D CAD 设计软件	4	DELMIA	全球运营软件
2	SIMULIA	仿真软件	5	BIOVIA	化学和材料体验软件
3	ENOVIA	协作创新软件	6	VKBE	汽车知识规则软件

4）泰科拉（"Tekla"或"Tekla Structures"，又名"Xsteel"），它是芬兰 Tekla 公司开发的世界通用钢结构详图设计软件，该软件通过先创建三维模型，再自动生成钢结构详图和各种报表来达到方便视图的功能。由于图纸与报表均以模型为准，而在三维模型中操纵者很容易发现构件之间连接有无错误，所以它保证了钢结构详图深化设计中构件之间的正确性与高精度特性。同时该软件支持自动生成的各种报表和接口文件（数控切割文件），可以服务（或在构件加工设备上直接使用）于整个工程。它创建了新方式的信息管理和实时协作。Tekla 公司在提供创造性的软件解决方案方面处于世界领先的地位。在国际上，该软件在钢结构设计与施工中占有龙头地位。软件三维效果示意如图 14.2-4 所示。

图 14.2-4　Tekla 软件

5）PKPM，国内自主品牌的建筑工程软件。PKPM 产品涵盖规划、设计、造价、施工、运维等各阶段，数据共享，并提供信息化服务平台，其结构设计软件推出时间早，是应用广泛的设计阶段软件。

6）广联达软件，国内著名造价软件。广联达可接力 Revit 等生成的 BIM 模型，完成符合我国习惯的工程造价分析和工程进度展示。软件界面如图 14.2-5 所示。

7）鲁班软件，主要聚焦项目施工阶段的 BIM 技术应用。它包括鲁班算量与造价、三维场布等系列施工模型建模软件、鲁班 EDS 企业级 BIM 协同管理平台、鲁班云碰撞检测平台等。软件系列软件如图 14.2-6 所示。

8）斯维尔软件是国内著名建设类软件，产品包括工程设计，绿色建筑分析、工程造价、工程管理等，实现 BIM 信息模型在建设工程全生命周期中的全覆盖。软件操作界面如图 14.2-7 所示。

综上所述，BIM 建模软件非常多且复杂，直观上模型三维可视化是重要的特点之一，数据信息丰富。建模软件若应用得当，能更精准、高效地支持工程项目的管理，这也是监理工程师基于对项目的认识、协同管理手段提质所期待的新发展方向。当然，软件应用市场的普及进程受多方面因素的影响。比如项目施工阶段土建、安装各专业的自身特点、软

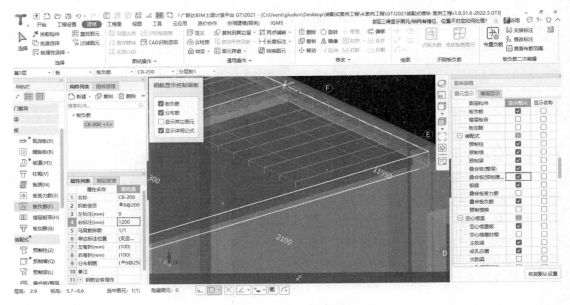

图 14.2-5　广联达软件操作界面示意图

图 14.2-6　鲁班系列软件

件版本的进阶历程、软件版权的价格，以及软件用户的喜好程度等。监理工程师接触和应用 BIM 软件取决于项目建设单位的要求、设计单位的文件资料提供形式以及监理参与的工作的需求等诸多因素。现阶段监理工程师可首选目前市场应用较为广泛的 Revit 软件进行学习，基本能满足绝大多数实施 BIM 技术的项目的监理要求。在内容方面可着重掌握主要软件的浏览、审核模型等操作，辅助项目的施工监理工作。

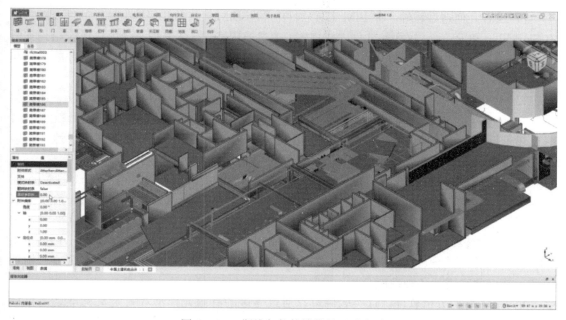

图 14.2-7　斯维尔软件操作界面示意图

（2）BIM 工具软件

BIM 工具软件是 BIM 软件的重要组成部分，它是指利用 BIM 基础软件（核心建模软件）提供的 BIM 数据，开展各种专项工作的应用软件。常见的 BIM 工具软件分类如图 14.2-8 所示。

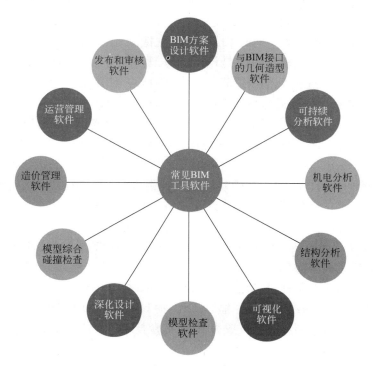

图 14.2-8　常见 BIM 工具软件的分类

1）BIM几何造型软件。在BIM工具软件中，与BIM接口的几何造型软件的代表性软件有SketchUp和Rhino，这两款软件支持将模型通过通用格式导入其他平台后集成应用。其中SketchUp使用简便，建模流程简单；Rhino可以创建、编辑、分析和转换NURBS曲线（非均匀有理样条曲线）、曲面和实体，并且在复杂度、角度和尺寸方面没有任何限制。

2）BIM可持续（绿色建筑）分析软件。这类软件有Green Building Studio、PKPM等。Green Building Studio网络服务整合建筑信息化模型，可提供精确的能源分析，助力绿色建筑设计，让物业所有者的运营成本更低。PKPM系列软件是一套集建筑设计、结构设计、设备设计、节能设计于一体的建筑工程综合CAD系统软件。

3）BIM机电分析软件。具有代表性的机电分析软件有鸿业BIM软件与IES Virtual Environment软件。鸿业BIM软件是基于前面提到的Revit平台的建筑、暖通、给水排水及电气专业软件，并且能够与基于Revit的结构软件协同，结合基于AutoCAD平台的鸿业系列施工图设计软件，可提供完整的项目施工图解决方案。IES Virtual Environment（集成化建筑性能模拟软件）软件支持在BIM相同的界面下创建一个统一的建筑项目物理模型，并以此来进行各种性能分析。

4）BIM结构分析软件。这类软件可以通过先进的有限元模型和自定义标准规范接口技术来进行结构分析与设计，实现了精确的计算分析过程和按照用户可自定义的设计规范来进行结构设计工作。具有代表性的软件有ETABS、STAAD/CHINA。这类应用通常是基于三维模型，通过分析结构设计构件，对不同外界荷载下的应力进行模拟分析计算，以达到提高结构设计安全性的目的。

5）BIM可视化软件。常见的可视化软件有3DMax（3D Studio Max）、Lumion、Enscape等。3DMax是Discreet公司开发的（后被Autodesk公司合并）基于个人计算机系统的强大的三维动画渲染和制作软件，它常用于专业动画制作。Lumion与Enscape则常用于建筑设计的快速实时渲染，同时Enscape还支持以exe格式进行三维模型共享。

上述介绍的5大类工具软件仅仅是设计、施工领域的几项常用软件，从图14.2-8展示的BIM工具软件分类上，我们可以联想在设计阶段，使用BIM方案设计软件进行三维设计，通过与BIM接口的几何造型软件进行模型数据继承，再进行专业化的可持续分析、机电设计（分析）、结构设计（分析）等，接着利用可视化软件完成模型检查、模型综合碰撞检查、深化设计、净高分析等BIM应用。各项专业化工作可以以BIM平台为纽带，相互协调、统一。

由于在BIM平台的核心中，基础建模软件种类太多，一些轻量化软件应运而生，这些软件能将不同格式的三维模型转换成通用格式，储存在云端，方便客户在手机端、PC端调用模型，这对于项目建设各参与方，包括监理的信息沟通、工作协调等是十分有利的。例如国外的Navisworks、BIM 360 Glue、瑞斯图，或者国内的广联达、鲁班、BDIP、红瓦协同大师等都是属于常见、具有轻量化功能的软件。在工程项目应用BIM的过程中，我们可根据工作需求挑选某种轻量化软件，满足BIM模型的浏览、查看需求。如同学习、了解BIM核心建模软件的建议那样，监理工程师可以首选适用面相对较广的轻量化模型软件，入门实操，查看模型或图纸，成为BIM平台技术应用团队中的一员。

（3）BIM平台软件

BIM平台软件是指能对各类BIM基础软件（核心建模软件）及BIM工具软件产生的

BIM数据进行有效的管理，以便支持建筑全生命期BIM数据的共享应用的应用软件。平台的运行能够支持项目各参与方及各专业工作人员之间通过网络高效地共享信息。监理工程师自然是这个平台中的主要参与方。

通过对BIM核心建模软件、BIM工具软件的介绍，我们应该认识到BIM是建设项目信息的系统集成技术。美国BIM标准对BIM平台的定义是：需要有个模型（Model）共享平台，这个平台需要满足项目全生命期各决策方的应用软件对模型的利用和创建（Modeling）、模型和所有决策方的建模都需要按照公开的、可按操作标准（数据接口标准）进行操作管理。

目前常用的BIM平台及其系统应用软件的数据接口标准见表14.2-3。

数据接口标准

表 14. 2-3

平台名称	集成模型	应用软件数据格式	系统功能软件数据接口标准	标准性质	平台费用
IFC+IFD	数据层集成	IFC概念模式	IDW&IVD	公开	免费
Revit	业务层集成	RVT	—	内部	收费
Microstation	业务层集成	DGN	—	内部	收费
HIM	业务层集成	无要求	《P-BIM软件功能与信息交换标准》	公开	免费

2. BIM技术的规范标准

BIM技术标准是指规定BIM技术（建筑信息模型）的一系列规范和标准的文件。这些文件旨在确保建筑专业人员使用BIM技术时采用的标准和信息交流方式的一致性，从而实现建筑项目的高效管理和协作。

（1）国内标准

1）BIM相关的国家标准

建设工程涉及机电设备安装的BIM相关国家标准主要有四个：

①《建筑信息模型应用统一标准》GB/T 51212—2016，该标准统一了建筑信息模型应用基本要求，适用于建设工程全生命期内建筑信息模型的创建使用和管理。

②《建筑信息模型设计交付标准》GB/T 51301—2018，适用于建筑工程设计中应用建筑信息模型建立和交付设计信息，以及各参与方之间和参与方内部信息传递的过程。

③《建筑信息模型施工应用标准》GB/T 51235—2017，用于规范和引导包括建筑工程在内的各类工程项目施工中BIM的应用，支撑工程建设信息化实施，提高信息应用效率和效益。

④《建筑信息模型存储标准》GB/T 51447—2021，用于规范建筑信息模型数据在建筑全生命各阶段的存储，保证建筑信息模型应用效率，适用于建筑工程全生命期各个阶段的建筑信息模型数据的存储，并适用于建筑信息模型应用软件输入和输出数据通用格式及一致性的验证。

2）BIM相关的地方性及行业标准

除了国家标准外，地方、行业也有出台有针对性及不同应用阶段的BIM相关标准。

涉及机电安装工程的部分BIM标准及相关文件汇总如表14.2-4、表14.2-5所示。

国家及行业的 BIM 技术主要标准及文件　　　　　　表 14.2-4

序号	发布单位	编号	标准名称	发布日期
1	住房和城乡建设部	GB/T 51212—2016	《建筑信息模型应用统一标准》	2016 年 12 月 2 日
2	住房和城乡建设部	GB/T 51269—2017	《建筑信息模型分类和编码标准》	2017 年 10 月 25 日
3	住房和城乡建设部	GB/T 51301—2018	《建筑信息模型设计交付标准》	2018 年 12 月 26 日
4	住房和城乡建设部	GB/T 51235—2017	《建筑信息模型施工应用标准》	2017 年 5 月 4 日
5	住房和城乡建设部	JGJ/T 448—2018	《建筑工程设计信息模型制图标准》	2019 年 6 月 1 日
6	住房和城乡建设部	GB/T 51447—2021	《建筑信息模型存储标准》	2021 年 6 月 15 日
7	住房和城乡建设部	CJJ/T 296—2019	《工程建设项目业务协同平台技术标准》	2019 年 3 月 20 日
8	住房和城乡建设部	GB/T 51362—2019	《制造工业工程设计信息模型应用标准》	2019 年 10 月 1 日
9	住房和城乡建设部	—	《城市轨道交通工程 BIM 应用指南》	2018 年 5 月 30 日
10	民航局	MH/T 5042—2020	《民用运输机场建筑信息模型应用统一标准》	2020 年 2 月

部分地方 BIM 技术标准及图集　　　　　　表 14.2-5

序号	发布单位	编号	标准名称	发布日期
1	北京市住房和城乡建设委员会	DB11/T 1840—2021	《现浇混凝土结构工程和砌体结构工程施工过程模型细度标准》	2021 年 4 月
2	北京市住房和城乡建设委员会	DB11/T 1845—2021	《钢结构工程施工过程模型细度标准》	2021 年 4 月
3	上海市住房和城乡建设委员会	DG/TJ 08-2311—2019	《市政地下空间建筑信息模型应用》	—
4	深圳市住房和建设局	SJG 93—2021	《综合管廊工程信息模型设计交付标准》	2021 年 2 月
5	北京市住房和城乡建设委员会	DB11/T 1839—2021	《建筑给水排水及供暖工程施工过程模型细度标准》	2021 年 4 月
6	北京市住房和城乡建设委员会	DB11/T 1841—2021	《通风与空调工程施工过程模型细度标准》	2021 年 4 月
7	北京市住房和城乡建设委员会	DB11/T 1838—2021	《建筑电气工程施工过程模型细度标准》	2021 年 4 月
8	山东省住房和城乡建设厅	JD 14-057—2021	《医院建筑 BIM 版物业运维指南编制技术导则》	2021 年 9 月
9	辽宁省住房和城乡建设厅	DB21/T 3408—2021	《辽宁省施工图建筑信息模型交付数据标准》	2021 年 4 月
10	辽宁省住房和城乡建设厅	DB21/T 3409—2021	《辽宁省竣工验收建筑信息模型交付数据标准》	2021 年 4 月
11	深圳市住房和建设局	SJG 101—2021	《城市轨道交通工程信息模型表达及交付标准》	2021 年 9 月
12	深圳市住房和建设局	SJG 102—2021	《城市轨道交通工程信息模型分类和编码标准》	2021 年 9 月

（2）国际标准

我国在 BIM 模型本身及相关软件开发方面先后等效和等同采用了国际 IFC 标准，例如《建筑对象数字化定义》JG/T 198—2007 和《工业基础类平台规范》GB/T 25507—2010，但这些标准对 BIM 模型在工程建设方面的实际应用作用有限。美国关于 BIM 的国家标准全称为 National Building Information Modeling Standard（NBIMS）（《国家建筑信息建模标准》），主编单位为美国建筑科学研究院（National Institute of Building Sciences，NIBS），该标准比较系统地总结了在北美地区常见的 BIM 应用方式方法。英国标准学会（BSI）也发布实施了工程应用方面的 BIM 英国国家标准 BS1192，该标准有 5 部分，覆盖了工程项目不同阶段。这些 BIM 应用标准使得 BIM 在工程技术中的应用规范、标准化，相关工程实践得以有据可依。

二、BIM 技术应用与项目管理

1. 基于 BIM 的工程项目管理

（1）工程项目的管理方法选项

基于 BIM 的工程项目管理是一个以建筑信息模型（BIM）为核心的项目管理。它将 BIM 技术和项目管理方法结合起来，将建筑物的生命周期各个阶段的信息集成到一个模型中，实现 BIM 在整个项目周期中的协同管理，从而达到优化项目成本、时间和质量的目的。显然，监理工程师作为项目建设管理的一方需要了解、参与 BIM 技术应用和项目管理方法结合的活动。

（2）BIM 技术在项目管理中的多方面应用

监理工程师可以借助 BIM 技术加强对监理项目的施工过程监督和科学管理，在项目进度、成本、质量控制等多方面监理工程师都可以借助 BIM 技术提高监理工作效率，及时发现和解决问题，并且减少了错误率，提升监理工作水平。而且，BIM 技术的工程建设相关信息的共享途径也促进了项目各建设单位的协作，为确保工程项目施工的顺利进行发挥了重要的积极作用。

2. BIM 全生命周期的管理

BIM 全生命周期管理（图 14.2-9）是在 BIM 建模技术基础上，针对建筑、土木工程等工程领域的项目工程所建立的信息化的一种全过程管理模式。而 BIM 全生命周期管理主要包括设计阶段、建造阶段、运营与维护阶段，对建筑物从规划到废弃的整个过程进行数据的收集、整合、管理和利用，并实现各个阶段的协作、协调和优化，从而降低建筑物的成本、提高建筑物的质量和效率。

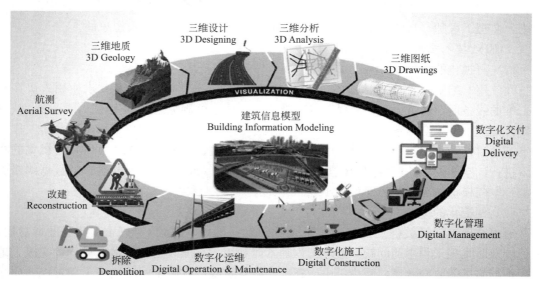

图 14.2-9 BIM 全生命周期管理

具体来说，BIM 全生命周期管理包括以下几个方面：

（1）设计与规划阶段：利用 BIM 技术进行建筑物的三维建模和信息化管理，并在此基础上进行建筑物的多方协作和设计优化，从而达到节约成本、提高效率的目的。

（2）施工建造阶段：利用 BIM 技术推动数字化施工，助力项目管理、进度管理和质量控制，以及建筑工程各部门之间的协作，实现建筑工程的工期目标、有效全方位的质量监督，并合理管控项目的建设成本。

（3）运营与维护阶段：以 BIM 模型为基础，对建筑物在使用期的设备设施、维护改造、安全风险进行管理，以实现建筑物的正常运行，延长建筑物的实际使用寿命。

当然，就监理工作的本质而言，监理工程师的 BIM 技术应用主要在施工建造阶段内展开。

三、监理工程项目中基于 BIM 技术的工作实践

1. 监理工程师需要融入信息管理手段升级的新进程

多年来在工程项目建设中，工程监理在推进科学化管理方面取得了不少成绩，也积累了很多工程实践经验，但传统的监理工作方式和工程信息管理方式被认为存在如下问题：

（1）监理工作方式单一

日常监理工作一般采用现场巡视检查的方式，对于施工过程监督、控制、协调等方面中的难点、重点的事前控制方式单一。因此迫切需要将更新的信息技术应用到监理工作中。

（2）信息管理方式落后

在工程信息管理方面，监理一般还是采用手工填写，简单的通过电子文件传递信息。由于参建各方缺乏更快捷便利而且完整的信息交流手段，容易造成大量的工程信息无法得到及时处理，且不能有效共享，致使工程管理决策所需的支持信息不充分。

当工程项目建设大面积推广新的信息管理方式及交流平台，例如 BIM 技术，作为工程建设的主要参与方的监理工程师自然不能脱节这样的科学管理方式及手段的升级进程，否则，监理工程师"自觉"地被排除在这样的平台圈外的结果是不可想象的。

2. BIM 技术应用的优势

（1）可视化的优势

在使用 CAD 进行工程图纸通常的二维模式浏览时，软件事实上是要求应用人员在观看二维的线条后，通过大脑"翻译"成三维空间，这不可避免地会产生错、漏、碰、缺等问题。工程上结果会导致设计变更、工程变更申请增多的情况。而在 BIM 技术的工作环境下，项目设计、建造、运营过程中的各方汇报、沟通、决策等工作都可以在可视化的状态下进行，空间模拟的可视图面使其更为准确、更为直观，矛盾、不合逻辑的数据纠错更智能。空间模拟的可视化界面如图 14.2-10 所示。

（2）便捷化的优势

通过在施工现场关键点的实时施工视觉信息（拍照、视频）与 BIM 模型进行对比，我们能及时发现工程中的问题。监理工程师若能利用、发挥好这一技术优势，势必极大地提高现场施工的监管效率，减少了由于施工安装受阻或可能质量问题造成工期延误、质量返工等风险。

图 14.2-10 工厂管线工程 BIM 模型

（3）信息完备化的 BIM 模型

信息完备化的 BIM 模型中涵盖了工程建设项目事前约定所需要的信息，参建各方可以根据不同的需求随时进行查询，利用 BIM 协作平台实现施工过程所需信息的共享，较好地解决了因信息缺失、覆盖面不够，或处理传递不及时所带来的管理不到位、管理反应迟钝等问题。

随着 BIM 技术成为传统建筑生产、管理模式提升的战略手段，如今影响力较大、行业内领先的建筑、地铁工程项目管理纷纷积极引入 BIM 技术，反过来也推动了 BIM 技术的再开发与应用。BIM 的作用在上海中心大厦、北京中信大厦等重大建设项目中已逐渐体现出来。

事实上，BIM 技术的可视化、便捷化、信息完备化的优势可以给工程监理在投资控制、质量控制、进度控制等方面带来帮助。例如，在投资控制方面，人们通过 BIM 技术对造价机构与施工单位完成项目的估价及竣工结算后，可形成带有 BIM 参数的电子资料，最终形成对历史项目数据及市场信息的积累与共享。在新项目投资决策阶段，建设单位或委托设计咨询单位根据 BIM 模型数据，可调用数据库中与拟建项目相似工程的造价数据，高效准确地估算出规划项目的总投资额。监理工程师参与这样的工程数据积累，也必将从信息库调阅相关数据，利用大数据信息优势，辅助建设单位快速、精准地做出投资估算决策。又如在质量、进度控制方面，监理工程师利用 BIM 可进行三维空间的模拟碰撞检查，优化室内净空布局及消除各构件安装空间的矛盾，专业审批施工单位（或施工图）的管线排布方案，减少由各构件及设备管线碰撞等引起的拆装、返工和材料浪费。

BIM 在集成的数字环境中信息时效性强、易于访问，专业能力突出，可帮助监理工程师，当然包括项目建设的各参与方从整体上了解他们的项目，并以此能够更加迅速地做出与工程项目监理事务相关的明智决策。

3. BIM技术在项目管理中的应用功能

BIM技术在项目管理中的应用是多方位的，监理工程师可以监理任务为着重点，学习、了解BIM技术为我所用。以实现更高效、更准确的质量管理目标视野，有关BIM技术应用于工程管理的方法按功能分为：

（1）模型审核

利用BIM软件和工程信息数据，人们建立了建筑物或构筑物，以及大型设备或设备单元的3D模型。有关的模型本身，以及模型与项目的工程实际（现场）情况应该是吻合的，这也是之后工程监理开展质量管理工作的基础。

目前国内的许多工程建设项目，应用BIM技术，支持更加精细化的管理。例如模型深化审核管理，如图14.2-11所示。

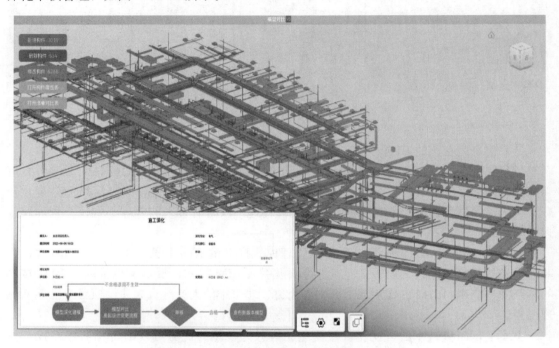

图14.2-11　施工单位的模型在线审核流程示意图

施工单位拿到经审批的BIM模型后，可以基于设计模型进行深化，并上传至平台进行深化报审。平台通过系统自带的规范化在线审核流程，可以追踪办理进程，监控项目设计模型与施工单位的深化模型的变化，保障深化设计的进度与质量。监理工程师若要参与这一过程，掌握相关软件的基本知识和操作技能就成为监理工作的基本能力要求。虽然现阶段大量的项目施工图深化的审核主要还是纸质工程图纸或是常用的CAD图纸文件为介质，但软件应用技术的发展要求工程监理应该与时俱进，不断提高、掌握相关软件的应用水平。例如BIM软件的应用等。

此外，工程项目成本控制、施工进度控制、安全管理，直至项目交付后的运营阶段，BIM模型都可以发挥重要作用。

（2）预测问题

利用建立的模型，可以在项目设计阶段、施工阶段进行模型预测，例如根据3D模型可以检查大型设备或设备单元的基础结构是否符合质量标准，模拟施工过程，对计划采用的施工工序及施工工艺预测潜在的质量问题，也可以对已完成的部分施工分项，进行质量审核和评估，预测项目施工完成进入运行阶段后可能存在的质量风险。预测问题的步骤可以达到工程质量事前控制的良好效果，模拟的预测、审核具有工程质量事前控制的特征。

（3）模拟演练

使用BIM技术可以进行低成本的模拟演练，以帮助管理人员和现场操作工提前熟悉建筑物内部和周围的施工环境，培训施工技能。这可以提高施工安装的准确性和保证工程质量，对于高价值设备及系统的移位、安装及调试，这样的模拟意义重大。

（4）协作和沟通

通过BIM技术，可以实现项目建设各参与方的协作和沟通。例如，设计师、监理工程师、建造师（施工单位）和建设单位项目部的管理人员可以在同一平台上密切合作，共享信息和解决问题。

（5）建筑物、构筑物或一个项目的系统维护

BIM技术可以帮助项目完工后的运营管理人员更好地维护建筑物及机电设备系统。例如，运营方可以利用BIM技术制定设备维护计划和实施检查，以确保设备的正常运行和质量。这实际上是工程项目的前半段——建设阶段的工程质量工作的延续，正如前文讲述的BIM在项目全生命周期内都将扮演重要的角色。

4. 应用BIM技术进行工程监理的要点

（1）质量控制

项目施工的工程质量监理要求质量要事前预防、事中控制监督、事后检查验收。所以规范、标准、图纸、变更文件等相关信息是基本的工作依据，监理工程师若利用好BIM技术能更有效地开展全过程的施工质量控制工作。

1）利用BIM对2D施工图纸进行审查

工程项目施工在确定总包方后的设计交底和图纸会审阶段，传统的图纸会审是基于二维平面图纸进行的，且各专业图纸分开设计，仅凭借人为检查存在一定的风险。通过BIM的引入，可以把各专业整合到一个统一的BIM平台上，监理可以从不同的角度审核图纸，利用BIM的可视化模拟功能，进行3D、4D甚至5D模拟碰撞检查不合实际之处，降低设计错误或因理解错误导致返工费用，这也极大地减少了实施阶段的工程变更和可能发生的纠纷。

这里说到的模拟碰撞检查是BIM技术应用功能中重要的预测类功能，它能为施工质量控制的事前预防发挥作用。例如，监理借助BIM技术应用进行施工项目三维空间的模拟碰撞检查，可以发现传统二维施工图纸审阅中较难发现的一些问题，尤其在标高、轴网、结构尺寸等标注数据，这些尺寸对建（构）筑物功能和效果均有不同程度影响。图14.2-12表示某项目在人防图纸与景观图纸模型复核过程中发现了空间（尺寸）冲突，图14.2-13展示了修改方案。通过熟悉施工图纸和BIM建模，我们不但可在设计阶段彻底消除碰撞，而且能优化净空、解决各构件之间的矛盾，以及制定高质量和管线排布方案，这势必减少因各构件及设备管线碰撞等引起的拆装、返工和工程材料的浪费，避免因采用传统二维设计图进行校对、审核中未发现问题的人为失误和工作的低效率。

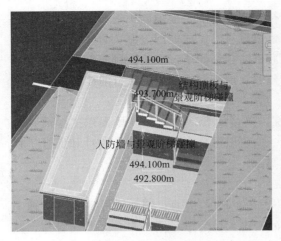

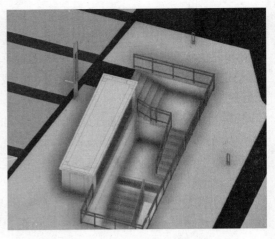

图 14.2-12　BIM 多专业碰撞检查发现问题　　　　图 14.2-13　BIM 工程师展示修改方案

2）施工方案 BIM 可视化与优化、审核

与以往采用二维图纸进行施工不同，基于 BIM 的三维模型施工管理可提前感受施工效果，能使施工人员对工程项目有一个整体的把握。BIM 模型可帮助施工人员快速掌握管线排布原则，准确把握各图元的尺寸、标高与间距，了解图元属性信息。现在许多深度应用 BIM 技术的施工单位，常对施工方案进行 BIM 的可视化分析，用于方案优选、方案论证与施工交底等。施工单位将施工方案报审后监理工程师可积极利用施工方案 BIM 可视化成果辅助施工方案复核，最终确保施工方案的可靠性、经济性及安全性。

3）施工图深化设计交底和施工交底

施工图纸会审和设计交底，以及施工技术交底的过程中，工程师可以通过 BIM 三维模型进行形象、直观的"可视化"交底，明确施工的具体要求、控制要点，如图 14.2-14、图 14.2-15 所示。

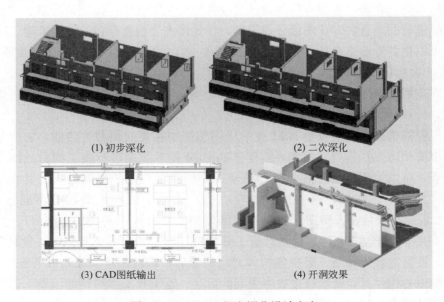

图 14.2-14　BIM 机电深化设计交底

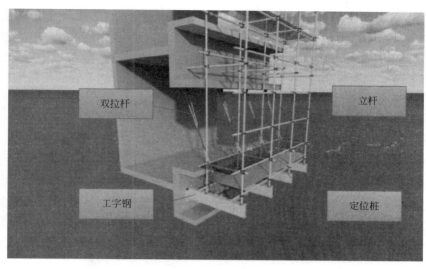

图 14.2-15　悬挑工字钢上脚手架架设施工 BIM 交底

4）利用 BIM 技术对施工关键部位、特殊节点进行质量控制

监理应鼓励施工单位利用 BIM 的"可视化"特性，将传统的二维施工图纸转化为三维空间模型，再形象、直观地展示在技术人员和作业人员面前，并进行组装和拆分模拟与受力分析，如图 14.2-16 所示。监理可以借此提出质量控制要点和验收的具体要求，这番操作将大大减轻监理在质量控制方面的工作量。

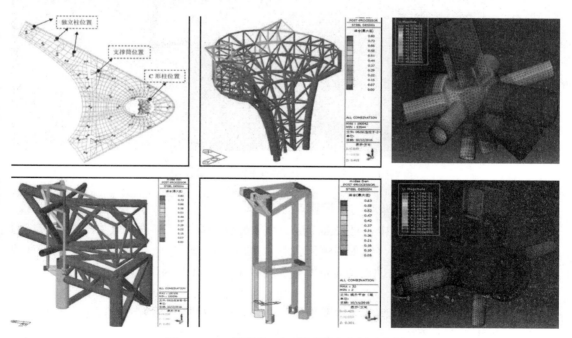

图 14.2-16　钢结构 BIM 模型受力分析示意图

5）利用 BIM 工具完成碰撞检查

监理可利用 Revit、Navisworks 等软件的"碰撞检查"功能，对施工单位或 BIM 咨询

团队提供的 BIM 模型进行碰撞检查，并对检查出的问题加以解决。例如，在机电管线施工设计的综合过程中，应用 BIM 技术不仅可以更直观地进行三维展示，还能自动进行碰撞检查，生成冲突报告，高亮显示选中的冲突图元，快速找到碰撞点，并完成修改。BIM在机电综合管线工程方面的应用极大地提高了机电安装工程的施工效率与精准性，保障了施工质量。

6）利用 BIM 有效控制建筑质量通病

如何利用 BIM 技术有效地控制建筑质量通病，对监理和施工方都是值得考虑的议题。以土建工程为例，土建钢筋工程梁柱节点和主次梁节点安装完成后，该节点处的标高都较难加以控制，若控制不好就会造成钢筋保护层厚度不够、钢筋漏筋等的质量问题，如图 14.2-17 所示。利用 BIM 对梁、柱钢筋进行建模和预安装，可对安装完成的虚拟标高进行评估。监理听取施工单位的分析，或就此提出相关技术性建议，对该分项施工质量通病的控制能起到较好事先控制效果。

图 14.2-17   复杂钢筋节点 BIM 三维示意图

7）利用 BIM 辅助现场验收与质量管理

监理工程师在实际工作中，对关键工序、重要部位和主要节点进行质量检查和现场验收时，借助必要的检测设备（譬如：测距仪、水准仪，新型设备如 AR 设备等），可利用BIM 模型展示的设计要求辅助现场质量检查和验收工作，如图 14.2-18、图 14.2-19 所示。

（2）进度控制

工程项目的进度控制是监理的主要工作之一，而施工进度受多方面的因素所影响，参建各方按传统的常规方法百倍努力，但效果往往又不尽如人意。监理工程师现在在 BIM的三维基础上，给 BIM 模型构成要素设定时间的维度，可以轻松实现 BIM 四维（4D）应用。例如，某项目通过建立 4D 施工信息模型，将建筑物及其施工现场 3D 模型与施工进度计划相连接，并与施工资源和场地布置信息集成一体，实现以天、周、月为时间单位，

图 14.2-18　现场监理工程师使用 AR 设备对现场机电安装定位进行校核

图 14.2-19　工程师在土建预留预埋阶段利用 BIM 模型进行复核

按不同的时间间隔对施工进度进行工序或逆序 4D 模拟，能形象反映施工计划和实际进度，见图 14.2-20。对照施工进度计划，在虚拟的环境下模拟后阶段的施工过程，可检视现实施工过程的延续可能存在的问题和风险。监理根据检视结果应督促施工单位对进度模型和原先的施工进度计划进行调整、修改。反复模拟检查和调整，可使施工计划过程不断优化，实现施工进度控制的监理目标。

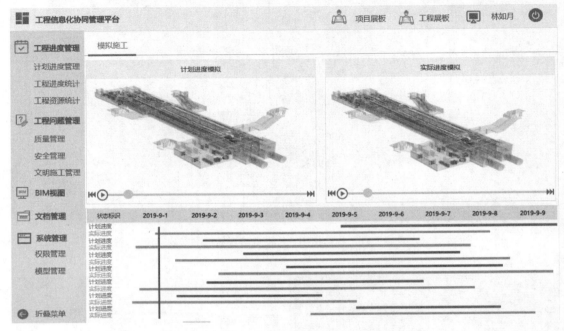

图 14.2-20　某地铁项目 BIM-4D 进度管理

（3）投资控制

在工程项目建设阶段，监理工程师严格控制工程变更历来是施工阶段控制工程造价的重要一环。许多施工单位利用建设单位对变更的影响掌握不够深，有意造成增加工程造价的事实，使得项目投资方承担较大的预算出超的后果。例如，装饰施工单位在招标时所报的价格是采用普通材料为条件的，而施工时又要求建设单位更换为施工合同及清单中没有的材料，重新采用一个非常有利于施工方的价格，这将迫使项目建设单位增加支出。此时监理工程师需要着重审核变更方案，严格遵守变更计价的合同约定，确保有效的投资控制。因此，监理工程师可在变更设计方案讨论、完成后的图纸审核等多个会商节点上，将设计变更方案的拟定指标、设计图纸中的项目构成要素与 BIM 数据库积累的造价信息相关联，或按照时间维度，按任一分部、分项工程输出相关的造价信息，提出监理意见，旨在设计阶段就为降低工程造价，实现限额设计的目标开展工作。结果我们可以看到在设计变更管理中，监理通过 BIM 原模型与更新后的模型进行算量对比，能快速比对工程量的变化，并获取造价信息，十分有利于对设计变更进行有效经济评估。

在项目竣工阶段，通常情况下工程造价咨询审计单位和施工单位完成了项目的估价及竣工结算后，BIM 技术汇集的数据信息将形成带有 BIM 参数的电子资料，最终可实现 BIM 平台在授权范围内对历史项目数据及市场信息的积累与共享。

在新一轮的项目建设时丰富的 BIM 模型数据，结合可视化技术、模拟建设等 BIM 软件功能，为项目的决策提供了翔实的信息基础。监理工程师当受委托进行项目投资控制，在项目投资决策阶段时，可以调用与拟建项目相似工程的数据库信息，例如同类地区的人、材、机工程定额、市场价格，以及经审计的历史项目数据等，得出委托项目的每平方米造价水平，并高效、科学估算出新规划项目的总投资估价，为项目投资决策提供造价依据。显然，有关 BIM 技术及数据库的应用有助于监理方在建设前期能协助建设方编制好项目可行性分析报告，形成高质量的项目投资估算价。并在工程发包前协助建设单位做好项目招标工作，形成合理的工程施工合同价格，指引材料和设备的采购，进而确保工程质量和有效降低工程造价有着非常重要的意义。

（4）加强监理的管控、协调能力

BIM 的应用能够在很大程度上满足工程施工各方对各种信息的需求共享、互融互通的目的。施工各方在 BIM 技术的有效支持下，实现了对工程质量、项目投资、工程进度、安全要求、资源配置等各项工作全面管控。借助 BIM 质量管理协同平台（图 14.2-21）工程项目各参与方可随时查看实时工程信息，并通过移动终端来要求现场人员进行整改、上传实时状况等。加入平台的监理工程师在办公室里就可查看实时工程质量信息，如有必要可及时下达监理指令，实现项目的远程监控。

图 14.2-21　某 BIM 智慧管理协同平台的手机端操作界面

在大型公共建筑项目中，由于项目的全生命周期期间参与建设的单位众多，从立项开始，历经规划设计、工程施工、竣工验收直到交付使用的时间延续过程长，会产生海量信息，加上错综复杂的信息传递流程，难免会造成部分信息的丢失。监理工程师可通过 BIM 技术，加入将建设生命周期中各阶段的各相关信息进行高度集成的工作圈中，提供来自监理方的重要工程项目信息，有力保证了工程质量、进度、投资及各阶段中的各相关信息的传递，且贯穿于整个建筑生命周期过程，从而保证了参与项目建设的各方都能获取与工程项目有关的各种重要数据，达到协同设计、协同管理、协同交流的目的。BIM 平台提高了互动效率、最大限度减少错误，加强了建设、监理、设计、施工的单位的合作，大大地减少了整个项目建设过程中监理的协调量和协调难度。

关于合同管理方面，BIM 技术平台的数据共享、工作协同等特长，极大程度减少合同争议，降低索赔。

四、BIM 技术应用案例

1. 施工图三维（BIM）电子辅助审查的推广

如今 BIM 技术发展越来越深入，很多省、市开始推行施工图三维（BIM）电子辅助审查工作，利用人工智能和大数据等技术研发施工图智能审查系统，推动施工图审查由"二维图纸"向"三维模型"、由人工审查向机器智能审查转变，加快推动城市信息模型（CIM）平台建设与建筑信息模型（BIM）技术应用。具有代表性的有广东省广州市、湖北省、甘肃省、湖南省，以广州市为例，在相关文件中要求需进行 BIM 设计的房屋建筑工程项目，建设单位申报施工图审查时应同步提交 BIM 模型进行 BIM 审查。在附件如《施工图审查系统建模手册》中，审查系统对提交的模型信息列出了诸多详细的具体要求，如图 14.2-22～图 14.2-24 所示的某系统平台操作界面。这界面是依据相关设计交付标准（BIM 汇交标准）的文档要求，帮助设计师完善模型，并对 BIM 模型进行内容上的检核，以达到 BIM 汇交标准以及 CIM 平台的入库标准。这或将是未来 BIM 在工程项目管理中普遍应用的趋势。

2. 安全管理的应用

安全管理是工程监理实施过程中为实现项目建设的安全目标而进行的有关决策、计划、组织和控制等方面的活动，它要求监理工程师运用现代安全管理原理、方法和手段，分析和研究各种不安全因素，从技术上、组织上和管理上采取有力的措施，解决和消除各种不安全因素，防止事故的发生。BIM 技术的应用可以被看成是一种与时俱进的技术手段。

监理有关施工现场安全管理的内容，大体可归纳为监督施工单位在安全组织管理、场地与设施管理、行为控制和安全技术管理四个方面的工作落地，具体的管理与控制目标对象涉及施工活动中的人、物、环境的行为与状态等。

（1）应用于施工准备阶段的安全风险预判

在施工准备阶段，利用 BIM 进行与生产实践相关的安全分析，能够降低施工安全事故发生的可能性。例如，4D 模拟与管理、安全表现参数的计算可以在施工准备阶段就排除很多建筑及机电设备本体的安全风险，或建立适宜的预防措施。

采用 BIM 技术虚拟环境，划分施工空间，以及基于 BIM 及相关信息技术的安全规划

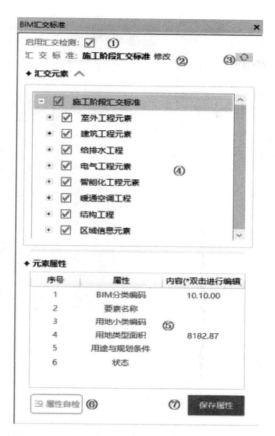

图 14.2-22　某系统平台关于提交模型的操作界面

图例

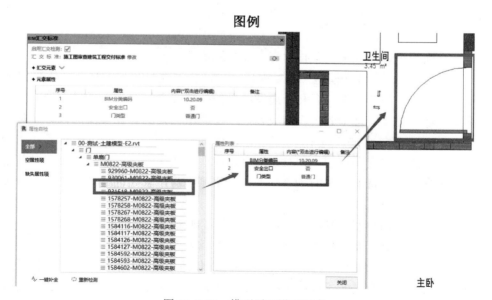

图 14.2-23　模型平面设置要求

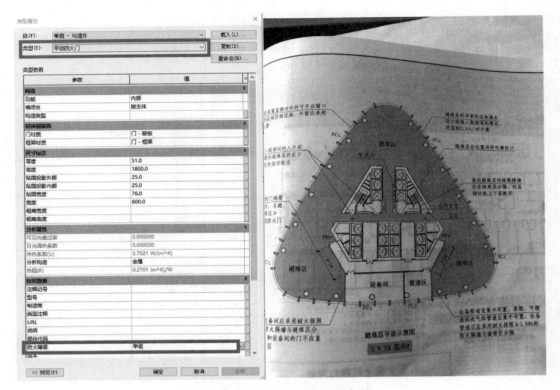

图 14.2-24　模型属性要求示意图

可以在施工前的虚拟环境中事先发现潜在的安全隐患并予以排除。某结构工程项目采用 BIM 模型，结合平台有限元分析资源进行力学计算，发现施工过程重大危险源并实现结构水平洞口的危险源自动识别，为事先采取预防措施，编制应急预案，保障施工安全作出了积极的贡献。

（2）三维模拟动画与施工安全技术交底和技能培训

基于 BIM 技术进行 BIM 模型三维可视化，建设全过程可视化的特点，BIM 技术应用极有力地辅助设计、施工管理，有利于建设项目各参与方更好地进行意见沟通、问题讨论与管理决策，以及施工管理中的生产交底和生产技能培训。例如在传统的设计、施工交底基础上融入 BIM 技术，让施工提前"所见"，让现场完工"所得"。利用 BIM 技术进行交底，可视化是方式，交底是目的，相对于语言描述性交底而言，可视化最突出的特点是直观明了，多角度的图片视频展现的场景交代，效率高于前述想象性的理解，为项目安全生产、文明施工组织提供了技术工具。

通过三维加上时间维度，4D 模型技术能真实再现施工过程，将每个施工细节通过应用软件展现出来，提高了施工技术培训、安全生产教育的水平。

随着近年来 BIM 技术的不断深入，常常将地理信息系统（GIS）与模型结合完成整体模型搭设，以实现更符合真实工况的模拟，最大程度地预见施工安全风险。例如在涉及危大工程与超危大工程时，BIM 施工模拟动画的制作更应严谨细致，BIM 工程师常常与资深技术人员一起完成施工动画的制作，完成施工模拟动画的脚本编撰、分镜确定、动画制作、后期编辑、配音配字幕等一系列工作，常用的应用软件有 3DMAX、BIMFILM、Lumion 等专业动画及 PR、AE 影视制作编辑软件。图 14.2-25、图 14.2-26 是某桥梁项目的施工模拟画面。

图 14.2-25　某桥梁施工仿真模拟动画

图 14.2-26　结合 GIS 的实景 BIM 模型仿真模拟动画

（3）BIM 模型试验

在土建、机电安装较为复杂、施工难度大的施工项目准备阶段，拟定的施工方案的合理性、施工工艺的安全可靠性等都需要验证。利用 BIM 技术建立试验模型，对施工方案进行动态展示、验证——模型试验是 BIM 技术应用的一个重要亮点。BIM 模型试验的实质就是一轮施工过程的仿真，并进行技术、安全评估。图 14.2-27 所示的是对一个芯筒的施工塔式起重机安装施工方案正进行模型试验的画面。

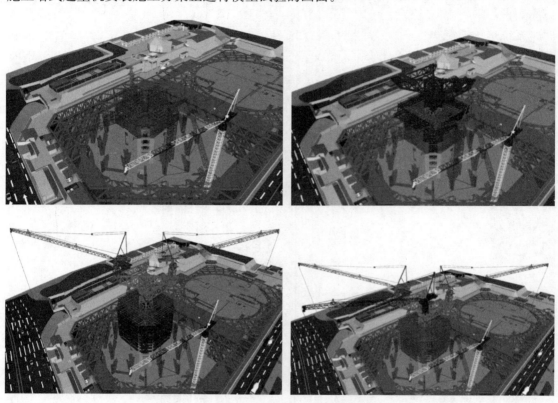

图 14.2-27   BIM 吊装模型试验画面的部分截图

案例中施工现场需布置多个塔式起重机同时作业，同类作业项目因塔式起重机旋转半径不足而造成的施工碰撞也屡屡发生。施工方案在确定选用的塔式起重机回转半径后，在整体 BIM 施工模型中布置不同型号的塔式起重机（钢桁架的位置），以确保塔式起重机吊钩、缆绳同施工作业区周边的电源线、建筑物的安全距离，并确定哪些员工在哪些时候会使用塔式起重机。在整体施工模型中，用不同颜色的色块来表明塔式起重机的回转半径和影响区域（色块状表示塔式起重机的摆动臂在某个特定的时间可能达到的范围），并进行碰撞检测来生成塔式起重机作业半径内的任何吊装活动的安全分析报告。该报告可以在项目的定期安全会议时展示，减少由施工人员操作、施工工序安排及管理缺陷而产生的意外风险。

（4）应用于施工阶段的动态监测

有关工程项目建设安全管理方法、提高人们的防灾减灾能力的研究和实践这些年都有很大的进展。对施工过程进行实时施工监测，特别是重要部位和关键工序的动态监测尤为重要。实时的动态监测可以及时提供施工过程中被关注对象的重点信息，例如结构受力、运行参数及状态等内容。而实时监测技术的先进合理与否，对施工质量及安全控制起着至关重要的作用，这也是施工过程信息化管理的技术支撑点。

　　三维可视化动态监测技术较传统的监测手段具有监测主导者可不在现场、场景可视化的特点，即在人为操作的三维虚拟环境下直观漫游目标对象、获取的监测数据还可以实时仿真，提前发现和形象化展示现场各类潜在的危险源。例如，在结构工程施工时它可提供便捷的方式来查看监测位置的应力应变状态，当某一监测点应力或应变超过拟定的范围时，系统将自动报警给予提醒。图 14.2-28 所示的某桥梁三维可视化动态监测实时控制系统画面是其信息采集子系统得到了施工期间不同部位的监测值，再根据施工工序判断每时段的安全等级，并在终端上实时显示现场的安全状态和存在的潜在威胁，为施工单位的技术及安全管理给予直观的基础支持。

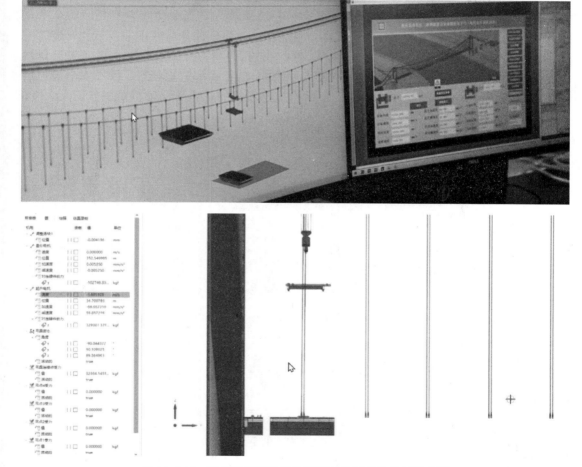

图 14.2-28　某桥梁吊装动态监测实时控制系统界面示意图

　　另一个工程案例中，某工程项目使用自动化监测仪器对施工基坑进行实时沉降观测，并将感应元件监测的基坑位移数据自动汇总到基于 BIM 开发的安全监测软件上。软件结合现场实际测量的基坑坡顶水平位移和竖向位移变化数据，在对数据分析、对比后形成了动态的监测管理，确保基坑在土方回填之前的安全稳定性。当机电设备安装项目利用 BIM 技术进行三维可视化动态监测，例如一些大型设备的吊装、大容量储罐的安装施工，监理工程师应该监督施工单位是否根据申报的施工方案落实到位，利用 BIM 技术做好设备基础、设备本体的动态倾斜或沉降观测等。

（5）仿真技术的应用

前面提到的工程施工安全风险预判，以及施工阶段的动态监测的后续工作跟进都和仿真技术的应用密切相关，仿真技术事实上是这些安全管控工作的基础。例如，仿真分析技术能够模拟建筑结构在施工过程中不同时段的力学性能和变形状态，以此为技术支撑，我们就能够事先就目标对象的安全风险进行预判，或是在获取施工过程动态监测信息的前提下，可以模拟之后的发展情势，为监理就及时调整、修正施工措施发出监理意见时提供技术后盾。

在建筑结构的受力分析时人们通常采用大型有限元软件来实现结构的仿真分析，对于复杂建筑物的模型建立需要耗费较多时间。但在 BIM 模型的基础上，开发相应的有限元软件接口，实现三维模型的传递，再附加材料属性、边界条件和荷载条件，结合先进的时变结构分析方法，便可以将 BIM、4D 技术和时变结构分析方法结合起来，实现基于 BIM 的施工过程结构安全分析，能有效捕捉施工过程中可能存在的危险状态，指导安全维护措施的编制和执行，防止发生安全事故。某结构施工项目的受力仿真分析案例如图 14.2-29 所示。

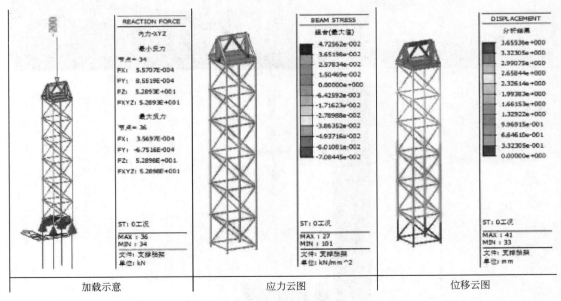

图 14.2-29　某荷载工况下的受力分析示意图

（6）防坠落管理的风险分析与管理实例

某施工项目的安全管理坠落危险源识别中包括了尚未建造的楼梯井、天窗等的安全风险点。监理通过在 BIM 模型中的危险源存在部位建立坠落防护栏杆构件模型，能够清楚地识别多个坠落风险；并向施工单位提供完整且详细的相关信息，包括安装或拆卸栏杆的地点和日期的监理意见等。施工单位在接收到这一信息后应按工作流程作出回应，并具体落实整改。其工作互动的界面如图14.2-30所示。

图14.2-30 应用软件关于某项安全防护事项的互动界面示意图

3. 消防应急方案和灾害管理方面的应用

随着建筑项目的日新月异，超高、超大或异型建筑空间的施工现场消防设计，以及其他灾害防范可能是没有前车之鉴的工程实践。利用BIM及相应灾害分析模拟软件，可以在灾害发生前，识别灾害发生可能的起因，模拟灾害发生的过程，从而制定避免灾害发生的预防措施，以及发生灾害后人员疏散、救援支持的应急预案，为发生意外时减少损失并赢得宝贵时间。例如，某项目施工现场的消防安全管理议题，当BIM建模后能够模拟、确认施工项目发生火灾时现场人员的疏散时间、疏散距离、有毒气体扩散时间、波及范围、建筑材料耐燃烧极限、消防作业面等要素。BIM 的 4D 模拟、3D 漫游和 3D 渲染能够标识目标场景下的灾害危险，且 BIM 中生成的 3D 动画、渲染能够用来演示、验证应对的防灾救灾应急预案计划。例如，工地火灾下的烟雾扩散和火灾影响波及面等场景，施工人员的疏散路径、现场出口、消防设施启用、紧急车辆路线组织等。灾害应急模拟如图 14.2-31 所示。

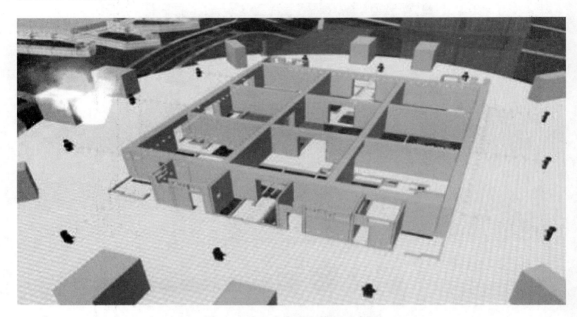

图 14.2-31 灾害应急模拟示意图

此外，施工单位利用 BIM 数字化模型还可以进行救灾沙盘模拟训练，提高现场管理人员的指挥能力，训练施工人员对项目场地的熟悉程度，使消防应急处置方案更合理，提高应急行动的成效。